石油炼制与化工常用数据手册

罗家弼　编著

中国石化出版社

内 容 提 要

本书汇集了石油炼制与化工的常用工程数据、图表和计算公式，其中包括原油性质、产品的质量指标、纯烃和石油馏分的特性、常用物质的性质、安全与环保卫生、设备和配管材料、工艺数据与计算、单位换算八个部分。内容实用，数据可靠，编排精练，查找方便。

本书的读者对象主要为从事炼油及石油化工工艺设计、生产、建设和工厂技术管理的工程技术人员，也适用于炼油和石油化工企业广大生产人员及大专院校师生。

图书在版编目(CIP)数据

石油炼制与化工常用数据手册 / 罗家弼编著. —北京：中国石化出版社，2022.7
ISBN 978-7-5114-6762-1

Ⅰ.①石… Ⅱ.①罗… Ⅲ.①石油炼制-技术手册②石油化工-技术手册 Ⅳ.①TE62-62 ②TE65-62

中国版本图书馆 CIP 数据核字(2022)第 113421 号

中国石化出版社出版发行

地址：北京市东城区安定门外大街 58 号
邮编：100011　电话：(010)84271850
读者服务部电话：(010)84289974
http://www.sinopec-press.com
E-mail:press@sinopec.com
北京艾普海德印刷有限公司印刷
全国各地新华书店经销

*

710×1000 毫米 16 开本 34.5 印张 560 千字
2023 年 2 月第 1 版　2023 年 2 月第 1 次印刷
定价：168.00 元

序 言 一

《石油炼制与化工常用数据手册》的出版发行，对石化行业技术人员来说是一件大好事。从事石油炼制与化工的技术人员，特别是设计人员，几乎每天都要和技术数据打交道。有一本常用的、来源可靠的数据手册放在手头，随时查找，可以为工作提供不少方便。

我国石化工程设计行业已有将近70年的历史。编写这样一本内容广泛、实用性强的工具书，责任重大。编者根据其长期从事技术工作的切身体验，不辞辛苦查阅大量资料，比对使用最新技术数据，反复查验求证，广泛征求意见，并且得到众多专家的热情指导和帮助，这十分难得。

本手册是在《炼油技术常用数据手册》多年使用经验基础上改编的，原书因“实用”“好用”“常用”，受到了来自工程公司、建设单位、炼化企业以及科研院校广大读者的一致好评。为了适应新时代的需要，编者再次投入大量精力，更新数据、扩大范围、增加例题和说明，使全书内容更丰富、更完善、更好用，一定会为从事石油化工规划、设计、建设、科研、生产等领域的工作者带来更好的使用体验，必将受到广大读者的欢迎。

本书的编者是一位已过耄耋之年的资深专家，为石油化工工程建设做出了巨大的贡献。他始终坚持工作在一线，总结凝练数十年工程经验，与同行专家一道精益求精地完成本书的修编工作，具有一定创新性。在手册出版之际，谨向本书编者以及为手册提供资料、给予支持帮助的单位和同志们表示衷心的感谢，当您阅读手册时，请记住他们的名字，这是对他们最好的感谢。

让我们，一起，做更好的！

前　言

序 言 二

从事现代科技工作的同志，离不开各种各样的数据，这些数据往往散见于各种书籍和文献杂志，查找费时费力，从而影响工作效率。古人云："工欲善其事，必先利其器"，如果能有查找方便、实用正确的数据手册作为工具书，将是广大科技工作者的福音，可惜炼油科技方面尚未有这样的数据手册。中国石化出版社组织出版的《石油炼制与化工常用数据手册》，填补了这一空白，实在是一件大好事。

各行各业科技工作者所需的常用数据有很大差异，要想以有限的篇幅编制一本各行业通用的手册，是不切实际的，因此将本书内容限定为炼油技术常用数据，无疑是必要和正确的。

数据手册作为工具书，贵在方便、实用、可靠，要达到这一目标，编者就需要从浩如烟海的大量数据中进行筛选，对不同来源的数据要进行比较甄别，对不合规范的度量单位进行换算，那种以为编制手册只是简单的收集、录用，没有什么工作量，实在是一种误解。

本书编者长期从事炼油科技工作，有丰富的专业知识和实践经验，对炼油科技工作者需要哪些常用数据，熟知于心，相信编者所选择的内容肯定能符合炼油科技工作者的需求。

要特别指出的是本书编者早已过退休年龄，出于对炼油事业的热爱和对社会主义核心价值观"爱国敬业"的践行，不顾年事已高，还不辞辛劳，花费大量精力编制本书，这种精神值得大家学习，对编者的辛勤劳动，也表示感谢。

徐承恩

编者的话

《石油炼制与化工常用数据手册》是一本为石化行业服务的工具书，本书是在中国石化出版社2016年出版的《炼油技术常用数据手册》基础上编写而成的。为了更好地满足新时代石化行业技术工作的需要，编者对原版书的内容进行了大量补充和更新，除炼油工艺与工程外，扩大技术范围到石油化工，并相应更改了书名。

本书力求切合实际、数据准确、来源可靠。收集的数据和图表都注明了文献来源。从国家和行业标准规范中摘录的内容均为现行最新版本，在题目后注明了标准编号。随着时间的推移，标准常有更新，因此读者在使用本书所录的标准数据时要查明是否有更新的版本。

本书在编写过程中，得到中国石化工程建设有限公司同行们的大力支持。中国工程院院士徐承恩为原版书做序，公司领导、中国工程院院士孙丽丽为本书撰写序言。在本书编写过程中，中国工程院院士杨启业和刘凯祥、秦永强、徐垚、袁毅夫、戴文松、王鑫泉、陈茂春、霍宏伟、张德姜、仇恩沧、高莉萍、张建华、李少鹏、刘永芳、姜晓花、易建彬、焦军、郑学鹏、王金光、苏为群、柯松林、王树国、魏志强、应江宁、孙毅、刘长爱以及中国石化集团公司曹东学、中石化石油化工科学研究院马爱增、张新宽等技术专家提供了宝贵的意见和资料，积极参与了编审工作，不少同事为核对数据付出了大量辛勤劳动，在此对他们的热情指导和帮助，表示诚挚的感谢！

编写这样一本为石油炼制和石油化工技术工作者服务的工具书，内容多、要求高、实用性强，自感责任重大，在原版书工作的基础上，力求做得更好，在我国伟大新时代的建设中为石化工业的发展，为同行们建功立业助一臂之力，但难免有考虑不周的地方，欢迎读者批评指正。

目　录

7 工艺数据与计算

1 原油性质

原油是很复杂的烃类混合物，各地原油性质差别很大，同一种原油在不同时间采出性质也会发生变化，这里列出了我国常见的国产和进口原油的性质(原油评价数据)，以供参考，具体工作中应以实际加工原油的分析数据为准。

1.1 原油的分类

1.1.1 按密度分类[1]

类　别	API 度	相对密度d_4^{20}	类　别	API 度	相对密度d_4^{20}
轻质原油	>34	<0.851	重质原油	20~10	0.930~0.996
中质原油	34~20	0.851~0.930	超重原油	<10	>0.996

1.1.2 按特性因数分类[1]

类　别	特性因数	类　别	特性因数
石蜡基原油	>12.1	环烷基原油	<11.5
中间基原油	11.5~12.1		

1.1.3 按关键馏分分类[1,12]

把原油放在特定的简易蒸馏设备中，按规定条件蒸馏，取轻、重两个馏分分别作为轻关键馏分和重关键馏分，根据这两个馏分的相对密度($d_{15.6}^{15.6}$、d_4^{20})或 API 度来确定原油的基属，这是美国矿务局提出的方法。

关键馏分	指　标	石　蜡　基	中　间　基	环　烷　基
轻关键馏分	API 度	>40	33~40	<33
250~275℃	$d_{15.6}^{15.6}$	<0.8251	0.8251~0.8602	>0.8602
101.3kPa	d_4^{20}	<0.8207	0.8207~0.8560	>0.8560
重关键馏分	API 度	>30	20~30	<20
274~300℃	$d_{15.6}^{15.6}$	<0.8762	0.8762~0.9340	>0.9340
5.33kPa	d_4^{20}	<0.8721	0.8721~0.9302	>0.9302

按美国矿务局法划分的原油类别：

轻关键馏分	重关键馏分	原油类型	轻关键馏分	重关键馏分	原油类型
石蜡基	石蜡基	石蜡基	中间基	环烷基	中间-环烷基
石蜡基	中间基	石蜡-中间基	环烷基	中间基	环烷-中间基
中间基	石蜡基	中间-石蜡基	环烷基	环烷基	环烷基
中间基	中间基	中间基			

1.1.4 按硫含量分类[1]

类　别	硫含量/%	类　别	硫含量/%
低硫原油	<0.5	高硫原油	>2.0
含硫原油	0.5~2.0		

1.1.5 按酸值分类[12]

类　别	酸值/(mgKOH/g)	类　别	酸值/(mgKOH/g)
低酸原油	<0.5	高酸原油	>1.0
含酸原油	0.5~1.0		

1.1.6 按蜡含量分类[1]

类　别	蜡含量/%	类　别	蜡含量/%
低蜡原油	<2.5	高蜡原油	>10
含蜡原油	2.5~10		

1.1.7 按氮含量分类[1]

类　别	氮含量/%	类　别	氮含量/%
低氮原油	<0.25	高氮原油	>0.25

1.1.8 按胶质含量分类[1]

类　别	胶质含量/%	类　别	胶质含量/%
低胶原油	<5	多胶原油	>15
含胶原油	5~15		

1.2 我国主要原油性质

项　目	大庆(管输) 2009	胜利 2012	大港 2000	吐哈 1996	塔河 2013	塔里木 2007	长庆 2009
原油							
密度(20℃)/(g/cm³)	0.8577	0.9420	0.9056	0.8269	0.9505	0.8644	0.8474

续表

项　　目	大庆(管输) 2009	胜利 2012	大港 2000	吐哈 1996	塔河 2013	塔里木 2007	长庆 2009
黏度(50℃)/(mm^2/s)	14.75①	259.20	61.8	3.1	396.50	9.9	6.5
硫含量/%	0.23	0.73	0.155	0.03	1.91	0.81	0.09
总氮/(μg/g)	1800	3800	1736	92	4100	1300	1700
凝点/℃	26	8	25	13	-9	-6	22
酸值/(mgKOH/g)	0.05	2.32	0.81	0.02	0.21	0.22	0.04
蜡含量/%	24.6	9.94	15.93	9.37	3.1	5.2	12.9
残炭/%	2.75	7.02	6.81	0.66	14.68	6.15	2.46
盐含量/(mgNaCl/L)	4	58.9	10.2		414.90	19.9	9
Ni/(μg/g)	3.5	17.2	29.3	6.3	25.40	5.9	2.6
V/(μg/g)	1.5	1.3	0.26	25.4	208	34.7	0.6
特性因数 *K*	12.3	11.60			11.6	12	12.2
原油类别	石蜡基	中间基	中间基	石蜡基	中间基	中间基	石蜡基
石脑油							
沸点范围/℃	15~180	15~180	0~180	0~180	15~180	15~180	15~180
质量收率/%	11.77	2.97	5.5	22.1	8.88	17.04	16.9
密度(20℃)/(g/cm^3)	0.7232	0.7632	0.7472	0.7435	0.7442	0.7218	0.7354
硫含量/%	0.0109	0.0351	0.0054	0.001	0.0629	0.0034	0.01
总氮/(μg/g)	0.3	1	1		4	0.4	1
链烷烃/%	61.18	50.11	49.11	67.38	63.37	68.83	50.61
环烷烃/%	32.29	37.43	41.26	21.9	27.16	20.74	42.14
芳烃/%	6.24	12.15	9.63	10.72	8.84	9.97	6.26
相关指数(*BMCI*)	14.18	24.50	20.12	20.81	16.78	10.96	17.26
柴油							
沸点范围/℃	180~350	180~350	180~350	180~350	180~350	180~350	180~350
质量收率/%	23.72	16.79	20.03	36.34	18.85	29.87	28.14
密度(20℃)/(g/cm^3)	0.8208	0.8660	0.8415	0.8128	0.8461	0.8267	0.819
硫含量/%	0.11	0.32	0.065	0.0115	0.564	0.23	0.0445
总氮/(μg/g)	30	202	85	8	129	26	105
黏度(20℃)/(mm^2/s)	4	5.80	4.78	3.57	4.79	3.98	4.09
凝点/℃(倾点/℃)	-8	-20	(-4)	(-23)	-25	-20	-8
十六烷指数	56.3	44.86	50.31	57.97	48.48	54.02	63.03
相关指数(*BMCI*)	23.98	42.10	32.21	21.08	34.55	26.94	23.16

续表

项　　目	大庆(管输) 2009	胜利 2012	大港 2000	吐哈 1996	塔河 2013	塔里木 2007	长庆 2009
蜡油							
沸点范围/℃	350~540	350~540	350~540	350~540	350~540	350~540	350~540
质量收率/%	31.87	37.09	36.53	31.09	30.98	27.65	34.19
密度(20℃)/(g/cm^3)	0.8735	0.9204	0.8923	0.8652	0.9415	0.9015	0.8852
黏度(50℃)/(mm^2/s)	8.57①	132.90	45.16①	20.64①	145.10①	34.18	22.36
黏度(100℃)/(mm^2/s)	5.55	10.02	7.11	5.48	10.65	7.06	5.7
硫含量/%	0.27	0.52	0.139	0.0304	1.51	0.85	0.097
总氮/(μg/g)	500	2300	759	126	2000	800	1070
残炭/%	0.07	0.22	0.08		0.44	0.18	0.07
凝点(倾点)/℃	44	33	(48)	(6)	37	30	38
减压渣油							
沸点范围/℃	>540	>540	>540	>540	>540	>540	>540
质量收率/%	31.93	43.15	37.94	10.21	41.28	24.68	18.57
密度(20℃)/(g/cm^3)	0.9356	0.9897	0.9774	0.9601	1.0719	1.1062	0.9564
硫含量/%	0.37	1.18	0.24	0.115	3.32	2	0.22
总氮/(μg/g)	4900	7100	3800	495	8100	3600	6400
黏度(100℃)/(mm^2/s)	165.4	2102	772.6	227.9			177
沥青质/%	0.1	2.3	0.08		36.40	14.8	3.9
Ni/(μg/g)	12.4	39.90	94.89	29.3	63.6	27.3	14.4
V/(μg/g)	5.4	2.90	0.65	117.5	489	151	4.5
残炭/%	9.56	16.47	17.87	7.18	35.45	23.6	14.1
凝点(倾点)/℃	34	36	(39)		>50	>50	39

① 40℃黏度。

1.3　国外主要原油性质

(1) 中东地区原油

项　　目	伊朗轻油 2011	伊朗重油 2008	沙特轻油 2011	沙特中油 2011	沙特重油 2008	阿联酋迪拜 1995	科威特 2006	阿曼 2010
原油								
密度(20℃)/(g/cm^3)	0.8437	0.8764	0.8591	0.87	0.8862	0.8666	0.87	0.8623
API	36.21	29.96	33.21	31.14	28.17	31.78	31.14	32.60
黏度(50℃)/(mm^2/s)	8.526①	9.87	4.4	7.75	18.68①	5.2	7.84	31.78
硫含量/%	1.49	2.02	1.88	2.52	3.1	1.935	2.8	1.52

续表

项　目	伊朗轻油2011	伊朗重油2008	沙特轻油2011	沙特中油2011	沙特重油2008	阿联酋迪拜1995	科威特2006	阿曼2010
总氮/(μg/g)	568	2174	1000	1000	1300	1626	1300	1500
凝点/℃	-17	-30	-56	-33	-50	-24	-50	-34
酸值/(mgKOH/g)	0.05	0.11	0.03	0.18	0.24	0.05	0.15	0.65
蜡含量/%	3.66	5.6	2.87	2.71	3		2.7	5.40
残炭/%	3.74	6.19	4.07	5.85	8	4.24	6.2	4.91
盐含量/(mgNaCl/L)		26.9	1.7	3.3	13		11.1	2.5
Ni/(μg/g)	5	25.7	4.6	12.00	17.7	13	11.1	11.17
V/(μg/g)	11	85.7	15.9	43.00	55	43	32.9	9.45
特性因数 *K*	12.02	11.7	11.95	11.95	11.9		11.9	12.3
原油类别	中间基	中间基	中间基	中间基	中间基	中间基	中间基	中间基
石脑油								
沸点范围/℃	15~180	0~180	15~180	0~180	15~180	0~180	15~180	15~180
质量收率/%	22.7	16.36	20.5	18.8	16	20.24	19.39	16.45
密度(20℃)/(g/cm^3)	0.7173	0.7297	0.7185	0.7182	0.7124	0.7262	0.7148	0.7149
硫含量/%	0.112	0.108	0.058	0.035	0.024	0.14	0.038	0.034
总氮/(μg/g)	0	1	0.4	1	1		0.3	<0.5
链烷烃/%	64.72	61.55	67.57	67.62	75.25	60.59	74.22	69.33
环烷烃/%	26.21	25.42	19.60	22.02	13	28.05	14.93	20.99
芳烃/%	9.07	13.01	12.83	10.36	11.32	11.36	10.26	9.68
相关指数(*BMCI*)	15.16	14	9.51	11.7	7.76	16.52	9.48	13.08
柴油								
沸点范围/℃	180~350	180~350	180~350	180~350	180~350	180~350	180~350	180~350
质量收率/%	32.1	26.23	29.84	26.4	24.55	31.22	26.55	23.62
密度(20℃)/(g/cm^3)	0.8353	0.8326	0.8313	0.8327	0.8295	0.8368	0.829	0.8224
硫含量/%	0.81	0.945	0.901	0.992	1.08	1.11	1.1	0.49
总氮/(μg/g)	106	87	63	49	24	89	29	23
黏度(20℃)/(mm^2/s)	2	3.64	3.66	3.9	3.90	3.59	3.72	4.05
凝点(倾点)/℃	-19.98	-29	-14	-14	-24	(-20)	-26	-32
十六烷指数	47.25	50.2	52.13	48.54	51.85	47.5	56.83	55.36
相关指数(*BMCI*)	30.83	31.26	22.83	29.44	29.11	33.6	28.87	23.16

续表

项　　目	伊朗轻油 2011	伊朗重油 2008	沙特轻油 2011	沙特中油 2011	沙特重油 2008	阿联酋迪拜 1995	科威特 2006	阿曼 2010
蜡油								
沸点范围/℃	350~540	350~540	350~540	350~540	350~540	350~540	350~540	350~540
质量收率/%	25.80	28.89	28.50	26.8	25.41	27.88	25.57	28.39
密度(20℃)/(g/cm^3)	0.9173	0.9213	0.9265	0.9267	0.9238	0.9263	0.9202	0.8938
黏度/(mm^2/s)								
40℃	45.49	126	51.23	55.36	61.56	69.05		42.79
100℃	6.46	7.04	6.76	7.32	7.41	7.21	6.99	6.21
硫含量/%	2.07	2.04	2.76	2.91	3.1	2.66	3.1	1.33
总氮/(μg/g)	1500	1533	500	750	600	1569	899	2600
残炭/%	0.24	0.16	0.39	0.23	0.23		0.31	0.13
凝点(倾点)/℃	30.95		22.83	31	24	(34)	30	22
减压渣油								
沸点范围/℃	>540	>540	>540	>540	>540	>540	>540	>540
质量收率/%	17.00	28.52	19.30	24.8	33.13	20.66	28.21	30.54
密度(20℃)/(g/cm^3)	1.0143	1.0405	1.0247	1.0352	1.0353	1.0336	1.0307	0.984
硫含量/%	3.70	3.97	4.14	5.269	6.1	3.96	6.06	2.89
总氮/(μg/g)	6500	6034	3800	3600	3000	5621	3700	3800
黏度(100℃)/(mm^2/s)	662.07		1318.21	3778.40	15632	2234	>3000	1657.4
沥青质/%	24.4	8.4	5.71	6.62	16.3	9.24	11.1	2.16
Ni/(μg/g)	23.12	87.5	17.71	28.05	52	65	42.5	34.69
V/(μg/g)	51.44	292	62.83	94.31	164	206	119.8	29.1
残炭/%	20.73	22.73	19.17	17.05	25	20.53	23.29	16.35
凝点(倾点)/℃	55.88	>50	54.98	73.52	>50	(50)	40	41

① 40℃黏度。

（2）非洲、亚洲、欧洲及美洲原油

项　　目	苏丹尼罗 2005	安哥拉奎都 2008	印度尼西亚米纳斯 2009	俄罗斯西伯利亚 2005	英国布伦特 2009	美国 WTEX 1994	委内瑞拉梅萨 2009	墨西哥玛雅 2010
原油								
密度(20℃)/(g/cm^3)	0.8479	0.9248	0.8586	0.8384	0.8338	0.8241	0.8727	0.9244

续表

项目	苏丹尼罗2005	安哥拉奎都2008	印度尼西亚米纳斯2009	俄罗斯西伯利亚2005	英国布伦特2009	美国WTEX1994	委内瑞拉梅萨2009	墨西哥玛雅2010
黏度(50℃)/(mm²/s)	17.12	30.38	10.66	0.57	2.92	2.60	8.41	71.48
硫含量/%	0.05	0.65	0.09	0.63	0.38	0.29	1.39	3.83
总氮/(μg/g)	1100	4000	1288	1200	947.6	750.5	3200	3300
凝点(倾点)/℃	34	-38	(33.89)	-26	(-2.22)	(-23.3)	-24	-26
酸值/(mgKOH/g)	0.28	2.37	0.12	0.02	0.05	0.09	0.62	0.18
蜡含量/%	28.6	2.1		2.5			4.3	5.3
残炭/%	3.57	5.40	3.5	2.35	2.0	1.2	6	12.5
盐含量/(mgNaCl/L)	24.8	12.1		6			4.8	14.5
Ni/(μg/g)	5.7	38.73	13	8	1	1	26.3	55.1
V/(μg/g)	0.1	34.93	0	8.6	6	2	85.5	274
特性因数*K*	12.6	11.70	12.58	11.9	12.21	12.29	11.8	11.7
原油类别	石蜡基	环烷基	石蜡基	中间基	石蜡基	石蜡基	中间基	中间基
石脑油								
沸点范围/℃	0~180	0~180	65~165	0~180	65~165	65~165	15~180	15~180
质量收率/%	9.25	7.9	6.02	26.65	17.69	18.82	21.08	12.8
密度(20℃)/(g/cm³)	0.7231	0.7821	0.7384	0.7154	0.7483	0.7339	0.7315	0.7313
硫含量/%	0.0014	0.244	0.00	0.0033	0.00	0.05	0.0242	0.144
总氮/(μg/g)	0.4	1		0.4			2.7	3
链烷烃/%	77.39	20.45	62.17	58.58	52.50	54.45	53.75	63.68
环烷烃/%	17.74	71.27	32.99	29.75	34.43	37.75	31.58	22.55
芳烃/%	3.55	8.28	4.84	11.14	13.07	7.80	14.08	13.31
相关指数(*BMCI*)	8.75	27.64		14.45			18.06	14.91
柴油								
沸点范围/℃	180~350	180~350	240~360	180~350	240~360	240~360	180~350	180~350
质量收率/%	25.63	27.76	16.09	32.16	19.49	20.34	25.09	22.03
密度(20℃)/(g/cm³)	0.8025	0.8712	0.8274	0.8371	0.8480	0.8485	0.8459	0.8406
硫含量/%	0.009	0.244	0.05	0.28	0.22	0.26	0.66	1.65
总氮/(μg/g)	5	57	33.01	26	61.32	65.65	124	161
黏度(20℃)/(mm²/s)	4.04	2.9		4.07			4.20	3.95
凝点(倾点)/℃	-7	-39	(3.41)	-27	(-9.65)	(-14.57)	<-30	-26
十六烷指数	62.94	40.13	57.73	48.17	50.32	50.07	46.71	48.47
相关指数(*BMCI*)	15.52	47.93		33.05			36.34	34.13

续表

项　目	苏丹 尼罗 2005	安哥拉 奎都 2008	印度尼西亚 米纳斯 2009	俄罗斯 西伯利亚 2005	英国 布伦特 2009	美国 WTEX 1994	委内瑞拉 梅萨 2009	墨西哥 玛雅 2010
蜡油								
沸点范围/℃	350~540	350~540	360~500	350~540	360~500	360~500	350~540	350~540
质量收率/%	32.42	34.57	32.45	26.22	23.67	21.16	24.89	23.19
密度(20℃)/(g/cm^3)	0.8568	0.9417	0.8630	0.9202	0.8995	0.8980	0.9219	0.9309
黏度(50℃)/(mm^2/s)	33.8	86.9		35.28			70.42	66.3①
黏度(100℃)/(mm^2/s)	5.13	11.5		7.31			7.72	7.57
硫含量/%	0.05	0.705	0.09	1.02	0.58	0.50	1.2	3.17
总氮/(μg/g)	300	3300	440.7	1300	953.4	941.2	2029	1725
残炭/%	0.07	0.39		0.05			0.2	0.44
凝点(倾点)/℃	45	19.74	(43.88)	25	(31.79)	(30.03)	36	32
减压渣油								
沸点范围/℃	>540	>540	>565	>540	>565	>565	>540	>540
质量收率/%	32.71	28.8	23.82	14.48	11.01	9.19	27.08	40.31
密度(20℃)/(g/cm^3)	0.9239	1.0129	0.9572	1.021	0.9990	0.9781	1.0187	1.0651
硫含量/%	0.1	1.126	0.199	1.83	1.30	0.94	3.37	5.98
总氮/(μg/g)	2500	8300	4440	6600	5341	4405	9100	12600
黏度(100℃)/(mm^2/s)	174.3	5612.3	676.9	1407	987.2	314.5		
沥青质/%	0.4	3.68	2.56	4.11	4.44	0.51	13.7	23.1
Ni/(μg/g)	18.9	95.24	52.77	47.2	10.81	12.06	93.3	137
V/(μg/g)	0.9	63.38	0.26	49	50.03	21.92	313	687
残炭/%	11.1	18.12	14.69	13.72	17.98	12.93	22.1	30.5
凝点(倾点)/℃	57	>50		36			>50	>50

① 40℃黏度。

1.4　原油的馏分组成[1]

原油名称	馏分组成/%			
	初馏点~200℃	200~350℃	350~500℃	>500℃
大　庆	11.5	19.7	26.0	42.8
胜　利	7.6	17.5	27.5	47.4
孤　岛	6.1	14.9	27.2	51.8
辽　河	9.4	21.5	29.2	39.9
华　北	6.1	19.9	34.9	39.1
中　原	19.4	25.1	23.2	32.3
新　疆	15.4	26.0	29.9	29.7
新疆库尔勒	19.6	31.1	26.1	23.2

续表

原油名称	馏分组成/%			
	初馏点~200℃	200~350℃	350~500℃	>500℃
新疆九区	2.4	19.3	29.6	51.1
单家寺	1.2	12.2	18.3	68.3
沙特(轻质)	23.3	26.3	25.1	25.3
沙特(混合)	20.7	24.5	23.2	31.6
也门(麦瑞波)	31.5	30.6	23.2	14.7
英国(北海)	29.0	27.6	25.4	18.0
印度尼西亚(米纳斯)	11.9	30.2	24.8	33.1

1.5 原油各馏分中的硫分布[1]

1.5.1 我国原油各馏分中的硫分布

馏分(沸程)/℃	硫含量/(μg/g)						
	大庆	胜利	孤岛	辽河	中原	吐哈	轮一联
原　油	1000	8000	20900	2400	5200	300	8598
<200	108	200	1600	60	200	20	30
200~250	142	1900	5200	130	1300	110	250
250~300	208	3900	8800	460	2200	200	980
300~350	457	4600	12300	880	2800	300	3020
350~400	537	4600	14200	1190	3400	350	5540
400~450	627	6300	11020	1100	3400	440	6640
450~500	802	5700	13300	1460	4300	680	8570
>500(渣油)	1700	13500	29300	3600	9400	940	16700
$\frac{渣油中硫}{原油中硫}$/%	74.7	73.3	75.0	70.0	68.0	30.1	38.1

1.5.2 国外原油各馏分中的硫分布

馏分(沸程)/℃	硫含量/(μg/g)						
	伊朗轻质	沙特中质	沙特重质	沙特轻质	阿联酋	阿曼①	安哥拉
原　油	14000	24200	28500	18000	8300	9500	2170
<200	800	700	790	410	270	300	80
200~250	4300	2840	3230	1730	1030	1400	250
250~300	9300	8120	10960	10310	5600	2900	540

续表

馏分(沸程)/℃	硫含量/(μg/g)						
	伊朗轻质	沙特中质	沙特重质	沙特轻质	阿联酋	阿曼①	安哥拉
300~350	14400	14230	20400	16110	9300	6200	750
350~400	17000	19590	25200	22100	11600	7400	1090
400~450	17000	22420	27100	23400	12500	9200	1100
450~500	20000	25400	30100	25700	13500	11600	1250
>500(渣油)	34000	38100	55000	39300	16000	21700	2400
$\frac{渣油中硫}{原油中硫}$/%	55.9	48.2	57.3	43.4	30.6	66.1	38.8

① 阿曼原油的馏分切割温度稍有差异。

1.6 原油各馏分中的氮分布[1]

馏分(沸程)/℃	氮含量/(μg/g)							
	大庆	胜利	孤岛	中原	二连	轮南	伊朗轻质	阿曼
原油	1600	4100	4300	1700	3600	1100	1200	1600
<200	0.8	3.0	2.4	1.6	<24	1.3	2.7	1.7
200~250	6.4	12.4	17.6	11.0	47	4.7	9.5	2.6
250~300	12.4	77.4	44.3	41.0	148	15.5	87.5	8.4
300~350	67.0	111	199	102	531	—	558	94.4
350~400	176	776	927	280	1221	240	1072	132
400~450	414	1000	1060	440	1700	615	1518	906
450~500	705	1600	1710	660	1900	1265	1948	1300
>500(渣油)	2900	8500	8800	5300	5400	2800	3700	5200
$\frac{渣油中氮}{原油中氮}$/%	90.9	92.2	92.5	93.5	89.2	64.9	70.4	88.9

2 产品质量指标

石油和石化产品质量指标及试验方法，均摘编自我国现行国家或行业标准，相关标准号已在文中注明，有关说明详见各自标准。随着时间的推移，标准版本会有更新，使用时要注意是否有更新的标准颁布。

2.1 油品

2.1.1 车用汽油(GB 17930—2016)

(1) 车用汽油(Ⅳ)

项目		质量指标			试验方法
		90	93	97	
抗爆性：					
研究法辛烷值(RON)	不小于	90	93	97	GB/T 5487
抗爆指数(RON+MON)/2	不小于	85	88	报告	GB/T 503、GB/T 5487
铅含量①/(g/L)	不大于	0.005			GB/T 8020
馏程：					GB/T 6536
10%蒸发温度/℃	不高于	70			
50%蒸发温度/℃	不高于	120			
90%蒸发温度/℃	不高于	190			
终馏点/℃	不高于	205			
残留量(体积分数)/%	不大于	2			
蒸气压②/kPa：					GB/T 8017
11月1日~4月30日		42~85			
5月1日~10月31日		40~68			
胶质含量/(mg/100mL)：					GB/T 8019
未洗胶质含量(加入清洁剂前)	不大于	30			
溶剂洗胶质含量	不大于	5			
诱导期/min	不小于	480			GB/T 8018
硫含量③/(mg/kg)	不大于	50			SH/T 0689
硫醇(满足下列指标之一，即判断为合格)：					
博士试验		通过			NB/SH/T 0174
硫醇硫含量/%	不大于	0.001			GB/T 1792

续表

项　　目		质量指标			试验方法
		90	93	97	
铜片腐蚀(50℃，3h)/级	不大于	1			GB/T 5096
水溶性酸或碱		无			GB/T 259
机械杂质及水分		无			目测④
苯含量⑤(体积分数)/%	不大于	1.0			SH/T 0713
芳烃含量⑥(体积分数)/%	不大于	40			GB/T 11132
烯烃含量⑥(体积分数)/%	不大于	28			GB/T 11132
氧含量⑦/%	不大于	2.7			NB/SH/T 0663
甲醇含量①/%	不大于	0.3			NB/SH/T 0663
锰含量⑧/(g/L)	不大于	0.008			SH/T 0711
铁含量①/(g/L)	不大于	0.01			SH/T 0712

① 车用汽油中，不得人为加入甲醇以及含铅或含铁的添加剂。

② 也可采用SH/T 0794进行测定，在有异议时，以GB/T 8017方法为准。换季时，加油站允许有15天的置换期。

③ 也可采用GB/T 11140，SH/T 0253，ASTM D7039进行测定，在有异议时，以SH/T 0689方法为准。

④ 将试样注入100mL玻璃量筒中观察，应当透明，没有悬浮和沉降的机械杂质和水分。在有异议时，以GB/T 511和GB/T 260方法为准。

⑤ 也可采用SH/T 0693进行测定，在有异议时，以SH/T 0713方法为准。

⑥ 对于97号车用汽油，在烯烃、芳烃总含量控制不变的前提下，可允许芳烃的最大值为42%(体积分数)。也可采用NB/SH/T 0741进行测定，在有异议时，以GB/T 11132方法为准。

⑦ 也可采用SH/T 0720进行测定，在有异议时，以NB/SH/T 0663方法为准。

⑧ 锰含量是指汽油中以甲基环戊二烯三羰基锰形式存在的总锰含量，不得加入其他类型的含锰添加剂。

(2) 车用汽油(Ⅴ)

项　　目		质量指标				试验方法
		89	92	95	98	
抗爆性						
研究法辛烷值(RON)	不小于	89	92	95	98	GB/T 5487
抗爆指数(RON+MON)/2	不小于	84	87	90	93	GB/T 503，GB/T 5487
铅含量①/(g/L)	不大于	0.005				GB/T 8020
馏程：						GB/T 6536
10%蒸发温度/℃	不高于	70				
50%蒸发温度/℃	不高于	120				
90%蒸发温度/℃	不高于	190				
终馏点/℃	不高于	205				
残留量(体积分数)/%	不大于	2				

续表

项目		质量指标				试验方法
		89	92	95	98	
蒸气压[②]/kPa 11 月 1 日至 4 月 30 日 5 月 1 日至 10 月 31 日		 45~85 40~65[③]				GB/T 8017
胶质含量/(mg/100mL) 未洗胶质含量(加入清洁剂前) 溶剂洗胶质含量	 不大于 不大于	 30 5				GB/T 8019
诱导期/min	不小于	480				GB/T 8018
硫含量[④]/(mg/kg)	不大于	10				SH/T 0689
硫醇(博士试验)		通过				NB/SH/T 0174
铜片腐蚀(50℃，3h)/级	不大于	1				GB/T 5096
水溶性酸或碱		无				GB/T 259
机械杂质及水分		无				目测[⑤]
苯含量[⑥](体积分数)/%	不大于	1.0				SH/T 0713
芳烃含量[⑦](体积分数)/%	不大于	40				GB/T 11132
烯烃含量[⑦](体积分数)/%	不大于	24				GB/T 11132
氧含量[⑧]/%	不大于	2.7				NB/SH/T 0663
甲醇含量[①]/%	不大于	0.3				NB/SH/T 0663
锰含量[①]/(g/L)	不大于	0.002				SH/T 0711
铁含量[①]/(g/L)	不大于	0.01				SH/T 0712
密度[⑨](20℃)/(kg/m^3)		720~775				GB/T 1884，GB/T 1885

① 车用汽油中，不得人为加入甲醇以及含铅、含铁和含锰的添加剂。

② 也可采用 SH/T 0794 进行测定，在有异议时，以 GB/T 8017 方法为准。换季时，加油站允许有 15 天的置换期。

③ 广东、海南全年执行此项要求。

④ 也可采用 GB/T 11140、SH/T 0253、ASTM D7039 进行测定，在有异议时，以 SH/T 0689 方法为准。

⑤ 将试样注入 100mL 玻璃量筒中观察，应当透明，没有悬浮和沉降的机械杂质和水分。在有异议时，以 GB/T 511 和 GB/T 260 方法为准。

⑥ 也可采用 GB/T 28768、GB/T 30519 和 SH/T 0693 进行测定，在有异议时，以 SH/T 0713 方法为准。

⑦ 对于 95 号、98 号车用汽油，在烯烃、芳烃总含量控制不变的前提下，可允许芳烃的最大值为 42%(体积分数)。也可采用 GB/T 28768、GB/T 30519、NB/SH/T 0741 进行测定，在有异议时，以 GB/T 11132 方法为准。

⑧ 也可采用 SH/T 0720 进行测定，在有异议时，以 NB/SH/T 0663 方法为准。

⑨ 也可采用 SH/T 0604 进行测定，在有异议时，以 GB/T 1884、GB/T 1885 方法为准。

(3) 车用汽油(ⅥA/ⅥB)

项　目		质量指标(ⅥA/ⅥB)				试验方法
		89	92	95	98	
抗爆性						
研究法辛烷值(RON)	不小于	89	92	95	98	GB/T 5487
抗爆指数(RON+MON)/2	不小于	84	87	90	93	GB/T 503, GB/T 5487
铅含量①/(g/L)	不大于	0.005				GB/T 8020
馏程:						GB/T 6536
10%蒸发温度/℃	不高于	70				
50%蒸发温度/℃	不高于	110				
90%蒸发温度/℃	不高于	190				
终馏点/℃	不高于	205				
残留量(体积分数)/%	不大于	2				
蒸气压②/kPa						GB/T 8017
11月1日至4月30日		45~85				
5月1日至10月31日		40~65③				
胶质含量/(mg/100mL)						GB/T 8019
未洗胶质含量(加入清洁剂前)	不大于	30				
溶剂洗胶质含量	不大于	5				
诱导期/min	不小于	480				GB/T 8018
硫含量④/(mg/kg)	不大于	10				SH/T 0689
硫醇(博士试验)		通过				NB/SH/T 0174
铜片腐蚀(50℃, 3h)/级	不大于	1				GB/T 5096
水溶性酸或碱		无				GB/T 259
机械杂质及水分		无				目测⑤
苯含量⑥(体积分数)/%	不大于	0.8				SH/T 0713
芳烃含量⑦(体积分数)/%	不大于	35				GB/T 30519
烯烃含量⑦(体积分数)/%	不大于	18/15			15	GB/T 30519
氧含量⑧/%	不大于	2.7				NB/SH/T 0663
甲醇含量①/%	不大于	0.3				NB/SH/T 0663

续表

项　　目		质量指标(ⅥA/ⅥB)				试验方法
		89	92	95	98	
锰含量①/(g/L)	不大于	0.002				SH/T 0711
铁含量①/(g/L)	不大于	0.01				SH/T 0712
密度⑨(20℃)/(kg/m³)		720~775				GB/T 1884，GB/T 1885

① 车用汽油中，不得人为加入甲醇以及含铅、含铁和含锰的添加剂。

② 也可采用 SH/T 0794 进行测定，在有异议时，以 GB/T 8017 方法为准。换季时，加油站允许有 15 天的置换期。

③ 广东、海南全年执行此项要求。

④ 也可采用 GB/T 11140、SH/T 0253、ASTM D7039 进行测定，在有异议时，以 SH/T 0689 方法为准。

⑤ 将试样注入 100mL 玻璃量筒中观察，应当透明，没有悬浮和沉降的机械杂质和水分。在有异议时，以 GB/T 511 和 GB/T 260 方法为准。

⑥ 也可采用 GB/T 28768、GB/T 30519 和 SH/T 0693 进行测定，在有异议时，以 SH/T 0713 方法为准。

⑦ 也可采用 GB/T 11132、GB/T 28768 进行测定，在有异议时，以 GB/T 30519 方法为准。

⑧ 也可采用 SH/T 0720 进行测定，在有异议时，以 NB/SH/T 0663 方法为准。

⑨ 也可采用 SH/T 0604 进行测定，在有异议时，以 GB/T 1884、GB/T 1885 方法为准。

2.1.2　车用甲醇汽油(M85)(GB/T 23799—2021)

项　　目	单位	质量指标	试验方法
外观①	—	橘红色透明液体，不分层，不含悬浮和沉降的机械杂质	目测
甲醇②(体积分数)	%	82~86	附录 A
蒸气压③ 11 月 1 日至 4 月 30 日 5 月 1 日至 10 月 31 日	kPa	 45~78 40~65④	SH/T 0794
铅含量⑤	g/L	≤0.0025	GB/T 8020
硫含量⑥	mg/kg	≤5	GB/T 34100
酸度(按乙酸计算)	mg/kg	≤50	ASTM D1613
溶剂洗胶质	mg/100 mL	≤5	GB/T 8019
未洗胶质	mg/100 mL	≤20	GB/T 8019
有机氯含量	mg/kg	≤2	GB/T 18612
无机氯含量⑦(以 Cl^- 计)	mg/kg	≤1	附录 B

续表

项　　目	单位	质量指标	试验方法
钠含量	mg/kg	≤2	GB/T 17476
水分[8]	%	≤0.5	ASTM E203
锰含量[9]	mg/L	≤2	NB/SH/T 0711
铜片腐蚀(50℃，3h)	级	≤1	GB/T 5096
应加入有效的金属腐蚀抑制剂和有效的符合 GB 19592 的车用汽油清净剂。			

① 将试样注入 100mL 玻璃量筒中观察，应当为橘红色透明液体，没有悬浮和沉降的机械杂质，在有异议时，以 GB/T 511 方法测定结果为准；橘红色是由于在车用甲醇汽油(M85)中加入了染料后形成的颜色；染料可选用烛红(别名苏丹四)，如选用烛红时，添加量应为 8~10mg/kg，烛红染料索引号为 C. I. Solvent Red 24(26105)，也可选用其他适宜染料。

② 也可采用 ASTM D7920 进行测定，在有异议时，以附录 A 方法测定结果为准。

③ 换季时，加油站允许有 15 天的置换期。

④ 广东、广西、海南全年执行此项要求。

⑤ 也可采用 ASTM D5059 进行测定，在有异议时，以 GB/T 8020 方法测定结果为准。采用试验方法 ASTM D5059 时，需用甲醇(分析纯试剂)作为溶剂来制备校准溶液，以防止碳氢比较大的差异而引起误差。车用甲醇汽油(M85)中，不应人为加入含铅的添加剂。

⑥ 也可采用 SH/T 0689、GB/T 11140，SH/T 0253 进行测定，在有异议时，以 GB/T 34100 方法方准。

⑦ 也可采用 ASTM D7328、ASTM D512(方法 C)进行测定，在有异议时，以附录 B 方法测定结果为准。

⑧ 也可采用 GB/T 6283、ASTM D7923 进行测定，在有异议时，以 ASTM E203 方法测定结果为准。

⑨ 车用甲醇汽油(M85)中，不应人为加入含锰的添加剂。

2.1.3 车用乙醇汽油(E10)(GB 18351—2017)

(1) 车用乙醇汽油(E10)(Ⅴ)

项　　目		质量指标				试验方法
		89	92	95	98	
抗爆性						
研究法辛烷值(RON)	不小于	89	92	95	98	GB/T 5487
抗爆指数(RON+MON)/2	不小于	84	87	90	93	GB/T 503，GB/T 5487
铅含量[1]/(g/L)	不大于	0.005				GB/T 8020
馏程：						GB/T 6536
10%蒸发温度/℃	不高于	70				
50%蒸发温度/℃	不高于	120				
90%蒸发温度/℃	不高于	190				
终馏点/℃	不高于	205				
残留量(体积分数)/%	不大于	2				

续表

项　目		质量指标				试验方法
		89	92	95	98	
蒸气压[②]/kPa 　11 月 1 日至 4 月 30 日 　5 月 1 日至 10 月 31 日		 45~85 40~65[③]				GB/T 8017
胶质含量/(mg/100mL) 　未洗胶质含量(加入清洁剂前) 　溶剂洗胶质含量	不大于	 30 5				GB/T 8019
诱导期/min	不小于	480				GB/T 8018
硫含量[④]/(mg/kg)	不大于	10				SH/T 0689
硫醇(博士试验)		通过				NB/SH/T 0174
铜片腐蚀(50℃, 3h)/级	不大于	1				GB/T 5096
水溶性酸或碱		无				GB/T 259
机械杂质[⑤]		无				GB/T 511
水分/%	不大于	0.20				SH/T 0246
乙醇含量(体积分数)/%		10.0±2.0				NB/SH/T 0663
其他有机含氧化合物含量[⑥]/%	不大于	0.5				NB/SH/T 0663
苯含量[⑦](体积分数)/%	不大于	1.0				SH/T 0693
芳烃含量[⑧](体积分数)/%	不大于	40				GB/T 11132
烯烃含量[⑧](体积分数)/%	不大于	24				GB/T 11132
锰含量[①]/(g/L)	不大于	0.002				SH/T 0711
铁含量[①]/(g/L)	不大于	0.010				SH/T 0712
密度[⑨](20℃)/(kg/m^3)		720~775				GB/T 1884, GB/T 1885

① 车用乙醇汽油(E10)中，不得人为加入含铅、含铁、含锰的添加剂。

② 也可采用 SH/T 0794 进行测定，在有异议时，以 GB/T 8017 方法为准。换季时，加油站允许有 15 天的置换期。

③ 广西全年执行此项要求，广东、海南两省使用车用乙醇汽油(E10)的地区全年执行此项要求。

④ 也可采用 GB/T 11140、SH/T 0253、ASTM D7039 进行测定，在有异议时，以 SH/T 0689 方法为准。

⑤ 也可采用目测法：将试样注入 100mL 玻璃量筒中观察，应当透明，没有悬浮和沉降的机械杂质及分层。在有异议时，以 GB/T 511 方法为准。

⑥ 不得人为加入。也可采用 SH/T 0720 进行测定，在有异议时，以 NB/SH/T 0663 方法为准。

⑦ 也可采用 SH/T 0713、GB/T 28768、GB/T 30519 进行测定。在有异议时，以 SH/T 0693 方法为准。

⑧ 对于 95 号和 98 号车用乙醇汽油(E10)。在烯烃、芳烃总含量控制不变的前提下。可允许芳烃含量的最大值为 42%(体积分数)。也可采用 GB/T 28768, GB/T 30519, NB/SH/T 0741 进行测定，在有异议时，以 GB/T 11132 方法为准。

⑨ 也可采用 SH/T 0604 进行测定，在有异议时，以 GB/T 1884、GB/T 1885 方法为准。

(2)车用乙醇汽油(E10)(ⅥA/ⅥB)

项目		质量指标(ⅥA/ⅥB)				试验方法
		89	92	95	98	
抗爆性						
研究法辛烷值(RON)	不小于	89	92	95	98	GB/T 5487
抗爆指数(RON+MON)/2	不小于	84	87	90	93	GB/T 503，GB/T 5487
铅含量①/(g/L)	不大于	0.005				GB/T 8020
馏程：						GB/T 6536
10%蒸发温度/℃	不高于	70				
50%蒸发温度/℃	不高于	110				
90%蒸发温度/℃	不高于	190				
终馏点/℃	不高于	205				
残留量(体积分数)/%	不大于	2				
蒸气压②/kPa						GB/T 8017
11月1日至4月30日		45~85				
5月1日至10月31日		40~65③				
胶质含量/(mg/100mL)	不大于					GB/T 8019
未洗胶质含量(加入清洁剂前)		30				
溶剂洗胶质含量		5				
诱导期/min	不小于	480				GB/T 8018
硫含量④/(mg/kg)	不大于	10				SH/T 0689
硫醇(博士试验)		通过				NB/SH/T 0174
铜片腐蚀(50℃，3h)/级	不大于	1				GB/T 5096
水溶性酸或碱		无				GB/T 259
机械杂质⑤		无				GB/T 511
水分/%	不大于	0.20				SH/T 0246
乙醇含量(体积分数)/%		10.0±2.0				NB/SH/T 0663
其他有机含氧化合物含量⑥/%	不大于	0.5				NB/SH/T 0663
苯含量⑦(体积分数)/%	不大于	0.8				SH/T 0693
芳烃含量⑧(体积分数)/%	不大于	35				GB/T 30519
烯烃含量⑨(体积分数)/%	不大于	18/15			15	GB/T 30519

续表

项目		质量指标(Ⅵ A / Ⅵ B)				试验方法
		89	92	95	98	
锰含量①/(g/L)	不大于	0.002				SH/T 0711
铁含量①/(g/L)	不大于	0.010				SH/T 0712
密度⑨(20℃)/(kg/m^3)		720~775				GB/T 1884，GB/T 1885

① 车用乙醇汽油(E10)中，不得人为加入含铅、含铁、含锰的添加剂。

② 也可采用SH/T 0794进行测定，在有异议时，以GB/T 8017方法为准。换季时，加油站允许有15天的置换期。

③ 广西全年执行此项要求。广东、海南两省使用车用乙醇汽油(E10)的地区全年执行此项要求。

④ 也可采用GB/T 11140、SH/T 0253、ASTM D7039进行测定，在有异议时，以SH/T 0689方法为准。

⑤ 也可采用目测法：将试样注入100mL玻璃量筒中观察，应当透明，没有悬浮和沉降的机械杂质及分层。在有异议时，以GB/T 511方法为准。

⑥ 不得人为加入。也可采用SH/T 0720进行测定，在有异议时，以NB/SH/T 0663方法为准。

⑦ 也可采用SH/T 0713、GB/T 28768、GB/T 30519进行测定。在有异议时，以SH/T 0693方法为准。

⑧ 也可采用GB/T 11132、GB/T 28768进行测定。在有异议时，以GB/T 30519方法为准。

⑨ 也可采用SH/T 0604进行测定，在有异议时，以GB/T 1884、GB/T 1885方法为准。

2.1.4 汽油调合用甲基叔丁基醚(NB/SH/T 0947—2017)

项目		质量指标		试验方法
		S10	S50	
外观		无色透明液体		目测①
机械杂质②		无		GB/T 511
甲基叔丁基醚/%	不小于	96.0		SH/T 1550
甲醇/%	不大于	0.50		SH/T 1550
叔丁醇/%		报告		SH/T 1550
硫含量③/(mg/kg)	不大于	10	50	SH/T 0689
水含量④/%	不大于	0.10		SH/T 0246
溶剂洗胶质含量/(mg/100mL)	不大于	5		GB/T 8019
蒸气压⑤/kPa	不大于	62		GB/T 8017
铜片腐蚀(50℃，3h)/级	不大于	1		GB/T 5096
密度(20℃)/(kg/m^3)		报告		GB/T 1884和GB/T 1885，SH/T 0604

① 将试样注入100mL具塞玻璃量筒中，在室温(20±5)℃下直接观察。

② 允许目测法，即将试样注入100mL具塞玻璃量筒中，在室温(20±5)℃下观察，应没有悬浮和沉降的机械杂质。在有异议时，以GB/T 511方法为准。

③ 允许用GB/T 11140，SH/T 0253，NB/SH/T 0842进行测定，在有异议时，以GB/T 0689方法为准。

④ 允许用GB/T 6283进行测定，在有异议时，以SH/T 0246方法为准。

⑤ 允许用SH/T 0794进行测定，在有异议时，以GB/T 8017方法为准。

2.1.5　航空活塞式发动机燃料(GB 1787—2018)

项目		质量指标					试验方法
		75 号	UL91 号	95 号	100 号	100LL 号	
马达法辛烷值	不小于	75.0	91.0	95.0	99.6	99.6	GB/T 503
品度	不小于	—	—	130	130	130	SH/T 0506
铅含量①							ASTM D5059
四乙基铅/(g/kg)	不大于	—	0.028	3.2	2.4	1.2	
铅/(g/L)	不大于	—	0.013	1.48	1.12	0.56	
净热值②/(MJ/kg)	不小于	—	43.5	43.5	43.5	43.5	GB/T 384
颜色		无色	无色	橙色	绿色	蓝色	ASTM D2392
染色剂加入量/(mg/L)	不大于						—
蓝色		—	—	—	2.7	2.7	—
黄色		—	—	—	2.8	—	—
橙色		—	—	14.5	—	—	—
密度③(20℃)/(kg/m³)		报告					GB/T 1884、GB/T 1885
馏程							GB/T 6536
初馏点/℃	不低于	40	报告	40	报告		
10%蒸发温度/℃	不高于	80	75	80	75		
40%蒸发温度/℃	不低于	—	75	—	75		
50%蒸发温度/℃	不高于	105	105	105	105		
90%蒸发温度/℃	不高于	145	135	145	135		
终馏点/℃	不高于	180	170	180	170		
10%与50%蒸发温度之和/℃	不低于	—	135	—	135		
残留量(体积分数)/%	不大于	1.5	1.5	1.5	1.5		
损失量(体积分数)/%	不大于	1.5	1.5	1.5	1.5		
蒸气压④/kPa		27.0~48.0	38.0~49.0	27.0~48.0	38.0~49.0		SH/T 0794
酸度⑤(以 KOH 计)/(mg/100mL)	不大于	1.0	—	1.0	—		GB/T 258
冰点⑥/℃	不高于	-58.0					GB/T 2430
硫含量⑦/%	不大于	0.05					SH/T 0689
氧化安定性(5h 老化)							SH/T 0585
潜在胶质/(mg/100mL)	不大于	6					
显见铅沉淀/(mg/100mL)	不大于	—		3			
铜片腐蚀(100℃, 2h)/级	不大于	1					GB/T 5096
水溶性酸或碱		无					GB/T 259

续表

项目		质量指标					试验方法
		75 号	UL91 号	95 号	100 号	100LL 号	
机械杂质及水分		无					目测[⑧]
芳烃[⑨](体积分数)/%	不大于	30	—	35	—		GB/T 11132
水反应 体积变化/mL	不大于	±2					GB/T 1793
允许加入的抗氧剂为 2，6-二叔丁基对甲酚。 允许加入成品中的蓝色染料为 1，4-二烷基氨基蒽醌；黄色染料为对二乙基氨偶氮苯(颜色索引号 No. 11021)或为 1，3-间苯二酚-2，4-二偶氮烷基酚；橙色染料为油溶黄。 与用户协商加入抗静电剂，应符合有关规定的要求。							

① 也可采用 GB/T 2432 方法测定，当测试结果发生争议时，以 ASTM D5059 为仲裁方法。当样品的铅含量大于 1.32g/L 时，应采用 GB/T 2432 方法测定。

② 净热值应在加乙基液前测定。也可采用 GB/T 2429、ASTM D3338 方法测定，当净热值测试结果发生争议时，以 GB/T 384 为仲裁方法。采用 GB/T 2429 测定净热值时，方法中硫含量的测定除 GB/T 380 以外，还可采用 GB/T 11140、GB/T 17040、SH/T 0253、SH/T 0689、NB/SH/T 0842 等方法，当硫含量的测试结果发生争议时，以 SH/T 0689 为仲裁方法。

③ 也可采用 SH/T 0604 方法测定，当测试结果发生争议时，以 GB/T 1884、GB/T 1885 为仲裁方法。

④ 也可采用 GB/T 8017 方法测定，当测试结果发生争议时，以 SH/T 0794 为仲裁方法。

⑤ 酸度应在加乙基液前测定。

⑥ 当冷却至-58℃下还没有结晶出现时，可以报告冰点小于-58℃。也可采用 SH/T 0770 方法测定，当测试结果发生争议时，以 GB/T 2430 为仲裁方法。

⑦ 也可采用 GB/T 380、GB/T 11140、GB/T 17040、SH/T 0253、SH/T 0689、NB/SH/T 0842 等方法测定，当测试结果发生争议时，以 SH/T 0689 为仲裁方法。

⑧ 将油样注入 100mL 的玻璃量筒中观察，应当透明，没有悬浮和沉降的机械杂质及水，对实验结果有异议时，以 GB/T 511 和 GB/T 260 为仲裁方法。

⑨ 芳烃应在加乙基液前测定。

2.1.6　煤油(GB 253—2008)

项　　目		质 量 指 标		试验方法
		1	2	
色度/号	不小于	+25	+16	GB/T 3555
硫醇硫/%	不大于	0.003		GB/T 1792
硫含量[①]/%	不大于	0.04	0.10	GB/T 380 GB/T 11140 GB/T 17040 SH/T 0253 SH/T 0689

续表

项　目		质量指标		试验方法
		1	2	
馏程				
10%馏出温度/℃	不高于	205		GB/T 6536
终馏点/℃	不高于	300		
闪点(闭口)/℃	不低于	38		GB/T 261
冰点②/℃	不高于	-30		GB/T 2430 SH/T 0770
运动黏度(40℃)/(mm^2/s)		1.0~1.9		GB/T 265
铜片腐蚀(100℃, 3h)/级	不大于	1		GB/T 5096
机械杂质及水分		无		目测③
水溶性酸或碱		无		GB/T 259
密度④(20℃)/(kg/m^3)	不大于	840		GB/T 1884 和 GB/T 1885、 SH/T 0604
燃烧性⑤:				
1)16h 试验				
平均燃烧速率/(g/h)		18~26	—	GB/T 11130
火焰宽度变化/mm	不大于	6	—	
火焰高度降低/mm	不大于	5	—	
灯罩附着物颜色	不深于	轻微白色	—	
或 2)8h 试验+烟点				
8h 试验		合格	合格	SH/T 0178
烟点/mm	不小于	25	20	GB/T 382

① 有争议时以 SH/T 0253 为仲裁试验方法。

② 有争议时以 GB/T 2430 为仲裁试验方法。

③ 目测方法是：将样品注入 100mL 玻璃量筒中，在室温(20±5)℃下观察，透明、没有悬浮和沉降物，即为无机械杂质及水分。有争议时以 GB/T 511 和 GB/T 260 为仲裁试验方法。

④ 有争议时以 GB/T 1884 及 GB/T 1885 为仲裁试验方法。

⑤ 有争议时以 GB/T 11130 为仲裁试验方法。

2.1.7　3 号喷气燃料(GB 6537—2018)

项　目		指标	试验方法
外观		室温下清澈透明， 目视无不溶解水及固体物质	目测
颜色	不小于	+25①	GB/T 3555

续表

项　　目		指标	试验方法
组成			
总酸值(以 KOH 计)/(mg/g)	不大于	0.015	GB/T 12574
芳烃(体积分数)/%	不大于	20.0②	GB/T 11132
烯烃(体积分数)/%	不大于	5.0	GB/T 11132
总硫/%	不大于	0.20	SH/T 0689③
硫醇硫④/%	不大于	0.0020	GB/T 1792
或博士试验		通过	NB/SH/T 0174
直馏组分体积分数/%		报告	—
加氢精制组分体积分数/%		报告	—
加氢裂化组分体积分数/%		报告	—
合成烃组分体积分数/%		报告	—
挥发性			
馏程:			
初馏点/℃		报告	GB/T 6536⑤
10%回收温度/℃	不高于	205	
20%回收温度/℃		报告	
50%回收温度/℃	不高于	232	
90%回收温度/℃		报告	
终馏点/℃	不高于	300	
残留量(体积分数)/%	不大于	1.5	
损失量(体积分数)/%	不大于	1.5	
闪点(闭口)/℃	不低于	38	GB/T 21789⑥
密度(20℃)/(kg/m^3)		775~830	GB/T 1884、GB/T 1885⑦
流动性			
冰点/℃	不高于	-47	GB/T 2430⑧
运动黏度/(mm^2/s)			GB/T 265⑨
20℃	不小于	1.25⑩	
-20℃	不大于	8.0	
燃烧性			
净热值/(MJ/kg)	不小于	42.8	GB/T 384⑪
烟点/mm	不小于	25.0	GB/T 382
或烟点最小为 20mm 时,			
萘系烃含量(体积分数)/%	不大于	3.0	SH/T 0181
腐蚀性			
铜片腐蚀(100℃, 2h)/级	不大于	1	GB/T 5096
银片腐蚀⑫(50℃, 4h)/级	不大于	1	SH/T 0023

续表

项　　目		指标	试验方法
安定性			
热安定性(260℃，2.5h)			GB/T 9169
压力降/kPa	不大于	3.3	
管壁评级/级		小于3，且无孔雀蓝色或异常沉淀物	
洁净性			
胶质含量/(mg/100mL)	不大于	7	GB/T 8019⑬
水反应⑭			GB/T 1793
界面情况/级	不大于	1b	
分离程度/级	不大于	2	
固体颗粒污染物含量/(mg/L)	不大于	1.0	SH/T 0093
导电性			
电导率⑮(pS/m)		50～600	GB/T 6539
水分离指数			SH/T 0616
未加抗静电剂	不小于	85	
或加入抗静电剂	不小于	70	
润滑性			
磨痕直径 WSD/mm	不大于	0.65⑯	SH/T 0687
经铜精制工艺的喷气燃料，油样应按 SH/T 0182 方法测定铜离子含量，不大于 150μg/kg。			

① 民用喷气燃料颜色为“报告”。从供应商输送到客户过程中，客户接收喷气燃料时，颜色若出现变化，执行以下要求：初始赛波特颜色大于+25，变化不大于8；初始赛波特颜色在15～25之间，变化不大于5；初始赛波特颜色小于15时，变化不大于3。

② 对于民用航空燃料规定为体积分数不大于25.0%。

③ 硫含量的测定也可采用 GB/T 380、GB/T 11140、GB/T 17040、SH/T 0253、NB/SH/T 0842，有争议时以 SH/T 0689 为准。

④ 硫醇硫和博士试验可任做一项，当硫醇硫和博士试验发生争议时，以硫醇硫为准。

⑤ 所有符合本标准的燃料在 GB/T 6536 方法中应分在第四组，冷凝管温度为0～4℃。

⑥ 闪点的测定也可以采用 GB/T 21929 和 GB/T 261，如有争议时以 GB/T 21789 为准。

⑦ 密度的测定也可采用 SH/T 0604 方法，如有争议时以 GB/T 1884、GB/T 1885 为准。

⑧ 冰点的测定也可采用 SH/T 0770 方法，如有争议时以 GB/T 2430 为准。

⑨ 黏度的测定也可采用 GB/T 30515 方法，如有争议时以 GB/T 265 为准。

⑩ 对于民用航空燃料，20℃的黏度指标不做要求。

⑪ 净热值的测定也可采用 GB/T 2429、ASTM D3338 方法，如有争议时以 GB/T 384 为准。

⑫ 对于民用航空燃料，此项指标可不要求。

⑬ 胶质的测定也可采用 GB/T 509，如有争议时以 GB/T 8019 为准。

⑭ 对于民用航空燃料，对此项指标不做要求。

⑮ 燃料离厂时要求大于150pS/m(20℃)。如燃料不要求加抗静电剂，对此项指标不做要求。

⑯ 民用航空燃料要求 WSD 不大于0.85mm。

2.1.8　车用柴油(GB 19147—2016)

车用柴油(Ⅳ)、车用柴油(Ⅴ)和车用柴油(Ⅵ)的技术要求:

项目			质量指标						试验方法
			5号	0号	-10号	-20号	-35号	-50号	
氧化安定性(以总不溶物计)/(mg/100mL)	不大于		2.5						SH/T 0175
硫含量①/(mg/kg)	不大于	Ⅳ号	50						SH/T 0689
		Ⅴ号	10						
		Ⅵ号	10						
酸度(以 KOH 计)/(mg/100mL)	不大于		7						GB/T 258
10%蒸余物残炭②/%	不大于		0.3						GB/T 17144
灰分(质量分数)/%	不大于		0.01						GB/T 508
铜片腐蚀(50℃,3h)/级	不大于		1						GB/T 5096
水含量③(体积分数)/%	不大于		痕迹						GB/T 260
机械杂质④		Ⅳ号	无						GB/T 511
		Ⅴ号	无						
污染物含量/(mg/kg)	不大于	Ⅵ号	24						GB/T 33400
润滑性 校正磨痕直径(60℃)/μm	不大于		460						SH/T 0765
多环芳烃含量⑤/%	不大于	Ⅳ号	11						SH/T 0806
		Ⅴ号	11						
		Ⅵ号	7						
运动黏度⑥(20℃)/(mm^2/s)			3.0~8.0		2.5~8.0		1.8~7.0		GB/T 265
凝点/℃	不高于		5	0	-10	-20	-35	-50	GB/T 510
冷滤点/℃	不高于		8	4	-5	-14	-29	-44	SH/T 0248
闪点(闭口)/℃	不低于		60			50	45		GB/T 261
十六烷值	不小于	Ⅳ号	49			46	45		GB/T 386
		Ⅴ号	51			49	47		
		Ⅵ号	51			49	47		
十六烷指数⑦	不小于		46			46	43		SH/T 0694
馏程:									GB/T 6536
50%回收温度/℃	不高于		300						
90%回收温度/℃	不高于		355						
95%回收温度/℃	不高于		365						

续表

项目		质量指标						试验方法
		5号	0号	-10号	-20号	-35号	-50号	
密度[⑧](20℃)/(kg/m³)		810~850(Ⅳ号) 810~850(Ⅴ号) 810~845(Ⅵ号)			790~840			GB/T 1884 GB/T 1885
脂肪酸甲酯含量[⑨](体积分数)/%	不大于	1.0						NB/SH/T 0916

① 也可采用 GB/T 11140 和 ASTM D7039 进行测定，结果有异议时，以 SH/T 0689 方法为准。

② 也可采用 GB/T 268 进行测定，结果有异议时，以 GB/T 17144 方法为准。若车用柴油中含有硝酸酯型十六烷值改进剂，10%蒸余物残炭的测定使用不加硝酸酯的基础燃料进行。

③ 可用目测法，即将试样注入 100mL 玻璃量筒中，在室温(20±5)℃下观察，应当透明，没有悬浮和沉降的水分。也可采用 GB/T 11133 和 SH/T 0246 测定，结果有异议时，以 GB/T 260 方法为准。

④ 可用目测法，即将试样注入 100mL 玻璃量筒中，在室温(20±5)℃下观察，应当透明，没有悬浮和沉降的杂质。结果有异议时，以 GB/T 511 方法为准。

⑤ 也可采用 SH/T 0606 进行测定，结果有异议时，以 SH/T 0806 方法为准。

⑥ 也可采用 GB/T 30515 进行测定，结果有异议时，以 GB/T 265 方法为准。

⑦ 十六烷指数的计算也可采用 GB/T 11139。结果有异议时，以 SH/T 0694 方法为准。

⑧ 也可采用 SH/T 0604 进行测定，结果有异议时，以 GB/T 1884 和 GB/T 1885 方法为准。

⑨ 脂肪酸甲酯应满足 GB/T 20828 要求。也可采用 GB/T 23801 进行测定，结果有异议时，以 NB/SH/T 0916 方法为准。

2.1.9 润滑油基础油(Q/SH PRD0731—2018)

润滑油基础油根据饱和烃含量、硫含量、黏度指数可分为 0 类、Ⅰ类、Ⅱ类、Ⅲ类。0 类基础油包括 MVI，Ⅰ类基础油包括 HVI Ⅰa、Ⅰb、Ⅰc，Ⅱ类基础油包括 HVI Ⅱ和Ⅱ⁺，Ⅲ类基础油包括 HVI Ⅲ和Ⅲ⁺，详细分类见表 2-1。

表 2-1 润滑油基础油分类

项目	类别							
	0类	Ⅰ类			Ⅱ类		Ⅲ类	
	MVI	HVI Ⅰa	HVI Ⅰb	HVI Ⅰc	HVI Ⅱ	HVI Ⅱ⁺	HVI Ⅲ	HVI Ⅲ⁺
饱和烃含量/%	<90 和/或	<90 和/或	<90 和/或	<90 和/或	≥90	≥96	≥98	≥98
硫含量/%	≥0.03	≥0.03	≥0.03	≥0.03	<0.03	<0.03	<0.03	<0.03
黏度指数	≥60	≥80	≥90	≥95	90~<110[①]	≥110	≥120	≥130

① 2 号不要求。

0 类 MVI 基础油技术要求和试验方法见表 2-2，Ⅰ类 HVI Ⅰa、Ⅰb、Ⅰc 基础油技术要求和试验方法见表 2-3~表 2-5，Ⅱ类 HVI Ⅱ和Ⅱ⁺基础油技术要求和试验方法见表 2-6 和表 2-7，Ⅲ类 HVI Ⅲ和Ⅲ⁺基础油技术要求和试验方法见表 2-8 和表 2-9。

表 2-2 0 类 MVI 基础油技术要求和试验方法

项目		MVI		试验方法
牌号①		150	500	
外观		透明无絮状物		目测②
运动黏度/(mm^2/s)	40℃	28.0~<34.0	90.0~<110	GB/T 265③
	100℃	报告		
色度/号	不大于	1.5	4.0	GB/T 6540
饱和烃含量/%		报告		SH/T 0753
硫含量/%		报告		SH/T 0689④
黏度指数	不小于	75	60	GB/T 1995⑤
闪点(开口)/℃	不低于	170	215	GB/T 3536
倾点/℃	不高于	-9	-5	GB/T 3535
酸值/(mgKOH/g)	不大于	0.05	报告	GB/T 7304⑥
残炭值/%	不大于	—	0.15	GB/T 17144⑦
密度(20℃)/(kg/m^3)		报告		SH/T 0604⑧
碱性氮含量/(μg/g)		报告		SH/T 0162
水分/%	不大于	痕迹		目测⑨
机械杂质		无		目测⑩
氧化安定性旋转氧弹⑪(150℃)/min	不小于	180	130	SH/T 0193

① 150、500 为 40℃赛氏黏度整数值。

② 将油品注入 100mL 洁净量筒中，油品应均匀透明无絮状物。如有争议，将油温控制在(15±2)℃下，应均匀透明无絮状物。

③ 也可以采用 GB/T 30515 方法，有争议时，以 GB/T 265 为仲裁方法。

④ 也可以采用 GB/T 387、GB/T 17040、GB/T 11140、SH/T 0253 方法。

⑤ 也可以采用 GB/T 2541 方法，有争议时，以 GB/T 1995 为仲裁方法。

⑥ 也可以采用 GB/T 4945 方法，有争议时，以 GB/T 7304 为仲裁方法。

⑦ 也可以采用 GB/T 268 方法。有争议时，以 GB/T 17144 为仲裁方法。

⑧ 也可以采用 GB/T 1884 和 GB/T 1885 方法。

⑨ 将试样注入 100mL 玻璃量筒中观察，应当透明，没有悬浮和沉降的水分。在有异议时，以 GB/T 260 方法为准。

⑩ 将试样注入 100mL 玻璃量筒中观察，应当透明，没有悬浮和沉降的机械杂质。在有异议时，以 GB/T 511 方法为准。

⑪ 试验补充规定：1. 加入 0.8%抗氧剂 T501(2，6-二叔丁基对甲酚)。采用精度为千分之一的天平，称取 0.88g T501 于 250mL 烧杯中，继续加入待测油样，至总量为 110g(供平行试验用)。将油样均匀加热至 50~60℃，搅拌 15min，冷却后装入玻璃瓶备用。

2. 试验用铜丝最好使用一次即更换。

3. 建议抗氧剂 2，6-二叔丁基对甲酚(T501) 采用一级品。

表 2-3　Ⅰ类 HVI Ⅰa 基础油技术要求和试验方法

项目		HVI Ⅰa										试验方法
牌号①		75	150	350	400	500	650	750	900	120BS	150BS	
外观		透明无絮状物										目测②
运动黏度/(mm²/s)	40℃	12.0~<16.0	28.0~<34.0	62.0~<74.0	74.0~<90.0	90.0~<110	120~<135	135~<160	160~<180	报告		GB/T 265③
	100℃	报告								22~<28	28~<34	
色度/号	不大于	0.5	1.5	3.0	3.5	4.0	5.0			5.5	6.0	GB/T 6540
饱和烃含量/%		报告										SH/T 0753
硫含量/%		报告										SH/T 0689④
黏度指数	不小于	85		80								GB/T 1995⑤
闪点(开口)/℃	不低于	175	200	220	225	235	255			275	290	GB/T 3536
倾点/℃	不高于	-12	-9	-5								GB/T 3535
浊点/℃		—				报告						GB/T 6986
酸值/(mgKOH/g)	不大于	0.02	0.05			报告						NB/SH/T 0836⑥ GB/T 7304⑦
残炭值/%	不大于	—		0.10		0.15	0.30		0.50	0.60	0.70	GB/T 17144⑧
蒸发损失率(Noack 法)(250℃，1h)/%	不大于	—	报告	—								NB/SH/T 0059⑨
密度(20℃)/(kg/m³)		报告										SH/T 0604⑩
苯胺点/℃		报告										GB/T 262

续表

项目	HVI Ⅰa										试验方法
牌号①	75	150	350	400	500	650	750	900	120BS	150BS	
碱性氮含量/(μg/g)	报告										SH/T 0162
水分/% 不大于	痕迹										目测⑪
机械杂质	无										目测⑫
氧化安定性旋转氧弹⑬(150℃)/min 不小于	180				130				110		SH/T 0193
泡沫性(泡沫倾向/泡沫稳定)/(mL/mL)	报告										GB/T 12579

① 75~900 为 40℃赛氏黏度整数值，120~150BS 为 100℃赛氏黏度整数值。

② 将油品注入 100mL 洁净量筒中，油品应均匀透明无絮状物，如有争议，将油温控制在(15±2)℃下，应均匀透明无絮状物。

③ 也可以采用 GB/T 30515 方法。有争议时，以 GB/T 265 为仲裁方法。

④ 也可以采用 GB/T 387、GB/T 17040、GB/T 11140、SH/T 0253 方法。

⑤ 也可以采用 GB/T 2541 方法，有争议时，以 GB/T 1995 为仲裁方法。

⑥ 75 号采用该方法。

⑦ 75 号以上牌号也可以采用 GB/T 4945 方法。有争议时，以 GB/T 7304 为仲裁方法。

⑧ 也可以采用 GB/T 268 方法，有争议时，以 GB/T 17144 为仲裁方法。

⑨ 试验方法也可以采用 SH/T 0731。

⑩ 也可以采用 GB/T 1884 和 GB/T 1885 方法。

⑪ 将试样注入 100mL 玻璃量筒中观察，应当透明，没有悬浮和沉降的水分。在有异议时，以 GB/T 260 方法为准。

⑫ 将试样注入 100mL 玻璃量筒中观察，应当透明，没有悬浮和沉降的机械杂质。在有异议时，以 GB/T 511 方法为准。

⑬ 试验补充规定：1. 加入 0.8%抗氧剂 T501(2，6-二叔丁基对甲酚)。采用精度为千分之一的天平，称取 0.88g T501 于 250mL，烧杯中，继续加入待测油样，至总重为 110g(供平行试验用)。将油样均匀加热至 50~60℃，搅拌 15min，冷却后装入玻璃瓶备用。

2. 试验用铜丝最好使用一次即更换。

3. 建议抗氧剂 2，6-二叔丁基对甲酚(T501)采用一级品。

表 2-4　Ⅰ类 HVI Ⅰb 基础油技术要求和试验方法

项目		HVI Ⅰb										试验方法
牌号①		75	150	350	400	500	650	750	900	120BS	150BS	
外观		透明无絮状物										目测②
运动黏度/(mm^2/s)	40℃	12.0~<16.0	28.0~<34.0	62.0~<74.0	74.0~<90.0	90.0~<110	120~<135	135~<160	160~<180	报告		GB/T 265③
	100℃	报告								22~<28	28~<34	
色度/号	不大于	0.5	1.5	3.0	3.5	4.0	5.0			5.5	6.0	GB/T 6540
饱和烃含量/%		报告										SH/T 0753
硫含量/%		报告										SH/T 0689④
黏度指数	不小于	90										GB/T 1995⑤
闪点(开口)/℃	不低于	175	200	220	225	235	255			275	290	GB/T 3536
倾点/℃	不高于	-12		-9		-5						GB/T 3535
浊点/℃		—				报告						GB/T 6986
酸值/(mgKOH/g)	不大于	0.02	0.03	0.05								NB/SH/T 0836⑥ GB/T 7304⑦
残炭值/%	不大于	—		0.10		0.15	0.30		0.40	0.60	0.70	GB/T 17144⑧
蒸发损失率(Noack 法)(250℃，1h)/%	不大于	—	23	—								NB/SH/T 0059⑨
空气释放值(50℃)/min		报告				—						SH/T 0308
密度(20℃)/(kg/m^3)		报告										SH/T 0604⑩
苯胺点/℃		报告										GB/T 262
氮含量/%		报告										NB/SH/T 0704⑪

续表

项目	HVI Ⅰb										试验方法
牌号①	75	150	350	400	500	650	750	900	120BS	150BS	
碱性氮含量/(μg/g)	报告										SH/T 0162
水分离性[54(40-40-0)]/min 不大于	10		15		—						GB/T 7305
水分/% 不大于	痕迹										GB/T 260⑫
机械杂质	无										GB/T 511⑬
氧化安定性旋转氧弹⑭(150℃)/min 不小于	200				180		150				SH/T 0193
泡沫性(泡沫倾向/泡沫稳定)/(mL/mL)	报告										GB/T 12579

① 75~900 为 40℃赛氏黏度整数值，120~150BS 为 100℃赛氏黏度整数值。
② 将油品注入 100mL 洁净量筒中，油品应均匀透明无絮状物，如有争议，将油温控制在(15±2)℃下，应均匀透明无絮状物。
③ 也可以采用 GB/T 30515 方法。有争议时，以 GB/T 265 为仲裁方法。
④ 也可以采用 GB/T 387、GB/T 17040、GB/T 11140、SH/T 0253 方法。
⑤ 也可以采用 GB/T 2541 方法，有争议时，以 GB/T 1995 为仲裁方法。
⑥ 75 号采用该方法。
⑦ 75 号以上牌号也可以采用 GB/T 4945 方法，有争议时，以 GB/T 7304 为仲裁方法。
⑧ 也可以采用 GB/T 268 方法，有争议时，以 GB/T 17144 为仲裁方法。
⑨ 试验方法也可以采用 SH/T 0731，结果有争议时，以 NB/SH/T 0059 为仲裁方法。
⑩ 也可以采用 GB/T 1884 和 GB/T 1885 方法。
⑪ 试验方法也可以采用 GB/T 9170、SH/T 0657。
⑫ 将试样注入 100mL 玻璃量筒中观察，应当透明，没有悬浮和沉降的水分。在有异议时，以 GB/T 260 方法为准。
⑬ 将试样注入 100mL 玻璃量筒中观察，应当透明，没有悬浮和沉降的机械杂质。在有异议时，以 GB/T 511 方法为准。
⑭ 试验补充规定：1. 加入 0.8%抗氧剂 T501(2，6-二叔丁基对甲酚)。采用精度为千分之一的天平，称取 0.88g T501 于 250mL 烧杯中，继续加入待测油样，至总重为 110g(供平行试验用)。将油样均匀加热至 50~60℃，搅拌 15min，冷却后装入玻璃瓶备用。
2. 试验用铜丝最好使用一次即更换。
3. 建议抗氧剂 2，6-二叔丁基对甲酚(T501)采用一级品。

表 2-5　Ⅰ类 HVI Ⅰc 基础油技术要求和试验方法

项目		HVI Ⅰc										试验方法
牌号[①]		75	150	350	400	500	650	750	900	120BS	150BS	
外观		透明无絮状物										目测[②]
运动黏度/(mm²/s)	40℃	12.0~<16.0	28.0~<34.0	62.0~<74.0	74.0~<90.0	90.0~<110	120~<135	135~<160	160~<180	报告		GB/T 265[③]
	100℃	报告								22~<28	28~<34	
色度/号	不大于	0.5	1.5	3.0	3.5	4.0	5.0			5.5	6.0	GB/T 6540
饱和烃含量/%		报告										SH/T 0753
硫含量/%		报告										SH/T 0689[④]
黏度指数	不小于	95										GB/T 1995[⑤]
闪点(开口)/℃	不低于	175	200	220	225	235	255			275	290	GB/T 3536
倾点/℃	不高于	-21	-15	-12						-5		GB/T 3535
浊点/℃		—				报告						GB/T 6986
酸值/(mgKOH/g)	不大于	0.01	0.03			0.05						NB/SH/T 0836[⑥] GB/T 7304[⑦]
残炭值/%	不大于	—		0.10		0.15	0.30			0.60	0.70	GB/T 17144[⑧]
蒸发损失率(Noack 法)(250℃，1h)/%	不大于	—	17	—								NB/SH/T 0059[⑨]
空气释放值(50℃)/min		报告				—						SH/T 0308
密度(20℃)/(kg/m³)		报告										SH/T 0604[⑩]
苯胺点/℃		报告										GB/T 262
氮含量/%		报告										NB/SH/T 0704[⑪]

续表

项目	HVI Ⅰc										试验方法
牌号①	75	150	350	400	500	650	750	900	120BS	150BS	
碱性氮含量/(μg/g)	报告										SH/T 0162
水分离性[54(40-40-0)]/min 不大于	10		15		—						GB/T 7305
水分/% 不大于	痕迹										目测⑫
机械杂质	无										目测⑬
氧化安定性旋转氧弹⑭(150℃)/min 不小于	200				180				150		SH/T 0193
泡沫性(泡沫倾向/泡沫稳定)/(mL/mL)	报告										GB/T 12579

① 75~900 为 40℃赛氏黏度整数值，120~150BS 为 100℃赛氏黏度整数值。

② 将油品注入 100mL 洁净量筒中，油品应均匀透明无絮状物，如有争议，将油温控制在(15±2)℃下，应均匀透明无絮状物。

③ 也可以采用 GB/T 30515 方法。有争议时，以 GB/T 265 为仲裁方法。

④ 也可以采用 GB/T 387、GB/T 17040、GB/T 11140、SH/T 0253 方法。

⑤ 也可以采用 GB/T 2541 方法，有争议时，以 GB/T 1995 为仲裁方法。

⑥ 75 号采用该方法。

⑦ 75 号以上牌号也可以采用 GB/T 4945 方法，有争议时，以 GB/T 7304 为仲裁方法。

⑧ 也可以采用 GB/T 268 方法，有争议时，以 GB/T 17144 为仲裁方法。

⑨ 试验方法也可以采用 SH/T 0731，结果有争议时，以 NB/SH/T 0059 为仲裁方法。

⑩ 也可以采用 GB/T 1884 和 GB/T 1885 方法。

⑪ 试验方法也可以采用 GB/T 9170、SH/T 0657。

⑫ 将试样注入 100mL 玻璃量筒中观察，应当透明，没有悬浮和沉降的水分。在有异议时，以 GB/T 260 方法为准。

⑬ 将试样注入 100mL 玻璃量筒中观察，应当透明，没有悬浮和沉降的机械杂质。在有异议时，以 GB/T 511 方法为准。

⑭ 试验补充规定：1. 加入 0.8%抗氧剂 T501(2，6-二叔丁基对甲酚)。采用精度为千分之一的天平，称取 0.88g T501 于 250mL 烧杯中，继续加入待测油样，至总重为 110g(供平行试验用)。将油样均匀加热至 50~60℃，搅拌 15min，冷却后装入玻璃瓶备用。
2. 试验用铜丝最好使用一次即更换。
3. 建议抗氧剂 2，6-二叔丁基对甲酚(T501)采用一级品。

表 2-6　Ⅱ类 HVI Ⅱ基础油技术要求和试验方法

项目		HVI Ⅱ									试验方法
牌号[1]		2	4	6	8	10	12	20	26	30	
								90BS	120BS	150BS	
外观		透明无絮状物									目测[2]
运动黏度/(mm^2/s)	40℃	报告									GB/T 265[3]
	100℃	15.0~<2.50	3.5~<4.50	5.50~<6.50	7.50~<9.00	9.00~<11.0	11.0~<13.0	17.0<22.0	22.0~<28.0	28.0~<34.0	
色度/号	不大于	0.5						1.5			GB/T 6540
饱和烃含量/%	不小于	92						90			SH/T 0753
硫含量/%	小于	0.03									SH/T 0689[4]
黏度指数	不小于	—	100			95		90			GB/T 1995[5]
闪点(开口)/℃	不低于	—	185	200	220	230		265	270	275	GB/T 3536
闪点(闭口)/℃	不低于	145	—								GB/T 261
倾点/℃	不高于	-25	-12					-9			GB/T 3535
浊点/℃		—				报告					GB/T 6986
酸值/(mgKOH/g)	不大于	0.005	0.01					0.02			NB/SH/T 0836[6] GB/T 7304[7]
残炭值/%	不大于	—			0.05			0.15			GB/T 17144[8]
蒸发损失率(Noack 法)(250℃，1h)/%	不大于	—	18	13	—						NB/SH/T 0059[9]

续表

项目	HVI Ⅱ									试验方法
牌号[①]	2	4	6	8	10	12	20	26	30	
							90BS	120BS	150BS	
密度(20℃)/(kg/m^3)	报告									SH/T 0604[⑩]
水分/%　不大于	痕迹									目测[⑪]
机械杂质	无									目测[⑫]
氧化安定性旋转氧弹[⑬](150℃)/min 不小于	—	280			250					SH/T 0193
泡沫性(泡沫倾向/泡沫稳定)/(mL/mL)	报告									GB/T 12579

① 2~30 为 100℃运动黏度整数值，90~150BS 为 100℃赛氏黏度整数值。

② 将油品注入 100mL 洁净量筒中，油品应均匀透明无絮状物，如有争议，将油温控制在(15±2)℃下，应均匀透明无絮状物。

③ 也可以采用 GB/T 30515 方法，有争议时，以 GB/T 265 为仲裁方法。

④ 也可以采用 GB/T 387、GB/T 17040、GB/T 11140、SH/T 0253 方法，有争议时，以 SH/T 0689 为仲裁方法。

⑤ 也可以采用 GB/T 2541 方法，有争议时，以 GB/T 1995 为仲裁方法。

⑥ 2 号酸值测定采用该方法。

⑦ 4~30 号也可以采用 GB/T 4945 方法，有争议时，以 GB/T 7304 为仲裁方法。

⑧ 也可以采用 GB/T 268 方法，有争议时，以 GB/T 17144 为仲裁方法。

⑨ 也可以采用 SH/T 0731，结果有争议时，以 NB/SH/T 0059 为仲裁方法。

⑩ 也可以采用 GB/T 1884 和 GB/T 1885 方法。

⑪ 将试样注入 100mL 玻璃量筒中观察，应当透明，没有悬浮和沉降的水分。在有异议时，以 GB/T 260 方法为准。

⑫ 将试样注入 100mL 玻璃量筒中观察，应当透明，没有悬浮和沉降的机械杂质。在有异议时，以 GB/T 511 方法为准。

⑬ 试验补充规定：1. 加入 0.3%抗氧剂 T501(2，6-二叔丁基对甲酚)。采用精度为千分之一的天平，称取 0.88g T501 于 250mL，烧杯中，继续加入待测油样，至总重为 110g(供平行试验用)。将油样均匀加热至 50~60℃，搅拌 15min，冷却后装入玻璃瓶备用。

2. 试验用铜丝最好使用一次即更换。

3. 建议抗氧剂 2，6-二叔丁基对甲酚(T501)采用一级品。

表 2-7　Ⅱ类 HVI Ⅱ⁺基础油技术要求和试验方法

项目		HVI Ⅱ⁺					试验方法
牌号①		4	6	8	10	12	
外观		透明无絮状物					目测②
运动黏度/(mm²/s)	40℃	报告					GB/T 265③
	100℃	3.5~<4.50	5.50~<6.50	7.50~<9.00	9.00~<11.0	11.0~<13.0	
色度/号	不大于	0.5					GB/T 6540
饱和烃含量/%	不小于	96					SH/T 0753
硫含量/%	小于	0.03					SH/T 0689④
黏度指数	不小于	110					GB/T 1995⑤
闪点(开口)/℃	不低于	185	200	220	230		GB/T 3536
倾点/℃	不高于	-15					GB/T 3535
浊点/℃		—			报告		GB/T 6986
酸值/(mgKOH/g)	不大于	0.01					GB/T 7304⑥
残炭值/%	不大于	—		0.05			GB/T 17144⑦
蒸发损失率(Noack 法)(250℃，1h)/%	不大于	17	13	—			NB/SH/T 0059⑧

续表

项目		HVI Ⅱ⁺					试验方法
牌号①		4	6	8	10	12	
密度(20℃)/(kg/m³)		报告					SH/T 0604⑨
水分/%	不大于	痕迹					目测⑩
机械杂质		无					目测⑪
氧化安定性旋转氧弹⑫(150℃)/min	不小于	280					SH/T 0193
泡沫性(泡沫倾向/泡沫稳定)/(mL/mL)		报告					GB/T 12579

① 4~12 为 100℃运动黏度整数值。

② 将油品注入 100mL 洁净量筒中，油品应均匀透明无絮状物，如有争议，将油温控制在(15±2)℃下，应均匀透明无絮状物。

③ 也可以采用 GB/T 30515 方法。有争议时，以 GB/T 265 为仲裁方法。

④ 也可以采用 GB/T 387、GB/T 17040、GB/T 11140、SH/T 0253 方法，有争议时，以 SH/T 0689 为仲裁方法。

⑤ 也可以采用 GB/T 2541 方法，有争议时，以 GB/T 1995 为仲裁方法。

⑥ 也可以采用 GB/T 4945 方法，有争议时，以 GB/T 7304 为仲裁方法。

⑦ 也可以采用 GB/T 268 方法，有争议时，以 GB/T 17144 为仲裁方法。

⑧ 也可以采用 SH/T 0731，结果有争议时，以 NB/SH/T 0059 为仲裁方法。

⑨ 也可以采用 GB/T 1884 和 GB/T 1885 方法。

⑩ 将试样注入 100mL 玻璃量筒中观察，应当透明，没有悬浮和沉降的水分。在有异议时，以 GB/T 260 方法为准。

⑪ 将试样注入 100mL 玻璃量筒中观察，应当透明，没有悬浮和沉降的机械杂质。在有异议时，以 GB/T 511 方法为准。

⑫ 试验补充规定：1. 加入 0.8%抗氧剂 T501(2，6-二叔丁基对甲酚)。采用精度为千分之一的天平，称取 0.88g T501 于 250mL 烧杯中，继续加入待测油样，至总重为 110g(供平行试验用)。将油样均匀加热至 50~60℃，搅拌 15min，冷却后装入玻璃瓶备用。

2. 试验用铜丝最好使用一次即更换。

3. 建议抗氧剂 2，6-二叔丁基对甲酚(T501)采用一级品。

表 2-8 Ⅲ类 HVI Ⅲ基础油技术要求和试验方法

项目		HVI Ⅲ				试验方法
牌号①		4	6	8	10	
外观		透明无絮状物				目测②
运动黏度/(mm²/s)	40℃	报告				GB/T 265③
	100℃	3.5~<4.50	5.50~<6.50	7.50~<9.00	9.00~<11.0	
色度/号	不大于	0.5				GB/T 6540
饱和烃含量/%	不小于	98				SH/T 0753
硫含量/%	小于	0.03				SH/T 0689④
黏度指数	不小于	120				GB/T 1995⑤
闪点(开口)/℃	不低于	185	200	220	230	GB/T 3536
倾点/℃	不高于	-18		-15		GB/T 3535
浊点/℃		—			报告	GB/T 6986
酸值/(mgKOH/g)	不大于	0.01				GB/T 7304⑥
残炭值/%	不大于	—		0.05		GB/T 17144⑦
蒸发损失率(Noack 法)(250℃, 1h)/%	不大于	15	11	—		NB/SH/T 0059⑧

续表

项目		HVI Ⅲ				试验方法
牌号[①]		4	6	8	10	
密度(20℃)/(kg/m³)		报告				SH/T 0604[⑨]
水分/%	不大于	痕迹				目测[⑩]
机械杂质		无				目测[⑪]
氧化安定性旋转氧弹[⑫](150℃)/min	不小于	300				SH/T 0193
泡沫性(泡沫倾向/泡沫稳定)/(mL/mL)		报告				GB/T 12579

① 4~10 为 100℃运动黏度整数值。

② 将油品注入 100mL 洁净量筒中，油品应均匀透明无絮状物，如有争议，将油温控制在(15±2)℃下，应均匀透明无絮状物。

③ 也可以采用 GB/T 30515 方法，有争议时，以 GB/T 265 为仲裁方法。

④ 也可以采用 GB/T 387、GB/T 17040、GB/T 11140、SH/T 0253 方法，有争议时，以 SH/T 0689 为仲裁方法。

⑤ 也可以采用 GB/T 2541 方法，有争议时，以 GB/T 1995 为仲裁方法。

⑥ 也可以采用 GB/T 4945 方法，有争议时，以 GB/T 7304 为仲裁方法。

⑦ 也可以采用 GB/T 268 方法，有争议时，以 GB/T 17144 为仲裁方法。

⑧ 也可以采用 SH/T 0731，结果有争议时，以 NB/SH/T 0059 为仲裁方法。

⑨ 也可以采用 GB/T 1884 和 GB/T 1885 方法。

⑩ 将试样注入 100mL 玻璃量筒中观察，应当透明，没有悬浮和沉降的水分。在有异议时，以 GB/T 260 方法为准。

⑪ 将试样注入 100mL 玻璃量筒中观察，应当透明，没有悬浮和沉降的机械杂质。在有异议时，以 GB/T 511 方法为准。

⑫ 试验补充规定：1. 加入 0. 8%抗氧剂 T501(2，6-二叔丁基对甲酚)。采用精度为千分之一的天平，称取 0. 88g T501 于 250mL 烧杯中，继续加入待测油样，至总重为 110g(供平行试验用)。将油样均匀加热至 50~60℃，搅拌 15min，冷却后装入玻璃瓶备用。

2. 试验用铜丝最好使用一次即更换。

3. 建议抗氧剂 2，6-二叔丁基对甲酚(T501)采用一级品。

表 2-9 Ⅲ类 HVI Ⅲ$^+$基础油技术要求

项目		HVI Ⅲ$^+$				试验方法
牌号①		4	6	8	10	
外观		透明无絮状物				目测②
运动黏度/(mm^2/s)	40℃	报告				GB/T 265③
	100℃	3.5～<4.50	5.50～<6.50	7.50～<9.00	9.00～<11.0	
色度/号	不大于	0.5				GB/T 6540
饱和烃含量/%	不小于	98				SH/T 0753
硫含量/%	小于	0.03				SH/T 0689④
黏度指数	不小于	130				GB/T 1995⑤
闪点(开口)/℃	不低于	185	200	220	230	GB/T 3536
倾点/℃	不高于	-18		-15		GB/T 3535
浊点/℃		—			报告	GB/T 6986
酸值/(mgKOH/g)	不大于	0.01				GB/T 7304⑥
残炭值/%	不大于	—		0.05		GB/T 17144⑦
蒸发损失率(Noack 法)(250℃，1h)/%	不大于	14	9	—		NB/SH/T 0059⑧
密度(20℃)/(kg/m^3)		报告				SH/T 0604⑨
水分/%	不大于	痕迹				目测⑩

续表

项目		HVI Ⅲ⁺				试验方法
牌号①		4	6	8	10	
机械杂质		无				目测⑪
氧化安定性旋转氧弹⑫(150℃)/min	不小于	300				SH/T 0193
泡沫性(泡沫倾向/泡沫稳定)/(mL/mL)		报告				GB/T 12579

① 4~10 为 100℃运动黏度整数值。

② 将油品注入 100mL 洁净量筒中，油品应均匀透明无絮状物，如有争议，将油温控制在(15±2)℃下，应均匀透明无絮状物。

③ 也可以采用 GB/T 30515 方法，有争议时，以 GB/T 265 为仲裁方法。

④ 也可以采用 GB/T 387、GB/T 17040、GB/T 11140、SH/T 0253 方法，有争议时，以 SH/T 0689 为仲裁方法。

⑤ 也可以采用 GB/T 2541 方法，有争议时，以 GB/T 1995 为仲裁方法。

⑥ 也可以采用 GB/T 4945 方法，有争议时，以 GB/T 7304 为仲裁方法。

⑦ 也可以采用 GB/T 268 方法，有争议时，以 GB/T 17144 为仲裁方法。

⑧ 也可以采用 SH/T 0731，结果有争议时，以 NB/SH/T 0059 为仲裁方法。

⑨ 也可以采用 GB/T 1884 和 GB/T 1885 方法。

⑩ 将试样注入 100mL 玻璃量筒中观察，应当透明，没有悬浮和沉降的水分。在有异议时，以 GB/T 260 方法为准。

⑪ 将试样注入 100mL 玻璃量筒中观察，应当透明，没有悬浮和沉降的机械杂质。在有异议时，以 GB/T 511 方法为准。

⑫ 试验补充规定：1. 加入 0.3%抗氧剂 T501(2，6-二叔丁基对甲酚)。采用精度为千分之一的天平，称取 0.88g T501 于 250mL 烧杯中，继续加入待测油样，至总重为 110g(供平行试验用)。将油样均匀加热至 50~60℃，搅拌 15min，冷却后装入玻璃瓶备用。

2. 试验用铜丝最好使用一次即更换。

3. 建议抗氧剂 2，6-二叔丁基对甲酚(T501)采用一级品。

2.1.10 液化石油气(GB 11174—2011)

项目		质量指标			试验方法
		商品丙烷	商品丙丁烷混合物	商品丁烷	
密度(15℃)/(kg/m^3)		报告			SH/T 0221①
蒸气压(37.8℃)/kPa	不大于	1430	1380	485	GB/T 12576
组分②					SH/T 0230
C_3烃类组分(体积分数)/%	不小于	95	—	—	
C_4及C_4以上烃类组分(体积分数)/%	不大于	2.5	—	—	
(C_3+C_4)烃类组分(体积分数)/%	不小于	—	95	95	
C_5及C_5以上烃类组分(体积分数)/%	不大于	—	3.0	2.0	
残留物					SY/T 7509
蒸发残留物/(mL/100mL)	不大于	0.05			
油渍观察		通过③			
铜片腐蚀(40℃,1h)/级	不大于	1			SH/T 0232
总硫含量/(mg/m^3)	不大于	343			SH/T 0222
硫化氢(需满足下列要求之一):					
乙酸铅法		无			SH/T 0125
层析法/(mg/m^3)	不大于	10			SH/T 0231
游离水		无			目测④

① 密度也可用GB/T 12576方法计算,有争议时以SH/T 0221为仲裁方法。

② 液化石油气中不允许人为加入除赋臭剂以外的非烃类化合物。

③ 按SY/T 7509方法所述,每次以0.1mL的增量将0.3mL溶剂-残留物混合液滴到滤纸上,2min后在日光下观察,无持久不退的油环为通过。

④ 有争议时,采用SH/T 0221的仪器及试验条件目测是否存在游离水。

2.1.11 车用液化石油气(GB 19159—2012)

项目		质量指标	试验方法
密度(15℃)/(kg/m^3)		报告	SH/T 0221①
马达法辛烷值MON	不小于	89.0	附录A
二烯烃(包括1,3-丁二烯)(摩尔分数)/%	不大于	0.5	SH/T 0614
硫化氢		无	SH/T 0125
铜片腐蚀(40℃,1h)/级	不大于	1	SH/T 0232
总硫含量(含赋臭剂②)/(mg/kg)	不大于	50	ASTM D6667③

续表

项　目		质量指标	试验方法
蒸发残留物/(mg/kg)	不大于	60	EN 15470
C_5及以上组分/%	不大于	2.0	SH/T 0614
蒸气压(40℃，表压)/kPa	不大于	1550	附录 B④
最低蒸气压(表压)为 150kPa 的温度⑤/℃			ISO 8973 和附录 C
-10 号	不高于	-10	
-5 号	不高于	-5	
0 号	不高于	0	
10 号	不高于	10	
20 号	不高于	20	
游离水⑥		通过	EN 15469
气味		体积浓度达到燃烧下限的 20%时有明显异味	附录 E

① 测定方法也包括用 ISO 8973。

② 气味检测未通过时，需要添加赋臭剂。

③ 试验方法也包括用 SH/T 0222，结果有争议时，以 ASTM D6667 为仲裁方法。

④ 试验方法也包括用 ISO 8973 和附录 C，结果有争议时，以附录 B 为仲裁方法。

⑤ 在指定温度下，应采用 ISO 8973 和附录 C 来共同确定产品分级。对于生产企业内部质量控制，可以利用附录 D 提供的方法确定分级。

⑥ 在 0℃和饱和蒸气压下，目测车用液化石油气中不含游离水。允许加入不超过 2000mg/kg 的甲醇，但不允许加入除甲醇外的防冰剂及其他非烃化合物。

2.1.12 植物油抽提溶剂(GB 16629—2008)

项　目		指　标	试验方法
馏程：			GB/T 6536
初馏点/℃	不低于	61	
干点/℃	不高于	76	
苯含量/%	不大于	0.1	GB/T 17474
密度(20℃)/(kg/m³)		655~680	GB/T 1884 和 GB/T 1885 SH/T 0604①
溴指数	不大于	100	GB/T 11136
色度/号	不小于	+30	GB/T 3555
不挥发物/(mg/100mL)	不大于	1.0	GB/T 3209

续表

项　目		指　标	试验方法
硫含量/%	不大于	0.0005	SH/T 0253[②] SH/T 0689
机械杂质及水分		无	目测[③]
铜片腐蚀(50℃, 3h)/级	不大于	1	GB/T 5096

① 有争议时，以 GB/T 1884 和 GB/T 1885 为仲裁试验方法。

② 有争议时，以 SH/T 0253 为仲裁试验方法。

③ 将试样注入 100mL 的玻璃量筒中，室温下观察，试样应透明、无悬浮及沉降物。

2.1.13　橡胶工业用溶剂油(SH 0004—90，1998 年确认)

项　目		质量指标			试验方法
		优级品	一级品	合格品	
密度(20℃)/(kg/m³)	不大于	700	730	—	GB/T 1884、GB/T 1885
馏程：					GB/T 6536
初馏点/℃	不低于	80	80	80	
110℃馏出量/%	不小于	98	93	—	
120℃馏出量/%	不小于	—	98	98	
残留量/%	不大于	1.0	1.5	—	
溴值/(gBr/100g)	不大于	0.12	0.14	0.31	SH/T 0236
芳香烃含量/%	不大于	1.5	3.0	3.0	SH/T 0166
硫含量/%	不大于	0.018	0.020	0.050	GB/T 380[①]
博士试验		通过		—	SH/T 0174
水溶性酸或碱		无			GB/T 259
机械杂质及水分[②]		无			
油渍试验[③]		合格			

① 允许用 SH/T 0253 测定。在有异议时，用 GB/T 380 仲裁。

② 将试样注入 100mL 玻璃量筒中，在室温(20±5)℃观察，必须透明，不允许有悬浮和沉降的机械杂质及水。有异议时，按 GB/T 511 和 GB/T 260 进行测定。

③ 将溶剂油经蒸馏测定的残留物，用小滤纸滤入干净的容积为 10~25mL 的试管或量筒中，用吸管取其滤液往清洁的滤纸同一处滴 3 滴，然后将此滤纸在室温(20±5)℃下放置 30min，如滤纸上没有油渍存在，即认为合格。

2.1.14 油漆及清洗用溶剂油(GB 1922—2006)

序号	项目	1号		2号			3号			4号			5号		试验方法
		中芳型	低芳型	普通型	中芳型	低芳型	普通型	中芳型	低芳型	普通型	中芳型	低芳型	中芳型	低芳型	
1	芳烃含量[①](体积分数)/%	2~8	0~<2	8~22	2~<8	0~<2	8~22	2~<8	0~<2	8~22	2~<8	0~<2	2~8	0~<2	GB/T 11132 SH/T 0166 SH/T 0245 SH/T 0411 SH/T 0693
2	外观	透明，无沉淀及悬浮物													目测[②]
3	闪点(闭口)/℃ 不低于	4		38			38			60			65		SH/T 0733[③] GB/T 261
4	颜色 不深于	赛波特色号+28 或铂-钴色号10		赛波特色号+25 或铂-钴色号25			赛波特色号+25 或铂-钴色号25			赛波特色号+25 或铂-钴色号25			赛波特 色号+25		GB/T 3555 GB/T 3143
5	溴值/(gBr/100g) 不大于	5											—		GB/T 11135[④] SH/T 0236
6	博士试验	—		通过											SH/T 0174
7	馏程 初馏点/℃ 不低于 50%蒸发温度/℃ 不高于 干点/℃ 不高于 残留量(体积分数)/% 不大于	 115 130 155 —		 150 175 185 1.5			 150 180 215 1.5			 175 200 215 1.5			 200 — 300 —		GB/T 6536

续表

序号	项目	1号		2号			3号			4号			5号		试验方法
		中芳型	低芳型	普通型	中芳型	低芳型	普通型	中芳型	低芳型	普通型	中芳型	低芳型	中芳型	低芳型	
8	水溶性酸碱	—		无											GB/T 259
9	铜片腐蚀/级 100℃3h　不大于	—		—			—			—			1		GB/T 5096
10	密度(20℃)/(kg/m³)	报告													GB/T 1884 GB/T 1885

注：1. 表中第1项和第3项技术要求为强制性，其他为推荐性。

2. 如果用户要求溶剂油的贝壳松脂丁醇值，技术指标由供需双方协商，试验方法采用GB/T 11134。

① 芳烃的测定可根据馏程选择适当的方法，采用SH/T 0166、SH/T 0245和SH/T 0411测定时，标准样品按体积分数配制。有争议时，当芳烃含量(体积分数)大于5%时，采用GB/T 11132方法仲裁；当芳烃含量(体积分数)小于5%时，1号采用SH/T 0166方法，2号、3号、4号采用SH/T 0245方法，5号采用SH/T 0411方法仲裁。

② 将试样注入100mL量筒中，室温下观察，无悬浮物及游离水。有争议时分别采用GB/T 511和GB/T 260方法。

③ 对于预估闪点高于室温10℃以上的样品允许采用GB/T 261，有争议时采用SH/T 0733方法。

④ 有争议时采用GB/T 11135方法。

2.1.15 食品级石蜡(GB 7189—2010)

项目		质量指标																试验方法
		食品石蜡								食品包装石蜡								
牌号		52号	54号	56号	58号	60号	62号	64号	66号	52号	54号	56号	58号	60号	62号	64号	66号	
熔点/℃	不低于	52	54	56	58	60	62	64	66	52	54	56	58	60	62	64	66	GB/T 2539
	低于	54	56	58	60	62	64	66	68	54	56	58	60	62	64	66	68	
含油量/%	不大于	0.5								1.2								GB/T 3554
赛波特颜色/号	不小于	+28								+26								GB/T 3555
光安定性/号	不大于	4								5								SH/T 0404
针入度(25℃)/(1/10mm)	不大于	18				16				20				18				GB/T 4985
运动黏度(100℃)/(mm^2/s)		报告								报告								GB/T 265
嗅味/号	不大于	0								1								SH/T 0414
水溶性酸或碱		无								无								SH/T 0407
机械杂质及水		无								无								目测①
易炭化物		通过								—								GB/T 7364
稠环芳烃 紫外吸光度/cm																		GB/T 7363
280~289nm	不大于	0.15								0.15								
290~299nm	不大于	0.12								0.12								
330~359nm	不大于	0.08								0.08								
360~400nm	不大于	0.02								0.02								

① 将约10g蜡放入容积为100~250mL的锥形瓶内，加入50mL初馏点不低于70℃的无水直馏汽油馏分，并在振荡下于70℃水浴内加热，直到石蜡溶解为止，将该溶液在70℃水浴内放置15min后，溶液中不应呈现眼睛可以看见的浑浊、沉淀或水。允许溶液有轻微乳光。

2.1.16 船用燃料油(GB/T 17411—2015，第1号修改单)

(1) 船用馏分燃料油

项目		指标				试验方法
		DMX	DMA	DMZ	DMB	
运动黏度(40℃)/(mm^2/s)	不大于	5.500	6.000	6.000	11.00	GB/T 265
	不小于	1.400	2.000	3.000	2.000	
密度/(kg/m^3)(满足下列要求之一)						GB/T 1884 和 GB/T 1885①
15℃	不大于	—	890.0	890.0	900.0	
20℃	不大于	—	886.5	886.5	896.5	
十六烷指数	不小于	45	40	40	35	SH/T 0694

续表

项　　目		指标				试验方法
		DMX	DMA	DMZ	DMB	
硫含量[2]/%	不大于					GB/T 17040[3]
Ⅰ		1.00	1.00	1.00	1.50	
Ⅱ		0.50	0.50	1.50	0.50	
Ⅲ		0.10	0.10	0.10	0.10	
闪点(闭口)/℃	不低于	60.0	60.0	60.0	60.0	GB/T 261(步骤 A)
硫化氢[4]/(mg/kg)	不大于	2.00	2.00	2.00	2.00	IP 570(步骤 A)
酸值/(mgKOH/g)	不大于	0.5	0.5	0.5	0.5	GB/T 7304
总沉积物(热过滤法)/%	不大于	—	—	—	0.10[5]	SH/T 0701
氧化安定性/(mg/100mL)	不大于	25	25	25	25[6]	SH/T 0175
10%蒸余物残炭/%	不大于	0.30	0.30	0.30	—	GB/T 17144
残炭/%	不大于	—	—	—	0.30	
浊点/℃	不大于	-16	—	—	—	GB/T 6986
倾点[7]/℃	不高于					GB/T 3535
冬季		—	-6	-6	0	
夏季			0	0	6	
外观		清澈透明[8]			⑤⑥⑨	目测
水分(体积分数)/%	不大于	—	—		0.30[5]	GB/T 260
灰分/%	不大于	0.010	0.010	0.010	0.010	GB/T 508
润滑性						SH/T 0765
校正磨痕直径(WS1.4)(60℃)/μm	不大于	520	520	520	520[10]	

① 测定方法也包括 SH/T 0604，结果有争议时，以 GB/T 1884 和 GB/T 1885 为仲裁方法。

② 尽管给出了限值，买方应该按照船舶行驶区域的有关法规限制确定最大硫含量，参见附录 C。

③ 测定方法也包括 GB/T 387、GB/T 11140、SH/T 0172、SH/T 0253、SH/T 0689、NB/SH/T 0842，结果有争议时，以 GB/T 17040 为仲裁方法，采用试验前各方认可的有证的硫标准物质。

④ 参见附录 D，该项目由供需双方协商是否检测。

⑤ 如果样品不透明，要求做总沉淀物(热过滤法)和水分试验，如果样品透明，总沉淀物(热过滤法)和水分试验可以不做。

⑥ 如果样品不透明，氧化安定性试验可不做. 氧化安定性限值不适用，此时应测定总沉淀物(热过滤法)。

⑦ 买方应确保倾点适合船上设备要求。尤其是船舶运行在寒冷气候环境下。

⑧ 样品注入 100mL 量筒中，在 20~25℃ 温度下，在光线好的地方(非强光和黑暗)观察，应无可见沉淀物和水。

⑨ 如果样品不透明，润滑性试验可不做，润滑性限值不适用。

⑩ 此要求适用于硫含量低于 0.050%(500mg/kg)清澈透明的燃料。

(2) 船用残渣燃料油

项目		指标											试验方法
		RMA 10	RMB 30	RMD 80	RME 180	RMG 180	RMG 380	RMG 500	RMG 700	RMK 380	RMK 500	RMK 700	
运动黏度(50℃)/(mm^2/s)	不大于	10.00	30.00	80.00	180.0	180.0	380.0	500.0	700.0	380.0	500.0	700.0	GB/T 11137
密度/(kg/m^3)(满足下列要求之一)													GB/T 1884 和 GB/T 1885①
15℃	不大于	920.0	960.0	975.0	991.0	991.0				1010.0			
20℃	不大于	916.5	956.6	971.6	987.6	987.6				1006.6			
碳芳香度指数(CCAI)	不大于	850	860	860	860	870				870			见附录 F
硫含量②/%	不大于												GB/T 17040③
Ⅰ		3.50		3.50									
Ⅱ		0.50		0.50									
Ⅲ		0.10											
闪点(闭口)/℃	不低于	60.0	60.0	60.0	60.0	60.0				60.0			GB/T 261(步骤 B),参见附录 G
硫化氢④/(mg/kg)	不大于	2.00	2.00	2.00	2.00	2.00				2.00			IP 570(步骤 A)
酸值⑤/(mgKOH/g)	不大于	2.5	2.5	2.5	2.5	2.5				2.5			GB/T 7304
总沉积物(老化法)/%	不大于	0.10	0.10	0.10	0.10	0.10				0.10			SH/T 0702
残炭/%	不大于	2.50	10.00	14.00	15.00	18.00				20.00			GB/T 17144
倾点⑥/℃	不高于												GB/T 3535
冬季		0	0	30	30	30				30			
夏季		6	6	30	30	30				30			

续表

项目		指标											试验方法
		RMA 10	RMB 30	RMD 80	RME 180	RMG 180	RMG 380	RMG 500	RMG 700	RMK 380	RMK 500	RMK 700	
水分[⑦](体积分数)/%	不大于	0.30	0.50	0.50	0.50	0.50				0.50			GB/T 260
灰分/%	不大于	0.040	0.070	0.070	0.070	0.100				0.150			GB/T 508
钒/(mg/kg)	不大于	50	150	150	150	350				450			IP 501[⑧]
钠/(mg/kg)	不大于	50	100	100	50	100				100			IP 501
铝+硅/(mg/kg)	不大于	25	40	40	50	60				60			IP 501[⑨]
净热值/(MJ/kg)	不小于	39.8											GB/T 384[⑩]
使用过的润滑油(ULO)/(mg/kg) 钙和锌 钙和磷		燃料油应不含 ULO。符合下述条件之一，认为燃料油含有 ULO： 钙>30 且锌>15 钙>30 且磷>15											IP 501

注：残渣燃料油的清洁度和相容性参见附录 L。

① 测定方法也包括 SH/T 0604，结果有争议时，以 GB/T 1884 和 GB/T 1885 为仲裁方法。

② 尽管给出了限值，买方应该按照船舶行驶区域的有关法规限制确定最大硫含量，参见附录 C。

③ 测定方法也包括 GB/T 387、GB/T 11140、SH/T 0172，结果有争议时，以 GB/T 17040 为仲裁方法，采用试验前各方认可的有证的硫标准物质。

④ 参见附录 D，本标准该项目由供需双方协商是否检测。

⑤ 参见附录 H。

⑥ 买方应确保倾点适合船上设备要求，尤其是船舶运行在寒冷气候环境下。

⑦ 水分超过 0.5%的应与需方协商并经用户认可，但最高不大于 1.0%。

⑧ 测定方法也包括 GB/T 12575、SH/T 0715、ISO 14597，结果有争议时，以 IP 501 为仲裁方法。参见附录 I。

⑨ 测定方法也包括 SH/T 0706，结果有争议时，以 IP 501 为仲裁方法。参见附录 J。

⑩ 热值也可以由附录 E 计算获得，结果有争议时，以 GB/T 384 为仲裁方法。

(3) 内河船用燃料油

项目		指标 DMA(S10)	指标 DMB(S10)	试验方法
运动黏度(40℃)/(mm^2/s)		2.000~6.000	2.000~11.00	GB/T 265
密度(20℃)/(kg/m^3)	不大于	886.5	896.5	GB/T 1884 和 GB/T 1885①
十六烷指数	不小于	42	40	SH/T 0694
硫含量/(mg/kg)	不大于	10		SH/T 0689②
闪点(闭口)/℃	不低于	60.0		GB/T 261(步骤 A)
酸值/(mgKOH/g)	不大于	0.5		GB/T 7304
氧化安定性(以总不溶物计)/(mg/100mL)	不大于	2.5		SH/T 0175
10%蒸余物残炭/%	不大于	0.30	—	GB/T 17144
残炭/%	不大于	—	0.30	
冷滤点③/℃		报告		SH/T 0248
倾点③/℃	不高于			GB/T 3535
冬季		-6	0	
夏季		0	6	
外观		清澈透明④		目测
灰分/%	不大于	0.010		GB/T 508
润滑性 校正磨痕直径(WS1.4)(60℃)/μm	不大于	520		SH/T 0765

① 测定方法也包括 SH/T 0604，结果有争议时，以 GB/T 1884 和 GB/T 1885 为仲裁方法。

② 测定方法也包括 GB/T 11140、SH/T 0253、NB/SH/T 0842，结果有争议时，以 SH/T 0689 为仲裁方法，采用试验前各方认可的有证的硫标准物质。

③ 买方应确保冷滤点、倾点适合船上设备要求。尤其是船舶运行在寒冷气候环境下。

④ 样品注入 100mL 量筒中，在 20~25℃温度下，在光线好的地方(非强光和黑暗)观察，应无可见沉淀物、杂质和水。

2.1.17 炉用燃料油(GB 25989—2010)

序号	项目	馏分型 F-D1	馏分型 FD-2	残渣型 F-R1	残渣型 F-R2	残渣型 F-R3	残渣型 F-R4	试验方法
1	运动黏度/(mm^2/s)							GB/T 265 GB/T 11137
	40℃	≯5.5	>5.5~24.0	—	—	—	—	
	100℃	—	—	5.0~15.0	>15.0~25.0	>25.0~50	>50~185	

续表

序号	项　目	馏分型		残渣型				试验方法
		F-D1	FD-2	F-R1	F-R2	F-R3	F-R4	
2	闪点/℃　不低于 闭口 开口	 55 —	 60 —	 80 —	 80 —	 80 —	 — 120	 GB/T 261 GB/T 267
3	硫含量①/%　不大于	1.0	1.5	1.5	2.5	2.5	2.5	GB/T 17040② GB/T 387 SH/T 0172
4	水和沉淀物(体积分数)/%　不大于	0.50	0.50	1.00③	1.00③	2.00③	3.0③	GB/T 6533
5	灰分/%　不大于	0.05	0.10	报告	报告	报告	报告	GB/T 508
6	酸值/(mgKOH/g)　不大于	报告		2.0				GB/T 7304
7	馏程(250℃回收体积分数)/%	—		报告				GB/T 6536
8	倾点/℃	报告						GB/T 3535
9	密度(20℃)/(kg/m^3)	报告						GB/T 1884 GB/T 1885
10	水溶性酸或碱	报告						GB/T 259

注：1. 表中馏分型炉用燃料油的第1项、第2项、第3项、第4项和第5项技术要求为强制性的，残渣型炉用燃料油的第1项、第2项、第3项和第6项技术要求为强制性的，其余为推荐性的。

2. 对炉用燃料油中钒、铝、硅、钙、锌和磷等元素的要求由供需双方协商确定。

① 为了符合国家或地方环保法规要求，或为满足热处理、有色金属、玻璃和陶瓷等生产特殊使用需求，由买卖双方协商提供低硫燃料油。

② 有争议时，以GB/T 17040为仲裁方法。

③ 对于水分和沉淀物总量超过1.0%的应在总量中扣除。

2.2　沥青与焦炭

2.2.1　管道防腐沥青(SH/T 0098—1991)

项目	质量指标		试验方法
	1号	2号	
软化点(环球法)/℃	95~110	125~140	GB 4507
延度25℃/cm　不小于	2	1	GB 4508
针入度(25℃，100g)/(1/10mm)　不小于	15	5	GB 4509

续表

项目		质量指标		试验方法
		1号	2号	
溶解度(三氯乙烯)/%	不小于	99.0	99.0	GB 11148
闪点(开杯)/℃	不小于	230	230	GB 267
黏附率 20℃/% 0℃/%		实测 实测	实测 实测	附录 A
脆点/℃	不高于	-3	0	GB 4510
蒸发损失(160℃，5h)/%	不大于	1	1	SY 2808
蒸发后针入度比①/%	不小于	60	60	
含蜡量②(裂解法)/%	不大于	—	5.5	43003

① 测定蒸发损失后样品的针入度与原针入度之比乘以 100 后所得的百分比称蒸发后针入度比。

② 作为出厂保证项目。

2.2.2 建筑石油沥青(GB/T 494—2010)

项　　目		质量指标			试验方法
		10号	30号	40号	
针入度(25℃，100g，5s)/(1/10mm)		10~25	26~35	36~50	GB/T 4509
针入度(46℃，100g，5s)/(1/10mm)		报告①	报告②	报告③	
针入度(0℃，200g，5s)/(1/10mm)	不小于	3	6	6	
延度(25℃，5cm/min)/cm	不小于	1.5	2.5	3.5	GB/T 4508
软化点(环球法)/℃	不低于	95	75	60	GB/T 4507
溶解度(三氯乙烯)/%	不小于	99.0			GB/T 11148
蒸发后质量变化(163℃，5h)/%	不大于	1			GB/T 11964
蒸发后 25℃针入度比②/%	不小于	65			GB/T 4509
闪点(开口杯法)/℃	不低于	260			GB/T 267

① 报告应为实测值。

②测定蒸发损失后样品的 25℃针入度与原 25℃针入度之比乘以 100 后，所得的百分比，称为蒸发后针入度比。

2.2.3 道路石油沥青(NB/SH/T 0522—2010)

项　　目		质量指标					试验方法
		200号	180号	140号	100号	60号	
针入度(25℃，100g，5s)/(1/10mm)		200~300	150~200	110~150	80~110	50~80	GB/T 4509
延度①(25℃)/cm	不小于	20	100	100	90	70	CB/T 4508

续表

项　　目		质量指标					试验方法
		200 号	180 号	140 号	100 号	60 号	
软化点/℃		30~48	35~48	38~51	42~55	45~58	GB/T 4507
溶解度/%	不小于	99.0					GB/T 11148
闪点(开口)/℃	不低于	180	200	230			GB/T 267
密度(25℃)/(g/cm^3)		报告					GB/T 8928
蜡含量/%	不大于	4.5					SH/T 0425
薄膜烘箱试验(163℃, 5h)							
质量变化/%		1.3	1.3	1.3	1.2	1.0	GB/T 5304
针入度比/%		报告					GB/T 4509
延度(25℃)/cm		报告					GB/T 4508

① 如25℃延度达不到，15℃ 延度达到时，也认为是合格的，指标要求与25℃延度一致。

2.2.4　重交通道路石油沥青(GB/T 15180—2010)

项　　目		质 量 指 标						试验方法
		AH-130	AH-110	AH-90	AH-70	AH-50	AH-30	
针入度(25℃, 100g, 5s)/(1/10mm)		120~140	100~120	80~100	60~80	40~60	20~40	GB/T 4509
延度(15℃)/cm	不小于	100	100	100	100	80	报告①	GB/T 4508
软化点/℃		38~51	40~53	42~55	44~57	45~58	50~65	GB/T 4507
溶解度/%	不小于	99.0	99.0	99.0	99.0	99.0	99.0	GB/T 11148
闪点(开口杯法)/℃	不小于	230					260	GB/T 267
密度(25℃)/(kg/m^3)		报告						GB/T 8928
蜡含量/%	不大于	3.0	3.0	3.0	3.0	3.0	3.0	GB/T 0425
薄膜烘箱试验(163℃, 5h)								GB/T 5304
质量变化/%	不大于	1.3	1.2	1.0	0.8	0.6	0.5	GB/T 5304
针入度比/%	不小于	45	48	50	55	58	60	GB/T 4509
延度(15℃)/cm	不小于	100	50	40	30	报告①	报告①	GB/T 4508

① 必须报告实测值。

2.2.5　石油焦(生焦)(NB/SH/T 0527—2019)

(1) 普通石油焦(生焦)

项　　目		质量指标							试验方法
		1 号	2A	2B	2C	3A	3B	3C	
硫含量①/%	不大于	0.5	1.0	1.5	1.5	2.0	2.5	3.0	CB/T 214—2007 中第 4 章

续表

项目		质量指标							试验方法
		1号	2A	2B	2C	3A	3B	3C	
挥发分/%	不大于	12.0	12.0	12.0	12.0	12.0	12.0	12.0	SH/T 0026②
灰分/%	不大于	0.30	0.35	0.40	0.45	0.50	0.50	0.50	SH/T 0029③
总水分④/%		报告							SH/T 0032、GB/T 211
真密度(煅烧1300℃，5h)/(g/cm^3)	不小于	2.05	—	—	—	—	—	—	SH/T 0033⑤
粉焦量⑥/%	不大于	35	报告	报告	报告	—	—	—	附录A
微量元素含量/(μg/g)	不大于								YS/T 63.16⑦
硅		300	300	报告	—	—	—	—	
钒		150	300	报告	—	—	—	—	
铁		250	300	报告	—	—	—	—	
钙		200	300	报告	—	—	—	—	
镍		150	250	报告	—	—	—	—	
钠		100	200	报告	—	—	—	—	
氮含量/%		报告	—	—	—	—	—	—	NB/SH/T 0656

① 铝用炭素原料由石油焦生产企业与使用企业协商确定。试验方法也可采用GB/T 387、GB/T 25214和SH/T 0172方法测定，结果有争议时，以GB/T 214—2007中第4章为仲裁方法。

② 也可采用GB/T 30732、YB/T 5189方法测定，结果有争议时，以SH/T 0026为仲裁方法。

③ 也可采用GB/T 30732方法测定，结果有争议时，以SH/T 0029为仲裁方法。

④ 参照总水分，由供需双方协商确定扣水率。

⑤ 也可采用GB/T 32158、GB/T 24533方法测定，结果有争议时，以SH/T 0033为仲裁方法。

⑥ 用户对普通石油焦(生焦)有其他块粒大小的要求时，可与生产单位协商。

⑦ 也可采用ASTM D5600、YS/T 587.5和SN/T 1829方法测定，结果有争议时，以YS/T 63.16为仲裁方法。

(2) 石油针状焦(生焦)

项目		质量指标			试验方法
		1号	2号	3号	
硫含量/%	不大于	0.4	0.5	0.5	GB/T 214—2007中第4章①
挥发分/%	不大于	6.00	8.00	10.0	SH/T 0026②
灰分/%	不大于	0.10	0.25	0.30	SH/T 0029③
总水分④/%	不大于	报告	报告	报告	SH/T 0032 GB/T 211
真密度(煅烧1300℃，5h)/(g/cm^3)	不小于	2.12	2.11	2.10	SH/T 0033⑤
粉焦量⑥/%	不大于	35	报告	报告	附录A

续表

项　目		质量指标			试验方法
		1号	2号	3号	
热膨胀系数(CTE)(室温~600℃)/(10^{-6}/℃)	不大于	1.3	1.5	1.7	GB/T 3074.4⑦
微量元素含量/(μg/g)	不大于				YS/T 63.16⑧
硅		100	报告	报告	
钒		80	报告	报告	
铁		150	报告	报告	
钙		100	报告	报告	
镍		100	报告	报告	
钠		100	报告	报告	
氮含量/%	不大于	0.5	0.6	报告	NB/SH/T 0656

① 也可采用GB/T 387、GB/T 25214和SH/T 0172方法测定，结果有争议时，以GB/T 214—2007中第4章为仲裁方法。

② 也可采用GB/T 30732、YB/T 5189方法测定，结果有争议时，以SH/T 0026为仲裁方法。

③ 也可采用GB/T 30732方法测定，结果有争议时，以SH/T 0029为仲裁方法。

④ 参照总水分，由供需双方协商确定扣水率。

⑤ 也可采用GB/T 32158、GB/T 24533方法测定，结果有争议时，以SH/T 0033为仲裁方法。

⑥ 用户对石油针状焦(生焦)有其他块粒大小的要求时，可与生产单位协商。

⑦ 试样制备见附录B。

⑧ 也可采用ASTM D5600、YS/T 587.5和SN/T 1829方法测定，结果有争议时，以YS/T 63.16为仲裁方法。

2.3 芳烃

2.3.1 石油苯(GB/T 3405—2011)

项　目		质量指标		试验方法
		石油苯-535	石油苯-545	
外观		透明液体、无不溶水及机械杂质		目测①
颜色(铂-钴色号)	不深于	20	20	GB/T 3143 ASTM D 1209②
纯度/%	不小于	99.80	99.90	ASTM D 4492
甲苯/%	不大于	0.10	0.05	ASTM D 4492
非芳烃/%	不大于	0.15	0.10	ASTM D 4492
噻吩/(mg/kg)	不大于	报告	0.6	ASTM D 1685 ASTM D 4735③

续表

项　　目		质量指标		试验方法
		石油苯-535	石油苯-545	
酸洗比色		酸层颜色不深于1000mL稀酸中含0.20g重铬酸钾的标准溶液	酸层颜色不深于1000mL稀酸中含0.10g重铬酸钾的标准溶液	GB/T 2012
总硫含量/(mg/kg)	不大于	2	1	SH/T 0253④ SH/T 0689
溴指数/(mg/100g)	不大于	—	20	SH/T 0630 SH/T 1551⑤ SH/T 1767
结晶点(干基)/℃	不低于	5.35	5.45	GB/T 3145
1，4-二氧己烷/%		由供需双方商定		ASTM D 4492
氮含量/(mg/kg)		由供需双方商定		SH/T 0657 ASTM D 6069
水含量/(mg/kg)		由供需双方商定		SH/T 0246 ASTM E 1064
密度(20℃)/(kg/m³)		报告		GB/T 2013 SH/T 0604
中性试验		中性		GB/T 1816

①将试样注入100mL玻璃量筒中，在(20±3)℃下观察，应是透明、无不溶水及机械杂质。对机械杂质有争议时，用GB/T 511方法进行测定，结果应为无。

②在有异议时，以ASTM D1209为仲裁法。

③在有异议时，以ASTM D4735为仲裁法。

④在有异议时，以SH/T 0253为仲裁法。

⑤在有异议时，以SH/T 1551为仲裁法

2.3.2　石油甲苯(GB/T 3406—2010)

项　　目		质量指标		试验方法
		Ⅰ号	Ⅱ号	
外观		透明液体，无不溶水及机械杂质		目测①
颜色(Hazen单位铂-钴色号)	不深于	10	20	GB/T 3143 ASTM D1209②
密度(20℃)/(kg/m³)		—	865~868	GB/T 2013③ SH/T 0604

续表

项　　目		质量指标		试验方法
		Ⅰ号	Ⅱ号	
纯度/%	不小于	99.9	—	ASTM D6526
烃类杂质含量:				
苯含量/%	不大于	0.03	0.10	GB/T 3144
C_8芳烃含量/%	不大于	0.05	0.10	ASTM D6526④
非芳烃含量/%	不大于	0.1	0.25	
酸洗比色		酸层颜色不深于1000mL稀酸中含0.2g重铬酸钾的标准溶液		GB/T 2012
总硫含量/(mg/kg)	不大于	2		SH/T 0253⑤ SH/T 0689
蒸发残余物/(mg/100mL)	不大于	3		GB/T 3209
中性试验		中性		GB/T 1816
溴指数/(mg/100g)		由供需双方商定		SH/T 0630 SH/T 1551 SH/T 1767

①将试样注入100mL玻璃量筒中，在(20±3)℃下观察，应透明、无不溶水及机械杂质。对机械杂质有争议时，用GB/T 511方法进行测定，结果应为无。

②有争议时，以ASTM D1209为仲裁方法。

③有争议时，以GB/T 2013为仲裁方法。

④有争议时，以ASTM D6526为仲裁方法。

⑤有争议时，以SH/T 0253为仲裁方法。

2.3.3 石油混合二甲苯(GB/T 3407—2019)

项　　目		质量指标		试验方法
		3℃混合二甲苯	5℃混合二甲苯	
外观		透明液体，无不溶水及机械杂质		目测①
色度(Hazen单位铂-钴色号)	不大于	20		GB/T 3143
密度(20℃)/(kg/m^3)		862~868	860~870	GB/T 2013②
馏程③/℃				GB/T 3146.1
初馏点	不低于	137.5	137	
干点	不高于	141.5	143	
总馏程范围	不大于	3	5	

续表

项　　目		质量指标		试验方法
		3℃混合二甲苯	5℃混合二甲苯	
酸洗比色		酸层颜色不深于 1000mL 稀酸中含 0.3g 重铬酸钾的标准溶液	酸层颜色不深于 1000mL 稀酸中含 0.5g 重铬酸钾的标准溶液	GB/T 2012
总硫含量/(mg/kg)	不大于	1		SH/T 0253
蒸发残余物含量/(mg/100mL)	不大于	3	5	GB/T 3209
铜片腐蚀		通过		GB/T 11138
中性试验		中性		GB/T 1816

①将试样注入 100mL 玻璃量筒中，在(20±3)℃下观察，应透明、无不溶水及机械杂质。对机械杂质有争议时，用 GB/T 511 方法进行测定，结果应为无。

②可以采用 SH/T 0604 进行测定。有争议时，以 GB/T 2013 为仲裁方法。

③总馏程范围为干点减去初馏点。

2.3.4 石油对二甲苯(SH/T 1486.1—2008)

项　　目		指　　标		试验方法
		优等品	一等品	
外观		清澈透明，无机械杂质、无游离水		目测①
纯度②/%	≥	99.7	99.5	SH/T 1489 SH/T 1486.2
非芳烃含量②/%	≤	0.10		SH/T 1489 SH/T 1486.2
甲苯含量②/%	≤	0.10		SH/T 1489 SH/T 1486.2
乙苯含量②/%	≤	0.20	0.30	SH/T 1489 SH/T 1486.2
间二甲苯含量②/%	≤	0.20	0.30	SH/T 1489 SH/T 1486.2
邻二甲苯含量②/%	≤	0.10		SH/T 1489 SH/T 1486.2
总硫含量/(mg/kg)	≤	1.0	2.0	SH/T 1147
色度(Hazen 单位铂-钴色号)/号	≤	10		GB/T 3143

续表

项　　目	指　　标		试验方法
	优等品	一等品	
酸洗比色	酸层颜色应不深于重铬酸钾含量为 0.10g/L 标准比色液的颜色		GB/T 2012
溴指数③/(mgBr/100g)　≤	200		SH/T 1551 SH/T 1767
馏程(在 101.3kPa 下，包括 138.3℃)/℃　≤	1.0		GB/T 3146

①在 18.3~25.6℃进行目测。

②在有异议时，以 SH/T 1489 方法测定结果为准。

③在有异议时，以 SH/T 1551 方法测定结果为准。

2.3.5 石油邻二甲苯(SH/T 1613.1—2018)

编号	项　　目	指　　标		试验方法
		优等品	一等品	
1	外观	清澈透明，无机械杂质		目测①
2	色度(Hazen 单位铂-钴色号)　≤	10	20	GB/T 3143
3	邻二甲苯含量/%　≥	98.0	95.0	SH/T 1613.2
4	(对二甲苯含量+间二甲苯含量)/%　≤	1.3	3.5	SH/T 1613.2
5	异丙苯含量/%　≥	0.3	0.5	SH/T 1613.2
6	(非芳烃+C_9 和 C_9 以上芳烃含量)/%　≤	1.0	1.5	SH/T 1613.2
7	苯乙烯含量/%	报告		SH/T 1613.2
8	酸洗比色	酸层颜色不深于 1000mL 稀酸中含 0.15g 重铬酸钾的标准溶液		GB/T 2012
9	溴指数/(mgBr/100g)　≤	100		SH/T 1551②
10	总硫含量/(mg/kg)　≤	5		SH/T 1820③
11	馏程(在 101.3kPa 下)总馏程范围④/℃ ≤	2.0(包括 144.4℃)		GB/T 3146.1

①在 15~25℃温度下，取 50~60mL 试样于清洁、干燥的 100mL 比色管中观测。

②允许使用 SH/T 1767 进行测试，如有异议，以 SH/T 1551 测试结果为准。

③允许使用 SH/T 1147，SH/T 0689 进行测试，如有异议，以 SH/T 1820 测试结果为准。

④总馏程范围等于干点的温度减去初馏点的温度。

2.3.6 石油间二甲苯(SH/T 1766.1—2008)

项　　目		指　　标	试验方法
外观		清澈透明无沉淀	目测①
纯度/%	≥	99.50	SH/T 1766.2
乙苯/%	≤	0.10	SH/T 1766.2
对二甲苯+邻二甲苯/%	≤	0.45	SH/T 1766.2
非芳烃/%	≤	0.10	SH/T 1766.2
总硫含量/(mg/kg)	≤	2	SH/T 1147
色度(Hazen单位铂-钴色号)	≤	10	GB/T 3143
溴指数	≤	10	SH/T 1551

①目测方法　将试样注入100mL量筒中，在室温下目测。

2.3.7 工业用乙苯(SH/T 1140—2018)

编号	项　　目		质量指标		试验方法
			优等品	一等品	
1	外观		清澈透明液体，无机械杂质和游离水		目测
2	色度(Hazen单位铂-钴色号)	≤	10		GB/T 3143(仲裁法)或GB/T 6324.6
3	纯度/%	≥	99.80	99.50	SH/T 1148
4	二甲苯①/%	≤	0.10	0.15	
5	异丙苯/%	≤	0.030	0.050	
6	二乙苯②/%	≤	0.0010		
7	硫/(mg/kg)	≤	3.0	5.0	SH/T 1820—2018(仲裁法)或SH/T 1147
8	氯/(mg/kg)	≤	1.0		SH/T 1757

①二甲苯为间二甲苯、邻二甲苯、对二甲苯之和。

②二乙苯为间二乙苯、邻二乙苯、对二乙苯之和。

2.3.8 工业用 C_9 芳烃(SH/T 1825—2019)

项目		质量指标				试验方法
		Ⅰ型		Ⅱ型	Ⅲ型	
		优等品	合格品			
外观		无色透明液体、无机械杂质		无色或浅黄色透明液体、无机械杂质、无游离水		目测[①]
密度[②](20℃)/(kg/m³)		865.0~880.0		865.0~880.0	860.0~885.0	GB/T 2013—2010
烃类组分	甲苯后非芳烃/% ≤	0.01		0.01	—	SH/T 1825 附录 A
	苯/% ≤	—		—	0.1	
	C_8 芳烃/% ≤	—		3.0	5.0	
	苯+C_8 芳烃/% ≤	2.0		—	—	
	1，2，4-三甲苯/% ≥	—		25.0	—	
	三甲苯在 C_9 芳烃中占比/% ≥	48		48	—	
	茚满/% ≤	2.0		2.0	—	
	萘及以上/% ≤	0.6		4.0	5.0	
	C_9 芳烃/% ≥	70.0		70.0	60.0	
	总芳烃/% ≥	99.0		99.0	99.0	
硫含量[③]/(mg/kg) ≤		2.0		2.0	2.0	SH/T 1820、SH/T 0689、SH/T 1147
溴指数[④]/(mgBr/100g) ≤		100	200	300	500	SH/T 0630、SH/T 1551、SH/T 1767
水含量[⑤]/(mg/kg) ≤		300		—	—	GB/T 6283、SH/T 0246
氮含量/(mg/kg)		供需双方商定		—	—	SH/T 0657、SH/T 1821
氯含量/(mg/kg)		供需双方商定		—	—	SH/T 1757、ASTM D7536

①室温下，取 50~60mL 试样于清洁、干燥的 100mL 比色管中，在自然光或日光灯下观测。

②在有异议时，以 GB/T 2013—2010 方法中试验方法 A-密度计法为准。

③在有异议时，以 SH/T 1820 方法为准。

④在有异议时，以 SH/T 0630 方法为准。

⑤在有异议时，以 SH/T 0246 方法为准。

2.4 气体与轻烃

2.4.1 氢气

（1）工业氢（GB/T 3634.1—2006）

项 目 名 称		指 标			试验方法
		优等品	一等品	合格品	
氢气（H_2）的体积分数/10^{-2}	≥	99.95	99.50	99.00	100-非氢气体
氧（O_2）的体积分数/10^{-2}	≤	0.01	0.20	0.40	GB/T 6285（仲裁）
氮加氩（N_2+Ar）的体积分数/10^{-2}	≤	0.04	0.30	0.60	GB/T 3634.1 4.4
露点/℃	≤	-43	—	—	
游离水/（mL/40L 瓶）		—	无游离水	≤100	GB/T 3634.1 4.3

注：管道输送以及其他包装形式的合格品工业氢的水分指标由供需双方商定。

（2）纯氢、高纯氢和超纯氢（GB/T 3634.2—2011）

项 目 名 称		指 标			试验方法
		纯氢	高纯氢	超纯氢	
氢气（H_2）纯度（体积分数）/10^{-2}	≥	99.99	99.999	99.9999	100-杂质
氧（O_2）含量（体积分数）/10^{-5}	≤	5	1	0.2	GB/T 3634.2 5.2
氩（Ar）含量（体积分数）/10^{-6}	≤	供需商定	供需商定		
氮（N_2）含量（体积分数）/10^{-6}	≤	60	5	0.4	
一氧化碳（CO）含量（体积分数）/10^{-6}	≤	5	1	0.1	
二氧化碳（CO_2）含量（体积分数）/10^{-6}	≤	5	1	0.1	
甲烷（CH_4）含量（体积分数）/10^{-6}	≤	10	1	0.2	
水分（H_2O）含量（体积分数）/10^{-6}	≤	10	3	0.5	GB/T 5832.3（仲裁）或其他
杂质总含量（体积分数）/10^{-6}	≤	—	10	1	

（3）质子交换膜燃料电池汽车用燃料氢气（GB/T 37244—2018）

项 目 名 称	指 标	试验方法
氢气纯度（摩尔分数）	99.97%	100-非氢气体
非氢气体总量	300μmol/mol	
单类杂质的最大浓度		
水（H_2O）	5μmol/mol	GB/T 5832.2（仲裁）或其他

续表

项目名称	指　标	试验方法
总烃(按甲烷计)①	2μmol/mol	GB/T 8984(仲裁)或其他
氧(O_2)	5μmol/mol	GB/T 6285(仲裁)或其他
氦(He)	300μmol/mol	GB/T 27894. 3 (仲裁)或其他
总氮(N_2)和氩(Ar)	100μmol/mol	GB/T 3634. 2 (仲裁)或其他
二氧化碳(CO_2)	2μmol/mol	GB/T 8984 (仲裁)或其他
一氧化碳(CO)	0. 2mol/mol	GB/T 8984 (仲裁)或其他
总硫(按 H_2S 计)	0. 004μmol/mol	ASTM D7652
甲醛(HCHO)	0. 01μmol/mol	GB/T 16129 (仲裁)或其他
甲酸(HCOOH)	0. 2μmol/mol	ASTM D7653
氨(NH_3)	0. 1μmol/mol	GB/T 14569(仲裁)或其他
总卤化合物(按卤离子计)	0. 05μmol/mol	GB/T 37244 附录 A
最大颗粒物浓度	1mg/kg	GB/T 15432 (仲裁)或其他

① 当甲烷浓度超过 2μmol/mol 时，甲烷、氮气和氩气的总浓度不准许超过 100mol/mol。

2. 4. 2　天然气(GB 17820—2018)

项　目		一类	二类	试 验 方 法
高位发热量①②/(MJ/m^3)	≥	34. 0	31. 4	GB/T 11062，GB/T 13610 或 GB/T 27894
总硫(以硫计)①/(mg/m^3)	≤	20	100	GB/T 11060. 4，GB/T 11060. 5，GB/T 11060. 8 (仲裁法)或 GB/T 11060. 10
硫化氢①/(mg/m^3)	≤	6	20	GB/T 11060. 1(仲裁法)，GB/T 11060. 2，GB/T 11060. 3 或 GB/T 11060. 10
二氧化碳摩尔分数/%	≤	3. 0	4. 0	GB/T 13610(仲裁法)或 GB/T 27894

① 本标准中使用的标准参比条件是 101. 325kPa，20℃。

② 高位发热量以干基计。

2. 4. 3　工业用乙烯(GB/T 7715—2014)

序号	项　目		指标		试验方法
			优等品	一等品	
1	乙烯含量 φ/%	≥	99. 95	99. 90	GB/T 3391
2	甲烷和乙烷含量/(mL/m^3)	≤	500	1000	GB/T 3391
3	C_2 和 C_3 以上含量/(mL/m^3)	≤	10	50	GB/T 3391
4	一氧化碳含量/(mL/m^3)	≤	1	3	GB/T 3394
5	二氧化碳含量/(mL/m^3)	≤	5	10	GB/T 3394

续表

序号	项　　目		指标		试验方法
			优等品	一等品	
6	氢含量/(mL/m³)	≤	5	10	GB/T 3393
7	氧含量/(mL/m³)	≤	2	5	GB/T 3396
8	乙炔含量/(mL/m³)	≤	3	6	GB/T 3391① GB/T 3394①
9	硫含量/(mg/kg)	≤	1	1	GB/T 11141②
10	水含量/(mL/m³)	≤	5	10	GB/T 3727
11	甲醇含量/(mg/kg)	≤	5	5	GB/T 12701
12	二甲醚含量③/(mg/kg)	≤	1	2	GB/T 12701

①在有异议时，以 GB/T 3394 测定结果为准。

②在有异议时，以 GB/T 11141—2014 中的紫外荧光法测定结果为准。

③蒸汽裂解工艺对该项目不做要求。

2.4.4 聚合级丙烯(GB/T 7716—2014)

序号	项　　目		指　　标			试验方法
			优等品	一等品	合格品	
1	丙烯含量 φ/%	≥	99.6	99.2	98.6	GB/T 3392
2	烷烃含量 φ/%		报告	报告	报告	GB/T 3392
3	乙烯含量/(mL/m³)	≤	20	50	100	GB/T 3392
4	乙炔含量/(mL/m³)	≤	2	5	5	GB/T 3394
5	甲基乙炔+丙二烯含量/(mL/m³)	≤	5	10	20	GB/T 3392
6	氧含量/(mL/m³)	≤	5	10	10	GB/T 3396
7	一氧化碳含量/(mL/m³)	≤	2	5	5	GB/T 3394
8	二氧化碳含量/(mL/m³)	≤	5	10	10	GB/T 3394
9	丁烯+丁二烯含量/(mL/m³)	≤	5	20	20	GB/T 3392
10	硫含量/(mg/kg)	≤	1	5	8	GB/T 11141①
11	水含量/(mg/kg)	≤	10②		双方商定	GB/T 3727
12	甲醇含量/(mg/kg)	≤	10		10	GB/T 12701
13	二甲醚含量③/(mg/kg)	≤	2	5	报告	GB/T 12701

①在有异议时，以 GB/T 1141—2014 中的紫外荧光法测定结果为准。

②该指标也可以由供需双方协商确定。

③该项目仅适用于甲醇制烯烃、甲醇制丙烯工艺。

2.4.5　工业用1-丁烯(SH/T 1546—2009)

序号	项　目		质量指标		试验方法
			优等品	一等品	
1	1-丁烯/%	≥	99.3	99.0	SH/T 1492
2	正、异丁烷/%		报告	报告	SH/T 1492
3	异丁烯+2-丁烯/%	≤	0.4	0.6	SH/T 1492
4	1，3-丁二烯+丙二烯/(mL/m^3)	≤	120	200	SH/T 1492①和 SH/T 1548
5	丙炔/(mL/m^3)	≤	5	5	SH/T 1548
6	总羰基(以乙醛计)/(mg/kg)	≤	5	10	SH/T 1493或 SH/T 1494②
7	水/(mg/kg)	≤	20	25	GB/T 6023
8	硫/(mg/kg)	≤	1	1	GB/T 11141
9	甲醇/(mL/m^3)	≤	5	10	SH/T 1547
10	甲基叔丁基醚/(mL/m^3)	≤	5	10	SH/T 1547
11	一氧化碳/(mL/m^3)	≤	1	1	GB/T 3394
12	二氧化碳/(mL/m^3)	≤	5	5	GB/T 3394

①由SH/T 1492测得的1，3-丁二烯含量以%计，将该值乘以10390可得到以mL/m^3计的1，3-丁二烯含量。
②以SH/T 1494为仲裁法。

2.4.6　工业用丁二烯(GB/T 13219—2021)

序号	项目名称		指　标		试验方法
			聚合级	工业级	
1	外观		无色透明液体，无悬浮物		目测①
2	1，3-丁二烯/%	≥	99.5	99.0	GB/T 6017
3	二聚物 4-乙烯基环己烯/(mg/kg)	≤	1000	1000	GB/T 6015
4	总炔/(mg/kg)	≤	20	100	GB/T 6017
5	乙烯基乙炔/(mg/kg)	≤	5	—	GB/T 6017
6	水/(mg/kg)	≤	20	300	GB/T 6023
7	羰基化合物(以乙醛计)/(mg/kg)	≤	10	20	SH/T 1494
8	过氧化物(以过氧化氢计)/(mg/kg)	≤	5	10	GB/T 17828
9	阻聚剂TBC/(mg/kg)		供需双方商定		GB/T 6020
10	气相氧含量/%	≤	0.2	0.3	GB/T 6022②

续表

序号	项目名称	指标		试验方法
		聚合级	工业级	
11	乙腈③/(mg/kg) ≤	5	—	GB/T 6015
12	N-甲基吡咯烷酮④/(mg/kg) ≤	5	—	GB/T 6015
13	胺值⑤/(mg/kg) ≤	1	—	GB/T 6025

①在透明耐压容器内，对液态试样直接观察测定。

②在有争议时，以薄膜覆盖电池电化学法为仲裁法。

③该项目仅对乙腈抽提工艺有要求。

④该项目仅对N-甲基吡咯烷酮抽提工艺有要求。

⑤该项目仅对二甲基甲酰胺抽提工艺有要求。

2.4.7 工业用裂解 C_5(SH/T 1789—2015)

项目	指标				试验方法
	50号	45号	40号	30号	
外观	透明液体，无机械杂质，无游离水			报告	目测①
C_5 总量②/% ≥	—	—	—	70.00	SH/T 1790
C_5 共轭双烯烃总量③，双环戊二烯/% ≥	50.00	45.00	40.00	30.00	SH/T 1790
异戊二烯/%	报告	报告	报告	报告	SH/T 1790
间戊二烯+环戊二烯/%	报告	报告	报告	报告	SH/T 1790
双环戊二烯/%	报告	报告	报告	报告	SH/T 1790
C_4 及以下组分含量/% ≤	4.00	6.00	10.00	—	SH/T 1790
C_6 及以上组分含量(除双环戊二烯)/% ≤	6.00	8.00	10.00	—	SH/T 1790
硫/(mg/kg) ≤	50	100	150	—	GB/T 6324.4(仲裁法)或SH/T 0689

①在自然光下，取50~60mL试样于清洁、干燥的100mL比色管中观测。

② C_5 总量=100-C_4 及以下组分含量-C_6 及以上组分含量(除双环戊二烯)。

③ C_5 共轭双烯烃总量指异戊二烯、环戊二烯、间戊二烯的含量之和。

2.4.8 工业用裂解 C_9(SH/T 1792—2015)

项目	指标		试验方法
	一等品	合格品	
外观	无机械杂质①、无游离水		目测②
密度(20℃)/(kg/m^3) ≤	950	980	GB/T 1884、GB/T 1885或SH/T 0604(仲裁法)
双环戊二烯/% ≥	20	10	SH/T 1793

续表

项　目	指　标		试验方法
	一等品	合格品	
萘/%　≤	3	供需双方商定	SH/T 1793
苯乙烯/%	报告		SH/T 1793
C_8 芳烃③/%	报告		SH/T 1793
甲基苯乙烯④/%	报告		SH/T 1793
茚/%	报告		SH/T 1793
硫/(mg/kg)　≤	500	800	GB/T 6324.4(仲裁法)或 SH/T 0689

①工业用裂解 C_9 由于含有不饱和烃，在储存过程中会聚合形成少量黑色颗粒，属正常现象。

②取样后静置 10min，在日光灯或日光下目测。

③C_8 芳烃是指间二甲苯+邻二甲苯+对二甲苯+乙苯+苯乙烯。

④甲基苯乙烯是指 α-甲基苯乙烯+间甲基苯乙烯+对甲基苯乙烯+邻甲基苯乙烯+β-甲基苯乙烯。

2.4.9　工业用异丁烷(HC-600a)(GB/T 19465—2004)

项　目	指　标		试验方法
	Ⅰ型	Ⅱ型	
异丁烷/%　≥	99.5	95.0	GB/T 19465 4.2
总不饱和烃/%	—	供需双方商定	
水/%　≤	0.002	0.005	GB/T 19465 4.3
酸(以 HCl 计)/%　≤	0.0001	—	GB/T 7373—1987
蒸发残留物/%　≤	0.01	—	GB/T 7373—1987
高沸点残留物(38℃)/(mL/100mL)　≤	—	0.05	SY/T 7509
硫含量/(μg/mL)　≤	1	3	GB/T 11141
气相中不凝性气体的体积分数(25℃)/%　≤	1.5	—	GB/T 19465 4.7
蒸气压(21.1℃)/MPa	—	0.21~0.23	GB/T 6602

2.4.10　工业用异戊烷(HG/T 5613—2019)

项　目	指　标		试验方法
	Ⅰ型	Ⅱ型	
异戊烷/%	≥99.0	≥95.0	气相色谱法
总戊烷①/%	—	≥98.5	
溴指数/(mgBr/100g)	≤10	≤5	SH/T 0630
硫/(mg/kg)	≤1	≤1	SH/T 0253(仲裁法)，SH/T 0689
水分/(mg/kg)	≤20	≤20	SH/T 0246

续表

项目	指标		试验方法
	Ⅰ型	Ⅱ型	
不挥发物(mg/100mL)	≤1	≤1	GB/T 3209
酸值(以乙酸计)/(mg/kg)	≤5	≤5	见标准
密度(20℃)/(kg/m^3)	600~630	600~630	GB/T 1884(仲裁法), GB/T 2013
色度(Hazen单位铂-钴色号)	≤15	≤15	GB/T 3143

①总戊烷包含正戊烷和异戊烷(2-甲基丁烷)。

2.4.11 工业用异己烷(HG/T 5612—2019)

项目		指标	试验方法
异己烷总含量①/%		≥98.0	气相色谱法
正己烷/%		≤1.5	
馏程	初馏点IBP/℃	≥57	GB/T 6536
	干点DP/℃	≤62	
	残留量/%	≤1	
溴指数/(mgBr/100g)		≤100	SH/T 0630
硫/(mg/kg)		≤1	SH/T 0689
水分/(mg/kg)		≤100	SH/T 0246
密度(20℃)/(kg/m^3)		650~669	GB/T 1884(仲裁法), GB/T 2013
赛波特颜色号/号		≥30	GB/T 3555

①异己烷总含量为2-甲基戊烷、3-甲基戊烷、2, 2-二甲基丁烷、2, 3-二甲基丁烷4个组分的含量之和。

2.4.12 工业己烷(GB/T 17602—2018)

项目		质量指标		试验方法
		80号	60号	
正己烷含量/%	不小于	80	60	SH/T 0714
馏程:				ASTM D1078①
初馏点/℃	不低于	65		
干点/℃	不高于	71		
密度(20℃)/(kg/m^3)		655~680		GB/T 1884和GB/T 1885②
贝壳松脂丁醇值③		协议		GB/T 11134
苯含量/%	不大于	0.001	0.01	GB/T 12688.9④
气味		无残留气味		ASTM D1296

续表

项目		质量指标		试验方法
		80 号	60 号	
颜色(满足下列指标之一)				
赛波特色号	不小于	+28		GB/T 3555
铂-钴色号	不大于	10		GB/T 3143
溴指数/(mg/100g)	不大于	20	50	SH/T 0630⑤
不挥发物含量/(mg/100mL)	不大于	1.0		标准，附录 A
硫含量/(mg/kg)	不大于	1	5	SH/T 0253⑤

①也可以采用 GB/T 6536 测试，有争议时以 ASTM D1078 为仲裁方法。

②也可采用 SH/T 0604，有争议时以 GB/T 1884 和 GB/T 1885 为仲裁方法。

③是否检测该项目及限值由供需双方协商。

④也可采用 GB/T 17474 方法，有争议时以 GB/T 12688.9 为仲裁方法。

⑤也可采用 GB/T 11136，有争议时以 SH/T 0630 为仲裁方法。

⑥也可采用 SH/T 0689 方法，有争议时以 SH/T 0253 为仲裁法。

2.5 化学品

2.5.1 工业用环氧乙烷(GB/T 13098—2006)

项目		指标	
		优等品	一等品
环氧乙烷/%	≥	99.95	99.90
总醛(以乙醛计)/%	≤	0.003	0.01
水/%	≤	0.01	0.05
酸(以乙酸计)/%	≤	0.002	0.010
二氧化碳/%	≤	0.001	0.005
色度(Hazen 单位铂-钴色号)	≤	5	10

注：试验方法见 GB/T 13098。

2.5.2 工业用环氧丙烷(GB/T 14491—2015)

项目		指标		试验方法
		优等品	合格品	
外观		透明液体，无可见机械杂质		目测
环氧丙烷/%	≥	99.95	99.80	GB/T 14491 附录 A

续表

项目		指标		试验方法
		优等品	合格品	
色度(Hazen 单位铂-钴色号)	≤	5	10	GB/T 6324.6(仲裁法)，也可按 GB/T 3143
酸度(以乙酸计)/%	≤	0.003	0.006	GB/T 14491 附录 B
水分/%	≤	0.020	0.050	GB/T 6283
乙醛+丙醛/%	≤	0.005	0.020	GB/T 14491 附录 A

2.5.3 工业用乙二醇(GB/T 4649—2018)

编号	项目		指标		试验方法
			聚酯级	工业级	
1	外观		透明液体，无机械杂质		目测
2	乙二醇/%	≥	99.9	99.0	GB/T 14571.2
3	二乙二醇/%	≤	0.050	0.600	
4	1，4-丁二醇①/%		报告②		
5	1，2-丁二醇①/%		报告②		
6	1，2-己二醇①/%		报告②		
7	碳酸乙烯酯①/%		报告②		
8	色度(Hazen 单位铂-钴色号) 加热前 加盐酸加热后	 ≤ ≤	 5 20	 10 —	GB/T 4649 附录 A
9	密度(20℃)/(g/cm^3)		1.1128~1.1138	1.1125~1.1140	GB/T 4649 附录 B
10	沸程(在 0℃，0.10133MPa) 初馏点/℃ 干点/℃	 ≥ ≤	 196.0 199.0	 195.0 200.0	GB/T 7534—2004
11	水分/%	≤	0.08	0.20	SH/T 1055(仲裁)，GB/T 6283
12	酸度(以乙酸计)/(mg/kg)	≤	10	30	GB/T 14571.1，手动滴定(仲裁)
13	铁含量/(mg/kg)	≤	0.10	5.0	GB/T 3049
14	灰分/(mg/kg)	≤	10	20	GB/T 4649 附录 C
15	醛含量(以甲醛计)/(mg/kg)	≤	8.0	—	GB/T 14571.3

续表

编号	项　目		指　标		试验方法
			聚酯级	工业级	
16	紫外透光率/% 220nm 250nm 275nm 350nm	 ≥ ≥ ≥	 75 报告② 92 99	—	GB/T 14571.4
17	氯离子/(mg/kg)	≤	0.5	—	GB/T 14571.5(仲裁), GB/T 4649 附录 D

①乙烯氧化/环氧乙烷水合工艺对该项目不做要求。

②“报告”是指需测定并提供实测数据。

2.5.4 工业用丁醇

(1) 工业正丁醇(GB/T 6027—1998)

项　目		指　标			试验方法
		优等品	一等品	合格品	
色度(Hazen 单位铂-钴色号)	≤	10		15	GB/T 3143
密度(ρ_{20})/(g/cm³)		0.809~0.811		0.808~0.812	GB/T 4472
沸程(0℃, 101.325kPa)(包括 117.7℃)/℃	≤	1.0	2.0	3.0	GB/T 7534
正丁醇含量/%	≥	99.5	99.0	98.0	GB/T 6027 4.4
硫酸显色试验(Hazen 单位铂-钴色号)	≤	20	40	—	GB/T 6027 4.5
酸度(以乙酸计)/%	≤	0.003	0.005	0.01	GB/T 6027 4.6
水分/%	≤	0.1		0.2	GB/T 6283
蒸发残渣/%	≤	0.003	0.005	0.01	GB/T 6324.2

(2) 工业用异丁醇(HG/T 3270—2002)

项　目		指　标		试验方法
		优等品	合格品	
色度(Hazen 单位铂-钴色号)	≤	10	20	GB/T 3143
密度 ρ_{20}/(g/cm³)		0.801~0.803		GB/T 4472
异丁醇含量/%	≥	99.3	99.0	HG/T 3270 4.3

续表

项　　目	指　　标		试验方法
	优等品	合格品	
酸度(以乙酸计)/%　　≤	0.003	0.005	HG/T 3270 4.4
蒸发残渣/%　　≤	0.004	0.008	GB/T 6324.2
水分/%　　≤	0.15	0.30	GB/T 6283

2.5.5　工业用辛醇(2-乙基己醇)(GB/T 6818—2019)

项　　目	指　　标			试验方法
	Ⅰ型	Ⅱ型	Ⅲ型	
色度(Hazen 单位铂-钴色号)　　≤	10	10	15	GB/T 3143
密度(20℃)/(g/cm^2)	0.831~0.833	0.831~0.834		GB/T 2013
2-乙基己醇/%　　≥	99.6	99.3	99.0	GB/T 6818 4.4
酸含量(以乙酸计)/%　　≤	0.01		0.02	GB/T 6818 4.5
羰基化合物(以2-乙基己醛计)/%　　≤	0.05	0.10	0.20	GB/T 6818 4.6
硫酸显色试验(Hazen 单位铂-钴色号)　　≤	25	35	50	GB/T 6818 4.7
水分/%　　≤	0.10	0.20		GB/T 6283(仲裁), GB/T 6324.8
2-乙基-4-甲基戊醇/%　　≤	0.40	—		GB/T 6818 4.4

注：1. Ⅰ型产品一般用于增塑剂等精细化工生产。

2. Ⅱ型产品一般用于一般化工生产。

3. Ⅲ型产品一般用于选矿及其他行业生产。

2.5.6　工业用苯乙烯(GB/T 3915—2021)

序号	项　　目	指　　标		试验方法
		聚合级	工业级	
1	外观	清澈透明液体，无机械杂质和游离水		目测①
2	纯度/%　　≥	99.8	99.6	GB/T 12688.1②
3	聚合物/(mg/kg)　　≤	10	50	GB/T 12688.3
4	过氧化物(以过氧化氢计)/(mg/kg)　　≤	50	100	GB/T 12688.4
5	总醛(以苯甲醛计)/(mg/kg)　　≤	100	200	GB/T 12688.5
6	色度(Hazen 单位铂-钴色号)　　≤	10	30	GB/T 605③ GB/T 6324.6
7	乙苯/%　　≤	0.08	报告值	GB/T 12688.1②

续表

序号	项　　目	指　　标		试验方法
		聚合级	工业级	
8	阻聚剂[④](TBC)/(mg/kg)	10~ 15(或按需)[⑤]		GB/T 12688. 8[⑥] GB/T 12688. 10
9	苯乙炔/(mg/kg)　≤	报告值		GB/T 12688. 1[②]
10	总硫[⑦]/(mg/kg)　≤	报告值		SH/T 1147 SH/T 1820[⑧]
11	水[⑨]/(mg/kg)	供需双方商定		GB/T 6283 GB/T 6324. 8[⑩]
12	苯[⑨]/(mg/kg)	供需双方商定		GB/T 12688. 9

①将试样置于 100mL 比色管中，其液层高为 50~60mm，在日光或日光灯透射下目测。

②在有争议时，以内标法测定结果为仲裁方法。

③在有争议时，以 GB/T 605 为仲裁方法。

④如果采用其他阻聚剂，指标和试验方法由供需双方商定。

⑤如遇特殊情况，可按供需双方协议执行。

⑥在有争议时，以 GB/T 12688. 8 为仲裁方法。

⑦乙苯脱氢工艺和环氧丙烷联产工艺对该项目不做要求。

⑧在有争议时，以 SH/T 1820 为仲裁方法。

⑨由供需双方商定，需要时测定。

⑩在有争议时，以 GB/T 6324. 8 为仲裁方法。

2. 5. 7　工业用丙烯腈(GB/T 7717. 1—2008)

项　　目	质量指标			试验方法
	优等品	一等品	合格品	
外观[①]	透明液体，无悬浮物			
色度(Hazen 单位铂-钴色号)　≤	5	5	10	GB/T 3143
密度(20℃)/(g/cm^3)	0. 800~0. 807			GB/T 4472
酸度(以乙酸计)/(mg/kg)　≤	20	30	—	GB/T 7717. 5
pH 值(5%的水溶液)	6. 0~9. 0			
滴定值(5%的水溶液)/mL　≤	2. 0	2. 0	3. 0	
水分/%	0. 20~0. 45	0. 20~0. 45	0. 20~0. 60	GB/T 6283

续表

项目		质量指标			试验方法
		优等品	一等品	合格品	
总醛(以乙醛计)/(mg/kg)	≤	30	50	100	GB/T 7717.8
总氰(以氢氰酸计)/(mg/kg)	≤	5	10	20	GB/T 7717.9
过氧化物(以过氧化氢计)/(mg/kg)	≤	0.20	0.20	0.40	GB/T 7717.10
铁/(mg/kg)	≤	0.10	0.10	0.20	GB/T 7717.11
铜/(mg/kg)	≤	0.10	0.10	—	
丙烯醛/(mg/kg)	≤	10	20	40	GB/T 7717.12
丙酮/(mg/kg)	≤	80	150	200	
乙腈/(mg/kg)	≤	150	200	300	
丙腈/(mg/kg)	≤	100	—	—	
噁唑/(mg/kg)	≤	200	—	—	
甲基丙烯腈/(mg/kg)	≤	300	—	—	
丙烯腈/%	≥	99.5	—	—	
沸程(在 0.10133MPa 下)/℃		74.5~79.0			GB/T 7534
阻聚剂，对羟基苯甲醚/(mg/kg)		35~45			GB/T 7717.15

①取 50~60mL 试样，置于清洁、干燥的 100mL 具塞比色管中，在日光或日光灯透射下，用目视法观察。

2.5.8 工业用丙烯酸(GB/T 17529.1—2008)

项目		指标			试验方法
		精丙烯酸型	丙烯酸型		
			优等品	一等品	
丙烯酸/%	≥	99.5	99.2	99.0	GB/T 17529.1 6.3
色度(Hazen 单位铂-钴色号)	≤	10	15	20	GB/T 17529.1 6.4
水/%	≤	0.15	0.10	0.20	GB/T 17529.1 6.5
总醛/%	≤	0.001	—		GB/T 17529.1 6.34
阻聚剂[4-甲氧基苯酚(MEHQ)]/10^{-6}		200±20，可与用户协商制定			GB/T 17530.5

2.5.9　工业用精对苯二甲酸(PTA)(GB/T 32685—2016)

项　目			指　标		试验方法
			优等品	一等品	
外观			白色粉末		目测
酸值(以氢氧化钾计)/(mg/g)			675±2		GB/T 30921.5
对羧基苯甲醛/(mg/kg)		≤	25		GB/T 30921.1
对甲基苯甲酸/(mg/kg)		≤	150	180	
灼烧残渣/(mg/kg)		≤	6	10	GB/T 7531
总重金属(钼铬镍钴锰钛铁)/(mg/kg)		≤	3	5	GB/T 30921.2
铁/(mg/kg)		≤	1	2	GB/T 30291.4
水分/%		≤	0.2		GB/T 30921.3
DMF 色度(5g/100mL)(Hazen 单位铂-钴色号)		≤	10		GB/T 17521, GB/T 3143
b 值			供需商定		GB/T 30921.7
粒度分布	250μm 以上，ϕ/% 45μm 以下，ϕ/% 平均粒径/μm		供需商定		GB/T 30921.6 体积分数- 激光衍射法 质量分数-空气 喷射筛分法
	或 250μm 以上/% 45μm 以下/% 平均粒径/μm		供需商定		

2.5.10　工业用合成苯酚(GB/T 339—2019)

项　目	指　标			试验方法
	优等品	一等品	合格品	
苯酚/%	≥99.95	≥99.85	≥99.75	100-杂质
总有机杂质(除甲酚类杂质)/(mg/kg)	≤150	报告	报告	标准附录 A
甲酚类杂质/(mg/kg)	≤100	报告	报告	标准附录 B
结晶点/℃	≥40.6	≥40.5	≥40.2	GB/T 7533
熔融色度(Hazen 单位铂-钴色号)	≤20	—	—	GB/T 6324.7
水分/(mg/kg)	≤500	≤500	报告	GB/T 6283
蒸发残渣/%	≤0.005	—	—	GB/T 9740

续表

项目	指标			试验方法
	优等品	一等品	合格品	
铁/(mg/kg)	≤0.5	—	—	GB/T 3049
灼烧残渣/(mg/kg)	≤10.0	—	—	GB/T 7531

2.5.11 工业用丙酮(GB/T 6026—2013)

项目		指标			试验方法
		优等品	一等品	合格品	
色度(Hazen 单位铂-钴色号)	≤	5	5	10	GB/T 3143
密度(20℃)/(g/cm^3)		0.789~0.791	0.789~0.792	0.789~0.793	GB/T 4472
沸程(0℃, 101.3kPa)(包括 56.1℃)/℃	≤	0.7	1.0	2.0	GB/T 7534
蒸发残渣/%	≤	0.002	0.003	0.005	GB/T 6324.2
酸度(以乙酸计)/%	≤	0.002	0.003	0.005	GB/T 6026 4.7
高锰酸钾时间试验(25℃)/min	≥	120	80	35	GB/T 6324.3
水混溶性		合格			GB/T 6324.1
水/%	≤	0.30	0.40	0.60	GB/T 6283
甲醇/%	≤	0.05	0.3	1.0	GB/T 6026 附录 A
丙酮/%	≥	99.5	99.0	98.5	1-杂质
苯/(mg/kg)	≤	5	20	—	GB/T 6026 附录 A

2.5.12 工业用己内酰胺(GB/T 13254—2017)

项目	指标			试验方法
	优等品	一等品	合格品	
50%水溶液色度(Hazen 单位铂-钴色号)	≤2	≤4	≤6	GB/T 13255.1
结晶点/℃	≥68.9	≥68.8	≥68.5	GB/T 13255.2
高锰酸钾吸收值	≤4	≤6	≤10	GB/T 13255.3
挥发性碱含量/(mmol/kg)	≤0.40	≤0.60	≤1.00	GB/T 13255.4

续表

项目	指标			试验方法
	优等品	一等品	合格品	
290nm 波长处吸光度	≤0.040	≤0.060	≤0.100	GB/T 13255.5
酸度/(mmol/kg) 或碱度/(mmol/kg)	≤0.05 ≤0.08	≤0.10 ≤0.15	≤0.20 ≤0.20	GB/T 13255.6
水分/%	≤0.10	—	—	GB/T 6283
铁(Fe)含量/(mg/kg)	≤0.2	≤0.5	≤1.0	GB/T 13255.7
环己酮肟含量/(mg/kg)	≤15	≤20	—	GB/T 13255.8

2.5.13 工业硫黄

(1) 固体产品(GB/T 2449.1—2021)

项目		技术指标		
		A级	B级	C级
硫(S)(以干基计)/%		≥99.95	≥99.50	≥99.00
水分/%		≤2.0		
灰分(以干基计)/%		≤0.03	≤0.10	≤0.20
酸度(以 H_2SO_4 计)(以干基计)/%		≤0.003	≤0.005	≤0.02
有机物(以C计)(以干基计)/%		≤0.03	≤0.30	≤0.80
砷(As)(以干基计)/%		≤0.0001	≤0.01	≤0.05
铁(Fe)(以干基计)/%		≤0.003	≤0.005	—
筛余物①/%	粒径>150μm	≤0		≤3.0
	粒径为75~150μm	≤0.5	≤1.0	≤4.0

①筛余物指标仅用于粉状硫黄。

试验方法见标准GB/T 2449.1。

(2) 液体产品(GB/T 2449.2—2015)

项目		指标		
		优等品	一等品	合格品
外观		常温下呈黄色或淡黄色，无肉眼可见杂质		
硫(S)/%	≥	99.95	99.50	99.20

续表

项目		指标		
		优等品	一等品	合格品
水分/%	≤	0.10	0.20	0.50
灰分/%	≤	0.02	0.05	0.20
酸度(以 H_2SO_4 计)/%	≤	0.003	0.005	0.01
有机物(以 C 计)/%	≤	0.03	0.10	0.30
砷(As)/%	≤	0.0001	0.001	0.01
铁(Fe)/%	≤	0.003	0.005	0.02
硫化氢和多硫化氢(以 H_2S 计)/%	≤	0.0015	0.0015	0.0015

注：以上项目除水分、硫化氢和多硫化氢外，均以干基计。

试验方法见标准 GB/T 2449.2。

2.6 树脂与橡胶

2.6.1 聚乙烯(PE)树脂(GB/T 11115—2009)

(1) 吹塑类聚乙烯(PE)树脂

序号	项目		单位	PE，BA，48G100			PE，BA，52G150			PE，BA，62D003		
				优等品	一等品	合格品	优等品	一等品	合格品	优等品	一等品	合格品
1	颗粒外观	色粒	个/kg	≤10	≤20	≤40	≤10	≤20	≤40	≤10	≤20	≤40
2	密度(D 法)	标称值	g/cm^3	0.948			0.952			0.960		
		偏差		±0.003		±0.004	±0.002		±0.003	±0.002	±0.004	±0.005
3	熔体质量流动速率 MFR	标称值	g/10min	10			15			0.35		
		偏差		±3.0	±4.0	±5	±3.0	±5.0	±6.0	±0.11	±0.13	±0.15
4	拉伸屈服应力		MPa	≥20.0		≥18.0	≥20.0		≥18.0	≥25.0		≥24.0
	拉伸断裂标称应变		%	≥150			≥150			≥350		
5	简支梁缺口冲击强度 23℃		kJ/m^2	≥8			≥8			≥18		
6	环境应力开裂时间(F_{10})		h	由供方提供数据			由供方提供数据			≥25		
试样制备				Q			Q			Q		

注：Q 表示压塑。

(2) 挤出管材类聚乙烯(PE)树脂

序号	项　目		单位	PE，EA，43G100			PE，EA，45G120			PE，EA，49D001		
				优等品	一等品	合格品	优等品	一等品	合格品	优等品	一等品	合格品
1	颗粒外观	色粒	个/kg	≤10	≤20	≤40	≤10	≤20	≤40	≤10	≤20	≤40
2	密度(D法)	标称值	g/cm^3	0.942			0.945			0.949		
		偏差		±0.002		±0.003	±0.002		±0.003	±0.002		±0.003
3	熔体质量流动速率 MFR	标称值	g/10min	10			12			0.11		
		偏差		±2.0		±2.5	±3.0		±5.0	±0.02		±0.03
4	拉伸屈服应力		MPa	≥16		≥15	≥17		≥16	≥19.0		≥17.0
	拉伸断裂标称应变		%	≥150			≥150			≥350		
5	简支梁缺口冲击强度 23℃		kJ/m^2	≥6.0			≥6.0			≥10		
6	弯曲模量		MPa	由供方提供数据			由供方提供数据			由供方提供数据		
7	氧化诱导时间 OIT (210℃，Al)		min	由供方提供数据			由供方提供数据			由供方提供数据		
试样制备				Q			Q			Q		

序号	项　目		单位	PE，EA，50T002			PE，EA，52D001		
				优等品	一等品	合格品	优等品	一等品	合格品
1	颗粒外观	色粒	个/kg	≤10	≤20	≤40	≤10	≤20	≤40
2	密度(D法)	标称值	g/cm^3	0.950			0.952		
		偏差		±0.002		±0.003	±0.003		±0.04
3	熔体质量流动速率 MFR	标称值	g/10min	0.24			0.14		
		偏差		±0.04		±0.06	±0.04	±0.05	±0.05
4	拉伸屈服应力		MPa	≥20.0		≥18.0	≥22.0	≥20.0	≥18.0
	拉伸断裂标称应变		%	≥350			≥50		
5	简支梁缺口冲击强度 23℃		kJ/m^2	≥12			≥6		
6	弯曲模量		MPa	由供方提供数据			由供方提供数据		
7	氧化诱导时间 OIT (210℃，Al)		min	由供方提供数据			由供方提供数据		
试样制备				Q			Q		

注：Q 表示压塑。

(3) 挤出薄膜类聚乙烯(PE)树脂

序号	项目			单位	PE-I，FB，18D010			PE，FAS，18D075			PE-I，FB，20D020		
					优等品	一等品	合格品	优等品	一等品	合格品	优等品	一等品	合格品
1	颗粒外观	色粒		个/kg	≤5	≤10	≤20	≤10	≤20	≤40	≤10	≤20	≤40
		蛇皮和拖尾粒		个/kg	≤20		≤40	≤20		≤40	≤20		≤40
		大粒和小粒		g/kg	≤10			≤10			≤10		
2	密度（D法）	标称值		g/cm^3	0.918			0.919			0. 920		
		偏差			±0.003		±0.004	±0.002		±0.003	±0.002		±0.003
3	熔体质量流动速率 MFR	标称值		g/10min	1.0			7.0			2.0		
		偏差			±0.3		±0.5	±1.3		±1.5	±0.3		±0.5
4	拉伸屈服应力			MPa	—			—			≥7.0		
	拉伸断裂应力			MPa	≥12.0			≥8.0			—		
	拉伸断裂标称应变			%	≥250			≥90			≥200		
5	鱼眼	方法一	0.8mm	个/$1520cm^2$	≤8			—			≤8		
			0.4mm		≤40			—			≤40		
		方法二	0.3~2.0mm	个/$1200cm^2$	—			≤30			—		
	条纹		≥1.0cm	cm/$20m^2$	—			≤20			—		
6	雾度			%	由供方提供数据			—			由供方提供数据		
试样制备					Q			M			Q		

序号	项目		单位	PE，F，21D003			PE，FB，21D025			PE，F，21D024		
				优等品	一等品	合格品	优等品	一等品	合格品	优等品	一等品	合格品
1	颗粒外观	色粒	个/kg	≤10	≤20	≤40	≤10	≤20	≤40	≤10	≤20	≤40
		蛇皮和拖尾粒	个/kg	≤20		≤40	≤20		≤40	≤20		≤40
		大粒和小粒	g/kg	≤10			≤10			≤10		
2	密度（D法）	标称值	g/cm^3	0.920			0.920			0. 920		
		偏差		±0.002		±0.003	±0.002		±0.003	±0.002		±0.003
3	熔体质量流动速率 MFR	标称值	g/10min	0.30			2.4			2.4		
		偏差		±0.05		±0.1	±0.4		±0.6	±0.4		±0.6

续表

序号	项目			单位	PE，F，21D003			PE，FB，21D025			PE，F，21D024		
					优等品	一等品	合格品	优等品	一等品	合格品	优等品	一等品	合格品
4	拉伸屈服应力			MPa	—			—			—		
	拉伸断裂应力			MPa	≥10.0		≥9.0	≥7.0		≥6.0	≥7.0		≥6.0
	拉伸断裂标称应变			%	≥150			≥150			≥150		
5	鱼眼	方法一	0.8mm	个/1520cm²	—			≤8			≤8		
			0.4mm		—			≤40			≤40		
		方法二	0.3~2.0mm	个/1200cm²	—			—			—		
	条纹		≥1.0cm	cm/20m²	—			—			—		
6	雾度			%	—			≤15			≤15		
试样制备					Q			Q			Q		

序号	项目			单位	PE，FA，50G110		
					优等品	一等品	合格品
1	颗粒外观	色粒		个/kg	≤10	≤20	≤40
		蛇皮和拖尾粒		个/kg	≤20		≤40
		大粒和小粒		g/kg	≤10		
2	密度（D法）	标称值		g/cm³	0.950		
		偏差			±0.002		±0.003
3	熔体质量流动速率MFR	标称值		g/10min	11		
		偏差			±2.0		±4.0
4	拉伸屈服应力			MPa	≥20		≥18
	拉伸断裂应力			MPa	—		
	拉伸断裂标称应变			%	≥150		
5	鱼眼	方法一	0.8mm	个/1520cm²	≤8		
			0.4mm		≤40		
		方法二	0.3~2.0mm	个/1200cm²	—		
	条纹		≥1.0cm	cm/20m²	—		
6	雾度			%	—		
试样制备					Q		

注：Q表示压塑，M表示注塑。

(4) 涂层类聚乙烯(PE)树脂

序号	项目		单位	PE，H，18D075		
				优等品	一等品	合格品
1	颗粒外观	色粒	个/kg	≤10	≤20	≤40
2	密度(D 法)	标称值	g/cm³	0.918		
		偏差		±0.002		±0.003
3	熔体质量流动速率 MFR	标称值	g/10min	7.0		
		偏差		±0.8		±1.0
4	熔胀比	标称值		1.70		
		偏差		±0.20		±0.30
试样制备			M			

注：M 表示注塑。

(5) 电线电缆绝缘类聚乙烯(PE)树脂

序号	项目		单位	PE，JA，23D021			PE，JA，45D007		
				优等品	一等品	合格品	优等品	一等品	合格品
1	颗粒外观	色粒	个/kg	≤10	≤20	≤40	≤10	≤20	≤40
2	密度(D 法)	标称值	g/cm³	0.923			0.945		
		偏差		±0.003		±0.004	±0.003		±0.004
3	熔体质量流动速率 MFR	标称值	g/10min	2.1			0.7		
		偏差		±0.20		±0.30	±0.20		±0.30
4	拉伸屈服应力		MPa	—			≥15		
	拉伸断裂应力		MPa	≥10			—		
	拉伸断裂标称应变		%	≥80			≥50		
5	相对电容率			由供方提供数据			≤2.40		
试样制备				M			Q		

注：Q 表示压塑，M 表示注塑。

(6) 挤出单丝类聚乙烯(PE)树脂

序号	项目		单位	PE，LA，50D012		
				优等品	一等品	合格品
1	颗粒外观	色粒	个/kg	≤10	≤20	≤40
2	密度(D 法)	标称值	g/cm³	0.951		
		偏差		±0.002		±0.003

续表

序号	项　　目		单位	PE，LA，50D012		
				优等品	一等品	合格品
3	熔体质量流动速率 MFR	标称值	g/10min	1.0		
		偏差		±0.2		±0.3
4	拉伸屈服应力		MPa	≥22.0	≥21.0	≥20.0
	拉伸断裂标称应变		%	≥350		
试样制备				Q		

注：Q 表示压塑。

(7) 注塑类聚乙烯(PE)树脂

序号	项　　目		单位	PE，M，18D500			PE，M，18D022		
				优等品	一等品	合格品	优等品	一等品	合格品
1	颗粒外观	色粒	个/kg	≤10	≤20	≤40	≤10	≤20	≤40
2	密度(D 法)	标称值	g/cm^3	0.917			0.918		
		偏差		±0.002		±0.003	±0.002		±0.003
3	熔体质量流动速率 MFR	标称值	g/10min	50			2.0		
		偏差		±6.0		±7.0	±0.2	±0.3	±0.4
4	拉伸屈服应力		MPa	—			—		
	拉伸断裂应力		MPa	≥6.0			≥10.0		≥8.0
	拉伸断裂应变		%	—			—		
	拉伸断裂标称应变		%	≥90			≥80		
5	简支梁缺口冲击强度 23℃		kJ/m^2	≥50			≥50		
试样制备				M			M		

序号	项　　目		单位	PE，M，53D060			PE，M，56D180			PE，ML，57D075		
				优等品	一等品	合格品	优等品	一等品	合格品	优等品	一等品	合格品
1	颗粒外观	色粒	个/kg	≤10	≤20	≤40	≤10	≤20	≤40	≤10	≤20	≤40
2	密度(D 法)	标称值	g/cm^3	0.953			0.956			0.958		
		偏差		±0.002		±0.003	±0.003		±0.004	±0.002		±0.003
3	熔体质量流动速率 MFR	标称值	g/10min	6.0			18			7.5		
		偏差		±0.5	±1.0	±1.5	±2.0		±3.0	±1.5		±2.5

续表

序号	项　　目	单位	PE，M，53D060			PE，M，56D180			PE，ML，57D075		
			优等品	一等品	合格品	优等品	一等品	合格品	优等品	一等品	合格品
4	拉伸屈服应力	MPa	≥22.0	≥20.0	≥18.0	≥20.0	≥18.0	≥16.0	≥24.0	≥22.0	≥20.0
	拉伸断裂应力	MPa	—			—			—		
	拉伸断裂应变	%	≥150			—			≥80		
	拉伸断裂标称应变	%	—			≥80			—		
5	简支梁缺口冲击强度(23℃)	kJ/m²	由供方提供数据			≥2.0			≥2.5		
试样制备			M			M			M		

注：M 表示注塑。

试验方法见 GB/T 11115。

2.6.2　悬浮法通用型聚氯乙烯树脂　(GB/T 5761—2018)

(1) SG1～SG4

序号	项　　目	SG1 优等品	SG1 一等品	SG1 合格品	SG2 优等品	SG2 一等品	SG2 合格品	SG3 优等品	SG3 一等品	SG3 合格品	SG4 优等品	SG4 一等品	SG4 合格品	试验方法
1	黏数/(mL/g) (或 *K* 值) [或平均聚合度]	156～144 (77～75) [1785～1536]			143～136 (74～73) [1535～1371]			135～127 (72～71) [1370～1251]			126～119 (70～69) [1250～1136]			GB/T 3401(仲裁) GB/T 3401 GB/T 5761 附录 A
2	杂质粒子数/个　≤	16	30	60	16	30	60	16	30	60	16	30	60	GB/T 9348(仲裁)，仪器法
3	挥发物(包括水)含量/%　≤	0.30	0.40	0.50	0.30	0.40	0.50	0.30	0.40	0.50	0.30	0.40	0.50	GB/T 2914
4	表观密度/(g/mL)　≥	0.45	0.42	0.40	0.45	0.42	0.40	0.45	0.42	0.40	0.47	0.45	0.42	GB/T 20022
5	筛余物/%　250μm 筛孔　≤	1.6	2.0	8.0	1.6	2.0	8.0	1.6	2.0	8.0	1.6	2.0	8.0	GB/T 2916(仲裁)，GB/T 21843
	筛余物/%　63μm 筛孔　≥	97	90	85	97	90	85	97	90	85	97	90	85	
6	“鱼眼”数/(个/400cm²)　≥	20	30	60	20	30	60	20	30	60	20	30	60	GB/T 4611
7	100g 树脂增塑剂吸收量/g　≥	27	25	23	27	25	23	26	25	23	23	22	20	GB/T 3400
8	白度(160℃，10min)/%　≥	78	75	70	78	75	70	78	75	70	78	75	70	GB/T 15595
9	水萃取物电导率/[μS/(cm·g)]　≤	5	5	—	5	5	—	5	5	—		—		GB/T 2915
10	残留氯乙烯单体含量/(μg/g)　≤	5	5	10	5	5	10	5	5	10	5	5	10	GB/T 29874
11	干流性/min	—												GB/T 21060

(2) SG5~SG8

序号	项目		型号												试验方法
			SG5			SG6			SG7			SG8			
			优等品	一等品	合格品	优等品	一等品	合格品	优等品	一等品	合格品	优等品	一等品	合格品	
1	黏数/(mL/g) (或 K 值) [或平均聚合度]		118~107 (68~66) [1135~981]			106~96 (65~63) [980~846]			95~87 (62~60) [845~741]			86~73 (59~55) [740~650]			GB/T 3401 (仲裁) GB/T 3401 GB/T 5761 附录 A
2	杂质粒子数/个 ≤		16	30	60	16	30	60	20	40	60	20	40	60	GB/T 9348 (仲裁), 仪器法
3	挥发物(包括水)含量/% ≤		0.40	0.40	0.50	0.40	0.40	0.50	0.40	0.40	0.50	0.40	0.40	0.50	GB/T 2914
4	表观密度/(g/mL) ≥		0.48	0.45	0.42	0.50	0.45	0.42	0.52	0.45	0.42	0.52	0.45	0.42	GB/T 20022
5	筛余物/%	250μm 筛孔 ≤	1.6	2.0	8.0	1.6	2.0	8.0	1.6	2.0	8.0	1.6	2.0	8.0	GB/T 2916 (仲裁), GB/T 21843
		63μm 筛孔 ≥	97	90	85	97	90	85	97	90	85	97	90	85	
6	"鱼眼"数/(个/400cm^2) ≤		20	30	60	20	30	60	30	30	60	30	30	60	GB/T 4611
7	100g 树脂增塑剂吸收量/g ≥		19	17	—	15	15	—	12	—	—	12	—	—	GB/T 3400
8	白度(160℃, 10min)/% ≥		78	75	70	78	75	70	75	70	70	75	70	70	GB/T 15595
9	水萃取物电导率/[μS/(cm·g)] ≤		—												GB/T 2915
10	残留氯乙烯单体含量/(μg/g) ≤		5	5	10	5	5	10	5	5	10	5	5	10	GB/T 29874
11	干流性/min		—①												GB/T 21060

①生产企业与用户协商项目。

2.6.3 聚丙烯(PP)树脂(GB/T 12670—2008)

(1) 注塑类聚丙烯树脂

序号	项目		单位	要求			试验方法
				PP-H	PP-B	PP-R	
1.1	颗粒外观	黑粒	个/kg	0			SH/T 1541
1.2		大粒和小粒	g/kg	由供方提供的数据			
2	熔体质量流动速率(MFR)	<1	g/10min	$M_1 \pm 0.5M_1$			GB/T 3682
		≥1		$M_2 \pm 0.3M_2$			
3	等规指数		%	$M_3 \pm 2$	—	—	GB/T 2412
4	灰分		%	由供方提供的数据			GB/T 9345 A 法
5	拉伸屈服应力(σ_y)		MPa	>29.0	由供方提供的数据	>20.0	GB/T 1040.2
6	弯曲模量(E_f)		MPa	>1000	由供方提供的数据	>800	GB/T 9341
7.1	简支梁缺口冲击强度(a_{cA})	23℃	kJ/m^2	>1.0	由供方提供的数据	>2.8	ISO 179—1: 2000
7.2		-20℃	kJ/m^2	—	由供方提供的数据	—	
8	负荷变形温度(T_f0.45)		℃	—	由供方提供的数据	>60	GB/T 1634.2

续表

序号	项　目	单位	要　求			试验方法
			PP-H	PP-B	PP-R	
9	洛氏硬度(R 标尺)		—	由供方提供的数据	—	GB/T 9342
10	模塑收缩率(S_M)	%	由供方提供的数据			GB/T 17037.4

注：1. M_1、M_2、M_3 是每个牌号产品该项指标的标称值。

2. PP-B 聚丙烯产品因乙烯含量及生产工艺的不同性能有较大差异，各企业应规定具体指标。

（2）挤出类聚丙烯树脂

序号	项　目		单位	要　求			试验方法
				PP-H	PP-B	PP-R	
1.1	颗粒外观	黑粒	个/kg	0			SH/T 1541
1.2		大粒和小粒	g/kg	由供方提供的数据			
2	熔体质量流动速率(MFR)	<1	g/10min	$M_1 \pm 0.5M_1$			GB/T 3682
		≥1		$M_2 \pm 0.3M_2$			
3	等规指数		%	$M_3 \pm 2$	—	—	GB/T 2412
4	灰分		%	由供方提供的数据			GB/T 9345 A 法
5	拉伸屈服应力(σ_y)		MPa	>30.0	>20.0	>18.0	GB/T 1040.2
6	弯曲模量(E_f)		MPa	>1000	>700	>600	GB/T 9341
7.1	简支梁缺口冲击强度(a_{cA})	23℃	kJ/m²	>4.0	>50	>25	ISO 179—1：2000
7.2		-20℃	kJ/m²	—	>4.0	>1.5	
8	负荷变形温度(T_f0.45)		℃	—	>60	>60	GB/T 1634.2B 法

注：M_1、M_2、M_3 是每个牌号产品该项指标的标称值。

（3）窄带类聚丙烯树脂

序号	项　目		单位	要　求	试验方法
				PP-H	
1.1	颗粒外观	黑粒	个/kg	0	SH/T 1541
1.2		大粒和小粒	g/kg	由供方提供的数据	
2	熔体质量流动速率(MFR)		g/10min	$M_1 \pm 0.3M_1$	GB/T 3682
3	等规指数		%	$M_2 \pm 2$	GB/T 2412
4	灰分		%	由供方提供的数据	GB/T 9345 A 法
5.1	拉伸性能	拉伸屈服应力(σ_y)	MPa	>29.0	GB/T 1040.2
5.2		拉伸断裂应力(σ_B)	MPa	>15	
5.3		拉伸断裂标称应变(ε_{tB})	%	>150	

注：M_1、M_2 是每个牌号产品该项指标的标称值。

(4) 纤维类聚丙烯树脂

序号	项目		单位	要求 PP-H	试验方法
1.1	颗粒外观	黑粒	个/kg	0	SH/T 1541
1.2		大粒和小粒	g/kg	由供方提供的数据	
1.3		蛇皮粒和挖尾粒	个/kg	由供方提供的数据	
2	熔体质量流动速率(MFR)		g/10min	$M_1 \pm 0.3M_1$	GB/T 3682
3	等规指数		%	$M_2 \pm 2$	GB/T 2412
4	灰分		%	由供方提供的数据	GB/T 9345 A 法
5.1	拉伸性能	拉伸弹性模量(E_t)	MPa	由供方提供的数据	GB/T 1040.2
5.2		拉伸屈服应力(σ_y)	MPa	>29.0	
5.3		拉伸断裂应力(σ_B)	MPa	>8.0	
5.4		拉伸断裂标称应变(ε_{tB})	%	由供方提供的数据	
6.1	鱼眼	0.8mm	个/1520cm^2	<10	GB/T 6595
6.2		0.4mm		<40	

注：M_1、M_2 是每个牌号产品该项指标的标称值。

(5) 挤出薄膜类聚丙烯树脂

序号	项目		单位	要求 PP-H	试验方法
1.1	颗粒外观	黑粒	个/kg	0	SH/T 1541
1.2		大粒和小粒	g/kg	由供方提供的数据	
1.3		蛇皮粒和挖尾粒	个/kg	由供方提供的数据	
2	熔体质量流动速率(MFR)		g/10min	$M_1 \pm 0.3M_1$	GB/T 3682
3	等规指数		%	$M_2 \pm 2$	GB/T 2412
4	灰分		%	由供方提供的数据	GB/T 9345 A 法
5	拉伸屈服应力(σ_y)		MPa	>28.0	GB/T 1040.2
6.1	鱼眼	0.8mm	个/1520cm^2	<5	GB/T 6595
6.2		0.4mm		<30	
7	雾度		%	<6.0	GB/T 2410

注：M_1、M_2 是每个牌号产品该项指标的标称值。

2.6.4 聚苯乙烯(PS)树脂(GB 12671—2008)

序号	项目		单位	PS, MLN, 085-08			PS, MLN, 090-04		
				优级	一级	合格	优级	一级	合格
1	颗粒外观	色粒	个/kg	≤10	≤20	≤40	≤10	≤20	≤40
2	熔体质量流动速率(MFR)		g/10min	6~10	5.5~10.5	5.0~11.0	2.5~4.5	2.0~4.5	2.0~5.0
3	拉伸断裂应力(σ_B)		MPa	≥40	≥37	≥34	≥45		≥40
4	简支梁冲击强度(α_{cU})		kJ/m^3	≥7.5		≥6.5	≥8.0		≥7.0
5	维卡软化温度(T_v50/50)		℃	≥90	≥85	≥80	95	90	85

续表

序号	项目	单位	PS，MLN，085-08			PS，MLN，090-04		
			优级	一级	合格	优级	一级	合格
6	负荷变形温度(T_f0.45)	℃	≥80		≥75	≥80		≥75
7	残留苯乙烯单体含量 c_i	mg/kg	≤500	≤700	≤800	≤500	≤700	≤800
8	透光率	%	≥85			≥85		
9	模塑收缩率(S_M)	%	由供方提供的数据			由供方提供的数据		

序号	项目	单位	PS，ELN，095-02			PS，MLN，100-02		
			优级	一级	合格	优级	一级	合格
1	颗粒外观 色粒	个/kg	≤10	≤20	≤40	≤10	≤20	≤40
2	熔体质量流动速率(MFR)	g/10min	1.3~2.5		1.0~3.0	2.0~3.0		1.5~3.5
3	拉伸断裂应力(σ_B)	MPa	≥45		≥40	≥50	≥47	≥43
4	简支梁冲击强度(α_{cU})	kJ/m³	≥9.0		≥8.5	≥8.0		≥7.0
5	维卡软化温度(T_v50/50)	℃	≥100	≥95	≥90	≥100	≥95	≥90
6	负荷变形温度(T_f0.45)	℃	≥85		≥80	≥80		≥75
7	残留苯乙烯单体含量 c_i	mg/kg	≤500			≤500	≤700	≤800
8	透光率	%	≥85			≥85		
9	模塑收缩率(S_M)	%	由供方提供的数据			由供方提供的数据		

注：试验方法：颗粒外观 SH/T 1541—2006，熔体质量流动速率(MFR) GB/T 3682—2000，拉伸断裂应力 GB/T 1040.2—2006，简支梁冲击强度 ISO 179—1.2000，维卡软化温度 GB/T 1633—2000，负荷变形温度 GB/T 1634.2—2004，残留苯乙烯单体含量 GB/T 16867—1997，透光率 GB/T 2410—2008，模塑收缩率 GB/T 17037.4—2003，有关燃烧性、折光指数和电性能 GB/T 6594.2—2003。

2.6.5 丙烯腈-丁二烯-苯乙烯(ABS)树脂(GB/T 12672—2009)

序号	项 目		单位	ABS，MN，095-15-25-15	ABS，MN，095-15-16-15	ABS，MN，095-30-16-20	ABS，MN，095-30-16-15	试验方法
1.1	颗粒外观	色粒	个/g	由供方提供的数据				SH/T 1541
1.2		大粒和小粒	g/kg	由供方提供的数据				
2	熔体质量流动速率(MFR)		g/10min	17±4	19±4	21±4	23±4	GB/T 3682
3	拉伸屈服应力(σ_y)		MPa	≥39.0	≥37.0	≥48.0	≥37.0	GB/T 1040.2
4	弯曲模量(E_f)		MPa	≥2100	≥2100	≥2400	≥2200	GB/T 9341
5	弯曲强度(σ_{fM})		MPa	≥62.0	≥62.0	≥75.0	≥62.0	
6	简支梁缺口冲击强度(α_{cA})		kJ/m²	≥20.0	≥18.0	≥14.5	≥15.0	GB/T 1043.1
7	维卡软化温度(T_v50/50)		℃	≥94.0	≥92.0	≥94.0	≥92.0	GB/T 1633
8	洛氏硬度(R 标尺)			≥103	≥103	≥107	≥103	GB/T 3398.2

2.6.6 苯乙烯-丁二烯橡胶(SBR)1500、1502(GB/T 8655—2019)

项目	技术要求				试验方法
	SBR1500		SBR1502		
	优等品	合格品	优等品	合格品	
挥发分/% ≤	0.60	0.90	0.60	0.90	GB/T 24131.1—2018，热辊法 B 或烘箱法 A。B 法为仲裁法
灰分/% ≤	0.40		0.40		GB/T 4498.1—2013，方法 A
有机酸/%	5.00~7.25		4.50~6.75		GB/T 8657—2014，A 法或 B 法。A 法为仲裁法
皂/% ≤	0.40		0.40		
结合苯乙烯/%	22.5~24.5		22.5~24.5		GB/T 8658 — 1998
生胶门尼黏度[ML(1+4)100℃]	47~57	45~59	45~ 55	44~56	GB/T 1232.1—2016，过辊法
混炼胶门尼黏度[ML(1+4)100℃]	由供方提供		由供方提供		按 GB/T 8656—2018 混炼，配方 A 系列，A1 开炼法。按 GB/T 1232.1—2016 进行测定
300% 定伸应力(145℃，35min)/MPa	15.5~19.5	15.0~20.0	M① ± 2.0	M① ± 2.5	按 GB/T 8656—2018 混炼、硫化，配方 A 系列，A1 开炼法。按 GB/T 528—2009 测定，1 型裁刀
拉伸强度(145℃，35min)/MPa ≥	25.0	24.0	24.5	23.5	
拉断伸长率(145℃，35min)/% ≥	390	380	350	340	
硫化特性(160℃，30min)	由供方提供				按 GB/T 8656—2018 混炼，配方 A 系列，A1 开炼法。按 GB/T 25268—2010 测定，无转子硫化仪或转子硫化仪

应力应变性能及混炼胶门尼黏度采用 ASTM IRB No.8 炭黑，也可根据实际情况使用其他标准参比炭黑。如果使用其他标准参比炭黑，可自行做出炭黑差值后，按照 ASTM IRB No.8 炭黑结果报出检测结果。仲裁检验应采用 ASTM IRB No.8 炭黑。

① 技术指标的中值，由供方提供。

2.6.7 丁二烯橡胶(BR)9000(GB/T 8659—2018)

项目	指标			试验方法
	Ⅰ类	Ⅱ类	Ⅲ类	
外观	浅色半透明，初级形状为块状，不含焦化颗粒、机械杂质及油污		浅色半透明，初级形状为块状，不含机械杂质	目测
挥发分/% ≤	0.50	0.80	1.10	GB/T 24131.1—2018 热辊法
灰分/% ≤	0.20			GB/T 4498.1—2013 方法 A
生胶门尼黏度[ML(1+4)100℃]	45±4	45±5	45±7	GB/T 1232.1—2016，样品如需过辊，辊温应为(35±5)℃

续表

项目		指标			试验方法
		Ⅰ类	Ⅱ类	Ⅲ类	
混炼胶门尼黏度[ML(1+4)100℃] ≤		65	67	70	GB/T 8660—2018(C2法混炼) GB/T 1232.1—2016
300%定伸应力/MPa	145℃，25min	7.0~12.0			按GB/T 8660—2018中C2法混炼，按GB/T 528—2009测定，采用1型裁刀
	145℃，35min	8.0~13.0			
	145℃，50min	8.0~13.0			
拉伸强度(145℃，35min)/MPa ≥		13.2			
拉断伸长率(145℃，35min)/% ≥		330			
硫化特性(160℃，25min)		报告值			按GB/T 8660—2018中7.2规定设置参数，按GB/T 25268—2010测定
混炼胶和硫化胶的技术指标均采用ASTM IRB No.8进行评价，也可使用其他同类标准参比炭黑，结果可能略有不同。仲裁检验应使用ASTM IRB No.8。					

2.6.8 丙烯腈-丁二烯橡胶(NBR)(GB/T 36089—2018)

试验项目	技术指标			试验方法
	中结合丙烯腈(25%~<30%)	中高结合丙烯腈(30%~<35%)	高结合丙烯腈(35%~41%)	
挥发分/% ≤	0.70			GB/T 24131—2009
灰分/% ≤	0.30(酸凝聚) 0.80(盐凝聚)			GB/T 4498.1—2013
结合丙烯腈/%	$M_1$① ±2			SH/T 1157.2—2015(仲裁法)，或SH/T 1157.1
生胶门尼黏度[ML(1+4)100℃]	$M_2$② ±5			GB/T 15340制备试样，GB/T 1232.1测定
300%定伸应力(145℃，50min)/MPa ≥	10.0			GB/T 34685—2017，GB/T 528
拉伸强度(145℃，50min)/MPa ≥	23.0			
拉断伸长率(145℃，50min)/% ≥	400			
硫化特性(160℃，30min)	由供方提供			GB/T 16584或GB/T 9869
溶胀度(145℃，50min)/% ≤	65	55	45	SH/T 1159—2010
邵尔硬度(145℃，50min)Shore A ≥	55			GB/T 531.1

① M_1 为结合丙烯腈的中值，由供方提供。

② M_2 为生胶门尼黏度的中值，由供方提供。

3　纯烃和石油馏分的特性

纯烃和石油馏分的理化性质是石化技术人员经常需要查找的数据，这里汇集了一些常用数据的图表，其中包括纯烃的理化性质、石油及烃类的密度、辛烷值、自燃点、比热容、热焓、相变焓、黏度、蒸气压、气液平衡常数等，并对一些物性术语作了说明。

3.1　物性术语

3.1.1　基本理化性质

特性因数(Characterization factor)[2]——特性因数是表征烃类及石油馏分化学性质的一种指标，其定义为：

$$K=\frac{1.216\sqrt[3]{T}}{d_{15.6}^{15.6}}$$

式中　K——特性因数；

T——沸点，K(对石油馏分来说，最早用的是分子平均沸点，后改用立方平均沸点，现在一般使用中平均沸点)。

纯烃的特性因数中，烷烃最高，芳香烃最低。对于石油馏分，K 值越高，相应饱和度越大。

相关指数(BMCI)[1]——相关指数适用于表征石油馏分的烃组成特点。石油馏分在用作乙烯原料时，常用其相关指数估计裂解性能的优劣，芳香性越强，BMCI 值越高，乙烯收率越低。

$$\mathrm{BMCI}=\frac{48640}{T}+473.7d-456.8$$

式中　BMCI——相关指数；

T——油样的体积平均沸点，K；

d——油样 15.6℃时的相对密度。

偏心因子(Acentric factor)[2]——偏心因子是表征物质分子极性大小和形状的一个特征参数，用于关联物质的物理及热力性质。偏心因子越大，分子的极性就越大。

苯胺点(Aniline point)[3]——苯胺点表示石油馏分与同等体积苯胺互溶的最低温度。苯胺点越高，油品中的烷烃含量越高，反之，芳香烃含量越高。

密度(Density)[4]——单位体积物质的质量称为密度。油品的密度与温度有关，我国规定油品在 20℃时的密度称为标准密度。

相对密度(Relative density)[4]——物质的相对密度是指物质在给定温度下的密度

与规定温度下标准物质的密度之比。我国一般用20℃油品的密度与4℃纯水的密度之比表示，符号为d_4^{20}。欧美用15.6℃(60℉)作为油品和纯水的规定温度，用$d_{15.6}^{15.6}$表示，还常用API度表示油品的相对密度。

动力黏度(Dynamic viscosity)[4]——动力黏度又称绝对黏度，是衡量物质黏性大小的指标，即相邻两层流体相对运动时产生的内摩擦力。

运动黏度(Kinematic viscosity)[4]——运动黏度是指流体的动力黏度与该流体在同一温度和压力下的密度之比。

$$\nu_t = \frac{\mu_t}{\rho_t}$$

式中　ν_t——油品在温度t时的运动黏度，m^2/s；

μ_t——油品在温度t时的动力黏度，Pa·s；

ρ_t——油品在温度t时的密度，kg/m^3。

恩氏黏度(Engler viscosity)[4]——试样在规定温度下，从恩氏黏度计中流出200mL所需要的时间与20℃蒸馏水流出相同体积所需时间之比称为恩氏黏度。恩氏黏度的单位为条件度，用°E表示。

黏度指数(Viscosity index)[4]——黏度指数(Ⅵ)是衡量油品黏度随温度变化的一个相对比较值，表示油品的黏温特性。黏度指数越高，表示油品的黏温特性越好。

残炭(Carbon residue)[4]——油品在规定的仪器中隔绝空气加热，使其蒸发、裂解和缩合所形成的残留物，称为残炭。残炭用残留物占油品的质量分数表示，是评价油品在高温条件下生成焦炭倾向的指标。

灰分(Ash content)[4]——灰分指的是在规定条件下，油品被炭化后的残留物经煅烧所得的无机物，即油品在规定条件下灼烧后所剩的不燃物质，用质量分数表示。

胶质(gum)[35]——在普通的贮存和操作条件下可溶于产品中，但经蒸发可沉积出来的汽油或中间馏分油中的聚合物或含氧组分。

3.1.2　蒸发性能[4](GB/T 4016—2019)

馏程(Distillation range)——石油产品是一个主要由多种烃类组成的复杂混合物，没有恒定的沸点，其沸点表现为一很宽的范围，称为沸程。油品在规定的条件下蒸馏，从初馏点到终馏点这一温度范围，叫做馏程。在某一温度范围蒸出的馏出物，称为馏分(Fraction)。

馏出温度(Distil-off temperature)[35]——在规定条件下进行蒸馏时，量筒内回收的冷凝液达到某一规定体积时所同时观察到的温度。当第一滴冷凝液从冷凝器末端落下的瞬间所记录的温度读数称为初馏点(Initial boiling point；IBP)，在最后阶段所记录的最高温度读数称为终馏点(Final boiling point；FBP)。

中沸点(Mid-boiling point)[35]——具有对称蒸馏曲线的油品在规定条件下进行蒸馏时，馏出50%试样体积时的相应温度。

恩氏蒸馏(Engler distillation)——油品馏程一般用简单的，没有精馏作用的恩氏蒸馏设备测定，温度从低到高渐次气化，以连续增高沸点的混合物形式蒸出，仅能粗略判断油品轻重情况，称为恩氏蒸馏。

实沸点蒸馏(True boiling point distillation)——采用分离精确度较高的蒸馏设备，将原油按沸点高低切割成多个窄馏分，馏出温度接近馏出物质的真实沸点，称为实沸点蒸馏。

蒸气压(Vapor pressure)[3]——在一定的温度下，气液两相处于平衡状态时的蒸气压力。

雷德蒸气压(Reid vapor pressure)——在一定的温度下，气液两相处于平衡状态时的蒸气压力称为饱和蒸气压。用特定的仪器，在37.8℃恒温浴中，定期振荡，直到压力恒定，此时测得的油品蒸汽压称为雷德蒸气压。

露点(Dew point)——在给定压力下密闭容器中的蒸气，由于热量减少而形成第一滴液体时的温度。普通汽油的露点与70%的馏出温度大致相同。纯化合物的露点与其沸点一致。

临界性质(Critical properties)[9,11]——物质存在着一种被称为临界点的气液平衡状态。在临界点上物质平衡气液两相的所有性质完全相同。常把临界点状态的温度、压力和体积称为临界性质，分别记为临界温度、临界压力和临界体积。当温度高于物质的临界温度时，不论加多大的压力，也不能使其液化，因此可以认为临界温度是物质能够处于液态的最高温度。而临界压力是在临界温度下使物质液化所需要的最低压力。

3.1.3　燃烧性能[4,5]

闪点(Flash point)——使用专门仪器在规定的条件下，将可燃性液体加热，其蒸气与空气形成的混合气与火焰接触，发生瞬间闪火的最低温度，称为闪点。闪点的测定分为闭口杯法和开口杯法。闭口杯法多用于轻质油品，其测定条件与轻质油品实际储存和使用条件相似。对于多数润滑油和重质油，它们含轻组分较少，一般用开口杯法测定闪点。

燃点(Fire point)——在测定油品开口杯闪点后继续提高温度，在规定条件下可燃混合气能被外部火焰点引燃，并连续燃烧不少于5s时的最低温度，称为燃点。

自燃点(Auto-ignition temperature)——自燃点是在没有火花和火焰的条件下，物质能够在空气中自行燃烧的最低温度。它不低于且通常远高于燃烧上限对应的温度。

爆炸极限(Explosion limits)——可燃性气体与空气混合时，遇火发生爆炸的体积分数范围，称为爆炸极限。在爆炸极限内，可燃气在混合气中的最低体积分数称为爆炸下限，最高体积分数称为爆炸上限。

汽油抗爆性(Antiknock property)——汽油抗爆性是指汽油在发动机汽缸内燃烧时抵抗爆震的能力。抗爆性能好的汽油，使用时不易发生爆震，燃烧状态好。汽油的抗爆性用辛烷值来评定，是汽油质量最重要的指标，辛烷值越高抗爆性越好。

马达法辛烷值(Motor octane number)——汽油辛烷值的测定都是在标准单缸发动机中进行的。马达法辛烷值用 MON 表示，是在 900r/min 的发动机中测定的，用以表示点燃式发动机在重负荷条件下及高速行驶时汽油的抗爆性能。

研究法辛烷值(Research octane number)——研究法辛烷值用 RON 表示，是发动机在 600r/min 条件下测定的，它表示点燃式发动机低速运转时汽油的抗爆性能。

道路法辛烷值(Road octane number)——马达法辛烷值和研究法辛烷值都是在实验室中用单缸发动机在规定条件下测定的，它不能完全反映汽车在道路上行驶时的实际状况。为此，一些国家采用行车法来评价汽油的实际抗爆能力，称为道路法辛烷值。它是在一定温度下，用多缸汽油机进行辛烷值测定的一种方法，其数值介于马达法辛烷值和研究法辛烷值之间。

抗爆指数(Anti-knock index)——与道路法辛烷值相似，抗爆指数是又一个反映车辆在行驶时的汽油抗爆性能指数，又称为平均实验辛烷值，为马达法辛烷值与研究法辛烷值的平均值。

品度值(Performance number)——品度值又称品值，是航空汽油在富油混合气下，无爆震工作时发出的最大功率与异辛烷在同样条件下发出的最大功率之比，它表示飞机在起飞和爬高时燃料的抗爆性。

十六烷值(Cetane number)——十六烷值是评定柴油着火性的一个指标，它是在规定操作条件的标准发动机试验中，将柴油试样与标准燃料进行比较测定。

十六烷指数(Cetane idex)——十六烷指数是表示柴油着火性能的一个计算值，它是预测馏分燃料的十六烷值的一种辅助手段。

热值(Heating value)——单位质量燃料完全燃烧时所放出的热量，称为质量热量。单位体积燃料完全燃烧时所放出的热量，称为体积热量。按完全燃烧后生成水的状态不同，热值又分为高热值和低热值。高热值又称总热值，是指燃料燃烧生成的水蒸气被全部冷凝成液态水时的热值；低热值又称净热值，是指燃烧生成的水是以蒸汽状态存在时的热值。

烟点(Smoke point)——烟点又称无烟火焰高度，是指规定的条件下，试样在标准灯具中燃烧时，产生无烟火焰的最大高度，单位是 mm，它是评定喷气燃料生成软积炭倾向的指标。

辉光值(Luminometer number)——辉光值是在标准仪器内，用规定的方法测定火焰辐射强度的一个相对值，用固定火焰辐射强度下火焰温度升高的相对值表示。辉光值反映燃料燃烧时的辐射强度，用它可以评定燃料生成硬积炭的倾向。

3.1.4 热性质

焓(Enthalpy)[11]——单位质量物质自基准状态变化至另一状态时增减的热量，是状态函数，其基准态可任意选定，一般规定理想气体在绝对零度的焓为0。

熵(Entropy)[11]——度量系统无序度的函数，也是状态函数，一般规定理想气体在0K和101.325kPa时的熵为0。

汽化热(Heat of vaporization)[11]——等温时该物质的饱和蒸气和饱和液体的焓差。

比热容(Specific heat capacity)(GB/T 4016—2019)——单位质量物质温度升高1℃或1K所需要的能量。

标准生成热(Heat of formation)[11]——25℃为基准态的元素转变为25℃为基准态的化合物的焓变。

3.1.5 低温流动性能[4]

浊点(Cloud point)——试样在规定的条件下冷却，开始呈现雾状或浑浊时的最高温度，称为浊点。此时油品中出现了许多肉眼看不见的微小晶粒，因此不再呈现透明状态。

结晶点(Crystallization point)——试样在规定的条件下冷却，出现肉眼可见结晶时的最高温度，称为结晶点。此时油品仍处于可流动的液体状态。

冰点(Freezing point)——试样在规定的条件下，冷却到出现结晶后，再升温至结晶消失的最低温度，称为冰点。一般结晶点与冰点之差不超过3℃。

倾点(Pour point)——在试验规定的条件下冷却时，油品能够流动的最低温度，叫做倾点。

凝点(Setting point)——油品的凝点(又称凝固点)是指油品在试验规定的条件下，冷却至液面不移动时的最高温度。

冷滤点(Cold filter plugging point)——在试验规定的条件下，当试样不能流过过滤器或20mL试样流过过滤器的时间大于60s或试样不能完全流向试杯时的最高温度，称为冷滤点。

3.1.6 腐蚀性能[4]

酸度(Acidity)、酸值(Acid number)——石油产品的酸度、酸值都是用来衡量油品中酸性物质数量的指标。中和100mL石油产品中的酸性物质，所需氢氧化钾的质量，称为酸度，以mgKOH/100mL表示。中和1g石油产品中的酸性物质，所需要的氢氧化钾质量，称为酸值，以mgKOH/g表示。

博士试验(Doctor test)——博士试验是测定油品中含硫化合物的定性方法，主要适用于定性检测芳烃和轻质石油产品中硫醇性硫，也可检测其中的硫化氢。博士试验法的基本原理是：根据亚铅酸钠溶液与试样中的硫醇反应，形成铅的有机硫化物，该物质再与硫元素反应形成深色的硫化铅，用来定性的检测试样中是否存在硫醇类物质。

3.1.7　安定性[4]

实际胶质(Existent gum)——实际胶质是指在试验条件下测得的航空汽油、喷气燃料的蒸发残留物或车用汽油蒸发残留物中不溶于正庚烷的部分，以 mg/100mL 表示。

诱导期(Induction period)——诱导期是指在规定的加速氧化条件下，油品处于稳定状态所经历的时间，以 min 表示。

碘值(Iodine number)——碘值是指在规定的条件下，100g 试样所能吸收碘(I_2)的质量，以 gI/100g 表示。

溴值(又称溴价)(Bromine number)——是指在规定的条件下，100g 试样所能吸收溴(Br_2)的质量，以 gBr/100g 表示。

溴指数(Bromine index)——溴指数是指在规定的条件下，与 100g 油品起反应时所消耗溴(Br_2)的质量，以 mgBr/100g 表示。

3.1.8　固体产品性能(GB/T 4016—2019)[4]

软化点(Softening point)——沥青的软化点是表示沥青耐热性能的指标，也能间接评定沥青的使用温度范围。在规定试验条件下，沥青达到特定软化程度时的温度称为软化点。

延度(Ductility)——延度是表示沥青在一定温度下断裂前扩展或伸长能力的指标。延度的大小表明沥青的黏性、流动性、开裂后的自愈能力，以及受机械应力作用后变形而不被破坏的能力。

针入度(Needle penetration)——在规定条件下，标准针体穿入固体或半固体石油产品(如石蜡、沥青)试样的深度。针入度是用于表明沥青黏稠程度或软硬程度的指标。沥青的针入度越大，说明沥青的黏稠度越小，沥青也就越软。针入度是划分沥青牌号的依据。

锥入度(Cone penetration)——在规定的时间、温度和负荷等条件下，标准锥体穿入固体或半固体石油产品(如润滑脂)试样的深度。

滴点(Dropping point)[35]——在规定条件下，固体或半固体石油产品在试验过程中达到一定流动性时的温度。

3.2　纯烃的主要理化性质[2]

3.2.1　烷烃

序号	名　称	相对分子质量	沸点（常压下）/℃	冰点（常压下）/℃	液体相对密度 d_4^{20}	折射率（液体）η_4^{20}	运动黏度（37.8℃液体）/（mm^2/s）	苯胺点/℃
	烷烃 C_1～C_3							
1	甲烷（CH_4）	16.043	-161.495	-182.48	—	—	—	—
2	乙烷（C_2H_6）	30.070	-88.60	-183.27	0.3399	—	—	—
3	丙烷（C_3H_8）	44.097	-42.045	-187.69	0.5005	—	—	—
	烷烃 C_4H_{10}							
4	正丁烷	58.124	-0.50	-138.362	0.5788	1.3326	—	83.1
5	2-甲基丙烷（异丁烷）	58.124	-11.72	-159.605	0.5572	—	—	107.6
	烷烃 C_5H_{12}							
6	正戊烷	72.151	+36.064	-129.730	0.62622	1.35748	0.330	70.7
7	2-甲基丁烷（异戊烷）	72.151	27.843	-159.905	0.61965	1.35373	—	77.0
8	2,2-二甲基丙烷（新戊烷）	72.151	9.499	-16.57	0.5910	1.342	—	102
	烷烃 C_6H_{14}							
9	正己烷	86.178	68.732	-95.322	0.65935	1.37486	0.4137	68.6
10	2-甲基戊烷	86.178	60.261	-153.686	0.65313	1.37145	—	73.8
11	3-甲基戊烷	86.178	63.272	—	0.66429	1.37562	—	69.3
12	2,2-二甲基丁烷	86.178	49.731	-99.843	0.64914	1.36876	—	81.2
13	2,3-二甲基丁烷	86.178	57.978	-128.543	0.66162	1.37495	—	71.9
	烷烃 C_7H_{16}							
14	正庚烷	100.205	98.427	-90.581	0.68374	1.38764	0.5214	69.7
15	2-甲基己烷	100.205	90.049	-118.271	0.67857	1.38485	—	74.0
16	3-甲基己烷	100.205	91.847	—	0.68711	1.38864	—	70.5
17	3-乙基戊烷	100.205	93.473	-118.599	0.69814	1.39339	—	65.7
18	2,2-二甲基戊烷	100.205	79.191	-123.811	0.67383	1.38215	—	77.6
19	2,3-二甲基戊烷	100.205	89.781	—	0.69506	1.39196	—	67.6
20	2,4-二甲基戊烷	100.205	80.494	-119.238	0.67268	1.38145	—	78.8
21	3,3-二甲基戊烷	100.205	86.060	-134.45	0.69325	1.39092	—	70.5
22	2,2,3-三甲基丁烷	100.205	80.876	-24.897	0.69009	1.38944	—	72.2

临界常数			蒸发潜热（正常沸点下）/（kcal/kg）	低热值（25℃，定压）/（kcal/kg）		比热容（25℃，定压）/[kcal/（kg·℃）]		C_p/C_v（15.6℃常压）	序号
压力大气压	温度/℃	体积/（L/mol）		理想气体	液体	理想气体	液体		
45.44	-82.57	0.099	121.87	11954	—	0.5300	—	1.308	1
48.16	+32.27	0.148	116.97	11350	11274	0.4102	1.2006	1.193	2
41.94	96.67	0.203	101.76	11079	10989	0.390	0.6023	1.133	3
37.47	152.03	0.255	92.09	10927	10837	0.3991	0.5748	1.094	4
36.00	134.99	0.263	87.58	10892	10810	0.3906	0.5824	1.097	5
33.25	196.5	0.304	85.38	10840	10751	0.3892	0.5543	1.074	6
33.37	187.28	0.306	81.79	10813	10730	0.3829	0.54620	1.076	7
31.57	160.63	0.303	75.37	10768	10692	0.3940	0.566	1.076	8
29.73	234.3	0.370	80.03	—	10692	0.3846	0.5422	(1.062)	9
29.71	224.35	0.367	77.09	—	10677	0.3846	0.53628	(1.063)	10
30.83	231.3	0.367	77.88	—	10683	0.3776	0.526	(1.061)	11
30.40	215.63	0.359	72.96	—	10652	0.3763	0.5271	(1.063)	12
30.86	226.83	0.358	75.65	—	10670	0.3898	0.5235	(1.063)	13
27.00	267.1	0.432	75.61	—	10650	0.3863	0.5365	(1.052)	14
26.98	257.22	0.421	73.16	—	10637	0.3823	0.5317	(1.055)	15
27.77	262.10	0.404	73.44	—	10643	0.3799	0.522	(1.055)	16
28.53	267.49	0.416	73.84	—	10649	(0.395)	0.5237	(1.057)	17
27.37	247.35	0.416	69.56	—	10616	(0.400)	0.5274	(1.048)	18
28.70	264.20	0.393	72.49	—	10628	0.3959	0.52	—	19
27.01	246.64	0.418	70.37	—	10625	0.3892	0.5343	(1.048)	20
29.07	263.25	0.414	70.72	—	10626	(0.400)	0.513	(1.061)	21
29.15	258.02	0.398	69.05	—	10620	0.3896	0.5093	(1.055)	22

序号	名　　称	相对分子质量	沸点（常压下）/℃	冰点（常压下）/℃	液体相对密度 d_4^{20}	折射率（液体）η_4^{20}	运动黏度（37.8℃液体）/（mm^2/s）	苯胺点/℃
	烷烃 C_8H_{18}							
23	正辛烷	114.232	125.675	-56.764	0.70250	1.39743	0.6476	70.6
24	2-甲基庚烷	114.232	117.653	-108.993	0.69790	1.39494	—	74
25	3-甲基庚烷	114.232	118.932	-120.547	0.70580	1.39848	—	72.2
26	4-甲基庚烷	114.232	117.715	-120.953	0.70461	1.39792	—	71.6
27	3-乙基己烷	114.232	118.541	—	0.71356	1.40162	—	68.7
28	2,2-二甲基己烷	114.232	106.842	-121.18	0.69526	1.39349	—	78
29	2,3-二甲基己烷	114.232	115.612	—	0.71212	1.40113	—	70.6
30	2,4-二甲基己烷	114.232	109.432	—	0.70034	1.39534	—	73.4
31	2,5-二甲基己烷	114.232	109.106	-91.148	0.69352	1.39246	—	78.0
32	3,3-二甲基己烷	114.232	111.973	-126.10	0.70998	1.40009	—	72
33	3,4-二甲基己烷	114.232	117.731	—	0.71921	1.40406	—	68.0
34	2-甲基-3-乙基戊烷	114.232	115.655	-114.952	0.71930	1.40401	—	67.2
35	3-甲基-3-乙基戊烷	114.232	118.266	-90.842	0.72740	1.40775	—	65.9
36	2,2,3-三甲基戊烷	114.232	109.845	-112.26	0.71600	1.40295	—	70.8
37	2,2,4-三甲基戊烷(异辛烷)	114.232	99.238	-107.373	0.69191	1.39145	—	79.5
38	2,3,3-三甲基戊烷	114.232	114.765	-100.934	0.72617	1.40750	—	67.0
39	2,3,4-三甲基戊烷	114.232	113.472	-109.197	0.71904	1.40422	—	68.3
40	2,2,3,3-四甲基丁烷	114.232	106.47	+100.69	—	—	—	—
	烷烃 C_9H_{20}							
41	正壬烷	128.259	150.818	-53.489	0.71761	1.40542	0.8087	73.7
42	2-甲基辛烷	128.259	143.28	-80.37	0.7134	1.4031	—	77.5
43	3-甲基辛烷	128.259	144.23	-107.6	0.7205	1.4063	—	75.0
44	4-甲基辛烷	128.259	142.44	-113.2	0.7202	1.4062	—	74.5
45	3-乙基庚烷	128.259	143.0	—	0.7265	1.4093	—	73
46	4-乙基庚烷	128.259	141.2	—	0.7281	1.4096	—	68
47	2,2-二甲基庚烷	128.259	132.70	-112.99	0.7105	1.4016	—	79
48	2,3-二甲基庚烷	128.259	140.5	—	0.7260	1.4085	—	73.2
49	2,4-二甲基庚烷	128.259	132.90	—	0.7153	1.4034	—	78
50	2,5-二甲基庚烷	128.259	136.0	—	0.7167	1.4038	—	78
51	2,6-二甲基庚烷	128.259	135.22	-102.9	0.7089	1.4007	—	80.0
52	3,3-二甲基庚烷	128.259	137.02	—	0.7256	1.4088	—	74
53	3,4-二甲基庚烷	128.259	140.6	—	0.7314	1.4111	—	70
54	3,5-二甲基庚烷	128.259	136.0	—	0.7225	1.4067	—	—
55	4,4-二甲基庚烷	128.259	135.2	—	0.7256	1.4076	—	—

续表

临界常数			蒸发潜热(正常沸点下)/(kcal/kg)	低热值(25℃，定压)/(kcal/kg)		比热容(25℃，定压)/[kcal/(kg·℃)]		C_p/C_v(15.6℃常压)	序号
压力大气压	温度/℃	体积/(L/mol)		理想气体	液体	理想气体	液体		
24.54	295.68	0.492	72.01	—	10618	0.3852	0.5317	(1.046)	23
24.52	286.49	0.488	70.7	—	10607	0.3823	0.5264	(1.044)	24
25.13	290.52	0.464	70.9	—	10613	(0.39)	0.5223	(1.045)	25
25.09	288.59	0.476	70.92	—	10614	(0.39)	0.5254	(1.045)	26
25.74	292.34	0.455	70.33	—	10617	0.3938	0.51	—	27
24.96	276.72	0.478	67.5	—	10593	0.3842	0.518	(1.036)	28
25.94	290.34	0.468	69.48	—	10612	0.3925	0.52	—	29
25.23	280.37	0.472	68.2	—	10603	(0.38)	0.53	(1.050)	30
24.54	276.91	0.482	68.3	—	10596	(0.38)	0.5214	(1.050)	31
26.19	288.87	0.443	68.0	—	10602	(0.39)	0.5160	(1.042)	32
26.57	295.70	0.466	69.63	—	10614	(0.3895)	0.51	—	33
26.65	293.94	0.443	68.98	—	10619	0.3898	0.51	(1.048)	34
27.71	303.43	0.455	68.62	—	10612	(0.3886)	0.50	(1.044)	35
26.94	290.35	0.436	67.0	—	10603	(0.40)	0.51	(1.045)	36
25.34	270.81	0.468	64.88	—	10599	0.3834	0.4992	(1.046)	37
27.83	300.41	0.455	67.7	—	10610	(0.39)	0.5138	(1.046)	38
26.94	293.26	0.461	67.27	—	10607	0.3985	0.5199	(1.050)	39
28.3	294.8	0.461	65.7	—	—	0.4030	—	(1.050)	40
22.6	321.49	0.548	68.80	—	10594	0.3843	0.5300	(1.04)	41
22.6	313.6	0.541	68.3	—	10583	(0.40)	0.527	(1.040)	42
23.1	317.0	0.529	68.5	—	10587	(0.40)	0.520	(1.045)	43
23.1	314.5	0.523	68.2	—	10588	(0.40)	0.52	(1.045)	44
23.7	317.4	0.511	68.5	—	10592	(0.39)	0.51	(1.043)	45
23.6	314.8	0.505	68.3	—	10592	—	0.51	—	46
22.9	304.6	0.526	68.4	—	10569	(0.40)	0.516	(1.038)	47
23.7	316.5	0.515	67.3	—	10584	—	0.51	—	48
23.1	303.7	0.517	65.9	—	10578	—	0.52	—	49
23.2	308.0	0.522	66.4	—	10577	—	0.52	—	50
22.7	304.8	0.535	66.2	—	10573	(0.39)	0.53	(1.042)	51
24.0	315.4	0.506	65.8	—	10577	—	0.513	—	52
24.3	318.5	0.503	67.8	—	10588	—	0.51	—	53
23.7	310.1	0.510	66.4	—	10581	—	0.52	—	54
24.0	312.3	0.501	65.9	—	10578	—	0.51	—	55

序号	名　　称	相对分子质量	沸点（常压下）/℃	冰点（常压下）/℃	液体相对密度 d_4^{20}	折射率（液体）η_4^{20}	运动黏度（37.8℃液体）/（mm^2/s）	苯胺点/℃
56	2-甲基-3-乙基己烷	128.259	138.0	—	0.7335	0.4120	—	—
57	2-甲基-4-乙基己烷	128.259	133.8	—	0.7235	1.4068	—	—
58	3-甲基-3-乙基己烷	128.259	140.6	—	0.7411	1.4140	—	—
59	3-甲基-4-乙基己烷	128.259	140.4	—	0.7400	1.4149	—	—
60	2,2,3-三甲基己烷	128.259	133.61	—	0.7295	1.4105	—	72
61	2,2,4-三甲基己烷	128.259	126.55	-120.0	0.7156	1.4033	—	78
62	2,2,5-三甲基乙烷	128.259	124.093	-105.763	0.70719	1.39972	—	82.7
63	2,3,3-三甲基己烷	128.259	137.69	-116.794	0.7375	1.4141	—	—
64	2,3,4-三甲基己烷	128.259	139.06	—	0.7392	1.4144	—	—
65	2,3,5-三甲基己烷	128.259	131.35	-127.8	0.7219	1.4061	—	76
66	2,4,4-三甲基己烷	128.259	130.660	-113.370	0.72379	1.40745	—	—
67	3,3,4-三甲基己烷	128.259	140.48	-101.18	0.7454	1.4178	—	—
68	3,3-二乙基戊烷	128.259	146.186	-33.090	0.75357	1.42051	—	65
69	2,2-二甲基-3-乙基戊烷	128.259	133.84	-99.468	0.7348	1.4123	—	—
70	2,3-二甲基-3-乙基戊烷	128.259	144.7	—	0.7548	1.4221	—	66
71	2,4-二甲基-3-乙基戊烷	128.259	136.70	-122.70	0.7379	1.4137	—	—
72	2,2,3,3-四甲基戊烷	128.259	140.292	-9.89	0.75664	1.42360	—	68
73	2,2,3,4-四甲基戊烷	128.259	133.029	-121.09	0.73893	1.41472	—	—
74	2,2,4,4-四甲基戊烷	128.259	122.292	-66.20	0.71945	1.40694	—	75
75	2,3,3,4-四甲基戊烷	128.259	141.567	-102.103	0.75471	1.42222	—	—
	烷烃 $C_{10}H_{22}$							
76	正癸烷	142.286	174.154	-29.643	0.73003	1.41189	1.004	77.0
77	2-甲基壬烷	142.286	167.03	-74.62	0.7264	1.4100	—	80.3
78	3-甲基壬烷	142.286	167.8	-84.77	0.7334	1.4125	—	78.25
79	4-甲基壬烷	142.286	165.7	-98.7	0.7322	1.4118	—	78.3
80	5-甲基壬烷	142.286	165.1	-87.67	0.7326	1.4122	—	77.9
81	3-乙基辛烷	142.286	166.5	—	0.7399	1.4156	—	75
82	4-乙基辛烷	142.286	163.67	—	0.7381	1.4151	—	—
83	2,7-二甲基辛烷	142.286	159.89	-54.0	0.7242	1.4086	—	79.0
84	2,2,6-三甲基庚烷	142.286	148.95	-105.0	0.7238	1.4078	—	81
85	2,2,3,3-四甲基己烷	142.286	160.34	-53.97	0.76444	1.42818	—	—
86	2,2,5,5-四甲基己烷	142.286	137.47	-12.59	0.71873	1.40550	—	83
87	2,4-二甲基-3-异丙基戊烷	142.286	157.06	-81.67	0.75828	1.42463	—	—
88	2,2,3,3,4-五甲基戊烷	142.286	166.08	-36.43	0.78007	1.43606	—	—
89	2,2,3,4,4-五甲基戊烷	142.286	159.31	-38.73	0.76701	1.43069	—	—

续表

临界常数			蒸发潜热（正常沸点下）/（kcal/kg）	低热值（25℃，定压）/（kcal/kg）		比热容（25℃，定压）/［kcal/（kg·℃）］		C_p/C_v（15.6℃常压）	序号
压力大气压	温度/℃	体积/（L/mol）		理想气体	液体	理想气体	液体		
24.2	315.1	0.497	67.1	—	10588	—	0.51	—	56
23.7	307.0	0.504	66.4	—	10582	—	0.52	—	57
25.2	324.4	0.487	66.6	—	10588	—	0.50	—	58
24.8	320.7	0.490	67.8	—	10592	—	0.50	—	59
24.6	314.9	0.498	64.8	—	10579	—	0.51	—	60
23.5	300.5	0.507	63.4	—	10579	（0.39）	0.52	1.042	61
23.0	294.9	0.519	62.9	—	10559	（0.39）	0.53	1.045	62
25.2	323.0	0.491	65.2	—	10582	（0.39）	0.51	1.04	63
24.9	321.4	0.494	66.5	—	10584	—	0.51	—	64
23.7	306.1	0.509	64.9	—	10576	（0.38）	0.52	1.040	65
24.0	308.5	0.500	63.9	—	10584	（0.39）	0.52	1.037	66
25.9	329.2	0.484	65.5	—	10589	（0.39）	0.50	1.04	67
26.4	336.9	0.473	67.1	—	10593	（0.38）	0.49	1.040	68
25.2	317.4	0.486	64.9	—	10598	（0.39）	0.51	1.044	69
26.5	333.7	0.477	65.8	—	10594	—	0.49	—	70
24.9	318.1	0.489	66.0	—	10603	（0.38）	0.51	1.04	71
27.0	337.7	0.478	65.7	—	10587	（0.40）	0.49	1.044	72
25.3	319.0	0.490	63.9	—	10588	（0.39）	0.51	1.044	73
23.3	298.2	0.504	61.2	—	10584	（0.40）	0.52	1.040	74
26.6	335.9	0.481	65.1	—	10588	（0.39）	0.49	1.044	75
20.7	344.5	0.603	65.98	—	10573	0.3831	0.5283	1.034	76
20.7	337.2	0.596	65.9	—	10564	（0.41）	0.524	1.033	77
21.1	340.4	0.582	65.7	—	10567	（0.41）	0.520	1.036	78
21.1	337.4	0.575	65.2	—	10568	（0.41）	0.526	1.036	79
21.1	336.6	0.573	65.0	—	10568	（0.41）	0.522	1.036	80
21.6	340.6	0.561	65.0	—	10565	—	0.51	—	81
21.5	336.6	0.552	64.3	—	10573	—	0.51	—	82
20.7	329.9	0.590	64.2	—	10555	（0.40）	0.517	1.032	83
21.0	320.3	0.573	61.7	—	10540	（0.38）	0.53	1.040	84
24.3	355.1	0.518	61.1	—	10570	—	0.49	—	85
21.2	309.8	0.557	59.3	—	10525	—	0.53	—	86
23.1	341.4	0.521	61.1	—	10563	—	0.50	—	87
25.5	370.8	0.508	61.1	—	10591	—	0.48	—	88
23.7	354.2	0.521	59.3		10586	—	0.49	—	89

3.2.2　环烷烃

序号	名　称	相对分子质量	沸点（常压下）/℃	冰点（常压下）/℃	液体相对密度 d_4^{20}	折射率（液体）η_4^{20}	运动黏度（37.8℃液体）/(mm^2/s)	苯胺点/℃
	烷基环丙烷 C_3～C_4							
1	环丙烷（C_3H_6）	41.081	-32.80	-127.42	—	—	—	—
2	甲基环丙烷（C_4H_8）	56.108	+0.73	-177.3	—	—	—	—
	烷基环丙烷 C_5H_{10}							
3	乙基环丙烷		35.92	-149.230	0.6840	1.3786	—	—
4	1,1-二甲基环丙烷	70.135	20.62	-108.9	0.6604	1.3669	—	—
5	1,顺-2-二甲基环丙烷	70.135	37.02	-140.883	0.6939	1.3829	—	—
6	1,反-2-二甲基环丙烷	70.135	28.20	-149.58	0.6698	1.3713	—	—
	烷基环丙烷 C_6H_{12}							
7	正丙基环丙烷	84.162	69.14	—	0.7112	1.3930	—	—
8	异丙基环丙烷	84.162	58.31	-112.92	0.6986	1.3865	—	—
9	1-甲基-1-乙基环丙烷	84.162	56.76	-130.2	0.7018	1.3887	—	—
10	1-甲基-顺-2-乙基环丙烷	84.162	67.00	—	0.7146	1.3953	—	—
11	1-甲基-反-2-乙基环丙烷	84.162	58.65	—	0.6935	1.3846	—	—
12	1,1,2-三甲基环丙烷	84.162	52.43	-138.192	0.6947	1.3864	—	—
13	1,顺-2,顺-3-三甲基环丙烷	84.162	66	—	0.7180	1.3970	—	—
14	1,顺-2,反-3-三甲基环丙烷	84.161	59.7	—	0.6979	1.3873	—	—
	烷基环丁烷 C_4～C_5							
15	环丁烷（C_4H_8）	56.108	12.51	-90.70	0.6943	1.365	—	—
16	甲基环丁烷（C_5H_{10}）	70.135	36.3	—	0.6930	1.3836	—	—
	烷基环丁烷 C_6H_{12}							
17	乙基环丁烷	84.162	70.59	-142.762	0.7279	1.4020	—	38.7
18	1,1-二甲基环丁烷	84.162	56	—	0.713	1.396	—	—
19	1,顺-2-二甲基环丁烷	84.162	68	—	0.736	1.404	—	—
20	1,反-2-二甲基环丁烷	84.162	60	—	0.713	1.395	—	—
21	1,顺-3-二甲基环丁烷	84.162	60.5	—	0.7106	1.3933	—	—
22	1,反-3-二甲基环丁烷	84.162	57.5	—	0.7016	1.3896	—	—
	烷基环戊烷 C_5～C_6							
23	环戊烷（C_5H_{10}）	70.135	49.252	-93.839	0.74536	1.40645	0.499	16.8
24	甲基环戊烷（C_6H_{12}）	84.162	71.804	-142.469	0.74862	1.40970	0.565	33.0
	烷基环戊烷 C_7H_{14}							
25	乙基环戊烷	98.189	103.467	-138.458	0.76645	1.41981	0.619	36.7

临界常数			蒸发潜热（正常沸点下）/（kcal/kg）	低热值（25℃，定压）/（kcal/kg）		比热容（25℃，定压）/[kcal/（kg·℃）]		C_p/C_v（15.6℃常压）	序号
压力大气压	温度/℃	体积/（L/mol）		理想气体	液体	理想气体	液体		
54.23	124.66	0.17	114	11128	—	—	—	—	1
—	—	—	—	—	—	—	—	—	2
—	—	—	—	—	—	—	—	—	3
—	—	—	—	—	—	—	—	—	4
—	—	—	—	—	—	—	—	—	5
—	—	—	—	—	—	—	—	—	6
—	—	—	—	—	—	—	—	—	7
—	—	—	—	—	—	—	—	—	8
—	—	—	—	—	—	—	—	—	9
—	—	—	—	—	—	—	—	—	10
—	—	—	—	—	—	—	—	—	11
—	—	—	—	—	—	—	—	—	12
—	—	—	—	—	—	—	—	—	13
—	—	—	—	—	—	—	—	—	14
49.2	186.8	0.21	103	10938	10839	—	0.425	—	15
—	—	—	—	—	—	—	0.474	—	16
—	—	—	—	—	—	—	—	—	17
—	—	—	—	—	—	—	—	—	18
—	—	—	—	—	—	—	—	—	19
—	—	—	—	—	—	—	—	—	20
—	—	—	—	—	—	—	—	—	21
—	—	—	—	—	—	—	—	—	22
44.49	238.60	0.260	93.03	10563	10465	0.2678	0.4323	1.117	23
37.35	259.64	0.319	82.18	—	10434	0.2966	0.4507	1.085	24
33.53	296.37	0.375	78.58	—	10427	0.3045	0.4530	1.069	25

序号	名　称	相对分子质量	沸点（常压下）/℃	冰点（常压下）/℃	液体相对密度 d_4^{20}	折射率（液体）η_4^{20}	运动黏度（37.8℃液体）/（mm^2/s）	苯胺点/℃
26	1,1-二甲基环戊烷	98.189	87.482	-69.761	0.75446	1.41356	—	45
27	1,顺-2-二甲基环戊烷	98.189	99.532	-53.893	0.77260	1.42217	—	39.9
28	1,反-2-二甲基环戊烷	98.189	91.866	-117.57	0.75142	1.41200	—	46.7
29	1,顺-3-二甲基环戊烷	98.189	90.770	-133.711	0.74477	1.40894	—	—
30	1,反-3-二甲基环戊烷	98.189	91.722	-133.984	0.74878	1.41074	—	49.9
	烷基环戊烷 C_8H_{16}							
31	正丙基环戊烷	112.216	130.961	-117.334	0.77631	1.42626	0.724	44.5
32	异丙基环戊烷	112.216	126.429	-111.364	0.77651	1.42582	—	—
33	1-甲基-1-乙基环戊烷	112.216	121.529	-143.814	0.78091	1.42718	—	—
34	1-甲基-顺-2-乙基环戊烷	112.216	128.061	-105.93	0.78520	1.42933	—	47.5
35	1-甲基-反-2-乙基环戊烷	112.216	121.2	-150.0	0.7690	1.4219	—	52.2
36	1-甲基-顺-3-乙基环戊烷	112.216	121.1	—	0.767	1.419	—	—
37	1-甲基-反-3-乙基环戊烷	112.216	121.1	—	0.767	1.419	—	—
38	1,1,2-三甲基环戊烷	112.216	113.734	-21.63	0.77250	1.42298	—	—
39	1,1,3-三甲基环戊烷	112.216	104.895	-142.45	0.74823	1.41119	—	—
40	1,顺-2,顺-3-三甲基环戊烷	112.216	123.0	-116.423	0.7792	1.4262	—	41.0
41	1,顺-2,反-3-三甲基环戊烷	112.216	117.5	-112	0.7704	1.4218	—	41.0
42	1,反-2,顺-3-三甲基环戊烷	112.216	110.41	-112.694	0.7535	1.4138	—	41.0
43	1,顺-2,顺-4-三甲基环戊烷	112.216	116.76	-132.33	0.762	1.4186	—	—
44	1,顺-2,反-4-三甲基环戊烷	112.216	116.737	-132.56	0.76343	1.41855	—	—
45	1,反-2,顺-4-三甲基环戊烷	112.216	109.293	-130.79	0.74725	1.41060	—	—
	烷基环戊烷 C_9H_{13}							
46	正丁基环戊烷	126.243	156.62	-107.970	0.7846	1.4316	0.908	48.7
47	异丁基环戊烷	126.243	147.97	-115.217	0.7809	1.4298	—	—
48	仲丁基环戊烷	126.243	154.37	—	0.7945	1.4357	—	—
49	叔丁基环戊烷	126.243	144.87	-95.8	0.7910	1.4338	—	—
50	1-甲基-1-正丙基环戊烷	126.243	146	—	0.799	1.437	—	—

续表

临界常数			蒸发潜热（正常沸点下）/(kcal/kg)	低热值（25℃，定压）/(kcal/kg)		比热容（25℃，定压）/[kcal/(kg·℃)]		C_p/C_v（15.6℃常压）	序号
压力大气压	温度/℃	体积/(L/mol)		理想气体	液体	理想气体	液体		
35	274	0.36	73.73	—	10406	0.3084	0.4546	1.069	26
34	292	0.37	77.16	—	10423	0.3084	0.4595	1.068	27
34	280	0.36	75.12	—	10408	0.3087	0.450	1.068	28
34	278	0.36	74.68	—	10411	0.3087	0.4587	1.068	29
34	280	0.36	74.97	—	10416	0.3087	(0.46)	1.068	30
29.60	330	0.425	72.64	—	10422	0.3138	0.4606	1.058	31
29.60	328	0.422	72.6	—	(10425)	(0.32)	(0.42)	(1.06)	32
29.50	319	0.422	71.7	—	(10417)	(0.35)	(0.47)	(1.06)	33
29.50	323	0.421	73.5	—	(10410)	(0.32)	(0.42)	(1.06)	34
29.00	315	0.421	71.9	—	(10416)	(0.32)	(0.42)	(1.06)	35
29.00	314	0.421	72.0	—	(10408)	(0.32)	(0.42)	(1.06)	36
28.60	314	0.421	71.7	—	(10416)	(0.32)	(0.42)	(1.06)	37
29.00	306.4	0.417	69.4	—	(10392)	(0.33)	(0.45)	(1.06)	38
27.90	296.4	0.417	67.5	—	(10396)	(0.33)	(0.45)	(1.06)	39
29.00	313	0.416	71.7	—	(10403)	(0.32)	(0.43)	(1.06)	40
28.60	307	0.416	70.6	—	(10387)	(0.32)	(0.43)	(1.06)	41
27.90	299	0.416	68.8	—	(10390)	(0.32)	(0.43)	(1.06)	42
28.50	307	0.416	70.4	—	(10387)	(0.32)	(0.43)	(1.06)	43
28.40	306	0.416	70.4	—	(10387)	(0.32)	(0.43)	(1.06)	44
27.75	298	0.416	69.0	—	(10388)	(0.32)	(0.43)	(1.06)	45
26.90	358	0.482	68.8	—	10420	0.3209	0.4645	1.049	46
27.00	352.5	0.478	(65.6)	—	(10391)	(0.32)	(0.41)	(1.05)	47
27.00	360.6	0.478	(66.1)	—	(10388)	(0.32)	(0.41)	(1.05)	48
27.40	349	0.474	(65.5)	—	(10373)	(0.33)	(0.42)	(1.05)	49
—	—	—	—	—	—	—	—	—	50

序号	名　称	相对分子质量	沸点（常压下）/℃	冰点（常压下）/℃	液体相对密度 d_4^{20}	折射率（液体）η_4^{20}	运动黏度（37.8℃液体）/（mm^2/s）	苯胺点/℃
51	1-甲基-顺-2-正丙基环戊烷	126.243	152.60	-104	0.7921	1.4343	—	54.5
52	1-甲基-反-2-正丙基环戊烷	126.243	146.39	-123	0.7775	1.4274	—	54.5
53	1-甲基-顺-3-异丙基环戊烷	126.243	142	<-80	0.780	1.426	—	—
54	1-甲基-反-3-异丙基环戊烷	126.243	142	<-80	0.780	1.426	—	—
55	1,1-二乙基环戊烷	126.243	150.5	—	0.8028	1.4388	—	—
56	1,顺-2-二乙基环戊烷	126.243	153.58	-118	0.7960	1.4355	—	52.9
57	1,反-2-二乙基环戊烷	126.243	147.55	-95	0.7832	1.4295	—	52.9
58	1,1,3,3-四甲基环戊烷	126.243	118.05	-88.377	0.7509	1.4125	—	—
59	1,1,顺-3,顺-4 四甲基环戊烷	126.243	130.15	-105.496	0.7670	1.4209	—	—
60	1,1,顺-3,反-4-四甲基环戊烷	126.243	121.62	-93.14	0.7486	1.4118	—	—
61	1,2,2,顺-3-四甲基环戊烷	126.243	138	—	0.781	1.427	—	—
62	1,2,2,反-3-四甲基环戊烷	126.243	138	—	0.789	1.431	—	—
63	1,顺-2,顺-3,顺-4-四甲基环戊烷	126.243	147.32	-100.20	0.7924	1.4332	—	—
64	1,顺-2,顺-3,反-4-四甲基环戊烷	126.243	140.73	—	0.7763	1.4248	—	—
65	1,顺-2,反-3,顺-4-四甲基环戊烷	126.243	133.87	-110.51	0.7669	1.4208	—	—
66	1,顺-2,反-3,反-4-四甲基环戊烷	126.243	142.96	-111.33	0.7733	1.4297	—	—
67	1,反-2,顺-3,反-4-四甲基环戊烷	126.243	127.24	—	0.7562	1.4155	—	—
68	1,反-2,反-3,顺-4-四甲基环戊烷	126.243	134.54	-113.11	0.7687	1.4219	—	—

续表

临界常数			蒸发潜热（正常沸点下）/(kcal/kg)	低热值（25℃，定压）/(kcal/kg)		比热容（25℃，定压）/[kcal/(kg·℃)]		C_p/C_v（15.6℃常压）	序号
压力大气压	温度/℃	体积/(L/mol)		理想气体	液体	理想气体	液体		
27.05	350.3	0.478	(68.4)	—	(10389)	(0.33)	(0.42)	(1.05)	51
26.60	343	0.478	(66.2)	—	(10380)	(0.33)	(0.42)	(1.05)	52
26.30	336	0.474	(63.9)	—	(10384)	(0.33)	(0.41)	(1.05)	53
26.30	336	0.474	(63.9)	—	(10384)	(0.33)	(0.41)	—	54
—	—	—	—	—	—	—	—	—	55
27.40	351.4	0.478	68.4	—	(10377)	(0.32)	(0.41)	(1.05)	56
26.70	344.7	0.478	(66.2)	—	(10380)	(0.32)	(0.41)	(1.05)	57
—	—	—	—	—	—	—	—	—	58
—	—	—	—	—	—	—	—	—	59
—	—	—	—	—	—	—	—	—	60
—	—	—	—	—	—	—	—	—	61
—	—	—	—	—	—	—	—	—	62
—	—	—	—	—	—	—	—	—	63
—	—	—	—	—	—	—	—	—	64
—	—	—	—	—	—	—	—	—	65
—	—	—	—	—	—	—	—	—	66
—	—	—	—	—	—	—	—	—	67
—	—	—	—	—	—	—	—	—	68

序号	名称	相对分子质量	沸点（常压下）/℃	冰点（常压下）/℃	液体相对密度 d_4^{20}	折射率（液体）η_4^{20}	运动黏度（37.8℃液体）/(mm^2/s)	苯胺点/℃
	烷基环戊烷 $C_{10}H_{20}$							
69	正戊基环戊烷	140.270	180.5	-83	0.7912	1.4358	1.128	—
	烷基环己烷 C_6~C_7							
70	环己烷(C_6H_{12})	84.162	80.719	6.541	0.77853	1.42623	0.953	31.0
71	甲基环己烷(C_7H_{14})	98.189	100.934	-126.596	0.76937	1.42312	0.767	41.0
	烷基环己烷 C_8H_{16}							
72	乙基环己烷	112.216	131.795	-111.311	0.78790	1.43304	0.861	43.8
73	1,1-二甲基环己烷	112.216	119.550	-33.490	0.78092	1.42900	—	45.4
74	1,顺-2-二甲基环己烷	112.216	129.739	-49.994	0.79625	1.43596	—	41.7
75	1,反-2-二甲基环己烷	112.216	123.428	-88.164	0.77599	1.42695	—	48.3
76	1,顺-3-二甲基环己烷	112.216	120.095	-75.539	0.76601	1.42294	—	51.7
77	1,反-3-二甲基环己烷	112.216	124.459	-90.079	0.78470	1.43085	—	46.3
78	1,顺-4-二甲基环己烷	112.216	124.330	-87.406	0.78283	1.42966	—	46.9
79	1,反-4-二甲基环己烷	112.216	119.358	-36.940	0.76253	1.42090	—	52.7
	烷基环己烷 C_9H_{18}							
80	正丙基环己烷	126.243	156.747	-94.874	0.79358	1.43705	1.000	49.8
81	异丙基环己烷	126.243	154.785	-89.360	0.80219	1.44087	—	48.9
82	1-甲基-1-乙基环己烷	126.243	152.18	—	0.8062	1.4419	—	—
83	1-甲基-顺-2-乙基环己烷	126.243	156.00	—	0.8097	1.4436	—	—
84	1-甲基-反-2-乙基环己烷	126.243	151.72	—	0.794	1.4381	—	—
85	1-甲基-顺-3-乙基环己烷	126.243	148.467	—	0.7837	1.4326	—	—
86	1-甲基-反-3-乙基环己烷	126.243	151.08	—	0.8012	1.4374	—	—
87	1-甲基-顺-4-乙基环己烷	126.243	152.30	—	0.7965	1.4370	—	—
88	1-甲基-反-4-乙基环己烷	126.243	149.81	-81.181	0.7794	1.4300	—	—
89	1,1,2-三甲基环己烷	126.243	145.2	-29	0.8000	1.4382	—	—
90	1,1,3-三甲基环己烷	126.243	136.640	-65.716	0.77881	1.42955	—	—
91	1,1,4-三甲基环己烷	126.243	135	—	0.7722	1.4251	—	—
92	1,顺-2,顺-3-三甲基环己烷	126.243	151.68	-84.99	0.8027	1.4403	—	—
93	1,顺-2,反-3-三甲基环己烷	126.243	151.18	-85.70	0.8031	1.4399	—	—
94	1,反-2,顺-3-三甲基环己烷	126.243	144	—	0.781	1.430	—	—

续表

临界常数			蒸发潜热(正常沸点下)/(kcal/kg)	低热值(25℃，定压)/(kcal/kg)		比热容(25℃，定压)/[kcal/(kg·℃)]		C_p/C_v(15.6℃常压)	序号
压力大气压	温度/℃	体积/(L/mol)		理想气体	液体	理想气体	液体		
—	—	—	66.4	—	10417	0.3263	0.470	—	69
40.2	280.4	0.308	85.08	—	10382	0.2854	0.4439	1.089	70
34.26	299.04	0.368	75.78	—	10362	0.3107	0.4492	1.068	71
30	336	0.45	73.08	—	10373	0.3260	0.4511	1.057	72
29	318	0.45	69.42	—	10359	0.3173	0.4457	1.059	73
29	333	0.46	71.65	—	10374	0.3174	0.4477	1.058	74
29	323	0.46	70.05	—	10360	0.3206	0.4460	1.057	75
29	318	0.45	69.87	—	10350	0.3205	0.4460	1.058	76
29	325	0.46	72.1	—	10360	0.3256	0.4533	1.058	77
29	325	0.46	71.9	—	10366	0.3256	0.4518	1.058	78
29	317	0.45	69.42	—	10352	0.3252	0.4478	1.058	79
27.70	366	0.477	68.3	—	10374	0.3288	0.4583	1.049	80
28.00	367	0.473	(66)	—	10393	(0.33)	(0.41)	(1.05)	81
—	—	—	—	—	—	—	—	—	82
—	—	—	—	—	—	—	—	—	83
—	—	—	—	—	—	—	—	—	84
—	—	—	—	—	—	—	—	—	85
—	—	—	—	—	—	—	—	—	86
—	—	—	—	—	—	—	—	—	87
—	—	—	—	—	—	—	—	—	88
27.40	350	0.469	(65)	—	10367	(0.34)	(0.43)	(1.05)	89
26.60	339	0.469	(63)	—	10371	(0.33)	(0.43)	(1.05)	90
—	—	—	—	—	—	—	—	—	91
—	—	—	—	—	—	—	—	—	92
—	—	—	—	—	—	—	—	—	93
—	—	—	—	—	—	—	—	—	94

序号	名　称	相对分子质量	沸点（常压下）/℃	冰点（常压下）/℃	液体相对密度 d_4^{20}	折射率（液体）η_4^{20}	运动黏度（37.8℃液体）/（mm^2/s）	苯胺点/℃
95	1,顺-2,顺-4-三甲基环己烷	126.243	146.59	-77.42	0.787	1.4340	—	—
96	1,顺-2,反-4-三甲基环己烷	126.243	146.67	-91.83	0.7908	1.4345	—	—
97	1,反-2,顺-4-三甲基环己烷	126.243	144.67	-83.50	0.7908	1.4341	—	—
98	1,反-2,反-4-三甲基环己烷	126.243	141.24	-86	0.7720	1.4266	—	59.0
99	1,顺-3,顺-5-三甲基环己烷	126.243	138.43	-43.19	0.7697	1.4266	—	—
100	1,顺-3,反-5-三甲基环己烷	126.243	141.24	-84.40	0.7817	1.4310	—	—
	烷基环己烷 $C_{10}H_{20}$							
101	正丁基环己烷	140.270	180.981	-74.691	0.79916	1.44075	1.251	54.4
102	异丁基环己烷	140.270	171.290	-94.780	0.796	1.4386	—	57.4
103	仲丁基环己烷	140.270	179.300		0.814	1.4467	—	—
104	叔丁基环己烷	140.270	171.570	-41.158	0.814	1.4469	—	53.8
105	1-甲基-4-异丙基环己烷	140.270	170.720	-87.590	0.800	1.4373	—	56.5
	烷基环庚烷（C_7 和 C_9）							
106	环庚烷（C_7H_{14}）	98.189	118.80	-8.04	0.8110	1.4449	—	—
107	乙基环庚烷（C_9H_{18}）	126.243	163.3	<-30	0.815	—	—	—
	烷基环辛烷（C_8 和 C_9）							
108	环辛烷（C_8H_{16}）	112.216	151.16	+14.82	0.8361	1.4587	—	—
109	甲基环辛烷（C_9H_{18}）	126.243	162.0	16.8	0.835	—	—	—
	环烷 C_9 和 H_{10}							
110	环壬烷（C_9H_{18}）	126.243	178.4	11	0.8502	1.4666	—	—
111	环癸烷（$C_{10}H_{20}$）	140.270	202	10	0.8575	1.4716	—	—
	萘烷 $C_{10}H_{18}$							
112	顺-十氢化萘	138.254	195.815	-42.98	0.8967	1.48098	—	35.3
113	反-十氢化萘	138.254	187.310	-30.382	0.86969	1.46932	—	35.3

续表

临界常数			蒸发潜热（正常沸点下）/（kcal/kg）	低热值（25℃，定压）/（kcal/kg）		比热容（25℃，定压）/[kcal/（kg·℃）]		C_p/C_v（15.6℃常压）	序号
压力大气压	温度/℃	体积/（L/mol）		理想气体	液体	理想气体	液体		
—	—	—	—	—	—	—	—	—	95
—	—	—	—	—	—	—	—	—	96
—	—	—	—	—	—	—	—	—	97
26.40	341	0.468	（64.5）	—	10376.5	（0.33）	（0.42）	—	98
—	—	—	—	—	—	—	—	—	99
—	—	—	—	—	—	—	—	—	100
31.10	394	0.534	65.6	—	10377	0.3353	0.4619	1.043	101
30.80	386	0.530	（65）	—	10393	（0.33）	（0.40）	（1.05）	102
26.40	396	0.530	（63）	—	10392	（0.33）	（0.40）	（1.05）	103
26.35	386	0.526	（62）	—	10375	（0.34）	（0.41）	（1.05）	104
25.66	381	0.525	（62）	—	10381	（0.33）	（0.43）	（1.05）	105
37	316	0.39	80.77	—	10442	（0.29）	0.4400	（1.08）	106
29.00	381	0.472	（69）	—	10359	（0.31）	（0.39）	（1.06）	107
34	345	0.45	76.47	—	10465	（0.29）	0.4589	（1.07）	108
29.90	385	0.467	（68）	—	10400	（0.30）	（0.38）	（1.06）	109
31	371	0.51	72.25	—	10480	（0.29）	0.452	（1.06）	110
29	394	0.57	68.44	—	10473	—	0.458	—	111
—	—	—	—	—	10187	—	0.4011	—	112
—	—	—	—	—	10167	—	0.3950	—	113

3.2.3 单烯烃和双烯烃

序号	名称	相对分子质量	沸点（常压下）/℃	冰点（常压下）/℃	液体相对密度 d_4^{20}	折射率（液体）η_4^{20}	运动黏度（37.8℃液体）/（mm^2/s）	苯胺点/℃
	单烯烃 C_2 和 C_3							
1	乙烯（C_2H_4）	28.054	-103.68	-169.14	—	—	—	—
2	丙烯（C_3H_6）	42.081	-47.72	-185.25	0.5139	—	—	—
	单烯烃 C_4H_8							
3	1-丁烯	56.108	-6.25	-185.35	0.5951	—	—	—
4	顺-2-丁烯	56.108	+3.718	-138.922	0.6213	—	—	—
5	反-2-丁烯	56.108	0.88	-105.533	0.6042	—	—	—
6	2-甲基丙烯（异丁烯）	56.108	-6.896	-140.337	0.5942	—	—	14.9
	单烯烃 C_5H_{10}							
7	1-戊烯	70.135	+29.959	-165.219	0.64048	1.37148	—	19.0
8	顺-2-戊烯	70.135	36.932	-151.402	0.6556	1.3830	—	18.3
9	反-2-戊烯	70.135	36.343	-140.257	0.6482	1.3793	—	18.3
10	2-甲基-1-丁烯	70.135	31.154	-137.572	0.6504	1.3778	—	—
11	3-甲基-1-丁烯	70.135	20.054	-168.490	0.6272	1.3643	—	—
12	2-甲基-2-丁烯	70.135	38.558	-133.759	0.6623	1.3874	—	12.8
	单烯烃 C_6H_{12}							
13	1-己烯	84.162	63.475	-139.832	0.67315	1.33788	0.34	22.8
14	顺-2-己烯	84.162	68.883	-141.152	0.68718	1.39761	—	26.0
15	反-2-己烯	84.162	67.875	-132.979	0.67793	1.39363	—	26.0
16	顺-3-己烯	84.162	66.441	-137.829	0.67988	1.39479	—	27.0
17	反-3-己烯	84.162	67.079	-113.420	0.67709	1.39429	—	27.0
18	2-甲基-1-戊烯	84.162	62.103	-135.730	0.67985	1.39200	—	—
19	3-甲基-1-戊烯	84.162	54.168	-153.0	0.66743	1.38422	—	—
20	4-甲基-1-戊烯	84.162	53.856	-153.64	0.66368	1.38267	—	—
21	2-甲基-2-戊烯	84.162	67.299	-135.080	0.68648	1.40030	—	—
22	3-甲基-顺-2-戊烯	84.162	67.694	-134.850	0.69319	1.40157	—	—
23	3-甲基-反-2-戊烯	84.162	70.430	-138.457	0.69759	1.40452	—	—
24	4-甲基-顺-2-戊烯	84.162	56.377	-134.421	0.66916	1.38793	—	—
25	4-甲基-反-2-戊烯	84.162	58.602	-140.803	0.66860	1.38878	—	—
26	2-乙基-1-丁烯	84.162	64.672	-131.537	0.68956	1.39671	—	—
27	2,3-二甲基-1-丁烯	84.162	55.607	-157.261	0.67808	1.39022	—	—
28	3,3-二甲基-1-丁烯	84.162	41.238	-115.22	0.65308	1.37620	—	—
29	2,3-二甲基-2-丁烯	84.162	73.197	-74.235	0.70808	1.41235	—	—

临界常数			蒸发潜热（正常沸点下）/（kcal/kg）	低热值（25℃，定压）/（kcal/kg）		比热容（25℃，定压）/［kcal/（kg·℃）］		C_p/C_v（15.6℃常压）	序号
压力大气压	温度/℃	体积/（L/mol）		理想气体	液体	理想气体	液体		
49.66	9.21	0.129	115.39	11272	—	0.3616	—	1.2430	1
45.5	91.6	0.181	104.62	10942	—	0.3549	0.611	1.1538	2
39.7	146.4	0.240	93.36	10826	10737	0.3543	0.549	1.1051	3
41.5	162.43	0.234	99.46	10797	10700	0.3222	0.5374	1.1214	4
40.5	155.48	0.238	96.94	10779	10685	0.3618	0.5435	1.1073	5
39.48	144.75	0.239	94.22	10755	10663	0.3706	0.558	1.1058	6
35	191.63	0.305	85.87	10754	10666	0.3627	0.5293	1.0801	7
36	203	0.30	89.0	10734	10640	0.3468	0.5170	1.0918	8
36	202	0.30	88.8	10718	10626	0.3696	0.5350	1.0822	9
34	192	0.31	86.90	10703	10613	0.3806	0.5357	1.0822	10
35	177	0.30	82.0	10728	10643	0.4042	0.5319	1.0775	11
34	197	0.32	89.65	10681	10587	0.3579	0.5106	1.0868	12
31	230.88	0.37	80.3	—	10621	0.3656	0.5206	1.0654	13
(32.40)	(244)	(0.351)	82.7	—	10588	0.3570	0.51	1.0719	14
(32.26)	(243)	(0.351)	82.1	—	10583	0.3760	0.529	1.0659	15
(32.40)	(244)	(0.351)	81.5	—	10602	0.3511	0.52	1.0745	16
(32.40)	(244)	(0.351)	82.2	—	10582	0.3773	0.52	1.0667	17
—	—	—	80.1	—	10571	0.3851	0.529	—	18
—	—	—	76.4	—	10604	0.4116	0.52	—	19
—	—	—	76.9	—	10599	0.3592	0.53	—	20
(32.40)	(244)	(0.351)	82.3	—	10546	0.3596	0.51	1.0725	21
(32.40)	(244)	(0.351)	81.87	—	10558	0.3596	0.51	1.0725	22
(32.50)	(248)	(0.351)	83.18	—	10558	0.3596	0.51	1.0725	23
—	—	—	78.3	—	10579	0.3793	0.52	—	24
—	—	—	79.4	—	10566	0.4016	0.52	—	25
—	—	—	81.8	—	10579	0.3793	0.51	—	26
(32.00)	(228)	(0.343)	77.8	—	10559	0.4075	0.52	1.0632	27
(31.10)	(217)	(0.343)	72.8	—	10578	0.3592	0.536	1.0689	28
(33.20)	(251)	(0.351)	84.17	—	10538	0.3508	0.4961	1.0716	29

序号	名　称	相对分子质量	沸点(常压下)/℃	冰点(常压下)/℃	液体相对密度 d_4^{20}	折射率(液体) η_4^{20}	运动黏度(37.8℃液体)/(mm²/s)	苯胺点/℃
	单烯烃 C_7H_{14}							
30	1-庚烯	98.189	93.641	-118.88	0.69696	1.39980	0.44	27.2
31	顺-2-庚烯	98.189	98.41	—	0.7071	1.4069	—	—
32	反-2-庚稀	98.189	97.95	-109.466	0.7012	1.4045	—	—
33	顺-3-庚烯	98.189	95.75	—	0.7028	1.4059	—	—
34	反-3-庚烯	98.189	95.67	-136.64	0.6981	1.4044	—	—
35	2-甲基-1-己烯	98.189	92.00	-102.820	0.7029	1.4035	—	—
36	3-乙基-1-戊烯	98.189	84.11	-127.484	0.6960	1.3982	—	—
37	4,4-二甲基-1-戊烯	98.189	72.510	-136.611	0.68247	1.39172	—	—
38	2,3,3-三甲基-1-丁烯	98.189	77.885	-109.84	0.70464	1.40282	—	—
	单烯烃 C_8H_{16}							
39	1-辛烯	112.216	121.288	-101.715	0.71490	1.40870	0.557	32.5
40	顺-2-辛烯	112.216	125.65	-100.2	0.7243	1.4150	—	—
41	反-2-辛烯	112.216	125.0	-87.7	0.7199	1.4132	—	—
42	顺-3-辛烯	112.216	122.9	—	0.721	1.4135	—	—
43	反-3-辛烯	112.216	123.3	-110	0.7152	1.4126	—	—
44	顺-4-辛烯	112.216	122.55	-118.7	0.7212	1.4148	—	—
45	反-4-辛烯	112.216	122.26	-93.783	0.7141	1.4118	—	—
46	3-甲基-1-庚烯	112.216	119.3	-90.0	0.7205	1.4123	—	—
47	2,3-二甲基-2-己烯	112.216	121.78	-115.1	0.7408	1.4268	—	—
48	2,2-二甲基-顺-3-已烯	112.216	105.43	-137.361	0.7128	1.4099	—	—
49	2,3,3-三甲基-1-戊烯	112.216	108.31	-69	0.7352	1.4174	—	—
50	2,4,4-三甲基-1-戊烯	112.216	101.44	-93.453	0.7150	1.4086	—	—
	单烯烃 C_9H_{18}							
51	1-壬烯	126.243	146.887	-81.34	0.72920	1.41572	0.704	38.0
52	2-甲基-1-辛烯	126.243	144.67	-77.65	0.7340	1.4186	—	—
53	2,3-二甲基-2-庚烯	126.243	145.2	-108.5	0.735	1.4319	—	—
	单烯烃 $C_{10}H_{20}$							
54	1-癸烯	140.270	170.599	-66.276	0.74079	1.42146	0.877	—
55	2-甲基-1-壬烯	140.270	168.4	-64.20	0.7451	1.4241	—	—

续表

临界常数			蒸发潜热（正常沸点下）/（kcal/kg）	低热值（25℃，定压）/（kcal/kg）		比热容（25℃，定压）/[kcal/（kg·℃）]		C_p/C_v（15.6℃常压）	序号
压力大气压	温度/℃	体积/（L/mol）		理想气体	液体	理想气体	液体		
28	260.14	0.44	75.7	—	10589	0.3669	0.5156	1.0550	30
—	—	—	75.4	—	10571	—	0.51	—	31
—	—	—	75.4	—	10560	—	0.524	—	32
—	—	—	75.4	—	10572	—	0.51	—	33
—	—	—	75.4	—	10562	—	0.52	—	34
—	—	—	75.4	—	10552	—	0.522	—	35
—	—	—	74.4	—	10585	—	0.52	—	36
—	—	—	68.7	—	10556	(0.38)	0.53	(1.06)	37
(28.60)	259	(0.400)	70.3	—	10539	(0.40)	0.51	(1.05)	38
26	293.5	0.51	71.9	—	10566	0.3677	0.5138	1.0476	39
(27.40)	(308)	(0.464)	73.4	—	(10579)	(0.39)	0.51	(1.05)	40
(27.30)	(307)	(0.464)	73.3	—	(10573)	(0.40)	0.520	(1.05)	41
—	—	—	73.1	—	—	—	0.51	—	42
(27.10)	(305)	(0.464)	73.1	—	(10573)	(0.39)	0.52	(1.05)	43
(27.00)	(304)	(0.464)	73.0	—	(10579)	(0.38)	0.51	(1.05)	44
(27.00)	(304)	(0.464)	73.0	—	(10568)	(0.39)	0.52	(1.05)	45
(26.80)	(300)	(0.464)	72.3	—	(10547)	(0.40)	0.516	(1.05)	46
(27.00)	(304)	(0.464)	72.4	—	(10524)	(0.41)	0.50	(1.05)	47
—	—	—	68.4	—	(10556)	—	0.52	—	48
(26.51)	(296)	(0.457)	70.9	—	(10534)	(0.38)	0.51	(1.05)	49
(26.10)	(287)	(0.457)	66.8	—	10515	(0.38)	0.508	(1.05)	50
23	319	0.58	68.8	—	10544	0.3686	0.512	1.0418	51
—	—	—	—	—	—	—	0.513	—	52
(24.60)	(328)	(0.521)	(61.7)	—	(10529)	(0.40)	(0.51)	(1.05)	53
22	342	0.65	95.9	—	10529	0.3698	0.5118	—	54
—	—	—	—	—	—	—	0.510	—	55

序号	名　称	相对分子质量	沸点（常压下）/℃	冰点（常压下）/℃	液体相对密度 d_4^{20}	折射率（液体）η_4^{20}	运动黏度（37.8℃液体）/（mm^2/s）	苯胺点/℃
	双烯烃 C_3H_4							
56	丙二烯	40.065	-34.5	-136.3	0.6575	—	—	—
	二烯烃 C_4H_6							
57	1,2-丁二烯	54.092	+10.85	-136.201	0.652	—	—	—
58	1,3-丁二烯	54.092	-4.411	-108.902	0.6211	—	—	—
	双烯烃 C_5H_8							
59	1,2-戊二烯	68.119	+44.846	-137.27	0.69255	1.42091	—	—
60	1,顺-3-戊二烯	68.119	44.058	-140.833	1.43634	1.43634	—	—
61	1,反-3-戊二烯	68.119	42.022	-87.440	0.67601	1.43008	—	—
62	1,4-戊二烯	68.119	25.959	-148.289	0.66074	1.38876	—	—
63	2,3-戊二烯	68.119	48.255	-125.652	0.69500	1.42842	—	—
64	3-甲基-1,2-丁二烯	68.119	40.827	-113.615	0.68605	1.42026	—	—
65	2-甲基-1,3-丁二烯(异戊间二烯)	68.119	34.057	-145.964	0.68093	1.42194	—	—
	双烯烃 C_6H_{10}							
66	1,2-己二烯	82.146	76	—	0.7149	1.4282	—	—
67	1,顺-3-己二烯	82.146	73.07	—	0.7079	1.4410	—	—
68	1,反-3-己二烯	82.146	73.19	-102.4	0.7039	1.4406	—	—
69	1,顺-4-己二烯	82.146	66.3	—	0.700	1.4049	—	—
70	1,反-4-己二烯	82.146	65.0	-138.7	0.700	1.4104	—	—
71	1,5-己二烯	82.146	59.45	-140.693	0.6923	1.4042	—	—
72	2,3-己二烯	82.146	68.0	—	0.680	1.395	—	—
73	顺-2,顺-4-己二烯	82.146	84.93	-69.34	0.7344	1.4606	—	—
74	顺-2,反-4-己二烯	82.146	83.47	-96.1	0.7229	1.4560	—	—
75	反-2,反-4-己二烯	82.146	82.17	-44.9	0.7147	1.4510	—	—
76	2-甲基-1,2-戊二烯	82.146	70	—	0.715	1.425	—	—
77	4-甲基-1,2-戊二烯	82.146	70	—	0.708	1.424	—	—
78	2-甲基-1,顺-3-戊二烯	82.146	76	—	0.719	1.446	—	—
79	2-甲基-1,反-3-戊二烯	82.146	75.66	-117.551	0.719	1.4448	—	—
80	3-甲基-1,顺-3-戊二烯	82.146	77	—	0.735	1.452	—	—
81	3-甲基-1,反-3-戊二烯	82.146	77	—	0.735	1.452	—	—

续表

临界常数			蒸发潜热（正常沸点下）/（kcal/kg）	低热值（25℃，定压）/（kcal/kg）		比热容（25℃，定压）/［kcal/（kg·℃）］		C_p/C_v（15.6℃常压）	序号
压力大气压	温度/℃	体积/（L/mol）		理想气体	液体	理想气体	液体		
（54.0）	120	（0.162）	（121）	11075	（10980）	0.3437	—	（1.17）	56
（44.4）	（171）	（0.219）	（101）	10878	10770	0.3446	0.5506	（1.12）	57
42.7	152	0.221	（97）	10648	10552	0.3402	0.5195	（1.12）	58
（40.2）	（230）	（0.276）	（88.9）	10791	10690	0.370	0.5293	（1.09）	59
（39.6）	（226）	（0.276）	（88.9）	10588	10488	0.332	0.51434	（1.09）	60
（39.4）	（223）	（0.276）	（87.8）	10563	10465	0.363	0.5238	（1.09）	61
（37.4）	（204）	（0.276）	（81.1）	10670	10581	0.369	0.5152	（1.09）	62
—	—	—	—	10764	10660	0.355	0.53460	—	63
（39.4）	（223）	（0.276）	（86.7）	10751	10652	0.370	0.5348	（1.09）	64
（38.00）	（211）	（0.276）	（85.1）	10562	10469	0.367	0.53001	（1.09）	65
—	—	—	—	—	—	—	—	—	66
—	—	—	—	—	—	—	—	—	67
—	—	—	—	—	—	—	—	—	68
—	—	—	—	—	—	—	—	—	69
—	—	—	—	—	—	—	—	—	70
（34.00）	（248）	（0.333）	（74.5）	—	（10560）	（0.34）	（0.52）	—	71
—	—	—	—	—	—	—	—	—	72
—	—	—	—	—	—	—	—	—	73
—	—	—	—	—	—	—	—	—	74
—	—	—	—	—	—	—	—	—	75
—	—	—	—	—	—	—	—	—	76
—	—	—	—	—	—	—	—	—	77
—	—	—	—	—	—	—	—	—	78
—	—	—	—	—	—	—	—	—	79
—	—	—	—	—	—	—	—	—	80
—	—	—	—	—	—	—	—	—	81

序号	名称	相对分子质量	沸点（常压下）/℃	冰点（常压下）/℃	液体相对密度 d_4^{20}	折射率（液体）η_4^{20}	运动黏度（37.8℃液体）/（mm^2/s）	苯胺点/℃
82	4-甲基-1,3-戊二烯	82.146	76.98	-125.91	0.719	1.4534	—	—
83	2-甲基-1,4-戊二烯	82.146	56	—	0.694	1.405	—	—
84	3-甲基-1,4-戊二烯	82.146	55	—	0.695	1.405	—	—
85	2-甲基-2,3-戊二烯	82.146	72	—	0.711	1.425	—	—
86	2-乙基-1,3-丁二烯	82.146	75	—	0.717	1.445	—	—
87	2,3-二甲基-1,3-丁二烯	82.146	68.77	-76.039	0.7267	1.4394	—	—
	双烯烃 C_7H_{12}							
88	2-甲基-1,5-己二烯	96.173	88.1	-128.8	0.7198	—	—	—
89	2-甲基-2,4-己二烯	96.173	111.5	-74.6	0.7449	—	—	—
90	2,4-二甲基-1,3-戊二烯	96.173	93.2	-114.0	0.7368	—	—	—
	双烯烃 C_8H_{14}							
91	2,6-辛二烯	110.200	124.5	-76.0	0.7445	—	—	—
92	3-甲基-1,5-庚二烯	110.200	111.0	-57.0	0.7291	—	—	—
93	2,5-二甲基-1,5-己二烯	110.200	114.3	-75.6	0.7423	—	—	—
94	2,5-二甲基,2,4-己二烯	110.200	134.5	+13.94	0.7615	—	—	—
	双烯烃 C_9H_{16}							
95	2,6-二甲基-1,5-庚二烯	124.22	143	-70.0	0.7684	—	—	—
96	2-甲基-3-乙基-1,5-己二烯	124.22	145	-70.0	0.7629	—	—	—
	双烯烃 $C_{10}H_{18}$							
97	3,7-二甲基-1,6-辛二烯	138.254	161	-70.0	0.7580	—	—	—

续表

临界常数			蒸发潜热（正常沸点下）/(kcal/kg)	低热值（25℃，定压）/(kcal/kg)		比热容（25℃，定压）/[kcal/(kg·℃)]		C_p/C_v（15.6℃常压）	序号
压力大气压	温度/℃	体积/(L/mol)		理想气体	液体	理想气体	液体		
(35.00)	(265)	(0.333)	(80.6)	—	(10463)	(0.36)	(0.55)	(1.07)	82
—	—	—	—	—	—	—	—	—	83
—	—	—	—	—	—	—	—	—	84
—	—	—	—	—	—	—	—	—	85
—	—	—	—	—	—	—	—	—	86
(34.90)	(254)	(0.333)	(78.4)	—	(10420)	(0.38)	(0.59)	(1.07)	87
(32.10)	(280)	(0.390)	(69.5)	—	(10509)	(0.40)	(0.59)	(1.06)	88
(33.70)	(309)	(0.390)	(76.2)	—	(10440)	(0.37)	(0.54)	(1.08)	89
(29.00)	(216)	(0.390)	(83.4)	—	(10388)	(0.38)	(0.56)	(1.06)	90
(28.30)	(319)	(0.475)	(59.5)	—	(10515)	(0.35)	(0.48)	(1.06)	91
(27.60)	(310)	(0.443)	(62.8)	—	(10517)	(0.35)	(0.49)	(1.06)	92
(27.60)	(310.6)	(0.461)	(63.4)	—	(10422)	(0.38)	(0.53)	(1.04)	93
(28.80)	(329)	(0.455)	(69.5)	—	(10403)	(0.38)	(0.53)	(1.05)	94
(26.54)	(344)	(0.504)	(60.6)	—	(10459)	(0.39)	(0.51)	(1.04)	95
(26.10)	(349)	(0.500)	(60.6)	—	(10504)	(0.36)	(0.48)	(1.05)	96
(25.10)	(367)	(0.557)	(57.3)	—	(10481)	(0.38)	(0.48)	(1.04)	97

3.2.4　环烯烃

序号	名　称	相对分子质量	沸点（常压下）/℃	冰点（常压下）/℃	液体相对密度 d_4^{20}	折射率（液体）η_4^{20}	运动黏度（37.8℃液体）/（mm^2/s）	苯胺点/℃
	烷基环戊烯 C_5H_8							
1	环戊烯	68.119	44.232	-135.082	0.77197	1.42246	—	<-10
	烷基环戊烯 C_6H_{10}							
2	1-甲基环戊烯	82.146	75.48	-126.527	0.7795	1.4322	—	-7.0
3	3-甲基环戊烯	82.146	64.90	—	0.7622	1.4210	—	—
4	4-甲基环戊烯	82.146	65.66	-160.85	0.7684	1.4209	—	—
	烷基环戊烯 C_7H_{12}							
5	1-乙基环戊烯	96.173	106.33	-118.47	0.7982	1.4412	—	+1.2
6	3-乙基环戊烯	96.173	97.77	—	0.7830	1.4315	—	—
7	4-乙基环戊烯	96.173	98.2	—	0.783	1.431	—	—
8	1,2-二甲基环戊烯	96.173	105.8	-90.4	0.7976	1.4448	—	—
9	1,3-二甲基环戊烯	96.173	92	—	0.766	1.428	—	—
10	1,4-二甲基环戊烯	96.173	93.2	—	0.7714	1.4283	—	—
11	1,5-二甲基环戊烯	96.173	102	-118	0.780	1.4331	—	—
12	3,3-二甲基环戊烯	96.173	88	—	0.771	1.423	—	—
13	4,4-二甲基环戊烯	96.173	88	—	0.771	1.423	—	—
	烷基环戊烯 C_8～C_{10}							
14	1-正丙基环戊烯（C_8H_{14}）	110.200	131.2	—	0.8018	1.4452	—	14.2
15	1-正丁基环戊烯（C_9H_{16}）	124.227	156	—	0.8073	1.4486	—	25.0
16	1-正戊基环戊烯（$C_{10}H_{18}$）	138.254	179	—	0.8123	1.4516	—	—
	烷基环己烯 C_6H_{10}							
17	环己烯	82.146	82.974	-103.493	0.81094	1.44654	—	-20.0
	烷基环己烯 C_7H_{12}							
18	1-甲基环己烯	96.173	110.300	-120.397	0.81146	1.45046	—	—
19	3-甲基环己烯	96.173	102.47	-123.5	0.8010	1.4435	—	—
20	4-甲基环己烯	96.173	102.74	-115.4	0.7991	1.4414	—	—
	烷基环己烯 C_8H_{14}							
21	1-乙基环己烯	110.200	137.006	-109.947	0.82212	1.45668	—	—
22	3-乙基环己烯	110.200	131.6	—	0.8104	1.4500	—	—
23	4-乙基环己烯	110.200	133	—	0.810	1.449	—	—
24	1,2-二甲基环己烯	110.200	137.99	-84.113	0.8262	1.4620	—	—
25	1,4-二甲基环己烯	110.200	128	-59	0.802	1.446	—	—
26	4,4-二甲基环己烯	110.200	117.25	-74.44	0.8008	1.4418	—	—
	烷基环己烯 C_9 和 C_{10}							
27	1-正丙基环己烯（C_9H_{16}）	124.227	—	—	—	—	—	—
28	1-正丁基环己烯（$C_{10}H_{18}$）	138.254	—	—	—	—	—	—
29	4-乙烯基环己烯（C_8H_{12}）	108.184	128.0	-108.93	0.8303	1.4641	—	—
30	1,5-环辛二烯（C_8H_{12}）	108.184	150.0	-56.406	0.8833	1.4933	—	—

临界常数			蒸发潜热（正常沸点下）/（kcal/kg）	低热值（25℃，定压）/（kcal/kg）		比热容（25℃，定压）/[kcal/（kg·℃）]		C_p/C_v（15.6℃常压）	序号
压力大气压	温度/℃	体积/（L/mol）		理想气体	液体	理想气体	液体		
—	—	—	—	10412	10313	0.2550	0.4293		1
—	—	—	—	—	10281	0.293	(0.449)		2
—	—	—	—	—	10319	0.291	(0.460)		3
—	—	—	—	—	10337	0.291	(0.435)		4
—	—	—	—	—	10307	—	(0.459)		5
—	—	—	—	—	10330	—	(0.468)		6
—	—	—	—	—	10345	—	(0.447)		7
—	—	—	—	—	—	0.315	(0.462)		8
—	—	—	—	—	—	0.313	(0.471)		9
—	—	—	—	—	—	0.312	(0.451)		10
—	—	—	—	—	—	0.313	(0.471)		11
—	—	—	—	—	—	0.306	(0.450)		12
—	—	—	—	—	—	—	(0.431)		13
—	—	—	—	—	10318	—	(0.466)		14
—	—	—	—	—	10326	—	(0.472)	—	15
—	—	—	—	—	10333	—	(0.477)	—	16
—	—	—	—	—	10276	0.306	0.4339	—	17
—	—	—	—	—	10250	—	(0.448)	—	18
—	—	—	—	—	—	—	(0.458)	—	19
—	—	—	—	—	—	—	(0.438)	—	20
—	—	—	—	—	10268	—	(0.457)	—	21
—	—	—	—	—		—	(0.465)	—	22
—	—	—	—	—	—	—	(0.448)	—	23
—	—	—	—	—	—	—	(0.459)	—	24
—	—	—	—	—	—	—	(0.451)	—	25
—	—	—	—	—	—	—	(0.429)	—	26
—	—	—	—	—	10282	—	(0.464)	—	27
—	—	—	—	—	10293	—	(0.469)	—	28
—	—	—	—	—	—	—	(0.441)	—	29
—	—	—	—	—	—	—	—	—	30

3.2.5 炔烃

序号	名　　称	相对分子质量	沸点(常压下)/℃	冰点(常压下)/℃	液体相对密度 d_4^{20}	折射率(液体) η_4^{20}	运动黏度(37.8℃液体)/(mm^2/s)	苯胺点/℃
	炔烃 C_2 和 C_3							
1	乙炔(C_2H_2)	26.038	-84	-81	0.6154	—	—	—
2	丙炔(甲基乙炔)(C_3H_4)	40.065	-23.21	-102.7	0.6711		—	—
	炔烃 C_4H_6							
3	1-丁炔(乙基乙炔)	54.092	8.07	-125.721	0.65	—	—	—
4	2-丁炔(二甲基乙炔)	54.092	26.98	-32.240	0.6910	1.3921	—	—
	炔烃 C_5H_8							
5	1-戊炔	68.119	40.17	-105.7	0.6901	1.3852	—	—
6	2-戊炔	68.119	56.06	-109.3	0.7107	1.4039	—	—
7	3-甲基-1-丁炔	68.119	26.34	-89.7	0.666	1.3723	—	—
	炔烃 C_6H_{10}							
8	1-己炔	82.146	71.32	-131.9	0.7155	1.3989	—	—
9	2-己炔	82.146	84.52	-89.47	0.7313	1.4138	—	—
10	3-己炔	82.146	81.42	-103.10	0.7227	1.4113	—	—
11	3-甲基-1-戊炔	82.146	57.7	—	0.7037	1.3916	—	—
12	4-甲基-1-戊炔	82.146	61.16	-104.6	0.7045	1.3930	—	—
13	4-甲基-2-戊炔	82.146	73.12	-110.30	0.7157	1.4057	—	—
14	3,3-二甲基-1-丁炔	82.146	37.71	-78.2	0.6678	1.3736	—	—
	炔烃 C_7H_{12}							
15	1-庚炔	96.173	99.74	-80.9	0.7328	1.4087	—	—
16	2-庚炔	96.173	112	—	0.748	1.4230	—	—
17	3-庚炔	96.173	107.16	-130.5	0.7381	1.4189	—	—
	炔烃 C_8H_{14}							
18	1-辛炔	110.200	126.21	-79.3	0.7468	1.4163	—	—
19	2-辛炔	110.200	137.74	-61.6	0.7594	1.4276	—	—
20	3-辛炔	110.200	133.15	-104	0.7522	1.4250	—	—
21	4-辛炔	110.200	131.5	-102.5	0.751	1.4248	—	—
	炔烃 C_9H_{16}							
22	1-壬炔	124.227	150.7	-50	0.7579	1.4219	—	—
23	2-壬炔	124.227	161.9	—	0.7686	1.4327	—	—
24	3-壬炔	124.227	157.1	—	0.7597	1.4288	—	—
	炔烃 $C_{10}H_{18}$							
25	1-癸炔	138.254	174	-44	0.7670	1.4272	—	—
26	2-癸炔	138.254	184.6	—	0.7763	1.4364	—	—
27	3-癸炔	138.254	179.3	—	0.7658	1.4315	—	—

临界常数			蒸发潜热（正常沸点下）/（kcal/kg）	低热值（25℃，定压）/（kcal/kg）		比热容（25℃，定压）/[kcal/（kg·℃）]		C_p/C_v（15.6℃常压）	序号
压力大气压	温度/℃	体积/（L/mol）		理想气体	液体	理想气体	液体		
60.59	35.17	0.113	—	11526	—	0.3943	—	1.238	1
55.54	129.24	0.164	（97.3）	11035	（10940）	0.3543	—	1.163	2
（46.50）	190.5	（0.221）	（99.5）	10891	10783	0.3537	0.6062	1.117	3
（50.18）	215	（0.221）	（109.5）	10807	10688	0.3444	0.5532	1.122	4
（40.00）	220	（0.278）	（87.3）	10805	10703	0.3697	（0.587）	1.086	5
（41.50）	（250）	0.278	（92.8）	10750	10641	0.3463	（0.546）	1.094	6
—	—	—	—	10777	10684	0.3673	（0.577）	—	7
（34.90）	（263）	（0.334）	（77.8）	—	（10679）	0.3731	（0.576）	1.0695	8
—	—	—	—	—	—	—	（0.541）	—	9
（35.10）	（281）	（0.334）	（80.0）	—	（10628）	（0.34）	（0.541）	（1.08）	10
—	—	—	—	—	—	—	（0.568）	—	11
—	—	—	—	—	—	—	（0.568）	—	12
—	—	—	—	—	—	—	（0.532）	—	13
—	—	—	—	—	—	—	（0.546）		14
（32.00）	（289）	（0.391）	（72.8）	—	（10636）	0.3755	（0.567）	1.0581	15
—	—	—	—	—	—	—	（0.538）	—	16
—	—	—	—	—	—	—	（0.538）	—	17
（28.50）	（321）	（0.448）	（67.3）	—	（10611）	0.3773	（0.561）	1.0497	18
（29.30）	（348）	（0.448）	（67.8）	—	（10581）	（0.38）	（0.535）	（1.05）	19
（29.00）	（341）	（0.448）	（67.3）	—	（10582）	（0.37）	（0.535）	（1.05）	20
（28.90）	（340）	（0.448）	（66.7）		（10582）	（0.36）	（0.535）	（1.05）	21
（26.50）	（346）	（0.505）	（62.8）	—	（10600）	0.3787	（0.556）	1.0436	22
—	—	—	—	—	—	—	（0.533）	—	23
—	—	—	—	—	—	—	（0.533）	—	24
—	—	—	—	—	—	0.3798	（0.552）	—	25
—	—	—	—	—	—	—	（0.531）	—	26
—	—	—	—	—	—	—	（0.531）	—	27

3.2.6 烷基苯、萘、茚满和四氢化萘

序号	名　称	相对分子质量	沸点（常压下）/℃	冰点（常压下）/℃	液体相对密度 d_4^{20}	折射率（液体）η_4^{20}	运动黏度（37.8℃液体）/（mm^2/s）	苯胺点/℃
	烷基苯 C_6 和 C_7							
1	苯（C_6H_6）	78.114	80.094	+5.531	0.87889	1.50112	0.5870	<-30
2	甲苯（C_7H_8）	92.143	110.629	-94.965	0.86696	1.49693	0.5584	<-30
	烷基苯 C_8H_{10}							
3	乙基苯	106.168	136.200	-94.949	0.86700	1.49588	0.6428	<-30
4	1,2-二甲基苯(邻二甲苯)	106.168	144.429	-25.167	0.88018	1.50545	0.740	<-30
5	1,3-二甲基苯(间二甲苯)	106.168	139.118	-47.844	0.86415	1.49722	0.591	<-30
6	1,4-二甲基苯(对二甲苯)	106.168	138.360	+13.258	0.86103	1.49582	0.613	<-30
	烷基苯 C_9H_{12}							
7	正丙基苯	120.195	159.241	-99.479	0.86202	1.49202	0.7944	<-30
8	异丙基苯	120.195	152.413	-96.010	0.86177	1.49145	0.740	<-15
9	1-甲基-2-乙基苯	120.195	165.180	-80.800	0.88067	1.50456	—	—
10	1-甲基-3-乙基苯	120.195	161.330	-95.544	0.86450	1.49660	—	—
11	1-甲基-4-乙基苯	120.195	162.014	-62.317	0.86116	1.49500	0.671	—
12	1,2,3-三甲基苯（连三甲苯）	120.195	176.116	-25.360	0.89436	1.51393	—	—
13	1,2,4-三甲基苯	120.195	169.380	-43.77	0.87580	1.50484	—	—
14	1,3,5-三甲基苯	120.195	164.743	-44.694	0.86516	1.49937	—	<-30
	烷基苯 $C_{10}H_{14}$							
15	正丁基苯(1-苯基丁烷)	134.222	183.305	-87.940	0.86011	1.48979	0.947	<-30
16	异丁基苯(1-苯基-2-甲基丙烷)	134.222	172.789	-51.45	0.85319	1.48646	—	—
17	仲丁基苯(2-苯基丁烷)	134.222	173.336	-75.436	0.86205	1.49020	—	—
18	叔丁基苯(2-苯基-2-甲基丙烷)	134.222	169.148	-57.881	0.86648	1.49266	—	—
19	1-甲基-2-丙基苯	134.222	184.97	-60.273	0.8736	1.4996	—	—
20	1-甲基-3-丙基苯	134.222	182.01	-82.548	0.8609	1.4935	—	—
21	1-甲基-4-丙基苯	134.222	183.42	-63.662	0.8584	1.4922	—	—
22	1-甲基-2-异丙基苯（邻异丙基苯）	134.222	178.18	-71.506	0.8766	1.5005	—	—
23	1-甲基-3-异丙基苯（间异丙基苯）	134.222	175.08	-63.712	0.8610	1.4929	—	—

临界常数			蒸发潜热（正常沸点下）/（kcal/kg）	低热值（25℃，定压）/（kcal/kg）		比热容（25℃，定压）/[kcal/（kg·℃）]		C_p/C_v（15.6℃常压）	序号
压力大气压	温度/℃	体积/（L/mol）		理想气体	液体	理想气体	液体		
48.34	289.01	0.259	94.13	—	9595	0.2414	0.4163	1.118	1
40.55	318.64	0.316	86.08	—	9686	0.2594	0.4079	1.091	2
35.62	344.02	0.374	80.07	—	9782	0.2795	0.4188	1.072	3
36.84	357.2	0.369	82.9	—	9755	0.2913	0.4228	1.069	4
34.95	343.90	0.376	81.86	—	9752	0.2772	0.4123	1.072	5
34.65	343.1	0.379	80.34	—	9755	0.2772	0.4139	1.072	6
31.58	365.23	0.440	76.0	—	9852	0.2921	0.4270	1.059	7
31.67	358.0	0.428	74.6	—	9846	0.2927	(0.421)	1.060	8
30	378	0.46	77.3	—	9836	0.3038	(0.423)	1.057	9
28	364	0.49	76.6	—	9831	0.2940	(0.423)	1.060	10
29	367	0.47	76.4		9829	0.2926	(0.423)	1.060	11
34.09	391.38	0.414	79.6	—	9812	0.2992	0.4304	1.058	12
31.90	375.98	0.430	78.0	—	9805	0.3015	0.4274	1.058	13
30.86	364.21	0.433	77.6	—	9802	0.2859	0.3987	1.060	14
28.49	387.4	0.497	69.89	—	9908	0.3011	0.4333	1.051	15
30	377	0.478	67.36	—	(9919)	(0.31)	(0.428)	(1.05)	16
29.12	391.4	0.478	67.58	—	(9919)	(0.31)	(0.428)	(1.05)	17
29.26	387	0.461	66.98	—	(9901)	(0.32)	0.4257	(1.05)	18
—	—	—	70.26	—	—	—	(0.428)	—	19
—	—	—	70.04	—	—	—	(0.428)	—	20
—	—	—	69.74	—	—	—	(0.428)	—	21
28.58	397	0.478	68.32	—	(9902)	(0.32)	(0.422)	(1.05)	22
29.00	393.1	0.478	67.88	—	(9898)	(0.31)	(0.422)	(1.05)	23

序号	名　　称	相对分子质量	沸点（常压下）/℃	冰点（常压下）/℃	液体相对密度 d_4^{20}	折射率（液体）η_4^{20}	运动黏度（37.8℃液体）/（mm^2/s）	苯胺点/℃
24	1-甲基-4-异丙基苯(对异丙基苯)	134.222	177.13	-67.901	0.8573	1.4909	—	—
25	1,2-二乙基苯	134.222	183.458	-31.221	0.87994	1.50346	—	—
26	1,3-二乙基苯	134.222	181.136	-83.891	0.86392	1.49552	—	—
27	1,4-二乙基苯	134.222	183.787	-42.825	0.86194	1.49483	—	—
28	1,2-二甲基-3-乙基苯	134.222	193.95	-49.51	0.8921	1.5117	—	—
29	1,2-二甲基-4-乙基苯	134.222	189.52	-66.896	0.8745	1.5031	—	—
30	1,3-二甲基-2-乙基苯	134.222	190.05	-16.25	0.8904	1.5107	—	—
31	1,3-二甲基-4-乙基苯	134.222	188.24	-62.847	0.8763	1.5037	—	—
32	1,3-二甲基-5-乙基苯	134.222	183.62	-84.293	0.8648	1.4981	—	—
33	1,4-二甲基-2-乙基苯	134.222	186.87	-53.7	0.8772	1.5043	—	—
34	1,2,3,4-四甲基苯(连四甲苯)	134.222	205.09	-6.25	0.9052	1.5203	—	—
35	1,2,3,5-四甲基苯(偏四甲苯)	134.222	198.04	-23.671	0.8903	1.5130	—	—
36	1,2,4,5-四甲基苯(均四甲苯)	134.222	196.84	+79.234	0.8875	1.5116	—	—
	萘 $C_{10}H_8$							
37	萘	128.174	217.991	+80.284	—	1.175	—	—
	烷基茚满 C_9H_{10}							
38	2,3-二氢化茚(茚满)	118.179	177.85	-51.371	0.9679	1.5385	—	—
	烷基茚满 $C_{10}H_{12}$							
39	1-甲基-2,3-二氢化茚(1-甲基茚满)	132.206	190.6	—	0.942	1.5266	—	—
40	2-甲基-2,3-二氢化茚(2-甲基茚满)	132.206	191.4	—	0.944	1.5220	—	—
41	4-甲基-2,3-二氢化茚(4-甲基茚满)	132.206	205.5	—	0.970	1.5348	—	—
42	5-甲基-2,3-二氢化茚(5-甲基茚满)	132.206	202.0	—	0.948	1.5336	—	—
	四氢化萘 $C_{10}H_{12}$							
43	1,2,3,4-四氢化萘	132.206	207.62	-35.769	0.9695	1.54135	—	<-20

续表

临界常数			蒸发潜热（正常沸点下）/(kcal/kg)	低热值（25℃，定压）/(kcal/kg)		比热容（25℃，定压）/[kcal/(kg·℃)]		C_p/C_v（15.6℃常压）	序号
压力大气压	温度/℃	体积/(L/mol)		理想气体	液体	理想气体	液体		
28	380	0.478	67.95	—	(9898)	(0.25)	0.4223	(1.07)	24
—	—	—	70.19	—	—	—	(0.426)	—	25
—	—	—	70.11	—	—	—	(0.426)	—	26
27.66	384.81	—	70.11	—	—	—	(0.426)	—	27
—	—	—	72.27	—	—	—	(0.427)	—	28
—	—	—	71.68	—	—	—	(0.427)	—	29
—	—	—	71.53	—	—	—	(0.427)	—	30
—	—	—	71.23	—	—	—	(0.427)	—	31
—	—	—	70.56	—	—	—	(0.427)	—	32
—	—	—	70.63	—	—	—	(0.427)	—	33
—	—	—	80.17	—	—	—	0.4244	—	34
—	—	—	78.01	—	—	—	0.4287	—	35
29	402	—	81.07	—	—	—	—	—	36
39.98	475.28	0.41	—	—	9296	—	0.3090	—	37
—	—	—	—	—	—	—	—	—	38
—	—	—	—	—	—	—	—	—	39
—	—	—	—	—	—	—	—	—	40
—	—	—	—	—	—	—	—	—	41
—	—	—	—	—	—	—	—	—	42
—	—	—	—	—	—	—	0.3931	—	43

3.2.7 苯乙烯和茚

序号	名　　称	相对分子质量	沸点（常压下）/℃	冰点（常压下）/℃	液体相对密度 d_4^{20}	折射率（液体）η_4^{20}	运动黏度（37.8℃液体）/（mm^2/s）	苯胺点/℃
	苯乙烯 C_8H_8							
1	苯乙烯	104.152	145.16	-30.610	0.90597	1.54682	—	—
	苯乙烯 C_9H_{10}							
2	异丙烯基苯（α-甲基苯乙烯；2-苯基-1-丙烯）	118.179	165.5	-23.2	0.9090	1.5386	—	—
3	顺-1-丙烯基苯（顺-β-甲基苯乙烯；顺-1-苯基-1-丙烯）	118.179	167.46	-61.65	0.9090	1.5430	—	—
4	反-1-丙烯基苯（反-β-甲基苯乙烯；反-1-苯基-1-丙烯）	118.179	178.29	-29.31	0.9067	1.5506	—	—
5	1-甲基-2-乙烯基苯（邻甲基苯乙烯）	118.179	169.84	-68.54	0.9119	1.5437	—	—
6	1-甲基-3-乙烯基苯（间甲基苯乙烯）	118.179	171.6	-86.31	0.9118	1.5411	—	—
7	1-甲基-4-乙烯基苯（对甲基苯乙烯）	118.179	172.8	-34.13	0.9215	1.5420	—	—
	苯乙烯 $C_{10}H_{12}$							
8	顺-1-苯基-1-丁烯（顺-β-乙基苯乙烯）	132.206	189	—	0.9107	1.5390	—	—
9	反-1-苯基-1-丁烯（反-β-乙基苯乙烯）	132.206	198.72	-43.0	0.9019	1.5420	—	—
10	2-苯基-1-丁烯（α-乙基苯乙烯）	132.206	182	—	0.891	1.5288	—	—

临界常数			蒸发潜热（正常沸点下）/（kcal/kg）	低热值（25℃，定压）/（kcal/kg）		比热容（25℃，定压）/[kcal/（kg·℃）]		C_p/C_v（15.6℃常压）	序号
压力大气压	温度/℃	体积/（L/mol）		理想气体	液体	理想气体	液体		
39.47	374.4	0.369	83.9	—	9683	0.2802	0.4196	1.076	1
39.47	399	0.408	77.8	—	（9744）	0.294	（0.444）	1.063	2
35.79	404	0.408	77.3	—	（9779）	0.294	（0.443）	—	3
35.79	404	0.408	77.3	—	（9779）	0.295	（0.443）	—	4
36.00	406	0.375	78.4	—	（9759）	0.294	（0.424）	1.063	5
35.11	402	0.381	76.2	—	（9755）	0.294	（0.424）	1.063	6
34.98	403	0.381	76.7	—	（9755）	0.294	（0.424）	1.063	7
—	—	—	—	—	—	—	—	—	8
—	—	—	—	—	—	—	—	—	9
—	—	—	—	—	—	—	—	—	10

序号	名　称	相对分子质量	沸点（常压下）/℃	冰点（常压下）/℃	液体相对密度 d_4^{20}	折射率（液体）η_4^{20}	运动黏度（37.8℃液体）/（mm^2/s）	苯胺点/℃
11	顺-2-苯基-2-丁烯（顺-α,β-二甲基苯乙烯）	132.206	194.7	-23.5	0.9178	1.5425	—	—
12	反-2-苯基-2-丁烯（反-α,β-二甲基苯乙烯）	132.206	174	—	0.8958	1.5217	—	—
13	2-甲基-1-苯基-1-丙烯（β,β-二甲基苯乙烯）	132.206	187.95	-51.0	0.9011	1.5400	—	—
14	1-乙基-2-乙烯基苯（邻-乙基苯乙烯）	132.206	187.3	-75.5	0.9058	1.5380	—	—
15	1-乙基-3-乙烯基苯（间-乙基苯乙烯）	132.206	190.0	-101	0.8945	1.5351	—	—
16	1-乙基-4-乙烯基苯（对-乙基苯乙烯）	132.206	192.3	-49.7	0.8925	1.5376	—	—
17	苯乙炔（C_8H_6）	102.136	129.48	-40	（0.929）	1.5485	—	—
	烷基茚 C_9H_8							
18	茚	116.163	182.47	-1.5	0.9957	1.5764	—	—
	烷基茚 $C_{10}H_{10}$							
19	1-甲基茚	130.190	199	—	0.973	1.5616	—	—
20	2-甲基茚	130.190	208	+80	0.977	1.5652	—	—
21	3-甲基茚	130.190	205	—	0.975	1.5621	—	—
22	4-甲基茚	130.190	209	—	0.992	1.568	—	—
23	5-甲基茚	130.190	207	—	0.980	1.566	—	—
24	6-甲基茚	130.190	207	—	0.980	1.566	—	—
25	7-甲基茚	130.190	209	—	0.992	1.568	—	—

续表

临界常数			蒸发潜热（正常沸点下）/（kcal/kg）	低热值（25℃，定压）/（kcal/kg）		比热容（25℃，定压）/[kcal/（kg·℃）]		C_p/C_v（15.6℃常压）	序号
压力大气压	温度/℃	体积/（L/mol）		理想气体	液体	理想气体	液体		
—	—	—	—	—	—	—	—	—	11
—	—	—	—	—	—	—	—	—	12
—	—	—	—	—	—	—	—	—	13
—	—	—	—	—	—	—	—	—	14
—	—	—	—	—	—	—	—	—	15
—	—	—	—	—	—	—	—	—	16
46.82	382	0.441	（83.9）	—	（8223）	（0.36）	（0.59）	（1.06）	17
—	—	—	—	—	—	—	—	—	18
—	—	—	—	—	—	—	—	—	19
—	—	—	—	—	—	—	—	—	20
—	—	—	—	—	—	—	—	—	21
—	—	—	—	—	—	—	—	—	22
—	—	—	—	—	—	—	—	—	23
—	—	—	—	—	—	—	—	—	24
—	—	—	—	—	—	—	—	—	25

3.3 烃类的辛烷值

3.3.1 单体烃的辛烷值[2,8]

序号	名称		常压下沸点/℃	辛烷值①		
				MON(纯)	RON(纯)	RON(调合)②
	C_1~C_3 烷烃					
1	乙烷	C_2H_6	-88.60	—	107.1	—
2	丙烷	C_3H_8	-42.045	97.1	105.7	—
	C_4 烷烃	C_4H_{10}				
3	正丁烷		-0.50	89.6	94.0*	113*
4	异丁烷		-11.72	97.6	>100*	122*
	C_5 烷烃	C_5H_{12}				
5	正戊烷		36.064	62.6	61.7	62*
6	2-甲基丁烷		27.843	90.3	92.3	100*
7	2,2-二甲基丙烷		9.499	80.2	85.5	—
	C_6 烷烃	C_6H_{14}				
8	正己烷		68.732	26.0	24.8	19*
9	2-甲基戊烷		60.261	73.5	73.4	82*
10	3-甲基戊烷		63.272	75.3	74.5	—
11	2,2-二甲基丁烷		49.731	93.4	91.8	89*
12	2,3-二甲基丁烷		57.978	94.3	—	—
	C_7 烷烃	C_7H_{16}				
13	正庚烷		98.427	0	0.0	0*
14	2-甲基己烷		90.049	46.4	42.4	—
15	3-甲基己烷		91.847	55.8	52.0	56*
16	3-乙基戊烷		93.473	69.3	65.0	—
17	2,2-二甲基戊烷		79.191	95.6	92.8	—
18	2,3-二甲基戊烷		89.781	88.5	91.1*	88*
19	2,4-二甲基戊烷		80.494	83.8	83.1	—
20	3,3-二甲基戊烷		86.060	86.6	80.8	—
21	2,2,3-三甲基丁烷		80.876	—	>100*	112*
	C_8 烷烃	C_8H_{18}				
22	正辛烷		125.675	—	< 0*	-18*
23	2-甲基庚烷		117.653	23.0	20.6	—
24	3-甲基庚烷		118.932	35.0	26.8	—
25	4-甲基庚烷		117.715	39.0	26.7	—

续表

序号	名　　称	常压下沸点/℃	辛烷值[①]		
			MON(纯)	RON(纯)	RON(调合)[②]
26	3-乙基己烷	118.541	52.4	33.5	—
27	2,2-二甲基己烷	106.842	77.4	72.5	—
28	2,3-二甲基己烷	115.612	78.9	71.3	—
29	2,4-二甲基己烷	109.432	69.9	65.2	—
30	2,5-二甲基己烷	109.106	55.7	55.2	—
31	3,3-二甲基己烷	111.973	83.4	75.5	72*
32	3,4-二甲基己烷	117.731	81.7	76.3	—
33	2-甲基-3-乙基戊烷	115.655	88.1	87.3	—
34	3-甲基-3-乙基戊烷	118.266	88.7	80.8	—
35	2,2,3-三甲基戊烷	109.845	99.9	—	—
36	2,2,4-三甲基戊烷	99.238	100	100	100*
37	2,3,3-三甲基戊烷	114.765	99.4	—	—
38	2,3,4-三甲基戊烷	113.472	95.9	—	—
	C_9 烷烃　　C_9H_{20}				
39	正壬烷	150.818	—	< 0*	-18*
40	2,2-二甲基庚烷	132.7	60.5	50.3	—
41	3,3-二乙基戊烷	146.186	91.6	84.0	—
42	2,2-二甲基-3-乙基戊烷	133.84	99.5	—	—
43	2,4-二甲基-3-乙基戊烷	136.70	96.6	—	—
44	2,2,3,3-四甲基戊烷	140.292	95.0	>100*	122*
	C_{10} 烷烃　　$C_{10}H_{22}$				
45	正癸烷	174.154	—	< 0*	-41*
	C_5 ~ C_6 环戊烷				
46	环戊烷　　C_5H_{10}	49.252	84.9	>100*	141*
47	甲基环戊烷　　C_6H_{12}	71.804	80.0	91.3	107*
	C_7 环戊烷　　C_7H_{14}				
48	乙基环戊烷	103.467	61.2	67.2	—
49	1,1-二甲基环戊烷	87.482	89.3	92.3	—
50	1,顺-3-二甲基环戊烷	90.770	73.1	79.2	—
51	1,反-3-二甲基环戊烷	91.722	72.6	80.6	90*
	C_8 环戊烷　　C_8H_{16}				
52	正丙基环戊烷	130.961	28.1	31.2	—
53	异丙基环戊烷	126.429	76.2	81.1	—
54	1-甲基-顺-3-乙基环戊烷	121.1	59.8	57.6	—

续表

序号	名　称		常压下沸点/℃	辛烷值①		
				MON(纯)	RON(纯)	RON(调合)②
55	1-甲基-反-3-乙基环戊烷		121.1	59.8	57.6	—
56	1,1,3-三甲基环戊烷		104.895	83.5	87.7	94*
57	1,顺-2,反-4-三甲基环戊烷		116.737	79.5	89.2	—
	C_6~C_7 环己烷			—	—	—
58	环己烷	C_6H_{12}	80.719	77.2	83.0	110*
59	甲基环己烷	C_7H_{14}	100.934	71.1	74.8	104*
	C_8 环己烷	C_8H_{16}				
60	乙基环己烷		131.795	40.8	45.6	43*
61	1,1-二甲基环己烷		119.550	85.9	87.3	—
62	1,顺-2-二甲基环己烷		129.739	78.6	80.9	—
63	1,反-2-二甲基环己烷		123.428	78.7	80.9	—
64	1,顺-3-二甲基环己烷		120.095	71.0	71.7	—
65	1,反-3-二甲基环己烷		124.459	64.2	66.9	—
66	1,顺-4-二甲基环己烷		124.330	68.2	67.2	—
67	1,反-4-二甲基环己烷		119.358	62.2	68.3	—
	C_9 环己烷	C_9H_{18}				
68	正丙基环己烷		156.747	14.0	17.8	—
69	异丙基环己烷		154.785	61.1	62.8	—
70	1-甲基-1-乙基环己烷		152.18	76.7	68.7	—
71	1,1,2-三甲基环己烷		145.2	87.7	95.7	—
72	1,1,3-三甲基环己烷		136.64	82.6	81.3	—
73	1,顺-2,反-3-三甲基环己烷		151.18	82.5	91.0	—
74	1,反-2,顺-3-三甲基环己烷		144	81.0	90.6	—
75	1,反-2,反-4-三甲基环己烷		141.24	74.3	72.9	—
76	1,顺-3,顺-5-三甲基环己烷		138.43	56.4	59.1	—
77	1,顺-3,反-5-三甲基环己烷		141.24	70.1	68.5	—
	C_{10}环己烷	$C_{10}H_{20}$				
78	异丁基环己烷		171.290	—	33.7*	38*
	C_7~C_8 环庚烷、环辛烷					
79	环庚烷	C_7H_{14}	118.80	40.2	38.8	—
80	环辛烷	C_8H_{16}	151.16	58.2	71.0	—
	C_3~C_4 烯烃					
81	丙烯	C_3H_6	-47.72	84.9	—	—
82	1-丁烯	C_4H_8	-6.25	80.8	97.4	—

续表

序号	名称	常压下沸点/℃	辛烷值①		
			MON(纯)	RON(纯)	RON(调合)②
83	顺-2-丁烯 C_4H_8	3.718	83.5	100	—
	C_5 烯烃 C_5H_{10}				
84	1-戊烯	29.959	77.1	90.9	—
85	2-甲基-1-丁烯	31.154	81.9	—	—
86	2-甲基-2-丁烯	38.558	84.7	97.3	—
	C_6 烯烃 C_6H_{12}				
87	1-己烯	63.475	63.4	76.4	96 *
88	反-2-己烯	67.875	80.8	92.7	—
89	反-3-己烯	67.079	80.1	94.0	—
90	2-甲基-1-戊烯	62.103	81.5	94.2	—
91	3-甲基-1-戊烯	54.168	81.2	96.0	—
92	4-甲基-1-戊烯	53.856	80.9	95.7	—
93	2-甲基-2-戊烯	67.299	83.0	97.8	—
94	3-甲基-反-2-戊烯	70.430	81.0	97.2	—
95	4-甲基-顺-2-戊烯	56.377	82.8	99.7	—
96	4-甲基-反-2-戊烯	58.602	82.6	98.0	—
97	2-乙基-1-丁烯	64.672	79.4	98.3	—
98	2,3-二甲基-1-丁烯	55.607	82.8	—	—
99	3,3-二甲基-1-丁烯	41.238	93.3	—	—
100	2,3-二甲基-2-丁烯	73.197	80.5	97.4	—
	C_7 烯烃 C_7H_{14}				
101	1-庚烯	93.641	50.7	54.5	65 *
102	反-2-庚烯	97.95	68.8	73.4	—
103	反-3-庚烯	95.67	79.3	89.8	—
104	2-甲基-1-己烯	92.00	78.8	90.7	—
105	2-甲基-2-己烯			90.4 *	129 *
106	3-乙基-1-戊烯	84.11	81.6	95.6	—
107	2,3-二甲基-1-戊烯			99.3 *	139 *
108	4,4-二甲基-1-戊烯	72.510	85.4	—	—
109	2,3,3-三甲基-1-丁烯	77.885	90.5	—	—
	C_8 烯烃 C_8H_{16}				
110	1-辛烯	121.288	34.7	28.7	—

续表

序号	名　称		常压下沸点/℃	辛烷值①		
				MON(纯)	RON(纯)	RON(调合)②
111	顺-2-辛烯		125.65	56.5	56.3	—
112	反-2-辛烯		125.0	56.5	56.3	—
113	反-3-辛烯		123.3	68.1	72.5	—
114	反-4-辛烯		122.26	74.3	73.3	—
115	2-甲基-1-庚烯		119.3	66.3	70.2	—
116	2,3-二甲基-2-己烯		121.78	79.3	93.1	—
117	2,3-二甲基-顺-3-己烯		105.43	88.0	—	—
118	2,2,3-三甲基-1-戊烯		108.31	85.7	—	—
119	2,4,4-三甲基-1-戊烯		101.44	86.5	—	—
	C_5～C_7 环戊烯					
120	环戊烯	C_5H_8	44.232	69.7	93.3	
121	1-甲基环戊烯	C_6H_{10}	75.48	72.9	93.6	
122	1-乙基环戊烯	C_7H_{12}	106.33	72.0	90.3	
123	3-乙基环戊烯	C_7H_{12}	97.77	71.4	90.8	
	C_6～C_8 环己烯					
124	环己烯	C_6H_{10}	82.974	63.0	83.9	
125	1-甲基环己烯	C_7H_{12}	110.300	72.0	89.2	
126	4-甲基环己烯	C_7H_{12}	102.74	67.0	84.1	
127	1-乙基环己烯	C_8H_{14}	137.006	70.5	85.0	
128	1,2-二甲基环己烯	C_8H_{14}	137.99	72.2	89.7	
129	4,4-二甲基环己烯	C_8H_{14}	117.25	80.0	96.2	
	C_6～C_7 芳烃					
130	苯	C_6H_6	80.094	>100*	114.8*	98*
131	甲苯	C_7H_8	110.629	103.5*	120*	124*
	C_8 芳烃	C_8H_{10}				
132	乙基苯		136.200	97.9	>100*	124*
133	邻二甲苯		144.429	100	—	120*
134	间二甲苯		139.118	115*	117.5*	145*
135	对二甲苯		138.360	—	>100*	146*
	C_9 芳烃	C_9H_{12}				
136	正丙基苯		159.241	98.7	>100*	127*

续表

序号	名　　称	常压下沸点/℃	辛烷值①		
			MON(纯)	RON(纯)	RON(调合)②
137	异丙基苯	152.413	99.3	>100*	132*
138	1-甲基-2-乙基苯	165.180	92.1	—	—*
139	1-甲基-3-乙基苯	161.330	100	>100*	162*
140	1-甲基-4-乙基苯	162.014	97.0	—	—*
141	1,3,5-三甲基苯	164.743	—	>100*	170*
	C_{10}芳烃　　$C_{10}H_{14}$				
142	正丁基苯	183.305	94.5	>100*	114*
143	异丁基苯	172.789	98.0	—	—
144	仲丁基苯	173.336	95.7	—	—
145	1-甲基-2-丙基苯	184.97	92.2	—	—
146	1-甲基-2-异丙基苯	178.18	96.0	—	—
147	1-甲基-3-异丙基苯	175.08	—	—	154*
148	1-甲基-4-异丙基苯	177.13	97.7	—	—
149	1,3-二乙基苯	181.136	97.0	—	—
150	1,4-二乙基苯	183.787	95.2	—	—
151	1,2-二甲基-3-乙基苯	193.95	91.9	—	—
152	1,2-二甲基-4-乙基苯	189.52	95.9	—	—
153	1,4-二甲基-2-乙基苯	186.87	96.0	—	—
154	1,2,3,4-四甲基苯	205.09	—	>100*	146*
	C_9 茚满　　C_9H_{10}				
155	2,3-二氢化茚(茚满)	177.85	89.8	—	—

① 表中数据除＊系取自参考文献[8]及其他文献外，均取自参考文献[2]。

② 同一组分与不同基础组分调合时，可表现出不同的调合效应，此处RON(调合)得自20%烃-80%异辛烷和正庚烷60∶40混合物[8]。

3.3.2 MTBE 的辛烷值[26]

MTBE 的净辛烷值 MON 101，RON 117。

MTBE 在单组分基础汽油中的调合辛烷值：

项　　目	MON	RON	(MON+RON)/2
在直馏汽油中	115	133	124
在烷基化油中	108	130	119
在催化裂化汽油中	—	—	112
在重整汽油中	—	—	113

3.4 烃类和油品的自燃点[2,9]

名称	自燃点/℃	名称	自燃点/℃
烷烃		**环烷烃**	
甲烷	538	环戊烷	380
乙烷	472	甲基环戊烷	—
丙烷	450	环己烷	245
异丁烷	460	**芳烃**	
正丁烷	287	苯	560
新戊烷	450	甲苯	535
异戊烷	420	乙苯	432
正戊烷	260	对二甲苯	525
新己烷	425	间二甲苯	525
正己烷	244	邻二甲苯	463
正庚烷	204	苯乙烯	490
2,2,4-三甲基戊烷	410	异丙苯	420
2,2,3-三甲基戊烷	346	正丙苯	450
正辛烷	206	**油品**	
烯烃		石油气(干气)	650~750
乙烯	425	汽油	510~530
丙烯	455	煤油	380~425
异丁烯	465	柴油	300~330
1-丁烯	385	350~400℃馏分油	300~380
反式-2-丁烯	323.9	400~450℃馏分油	300~380
顺式-2-丁烯	324	450~500℃馏分油	300~380
1-戊烯	273	500~535℃馏分油	300~380
1-辛烯	230	减压渣油	230~240

3.5　烃类和石油的相对密度[2]

3.5.1　烷烃液体相对密度图

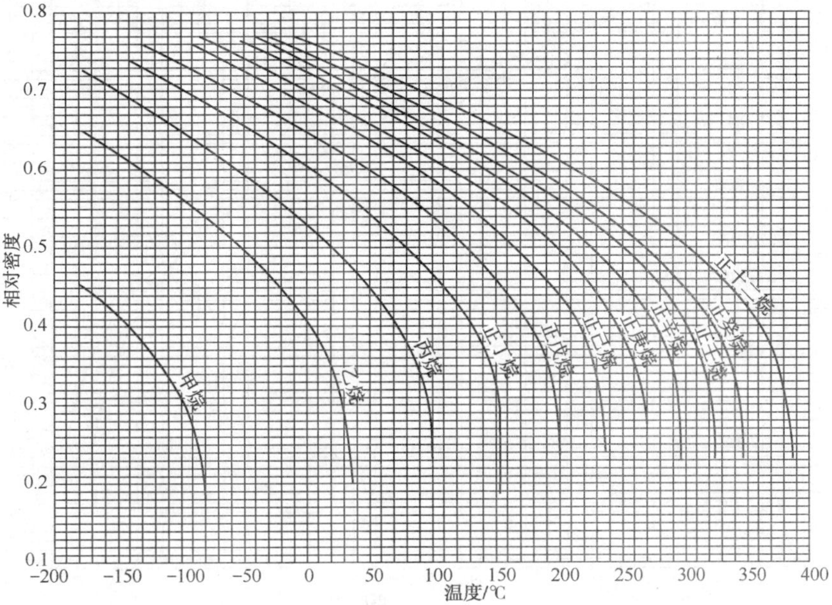

3.5.2　烯烃和二烯烃液体相对密度图

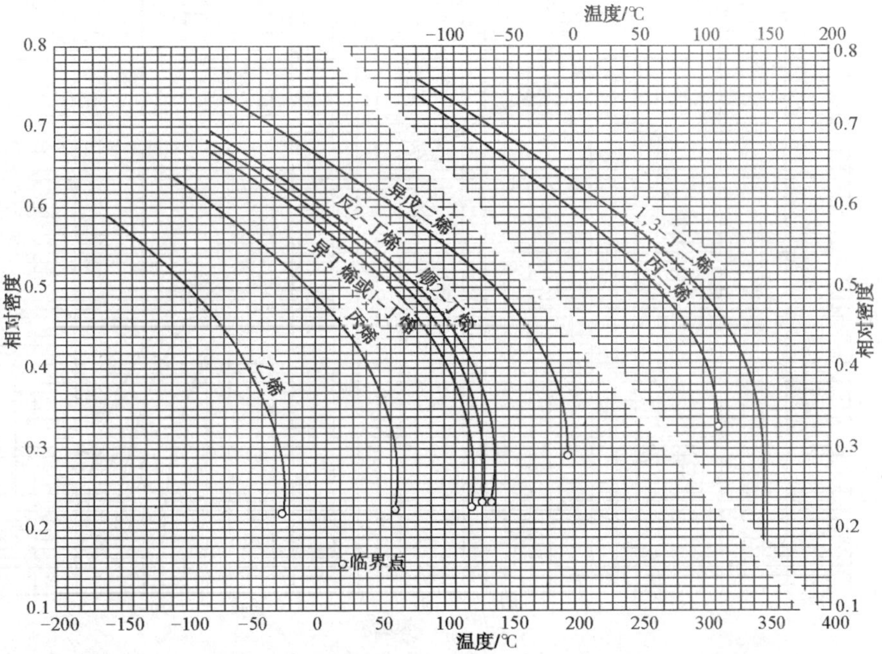

3.5.3　芳香烃相对密度图

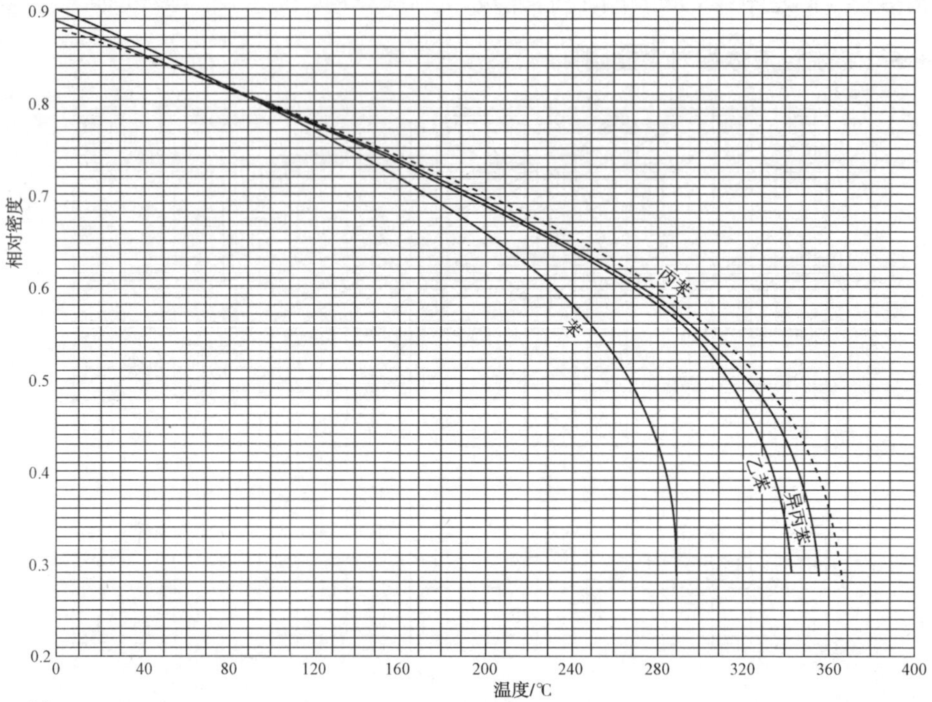

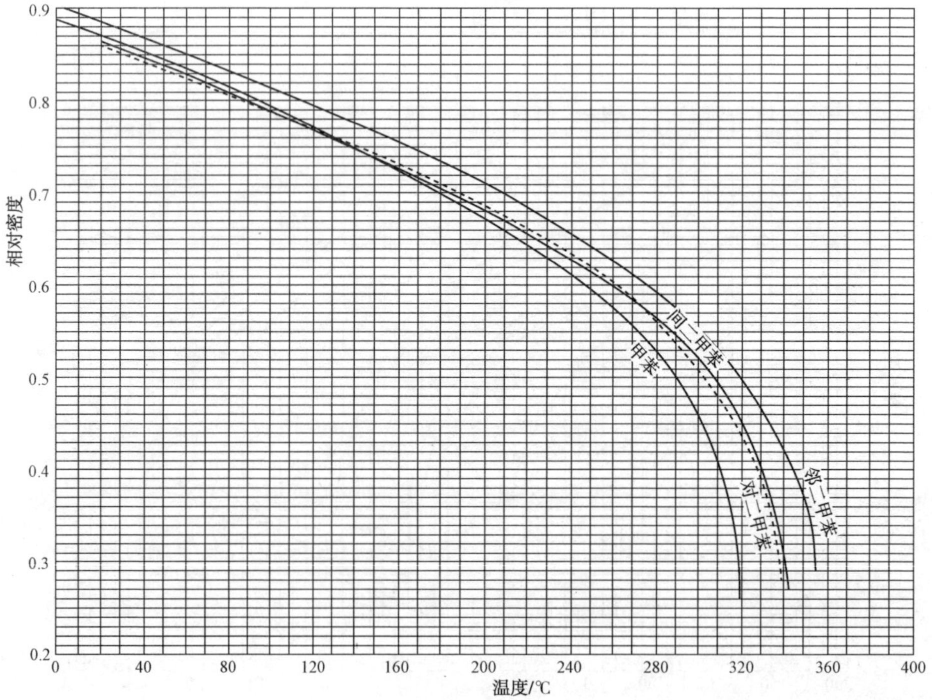

3.5.4 石油相对密度图

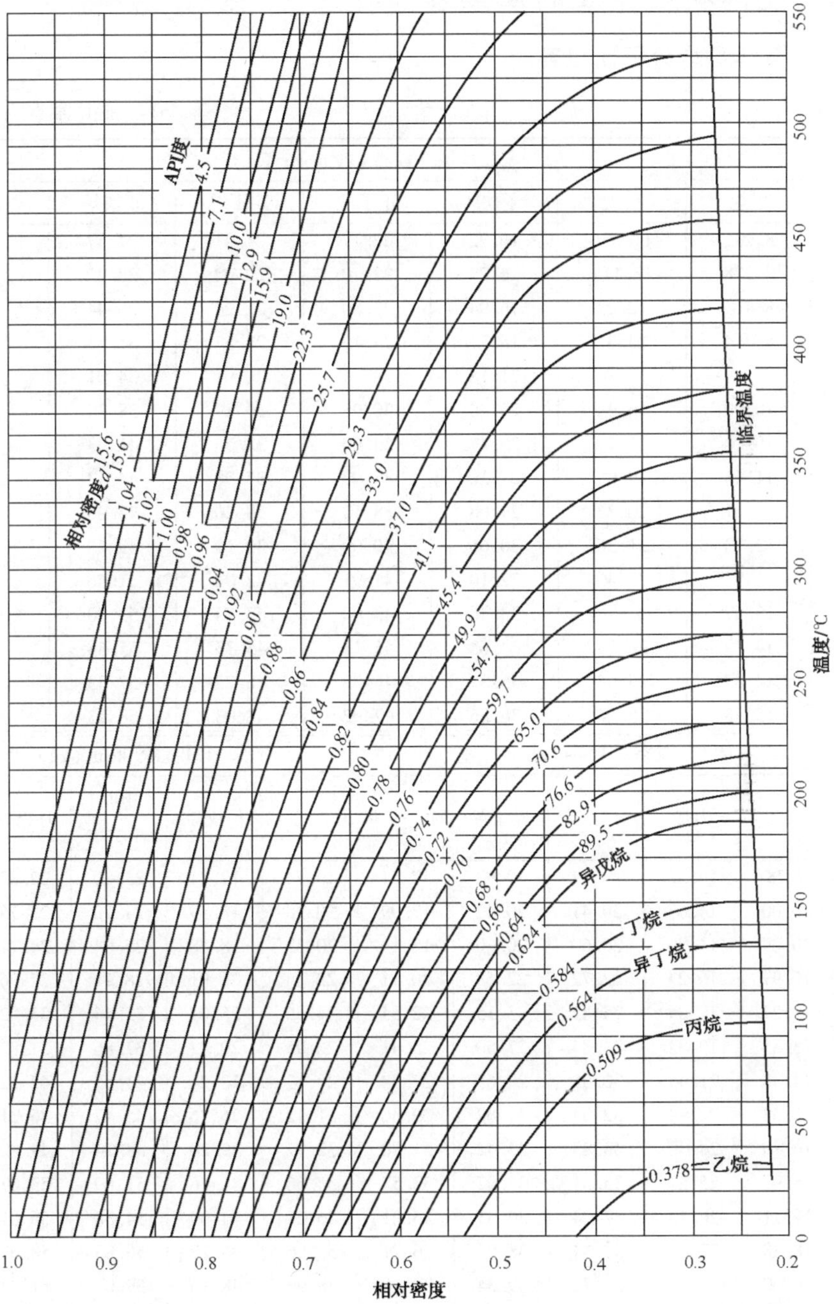
API度
4.5
7.1
10.0
12.9
15.9
19.0
22.3
25.7
29.3
33.0
37.0
41.1
45.4
49.9
54.7
59.7
65.0
70.6
76.6
82.9
89.5
相对密度d15.6/15.6
1.04
1.02
1.00
0.98
0.96
0.94
0.92
0.90
0.88
0.86
0.84
0.82
0.80
0.78
0.76
0.74
0.72
0.70
0.68
0.66
0.64
0.624
0.584
0.564
0.509
0.378
异戊烷
丁烷
异丁烷
丙烷
乙烷
临界温度
温度/℃
0
50
100
150
200
250
300
350
400
450
500
550
1.0
0.9
0.8
0.7
0.6
0.5
0.4
0.3
0.2
相对密度

3.6 气体和液体烃的比热容[2]

3.6.1 气体平均分子比热容

0~1atm(基点为0℃)

温度/℃	烷烃/[kcal/(kg mol·℃)]						
	甲烷	乙烷	丙烷	正丁烷	异丁烷	正戊烷	正己烷
0	8.295	11.856	16.32	22.17	21.41	27.57	33.05
18	8.378	12.117	16.79	22.70	22.02	28.22	33.79
25	8.413	12.22	16.94	22.80	22.24	28.44	34.07
100	8.814	13.37	18.71	25.13	24.57	31.23	37.38
200	9.41	14.86	21.18	28.14	27.91	34.91	41.69
300	10.09	16.34	23.40	30.98	30.89	38.34	45.77
400	10.78	17.75	25.47	33.60	33.55	41.53	49.52
500	11.46	19.05	27.36	35.97	35.98	44.42	52.92
600	12.11	20.26	29.08	38.12	38.20	47.03	55.98
700	12.73	21.36	30.66	40.09	40.19	49.43	58.81
800	13.31	22.40	32.10	41.91	42.04	51.66	61.41
900	13.87	23.36	33.46	43.00	43.74	53.70	63.82
1000	14.39	24.24	34.68	45.16	45.33	55.58	66.04
1100	14.87	25.07	35.82	46.59	46.72	57.33	68.08
1200	15.33	25.84	36.86	47.92	48.03	58.93	69.96

温度/℃	烯烃/[kcal/(kg mol·℃)]						环烷烃/[kcal/(kg mol·℃)]			
	乙烯	丙烯	1-丁烯	异丁烯	顺2-丁烯	反2-丁烯	环戊烷	甲基环戊烷	环已烷	甲基环已烷
0	9.78	14.32	19.87	19.93	17.51	19.74	17.71	23.80	22.82	29.25
18	10.00	14.67	20.41	20.42	17.99	20.18	18.49	24.70	23.75	30.35
25	10.09	14.80	20.60	20.60	18.13	20.33	18.78	25.04	24.11	30.77
100	10.97	16.23	22.72	22.63	20.11	22.15	21.91	28.71	27.96	35.27
200	12.22	18.09	25.42	25.15	22.85	24.66	25.97	33.44	33.02	41.08
300	13.35	19.82	27.84	27.50	25.41	26.95	29.77	37.86	37.82	46.51
400	14.38	21.45	30.05	29.65	27.73	29.13	33.24	41.87	42.22	51.43
500	15.33	22.94	32.04	31.62	29.86	31.12	36.36	45.47	46.21	55.88
600	16.19	24.30	33.85	33.42	31.80	32.97	39.20	48.74	49.82	59.90
700	16.97	25.57	35.51	35.07	33.57	34.66	41.76	51.69	53.07	63.51
800	17.71	26.73	37.04	36.61	35.21	36.21	44.09	54.38	56.01	66.78
900	18.38	27.80	38.44	38.03	36.71	37.66	46.22	56.83	58.67	69.73
1000	19.00	28.78	39.72	39.34	38.10	38.96	48.16	59.07	61.07	72.41
1100	19.57	29.68	40.91	40.54	39.37	40.17	49.94	61.13	63.26	74.88
1200	20.10	30.52	42.01	41.64	40.55	41.30	51.58	63.02	65.26	77.09

续表

温度/℃	炔、二烯烃/[kcal/(kg mol·℃)]				
	乙　炔	甲基乙炔	二甲基乙炔	丙二烯	1,3-丁二烯
0	10.04	13.74	17.63	13.26	17.55
18	10.21	14.01	17.97	13.56	18.17
25	10.28	14.12	18.13	13.68	18.28
100	10.88	15.21	19.62	14.89	20.35
200	11.55	16.70	21.56	16.36	22.82
300	12.08	17.88	23.41	17.68	24.98
400	12.55	18.89	25.15	18.95	26.84
500	12.94	19.89	26.75	20.00	28.49
600	13.27	20.88	28.24	20.90	29.96
700	13.60	21.72	29.60	21.78	31.28
800	13.90	22.48	30.86	22.59	32.47
900	14.19	23.18	32.02	23.36	33.56
1000	14.46	23.85	33.09	24.04	34.56
1100	14.69	24.50	34.08	24.63	35.49
1200	14.93	25.06	34.99	25.21	36.33

温度/℃	芳烃/[kcal/(kg mol·℃)]							
	苯	甲苯	乙基苯	苯乙烯	异丙苯	邻二甲苯	间二甲苯	对二甲苯
0	17.70	22.69	28.19	26.72	33.28	29.52	28.11	28.03
18	18.34	23.44	29.04	27.62	34.25	30.69	28.95	28.82
25	18.60	23.73	29.40	27.96	34.69	30.78	29.80	29.18
100	21.23	26.92	33.22	31.47	39.22	34.14	32.87	32.69
200	24.82	30.94	38.00	35.80	44.74	38.56	37.46	37.12
300	27.87	34.61	42.34	39.66	49.79	42.63	41.60	41.30
400	30.48	37.89	46.21	43.07	54.28	46.30	45.50	45.12
500	32.99	40.81	49.65	46.10	58.26	49.64	48.92	48.54
600	35.14	43.44	50.72	48.78	61.82	52.63	52.00	51.65
700	37.00	45.79	55.48	51.18	65.02	55.36	54.79	54.46
800	38.71	47.98	57.98	53.35	67.90	57.81	57.31	57.00
900	40.25	49.89	60.24	55.30	70.52	60.06	59.60	59.30
1000	41.65	51.64	62.30	57.08	72.91	62.11	61.69	61.40
1100	42.92	53.22	64.18	58.70	75.09	63.99	63.60	63.32
1200	44.08	54.68	65.90	60.18	77.00	65.71	65.35	65.08

3.6.2　石油蒸气常压比热容图

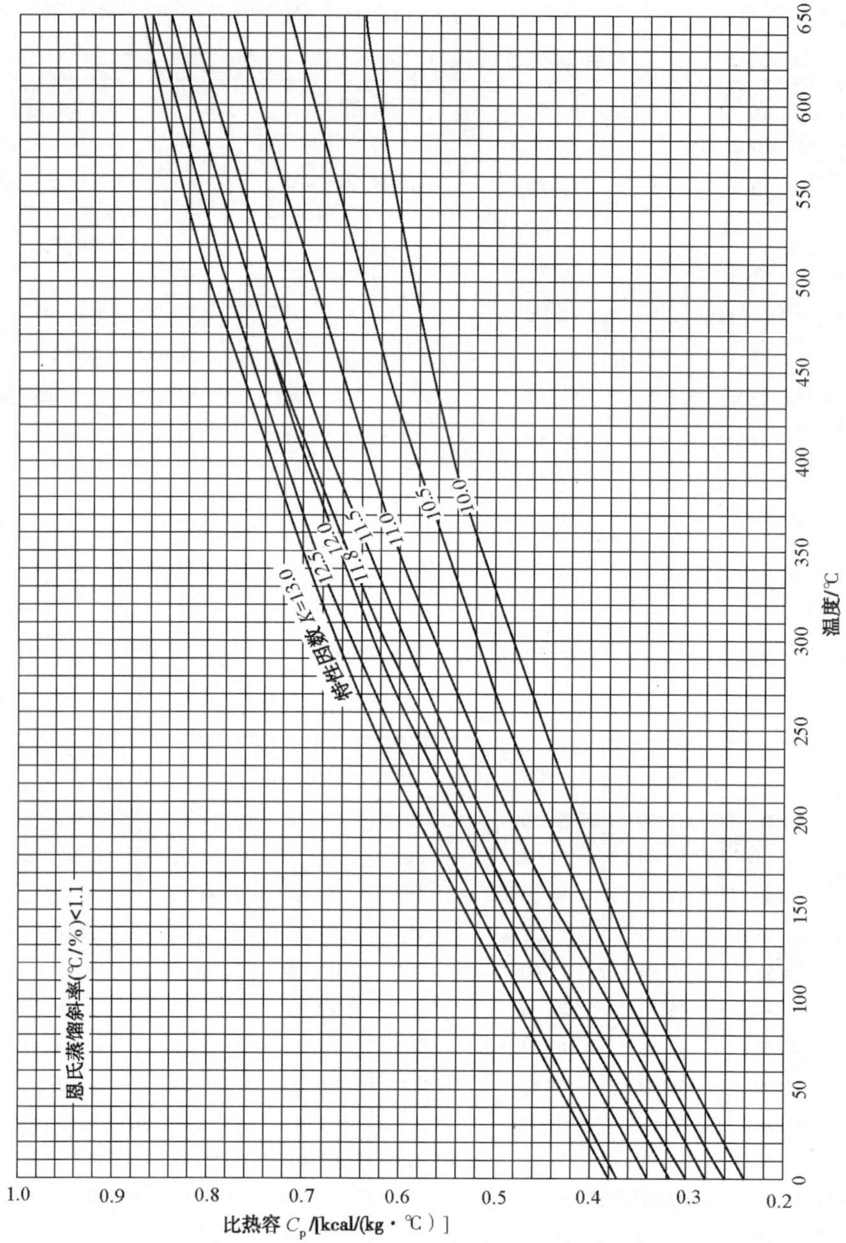

3.6.3　烷烃、烯烃、二烯烃液体比热容图

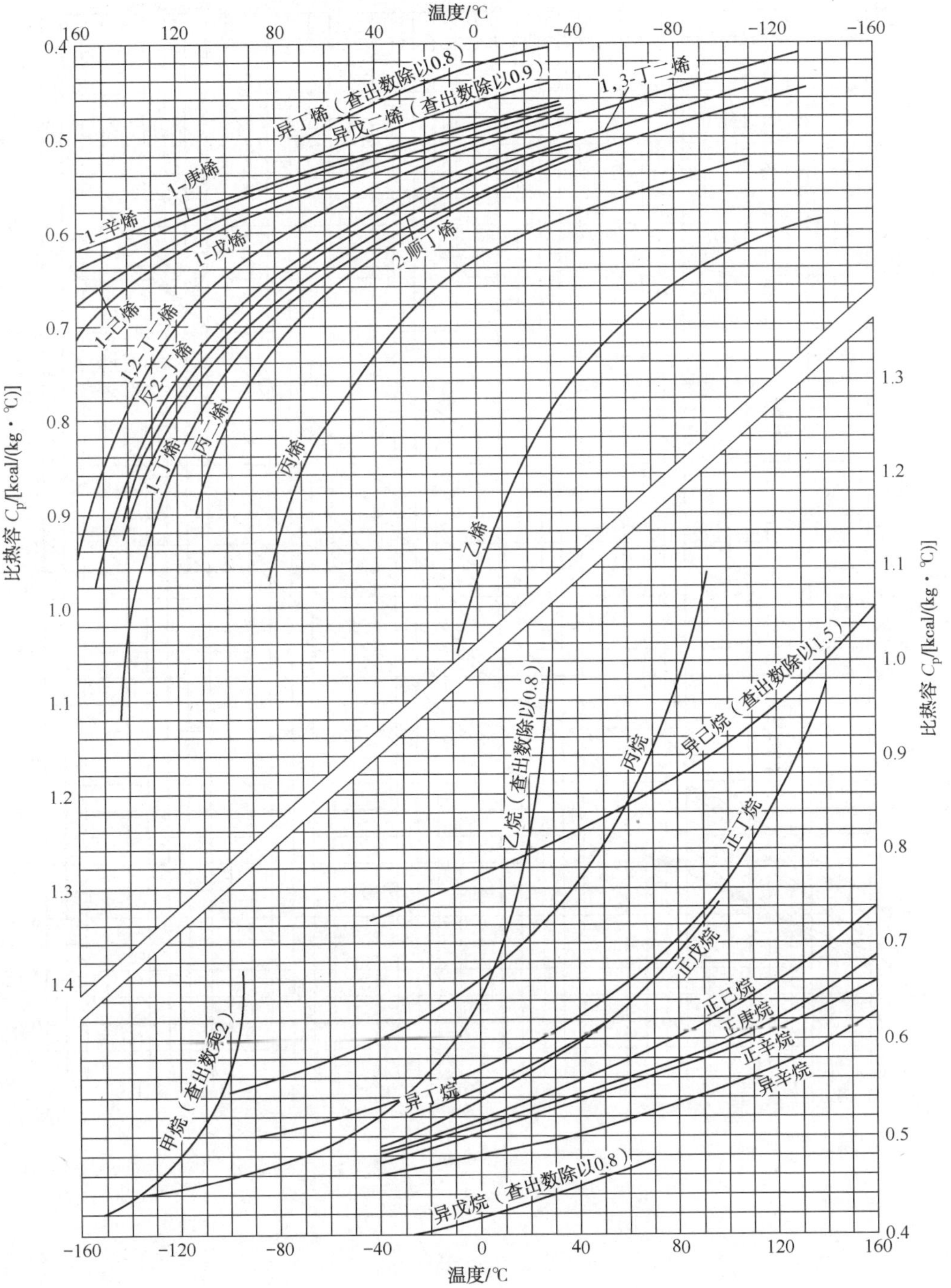

3.6.4 芳香烃液体比热容图

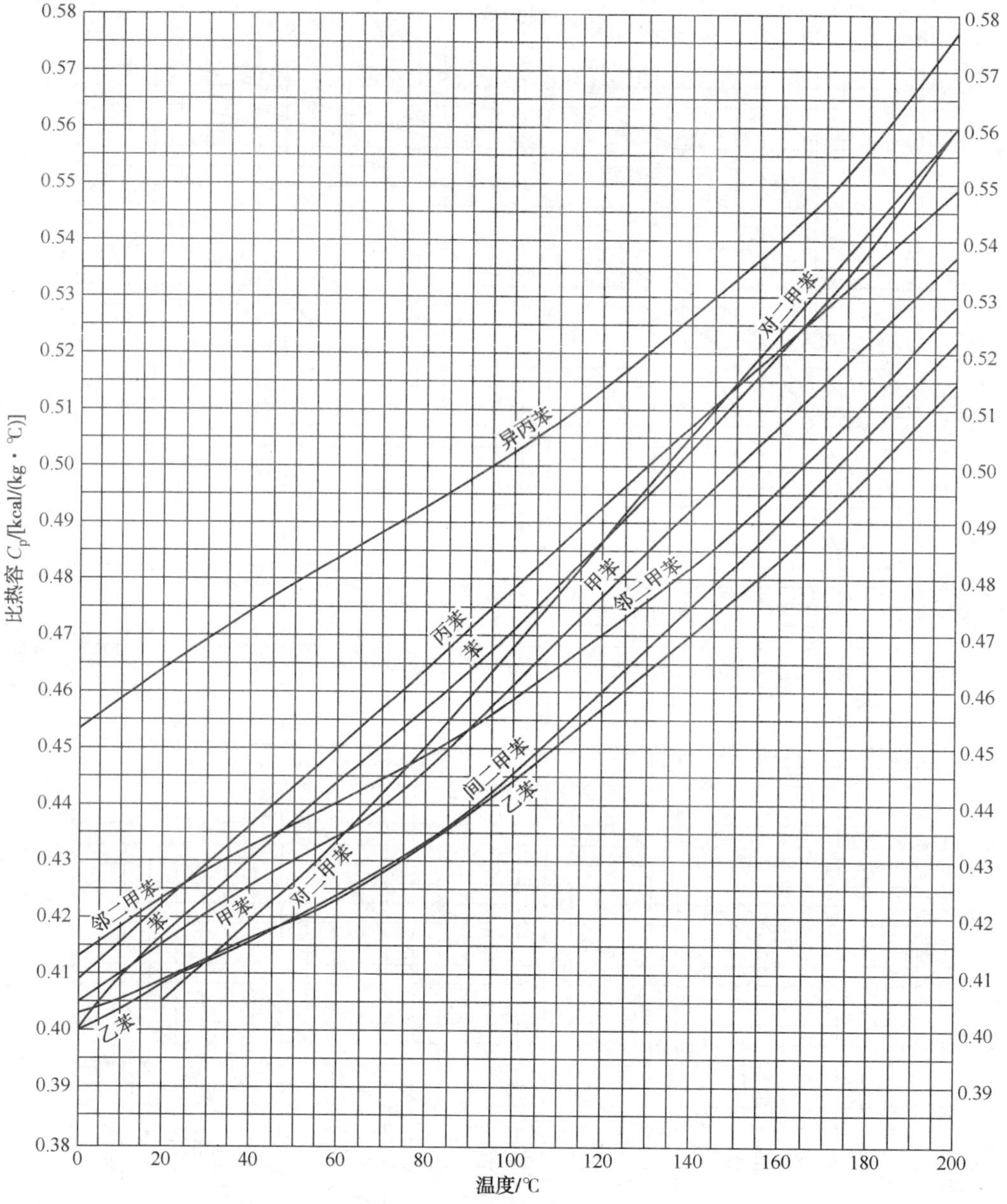

3.6.5 石油馏分液体比热容图

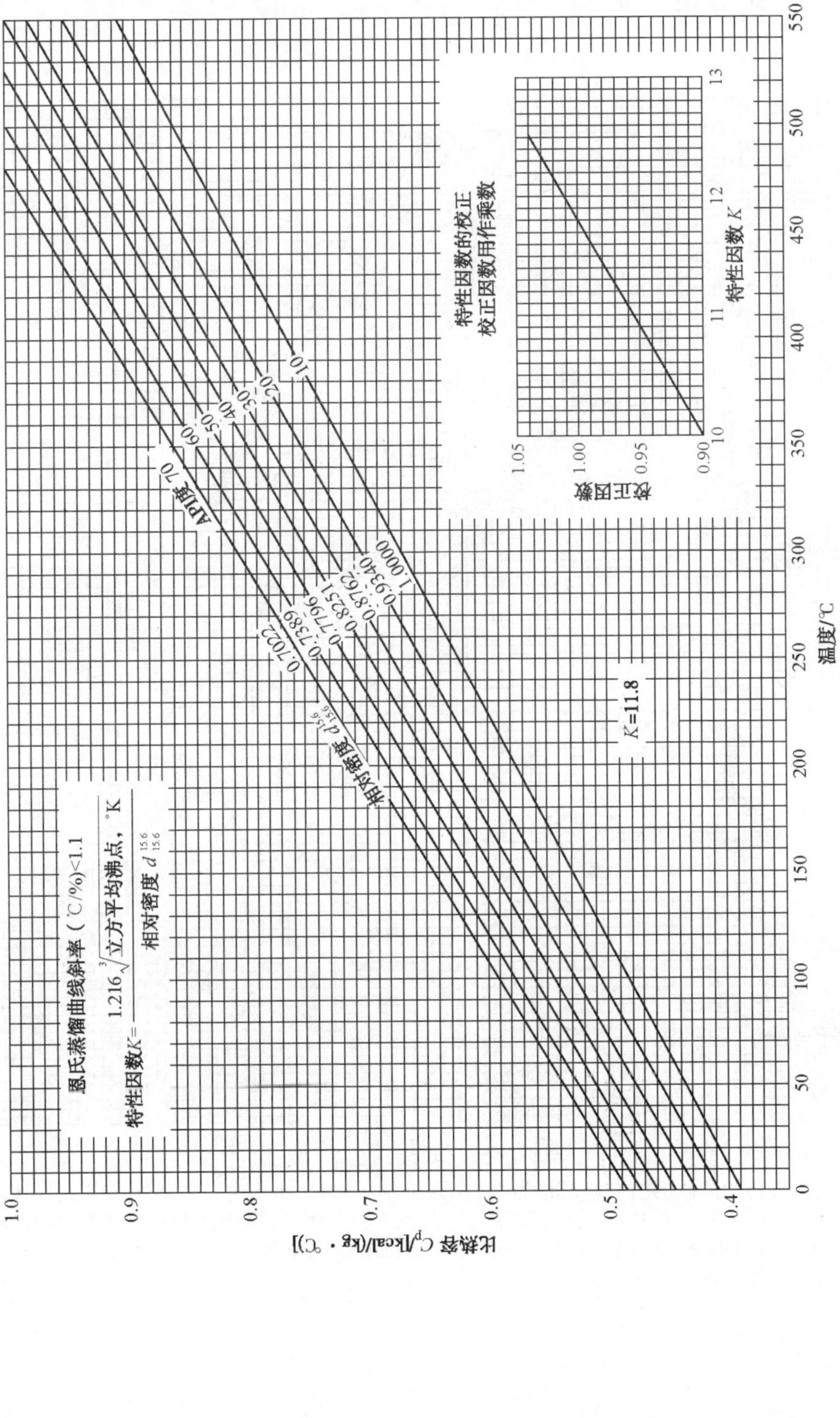

3.7 石油馏分的焓[10]

注：从上图查得的液体焓值平均误差为3%，靠近临界温度28℃内误差将近10%；气体焓值平均误差为±5.5kcal/kg。在应用该校正图时，还应注意：(1)该图内的等压曲线不得向外延伸；(2)接近临界温度时不得应用；(3)校正值大于28kcal/kg时不得应用；(4)等特性因数和等比重线都是直线，可以延伸。

3.8　烃类和石油馏分的蒸发潜热[2]

3.8.1　烷烃蒸发潜热图

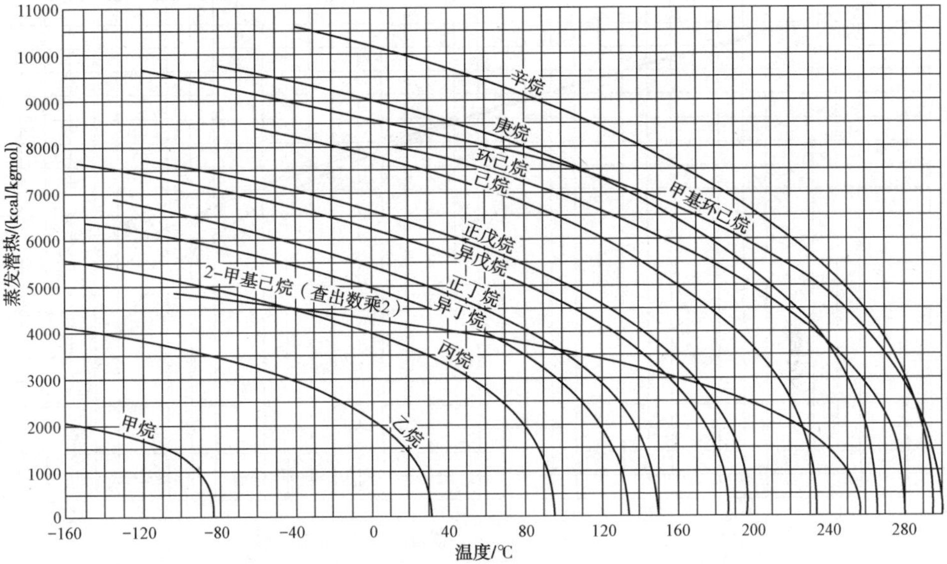

3.8.2　石油馏分在常压下的蒸发潜热图

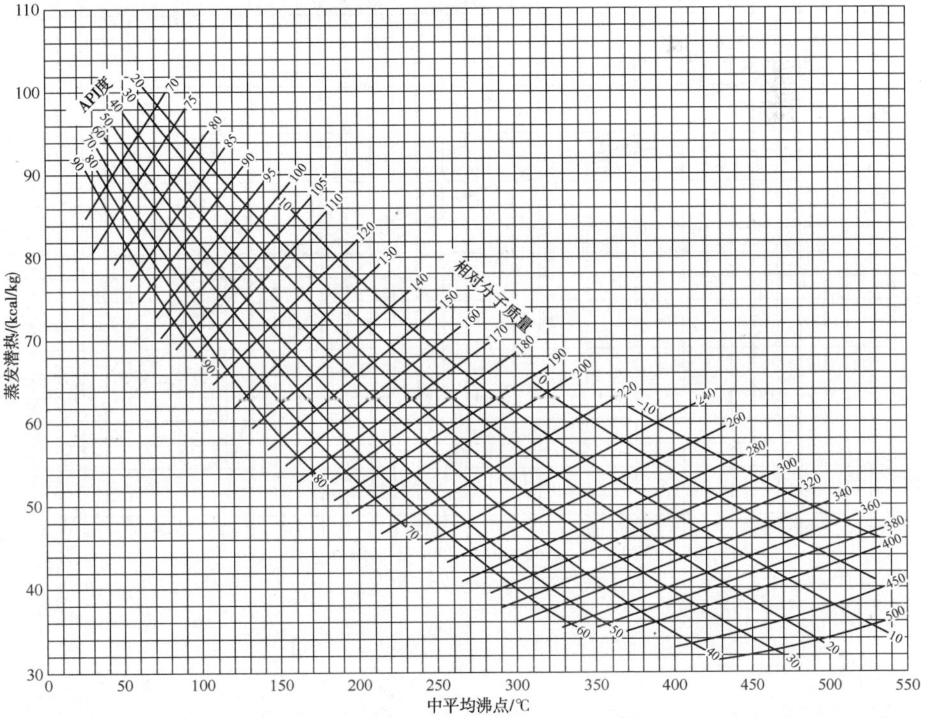

3.8.3 芳香烃蒸发潜热图

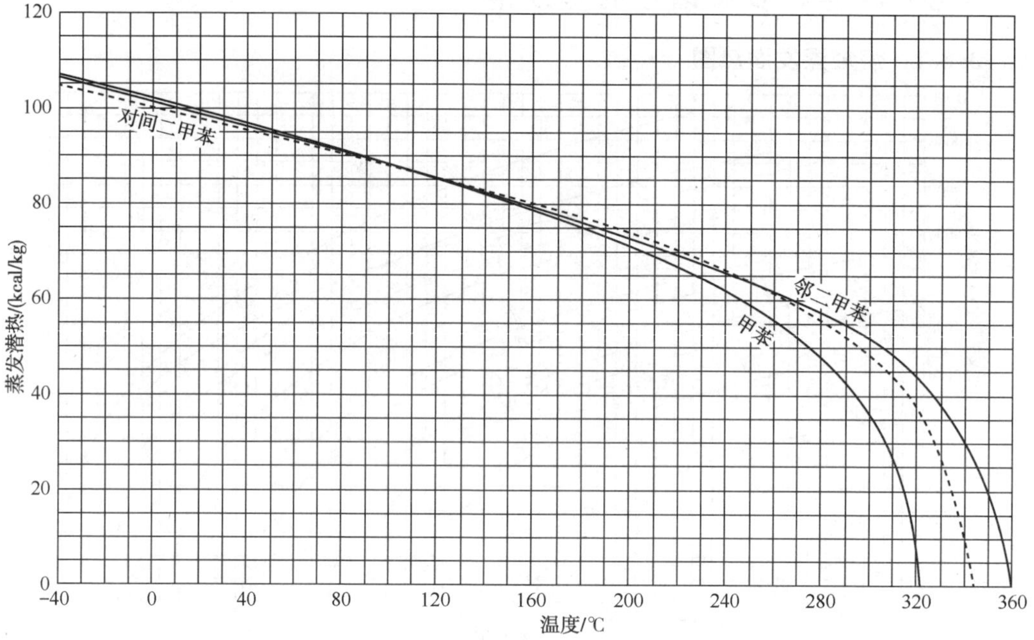

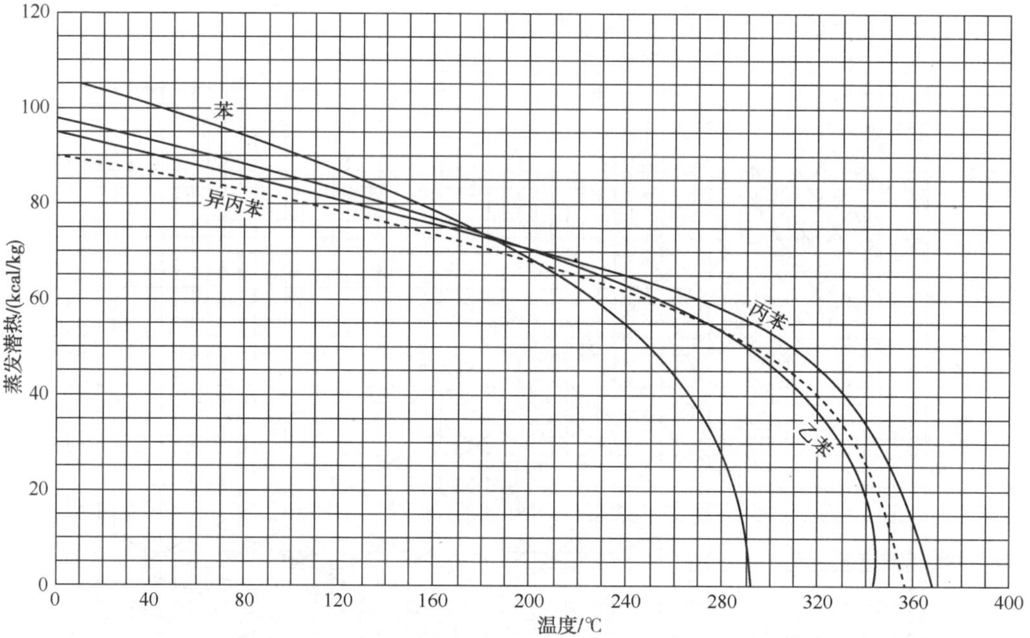

3.9 烃类和油品的黏度[2]

3.9.1 烷烃液体黏度图

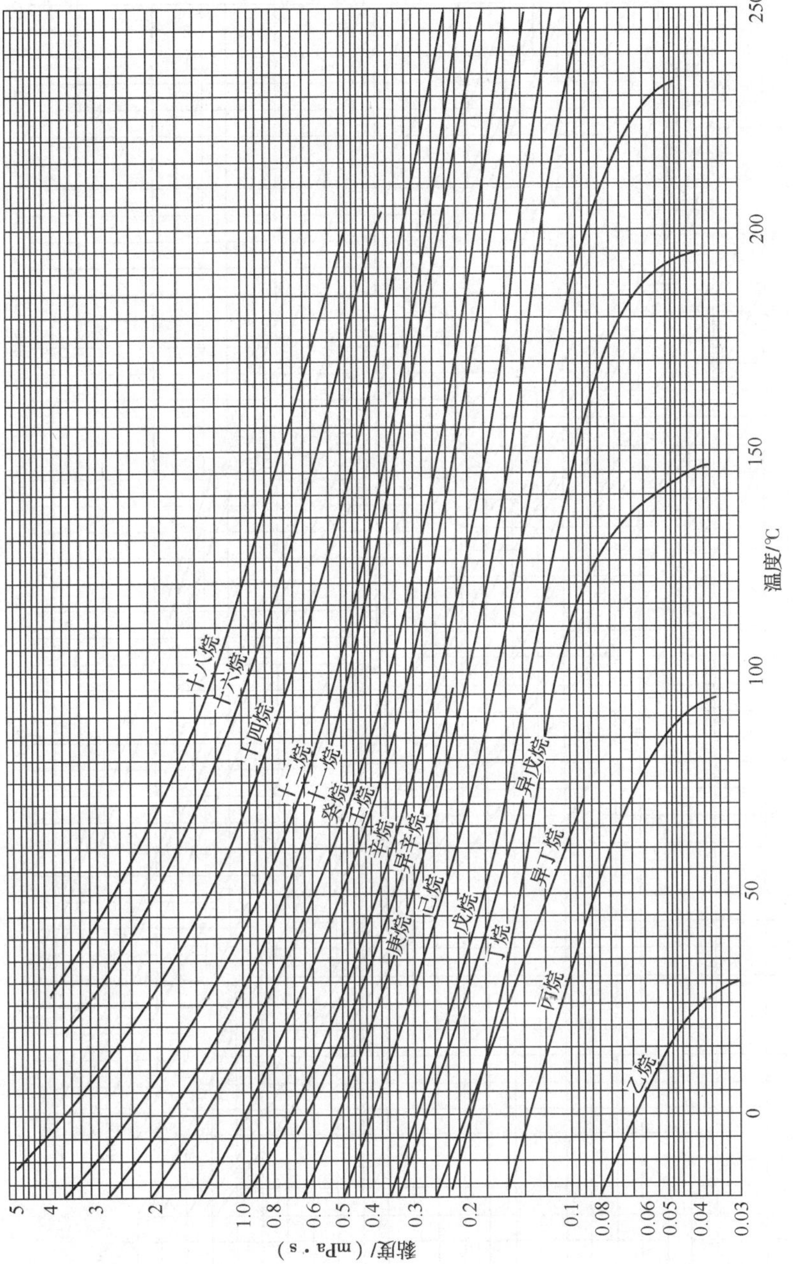

3.9.2 烃类常压蒸气黏度图

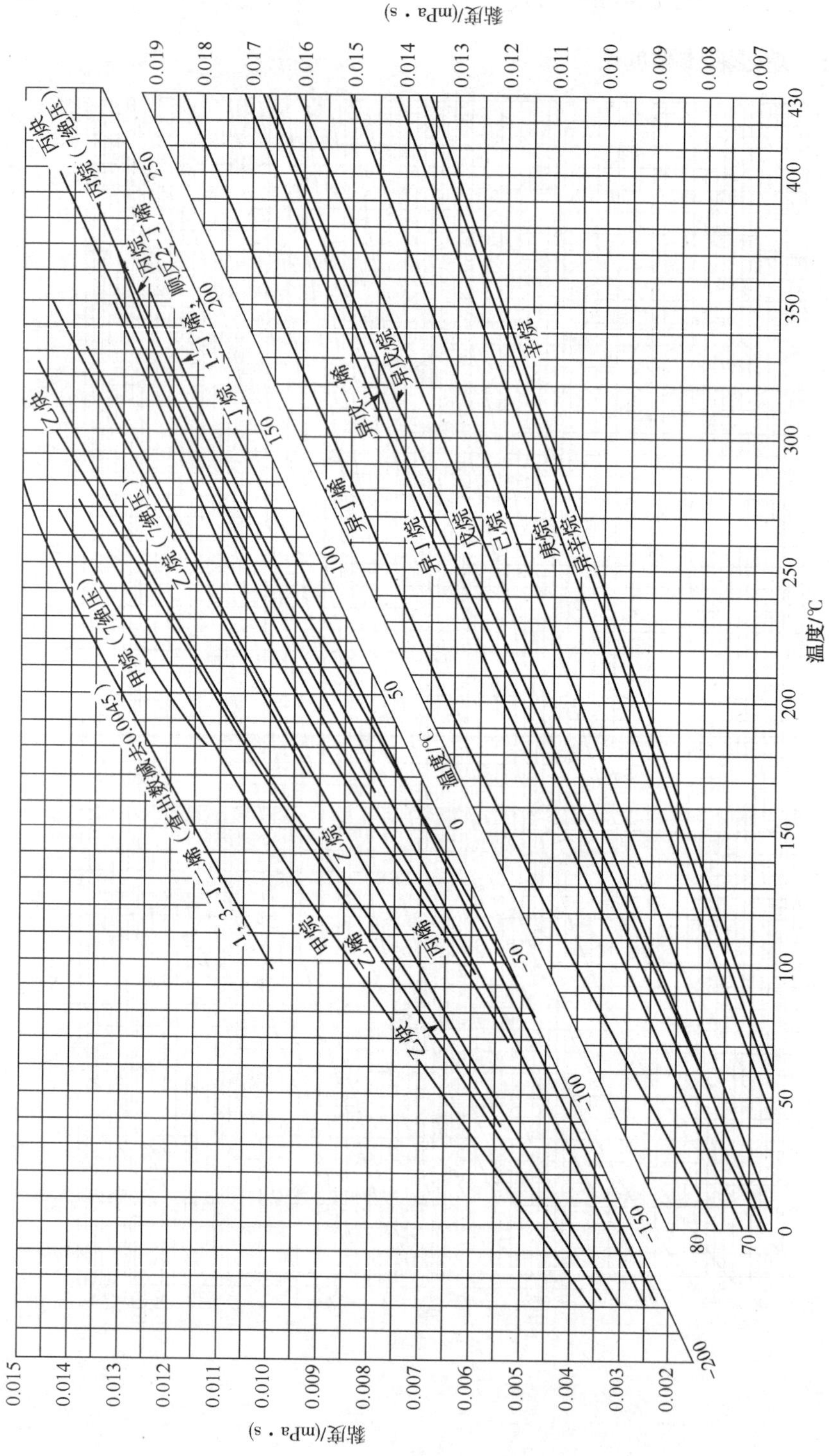

3.9.3 油品黏度与温度关系图(低黏度)

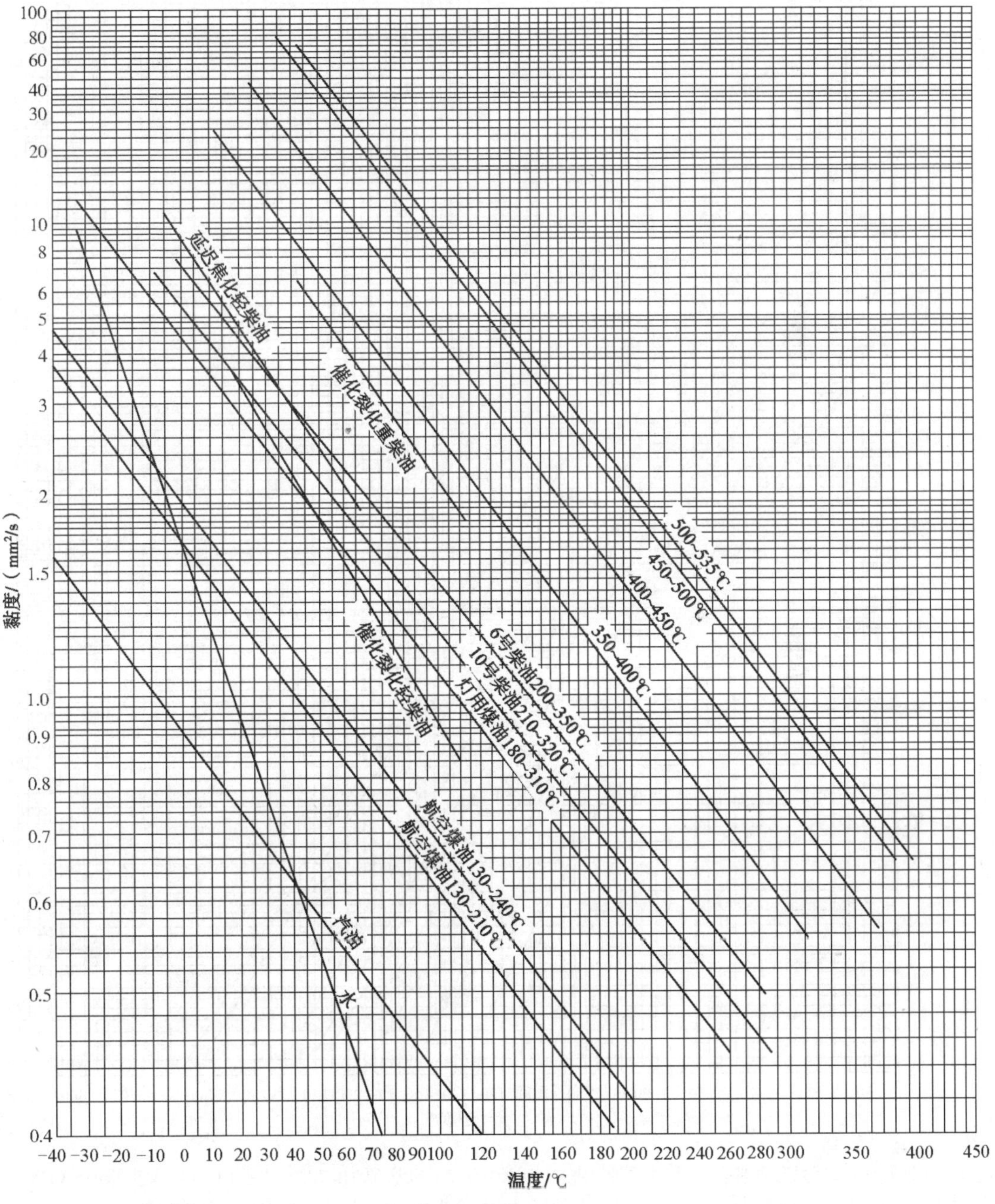

3.9.4　油品黏度与温度关系图(高黏度)

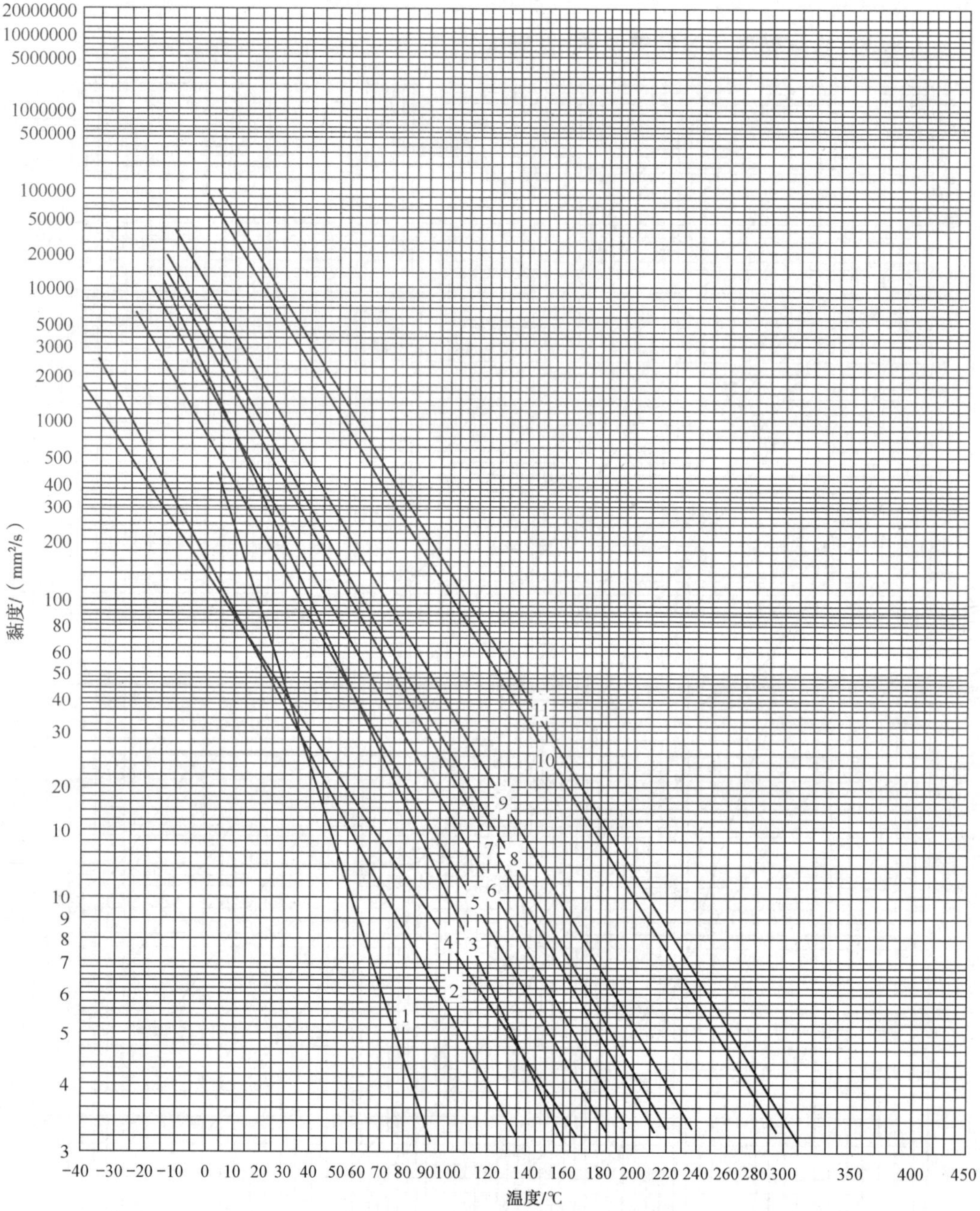

1—江汉原油；2—大港原油；3—胜利原油；4—大庆原油；5—大庆原油>283℃之重油；6—大庆原油>327℃之重油；7—大庆原油>335℃之重油；8—大庆原油>450℃之残油；9—大庆原油>535℃之脱沥青残油；10—大庆原油>500℃之残油；11—大庆原油>525℃之残油

3.9.5 油品混合黏度图

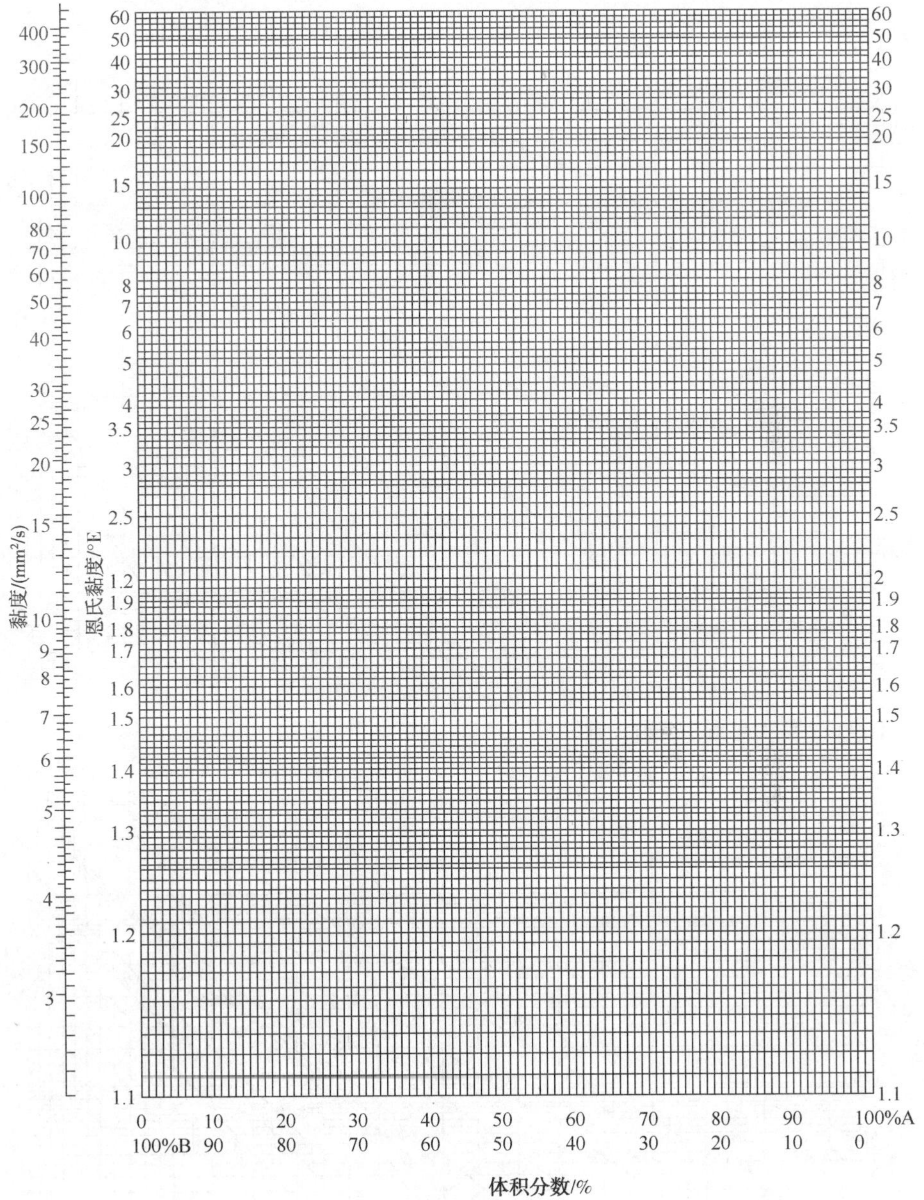

用法：将已知两种油品的黏度值标于本图上，两点间连直线，就可求得任一混合组成的黏度。

3.10 烃类蒸气压[2]

3.10.1 正构烷烃蒸气压图

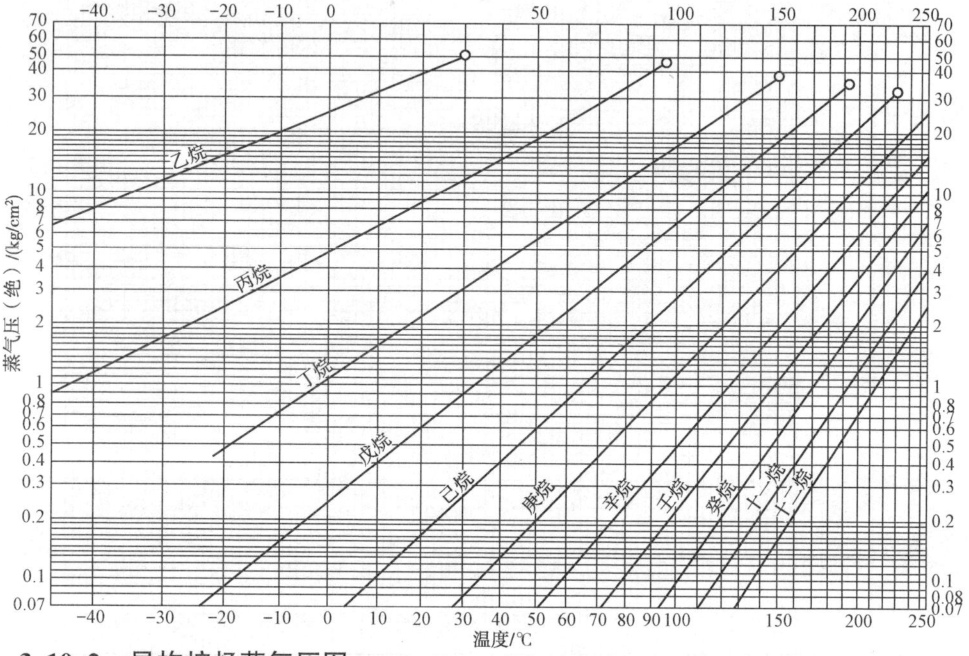

3.10.2 异构烷烃蒸气压图

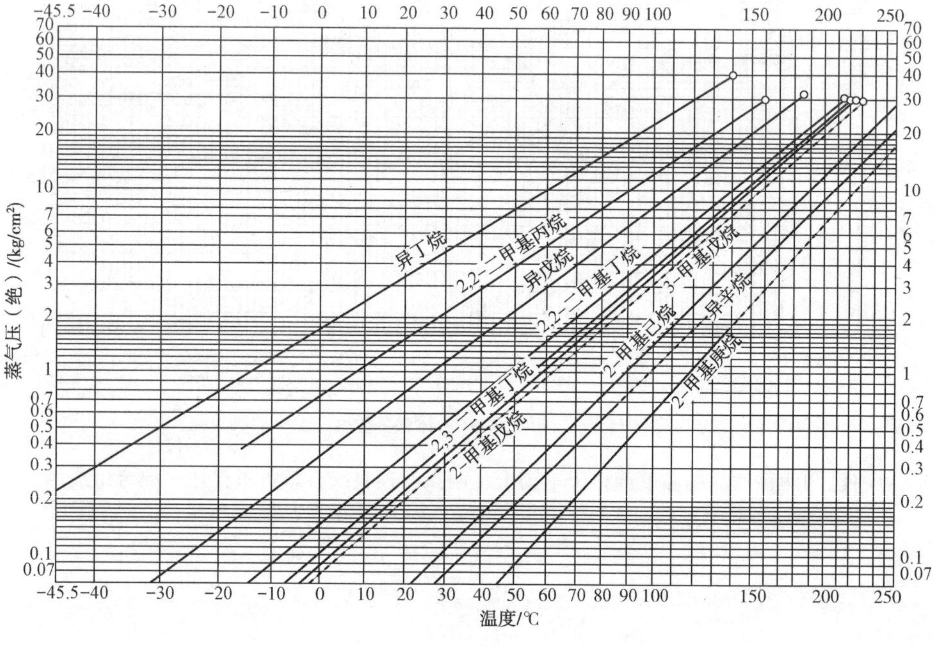

3.10.3 烯烃蒸气压图

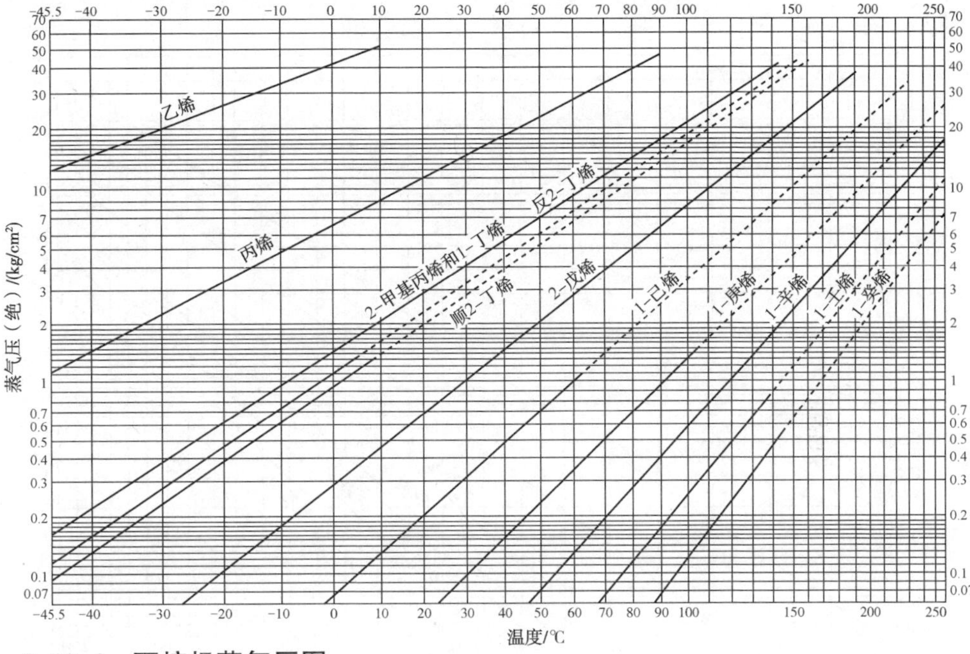

3.10.4 环烷烃蒸气压图

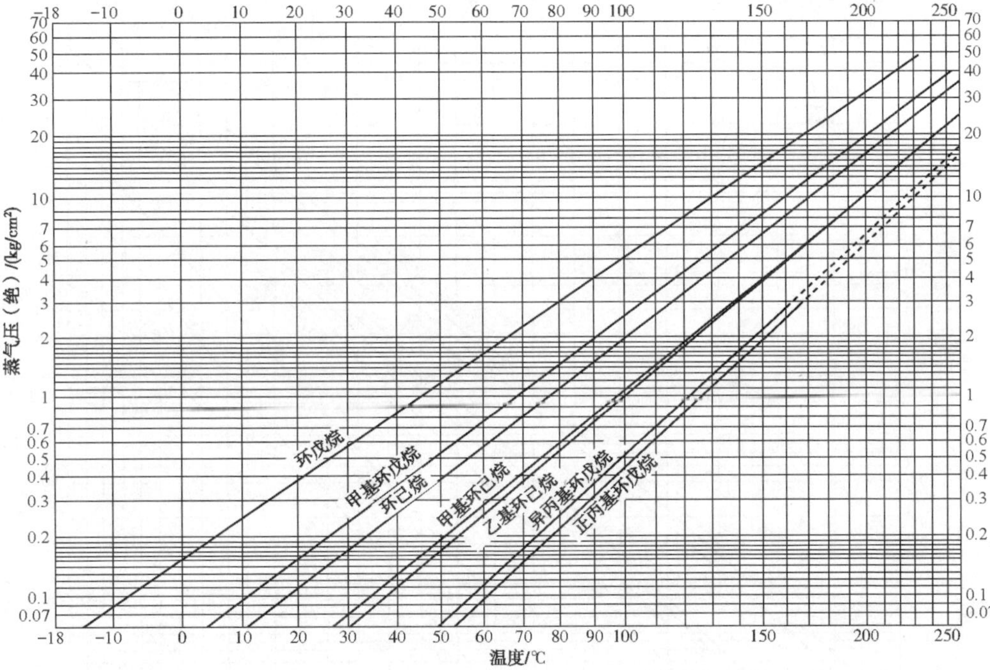

3.10.5　芳香烃蒸气压图

（1）芳香烃蒸气压图(一)

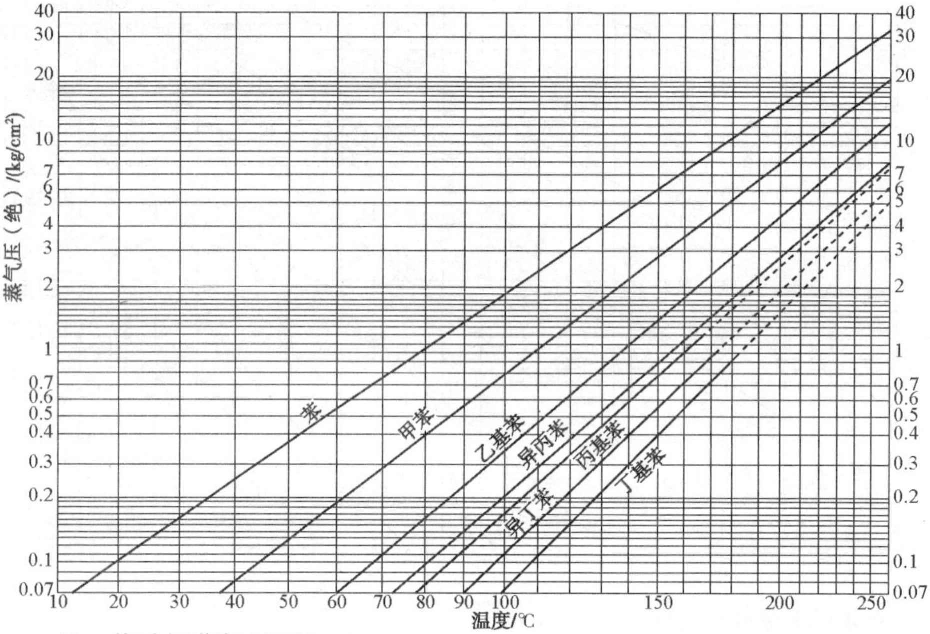

（2）芳香烃蒸气压图(二)

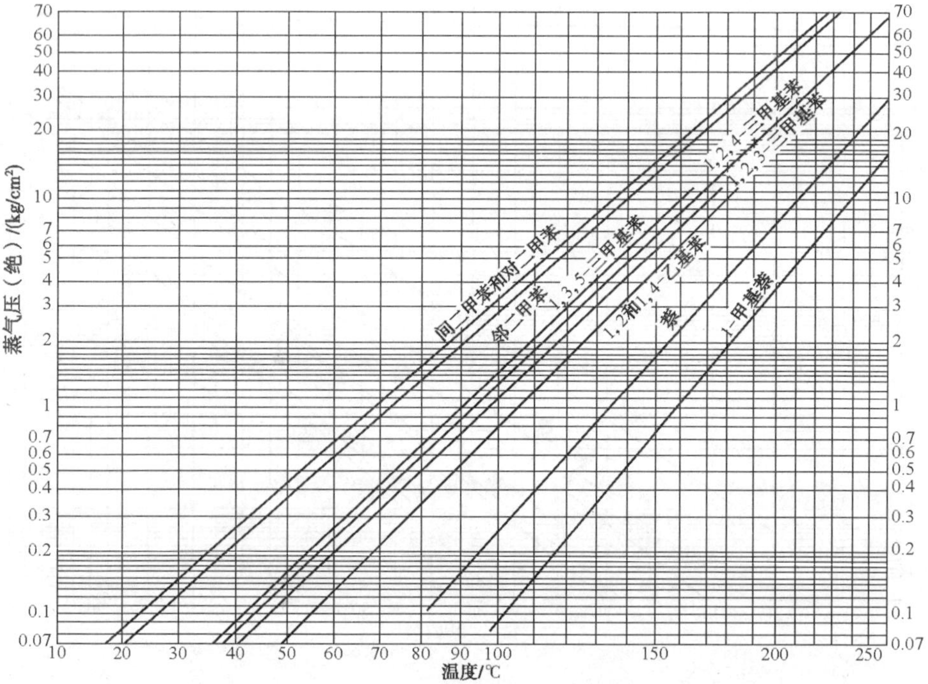

3.10.6 汽油蒸气压图

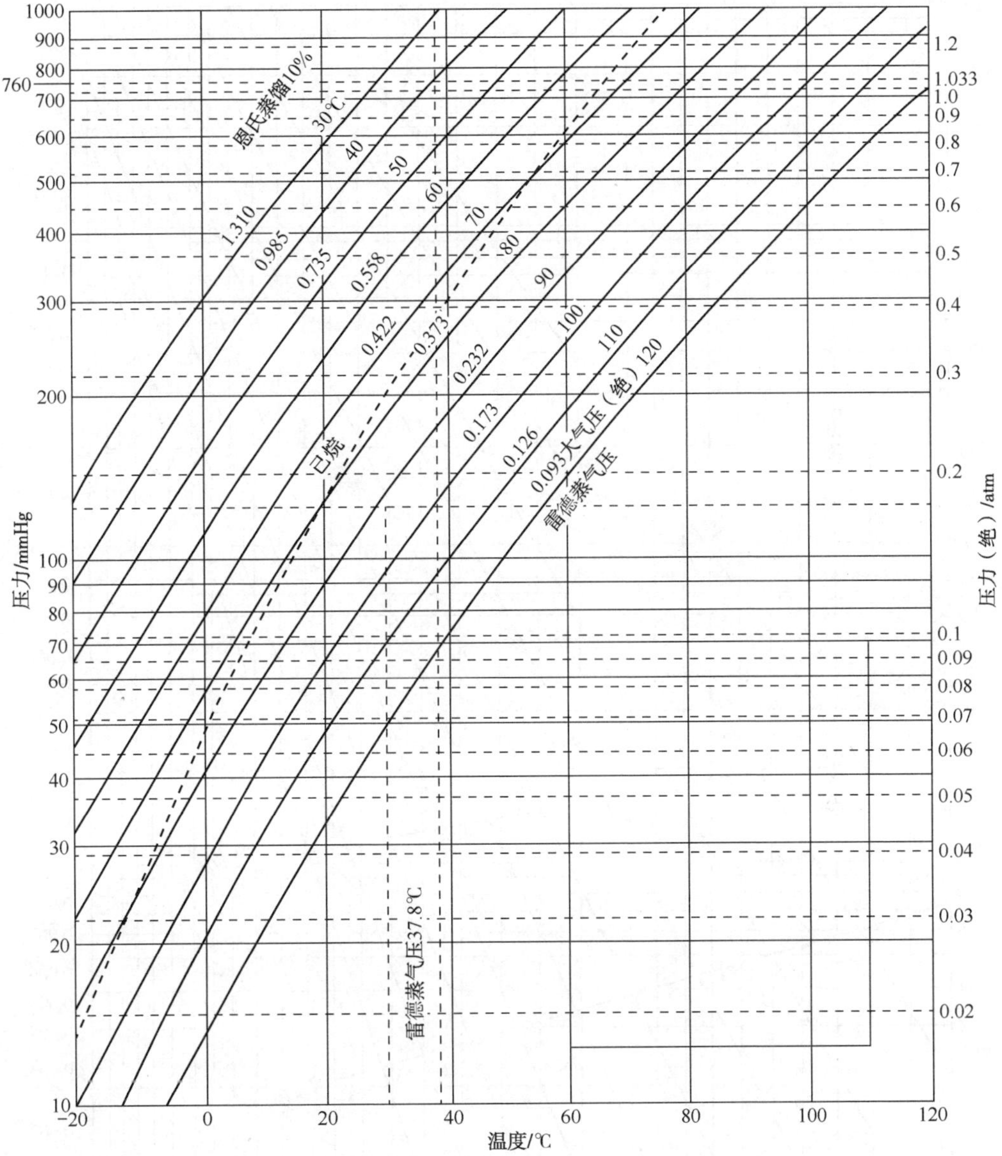

汽油是复杂的烃类混合物，汽油蒸气压可近似地由恩氏蒸馏 10%点或雷德蒸气压推出。

纯烃的蒸气压曲线更陡(己烷)。

例：已知恩氏蒸馏 10% = 90℃，雷德蒸气压 p_R = 0. 232atm(绝)，求出 30℃的蒸气压 p_0 = 130mmHg。

3.10.7　润滑油蒸气压图

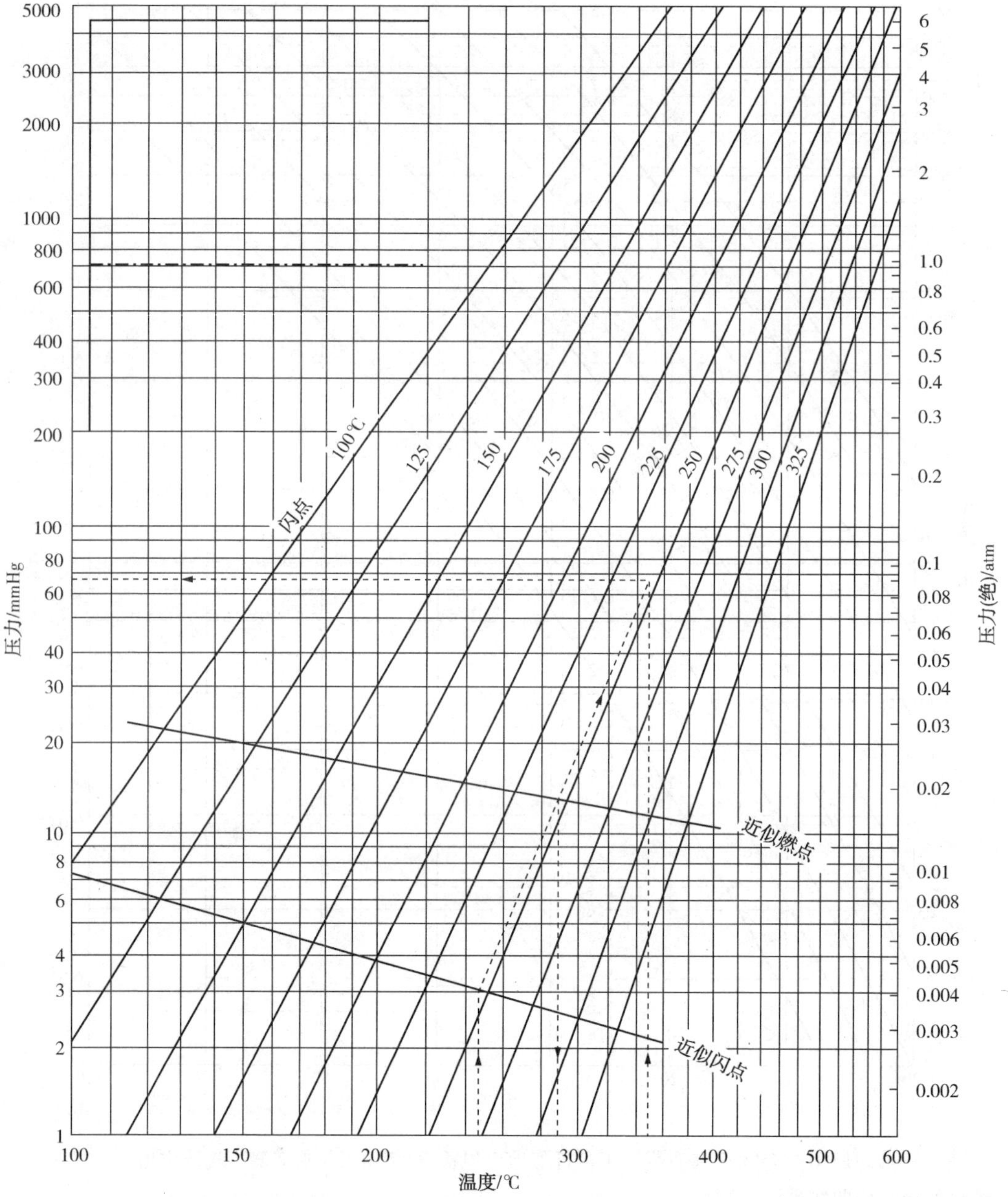

润滑油是复杂的烃类混合物，润滑油蒸气压可通过一个数值(闪点)近似地推出。纯烃的蒸气压曲线更陡。

例：已知闪点245℃，求出燃点~286℃，350℃的蒸气压 p_0 = 67mmHg。

3.11 气液相平衡常数[2]

3.11.1 烃类平衡常数图

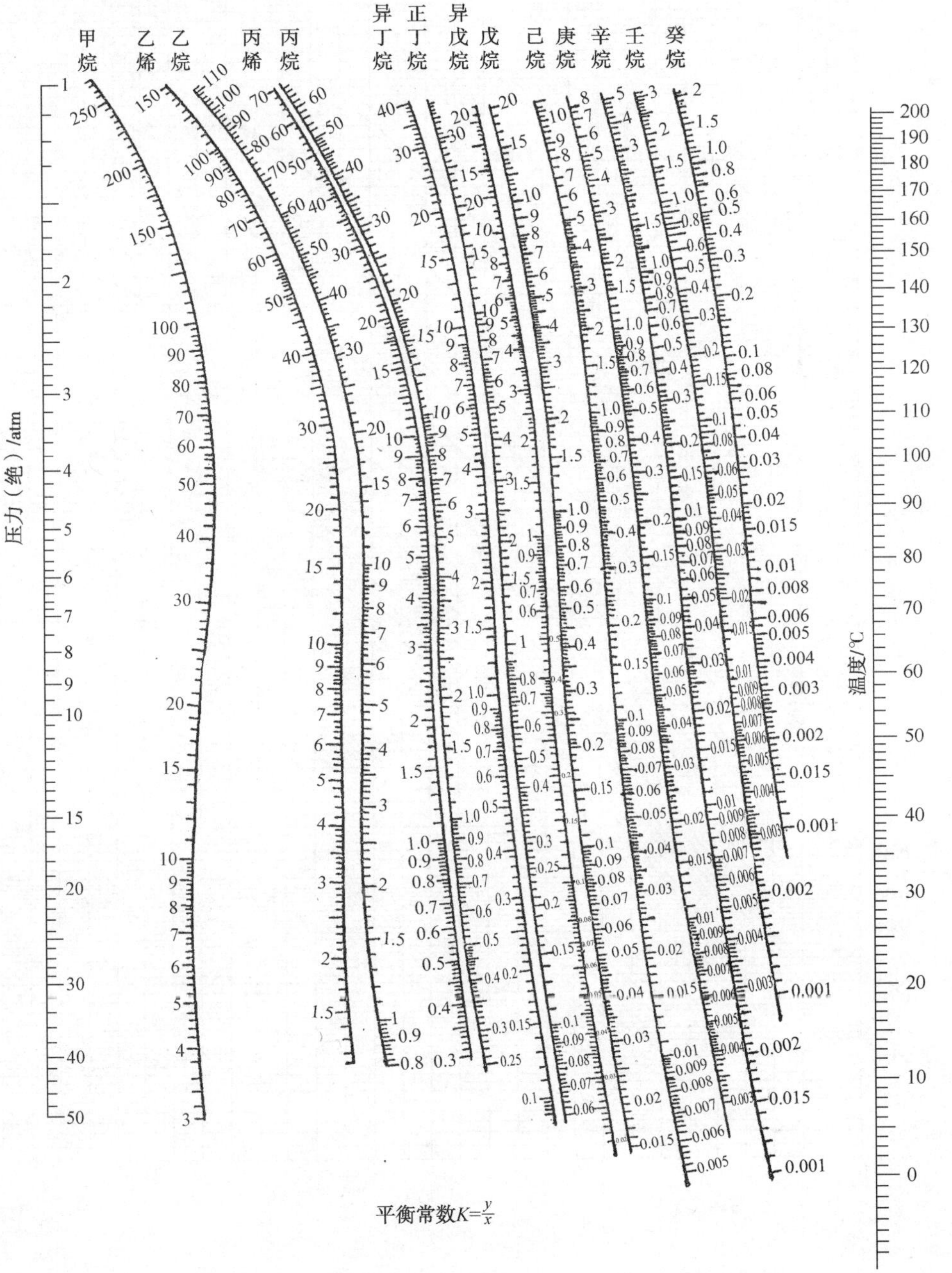

3.11.2 苯的平衡常数图

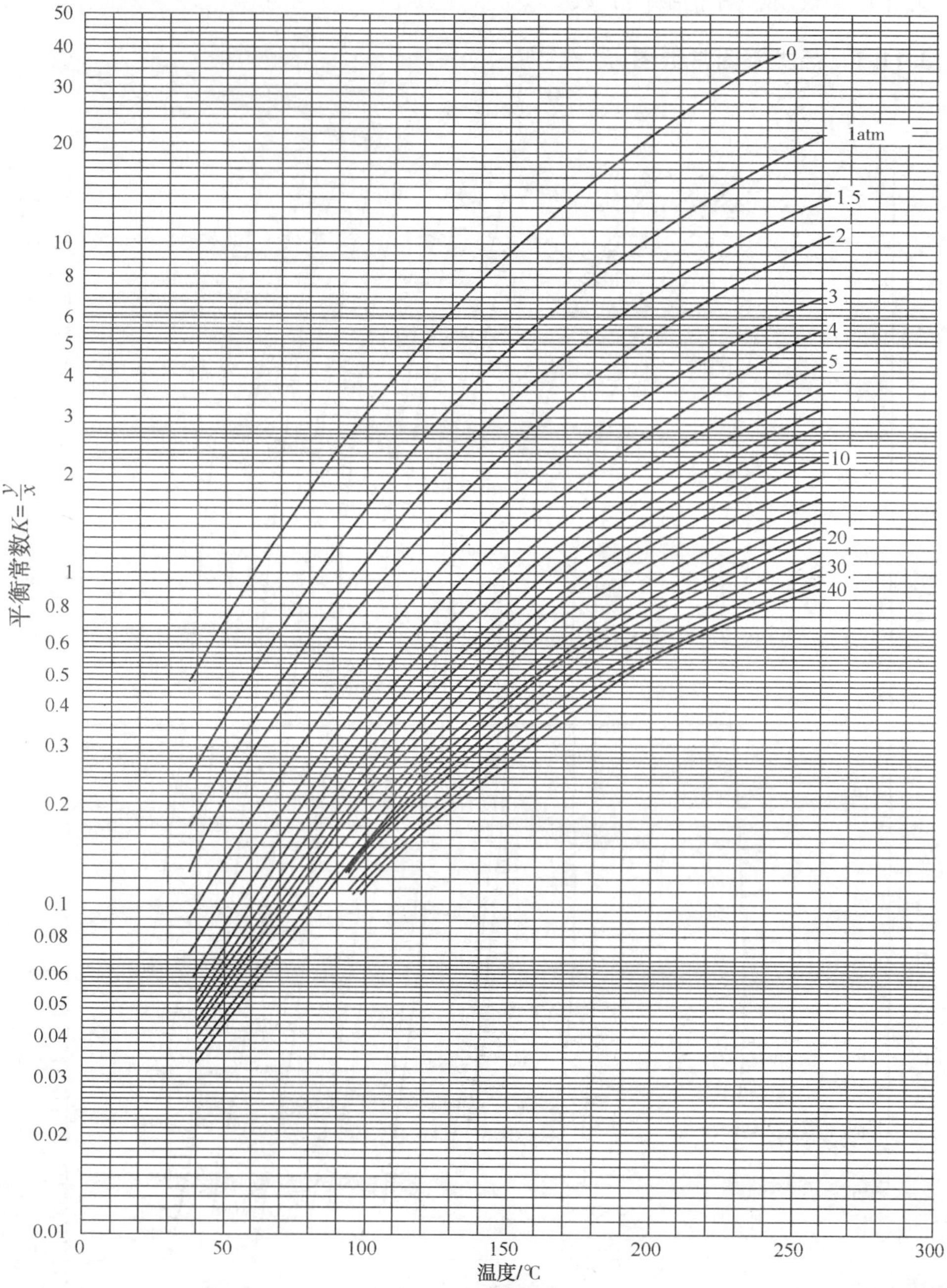

3.11.3 甲苯的平衡常数图

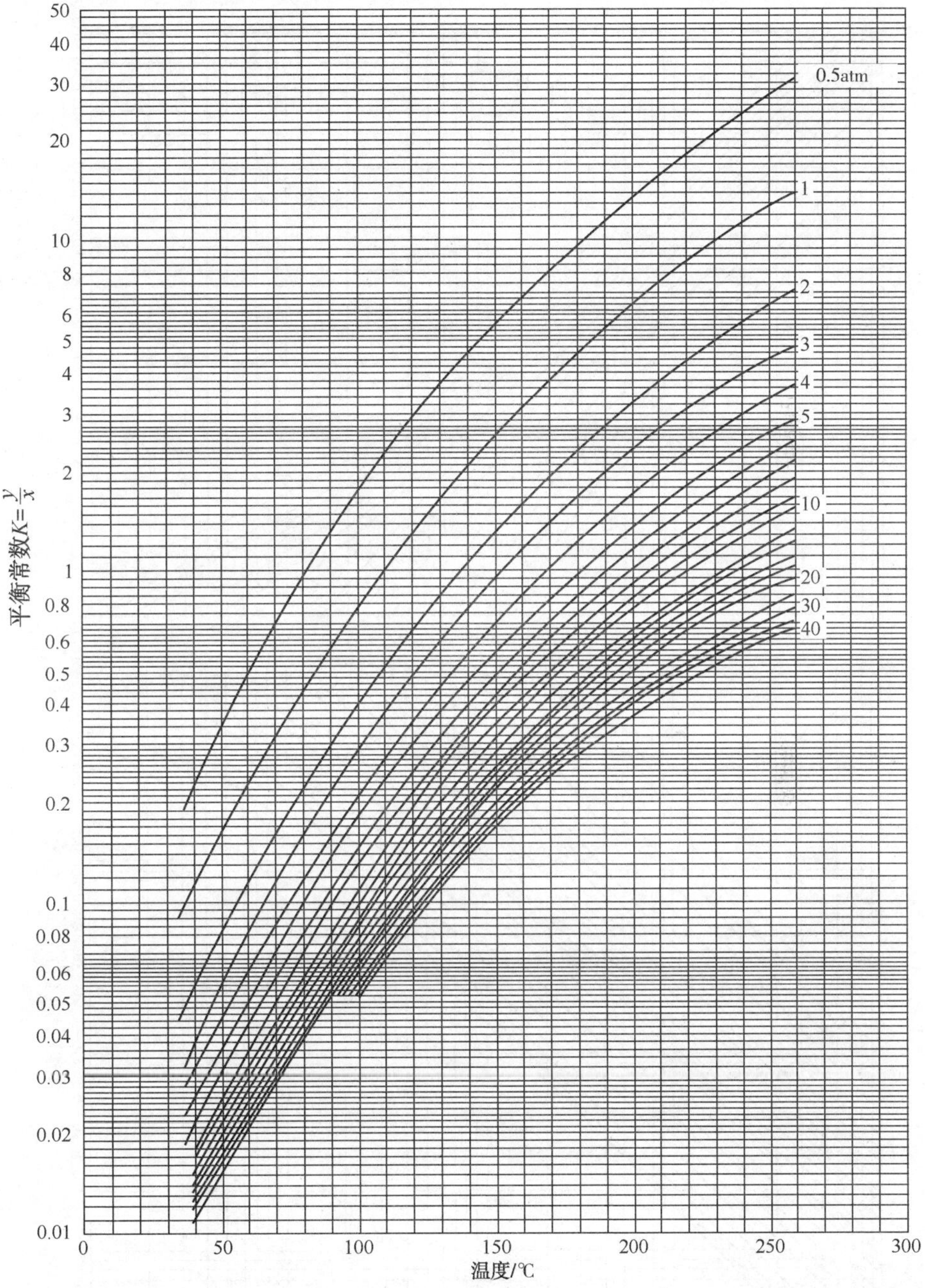

3.11.4　氢-烃系统中氢的平衡常数图

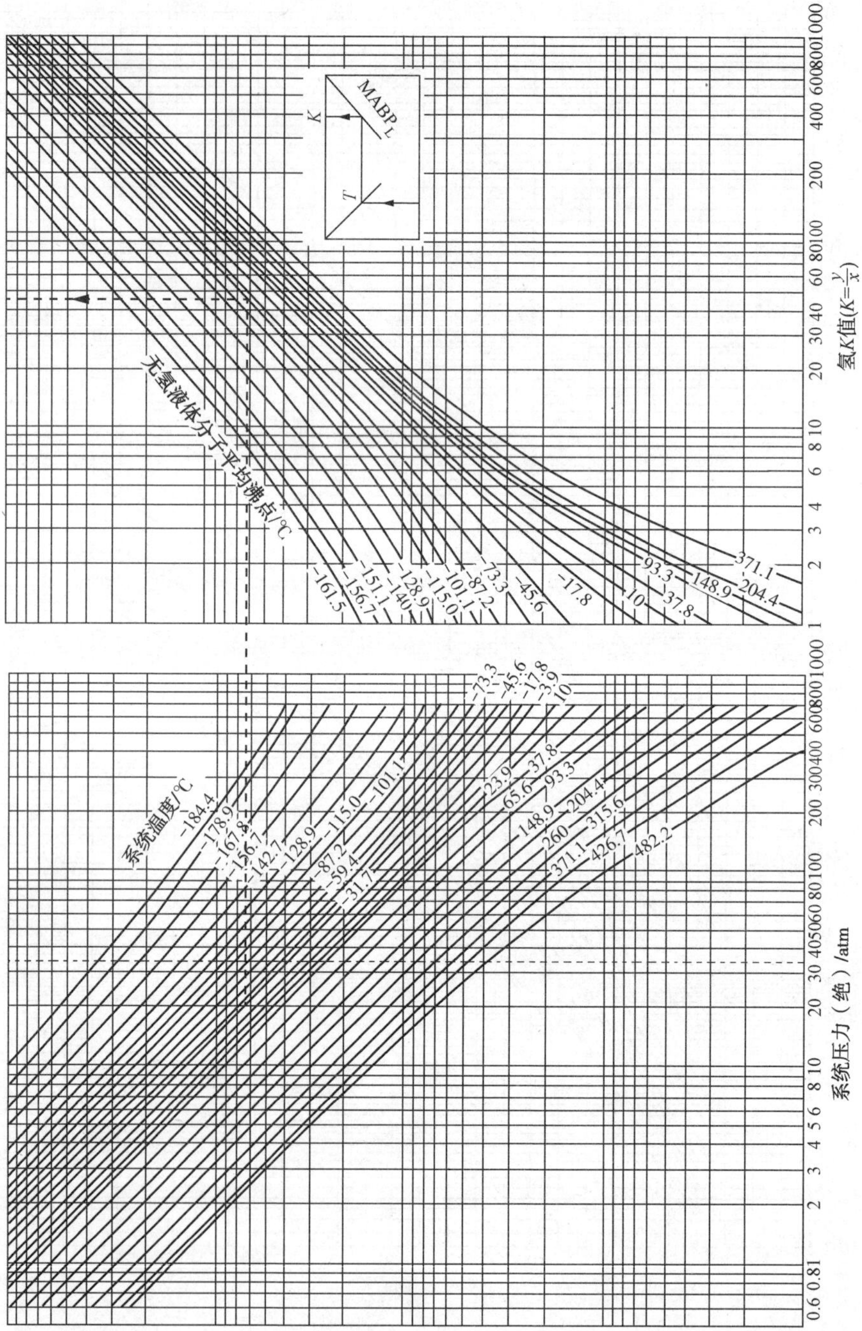

3.12 石油馏分相对分子质量与中平均沸点的关系[2]

(1) 石油馏分相对分子质量与中平均沸点的关系图(30~370℃)

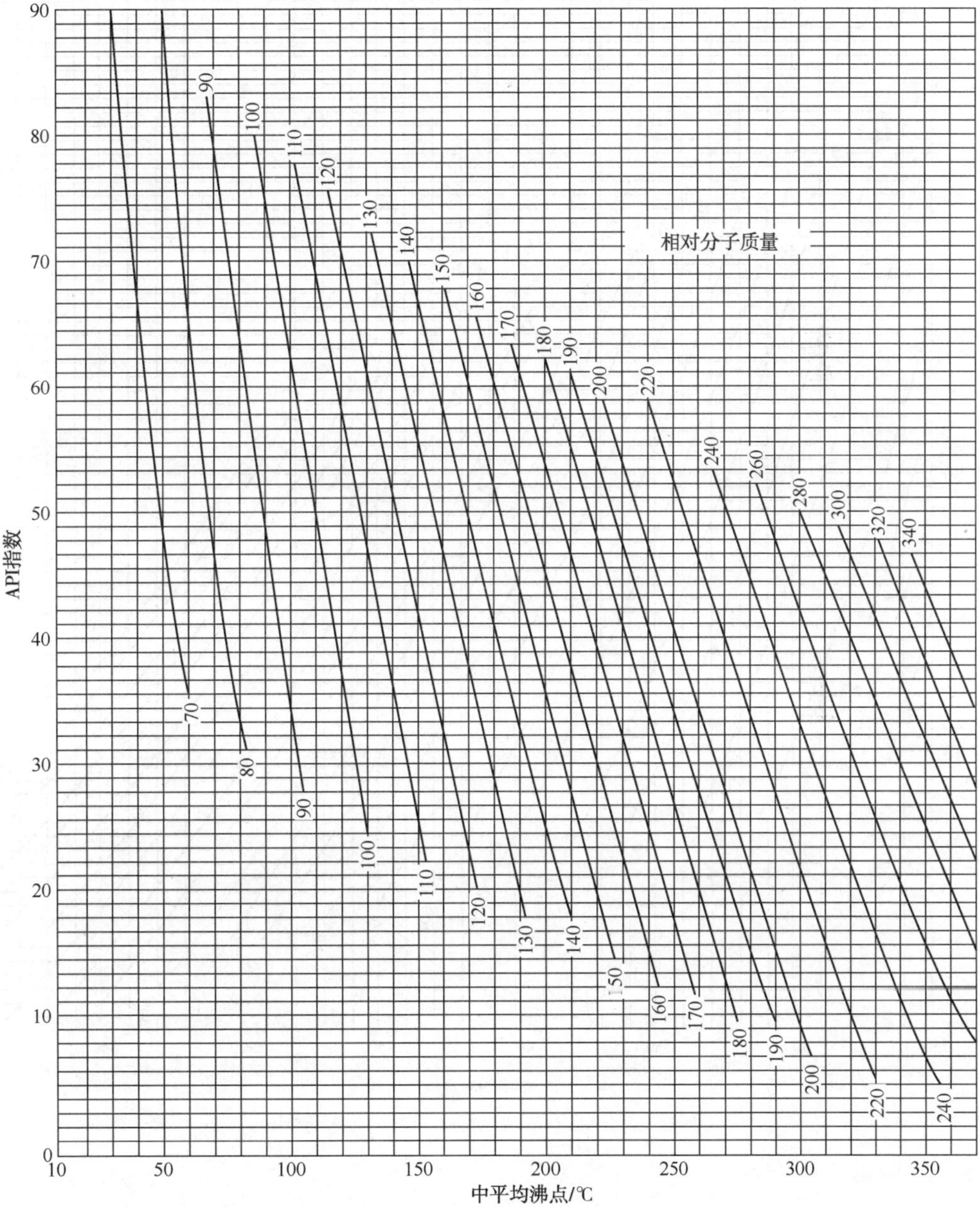

(2) 石油馏分相对分子质量与中平均沸点的关系图(250~500℃)

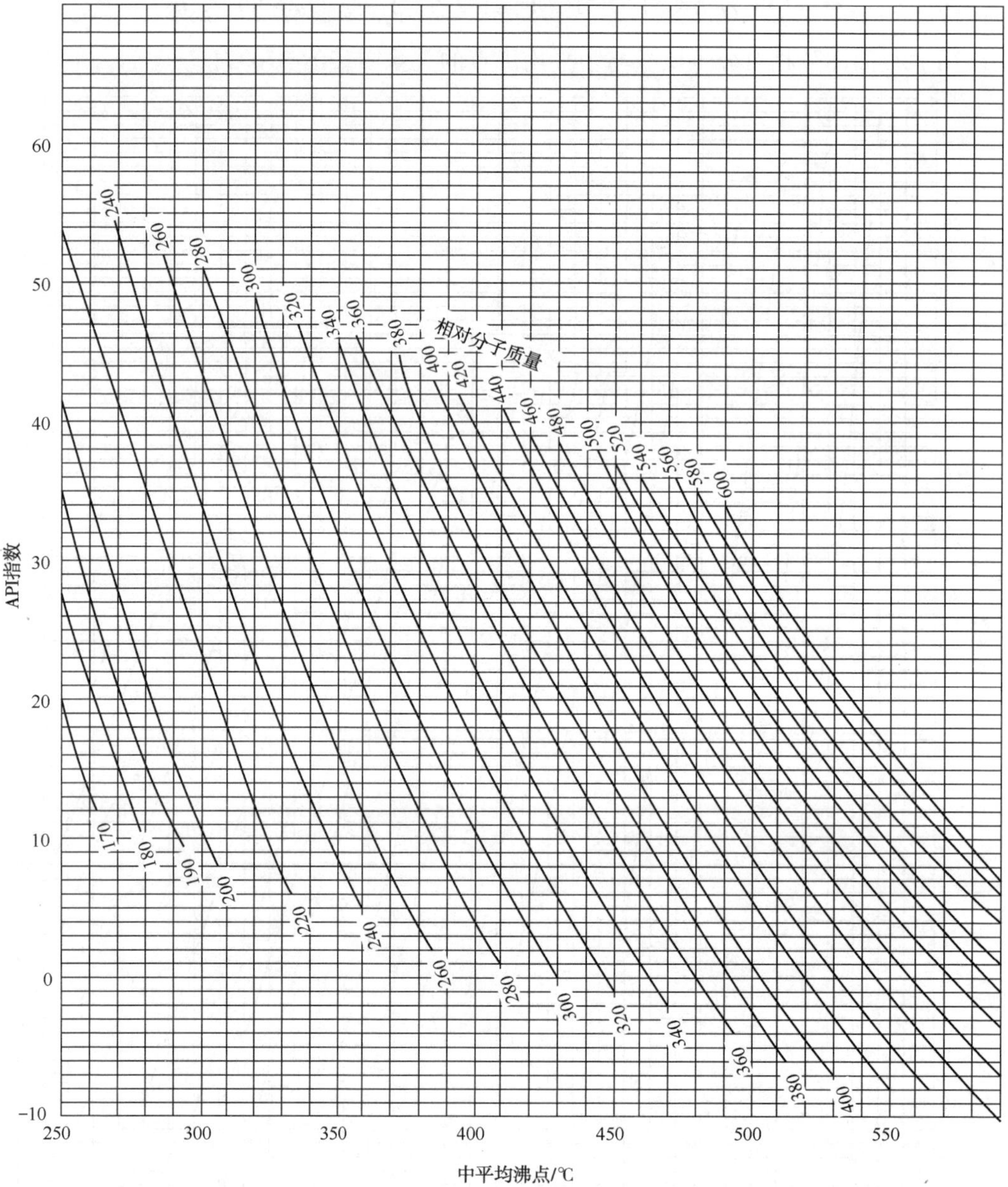

3.13 纯烃和石油馏分常压与减压沸点换算关系图[2]

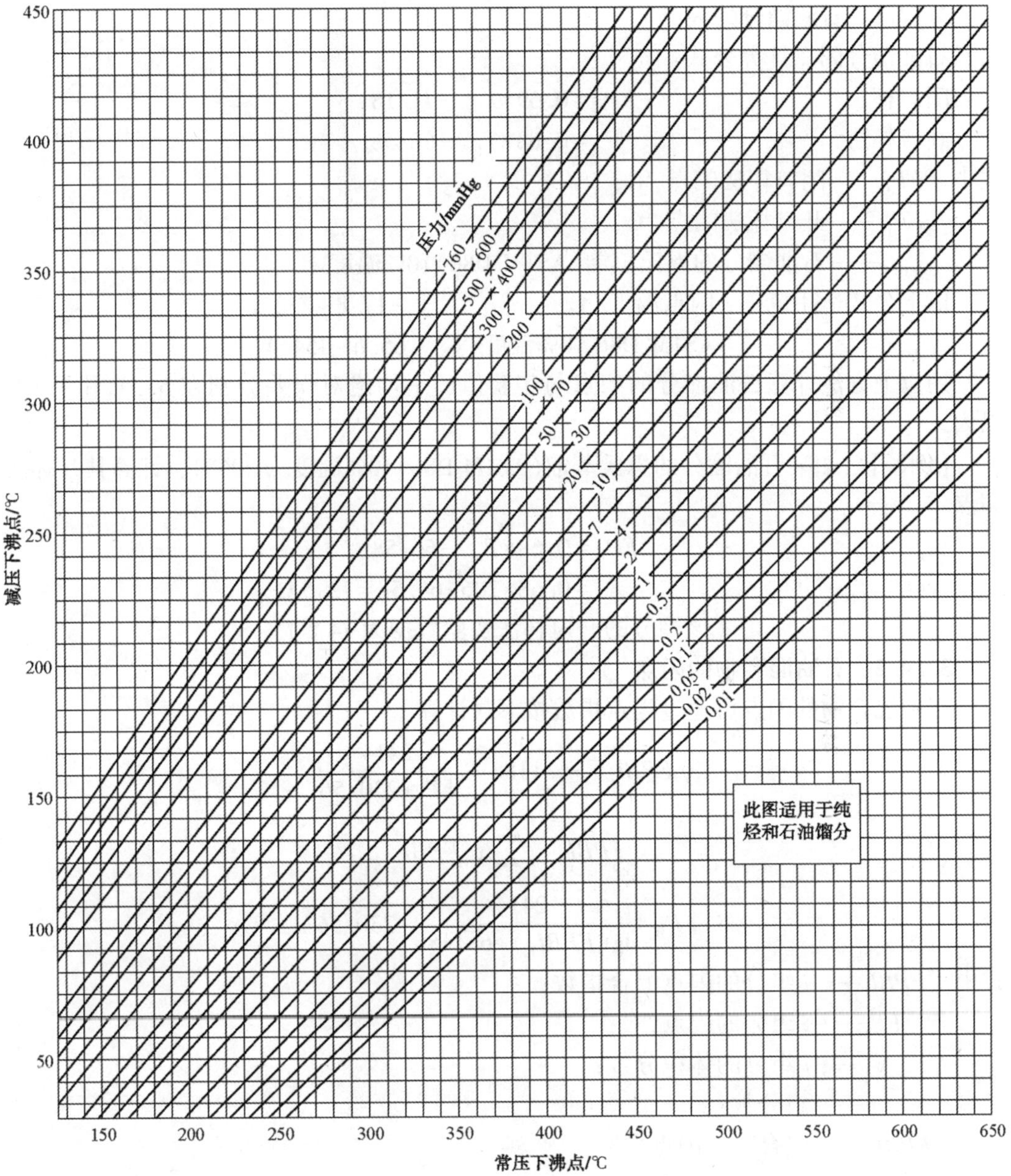

3.14 石油馏分及混合物的闪点[3]

3.14.1 石油馏分的闪点

石油馏分闪点计算公式：

闭口杯法 $FP_C = 0.69 \times T_{10\%} - 71.18$

开口杯法 $FP_O = 0.68 \times T_{10\%} - 66.58$

式中 FP_C——闭口杯法闪点，℃；

FP_O——开口杯法闪点，℃；

$T_{10\%}$——石油馏分的恩氏蒸馏（ASTM D86）10%温度，℃。

以上公式适用范围：闪点温度/℃ −17.8～232.2

ASTM D86 10%温度/℃ 65.6～454.4

用以上方法计算石油馏分的闪点与实验值的平均绝对误差分别在5.3℃和1.8℃以内。

【例题】已知某石油馏分的恩氏蒸馏（ASTM D86）10%温度为206℃，计算其开杯法闪点：

$$FP_O = 0.68 \times T_{10\%} - 66.58$$
$$= 0.68 \times 206 - 66.58 = 73.5℃$$

（该馏分的开口杯法实验数据为74℃）

3.14.2 石油混合物的闪点

石油混合物的闪点可通过闪点指数按下式计算：

$$\lg FPBI_i = -6.1188 + \frac{2414}{FP_i + 230.56}$$

$$FPBI_B = \sum_{i=1}^{n} x_{vi} FPBI_i$$

$$FP_B = \frac{2414}{\lg(FPBI_B) + 6.1188} - 230.56$$

式中 $FPBI_i$——i组分的闪点混合指数；

FP_i——i组分的闪点，℃；

x_{vi}——i组分的体积分数；

n——组分数；

$FPBI_B$——混合物的闪点指数；

FP_B——混合物的闪点。

本方法对闪点范围在26～284℃的二元和三元混合物进行了验证。虽然对闪点温度差别高达192℃的组分混合物的报告结果都很好，但仍不建议用于非常轻石脑油与沥青混合物的计算。用在多于三个组分混合组分的系统时也要慎重。

【例题】已知石油混合物中 X 组分的体积分数为 25%，闪点为 77. 8℃，Y 组分的体积分数为 75%，闪点为 162. 8℃，计算混合物的闪点。

计算 X 组分的闪点混合指数：$\lg FPBI_x = -6.1188 + \dfrac{2414}{77.8+230.56} = 1.710$

$$FPBI_x = 51.33$$

计算 Y 组分的闪点混合指数：$\lg FPBI_y = -6.1188 + \dfrac{2414}{162.8+230.56} = 0.018$

$$FPBI_y = 1.04$$

混合物的闪点指数　$FPBI_B = 0.25 \times 51.33 + 0.75 \times 1.04 = 13.61$

混合物的闪点　$FP_B = \dfrac{2414}{\lg(13.61)+6.1188} - 230.56 = 102.3℃$

4 常用物质的性质

石化工业原料来自石油，但工作中需要接触很多非石油物质，如蒸汽、氢气、氮气、化学品、溶剂、水溶液等，这些物质的性质也是石化工作者十分关心的，这里汇集了一些常用气体和液体物质的主要理化性质，以及一些水溶液的凝点和溶解度数据，供需要时使用。

4.1 饱和蒸汽和饱和水的性质[2]

压力(绝)/(kgf/cm^2)	温度/℃	饱和水的比容/(m^3/kg)	干饱和蒸汽的比容/(m^3/kg)	干饱和蒸汽的密度/(kg/m^3)	饱和水的焓/(kcal/kg)	干饱和蒸汽的焓/(kcal/kg)	汽化潜热/(kcal/kg)	饱和水的熵/[kcal/(kg·℃)]	干饱和蒸汽的熵/[kcal/(kg·℃)]
0.010	6.698	0.0010001	131.7	0.007593	6.73	600.2	593.5	0.0243	2.1450
0.015	12.737	0.0010007	89.64	0.01116	12.78	602.9	590.1	0.0457	2.1097
0.020	17.204	0.0010013	68.26	0.01465	17.25	604.9	587.6	0.0612	2.0849
0.025	20.776	0.0010020	55.28	0.01809	20.81	606.4	585.6	0.0735	2.0657
0.030	23.772	0.0010027	46.52	0.02149	23.80	607.8	584.0	0.0837	2.0505
0.035	26.359	0.0010034	40.22	0.02486	26.39	608.9	582.5	0.0924	2.0371
0.040	28.641	0.0010041	35.46	0.02820	28.67	609.8	581.1	0.0999	2.0254
0.045	30.69	0.0010047	31.72	0.03152	30.71	610.7	580.0	0.1066	2.0153
0.050	32.55	0.0010053	28.73	0.03481	32.58	611.5	578.9	0.1127	2.0065
0.055	34.25	0.0010059	26.25	0.03809	34.26	612.3	578.0	0.1182	1.9986
0.060	35.82	0.0010064	24.18	0.04135	35.84	613.0	577.2	0.1233	1.9912
0.065	37.29	0.0010069	22.43	0.04458	37.29	613.6	576.3	0.1280	1.9841
0.070	38.66	0.0010074	20.92	0.04780	38.66	614.1	575.4	0.1324	1.9777
0.075	39.95	0.0010079	19.60	0.05101	39.96	614.7	574.7	0.1363	1.9718
0.080	41.16	0.0010084	18.45	0.05421	41.17	615.2	574.0	0.1402	1.9664
0.085	42.32	0.0010088	17.43	0.05740	42.32	615.7	573.4	0.1439	1.9614
0.090	43.41	0.0010093	16.51	0.06058	43.41	616.2	572.7	0.1474	1.9566
0.095	44.46	0.0010097	15.69	0.06375	44.46	616.6	572.2	0.1508	1.9522
0.10	45.45	0.0010101	14.95	0.06691	45.45	617.0	571.6	0.1540	1.9480
0.11	47.33	0.0010108	13.66	0.07320	47.33	617.8	570.5	0.1598	1.9401
0.12	49.06	0.0010116	12.59	0.07946	49.05	618.6	569.5	0.1652	1.9327
0.13	50.67	0.0010123	11.67	0.08569	50.66	619.3	568.6	0.1702	1.9258
0.14	52.18	0.0010130	10.88	0.09188	52.17	619.9	567.7	0.1748	1.9196
0.15	53.60	0.0010137	10.20	0.09804	53.58	620.5	566.9	0.1791	1.9140
0.16	54.94	0.0010144	9.604	0.1041	54.92	621.1	566.2	0.1832	1.9088
0.17	56.21	0.0010151	9.074	0.1102	56.20	621.6	565.4	0.1871	1.9038

续表

压力（绝）/（kgf/cm²）	温度/℃	饱和水的比容/（m³/kg）	干饱和蒸汽的比容/（m³/kg）	干饱和蒸汽的密度/（kg/m³）	饱和水的焓/（kcal/kg）	干饱和蒸汽的焓/（kcal/kg）	汽化潜热/（kcal/kg）	饱和水的熵/[kcal/（kg·℃）]	干饱和蒸汽的熵/[kcal/（kg·℃）]
0.18	57.41	0.0010157	8.600	0.1163	57.40	622.1	564.7	0.1908	1.8991
0.19	58.57	0.0010163	8.172	0.1224	58.55	622.6	564.0	0.1943	1.8946
0.20	59.67	0.0010169	7.789	0.1284	59.65	623.0	563.4	0.1976	1.8903
0.21	60.72	0.0010175	7.442	0.1344	60.70	623.5	562.8	0.2007	1.8862
0.22	61.74	0.0010181	7.123	0.1404	61.71	623.9	562.2	0.2037	1.8824
0.23	62.71	0.0010186	6.832	0.1464	62.69	624.3	561.6	0.2066	1.8788
0.24	63.65	0.0010191	6.564	0.1523	63.63	624.7	561.1	0.2094	1.8753
0.25	64.56	0.0010196	6.317	0.1583	64.51	625.0	560.5	0.2121	1.8718
0.26	65.44	0.0010201	6.082	0.1642	65.45	625.4	560.0	0.2147	1.8685
0.27	66.29	0.0010206	5.877	0.1702	66.27	625.7	559.4	0.2172	1.8653
0.28	67.11	0.0010211	5.680	0.1761	67.09	626.1	559.0	0.2196	1.8623
0.29	67.91	0.0010216	5.496	0.1820	67.89	626.4	558.5	0.2219	1.8594
0.30	68.68	0.0010221	5.324	0.1878	68.66	626.7	558.0	0.2242	1.8567
0.32	70.16	0.0010229	5.012	0.1995	70.14	627.3	557.2	0.2286	1.8516
0.34	71.57	0.0010237	4.735	0.2112	71.55	627.9	556.4	0.2327	1.8468
0.36	72.91	0.0010245	4.483	0.2223	72.90	628.5	555.6	0.2366	1.8420
0.38	74.19	0.0010253	4.266	0.2344	74.18	629.0	554.8	0.2403	1.8375
0.40	75.42	0.0010261	4.066	0.2459	75.41	629.5	554.1	0.2438	1.8338
0.45	78.27	0.0010279	3.641	0.2746	78.27	630.6	552.3	0.2519	1.8235
0.50	80.86	0.0010296	3.299	0.3031	80.86	631.6	550.7	0.2593	1.8149
0.55	83.25	0.0010312	3.017	0.3314	83.26	632.6	549.3	0.2660	1.8072
0.60	85.45	0.0010327	2.781	0.3595	85.47	633.5	548.0	0.2722	1.8003
0.65	87.51	0.0010341	2.581	0.3874	87.54	634.3	546.8	0.2779	1.7940
0.70	89.45	0.0010355	2.409	0.4152	89.49	635.1	545.6	0.2833	1.7881
0.75	91.27	0.0010368	2.258	0.4429	91.32	635.8	544.5	0.2884	1.7825
0.80	92.99	0.0010381	2.126	0.4704	93.05	636.4	543.3	0.2931	1.7772
0.85	94.62	0.0010393	2.009	0.4978	94.69	637.0	542.3	0.2976	1.7722
0.90	96.18	0.0010405	1.904	0.5252	96.25	637.6	541.3	0.3019	1.7675
0.95	97.66	0.0010417	1.811	0.5525	97.74	638.1	540.4	0.3059	1.7631
1.0	99.09	0.0010428	1.725	0.5797	99.18	638.7	539.5	0.3097	1.7589
1.1	101.76	0.0010448	1.578	0.6338	101.87	639.7	537.8	0.3169	1.7513
1.2	104.25	0.0010468	1.455	0.6876	104.38	640.6	536.2	0.3236	1.7444
1.3	106.56	0.0010487	1.350	0.7411	106.72	641.5	534.8	0.3298	1.7381
1.4	108.74	0.0010505	1.259	0.7944	108.92	642.3	533.4	0.3355	1.7322
1.5	110.79	0.0010521	1.180	0.8474	110.99	643.1	532.1	0.3409	1.7267
1.6	112.73	0.0010538	1.111	0.9001	112.96	643.8	530.8	0.3460	1.7216

续表

压力（绝）/（kgf/cm²）	温度/℃	饱和水的比容/（m³/kg）	干饱和蒸汽的比容/（m³/kg）	干饱和蒸汽的密度/（kg/m³）	饱和水的焓/（kcal/kg）	干饱和蒸汽的焓/（kcal/kg）	汽化潜热/（kcal/kg）	饱和水的熵/[kcal/（kg·℃）]	干饱和蒸汽的熵/[kcal/（kg·℃）]
1. 7	114. 57	0. 0010554	1. 050	0. 9524	114. 83	644. 4	529. 6	0. 3508	1. 7168
1. 8	116. 33	0. 0010570	0. 9957	1. 004	116. 60	645. 1	528. 5	0. 3554	1. 7123
1. 9	118. 01	0. 0010585	0. 9464	1. 057	118. 28	645. 7	527. 4	0. 3598	1. 7081
2. 0	119. 62	0. 0010600	0. 9019	1. 109	119. 94	646. 3	526. 4	0. 3640	1. 7040
2. 1	121. 16	0. 0010614	0. 8616	1. 161	121. 5	646. 8	525. 3	0. 3680	1. 7001
2. 2	122. 65	0. 0010627	0. 8249	1. 212	123. 0	647. 3	524. 3	0. 3718	1. 6963
2. 3	124. 08	0. 0010640	0. 7913	1. 264	124. 5	647. 8	523. 3	0. 3754	1. 6926
2. 4	125. 46	0. 0010653	0. 7604	1. 315	125. 9	648. 2	522. 3	0. 3789	1. 6891
2. 5	126. 79	0. 0010666	0. 7319	1. 366	127. 3	648. 7	521. 4	0. 3823	1. 6860
2. 6	128. 08	0. 0010678	0. 7055	1. 417	128. 6	649. 2	520. 6	0. 3856	1. 6830
2. 7	129. 34	0. 0010690	0. 6809	1. 469	129. 9	649. 6	519. 7	0. 3888	1. 6800
2. 8	130. 55	0. 0010702	0. 6580	1. 520	131. 1	650. 0	518. 9	0. 3918	1. 6771
2. 9	131. 73	0. 0010714	0. 6368	1. 570	132. 3	650. 4	518. 1	0. 3947	1. 6743
3. 0	132. 88	0. 0010726	0. 6160	1. 621	133. 5	650. 8	517. 3	0. 3976	1. 6716
3. 1	134. 00	0. 0010737	0. 5982	1. 672	134. 6	651. 1	516. 5	0. 4004	1. 6690
3. 2	135. 08	0. 0010748	0. 5807	1. 722	135. 7	651. 5	515. 8	0. 4031	1. 6665
3. 3	136. 14	0. 0010759	0. 5642	1. 772	136. 8	651. 8	515. 0	0. 4058	1. 6640
3. 4	137. 18	0. 0010769	0. 5486	1. 823	137. 9	652. 1	514. 2	0. 4084	1. 6616
3. 5	138. 19	0. 0010780	0. 5338	1. 873	138. 9	652. 4	513. 5	0. 4109	1. 6592
3. 6	139. 18	0. 0010790	0. 5198	1. 924	139. 9	652. 7	512. 8	0. 4134	1. 6570
3. 7	140. 15	0. 0010799	0. 5066	1. 974	140. 9	653. 0	512. 1	0. 4158	1. 6548
3. 8	141. 09	0. 0010809	0. 4941	2. 024	141. 9	653. 3	511. 4	0. 4181	1. 6527
3. 9	142. 02	0. 0010819	0. 4822	2. 074	142. 8	653. 6	510. 8	0. 4204	1. 6507
4. 0	142. 92	0. 0010829	0. 4708	2. 124	143. 7	653. 9	510. 2	0. 4226	1. 6488
4. 1	143. 81	0. 0010838	0. 4600	2. 174	144. 6	654. 2	509. 6	0. 4248	1. 6469
4. 2	144. 68	0. 0010847	0. 4497	2. 224	145. 5	654. 5	509. 0	0. 4269	1. 6450
4. 3	145. 54	0. 0010857	0. 4399	2. 273	146. 4	654. 8	508. 4	0. 4290	1. 6432
4. 4	146. 38	0. 0010866	0. 4305	2. 323	147. 3	655. 0	507. 7	0. 4311	1. 6413
4. 5	147. 20	0. 0010875	0. 4215	2. 372	148. 1	655. 2	507. 1	0. 4331	1. 6394
4. 6	148. 01	0. 0010884	0. 4129	2. 422	148. 9	655. 4	506. 5	0. 4350	1. 6376
4. 7	148. 81	0. 0010893	0. 4046	2. 472	149. 8	655. 7	505. 9	0. 4369	1. 6358
4. 8	149. 59	0. 0010902	0. 3966	2. 521	150. 6	655. 9	505. 3	0. 4388	1. 6341
4. 9	150. 36	0. 0010910	0. 3890	2. 570	151. 4	656. 1	504. 7	0. 4407	1. 6324
5. 0	151. 11	0. 0010918	0. 3818	2. 619	152. 1	656. 3	504. 2	0. 4426	1. 6309
5. 2	152. 59	0. 0010936	0. 3678	2. 718	153. 7	656. 8	503. 1	0. 4462	1. 6279
5. 4	154. 02	0. 0010953	0. 3550	2. 817	155. 2	657. 2	502. 0	0. 4497	1. 6249
5. 6	155. 41	0. 0010969	0. 3430	2. 915	156. 6	657. 5	501. 0	0. 4531	1. 6220

续表

压力(绝)/(kgf/cm²)	温度/℃	饱和水的比容/(m^3/kg)	干饱和蒸汽的比容/(m^3/kg)	干饱和蒸汽的密度/(kg/m^3)	饱和水的焓/(kcal/kg)	干饱和蒸汽的焓/(kcal/kg)	汽化潜热/(kcal/kg)	饱和水的熵/[kcal/(kg·℃)]	干饱和蒸汽的熵/[kcal/(kg·℃)]
5.8	156.76	0.0010985	0.3313	3.013	158.0	658.0	500.0	0.4563	1.6192
6.0	158.08	0.0011000	0.3214	3.111	159.4	658.3	498.9	0.4594	1.6164
6.2	159.36	0.0011015	0.3116	3.209	160.7	658.6	497.9	0.4625	1.6137
6.4	160.61	0.0011029	0.3024	3.307	162.0	659.0	497.0	0.4655	1.6112
6.6	161.82	0.0011043	0.2938	3.404	163.2	659.3	496.1	0.4684	1.6088
6.8	163.01	0.0011057	0.2856	3.502	164.5	659.6	495.1	0.4712	1.6064
7.0	164.17	0.0011071	0.2778	3.600	165.7	659.9	494.2	0.4740	1.6040
7.2	165.31	0.0011085	0.2705	3.697	166.9	660.2	493.3	0.4767	1.6017
7.4	166.42	0.0011099	0.2636	3.794	168.0	660.4	492.4	0.4793	1.5994
7.6	167.51	0.0011113	0.2570	3.891	169.2	660.7	491.5	0.4818	1.5972
7.8	168.57	0.0011127	0.2507	3.988	170.3	660.9	490.6	0.4843	1.5950
8.0	169.61	0.0011140	0.2448	4.085	171.4	661.2	489.8	0.4868	1.5930
8.2	170.63	0.0011152	0.2391	4.182	172.4	661.4	489.0	0.4892	1.5910
8.4	171.63	0.0011165	0.2337	4.278	173.5	661.7	488.2	0.4915	1.5890
8.6	172.61	0.0011177	0.2286	4.374	174.5	661.9	487.4	0.4938	1.5870
8.8	173.58	0.0011190	0.2237	4.470	175.5	662.1	486.6	0.4961	1.5851
9.0	174.53	0.0011202	0.2190	4.567	176.5	662.3	485.8	0.4983	1.5833
9.2	175.46	0.0011214	0.2144	4.664	177.5	662.5	485.0	0.5005	1.5815
9.4	176.38	0.0011226	0.2100	4.762	178.5	662.7	484.2	0.5026	1.5797
9.6	177.28	0.0011238	0.2058	4.859	179.4	662.9	483.5	0.5047	1.5780
9.8	178.16	0.0011250	0.2018	4.955	180.3	663.1	482.8	0.5068	1.5764
10.0	179.04	0.0011262	0.1980	5.050	181.2	663.3	482.1	0.5088	1.5749
10.5	181.16	0.0011291	0.1890	5.291	183.5	663.7	480.2	0.5137	1.5706
11.0	183.20	0.0011318	0.1808	5.531	185.7	664.1	478.4	0.5184	1.5666
11.5	185.17	0.0011345	0.1733	5.772	187.8	664.5	476.7	0.5229	1.5629
12.0	187.08	0.0011372	0.1663	6.013	189.8	664.9	475.1	0.5272	1.5594
12.5	188.92	0.0011399	0.1599	6.254	191.7	665.3	473.6	0.5314	1.5561
13.0	190.71	0.0011425	0.1540	6.494	193.6	665.6	472.0	0.5356	1.5530
13.5	192.45	0.0011450	0.1485	6.734	195.5	665.9	470.4	0.5396	1.5499
14.0	194.13	0.0011475	0.1434	6.974	197.3	666.2	468.9	0.5435	1.5469
14.5	195.77	0.0011499	0.1387	7.215	199.0	666.4	467.4	0.5472	1.5440
15.0	197.36	0.0011524	0.1342	7.452	200.7	666.7	466.0	0.5508	1.5412
15.5	198.91	0.0011548	0.1300	7.692	202.4	666.9	464.5	0.5543	1.5384
16.0	200.43	0.0011572	0.1261	7.931	204.0	667.1	463.1	0.5577	1.5356
16.5	201.91	0.0011595	0.1224	8.170	205.6	667.3	461.7	0.5610	1.5329
17.0	203.35	0.0011618	0.1189	8.410	207.2	667.5	460.3	0.5642	1.5303

续表

压力（绝）/（kgf/cm^2）	温度/℃	饱和水的比容/（m^3/kg）	干饱和蒸汽的比容/（m^3/kg）	干饱和蒸汽的密度/（kg/m^3）	饱和水的焓/（kcal/kg）	干饱和蒸汽的焓/（kcal/kg）	汽化潜热/（kcal/kg）	饱和水的熵/[kcal/（kg·℃）]	干饱和蒸汽的熵/[kcal/（kg·℃）]
17.5	204.76	0.0011640	0.1156	8.650	208.7	667.7	459.0	0.5674	1.5278
18.0	206.14	0.0011662	0.1125	8.889	210.2	667.8	457.7	0.5705	1.5254
18.5	207.49	0.0011684	0.1096	9.132	211.6	668.0	456.4	0.5735	1.5230
19.0	208.81	0.0011707	0.1068	9.372	213.1	668.2	455.1	0.5764	1.5207
19.5	210.11	0.0011729	0.1041	9.615	214.5	668.3	453.8	0.5793	1.5184
20.0	211.38	0.0011751	0.1016	9.852	215.9	668.5	452.6	0.5822	1.5162
20.5	212.63	0.0011773	0.09908	10.09	217.3	668.6	451.3	0.5851	1.5141
21.0	213.85	0.0011794	0.09676	10.33	218.6	668.7	450.1	0.5879	1.5121
21.5	215.05	0.0011814	0.09455	10.58	220.0	668.8	448.8	0.5906	1.5099
22.0	216.23	0.0011834	0.09244	10.82	221.3	668.9	447.6	0.5932	1.5078
22.5	217.39	0.0011854	0.09042	11.06	222.5	668.9	446.4	0.5956	1.5058
23.0	218.53	0.0011874	0.08848	11.30	223.7	669.0	445.3	0.5982	1.5038
23.5	219.65	0.0011894	0.08663	11.54	225.0	669.1	444.0	0.6007	1.5019
24.0	220.75	0.0011914	0.08486	11.78	226.2	669.2	443.0	0.6031	1.5000
24.5	221.83	0.0011993	0.08315	12.03	227.4	669.2	441.8	0.6055	1.4981
25.0	222.90	0.0011953	0.08150	12.27	228.6	669.3	440.7	0.6078	1.4962
25.5	223.95	0.0011972	0.07991	12.51	229.8	669.3	439.5	0.6101	1.4943
26.0	224.99	0.0011992	0.07838	12.76	231.0	669.4	438.4	0.6124	1.4924
26.5	226.01	0.0012011	0.07691	13.00	232.1	669.4	437.3	0.6146	1.4906
27.0	227.01	0.0012030	0.07550	13.24	233.2	669.4	436.2	0.6168	1.4889
27.5	228.00	0.0012049	0.07413	13.49	234.2	669.4	435.2	0.6190	1.4873
28.0	228.98	0.0012067	0.07282	13.73	235.3	669.4	434.1	0.6211	1.4857
28.5	229.94	0.0012086	0.07155	13.98	236.4	669.5	433.1	0.6232	1.4841
29.0	230.89	0.0012105	0.07032	14.22	237.5	669.5	432.0	0.6253	1.4825
29.5	231.83	0.0012124	0.06913	14.46	238.5	669.5	431.0	0.6274	1.4809
30	232.76	0.0012142	0.06798	14.71	239.6	669.5	429.9	0.6295	1.4793
31	234.57	0.0012179	0.06578	15.20	241.7	669.5	427.8	0.6335	1.4762
32	236.35	0.0012215	0.06370	15.70	243.7	669.5	425.8	0.6373	1.4732
33	238.08	0.0012250	0.06176	16.19	245.6	669.5	423.9	0.6411	1.4703
34	239.77	0.0012285	0.05993	16.69	247.6	669.5	421.9	0.6448	1.4674
35	241.42	0.0012320	0.05819	17.18	249.5	669.5	420.0	0.6484	1.4646
36	243.04	0.0012355	0.05655	17.68	251.3	669.4	418.1	0.6520	1.4619
37	244.62	0.0012389	0.05499	18.18	253.1	669.3	416.2	0.6555	1.4593
38	246.17	0.0012424	0.05351	18.69	254.9	669.2	414.3	0.6589	1.4567
39	247.69	0.0012459	0.05211	19.19	256.6	669.1	412.5	0.6622	1.4541
40	249.18	0.0012493	0.05078	19.69	258.4	669.0	410.6	0.6654	1.4515

续表

压力(绝)/(kgf/cm^2)	温度/℃	饱和水的比容/(m^3/kg)	干饱和蒸汽的比容/(m^3/kg)	干饱和蒸汽的密度/(kg/m^3)	饱和水的焓/(kcal/kg)	干饱和蒸汽的焓/(kcal/kg)	汽化潜热/(kcal/kg)	饱和水的熵/[kcal/(kg·℃)]	干饱和蒸汽的熵/[kcal/(kg·℃)]
41	250.64	0.0012527	0.04950	20.20	260.1	668.9	408.8	0.6686	1.4490
42	252.07	0.0012561	0.04828	20.71	261.8	668.8	407.0	0.6718	1.4466
43	253.48	0.0012595	0.04712	21.22	263.5	668.7	405.2	0.6749	1.4443
44	254.87	0.0012629	0.04601	21.73	265.1	668.5	403.4	0.6779	1.4420
45	256.23	0.0012663	0.04495	22.25	266.7	668.4	401.7	0.6809	1.4397
46	257.56	0.0012696	0.04394	22.76	268.2	668.2	400.0	0.6838	1.4375
47	258.88	0.0012729	0.04297	23.27	269.7	668.0	398.2	0.6867	1.4353
48	260.17	0.0012762	0.04203	23.79	271.3	667.9	396.5	0.6895	1.4331
49	261.45	0.0012794	0.04113	24.31	272.8	667.7	394.9	0.6923	1.4310
50	262.70	0.0012826	0.04026	24.84	274.3	667.5	393.2	0.6950	1.4289
51	263.93	0.0012858	0.03942	25.37	275.7	667.3	391.6	0.6977	1.4268
52	265.15	0.0012890	0.03862	25.89	277.2	667.1	389.9	0.7004	1.4247
53	266.35	0.0012922	0.03785	26.42	278.7	666.9	388.2	0.7030	1.4226
54	267.53	0.0012954	0.03711	26.95	280.1	666.7	386.6	0.7056	1.4206
55	268.69	0.0012986	0.03639	27.48	281.5	666.5	385.0	0.7081	1.4186
56	269.84	0.0013018	0.03569	28.02	282.9	666.3	383.4	0.7106	1.4166
57	270.98	0.0013051	0.03501	28.56	284.3	666.1	381.8	0.7131	1.4147
58	272.10	0.0013083	0.03436	29.10	285.7	665.9	380.2	0.7155	1.4128
59	273.20	0.0013115	0.03373	29.65	287.0	665.6	378.6	0.7179	1.4108
60	274.29	0.0013147	0.03312	30.19	288.4	665.4	377.0	0.7203	1.4089
61	275.37	0.0013179	0.03253	30.74	289.7	665.1	375.4	0.7227	1.4070
62	276.43	0.0013211	0.03197	31.28	291.0	664.8	373.8	0.7250	1.4052
63	277.48	0.0013243	0.03142	31.83	292.3	664.6	372.3	0.7273	1.4034
64	278.51	0.0013275	0.03083	32.38	293.6	664.3	370.7	0.7296	1.4016
65	279.54	0.0013306	0.03036	32.94	294.8	664.0	369.2	0.7318	1.3998
66	280.55	0.0013338	0.02986	33.49	296.1	663.7	367.6	0.7340	1.3980
67	281.55	0.0013370	0.02937	34.05	297.3	663.5	366.2	0.7362	1.3963
68	282.54	0.0013402	0.02889	34.61	298.6	663.2	364.6	0.7384	1.3945
69	283.52	0.0013434	0.02843	35.17	299.8	662.9	363.1	0.7406	1.3928
70	284.48	0.0013466	0.02798	35.74	301.0	662.6	361.6	0.7428	1.3911
71	285.44	0.0013498	0.02754	36.31	302.3	662.2	359.9	0.7449	1.3894
72	286.39	0.0013530	0.02711	36.89	303.5	661.9	358.4	0.7470	1.3877
73	287.32	0.0013561	0.02669	37.47	304.6	661.6	356.9	0.7491	1.3860
74	288.25	0.0013593	0.02629	38.04	305.8	661.3	355.5	0.7511	1.3843
75	289.17	0.0013626	0.02589	38.63	307.0	661.0	354.0	0.7532	1.3827
76	290.08	0.0013658	0.02550	39.22	308.2	660.7	352.5	0.7552	1.3811
77	290.97	0.0013690	0.02513	39.79	309.4	660.3	351.0	0.7572	1.3794

续表

压力(绝)/(kgf/cm²)	温度/℃	饱和水的比容/(m³/kg)	干饱和蒸汽的比容/(m³/kg)	干饱和蒸汽的密度/(kg/m³)	饱和水的焓/(kcal/kg)	干饱和蒸汽的焓/(kcal/kg)	汽化潜热/(kcal/kg)	饱和水的熵/[kcal/(kg·℃)]	干饱和蒸汽的熵/[kcal/(kg·℃)]
78	291.86	0.0013722	0.02476	40.39	310.5	660.0	349.5	0.7592	1.3778
79	292.75	0.0013755	0.02440	40.98	311.7	659.7	348.0	0.7612	1.3761
80	293.62	0.0013787	0.02405	41.58	312.8	659.3	346.5	0.7631	1.3745
81	294.48	0.0013819	0.02372	42.16	313.9	659.0	345.1	0.7650	1.3730
82	295.34	0.0013852	0.02338	42.77	315.0	658.6	343.6	0.7670	1.3714
83	296.19	0.0013885	0.02305	43.38	316.2	658.3	342.1	0.7689	1.3698
84	297.03	0.0013917	0.02273	43.99	317.3	657.9	340.6	0.7708	1.3682
85	297.86	0.0013950	0.02243	44.58	318.4	657.6	339.2	0.7726	1.3666
86	298.69	0.0013983	0.02212	45.21	319.5	657.2	337.7	0.7745	1.3651
87	299.51	0.0014016	0.02182	45.83	320.6	656.8	336.2	0.7763	1.3635
88	300.32	0.0014049	0.02153	46.45	321.6	656.5	334.8	0.7781	1.3620
89	301.12	0.0014082	0.02124	47.08	322.7	656.4	333.4	0.7800	1.3604
90	301.92	0.0014115	0.02096	47.71	323.8	655.7	331.9	0.7818	1.3589
91	302.71	0.0014148	0.02069	48.83	324.9	655.3	330.4	0.7836	1.3574
92	303.49	0.0014181	0.02042	48.97	325.9	655.0	329.1	0.7854	1.3559
93	304.27	0.0014215	0.02016	49.60	327.0	654.6	327.6	0.7871	1.3544
94	305.04	0.0014249	0.01990	50.25	328.0	654.2	326.2	0.7889	1.3529
95	305.80	0.0014282	0.01965	50.89	329.1	653.8	324.7	0.7906	1.3514
96	306.56	0.0014316	0.01940	51.55	330.1	653.3	323.2	0.7924	1.3499
97	307.31	0.0014350	0.01916	52.19	331.2	652.9	321.8	0.7941	1.3484
98	308.06	0.0014384	0.01892	52.85	332.2	652.5	320.3	0.7985	1.3469
99	308.80	0.0014418	0.01869	53.51	333.2	652.1	318.9	0.7975	1.3455
100	309.53	0.0014453	0.01846	54.17	334.2	651.7	317.5	0.7992	1.3440
102	310.98	0.0014522	0.01802	55.49	336.3	650.8	314.5	0.8026	1.3411
104	312.41	0.0014591	0.01759	56.85	338.3	650.0	311.7	0.8059	1.3381
106	313.82	0.0014662	0.01717	58.24	340.3	649.1	308.8	0.8092	1.3352
108	315.21	0.0014733	0.01677	59.63	342.3	648.1	305.8	0.8125	1.3324
110	316.58	0.001480	0.01638	61.05	344.2	647.2	303.0	0.8158	1.3294
112	317.93	0.001488	0.01601	62.46	346.2	646.3	300.1	0.8190	1.3265
114	319.26	0.001495	0.01565	63.90	348.2	655.3	297.2	0.8221	1.3237
116	320.57	0.001502	0.01530	65.36	350.1	644.4	294.3	0.8253	1.3208
118	321.87	0.001510	0.01496	66.85	352.0	643.5	291.5	0.8284	1.3179
120	323.15	0.001517	0.01463	68.35	353.9	642.5	288.6	0.8315	1.3151
122	324.41	0.001525	0.01432	69.83	355.8	641.4	285.6	0.8346	1.3124
124	325.65	0.001533	0.01401	71.38	357.7	640.4	282.7	0.8376	1.3096
126	326.88	0.001541	0.01371	72.94	359.6	639.4	279.8	0.8407	1.3067

续表

压力（绝）/（kgf/cm^2）	温度/℃	饱和水的比容/（m^3/kg）	干饱和蒸汽的比容/（m^3/kg）	干饱和蒸汽的密度/（kg/m^3）	饱和水的焓/（kcal/kg）	干饱和蒸汽的焓/（kcal/kg）	汽化潜热/（kcal/kg）	饱和水的熵/[kcal/（kg·℃）]	干饱和蒸汽的熵/[kcal/（kg·℃）]
128	328.10	0.001549	0.01341	74.57	361.5	638.3	276.8	0.8437	1.3039
130	329.30	0.001557	0.01313	76.16	363.4	637.2	273.8	0.8467	1.3012
132	330.48	0.001565	0.01286	77.76	365.2	636.2	271.0	0.8496	1.2984
134	331.65	0.001574	0.01259	79.43	367.1	635.1	268.0	0.8526	1.2955
136	332.81	0.001582	0.01233	81.10	369.0	634.0	265.0	0.8556	1.2923
138	333.96	0.001591	0.01207	82.85	370.8	632.8	262.0	0.8584	1.2899
140	335.09	0.001600	0.01182	84.60	372.7	631.7	259.0	0.8614	1.2873
142	336.21	0.001608	0.01159	86.28	374.5	630.5	256.0	0.8643	1.2843
144	337.31	0.001617	0.01134	88.18	376.4	629.4	253.0	0.8672	1.2814
146	338.40	0.001625	0.01111	90.01	378.2	628.1	249.9	0.8700	1.2786
148	339.49	0.001635	0.01088	91.91	380.1	626.9	246.8	0.8730	1.2757
150	340.56	0.001644	0.01066	93.81	381.9	625.6	243.7	0.8758	1.2728
152	341.61	0.001653	0.01045	95.69	383.7	624.3	240.6	0.8786	1.2698
154	342.66	0.001663	0.01024	97.66	385.6	623.0	237.4	0.8815	1.2668
156	343.70	0.001673	0.01003	99.70	387.4	621.6	234.2	0.8844	1.2640
158	344.72	0.001683	0.009826	101.77	389.3	620.3	231.2	0.8873	1.2611
160	345.74	0.001693	0.009625	103.9	391.1	618.9	227.8	0.8901	1.2582
162	346.74	0.001704	0.009431	106.0	392.9	617.5	224.5	0.8930	1.2552
164	347.74	0.001715	0.009237	108.3	394.8	616.0	221.2	0.8959	1.2521
166	348.72	0.001726	0.009048	110.5	396.7	614.5	217.8	0.8987	1.2489
168	349.70	0.001737	0.008862	112.8	398.6	613.0	214.4	0.9016	1.2456
170	350.66	0.001748	0.008681	115.2	400.4	611.5	211.1	0.9045	1.2422
172	351.62	0.001760	0.008501	117.6	402.3	609.8	207.5	0.9074	1.2387
174	352.56	0.001772	0.008325	120.1	404.2	608.2	204.0	0.9103	1.2353
176	353.50	0.001785	0.008150	122.7	406.2	606.5	200.3	0.9132	1.2321
178	354.43	0.001798	0.007974	125.4	408.1	604.7	196.6	0.9162	1.2292

注：1. 1kgf/cm^2 = 98.067kPa；

2. 1kcal = 4.1868kJ。

4.2 过热蒸汽的性质[2]

t_s=饱和温度,℃；i''=干饱和蒸汽的焓，kcal/kg；v''=干饱和蒸汽的比容，m^3/kg；s''=干饱和蒸汽的熵，kcal/(kg·℃)。

表中横线以上的数据为水的性质。

(1) 1.0atm 和 2.0atm 蒸汽

温度/℃	1.0atm(绝)			2.0atm(绝)		
	t_s=99.09 i''=638.7 v''=1.725 s''=1.7592			t_s=119.62 i''=646.3 v''=0.9019 s''=1.7039		
	比容/(m^3/kg)	焓/(kcal/kg)	熵/[kcal/(kg·℃)]	比容/(m^3/kg)	焓/(kcal/kg)	熵/[kcal/(kg·℃)]
0	0.0010002	0.0	0.0000	0.0010001	0.0	0.0000
10	0.0010003	10.1	0.0361	0.0010003	10.1	0.0361
20	0.0010018	20.1	0.0708	0.0010018	20.1	0.0708
30	0.0010044	30.0	0.1043	0.0010043	30.0	0.1043
40	0.0010079	40.0	0.1367	0.0010078	40.0	0.1367
50	0.0010121	50.0	0.1681	0.0010120	50.0	0.1681
60	0.0010170	60.0	0.1985	0.0010170	60.0	0.1985
70	0.0010226	70.0	0.2281	0.0010227	70.0	0.2281
80	0.0010289	80.0	0.2568	0.0010289	80.0	0.2568
90	0.0010359	90.1	0.2849	0.0010358	90.1	0.2849
100	1.729	639.0	1.7600	0.0010435	100.2	0.3122
110	1.779	643.8	1.7727	0.0010515	110.2	0.3388
120	1.829	648.6	1.7850	0.9030	646.4	1.7041
130	1.878	653.4	1.7970	0.9287	651.4	1.7165
140	1.926	658.1	1.8087	0.9540	656.3	1.7286
150	1.975	662.9	1.8201	0.9791	661.2	1.7404
160	2.023	667.7	1.8312	1.004	666.1	1.7519
170	2.071	672.5	1.8420	1.029	671.0	1.7631
180	2.119	677.2	1.8525	1.053	675.9	1.7739
190	2.167	681.9	1.8628	1.078	680.7	1.7845
200	2.215	686.6	1.8728	1.102	685.5	1.7948
210	2.263	691.3	1.8828	1.126	690.3	1.8049
220	2.311	696.0	1.8925	1.150	695.1	1.8148
230	2.358	700.8	1.9020	1.174	699.9	1.8244
240	2.406	705.5	1.9113	1.198	704.7	1.8338
250	2.454	710.3	1.9205	1.222	709.5	1.8430
260	2.501	715.0	1.9295	1.246	714.3	1.8521
270	2.548	719.8	1.9384	1.270	719.1	1.8611

续表

温度/℃	1.0atm(绝) $t_s=99.09$ $i''=638.7$ $v''=1.725$ $s''=1.7592$			2.0atm(绝) $t_s=119.62$ $i''=646.3$ $v''=0.9019$ $s''=1.7039$		
	比容/(m^3/kg)	焓/(kcal/kg)	熵/[kcal/(kg·℃)]	比容/(m^3/kg)	焓/(kcal/kg)	熵/[kcal/(kg·℃)]
280	2.596	724.6	1.9471	1.294	723.9	1.8699
290	2.643	729.4	1.9557	1.318	728.8	1.8785
300	2.690	734.2	1.9641	1.342	733.7	1.8870
310	2.738	739.0	1.9724	1.366	738.5	1.8954
320	2.785	743.8	1.9806	1.390	743.3	1.9036
330	2.832	748.7	1.9887	1.413	748.2	1.9117
340	2.880	753.5	1.9967	1.437	753.0	1.9197
350	2.927	758.4	2.0045	1.461	757.9	1.9276
360	2.974	763.3	2.0122	1.485	762.8	1.9354
370	3.022	768.2	2.0199	1.508	767.8	1.9431
380	3.069	773.1	2.0275	1.532	772.7	1.9507
390	3.116	778.0	2.0350	1.556	777.6	1.9582
400	3.163	782.9	2.0424	1.579	782.5	1.9656
410	3.211	787.9	2.0497	1.603	787.5	1.9729
420	3.258	792.9	2.0569	1.627	792.5	1.9802
430	3.305	797.8	2.0641	1.651	797.5	1.9874
440	3.352	802.8	2.0712	1.674	802.5	1.9945
450	3.399	807.8	2.0782	1.698	807.5	2.0015
460	3.446	812.9	2.0851	1.722	812.6	2.0084
470	3.494	817.9	2.0919	1.745	817.6	2.0153
480	3.541	823.0	2.0987	1.769	822.7	2.0221
490	3.588	828.1	2.1054	1.792	827.8	2.0283
500	3.635	833.2	2.1120	1.816	832.9	2.0354
510	3.682	838.3	2.1186	1.840	838.0	2.0420
520	3.729	843.4	2.1251	1.863	843.2	2.0485
530	3.777	848.6	2.1316	1.887	848.4	2.0550
540	3.824	853.7	2.1380	1.911	853.5	2.0614
550	3.871	858.9	2.1443	1.934	858.7	2.0677
560	3.918	864.1	2.1506	1.958	863.9	2.0740
570	3.965	869.3	2.1568	1.982	869.1	2.0802
580	4.012	874.5	2.1629	2.005	874.3	2.0864
590	4.059	879.8	2.1690	2.029	879.6	2.0925
600	4.106	885.0	2.1751	2.052	884.9	2.0986
610	4.154	890.3	2.1812	2.076	890.2	2.1047

续表

温度/℃	1.0atm(绝) t_s=99.09 i''=638.7 v''=1.725 s''=1.7592			2.0atm(绝) t_s=119.62 i''=646.3 v''=0.9019 s''=1.7039		
	比容/(m³/kg)	焓/(kcal/kg)	熵/[kcal/(kg·℃)]	比容/(m³/kg)	焓/(kcal/kg)	熵/[kcal/(kg·℃)]
620	4.201	895.6	2.1872	2.099	895.5	2.1107
630	4.248	900.9	2.1931	2.123	900.8	2.1166
640	4.295	906.2	2.1990	2.146	906.1	2.1225
650	4.342	911.6	2.2048	2.170	911.5	2.1283
660	4.389	917.0	2.2106	2.193	916.8	2.1341
670	4.436	922.4	2.2163	2.217	922.2	2.1398
680	4.483	927.8	2.2220	2.240	927.6	2.1455
690	4.530	933.2	2.2276	2.264	933.0	2.1512
700	4.578	938.6	2.2332	2.289	938.5	2.1568

(2) 3.0atm 和 4.0atm 蒸汽

温度/℃	3.0atm(绝) t_s=132.88 i''=650.8 v''=0.6160 s''=1.6716			4.0atm(绝) t_s=142.92 i''=653.9 v''=0.4708 s''=1.6488		
	比容/(m³/kg)	焓/(kcal/kg)	熵/[kcal/(kg·℃)]	比容/(m³/kg)	焓/(kcal/kg)	熵/[kcal/(kg·℃)]
0	0.0010001	0.1	0.0000	0.0010000	0.1	0.0000
10	0.0010002	10.1	0.0361	0.0010002	10.1	0.0361
20	0.0010017	20.1	0.0708	0.0010017	20.1	0.0708
30	0.0010043	30.1	0.1043	0.0010042	30.1	0.1043
40	0.0010078	40.0	0.1367	0.0010077	40.1	0.1367
50	0.0010120	50.0	0.1680	0.0010119	50.0	0.1680
60	0.0010170	60.0	0.1984	0.0010169	60.0	0.1984
70	0.0010226	70.0	0.2280	0.0010226	70.0	0.2280
80	0.0010288	80.0	0.2568	0.0010288	80.0	0.2568
90	0.0010358	90.1	0.2848	0.0010357	90.1	0.2848
100	0.0010434	100.2	0.3121	0.0010433	100.2	0.3121
110	0.0010515	110.2	0.3388	0.0010514	110.3	0.3387
120	0.0010602	120.3	0.3649	0.0010602	120.4	0.3648
130	0.0010697	130.5	0.3904	0.0010697	130.6	0.3904
140	0.6296	654.4	1.6805	0.0010798	140.8	0.4154
150	0.6469	659.5	1.6926	0.4806	657.6	1.6576
160	0.6640	664.5	1.7043	0.4938	662.8	1.6697
170	0.6809	669.5	1.7157	0.5068	668.0	1.6814
180	0.6976	674.5	1.7268	0.5197	673.1	1.6929

续表

温度/℃	3.0atm(绝) $t_s=132.88$ $i''=650.8$ $v''=0.6160$ $s''=1.6716$			4.0atm(绝) $t_s=142.92$ $i''=653.9$ $v''=0.4708$ $s''=1.6488$		
	比容/(m³/kg)	焓/(kcal/kg)	熵/[kcal/(kg·℃)]	比容/(m³/kg)	焓/(kcal/kg)	熵/[kcal/(kg·℃)]
190	0.7142	679.5	1.7376	0.5325	678.2	1.7040
200	0.7307	684.4	1.7482	0.5451	683.2	1.7148
210	0.7471	689.3	1.7585	0.5576	688.2	1.7252
220	0.7635	694.2	1.7685	0.5700	693.2	1.7353
230	0.7798	699.0	1.7782	0.5824	698.1	1.7452
240	0.7960	703.9	1.7878	0.5947	703.1	1.7549
250	0.8122	708.8	1.7972	0.6070	708.0	1.7644
260	0.8283	713.6	1.8064	0.6192	712.9	1.7737
270	0.8444	718.5	1.8154	0.6314	717.8	1.7828
280	0.8605	723.3	1.8243	0.6435	722.7	1.7917
290	0.8766	728.1	1.8330	0.6557	727.6	1.8005
300	0.8926	733.0	1.8416	0.6678	732.5	1.8091
310	0.9085	737.9	1.8500	0.6799	737.4	1.8176
320	0.9245	742.8	1.8583	0.6919	742.3	1.8259
330	0.9405	747.7	1.8665	0.7040	747.2	1.8341
340	0.9564	752.6	1.8745	0.7160	752.1	1.8422
350	0.9723	757.5	1.8824	0.7280	757.0	1.8502
360	0.9883	762.4	1.8902	0.7400	762.0	1.8581
370	1.004	767.3	1.8979	0.7519	766.9	1.8658
380	1.020	772.3	1.9055	0.7639	771.9	1.8734
390	1.036	777.2	1.9130	0.7758	776.8	1.8810
400	1.052	782.2	1.9205	0.7878	781.8	1.8885
410	1.068	787.2	1.9279	0.7997	786.8	1.8959
420	1.083	792.2	1.9352	0.8116	791.8	1.9032
430	1.099	797.2	1.9424	0.8235	796.9	1.9104
440	1.115	802.2	1.9495	0.8354	801.9	1.9175
450	1.131	807.2	1.9565	0.8473	807.0	1.9245
460	1.147	812.3	1.9634	0.8592	812.0	1.9315
470	1.163	817.4	1.9703	0.8711	817.1	1.9384
480	1.178	822.5	1.9771	0.8830	822.2	1.9452
490	1.194	827.6	1.9839	0.8949	827.3	1.9519
500	1.210	832.7	1.9905	0.9067	832.4	1.9586
510	1.226	837.8	1.9971	0.9186	837.6	1.9652
520	1.241	843.0	2.0036	0.9304	842.7	1.9717

续表

温度/℃	3.0atm(绝) t_s=132.88　i''=650.8　v''=0.6160　s''=1.6716			4.0atm(绝) t_s=142.92　i''=653.9　v''=0.4708　s''=1.6488		
	比容/(m³/kg)	焓/(kcal/kg)	熵/[kcal/(kg·℃)]	比容/(m³/kg)	焓/(kcal/kg)	熵/[kcal/(kg·℃)]
530	1.257	848.1	2.0101	0.9423	847.9	1.9782
540	1.273	853.3	2.0165	0.9541	853.1	1.9846
550	1.289	858.2	2.0229	0.9660	858.3	1.9910
560	1.304	863.7	2.0292	0.9778	863.5	1.9973
570	1.320	869.9	2.0354	0.9896	868.7	2.0035
580	1.336	874.2	2.0416	1.002	874.0	2.0097
590	1.352	879.4	2.0477	1.013	879.2	2.0158
600	1.367	884.7	2.0538	1.025	884.5	2.0219
610	1.383	890.0	2.0599	1.037	889.8	2.0280
620	1.399	895.3	2.0659	1.049	895.1	2.0340
630	1.414	900.6	2.0718	1.060	900.5	2.0400
640	1.430	906.0	2.0777	1.072	905.8	2.0458
650	1.446	911.3	2.0835	1.084	911.3	2.0517
660	1.462	916.7	2.0893	1.096	916.5	2.0575
670	1.477	922.1	2.0950	1.107	921.9	2.0632
680	1.493	927.5	2.1007	1.119	927.4	2.0689
690	1.509	932.9	2.1064	1.131	932.8	2.0746
700	1.524	938.3	2.1120	1.144	938.2	2.0802

（3）5.0atm 和 6.0atm 蒸汽

温度/℃	5.0atm(绝) t_s=151.11　i''=656.3　v''=0.3818　s''=1.6310			6.0atm(绝) t_s=158.08　i''=658.3　v''=0.3214　s''=1.6163		
	比容/(m³/kg)	焓/(kcal/kg)	熵/[kcal/(kg·℃)]	比容/(m³/kg)	焓/(kcal/kg)	熵/[kcal/(kg·℃)]
0	0.0009999	0.1	0.0000	0.0009999	0.1	0.0000
10	0.0010001	10.2	0.0361	0.0010001	10.2	0.0361
20	0.0010016	20.1	0.0708	0.0010016	20.2	0.0708
30	0.0010042	30.1	0.1043	0.0010041	30.1	0.1043
40	0.0010077	40.1	0.1367	0.0010077	40.1	0.1367
50	0.0010119	50.0	0.1680	0.0010118	50.1	0.1680
60	0.0010168	60.0	0.1984	0.0010168	60.1	0.1984
70	0.0010225	70.0	0.2280	0.0010225	70.1	0.2280
80	0.0010288	80.0	0.2568	0.0010287	80.1	0.2568
90	0.0010357	90.1	0.2848	0.0010356	90.2	0.2848

续表

温度/℃	5.0atm(绝)			6.0atm(绝)		
	t_s=151.11 i''=656.3 v''=0.3818 s''=1.6310			t_s=158.08 i''=658.3 v''=0.3214 s''=1.6163		
	比容/(m^3/kg)	焓/(kcal/kg)	熵/[kcal/(kg·℃)]	比容/(m^3/kg)	焓/(kcal/kg)	熵/[kcal/(kg·℃)]
100	0.0010433	100.2	0.3121	0.0010432	100.2	0.3121
110	0.0010514	110.3	0.3387	0.0010513	110.3	0.3387
120	0.0010601	120.4	0.3648	0.0010601	120.4	0.3648
130	0.0010696	130.6	0.3904	0.0010696	130.6	0.3903
140	0.0010797	140.8	0.4154	0.0010797	140.8	0.4154
150	0.0010906	151.0	0.4399	0.0010906	151.0	0.4399
160	0.3917	661.0	1.6420	0.3233	659.3	1.6187
170	0.4024	666.4	1.6541	0.3326	664.8	1.6311
180	0.4130	671.7	1.6658	0.3417	670.2	1.6431
190	0.4234	676.9	1.6772	0.3506	675.6	1.6547
200	0.4336	682.1	1.6882	0.3593	680.9	1.6660
210	0.4438	687.2	1.6989	0.3680	686.1	1.6770
220	0.4539	692.2	1.7092	0.3766	691.2	1.6876
230	0.4640	697.2	1.7193	0.3851	696.3	1.6978
240	0.4740	702.2	1.7291	0.3935	701.3	1.7077
250	0.4839	707.2	1.7387	0.4018	706.4	1.7174
260	0.4938	712.1	1.7481	0.4101	711.4	1.7269
270	0.5036	717.1	1.7573	0.4184	716.4	1.7362
280	0.5134	722.0	1.7663	0.4266	721.4	1.7453
290	0.5232	726.9	1.7751	0.4348	726.3	1.7542
300	0.5329	731.9	1.7838	0.4430	731.3	1.7629
310	0.5426	736.9	1.7923	0.4512	736.2	1.7715
320	0.5524	741.7	1.8007	0.4593	741.2	1.7800
330	0.5621	746.7	1.8089	0.4674	746.2	1.7883
340	0.5717	751.6	1.8170	0.4755	751.1	1.7965
350	0.5814	756.6	1.8250	0.4836	756.1	1.8045
360	0.5910	761.5	1.8329	0.4917	761.1	1.8124
370	0.6006	766.5	1.8407	0.4998	766.1	1.8202
380	0.6102	771.5	1.8484	0.5078	771.0	1.8279
390	0.6198	776.5	1.8560	0.5158	776.0	1.8355
400	0.6294	781.5	1.8635	0.5238	781.1	1.8430
410	0.6390	786.5	1.8709	0.5318	786.1	1.8504

续表

温度/℃	5.0atm(绝)			6.0atm(绝)		
	t_s=151.11 i''=656.3 v''=0.3818 s''=1.6310			t_s=158.08 i''=658.3 v''=0.3214 s''=1.6163		
	比容/(m^3/kg)	焓/(kcal/kg)	熵/[kcal/(kg·℃)]	比容/(m^3/kg)	焓/(kcal/kg)	熵/[kcal/(kg·℃)]
420	0.6485	791.5	1.8782	0.5398	791.2	1.8577
430	0.6581	796.5	1.8854	0.5478	796.2	1.8649
440	0.6677	801.6	1.8926	0.5558	801.3	1.8721
450	0.6772	806.7	1.8996	0.5638	806.3	1.8792
460	0.6867	811.7	1.9066	0.5717	811.4	1.8862
470	0.6962	816.8	1.9135	0.5797	816.6	1.8932
480	0.7058	821.9	1.9203	0.5877	821.7	1.9000
490	0.7153	827.1	1.9271	0.5956	826.8	1.9068
500	0.7248	832.2	1.9338	0.6035	831.9	1.9135
510	0.7343	837.3	1.9404	0.6115	837.1	1.9201
520	0.7438	842.5	1.9469	0.6194	842.3	1.9266
530	0.7533	847.7	1.9534	0.6273	847.5	1.9331
540	0.7628	852.9	1.9598	0.6353	852.7	1.9396
550	0.7723	858.1	1.9662	0.6432	857.9	1.9460
560	0.7818	863.3	1.9725	0.6511	863.1	1.9523
570	0.7913	868.5	1.9788	0.6590	868.4	1.9585
580	0.8008	873.8	1.9850	0.6669	873.6	1.9647
590	0.8102	879.1	1.9911	0.6748	879.9	1.9709
600	0.8197	884.3	1.9972	0.6828	884.2	1.9770
610	0.8292	889.7	2.0033	0.6907	889.5	1.9831
620	0.8387	895.0	2.0093	0.6986	894.8	1.9891
630	0.8481	900.3	2.0152	0.7065	900.2	0.9950
640	0.8576	905.6	2.0211	0.7144	905.5	2.0009
650	0.8670	911.0	2.0270	0.7222	910.9	2.0068
660	0.8765	916.4	2.0328	0.7302	916.3	2.0126
670	0.8860	921.8	2.0385	0.7380	921.7	2.0183
680	0.8954	927.2	2.0442	0.7459	927.1	2,0240
690	0.9049	932.6	0.0499	0.7538	932.5	2.0297
700	0.9143	938.1	2.0555	0.7617	938.0	2.0353

(4) 10.0atm 和 12.0atm 蒸汽

温度/℃	10.0atm(绝) $t_s=179.04$ $i''=663.3$ $v''=0.1980$ $s''=1.5749$			12.0atm(绝) $t_s=187.08$ $i''=664.9$ $v''=0.1663$ $s''=1.5598$		
	比容/(m^3/kg)	焓/(kcal/kg)	熵/[kcal/(kg·℃)]	比容/(m^3/kg)	焓/(kcal/kg)	熵/[kcal/(kg·℃)]
0	0.0009997	0.2	0.0000	0.0009996	0.3	0.0000
10	0.0009999	10.3	0.0361	0.0009998	10.3	0.0361
20	0.0010014	20.3	0.0707	0.0010013	20.3	0.0707
30	0.0010040	30.2	0.1042	0.0010039	30.3	0.1042
40	0.0010075	40.2	0.1366	0.0010074	40.2	0.1366
50	0.0010117	50.2	0.1680	0.0010116	50.2	0.1680
60	0.0010166	60.1	0.1984	0.0010165	60.2	0.1984
70	0.0010223	70.1	0.2279	0.0010222	70.2	0.2279
80	0.0010285	80.1	0.2566	0.0010284	80.2	0.2566
90	0.0010354	90.2	0.2847	0.0010353	90.3	0.2846
100	0.0010430	100.3	0.3120	0.0010429	100.3	0.3120
110	0.0010511	110.4	0.3386	0.0010510	110.3	0.3386
120	0.0010599	120.5	0.3647	0.0010598	120.5	0.3647
130	0.0010694	130.7	0.3903	0.0010692	130.7	0.3902
140	0.0010794	140.8	0.4153	0.0010793	140.9	0.4152
150	0.0010902	151.1	0.4398	0.0010901	151.1	0.4397
160	0.0011018	161.4	0.4638	0.0011017	161.4	0.4638
170	0.0011142	171.8	0.4876	0.0011141	171.8	0.4875
180	0.1986	663.8	1.5760	0.0011273	182.3	0.5109
190	0.2046	669.8	1.5891	0.1677	666.8	1.5638
200	0.2104	675.7	1.6013	0.1729	672.9	1.5768
210	0.2160	681.4	1.6131	0.1779	678.9	1.5891
220	0.2215	686.9	1.6245	0.1827	684.7	1.6009
230	0.2269	692.4	1.6355	0.1873	690.3	1.6123
240	0.2322	697.8	1.6461	0.1919	695.8	1.6232
250	0.2375	703.0	1.6563	0.1964	701.3	1.6337
260	0.2427	708.2	1.6662	0.2008	706.7	1.6439
270	0.2479	713.4	1.6759	0.2052	712.0	1.6537
280	0.2530	718.6	1.6853	0.2096	717.3	1.6633
290	0.2581	723.6	1.6945	0.2139	722.5	1.6727
300	0.2632	728.9	1.7035	0.2182	727.7	1.6818
310	0.2682	734.0	1.7123	0.2224	732.8	1.6907
320	0.2732	739.0	1.7210	0.2266	738.0	1.6995
330	0.2782	744.1	1.7295	0.2308	743.1	1.7081
340	0.2832	749.2	1.7378	0.2350	748.2	1.7165
350	0.2881	754.3	1.7460	0.2392	753.3	1.7248

续表

温度/℃	10.0atm(绝) t_s=179.04 i''=663.3 v''=0.1980 s''=1.5749			12.0atm(绝) t_s=187.08 i''=664.9 v''=0.1663 s''=1.5598		
	比容/(m^3/kg)	焓/(kcal/kg)	熵/[kcal/(kg·℃)]	比容/(m^3/kg)	焓/(kcal/kg)	熵/[kcal/(kg·℃)]
360	0.2930	759.3	1.7540	0.2434	758.4	1.7329
370	0.2980	764.4	1.7619	0.2475	763.5	1.7409
380	0.3029	769.5	1.7698	0.2516	768.7	1.7478
390	0.3078	774.6	1.7775	0.2557	773.8	1.7564
400	0.3126	779.6	1.7851	0.2598	778.9	1.7641
410	0.3175	784.7	1.7926	0.2639	784.0	1.7717
420	0.3223	789.8	1.8000	0.2680	789.1	1.7792
430	0.3272	794.8	1.8073	0.2721	794.3	1.7865
440	0.3320	800.0	1.8145	0.2762	799.4	1.7938
450	0.3369	805.2	1.8217	0.2802	804.6	1.8010
460	0.3417	810.3	1.8288	0.2843	809.7	1.8081
470	0.3465	815.4	1.8358	0.2883	814.9	1.8151
480	0.3514	820.6	1.8427	0.2923	820.1	1.8220
490	0.3562	825.8	1.8495	0.2964	825.3	1.8288
500	0.3610	831.0	1.8562	0.3004	830.5	1.8356
510	0.3658	836.2	1.8629	0.3044	835.7	1.8424
520	0.3706	841.4	1.8695	0.3084	840.9	1.8490
530	0.3754	846.6	1.8760	0.3124	846.1	1.8555
540	0.3802	851.2	1.8825	0.3164	851.4	1.8620
550	0.3850	857.1	1.8889	0.3204	856.6	1.8684
560	0.3898	862.3	1.8953	0.3244	861.9	1.8748
570	0.3945	867.6	1.9016	0.3284	867.2	1.8811
580	0.3993	872.9	1.9078	0.3324	872.5	1.8874
590	0.4041	878.2	1.9140	0.3364	877.8	1.8936
600	0.4089	883.5	1.9201	0.3404	883.1	1.8997
610	0.4136	888.8	1.9262	0.3444	888.5	1.9059
620	0.4184	894.2	1.9323	0.3484	893.8	1.9119
630	0.4232	899.5	1.9382	0.3523	899.2	1.9179
640	0.4279	904.9	1.9442	0.3563	904.6	1.9238
650	0.4327	910.3	1.9500	0.3603	910.0	1.9297
660	0.4374	915.7	1.9558	0.3642	915.4	1.9355
670	0.4422	921.1	1.9616	0.3682	920.8	1.9413
680	0.4469	926.6	1.9673	0.3722	926.3	1.9470
690	0.4517	932.0	1.9730	0.3761	931.7	1.9527
700	0.4564	937.4	1.9787	0.3801	937.2	1.9584

(5) 35atm 和 40atm 蒸汽

温度/℃	35atm(绝)			40atm(绝)		
	t_s=241.42 i''=669.5 v''=0.05819 s''=1.4647			t_s=249.18 i''=669.0 v''=0.05078 s''=1.4517		
	比容/(m³/kg)	焓/(kcal/kg)	熵/[kcal/(kg·℃)]	比容/(m³/kg)	焓/(kcal/kg)	熵/[kcal/(kg·℃)]
0	0.0009984	0.8	0.0000	0.009982	1.0	0.0001
10	0.0009987	10.8	0.0360	0.0009985	10.9	0.0360
20	0.0010003	20.8	0.0706	0.0010001	20.9	0.0705
30	0.0010029	30.7	0.1041	0.0010027	30.9	0.1040
40	0.0010064	40.7	0.1364	0.0010062	40.8	0.1364
50	0.0010106	50.7	0.1677	0.0010103	50.8	0.1677
60	0.0010155	60.6	0.1980	0.0010152	60.7	0.1979
70	0.0010211	70.6	0.2275	0.0010208	70.7	0.2274
80	0.0010273	80.6	0.2562	0.0010271	80.7	0.2561
90	0.0010342	90.7	0.2842	0.0010339	90.8	0.2841
100	0.0010417	100.7	0.3115	0.0010414	100.8	0.3114
110	0.0010498	110.8	0.3381	0.0010495	110.9	0.3380
120	0.0010585	120.9	0.3642	0.0010582	121.0	0.3641
130	0.0010679	131.1	0.3897	0.0010676	131.1	0.3896
140	0.0010779	141.2	0.4147	0.0010776	141.3	0.4146
150	0.0010886	151.5	0.4391	0.0010883	151.5	0.4390
160	0.0011001	161.7	0.4630	0.0010997	161.8	0.4628
170	0.0011124	172.1	0.4866	0.0011120	172.2	0.4862
180	0.0011255	182.6	0.5099	0.0011251	182.6	0.5096
190	0.0011395	193.1	0.5330	0.0011391	193.2	0.5327
200	0.0011547	203.8	0.5558	0.0011542	203.8	0.5555
210	0.0011710	214.5	0.5784	0.0011704	214.6	0.5781
220	0.0011886	225.5	0.6008	0.0011880	225.5	0.6005
230	0.0012078	236.5	0.6230	0.0012071	236.5	0.6228
240	0.0012289	247.8	0.6453	0.0012281	247.8	0.6451
250	0.06010	676.5	1.4784	0.05090	669.7	1.4528
260	0.06226	684.4	1.4932	0.05297	678.4	1.4693
270	0.06430	691.8	1.5069	0.05491	686.5	1.4844
280	0.06625	698.8	1.5197	0.05675	694.1	1.4983
290	0.06812	705.5	1.5317	0.05849	701.2	1.5111
300	0.06993	711.9	1.5430	0.06016	708.0	1.5230
310	0.07169	718.1	1.5537	0.06178	714.6	1.5343
320	0.07341	724.2	1.5640	0.06335	720.9	1.5450
330	0.07510	730.2	1.5740	0.06488	727.1	1.5553
340	0.07676	736.0	1.5836	0.06638	733.2	1.5653

续表

温度/℃	35atm(绝) $t_s=241.42$ $i''=669.5$ $v''=0.05819$ $s''=1.4647$			40atm(绝) $t_s=249.18$ $i''=669.0$ $v''=0.05078$ $s''=1.4517$		
	比容/(m^3/kg)	焓/(kcal/kg)	熵/[kcal/(kg·℃)]	比容/(m^3/kg)	焓/(kcal/kg)	熵/[kcal/(kg·℃)]
350	0.07839	741.8	1.5929	0.06786	739.1	1.5749
360	0.08000	747.5	1.6020	0.06931	745.0	1.5843
370	0.08159	753.2	1.6109	0.07074	750.8	1.5934
380	0.08316	758.8	1.6195	0.07215	756.6	1.6022
390	0.08472	764.4	1.6280	0.07355	762.3	1.6108
400	0.08626	770.0	1.6363	0.07493	768.0	1.6193
410	0.08779	775.5	1.6445	0.07630	773.6	1.6276
420	0.08931	781.0	1.6525	0.07765	779.2	1.6358
430	0.09082	786.5	1.6604	0.07899	784.8	1.6438
440	0.09232	792.0	1.6681	0.08032	790.3	1.6516
450	0.09381	797.4	1.6757	0.08164	795.9	1.6593
460	0.09529	802.9	1.6832	0.08295	801.4	1.6669
470	0.09676	808.3	1.6906	0.08426	806.9	1.6744
480	0.09823	813.8	1.6979	0.08556	812.4	1.6818
490	0.09969	819.2	1.7051	0.08685	817.9	1.6891
500	0.1011	824.7	1.7122	0.08814	823.4	1.6962
510	0.1026	830.1	1.7191	0.08942	828.9	1.7032
520	0.1040	835.6	1.7260	0.09069	834.4	1.7102
530	0.1055	841.0	1.7328	0.09196	839.8	1.7171
540	0.1069	846.4	1.7395	0.09322	845.3	1.7239
550	0.1083	851.8	1.7462	0.09448	850.8	1.7306
560	0.1098	857.3	1.7528	0.09574	856.3	1.7372
570	0.1112	862.8	1.7593	0.09699	861.8	1.7437
580	0.1126	868.2	1.7657	0.09824	867.3	1.7502
590	0.1140	873.7	1.7721	0.09948	872.6	1.7566
600	0.1154	879.1	1.7784	0.1007	878.3	1.7629
610	0.1168	884.6	1.7847	0.1021	883.2	1.7680
620	0.1182	890.1	1.7909	0.1034	888.7	1.7742
630	0.1196	895.6	1.7970	0.1047	894.2	1.7803
640	0.1210	901.1	1.8031	0.1059	899.7	1.7864
650	0.1224	906.6	1.8091	0.1071	905.1	1.7924
660	0.1238	912.1	1.8150	0.1083	910.6	1.7983
670	0.1252	917.7	1.8209	0.1095	916.1	1.8042
680	0.1266	923.2	1.8267	0.1107	921.6	1.8101
690	0.1280	928.7	1.8325	0.1119	927.1	1.8159
700	0.1293	934.3	1.8383	0.1131	932.7	1.8217

(6) 100atm 和 120atm 蒸汽

温度/℃	100atm(绝)			120atm(绝)		
	t_s = 309.53 i'' = 651.7 v'' = 0.01846 s'' = 1.3440			t_s = 323.15 i'' = 642.5 v'' = 0.01463 s'' = 1.3151		
	比容/(m³/kg)	焓/(kcal/kg)	熵/[kcal/(kg·℃)]	比容/(m³/kg)	焓/(kcal/kg)	熵/[kcal/(kg·℃)]
0	0.0009952	2.4	0.0001	0.0009943	2.9	0.0002
10	0.0009958	12.3	0.0358	0.0009949	12.7	0.0357
20	0.0009975	22.2	0.0702	0.0009966	22.7	0.0701
30	0.0010001	32.1	0.1035	0.0009993	32.6	0.1034
40	0.0010036	42.1	0.1356	0.0010028	42.5	0.1355
50	0.0010077	52.0	0.1667	0.0010069	52.4	0.1665
60	0.0010126	61.9	0.1970	0.0010117	62.3	0.1967
70	0.0010181	71.8	0.2264	0.0010172	72.2	0.2261
80	0.0010243	81.8	0.2550	0.0010234	82.2	0.2547
90	0.0010311	91.8	0.2829	0.0010301	92.1	0.2825
100	0.0010384	101.8	0.3101	0.0010375	102.1	0.3097
110	0.0010434	111.8	0.3367	0.0010454	112.2	0.3363
120	0.0010550	121.9	0.3626	0.0010540	122.2	0.3623
130	0.0010642	132.0	0.3880	0.0010631	132.3	0.3876
140	0.0010740	142.1	0.4128	0.0010728	142.4	0.4124
150	0.0010845	152.3	0.4371	0.0010832	152.6	0.4366
160	0.0010957	162.5	0.4608	0.0010943	162.8	0.4603
170	0.0011076	172.8	0.4841	0.0011062	173.1	0.4836
180	0.0011203	183.2	0.5072	0.0011188	183.5	0.5066
190	0.0011339	193.7	0.5301	0.0011322	193.9	0.5294
200	0.0011485	204.3	0.5527	0.0011466	204.5	0.5520
210	0.0011642	215.0	0.5751	0.0011621	215.1	0.5743
220	0.0011810	225.8	0.5973	0.0011788	225.9	0.5964
230	0.0011993	236.7	0.6192	0.0011968	236.8	0.6183
240	0.0012192	247.9	0.6412	0.0012163	248.0	0.6402

续表

温度/℃	100atm(绝) $t_s=309.53$ $i''=651.7$ $v''=0.01846$ $s''=1.3440$			120atm(绝) $t_s=323.15$ $i''=642.5$ $v''=0.01463$ $s''=1.3151$		
	比容/(m^3/kg)	焓/(kcal/kg)	熵/[kcal/(kg·℃)]	比容/(m^3/kg)	焓/(kcal/kg)	熵/[kcal/(kg·℃)]
250	0.0012409	259.3	0.6682	0.0012377	259.3	0.6621
260	0.0012650	270.9	0.6862	0.0012613	270.8	0.6839
270	0.0012919	282.7	0.7071	0.0012875	282.6	0.7057
280	0.0013222	294.9	0.7293	0.0013169	294.6	0.7278
290	0.0013569	307.5	0.7520	0.0013505	307.1	0.7501
300	0.0013979	320.7	0.7751	0.0013897	320.1	0.7729
310	0.01854	662.2	1.3452	0.001436	333.8	0.7966
320	0.01988	666.0	1.3688	0.001495	348.8	0.8225
330	0.02105	678.3	1.3891	0.01560	654.1	1.3357
340	0.02210	689.2	1.4071	0.01679	669.2	1.3594
350	0.02307	699.0	1.4231	0.01780	681.5	1.3798
360	0.02397	708.0	1.4376	0.01870	692.7	1.3978
370	0.02481	716.5	1.4508	0.01951	703.0	1.4137
380	0.02560	724.6	1.4632	0.02024	711.9	1.4282
390	0.02636	732.3	1.4748	0.02097	720.8	1.4414
400	0.02709	739.8	1.4858	0.02166	729.5	1.4537
410	0.02780	747.0	1.4963	0.02230	737.8	1.4654
420	0.02848	754.1	1.5065	0.02292	745.5	1.4765
430	0.02915	761.0	1.5164	0.02353	752.8	1.4872
440	0.02981	767.8	1.5260	0.02412	759.9	1.4975
450	0.03046	774.4	1.5353	0.02470	766.9	1.5074
460	0.03109	780.9	1.5444	0.02527	773.7	1.5169
470	0.03171	787.3	1.5532	0.02582	780.4	1.5261
480	0.03232	793.6	1.5617	0.02635	787.1	1.5351
490	0.03292	799.9	1.5700	0.02688	793.6	1.5438

续表

温度/℃	100atm(绝) $t_s=309.53$ $i''=651.7$ $v''=0.01846$ $s''=1.3440$			120atm(绝) $t_s=323.15$ $i''=642.5$ $v''=0.01463$ $s''=1.3151$		
	比容/(m^3/kg)	焓/(kcal/kg)	熵/[kcal/(kg·℃)]	比容/(m^3/kg)	焓/(kcal/kg)	熵/[kcal/(kg·℃)]
500	0.03352	806.1	1.5781	0.02740	800.1	1.5522
510	0.03411	812.2	1.5860	0.02792	806.5	1.5604
520	0.03469	818.2	1.5938	0.02842	812.8	1.5685
530	0.03527	824.3	1.6014	0.02892	819.1	1.5764
540	0.03584	830.3	1.6088	0.02942	825.3	1.5841
550	0.03641	836.3	1.6161	0.02991	831.5	1.5916
560	0.03697	842.2	1.6233	0.03039	837.6	1.5990
570	0.03752	848.1	1.6304	0.03087	843.7	1.6063
580	0.03807	854.0	1.6374	0.03135	849.7	1.6134
590	0.03862	859.9	1.6442	0.03182	855.7	1.6204
600	0.03916	865.8	1.6509	0.03229	861.8	1.6273
610	0.03969	871.7	1.6575	0.03275	867.8	1.6341
620	0.04022	877.5	1.6641	0.03321	873.8	1.6408
630	0.04075	883.4	1.6706	0.03366	879.8	1.6475
640	0.04128	889.2	1.6771	0.03411	885.7	1.6541
650	0.04181	895.0	1.6835	0.03456	891.7	1.6606
660	0.04233	900.9	1.6898	0.03500	897.7	1.6670
670	0.04285	906.7	1.6060	0.03544	903.7	1.6733
680	0.04337	912.6	1.7021	0.03588	909.7	1.6795
690	0.04389	918.5	1.7082	0.03632	915.7	1.6856
700	0.04440	924.3	1.7142	0.03677	921.5	1.6917

注：1atm=1.0332kgf/cm^2=101.325kPa，1kcal=4.1868kJ。

4.3 常用气体的理化性质[2]

序号	名称	化学式	标准状态密度/(kg/m^3)	相对分子质量	比热容 20℃(1atm)/[kcal/(kg·℃)]		$K=\frac{C_p}{C_v}$(标准状态)	标准状态黏度/mPa·s×10^{-2}	标准沸点/℃
					C_p	C_v			
1	氦	He	0.1769	4.003	1.25(15℃)	0.75(15℃)	1.66		-268.9
2	氮	N_2	1.2507	28.02	0.250	0.178	1.40	1.70	-195.78
3	氨	NH_3	0.771	17.03	0.53	0.40	1.29	0.918	-33.4
4	空气		1.293	28.95	0.241	0.172	1.40	1.73	-192
5	氢	H_2	0.0898	2.016	3.408	2.42	1.407	0.842	-252.75
6	二氧化碳	CO_2	1.9768	44	0.200	0.156	1.30	1.37	-78.2(升华)
7	一氧化碳	CO	1.2501	28	0.250	0.180	1.40	1.66	-191.48
8	二氧化氮	NO_2	1.49	46.01	0.192	0.147	1.31		21.2
9	氧	O_2	1.4289	32	0.218	0.156	1.4	2.03	-182.98
10	二氧化硫	SO_2	2.9268	64.06	0.151	0.120	1.25	1.17	-10.8
11	硫化氢	H_2S	1.5392	34.09	0.253	0.192	1.30	1.166	-60.2
12	氯	Cl_2	3.217	70.91	0.115	0.0848	1.36	(16℃)1.29	-33.8
13	氯化氢	HCl	1.6394	30.465	0.1939	0.1375	1.41	—	-84.95
14	氟	F_2	1.6354	38.00	—	—	—	—	-187
15	氟化氢	HF	0.9218	20.01	—	—	—	—	19.4
16	氯甲烷	CH_3Cl	2.308	50.48	0.177	0.139	1.28	0.989	-24.1

注：1atm=101.325kPa。

熔点/℃	标准沸点之蒸发潜热/(kcal/kg)	临界性质			标准状态之导热系数/[kcal/(m·h·℃)]	爆炸极限(体积分数)/%		自燃点/℃	序号
		温度/℃	压力(绝)/atm	密度/(kg/m^3)		上限	下限		
-272.2	5.52	-267.9	2.26	69.3	0.1226	—	—	—	1
-209.9	47.58	-147.18	33.49	310.96	0.0196	—	—	—	2
-77.7	328	132.4	111.5	23.6	0.0185	27	15.5	—	3
	47	-140.75	37.25	310~350	0.021	—	—	—	4
-259.18	108.5	-239.9	12.80	31	0.140	74.2	4.1	510	5
-56.6 (5.2atm)	137	31.1	72.9	460	0.0118	—	—	—	6
-205	50.5	-140.2	34.53	311	0.0194	74.2	12.5	610	7
-9.3	170	158.2	100.0	570	0.0344	—	—	—	8
-218.4	50.92	-118.82	49.713	429.9	0.0206	—	—	—	9
-75.5	94	157.5	77.78	52.0	0.0066	—	—	—	10
-82.9	131	100.4	88.9		0.0113	45.5	4.3	290	11
-101.6	72.95	144.0	76.1	573	0.0062	—	—	—	12
-114	106	51.5	81.5	42.2	—	—	—	—	13
-223	40.52	-129	55.0	—	—	—	—	—	14
-83	372.76	230.2	—	—	—	—	—	—	15
-44.5	96.9	148	66	370	0.0073	20	8	—	16

4.4 常用溶剂的理化性质[2,11]

序号	名　　称	分子式	相对分子质量	相对密度	折射率 η_D^{20}	沸点/℃ (760mmHg)	闪点 (开口) ℃	凝点 ℃	蒸发潜热/ (kcal/kg) (760mmHg)
1	二乙二醇醚	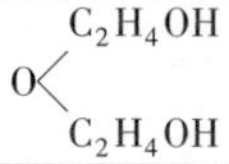	106.12	1.1184	1.4472	245 164(50mmHg) 128(10mmHg)	143.3	-8	83.3 155(10 mmHg)
2	三乙二醇醚	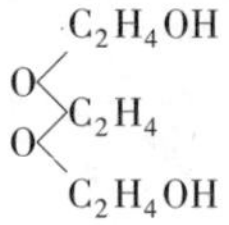	150.17	1.1254	1.4559	287.4 198(50mmHg) 162(10mmHg)	165.5	-7.2	99.4
3	二丙二醇醚	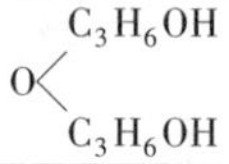	134.17	1.0252	1.439	231.8	118	-30	
4	环丁砜	$C_4H_8SO_2$	120	1.261 (30℃)	1.4810	285	177	27.6	
5	二甲基亚砜	C_2H_6SO	78.13	1.1008	1.4783	189 98(35mmHg) 74(10mmHg)	90	18.45	162
6	糠醛	$C_5H_4O_2$	96.09	1.1598 (20℃/4℃)		161.7	60	-36.5	108
7	丙酮	CH_3COCH_3	58.08	0.791 (20℃/4℃)		56.2	-19	-94.8	125
8	甲乙酮	$CH_3COC_2H_5$	72.11	0.803 (20℃/4℃)		79.6	-1~ -14	-86.6	103.5
9	酚	C_6H_5OH	94.1	1.050 (50℃/4℃)		181.8	79	40.9	122
10	二硫化碳	CS_2	76.13	1.262 (20℃/4℃)		46.3		-111.5	84
11	一乙醇胺	$NH_2CH_2CH_2OH$	61.1	1.0179	1.4539	170.5	93	10.5	
12	二乙醇胺	$NH(CH_2CH_2OH)_2$	105.2	1.0919 (30℃/20℃)	1.4476	269.1	146	28.0	
13	三乙醇胺	$N(CH_2CH_2OH)_3$	149.2	1.1258	1.4852	360.0	193	21.2	
14	吗啉	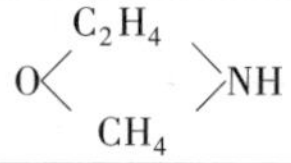	87.12	1.0017	1.4548	128.6	43	-3.1	120.6
15	二甲基甲酰胺	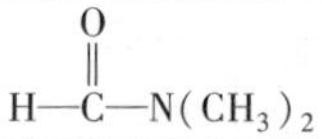	73.09	0.950	1.4269	153	67	-61	137
16	*N*-甲基吡咯烷酮	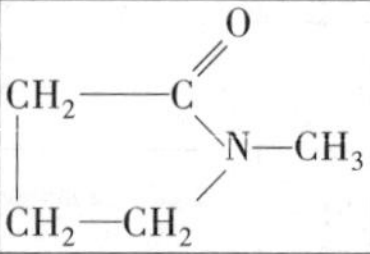	99	1.037 (15℃/20℃)	1.4703	202		-24	
17	乙腈	CH_3CN	41	0.782	1.3460	81.6		-45	72

自燃点/℃	开始分解温度/℃	在水中溶解度/%（20℃）	比热容（20℃）/[kcal/（kg·℃）]	表面张力（25℃）/（dyn/cm）	蒸气压（20℃）/mmHg	黏度（20℃）/cP	烃类在溶剂中溶解度(25℃)g/100g	临界性质		爆炸极限（体积分数）/%		序号
								温度/℃	压力/（kg/cm^2）	上限	下限	
350	164	互溶	0.500	48.5	<0.01	35.7	苯 45.5 甲苯 20.7 二甲苯 11.1 正庚烷 1.24					1
	206	互溶	0.5254	45.2	<0.01	47.8	甲苯 142.7					2
		互溶	0.55	32	<0.1	48（25℃）	苯互溶 正庚烷 9					3
			0.39	3.7		8.2（30℃）						4
215			0.49	43	0.417	2.08（25℃）						5
320		5.9	0.38					396	54.3		2.1	6
540		∞	0.515					235	48.6	13	2.1	7
530		22.6	0.530					260	39.5	11.5	1.8	8
715		8.2	0.338（固体>22.6℃）					419	62.6			9
124		0.22	0.240					277.7	75.5	50	1.0	10
		全溶			0.4	24.1	苯稍溶					11
662		95.4			<0.01	196.4（30℃）	苯不溶					12
		全溶			<0.01	613.6（25℃）						13
310			0.477	37.8	8	2.37						14
			0.5	35.2	2.65	0.802（25℃）						15
			0.42（30℃）		4（60℃）	1.7（25℃）						16
			0.96	29.3		0.36（25℃）						17

注：$1dyn=1\times10^{-5}N$，$1cP=1\times10^{-3}Pa\cdot s$。

4.5　化学品的理化性质[2,11]

序号	名　称	分　子　式	相对分子质量	沸点/℃ (760mm汞柱)	熔点/℃	相对密度 d_4^{20}	蒸气密度(标准状态)/(kg/m^3)
1	甲醇	CH_3OH	32.04	64.7	-97.1	0.7913	1.43
2	乙醇	C_2H_5OH	46.07	78.3	-114.2	0.7892	2.06
3	乙二醇	$C_2H_4(OH)_2$		197.6	-13	1.1155 (20/20℃)	
4	正丙醇	$CH_3CH_2CH_2OH$	60.10	97.2	-126.0	0.8044	2.68
5	异丙醇	$CH_3CHOHCH_3$	60.10	82.2	-89.5	0.7851	2.68
6	正丁醇	$CH_3CH_2CH_2CH_2OH$	74.12	117.8	-89.9	0.8096	3.31
7	仲丁醇	$CH_3CH_2CHOHCH_3$	74.12	99.5	-114.7	0.8066	3.31
8	叔丁醇	$(CH_3)_3COH$	74.12	82.6	-25.4	0.7867	3.31
9	异丁醇	$(CH_3)_2CHCH_2OH$	74.12	108.0	-108.0	0.8020	3.31
10	丙二醇	$C_3H_6(OH)_2$	76.09	187.4		1.0381 (25/25℃)	
11	正戊醇	$CH_3CH_2CH_2CH_2CH_2OH$	88.15	138.0	-78.5	0.8130	3.93
12	异戊醇	$CH_3(CH_2)_2CHOHCH_3$	88.15	131.9	-117.2	0.8100	3.93
13	甲醛	HCHO	30.03	-21.0	-92.0	0.815 (-20℃)	1.34
14	乙醛	CH_3CHO	44.05	20.2	-123.5	0.783	1.97
15	丙烯醛	CH_2CHCHO	56.06	52.8	-87	0.8390	
16	丙醛	CH_3CH_2CHO	58.08	48.9	-81.1	0.808	
17	戊酮-2	$CH_3COCH_2CH_2CH_3$	86.14	102.3	-77.8	0.806	3.84
18	环己酮	$C_6H_{10}O$	98.15	155.7	-45.0	0.9466	4.36
19	甲醚	CH_3OCH_3	46.07	-23.7	-141.5	0.666	2.06

临界性质		蒸发潜热/(kcal/kg)	熔融热/(kcal/kg)	比热容(20℃时)/[kcal/(kg·℃)]	20℃时在水中溶解度/%	爆炸极限(体积分数)/%		自燃点/℃	闪点/℃	序号
温度/℃	压力/(kgf/cm^2)					上限	下限			
240	81.3	263	24.5	0.596	∞	36.5	5.5	470	11	1
234.3	64.4	202	25.8	0.572	∞	20	3.1	425	11~13	2
		191	44.7	0.561	∞				116	3
265.8	51.8	180	20.7	0.560	∞	13.5	2.1	420	22	4
273.5	54.9	160	21.3	0.596	∞	12	2	400	12	5
287.1	50.2	141	29.9	0.560	9(15℃)	11.3	1.4	340	29	6
265.2	49.9	134		0.648(40℃)	12.5			390		7
271.9		128		0.521(60℃)	易溶			478		8
277.6	49.8	138		0.552	10(15℃)		1.7	430	28	9
		170		0.593	∞			421	102	10
315.0		123	26.7	0.553	2.7(22℃)	7.6	1.2	330	33	11
		120		0.560	2.6			375	40	12
		170		0.33(50℃)	能溶	73	4	300		13
188.0		137	17.6	0.45	∞	57	4	140	-27~-38	14
				0.511	40			234		15
					20			207		16
		90.0		0.525(50℃)						17
		109		0.433(16℃)	5	9.0	3.2	430	44~47	18
126.9	53.7	111.6	25.6	0.530(-25℃)				350		19

序号	名　称	分　子　式	相对分子质量	沸点/℃（760mm汞柱）	熔点/℃	相对密度 d_4^{20}	蒸汽密度(标准状态)/(kg/m^3)
20	乙醚	$(C_2H_5)_2O$	74.12	34.6	-116.3	0.714	3.31
21	丙醚	$(C_3H_7)_2O$	102.18	90.1	-122.0	0.748	4.56
22	异丙醚	$(C_3H_7)_2O$	102.18	68.47	-86.2	0.724	
23	甘油	$C_3H_5(OH)_3$	92.09	290 分解	18.6	1.2613	
24	苯甲醚	$C_6H_5OCH_3$	108.14	153.8	-37.4	0.9940	
25	苯乙醚	$C_6H_5OC_2H_5$	122.17	170.0	-30.2	0.9666	
26	丁醚	$(C_4H_9)_2O$	130.22	142.4	-98	0.769（d_{20}^{20}）	5.79
27	甲基叔丁基醚	$C_4H_9OCH_3$	88.15	55.3	-108.6	0.740	
28	呋喃	$(CH)_2O(CH)_2$	68.08	32.0		0.937（19℃）	3.04
29	邻甲酚	$C_6H_4OHCH_3$	108.14	191.0	30.6	1.020（50℃）	4.83
30	间甲酚	$C_6H_4OHCH_3$	108.14	202.2	11.5	1.0341	4.83
31	对甲酚	$C_6H_4OHCH_3$	108.14	202.0	34.8	1.011（50℃）	4.83
32	甲酸	HCOOH	46.03	100.7	8.4	1.220	2.05
33	乙酸	CH_3COOH	60.05	118.1	16.6	1.049	2.68
34	丙酸	C_2H_5COOH	74.08	141.3	-20.8	0.993	3.31
35	丁酸	C_3H_7COOH	88.11	163.5	-74	0.958	3.93
36	戊酸	C_4H_9COOH	102.14	186.3	-34.5	0.939	4.56
37	甲胺	CH_3NH_2	31.06	-6.5	-93.4	0.660	1.34
38	乙胺	$C_2H_5NH_2$	45.09	16.5	-80.6	0.682	2.01
39	吡啶	C_5H_5N	79.10	115.5	-42.0	-0.983	3.53
40	苯胺	$C_6H_5NH_2$	93.13	184.4	-6.1	1.0217	4.16
41	甲基苯胺	$C_6H_5NH(CH_3)$	107.16	196.3	-57.0	0.9868	4.78
42	苯肼	$C_6H_5NHNH_2$	108.14	241，分解	23	1.098	4.83

续表

临界性质		蒸发潜热/(kcal/kg)	熔融热/(kcal/kg)	比热容(20℃时)/[kcal/(kg·g)]	20℃时在水中溶解度/%	爆炸极限(体积分数)/%		自燃点/℃	闪点/℃	序号
温度/℃	压力/(kgf/cm^2)					上限	下限			
194.7	37.5	86	24	0.558	7.5	40	1.85	160	-40	20
				0.506						21
								443	-9	22
					∞				177	23
368.5	42.6	81.4		0.423 (24℃)						24
374.0	34.9			0.447	不溶					25
		60.5			0.05					26
		76.3		0.51	4.0			460	-28	27
		95.5		0.651 (17℃)	微溶					28
422.3	51.1			0.498 (固体 10℃)	2.45			599		29
432.0	46.5	101		0.479 (固体，10℃)	2.35			559		30
426.0	52.6		26.3	0.486 (固体，18℃)	1.94			559		31
		118	66	0.518	∞			462		32
321.5	59	97	46.6	0.477	∞			423	40	33
339.5	54.1	100	24.3	0.517	∞			475		34
354.7		118	30.0	0.480	易溶			443		35
378.8		103	18.1	0.585 (50℃)	3.7 (16℃)			400		36
157	76.1	198.6	47.2	0.764	易溶			430		37
183.6	57.9	149		0.690	∞			384		38
344.2	62.0	102.0	25.0	0.405	∞	12.4	1.8			39
425.7	54.1	107	27.1	0.494	3.4			617		40
428.6	53.1	101		0.508(100℃)	不溶					41
			36.2		12.6					42

序号	名　称	分　子　式	相对分子质量	沸点/℃（760mm汞柱）	熔点/℃	相对密度 d_4^{20}	蒸汽密度(标准状态)/(kg/m³)
43	六甲撑胺(乌洛托平)	$(CH_2)_6N_4$	140.19	263，分解	263	1.331	
44	二苯胺	$(C_6H_5)_2NH$	169.23	302.0	53.0	1.159	7.55
45	丙腈	C_3H_5N	55.08	97.2	-91.9	0.7818	2.46
46	丙烯腈	C_3H_3N	53.07	78.5	-82	0.8060	2.37
47	丁腈	C_4H_2N	69.11	117.6	-112	0.790	3.08
48	尿素	$(NH_2)_2CO$	60.06	分解	132.7	1.335	
49	硝基苯	$C_6H_5NO_2$	123.11	210.9	5.7	1.2032	5.50
50	甲硫醇	CH_4S	48.11	6.8	-122	0.868	2.15
51	乙硫醇	C_2H_6S	62.13	34.4	-144.4	0.839	2.77
52	噻吩	$(CH)_2S(CH)_2$	84.14	84.1	-38.3	1.065	3.75
53	硫化羰	COS	60.07	-50.2	-138.2	1.24（-87℃）	
54	二甲基硫醚	$(CH_3)_2S$	62.13	35.9	-90.3	0.850	2.77
55	二乙基硫醚	$(C_2H_5)_2S$	90.19	90.0	-103.3	0.836	4.03
56	二氯甲烷	CH_2Cl_2	84.93	40.2	-96.7	1.3255	3.79
57	氯仿	$CHCl_3$	119.38	61.2	-63.5	1.490	5.33
58	四氯化碳	CCl_4	153.82	76.8	-22.9	1.594	6.87
59	二氯乙烷-1,1	$C_2H_4Cl_2$	98.96	57.3	-97.6	1.1755	4.42
60	二氯乙烷-1,2	$C_2H_4Cl_2$	98.96	83.6	-35.3	1.253	4.42
61	氯乙烯	C_2H_3Cl	62.5	-13.9	-159.7	0.9195（15℃）	

续表

临界性质		蒸发潜热/(kcal/kg)	熔融热/(kcal/kg)	比热容(20℃时)/[kcal/(kg·g)]	20℃时在水中溶解度/%	爆炸极限(体积分数)/%		自燃点/℃	闪点/℃	序号
温度/℃	压力/(kgf/cm^2)					上限	下限			
					150					43
			24.8	0.463 (50℃)	0.03 0.007 (28℃)					44
291.2	42.8	134	26.4	0.507						45
246	34.9	147			能溶	17	3	481	0	46
309.1	38.6	130	17.4	0.530 (50℃)						47
				0.32	108					48
		94.7	22.5	0.350	0.19					49
196.8	73.8	122	29.3	0.440(0℃)				325		50
225.5	56.0	111			1.5			299		51
317.3	49.3		12.4	0.354	不溶			395		52
										53
29.9	56.4	102	30.7	0.453				205		54
284.7	40.4			0.480						55
237.5	62.9	78.7	13	0.276	2			615	不燃	56
260.0	55.6	60.6	19.1	0.237	1.0				不燃	57
283.2	46.5	46.6	3.9	0.203	0.08				不燃	58
250.0	51.7	73.7	13.1					458		59
288.4	54.8	77.4	21.3	0.301	0.87	15.9	6.2	413	~12	60
					难溶	22	4	472	低于 -17.8	61

序号	名　称	分　子　式	相对分子质量	沸点/℃（760mm汞柱）	熔点/℃	相对密度 d_4^{20}	蒸汽密度（标准状态）/（kg/m^3）
62	顺二氯乙烯	$(CH)_2Cl_2$	96.94	60.3	-80.5	1.2913（15℃）	
63	反二氯乙烯	$(CH)_2Cl_2$	96.94	48.4	-50.0	1.2651（15℃）	
64	1,1,2-三氯乙烷	$C_2H_3Cl_3$	133.41	113.5	-37	1.441	
65	四氯乙烯	C_2Cl_4	165.83	121.3	-22.3	1.6227	
66	环氧乙烷（液体）	C_2H_4O	44	10.73	-111.3	0.8969（0℃）	
67	环氧乙烷（气体）	C_2H_4O	44				1.93（40℃）
68	环氧丙烷	C_3H_6O	58.05	33.9	-112	0.826（25/25℃）	
69	环氧氯丙烷	C_3H_5ClO	92.53	116.56		1.180	
70	碳酸钡	$BaCO_3$	197.37	1450（分解）	1740（90atm）	4.43	
71	氢氧化钡	$Ba(OH)_2$	171.38			4.495	
72	碳酸钙	$CaCO_3$	100.09	825 分解	1339（103atm）	2.93	
73	氯化钙	$CaCl_2$	110.99	>1600	772	2.152	
74	氢氰酸	HCN	27.03	25.7	-14.2	0.688	
75	硫酸（浓度100%）	H_2SO_4	98.08	304.3	10.45	1.8305	
76	硫酸（浓度98%）	H_2SO_4	98.08	332	0.1	1.8365	
77	硫酸（浓度96%）	H_2SO_4	98.08	311.5	-13.6	1.8355	

续表

临界性质		蒸发潜热/(kcal/kg)	熔融热/(kcal/kg)	比热容(20℃时)/[kcal/(kg·g)]	20℃时在水中溶解度/%	爆炸极限(体积分数)/%		自燃点/℃	闪点/℃	序号
温度/℃	压力/(kgf/cm²)					上限	下限			
		73.4		0.281(15℃)	不溶					62
		74.2		0.277(15℃)						63
					微量			460		64
620.2	4.76					50	10			65
		136.1	34.1	0.44					<-18	66
195.8	70.95					100	3	429		67
		121		0.51	40.5	38.5	2.5		-37.2	68
		98(计算值)							40.5	69
				0.10	0.0022 0.0065(100℃)					70
					1.65(0℃) 101.4(80℃)					71
				0.203(0℃) 0.214(100℃)	0.002(100℃)					72
				0.164	74.5(20℃)					73
183.5	54.8	233		0.627	∞	40.0	6.0	588	-17.5	74
				0.338	∞					75
				0.3477						76
										77

序号	名　称	分　子　式	相对分子质量	沸点/℃（760mm汞柱）	熔点/℃	相对密度 d_4^{20}	蒸汽密度(标准状态)/（kg/m³）
78	硫酸（浓度93%）	H_2SO_4	98.08	282.6	-35.0	1.8279	
79	硫酸（浓度70%）	H_2SO_4	98.08	162.2	-42.0	1.6105	
80	硫酸（浓度60%）	H_2SO_4	98.08	141.8	-26.8	1.4983	
81	发烟硫酸（含游离 SO_2 100%）	$H_2SO_4 \cdot SO_3$	178.0	44.7	16.8	1.9228	
82	盐酸（30%）	HCl	36.47	-86	-111	1.1493	
83	氢氟酸	HF	20.0	19.4	-82.8		
84	硼酸（正）	H_3BO_3	61.84		185 分解	1.435（15℃）	
85	磷酸	H_3PO_4	98.00	213	42.35	1.870	
86	氧化钾	K_2O	94.19			2.32	
87	氢氧化钾	KOH	56.10	1324	380	2.044	
88	碳酸钾	K_2CO_3	138.2		909	2.29	
89	氢氧化钠	NaOH	40.00	1388	328	2.130	
90	碳酸钠（纯碱）	Na_2CO_3	106.01		851	2.533	
91	硫酸钠	Na_2SO_4	142.05	1430 分解	885	2.7	
92	氯化钠	NaCl	58.45	1440	800.4	2.163	
93	亚硝酸钠	$NaNO_2$	69.00	320 分解	271	2.17	
94	亚硫酸氢钠	$NaHSO_3$	104.07			1.48	
95	硫酸铵	$(NH_4)_2SO_4$	132.15		513 分解	1.769	
96	五氧化二钒	V_2O_5	181.9	1759 分解	600	3.357	
97	硅	Si	28.08	2600	1420	2.33	
98	硫	S	32.06	444.6	单斜晶 119 菱形晶 112.8	2.046	

续表

临界性质		蒸发潜热/(kcal/kg)	熔融热/(kcal/kg)	比热容(20℃时)/[kcal/(kg·g)]	20℃时在水中溶解度/%	爆炸极限(体积分数)/%		自燃点/℃	闪点/℃	序号
温度/℃	压力/(kgf/cm^2)					上限	下限			
										78
										79
										80
										81
					72.1					82
230.2		97.5	54.8							83
					2.66 (0℃)					84
					548					85
					极易溶					86
					97 (0℃)					87
					110.5					88
					42 (0℃)					89
					7.1 (0℃)					90
					19.4					91
					36.0					92
					84.5					93
										94
					75.4					95
					0.8					96
				0.181 (25℃)	不溶					97
					不溶					98

4.6　氨的性质[2]

温度/℃	绝对压力/(kgf/cm²)	比容		密度		焓		蒸发潜热/(kcal/kg)
		液体/(L/kg)	蒸气/(m³/kg)	液体/(kg/L)	蒸气/(kg/m³)	液体/(kcal/kg)	蒸气/(kcal/kg)	
-50	0.4169	1.4245	2.6250	0.7020	0.3810	46.16	384.73	338.57
-49	0.4421	1.4269	2.4850	0.7008	0.4021	47.15	385.14	337.99
-48	0.4687	1.4293	2.3531	0.6996	0.4250	48.25	385.54	337.29
-47	0.4965	1.4318	2.2298	0.6984	0.4485	49.29	385.95	336.66
-46	0.5257	1.4342	2.1140	0.6973	0.4730	50.36	386.35	335.99
-45	0.5563	1.4367	2.0052	0.6960	0.4987	51.43	386.75	335.32
-44	0.5883	1.4392	1.9032	0.6948	0.5254	52.47	387.14	334.67
-43	0.6218	1.4417	1.8072	0.6936	0.5533	53.53	387.54	334.01
-42	0.6569	1.4442	1.7169	0.6924	0.5824	54.60	387.93	333.33
-41	0.6936	1.4468	1.6319	0.6912	0.6128	55.68	388.32	332.64
-40	0.7319	1.4493	1.5520	0.6900	0.6443	56.72	388.70	331.98
-39	0.7719	1.4519	1.4768	0.6888	0.6771	57.77	389.09	331.32
-38	0.8137	1.4545	1.4058	0.6875	0.7113	58.82	389.47	330.65
-37	0.8574	1.4571	1.3383	0.6863	0.7469	59.91	389.85	329.94
-36	0.9029	1.4597	1.2756	0.6851	0.7839	60.98	390.23	329.25
-35	0.9504	1.4623	1.2160	0.6889	0.8224	62.05	390.60	328.55
-34	0.9908	1.4649	1.1598	0.6826	0.8622	63.09	390.97	327.88
-33	1.0514	1.4676	1.1465	0.6814	0.9038	64.18	391.34	327.16
-32	1.1051	1.4703	1.0561	0.6801	0.9469	65.26	391.71	326.45
-31	1.1609	1.4730	1.0086	0.6789	0.9915	66.31	392.07	325.76
-30	1.2191	1.4731	0.9635	0.6776	1.038	67.40	392.43	325.03
-29	1.2795	1.4766	0.9209	0.6764	1.086	68.46	392.79	324.33
-28	1.3424	1.4801	0.8805	0.6752	1.136	69.54	393.14	323.60
-27	1.4077	1.4836	0.8422	0.6739	1.187	70.61	393.49	322.88
-26	1.4755	1.4872	0.8059	0.6726	1.241	71.68	393.84	322.16
-25	1.5460	1.4895	0.7715	0.6714	1.296	72.77	394.19	321.42
-24	1.6191	1.4923	0.7388	0.6701	1.354	73.84	394.58	320.69
-23	1.6949	1.4951	0.7078	0.6689	1.413	74.91	394.87	319.96
-22	1.7736	1.4980	0.6783	0.6676	1.474	75.99	395.20	319.21
-21	1.8552	1.5008	0.6503	0.6663	1.538	77.07	395.54	318.47
-20	1.9397	1.5037	0.6237	0.6650	1.603	78.15	395.87	317.72
-19	2.0273	1.5066	0.5984	0.6637	1.671	79.23	396.19	316.96
-18	2.1180	1.5096	0.5743	0.6624	1.741	80.31	396.51	316.20
-17	2.2119	1.5125	0.5514	0.6612	1.814	81.39	396.83	315.44
-16	2.3091	1.5155	0.5296	0.6598	1.888	82.48	397.15	314.67
-15	2.4097	1.5185	0.5088	0.6585	1.965	83.57	397.46	313.89

续表

温度/℃	绝对压力/(kgf/cm²)	比容		密度		焓		蒸发潜热/(kcal/kg)
		液体/(L/kg)	蒸气/(m^3/kg)	液体/(kg/L)	蒸气/(kg/m^3)	液体/(kcal/kg)	蒸气/(kcal/kg)	
-14	2.5137	1.5215	0.4889	0.6572	2.045	84.65	397.77	313.12
-13	2.6212	1.5245	0.4701	0.6560	2.127	85.74	398.08	312.34
-12	2.7324	1.5276	0.4520	0.6546	2.212	86.84	398.38	311.54
-11	2.8472	1.5307	0.4349	0.6533	2.299	87.92	398.68	310.76
-10	2.9653	1.5338	0.4185	0.6520	2.389	89.01	398.97	309.96
-9	3.0883	1.5369	0.4028	0.6507	2.483	90.11	399.26	309.15
-8	3.2147	1.5400	0.3878	0.6494	2.579	91.21	399.55	308.34
-7	3.3452	1.5432	0.3735	0.6480	2.677	92.29	399.83	307.54
-6	3.4798	1.5464	0.3599	0.6467	2.779	93.41	400.12	306.71
-5	3.6186	1.5496	0.3468	0.6453	2.884	94.50	400.39	305.89
-4	3.7617	1.5528	0.3343	0.6440	2.991	95.59	400.66	305.07
-3	3.9092	1.5561	0.3224	0.6426	3.102	96.69	400.93	304.24
-2	4.0612	1.5594	0.3109	0.6413	3.216	97.79	401.20	303.41
-1	4.2179	1.5627	0.3000	0.6399	3.333	98.90	401.46	302.56
0	4.3791	1.5660	0.2895	0.6386	3.454	100.00	401.72	301.72
1	4.5452	1.5694	0.2795	0.6372	3.578	101.10	401.97	300.87
2	4.7161	1.5727	0.2698	0.6358	3.706	102.21	402.22	300.01
3	4.8920	1.5761	0.2606	0.6345	3.837	103.31	402.46	299.15
4	5.0730	1.5796	0.2517	0.6331	3.973	104.44	402.71	298.27
5	5.2591	1.5831	0.2433	0.6317	4.110	105.54	402.95	297.41
6	5.4505	1.5866	0.2351	0.6303	4.254	106.65	403.18	296.53
7	5.6473	1.5911	0.2273	0.6289	4.399	107.77	403.41	295.64
8	5.8495	1.5939	0.2198	0.6275	4.550	108.89	403.64	294.75
9	6.0573	1.5972	0.2126	0.6261	4.704	110.00	403.85	293.85
10	6.2707	1.6008	0.2056	0.6247	4.864	111.12	404.08	292.96
11	6.4900	1.6045	0.1990	0.6232	5.025	112.23	404.29	292.06
12	6.7151	1.6081	0.1926	0.6219	5.192	113.35	404.49	291.14
13	6.9462	1.6118	0.1864	0.6204	5.365	114.47	404.70	290.23
14	7.1834	1.6156	0.1305	0.6190	5.540	115.61	404.90	289.29
15	7.4267	1.6193	0.1748	0.6176	5.721	116.73	405.10	288.37
16	7.6764	1.6231	0.1693	0.6161	5.907	117.86	405.30	287.44
17	7.9325	1.6270	0.1641	0.6146	6.094	119.03	405.50	286.47
18	8.1950	1.6308	0.1590	0.6132	6.289	120.12	405.67	285.55
19	8.4643	1.6347	0.1541	0.6117	6.489	121.25	405.85	284.60
20	8.7402	1.6386	0.1494	0.6103	6.693	122.40	406.03	283.63
21	9.0230	1.6426	0.1449	0.6088	6.901	123.54	406.20	282.66
22	9.3128	1.6466	0.1405	0.6073	7.117	124.70	406.37	281.67

续表

温度/℃	绝对压力/(kgf/cm²)	比容		密度		焓		蒸发潜热/(kcal/kg)
		液体/(L/kg)	蒸气/(m^3/kg)	液体/(kg/L)	蒸气/(kg/m^3)	液体/(kcal/kg)	蒸气/(kcal/kg)	
23	9.6096	1.6506	0.1363	0.6058	7.337	125.82	406.53	280.71
24	9.9136	1.6547	0.1322	0.6043	7.564	126.97	407.70	279.73
25	10.225	1.6588	0.1283	0.6028	7.794	128.13	406.84	278.72
26	10.544	1.6630	0.1245	0.6013	8.032	129.27	406.99	277.72
27	10.870	1.6672	0.1208	0.5998	8.278	130.43	407.16	276.73
28	11.204	1.6714	0.1173	0.5983	8.525	131.59	407.30	275.71
29	11.545	1.6757	0.1139	0.5968	8.780	132.72	407.43	274.71
30	11.895	1.6800	0.1106	0.5952	9.042	133.88	407.56	273.68
31	12.252	1.6844	0.1075	0.5937	9.302	135.01	407.68	272.67
32	12.618	1.6883	0.1044	0.5921	9.579	136.20	407.81	271.61
33	12.992	1.6932	0.1014	0.5906	9.862	137.34	407.92	270.58
34	13.374	1.6977	0.0986	0.5890	10.14	138.52	408.04	269.52
35	13.765	1.7023	0.0958	0.5874	10.44	139.70	408.11	268.44
36	14.164	1.7069	0.0931	0.5859	10.74	140.87	408.25	267.33
37	14.572	1.7115	0.0905	0.5843	11.05	142.04	408.35	266.31
38	14.989	1.7162	0.0880	0.5827	11.36	143.20	408.43	265.23
39	15.415	1.7209	0.0856	0.5811	11.68	144.36	408.49	264.13
40	15.850	1.7257	0.0833	0.5795	12.00	145.57	408.57	263.00
41	16.294	1.7305	0.0810	0.5779	12.35	146.74	408.65	261.91
42	16.747	1.7354	0.0788	0.5762	12.69	147.93	408.73	260.80
43	17.210	1.7404	0.0767	0.5746	13.04	148.09	408.78	259.69
44	17.683	1.7454	0.0746	0.5729	13.40	150.30	408.82	258.52
45	18.165	1.7504	0.0726	0.5713	13.77	151.49	408.87	257.38
46	18.657	1.7555	0.0707	0.5696	14.14	152.70	408.90	256.20
47	19.159	1.7607	0.0688	0.5680	14.53	153.83	408.91	255.08
48	19.672	1.7659	0.0670	0.5663	14.93	155.08	408.93	253.85
49	20.194	1.7713	0.0652	0.5646	15.34	156.28	408.95	252.67
50	20.727	1.7766	0.0635	0.5629	15.75	157.53	408.95	251.42

4.7 工业用甲醇质量指标(GB 338—2011)

项目		指标		
		优等品	一等品	合格品
色度(Hazen 单位铂-钴色号)	≤	5		10
密度 ρ_{20}/(g/cm^3)		0.791~0.792	0.791~0.793	
沸程①(0℃, 101.3kPa)/℃	≤	0.8	1.0	1.5
高锰酸钾试验/min	≥	50	30	20
水混溶性试验		通过试验(1+3)	通过试验(1+9)	—
水/%	≤	0.10	0.15	0.20
酸(以 HCOOH 计)/%	≤	0.0015	0.0030	0.0050
或碱(以 NH_3 计)/%	≤	0.0002	0.0008	0.0015
羰基化合物(以 HCHO 计)/%	≤	0.002	0.005	0.010
蒸发残渣/%	≤	0.001	0.003	0.005
硫酸洗涤试验(Hazen 单位铂-钴色号)	≤	50		—
乙醇/%	≤	供需双方协商	—	

① 包括(64.6±0.1)℃。

4.8 相对密度图

4.8.1 常用溶剂相对密度图[2]

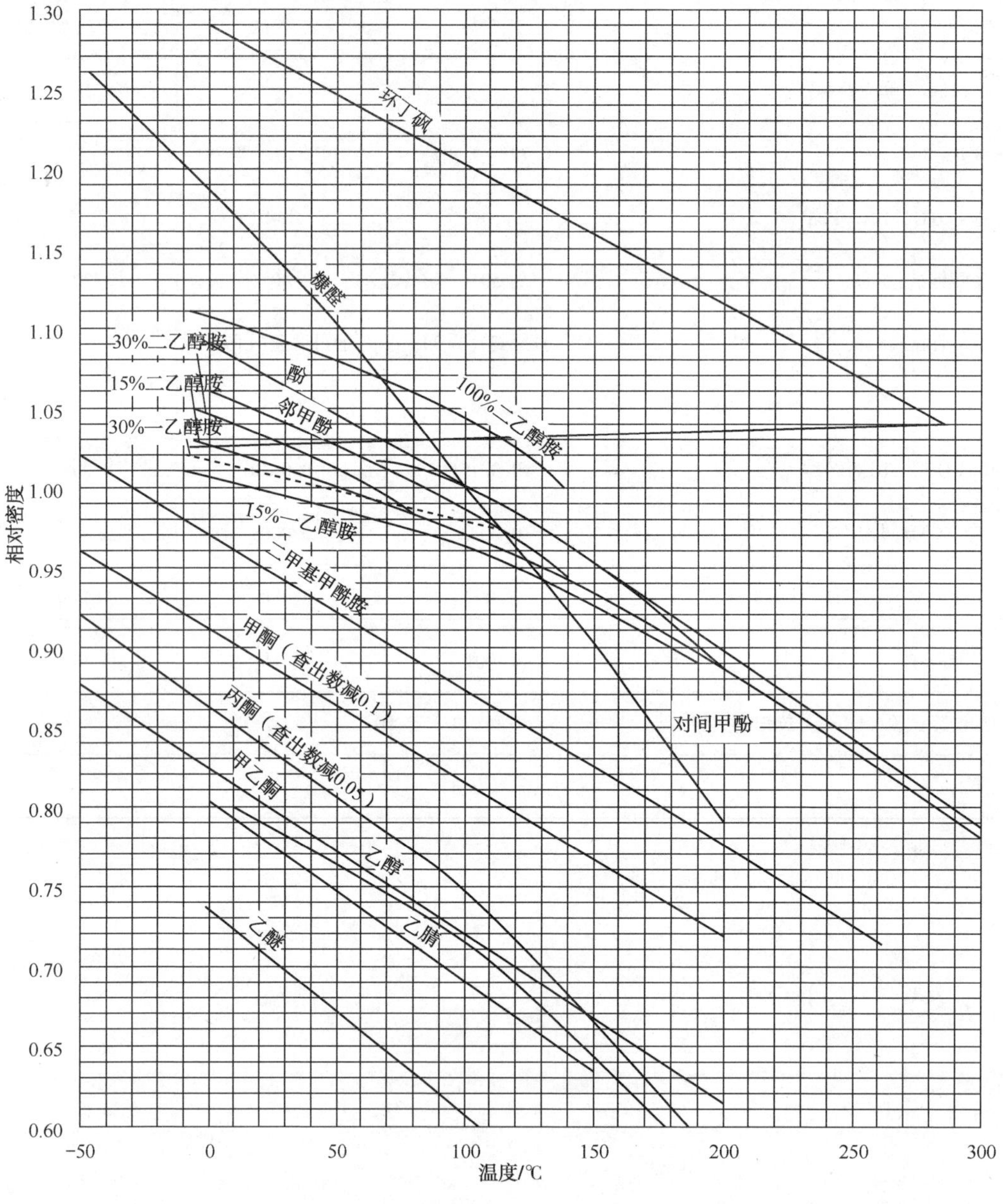

4.8.2 有机液体相对密度图[11]

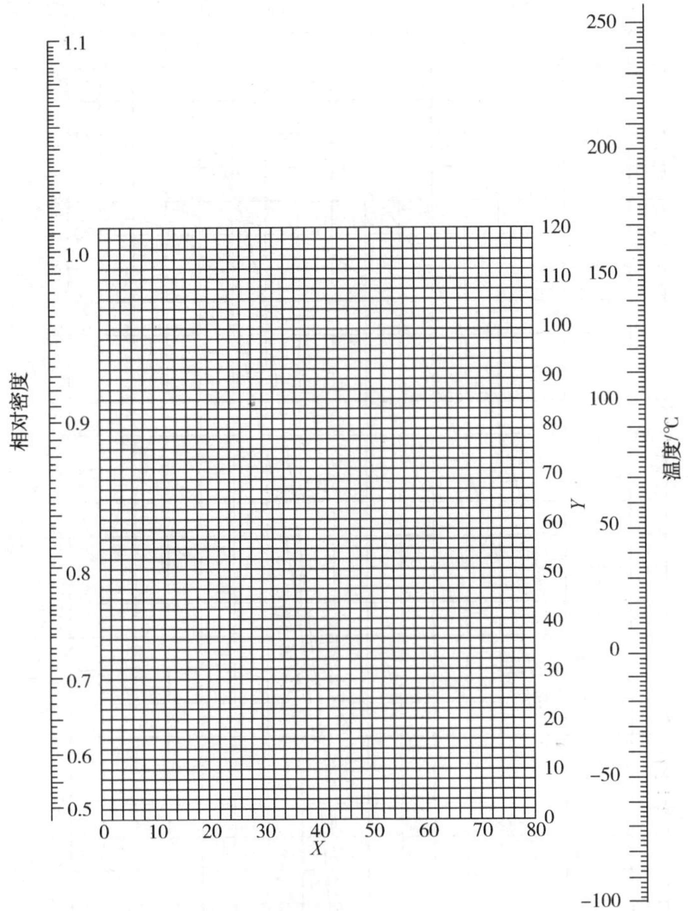

各种液体在图中的 X、Y 值

名称	X	Y	名称	X	Y	名称	X	Y	名称	X	Y
乙炔	20.8	10.1	十一烷	14.4	39.2	甲酸乙酯	37.6	68.4	氟苯	41.9	86.7
乙烷	10.8	4.4	十二烷	14.3	41.4	甲酸丙酯	33.8	66.7	癸烷	16.0	38.2
乙烯	17.0	3.5	十三烷	15.3	42.4	丙烷	14.2	12.2	氨	22.4	24.6
乙醇	24.2	48.6	十四烷	15.8	43.3	丙酮	26.1	47.8	氯乙烷	42.7	62.4
乙醚	22.6	35.8	三乙胺	17.9	37.0	丙醇	23.8	50.8	氯甲烷	52.3	62.9
乙丙醚	20.0	37.0	三氢化磷	28.0	22.1	丙酸	35.0	83.5	氟苯	41.7	105.0
乙硫醇	32.0	55.5	己烷	13.5	27.0	丙酸甲酯	36.5	68.3	氰丙烷	20.1	44.6
乙硫醚	25.7	55.3	壬烷	16.2	36.5	丙酸乙酯	32.1	63.9	氰甲烷	21.8	44.9
二乙胺	17.8	33.5	六氢吡啶	27.5	60.0	戊烷	12.6	22.6	环己烷	19.6	44.0
二氧化碳	78.6	45.4	甲乙醚	25.0	34.4	异戊烷	13.5	22.5	醋酸	40.6	93.5
异丁烷	13.7	16.5	甲醇	25.8	49.1	辛烷	12.7	32.5	乙酸甲酯	40.1	70.3
丁酸	31.3	78.7	甲硫醇	37.3	59.6	庚烷	12.6	29.8	乙酸乙酯	35.0	65.0
丁酸甲酯	31.5	65.5	甲硫醚	31.9	57.4	苯	32.7	63.0	乙酸丙酯	33.0	65.5
异丁酸	31.5	75.9	甲醚	27.2	30.1	苯酚	35.7	103.8	甲苯	27.0	64.0
丁酸(异)甲酯	33.0	64.1	甲酸甲酯	46.4	74.6	苯胺	33.5	92.5	异戊醇	20.5	52.0

4.8.3　醇类相对密度图[11]

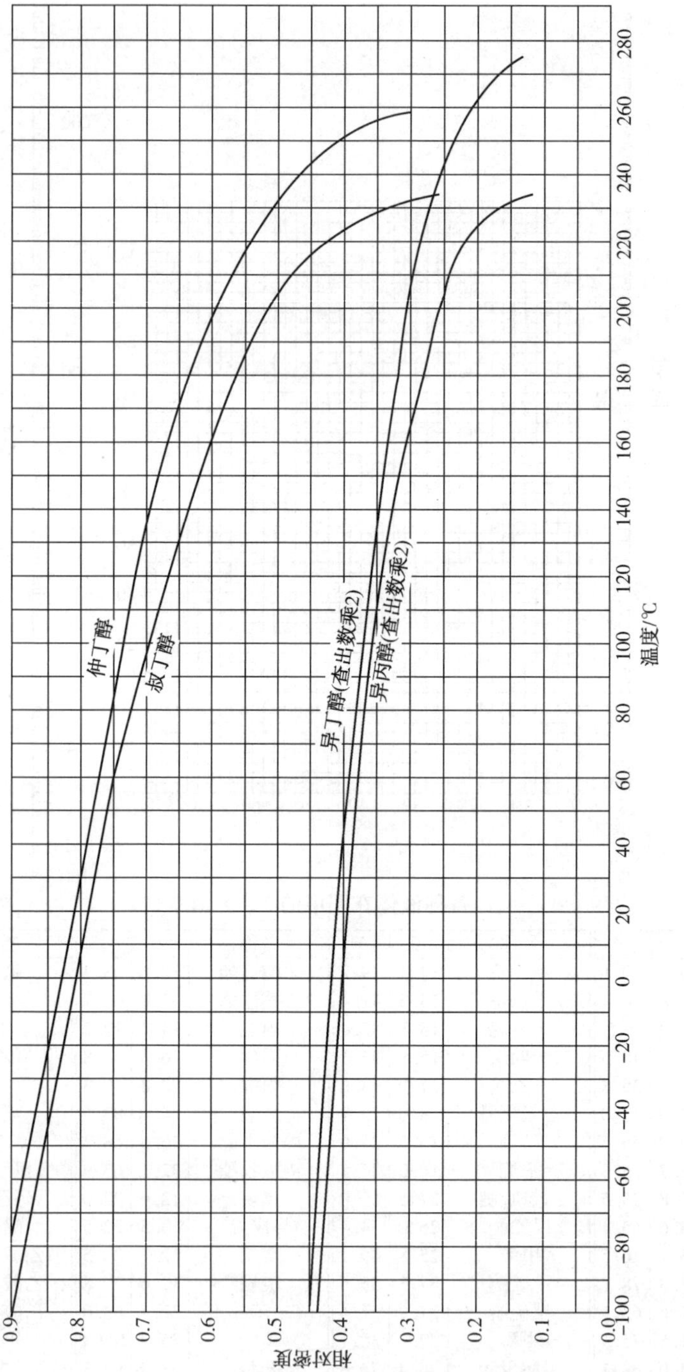

4.8.4 乙腈和氢氧化钠水溶液相对密度图[11]

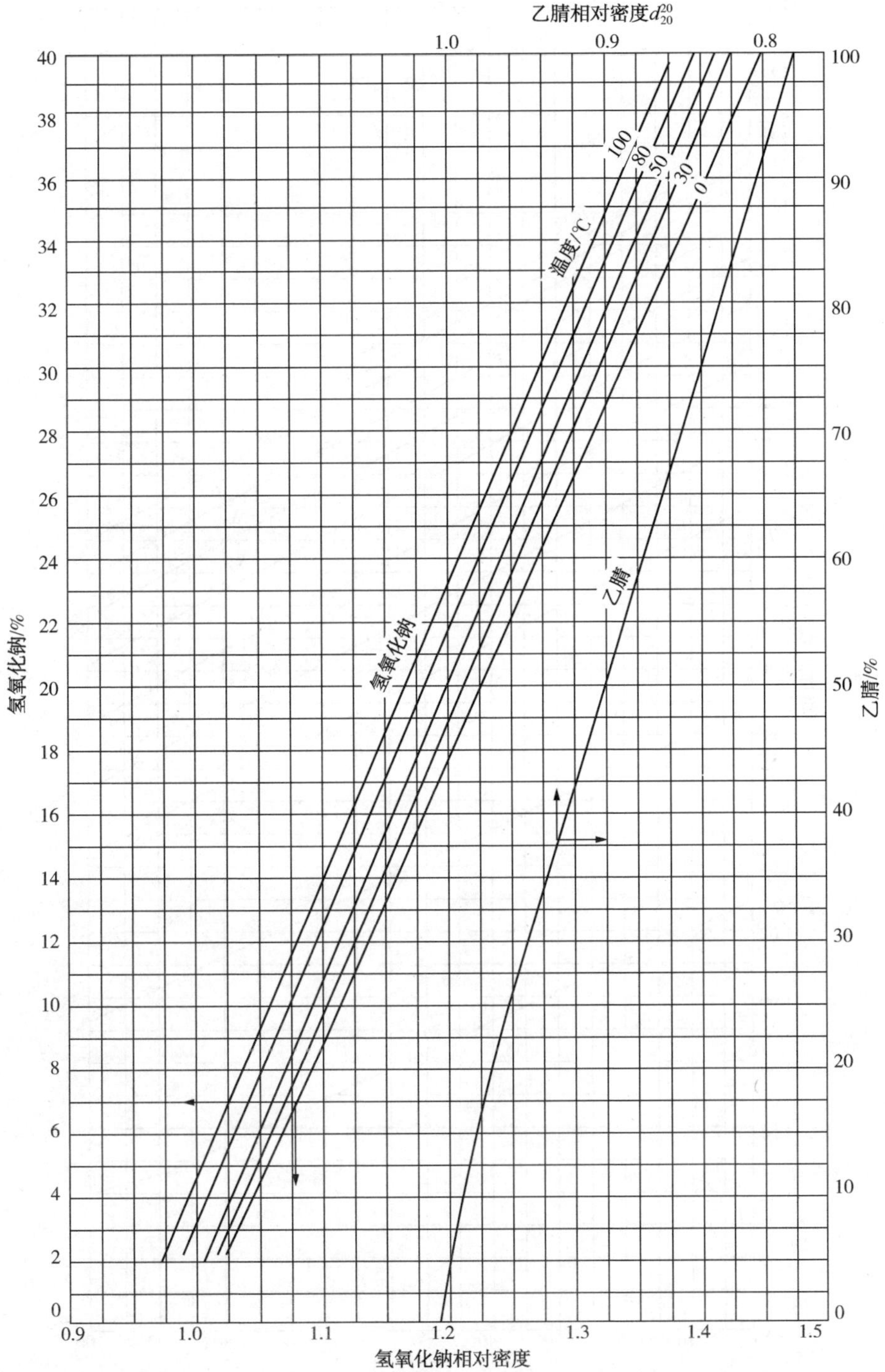

4.8.5 浓硫酸水溶液相对密度图[11]

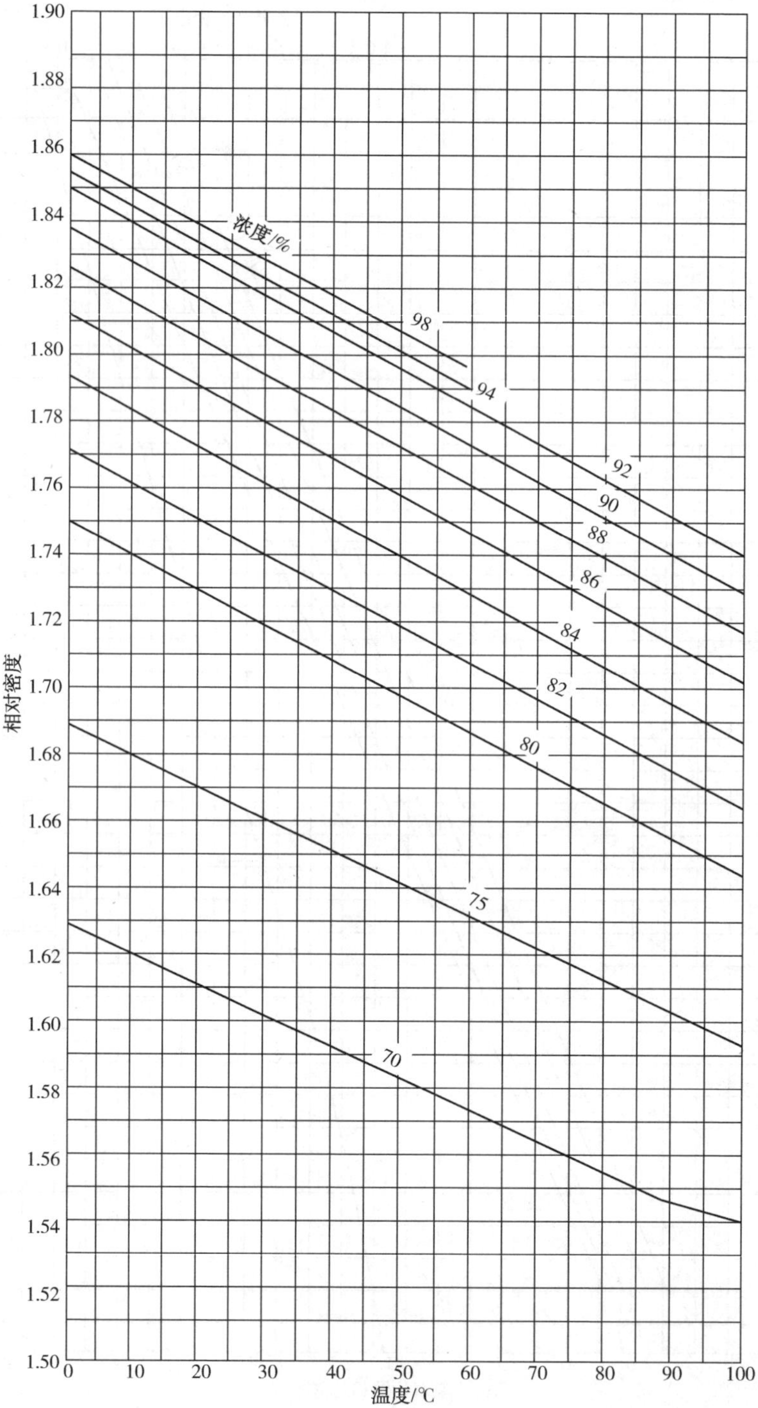

4.8.6　稀硫酸、硝酸、盐酸水溶液相对密度图[11]

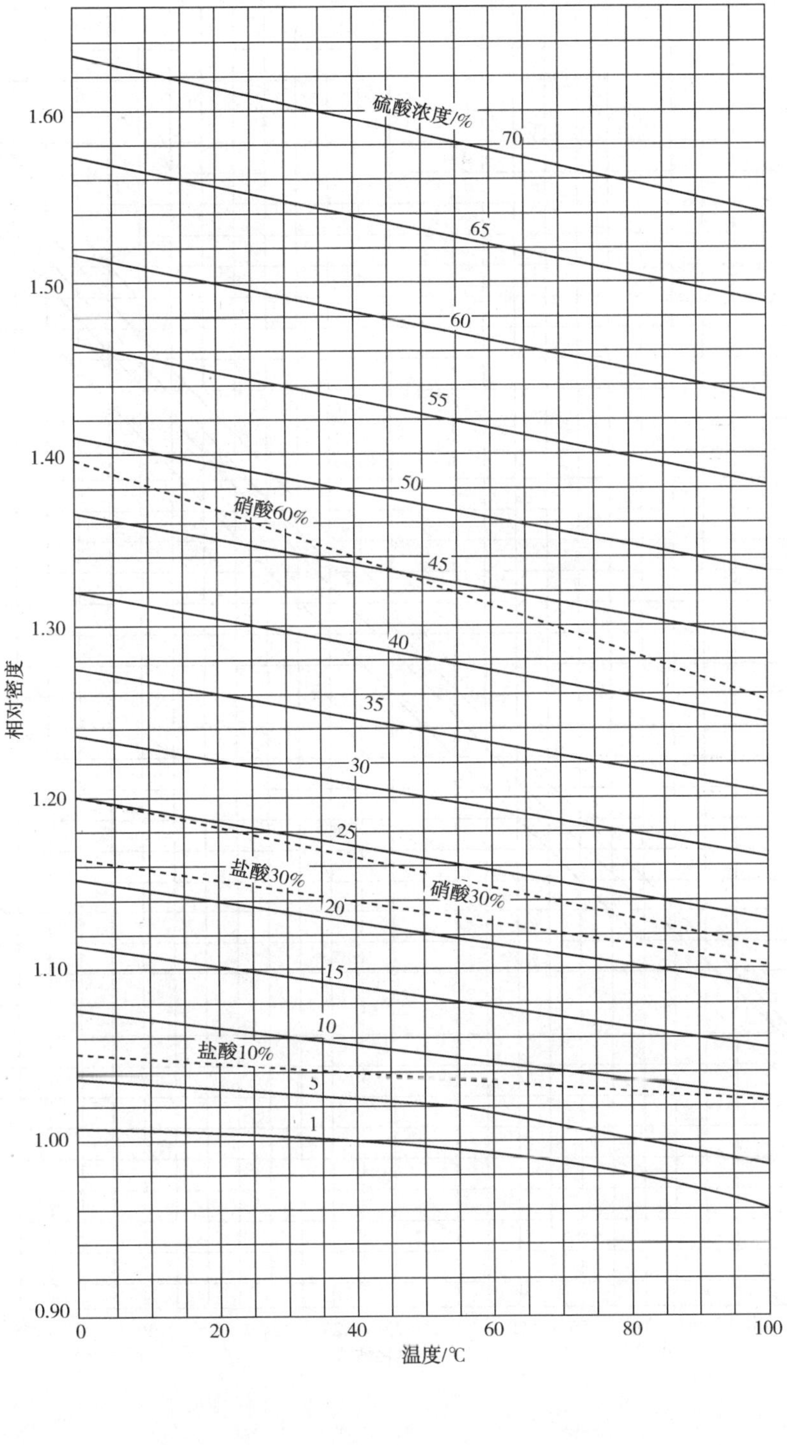

4.8.7 氯化钙水溶液相对密度图[11]

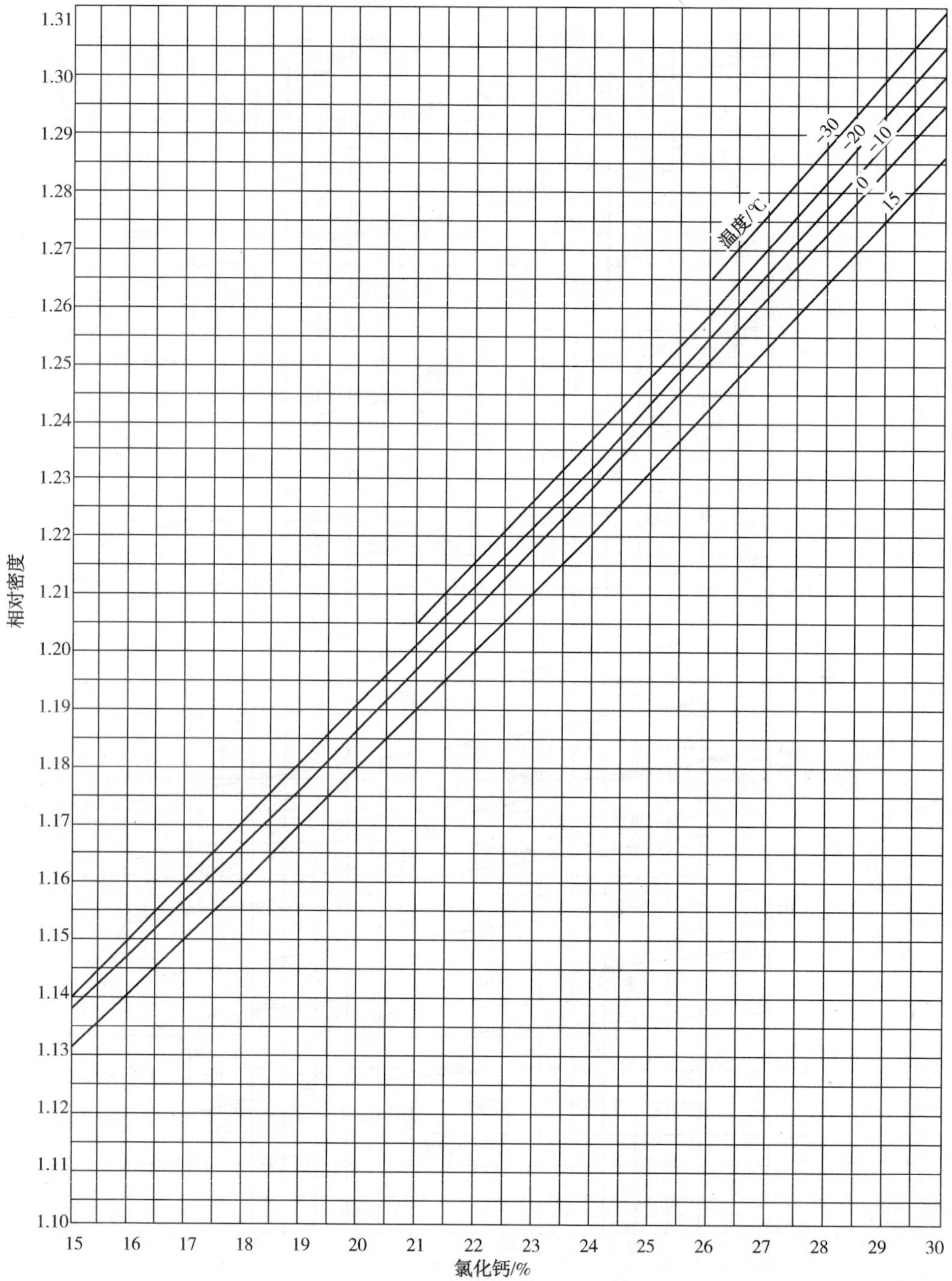

4.9　常用气体平均分子比热容图[2]

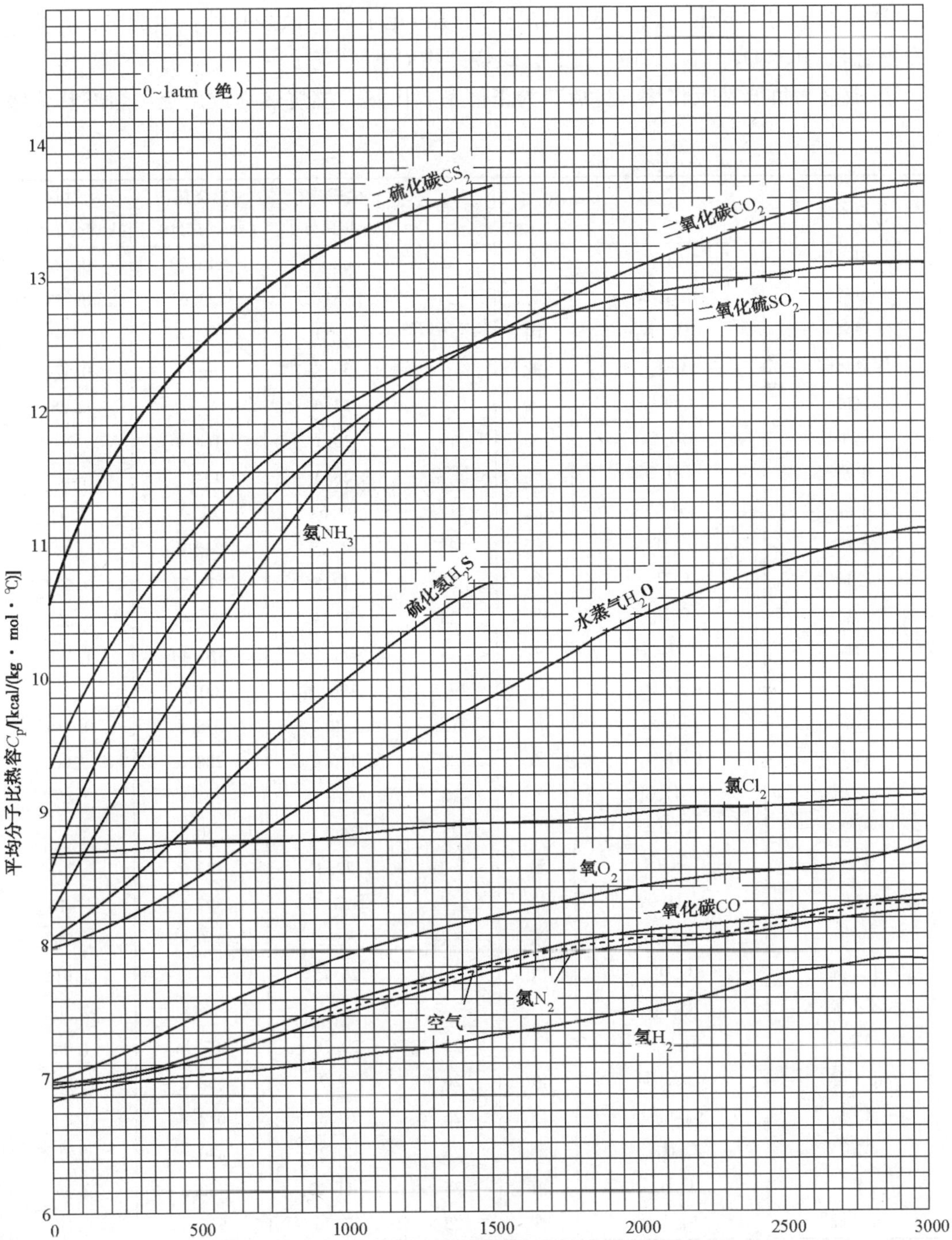

4.10 常用物质的生成热、燃烧热和熔融热[2]

常见物质的生成热、燃烧热和熔融热(常压)见下表。该表基础：生成热，元素C(石墨态)、H_2、O_2、N_2、Cl_2(气态)，燃烧产物CO_2(气态)。

生成热为负值是吸收热，生成热为正值是放出热。燃烧热为放出热，熔融热为吸收热。

物质名称	化学式	状态	温度/℃	生成热/(kcal/克分子)	燃烧热/(kcal/克分子)	熔融热/(kcal/克分子)
甲烷	CH_4	气	25	17.87	212.79	0.224
甲醇	CH_3OH	液	25	57	173.65	0.757
尿素	CH_4ON_2	固	室温	79.1	151.6	—
四氯化碳	CCl_4	液		33.8	—	0.577
氯仿	$CHCl_3$	气		23.6	—	2.28
一氯甲烷	CH_3Cl	气	19	20.1	164.8	—
甲醛	CH_2O	气	室温	28.3	134.1	—
甲酸	CH_2O_2	液	室温	99.63	62.9	3.04
乙炔	C_2H_2	气	25	-53.9	312.4	—
乙烯	C_2H_4	气	25	-12.56	337.25	0.699
乙烷	C_2H_6	气	25	20.19	372.81	0.668
乙醇	C_2H_5OH	液	25	66.52	326.48	1.105
草酸	$C_2H_2O_4$	固	19.5	196.3	60.1	—
乙醛	C_2H_4O	液	室温	46	278.8	0.775
醋酸	$C_2H_4O_2$	液	20	116.2	208.6	2.80
氯乙烷	C_2H_5Cl	气	18	—	317.9	—
丙烷	C_3H_8	气	25	24.77	530.5	—
丙醇	C_3H_7OH	液	室温	72.3	483.2	1.241
甘油	$C_3H_8O_3$	液	室温	157.7	397.8	4.414
丙酮	C_3H_6O	液	室温	56.2	430.9	1.366
丁二烯	C_4H_6	气		26.75	—	1.91
苯乙烯	C_8H_8			—	1044	2640
丁烷	C_4H_{10}	气	25	29.76	687.94	1.05
正丁醇	C_4H_9OH	液	20	79.7	638.2	2.215
乙醚	$C_4H_{10}O$	液	25	67.3	652.3	1.80
戊烷	C_5H_{12}	液	25	40.2	840.1	2.0
苯	C_6H_6	液	25	-11.12	782.2	2.35
环已烷	C_6H_{12}	液	25	37.76	936.4	0.62

续表

物质名称	化学式	状态	温度/℃	生成热/(kcal/克分子)	燃烧热/(kcal/克分子)	熔融热/(kcal/克分子)
甲苯	C_7H_8	液	25	-3.6	935.2	1.584
邻二甲苯	C_8H_{10}	液	25	5.8	1093.7	3.11
萘	$C_{10}H_8$	固	20	-18.2	1231.9	4.49
碳	C	固	25	0.0	94.08	
氢	H_2	气	25	0.0	68.31	
硫(斜方)	S	固	25	0.0	70.94	0.386
一氧化碳	CO	气	25	26.42	67.64	0.201
二氧化碳	CO_2	气	18	94.45		1.900
二硫化碳	CS_2	液	18	-15.5	394.5	1.049
氧化钙	CaO	固	18	151.7		28
氟	F_2	气	18	0.0		0.372
氯	Cl_2	气	18	0.0		1.53
溴	Br_2	液	18	0.0		2.58
氯化氢	HCl	气	18	21.89		0.476
溴化氢	HBr	气	18	7.84		0.575
氟化氢	HF	气	18	64.45		1.094
硝酸	HNO_3	气	18	34.4		0.60
硫酸	H_2SO_4	液	18	193.75		2.56
硫化氢	H_2S	气	18	5.3		0.5678
氮	N_2	气	18	0.0		0.17
氨	NH_3	气	18	11.0		1.351
硝酸铵	NH_4NO_3	固	18	87.13		2.110
硫酸铵	$(NH_4)_2SO_4$	固	18	281.46		
氯化钠	NaCl	固	18	98.33		7.41
氢氧化钠	NaOH	固	18	101.96		2.0
二氧化硫	SO_2	气	18	70.9		1.76
水	II_2O	气	18	57.84		—
水	H_2O	液	18	68.35		1.437
氧	O_2	气	18	0.0		0.106
臭氧	O_3	气	18	-34.5		—

4.11 燃料的发热值[9]

物质的燃烧热是物质被分子氧氧化为最终氧化物所放出的热量，也称为发热值，有三种不同定义：

（1）标准燃烧热，反应物和产物均处于25℃和1atm，产物中的水按照液体计算。
（2）高热值，反应物和产物均处于15.56℃和1atm，产物中的水按照液体计算。
（3）低热值，反应物和产物均处于15.56℃和1atm，产物中的水按照气体计算。高热值与低热值一般相差10%左右。

4.11.1　气体燃料发热值[9]

名称	化学式	发热值			
		kcal/kg		kcal/Nm^3	
		高热值	低热值	高热值	低热值
氢气	H_2	34000	28600	3050	2570
一氧化碳	CO	2430	2430	3035	3035
甲烷	CH_4	13320	11970	9530	8570
乙烷	C_2H_6	12410	11330	16820	15380
丙烷	C_3H_8	12040	11070	24370	22350
丁烷	C_4H_{10}	11840	10920	32010	29610
乙炔	C_2H_2	12030	11520	14080	13600
乙烯	C_2H_4	12130	11360	15280	14320
丙烯	C_3H_6	11770	11000	22540	21100
丁烯	C_4H_8	11670	10860	29110	27190
苯蒸气	C_6H_6	10030	9620	34960	33520

4.11.2　液体燃料发热值[19]

名　称	沸点范围/℃	发热值/(kcal/kg)	用　途
汽油	50~200	11000	飞机、汽车
喷气发动机油	150~250	11000	喷气机用
灯油	200~300	10000	燃料
轻油	250~350	10000	高速柴油机
重油	250~350	10000	低速柴油机
重油	300~400	9500	燃料

4.11.3　固体燃料发热值[19]

名　称	水分/%	灰分/%	发热值/(kcal/kg)	发火温度/℃
煤	2~30	5~30	4000~8000	300~500
煤球	3~10	10~20	6500~7500	300~400
焦炭	2~10	10~20	6000~7000	500~550
木炭	7~10	1~3	6700~7500	350~450
木材	15~40	1~3	2000~3500	250~300

4.12 有机化合物液体黏度图[2]

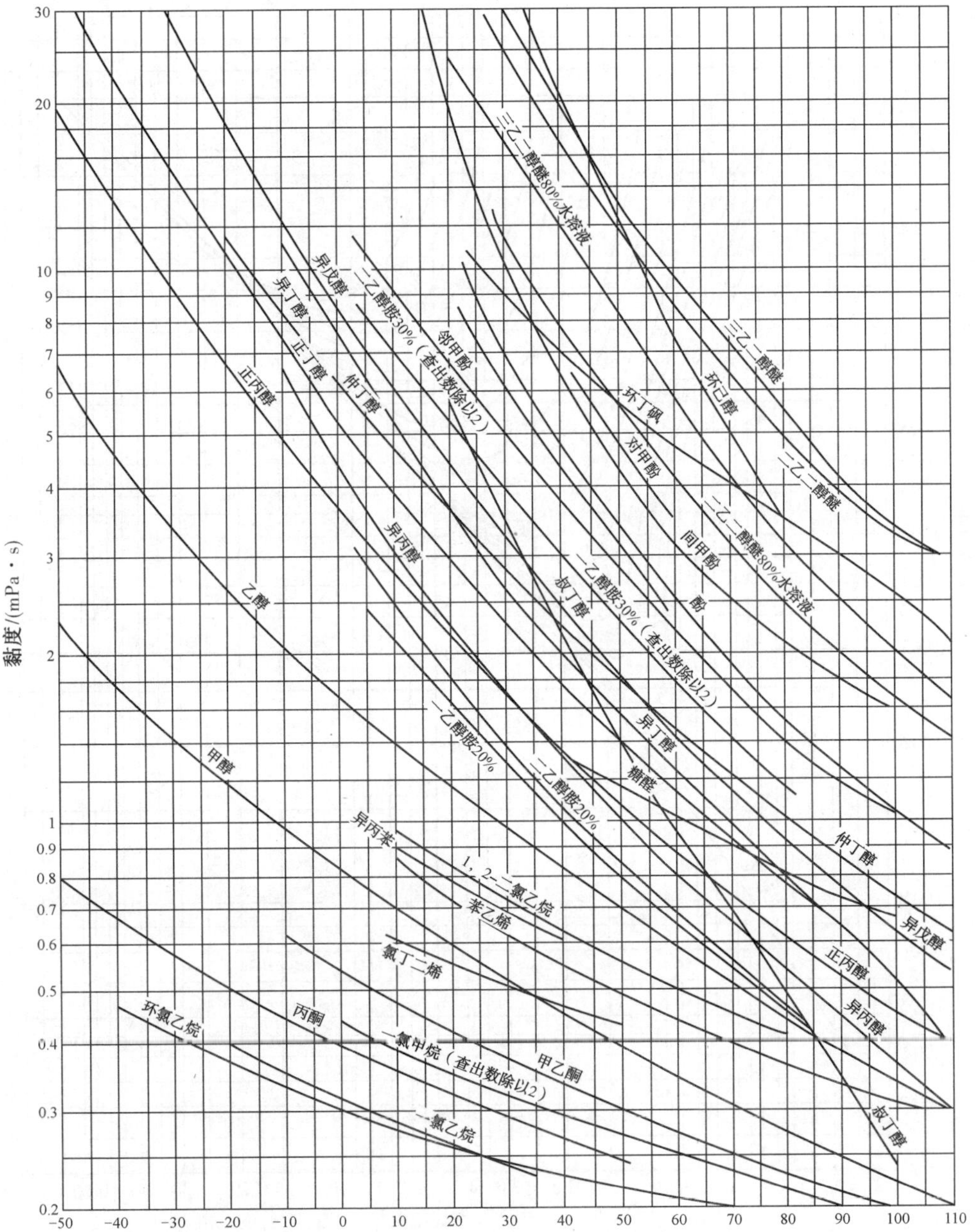

4.13 氢的黏度图[2]

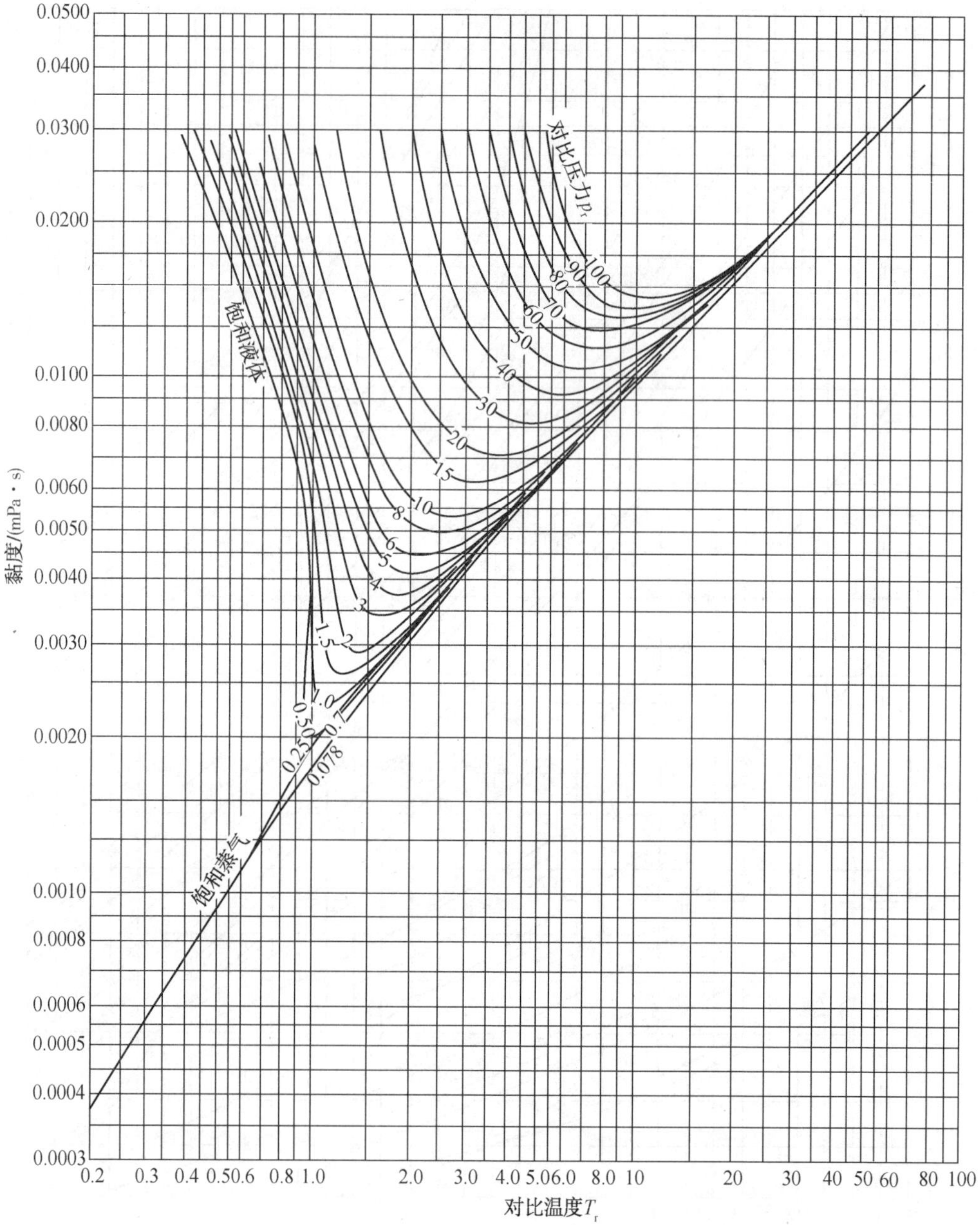

黏度/(mPa · s)
0.0500
0.0400
0.0300
0.0200
0.0100
0.0080
0.0060
0.0050
0.0040
0.0030
0.0020
0.0010
0.0008
0.0006
0.0005
0.0004
0.0003
对比压力p_r
100
90
80
70
60
50
40
30
20
15
10
8
6
5
4
3
2
1.5
1.0
0.7
0.50
0.25
0.078
饱和液体
饱和蒸气
0.2 0.3 0.4 0.5 0.6 0.8 1.0 2.0 3.0 4.0 5.0 6.0 8.0 10 20 30 40 50 60 80 100
对比温度T_r

4.14 氢氧化钠水溶液黏度图[2]

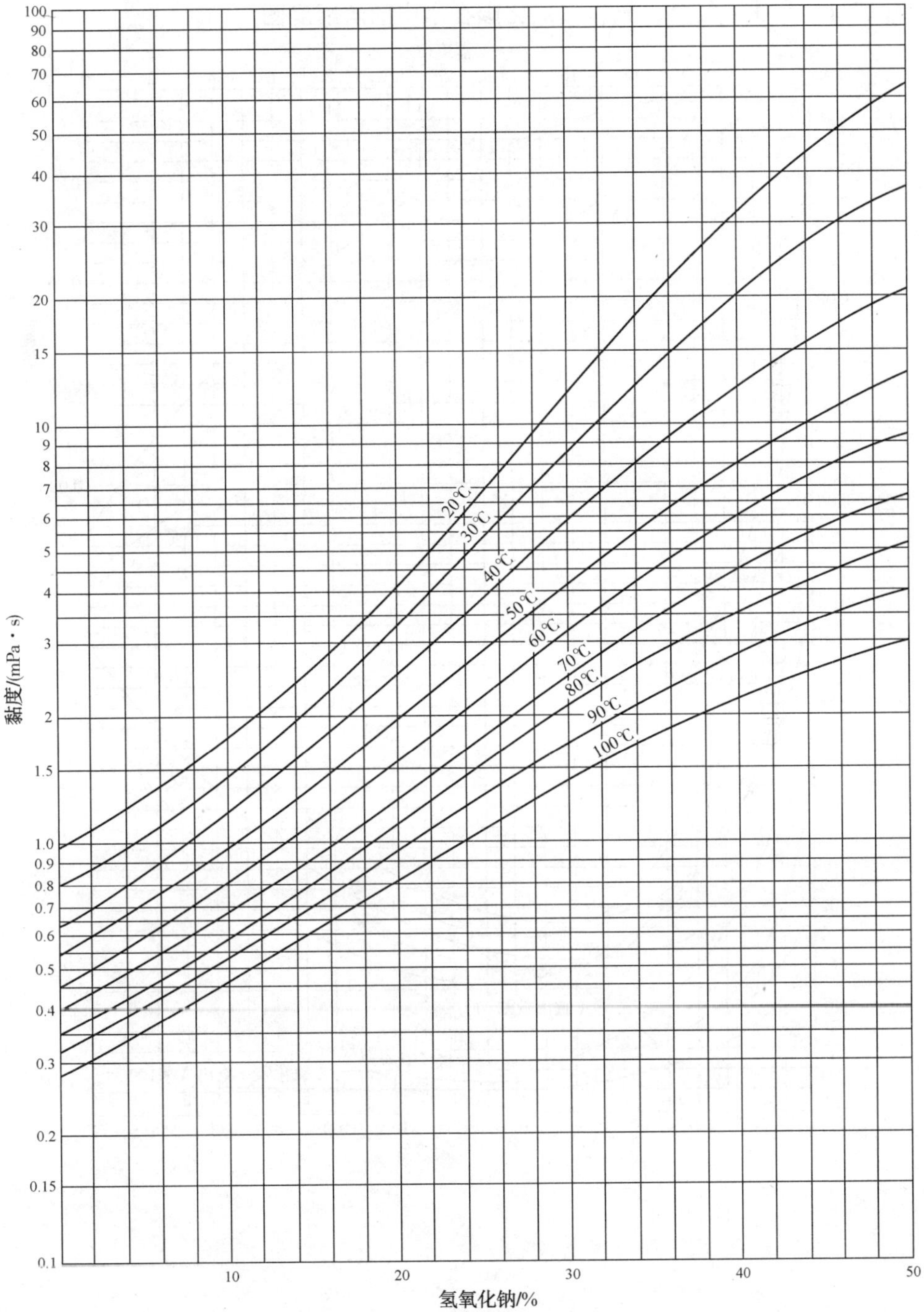

4.15　物质在水中的溶解度[2]

4.15.1　常压下烃类、氢、二氧化碳在水中的溶解度图

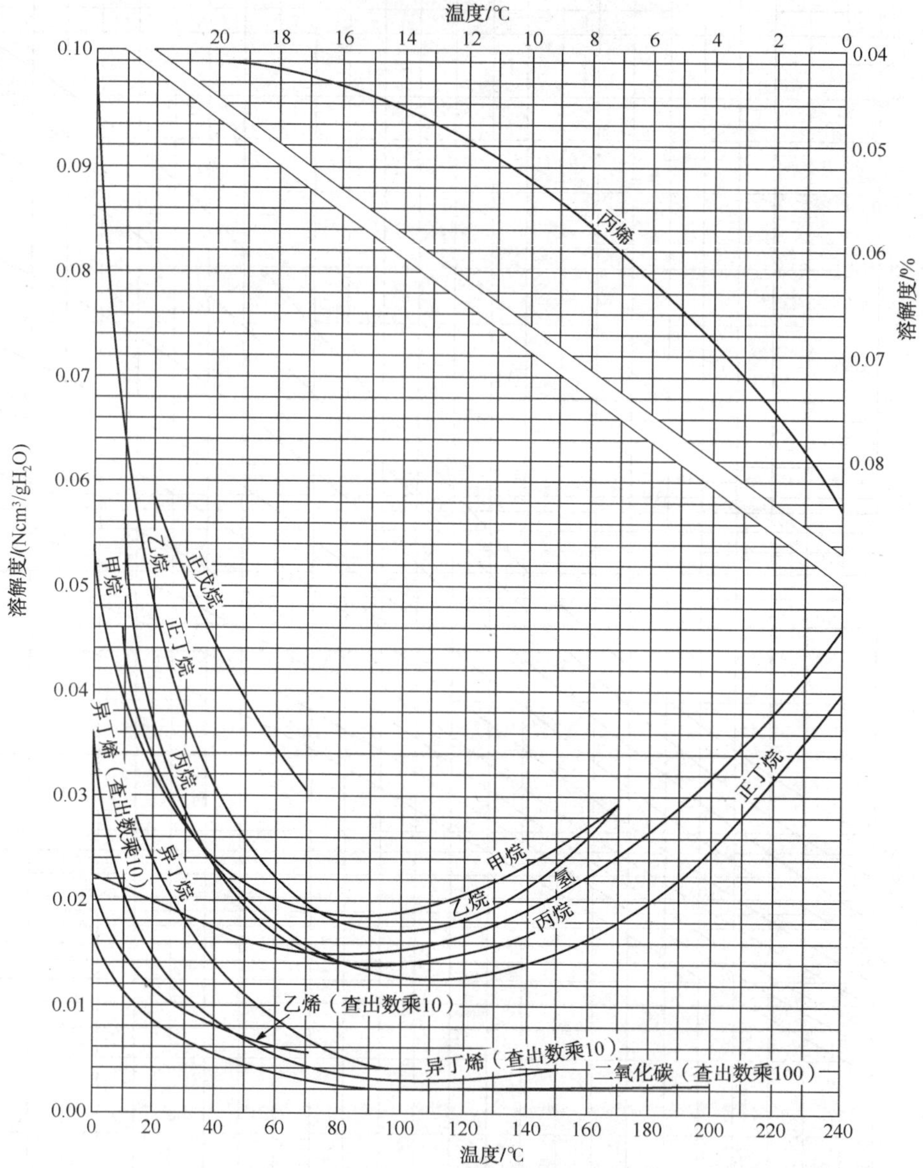

4.15.2　常压下芳烃在水中的溶解度[11]

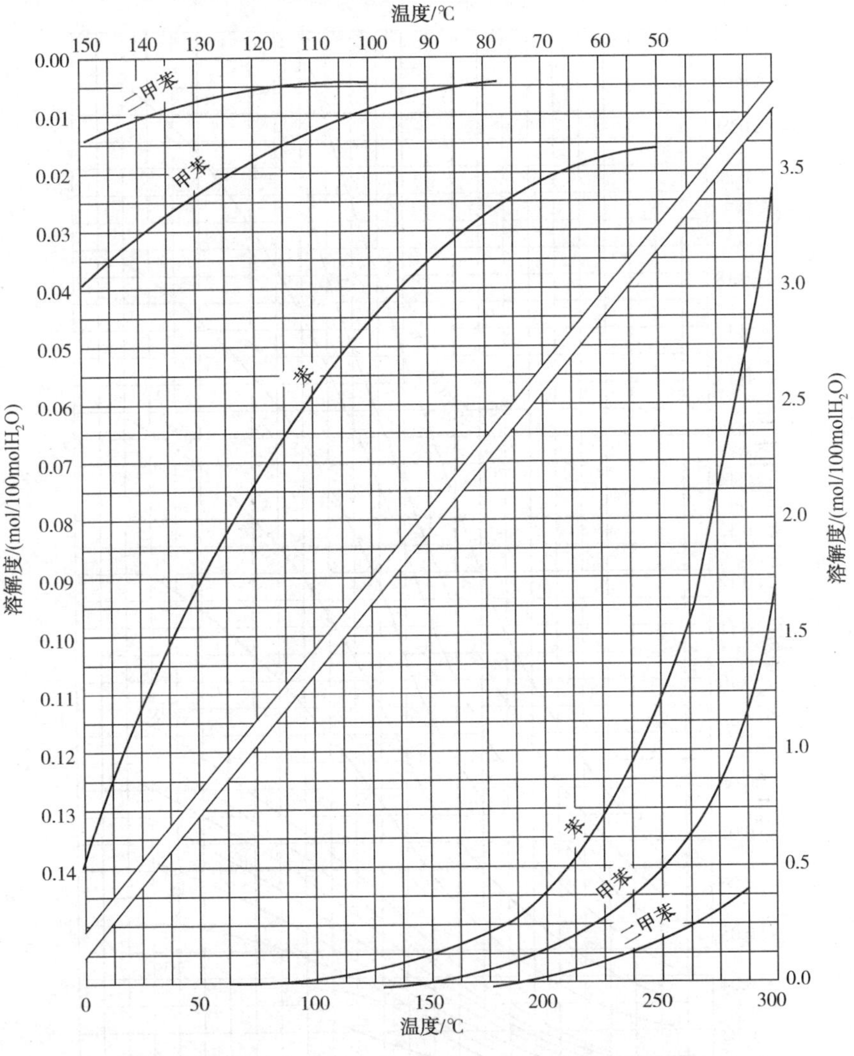

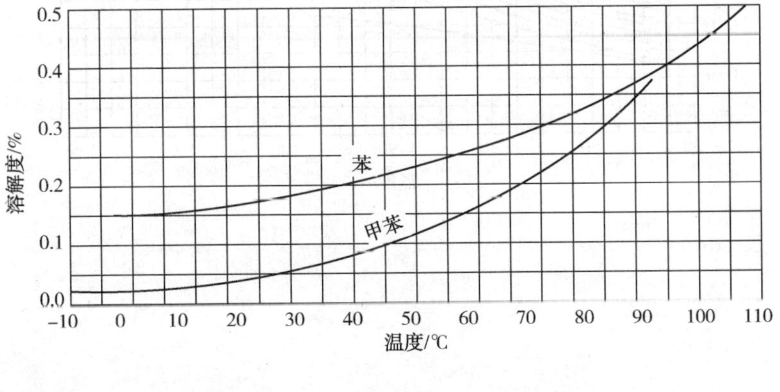

4.15.3　苯在水中的溶解度[11]

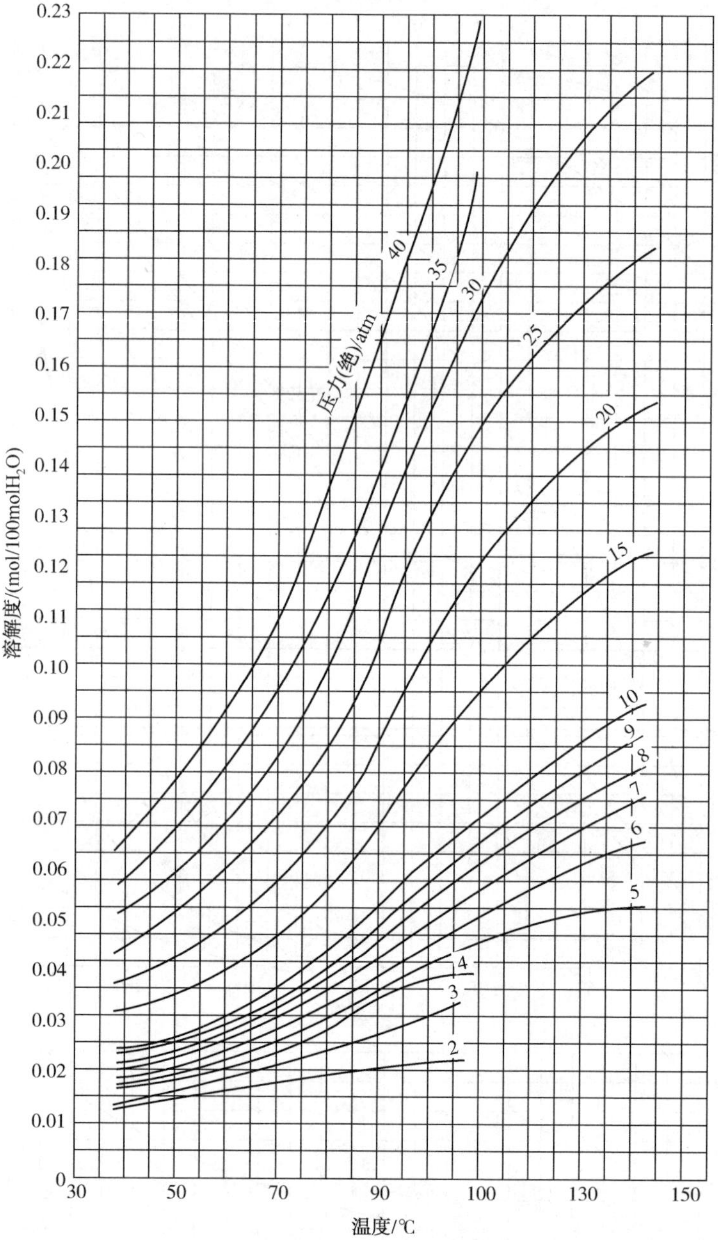

4.15.4 几种气体在水中的溶解度[11]

温度/℃	氯 Cl_2/λ①	溴 Br_2/α②	氨 NH_3/y③	溴化氢 HBr/λ	氯化氢 HCl/λ	二氧化硫 SO_2/λ
0	4.610	60.5	87.5	612	507	79.79
5	3.58	45.8	77.1		491	67.48
10	3.148	35.1	67.9	582	474	56.65
15	2.680	27.0	59.7		459	47.28
20	2.299	21.3	52.6		442	39.37
25	2.019	17.0	46.2	533	426	32.79
30	1.799	13.8	40.3		412	27.16
40	1.438	9.4	30.7		386	18.77
50	1.225	6.5	22.9	469	362	
60	1.023	4.9			339	
80	0.683	3.0	16.4			
100	0.00		7.4	345		

① λ 为总压(而非分压)等于 101.325kPa 下时的吸收系数。

② α 为吸收系数，当气体分压为 101.325kPa 时，单位体积的水所吸收的气体体积数(折合成 760mmHg 和 0℃ 来计算)。

③ y 为在所给的温度下当气体总压力(气体分压与吸收温度下液体的饱和蒸气压之和)为 101.325kPa 时，100g 纯溶剂所吸收的气体克数。

4.15.5 氢在水中的溶解度

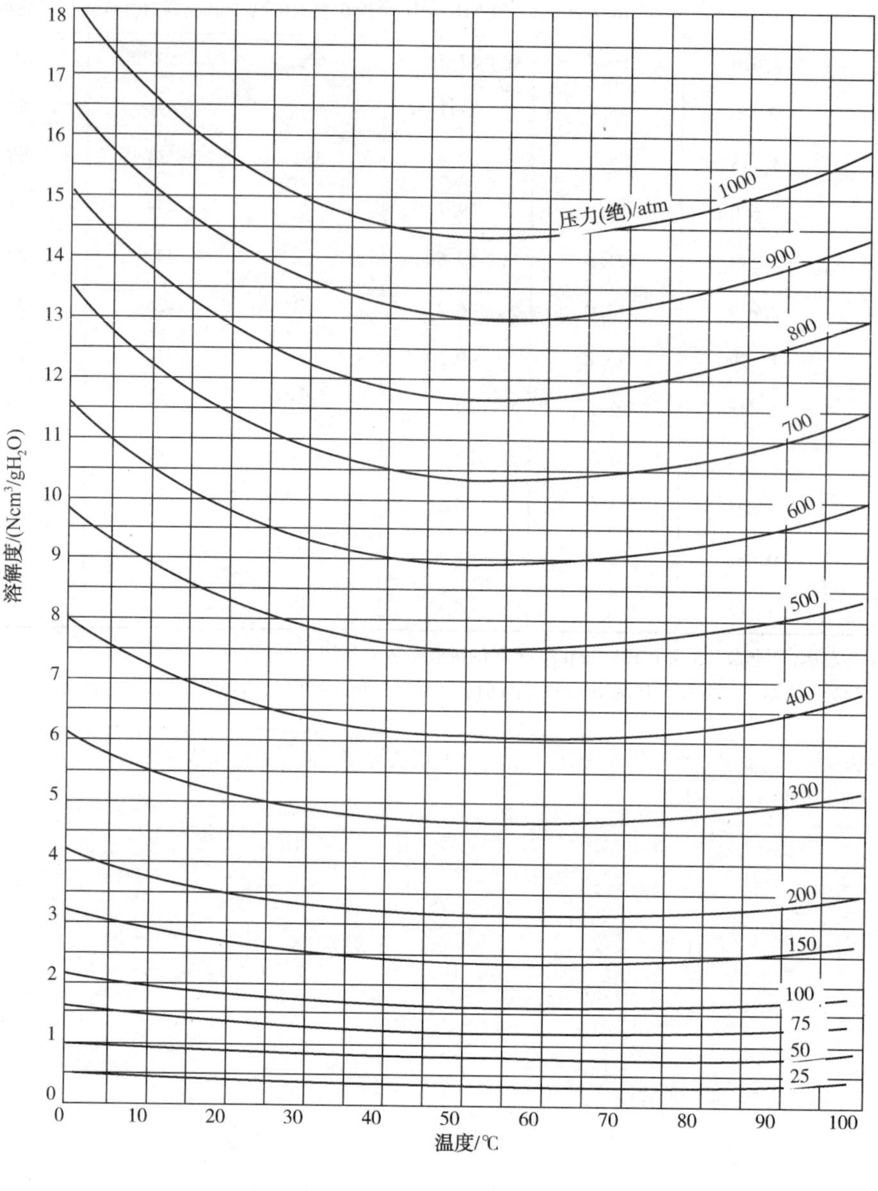

4.15.6 硫化氢在水中的溶解度

(气相分压 760mmHg)

温度/℃	H_2S 溶解度		温度/℃	H_2S 溶解度	
	Ncm^3/cm^3H_2O	$g/100gH_2O$		Ncm^3/cm^3H_2O	$g/100gH_2O$
0	4.670	0.7066	40	1.660	0.2361
5	3.977	0.6001	45	1.516	0.2110
10	3.399	0.5112	50	1.392	0.1883
15	2.945	0.4411	60	1.190	0.1480
20	2.582	0.3846	70	1.022	0.1101
25	2.282	0.3375	80	0.917	0.0765
30	2.037	0.2983	90	0.84	0.041
35	1.831	0.2661	100	0.81	0.040

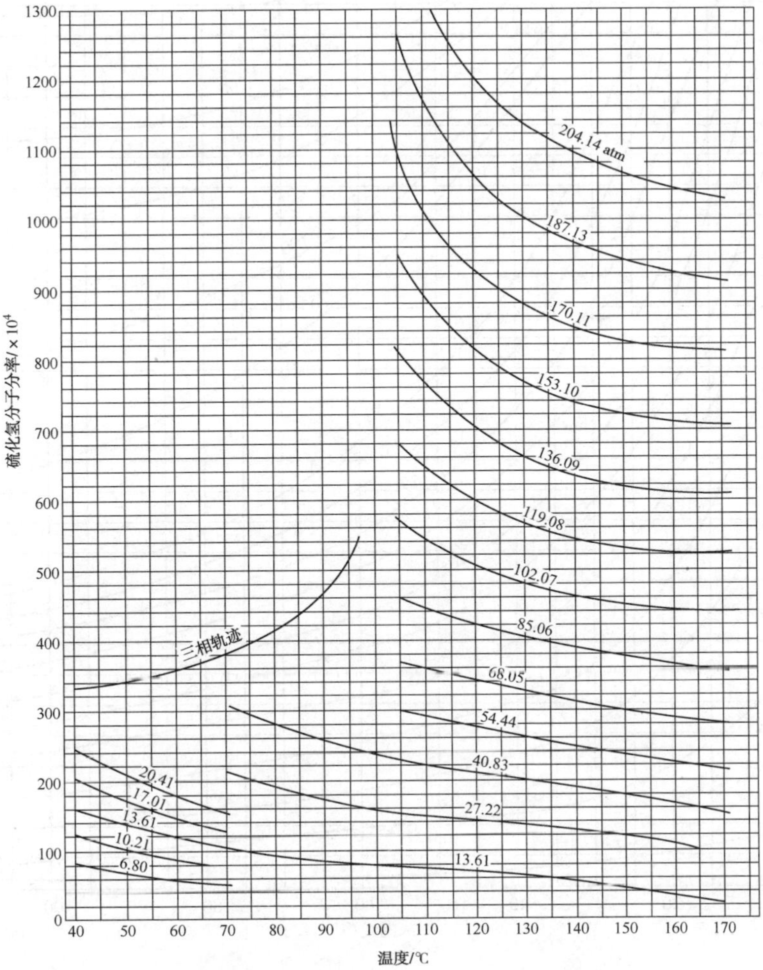

4.15.7 二氧化碳在水中的溶解度

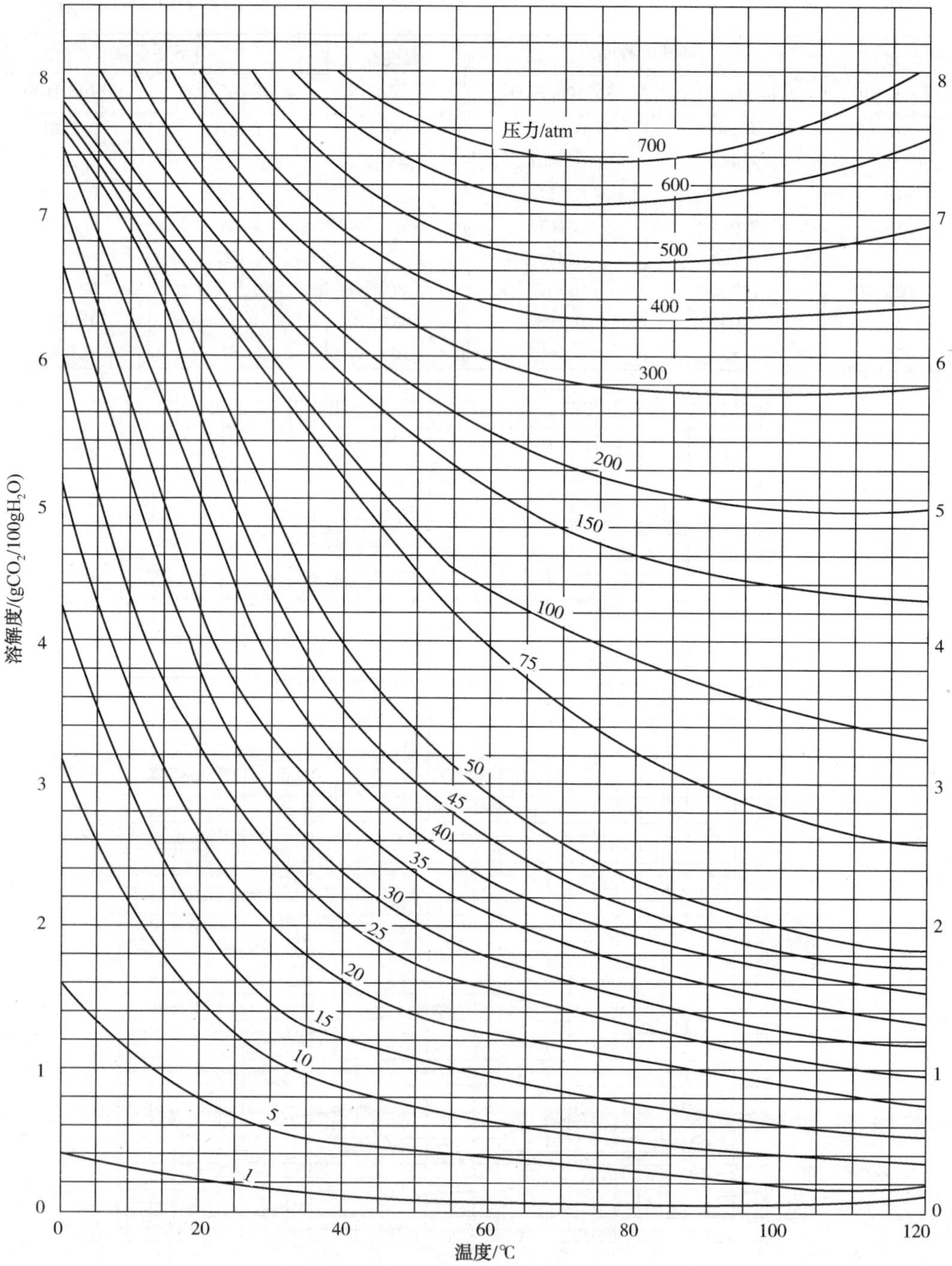

4.15.8 氢氧化钠、尿素在水中的溶解度[11]

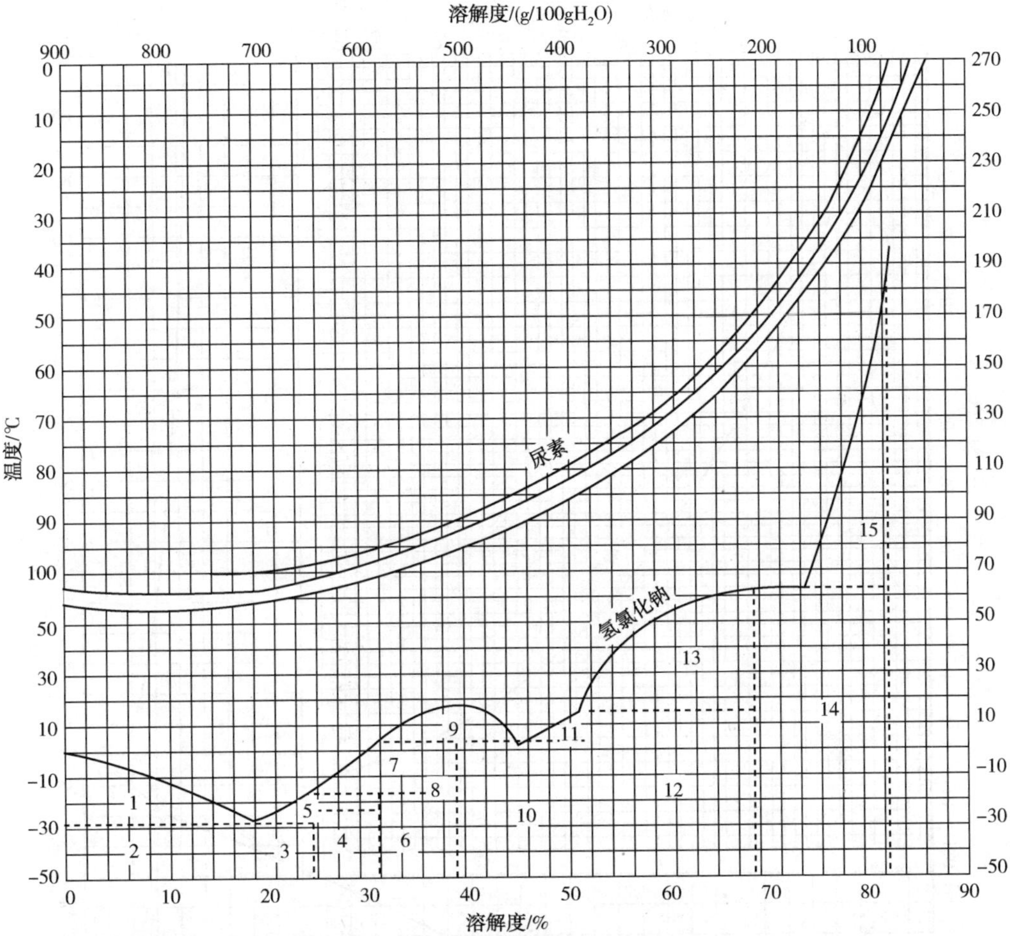

1—冰；2—冰+NaOH · 7H_2O；3—NaOH · 7H_2O；4—NaOH · 7H_2O+NaOH · 5H_2O；5—NaOH · 5H_2O；6—NaOH · 5H_2O+NaOH · 4H_2O；7—NaOH · 4H_2O；8—NaOH · 4H_2O+NaOH · 3½H_2O；9—NaOH · 3½H_2O；10—NaOH · 3½H_2O+NaOH · 2H_2O；11—NaOH · 2H_2O；12—NaOH · 2H_2O+NaOH · H_2O；13—NaOH · H_2O；14—NaOH · H_2O+NaOH；15—NaOH

4.15.9　碳酸钠、碳酸氢铵在水中的溶解度[11]

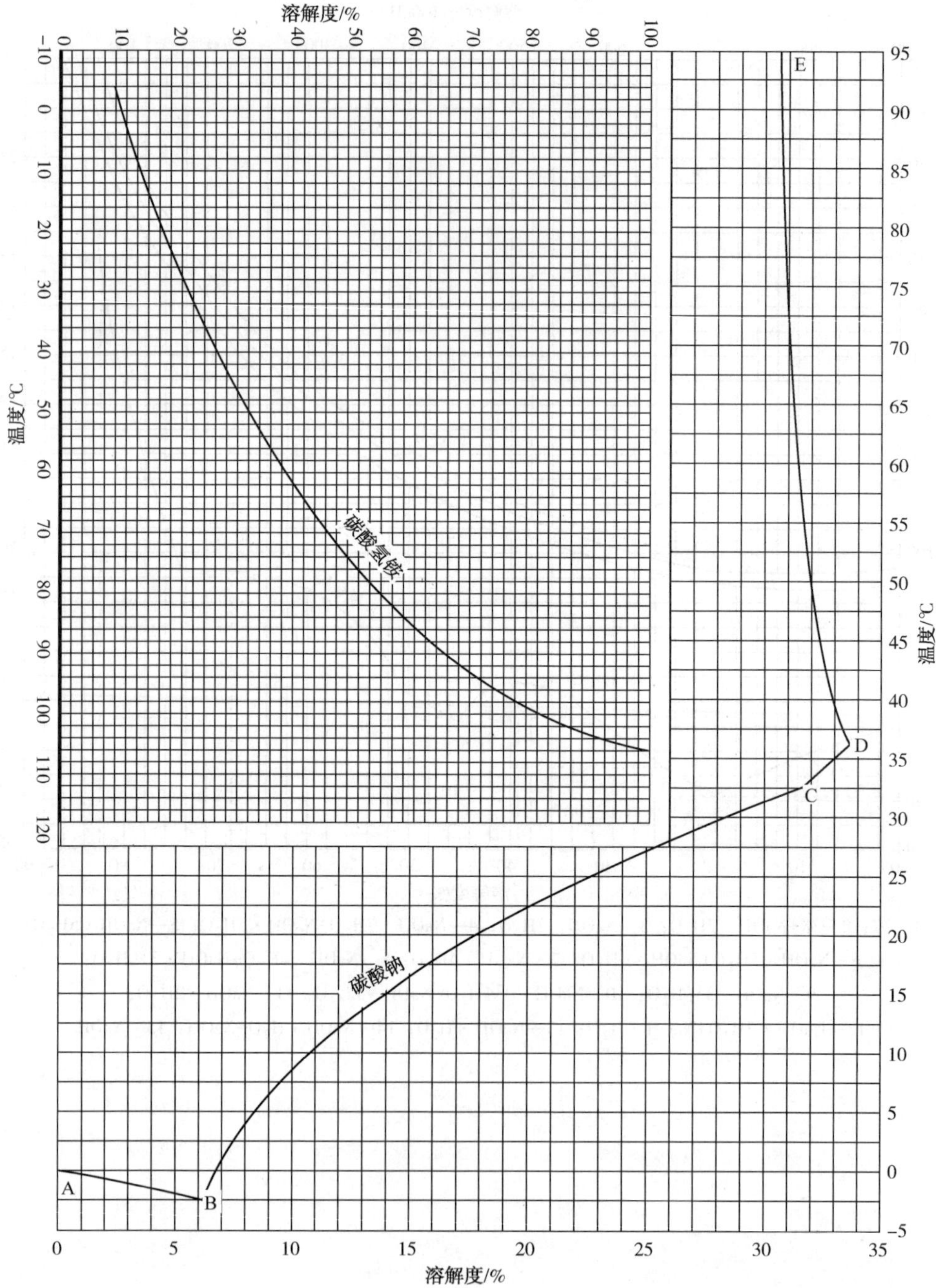

AB—冰；BC—$Na_2CO_3 \cdot 10H_2O$；CD—$Na_2CO_3 \cdot 7H_2O$；DE—$Na_2CO_3 \cdot H_2O$

4.16 水在烃类和石油馏分中的溶解度[2]

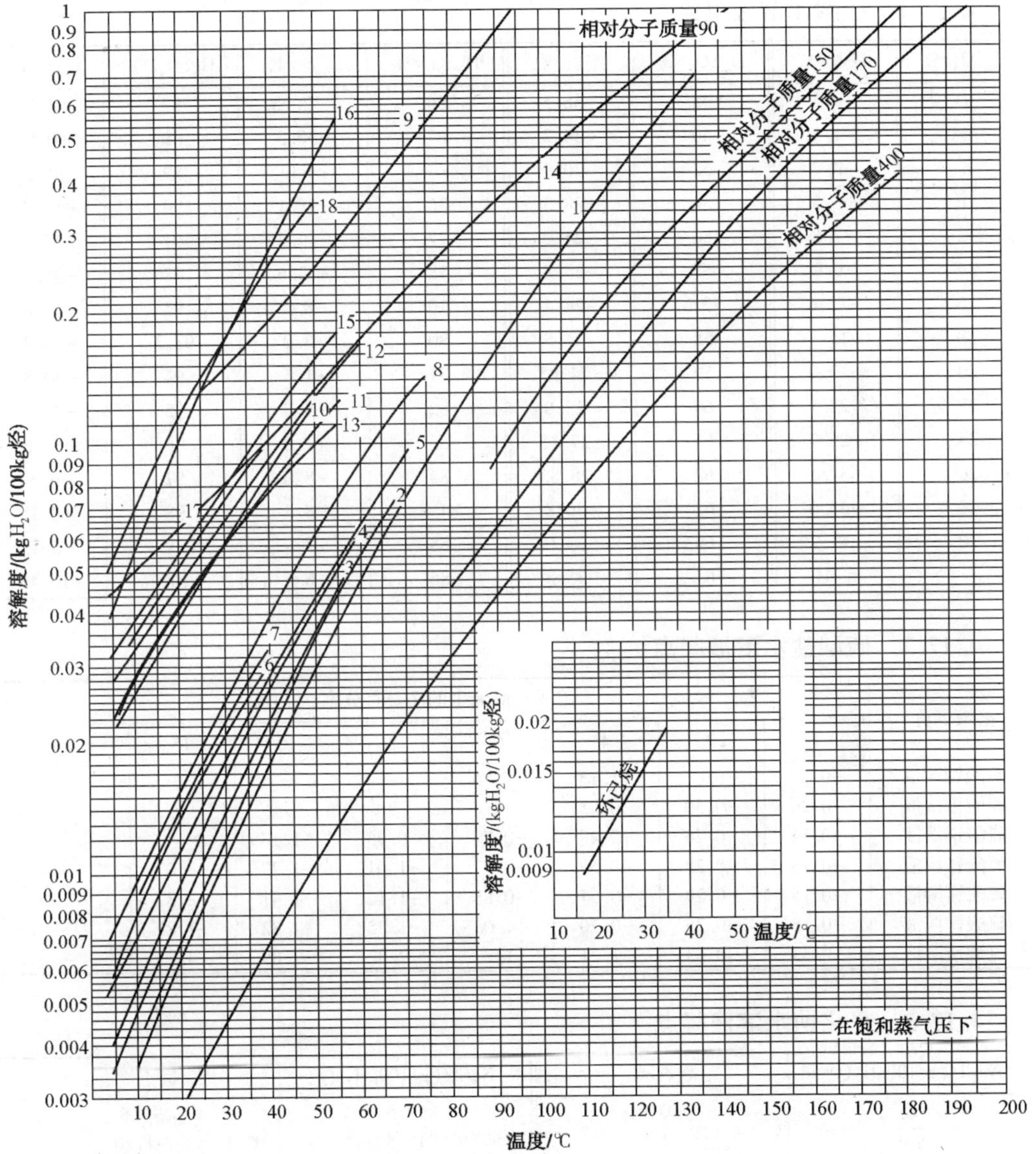

1—正丁烷；2—异丁烷；3—正戊烷；4—异戊烷；5—正己烷；6—正庚烷；7—正辛烷；8—丙烷；9—丙烯；10—异丁烯；11—1-丁烯；12—苯；13—2-丁烯；14—石油馏分(相对分子质量90)；15—苯乙烯；16—1,5-己二烯；17—1,3-丁二烯；18—1-庚烯

4.17　水溶液的凝点[2]

4.17.1　硫酸水溶液凝点

H_2SO_4/%	凝点/℃	H_2SO_4/%	凝点/℃	H_2SO_4/%	凝点/℃	H_2SO_4/%	凝点/℃
1	-0.2	48	-38.5	66	-37.75	87	+4.1
4	-1.2	50	-34.2	67	-40.3	88	+0.5
8	-3.7	52	-30.9	…	<-39	89	-4.2
10	-5.5	54	-28.3	76	-28.1	90	-10.2
12	-7.6	56	-25.9	77	-19.4	91	-17.3
14	-9.9	57	-24.8	78	-13.6	92	-25.6
16	-12.6	57.6	-24.4	79	-8.2	93	-35.0
18	-15.7	58	-24.5	80	-3.0	93.3	-37.8
20	-19.0	59	-24.85	81	+1.5	94	-30.8
22	-22.7	60	-25.8	82	+4.8	95	-21.8
24	-26.7	61	-27.15	83	+7.0	96	-13.6
26	-31.1	62	-28.85	84	+8.0	97	-6.3
28	-35.9	63	-30.8	84.5	+8.3	98	+0.1
30	-41.2	64	-33.0	85	+7.9	99	+5.7
—	<-41	65	-35.3	86	+6.6	100	+10.45

4.17.2　硫酸盐水溶液凝点

溶液名称	溶质在溶液中的质量百分率/%							
	1	2	4	6	8	10	15	20
硫酸钠溶液	-0.32	-0.61	-1.13	-1.56	—	—	—	—
硫酸钾溶液	-0.26	-0.50	-0.95	—	—	—		
硫酸铜溶液	-0.14	-0.26	-0.49	-0.70	-0.93	-1.18	—	—
硫酸锌溶液	-0.15	-0.28	-0.53	-0.77	-1.01	-1.27	-2.07	—
硫酸锰溶液	-0.15	-0.29	-0.57	-0.88	-1.12	-1.41	-2.37	-3.77
硫酸镁溶液	-0.18	-0.35	-0.70	-1.03	-1.35	-1.82	-1.82	—
硫酸铵溶液	-0.33	-0.63	-1.21	-1.77	-2.32	-2.89	-4.37	—

4.17.3　氯化钠水溶液凝点

NaCl/(g/100gH_2O)	凝点/℃	NaCl/(g/100gH_2O)	凝点/℃
1.5	-0.9	17.5	-9.8
3.0	-1.8	17.5	-11.0
4.5	-2.6	19.3	-12.2
5.9	-3.5	21.2	-13.6
9.0	-4.4	23.1	-15.1
10.6	-5.4	25.0	-16.0
12.3	-6.4	26.0	-18.2
14.0	-7.5	29.0	-20.0
15.7	-8.6	30.1	-21.2

4.17.4　氢氧化钠水溶液凝点

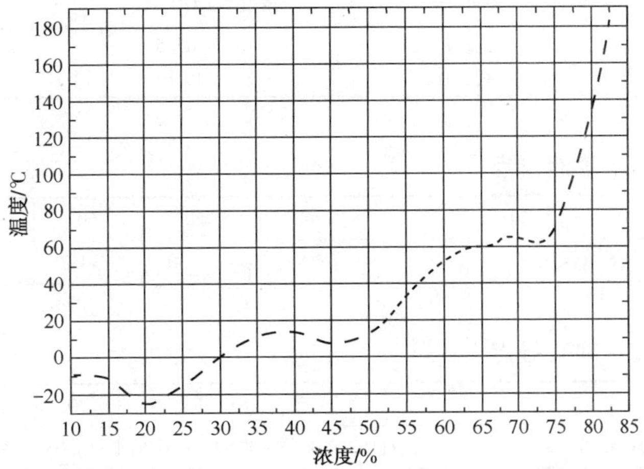

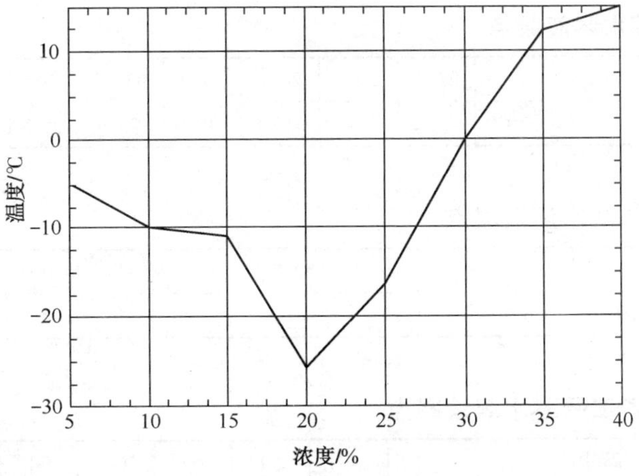

4.17.5　氨水溶液凝点

NH_3/%	凝点/℃	NH_3/%	凝点/℃	NH_3/%	凝点/℃	NH_3/%	凝点/℃
8.75	−10	31.8	−90	50.8	−80	78.8	−90
14.5	−20	33.2	−100.0	56.1	−88.3	80.0	−92.5
21.2	−40	38.6	−90	61.7	−80	82.9	−90
25.9	−60	45.1	−80	65.28	−78.2(熔点)	95.45	−80
29.8	−80	48.08	−79(熔点)	70.4	−80	100	−77.73(熔点)

4.17.6　碳酸钠水溶液凝点

浓度 Na_2CO_3/%	温度/℃	浓度 Na_2CO_3/%	温度/℃
0~37	-2.1	45.7~85.5	35.4
37~45.7	+32.0	85.5 以上	109.0

4.17.7　甘油水溶液凝点

$C_3H_8O_3$/%	10	20	30	40	50	60	70	80
凝点/℃	-1.6	-5	-9.5	-15.4	-23.0	-34.7	-38.9	-20.3

4.17.8　甲醇水溶液凝点

CH_4O/%	1	2	4	6	8	10	15	20	25	30	35
凝点/℃	-0.56	-1.14	-2.37	-3.71	-5.13	-6.57	-10.51	-15.05	-20.18	-25.79	-31.81

4.17.9　乙醇水溶液凝点

C_2H_6O/%	11.3	18.8	20.3	22.1	24.2	26.7	29.9	33.8	39	46.3	56.1	71.9
凝点/℃	-5.0	-9.4	-10.9	-12.2	-14	-16.0	-18.9	-23.6	-28.7	-33.9	-41.0	-51.3

4.17.10　乙二醇水溶液凝点

$C_2H_6O_2$/%	12.5	17.0	25.0	32.5	38.5	44.0	49.0	52.4
凝点/℃	-3.9	-6.7	-12.2	-17.8	-23.3	-28.9	-34.4	-40.4

4.17.11　二乙二醇醚水溶液凝点

$C_3H_{10}O_3$/%	0	10	20	30	40	50	60	64	70	80	90	100
凝点/℃	0	-2	-4	-8	-15	-25	-42	约-52	约-47	约-37	-24	-8

4.18 化学元素的相对原子质量[5]

原子序数	元素符号	元素名称	相对原子质量	原子序数	元素符号	元素名称	相对原子质量
1	H	氢 Hydrogen	1.00794	39	Y	钇 Yttrium	88.90585
2	He	氦 Helium	4.002602	40	Zr	锆 Zirconium	91.224
3	Li	锂 Lithium	6.941	41	Nb	铌 Niobium	92.90638
4	Be	铍 Beryllium	9.012182	42	Mo	钼 Molybdenum	95.94
5	B	硼 Boron	10.811	43	Tc	锝 Technetium	[98]
6	C	碳 Carbon	12.0107	44	Ru	钌 Ruthenium	101.07
7	N	氮 Nitrogen	14.00674	45	Rh	铑 Rhodium	102.9055
8	O	氧 Oxygen	15.9994	46	Pd	钯 Palladium	106.42
9	F	氟 Fluorine	18.9984032	47	Ag	银 Silver	107.8682
10	Ne	氖 Neon	20.1797	48	Cd	镉 Cadmium	112.411
11	Na	钠 Sodium	22.98977	49	In	铟 Indium	114.818
12	Mg	镁 Magnesium	24.305	50	Sn	锡 Tin	118.71
13	Al	铝 Aluminum	26.981538	51	Sb	锑 Antimony	121.76
14	Si	硅 Silicon	28.0855	52	Te	碲 Tellurium	127.6
15	P	磷 Phosphorus	30.973761	53	I	碘 Iodine	126.90447
16	S	硫 Sulfur	32.066	54	Xe	氙 Xenon	131.29
17	Cl	氯 Chlorine	35.4527	55	Cs	铯 Cesium	132.90545
18	Ar	氩 Argon	39.948	56	Ba	钡 Barium	137.327
19	K	钾 Potassium	39.0983	57	La	镧 Lanthanum	138.9055
20	Ca	钙 Calcium	40.078	58	Ce	铈 Cerium	140.166
21	Sc	钪 Scandium	44.95591	59	Pr	镨 Praseodymium	140.90765
22	Ti	钛 Titanium	47.867	60	Nd	钕 Neodymium	144.24
23	V	钒 Vanadium	50.9415	61	Pm	钷 Promethium	[145]
24	Cr	铬 Chromium	51.9961	62	Sm	钐 Samarium	150.36
25	Mn	锰 Manganese	54.938049	63	Eu	铕 Europium	151.964
26	Fe	铁 Iron	55.845	64	Gd	钆 Gadolinium	157.25
27	Co	钴 Cobalt	58.9332	65	Tb	铽 Terbium	158.92534
28	Ni	镍 Nickel	58.6934	66	Dy	镝 Dysprosium	162.5
29	Cu	铜 Copper	63.546	67	Ho	钬 Holmium	164.93032
30	Zn	锌 Zinc	65.39	68	Er	铒 Erbium	167.26
31	Ga	镓 Gallium	69.723	69	Tm	铥 Thulium	168.93421
32	Ge	锗 Germanium	72.61	70	Yb	镱 Ytterbium	173.04
33	As	砷 Arsenic	74.9216	71	Lu	镥 Lutetium	174.967
34	Se	硒 Selenium	78.96	72	Hf	铪 Hafnium	178.49
35	Br	溴 Bromine	79.904	73	Ta	钽 Tantalum	180.9479
36	Kr	氪 Krypton	83.8	74	W	钨 Tungsten	183.84
37	Rb	铷 Rubidium	85.4678	75	Re	铼 Rhenium	186.207
38	Sr	锶 Strontium	87.62	76	Os	锇 Osmium	190.23

续表

原子序数	元素符号	元素名称	相对原子质量	原子序数	元素符号	元素名称	相对原子质量
77	Ir	铱　Iridium	192. 217	95	Am	镅　Americium	[243]
78	Pt	铂　Platinum	195. 078	96	Cm	锔　Curium	[247]
79	Au	金　Gold	196. 96655	97	Bk	锫　Berkelium	[247]
80	Hg	汞　Mercury	200. 59	98	Cf	锎　Californium	[251]
81	Tl	铊　Thallium	204. 3833	99	Es	锿　Einsteinium	[252]
82	Pb	铅　Lead	207. 2	100	Fm	镄　Fermium	[257]
83	Bi	铋　Bismuth	208. 98038	101	Md	钔　Mendelevium	[258]
84	Po	钋　Polonium	[209]	102	No	锘　Nobelium	[259]
85	At	砹　Astatine	[210]	103	Lr	铹　Lawrencium	[262]
86	Rn	氡　Radon	[222]	104	Rf	—　Rutherfordium	[261]
87	Fr	钫　Francium	[223]	105	Db	—　Dubnium	[262]
88	Ra	镭　Radium	[226]	106	Sg	—　Seaborgium	[263]
89	Ac	锕　Actinium	[227]	107	Bh	—　Bohrium	[264]
90	Th	钍　Thorium	232. 0381	108	Hs	—　Hassium	[265]
91	Pa	镤　Protactinium	231. 03588	109	Mt	—　Meitnerium	[268]
92	U	铀　Uranium	238. 0289	110	Unn	—　Ununnilium	[269]
93	Np	镎　Neptunium	[237]	111	Uuu	—　Unununium	[272]
94	Pu	钚　Plutonium	[244]	112	Uub	—　Ununbium	[277]

5 安全与环保卫生

石化厂加工的是易燃易爆的物质，有的介质还具有毒性，安全、环保和卫生是石化工作者必须高度关注的问题。这里汇集了石化行业常用的国家和行业标准规范中的有关规定（标准号附在标题的后面），供读者贯彻执行。

5.1 常见易燃气体、蒸气安全特性(GB/T 50493—2019)

序号	物质名称	沸点/℃	闪点/℃	爆炸浓度(体积分数)/%		火灾危险性分类	蒸气密度/(kg/Nm³)	备注
				下限	上限			
1	甲烷	-161.5	气体	5.0	15.0	甲	0.77	液化后为甲$_A$
2	乙烷	-88.9	气体	3.0	12.5	甲	1.34	液化后为甲$_A$
3	丙烷	-42.1	气体	2.0	11.1	甲	2.07	液化后为甲$_A$
4	丁烷	-0.5	气体	1.9	8.5	甲	2.59	液化后为甲$_A$
5	戊烷	36.07	<-40.0	1.4	7.8	甲$_B$	3.22	—
6	己烷	68.9	-22.8	1.1	7.5	甲$_B$	3.88	—
7	庚烷	98.3	-3.9	1.1	6.7	甲$_B$	4.53	—
8	辛烷	125.67	13.3	1.0	6.5	甲$_B$	5.09	—
9	壬烷	150.77	31.0	0.7	2.9	乙$_A$	5.73	—
10	环丙烷	-33.9	气体	2.4	10.4	甲	1.94	液化后为甲$_A$
11	环戊烷	49.25	<-6.7	1.4	—	甲$_B$	3.10	—
12	异丁烷	-11.7	气体	1.8	8.4	甲	2.59	液化后为甲 A
13	环己烷	81.7	-20.0	1.3	8.0	甲$_B$	3.75	—
14	异戊烷	27.8	<-51.1	1.4	7.6	甲$_B$	3.21	—
15	异辛烷	99.24	-12.0	1.0	6.0	甲$_D$	5.09	—
16	乙基环丁烷	71.1	<-15.6	1.2	7.7	甲$_B$	3.75	—
17	乙基环戊烷	103.3	<21	1.1	6.7	甲$_B$	4.40	—
18	乙基环己烷	131.7	35	0.9	6.6	乙$_A$	5.04	—
19	甲基环己烷	101.1	-3.9	1.2	6.7	甲$_B$	4.40	—
20	乙烯	-103.7	气体	2.7	36	甲	1.29	液化后为甲 A
21	丙烯	-47.2	气体	2.0	11.1	甲	1.94	液化后为甲$_A$

续表

序号	物质名称	沸点/℃	闪点/℃	爆炸浓度(体积分数)/%		火灾危险性分类	蒸气密度/(kg/Nm^3)	备注
				下限	上限			
22	1-丁烯	-6.1	气体	1.6	10.0	甲	2.46	液化后为$甲_A$
23	2-丁烯(顺)	3.7	气体	1.7	9.0	甲	2.46	液化后为$甲_A$
24	2-丁烯(反)	1.1	气体	1.8	9.7	甲	2.46	液化后为$甲_A$
25	丁二烯	-4.44	气体	2.0	12	甲	2.42	液化后为$甲_A$
26	异丁烯	-6.7	气体	1.8	9.6	甲	2.46	液化后为$甲_A$
27	乙炔	-84	气体	2.5	80	甲	1.16	液化后为$甲_A$
28	丙炔	-2.3	气体	1.7	—	甲	1.81	液化后为$甲_A$
29	苯	80.1	-11.1	1.2	7.8	$甲_B$	3.62	—
30	甲苯	110.6	4.4	1.2	7.1	$甲_B$	4.01	—
31	乙苯	136.2	21	0.8	6.7	$甲_B$	4.73	—
32	邻二甲苯	144.4	17	1.0	6.0	$甲_B$	4.78	—
33	间二甲苯	138.9	25	1.1	7.0	$甲_B$	4.78	—
34	对二甲苯	138.3	25	1.1	7.0	$甲_B$	4.78	—
35	苯乙烯	146.1	32	0.9	6.8	$乙_A$	4.64	—
36	环氧乙烷	10.56	<-17.8	3.0	80	$甲_A$	1.94	爆炸极限数据按《化工过程安全理论与应用》(第二版)
37	环氧丙烷	33.9	-37.2	2.8	37	$甲_B$	2.59	—
38	甲基醚	-23.9	气体	3.4	27	甲	2.07	液化后为$甲_A$
39	乙醚	35	-45	1.9	36	$甲_B$	3.36	—
40	乙基甲基醚	10.6	-37.2	2.0	10.1	$甲_A$	2.72	—
41	二甲醚	-23.7	气体	3.4	27	甲	2.06	液化后为$甲_A$
42	二丁醚	141.1	25	1.5	7.6	$甲_B$	5.82	—
43	甲醇	63.9	11	6.0	36	$甲_B$	1.42	—
44	乙醇	78.3	12.8	3.3	19	$甲_B$	2.06	—
45	丙醇	97.2	25	2.1	13.5	$甲_B$	2.72	—
46	丁醇	117.0	28.9	1.4	11.2	$乙_A$	3.36	—
47	戊醇	138.0	32.7	1.2	10.5	$乙_A$	3.88	—

续表

序号	物质名称	沸点/℃	闪点/℃	爆炸浓度(体积分数)/%		火灾危险性分类	蒸气密度/(kg/Nm^3)	备注
				下限	上限			
48	异丙醇	82.8	11.7	2.0	12	甲$_B$	2.72	—
49	异丁醇	108.0	31.6	1.7	19.0	乙$_A$	3.30	—
50	甲醛	-19.4	气体	7.0	73	甲	1.38	液化后为甲$_A$
51	乙醛	21.1	-37.8	4.0	60	甲$_B$	1.94	—
52	丙醛	48.9	-9.4~7.2	2.9	17	甲$_B$	2.59	—
53	丙烯醛	51.7	-26.1	2.8	31	甲$_B$	2.46	—
54	丙酮	56.7	-17.8	2.6	12.8	甲$_B$	2.59	—
55	丁醛	76	-6.7	2.5	12.5	甲$_B$	3.23	—
56	甲乙酮	79.6	-6.1	1.8	10	甲$_B$	3.23	—
57	环己酮	156.1	43.9	1.1	8.1	乙$_A$	4.40	—
58	乙酸	118.3	42.8	5.4	17	乙$_A$	2.72	—
59	甲酸甲酯	32.2	-18.9	4.5	23	甲$_B$	2.72	—
60	甲酸乙酯	54.4	-20	2.8	16	甲$_B$	3.37	—
61	醋酸甲酯	60	-10	3.1	16	甲$_B$	3.62	—
62	醋酸乙酯	77.2	-4.4	2.0	11.5	甲$_B$	3.88	—
63	醋酸丙酯	101.7	14.4	1.7	8.0	甲$_B$	4.53	—
64	醋酸丁酯	127	22	1.7	9.8	甲$_B$	5.17	—
65	醋酸丁烯酯	717.7	7.0	2.6	—	甲$_B$	3.88	—
66	丙烯酸甲酯	79.7	-2.9	2.8	25	甲$_B$	3.88	—
67	呋喃	31.1	<0	2.3	14.3	甲$_B$	2.97	—
68	四氢呋喃	66.1	-14.4	2.0	11.8	甲$_B$	3.23	—
69	氯代甲烷	-23.9	气体	8.1	17.4	甲	2.33	液化后为甲$_A$
70	氯乙烷	12.2	-50	3.8	15.4	甲$_A$	2.84	—
71	溴乙烷	37.8	<-20	6.7	8	甲$_B$	4.91	—
72	氯丙烷	46.1	<-17.8	2.6	11.1	甲$_B$	3.49	—
73	氯丁烷	76.6	-9.4	1.8	10.1	甲	4.14	液化后为甲$_A$
74	溴丁烷	102	18.9	2.6	6.6	甲$_B$	6.08	—
75	氯乙烯	-13.9	气体	3.6	33	甲	2.84	液化后为甲$_A$

续表

序号	物质名称	沸点/℃	闪点/℃	爆炸浓度(体积分数)/%		火灾危险性分类	蒸气密度/(kg/Nm^3)	备注
				下限	上限			
76	烯丙基氯	45	-32	2.9	11.1	$甲_B$	3.36	—
77	氯苯	132.2	28.9	1.3	7.1	$乙_A$	5.04	—
78	1,2-二氯乙烷	83.9	13.3	6.2	16	$甲_B$	4.40	—
79	1,1-二氯乙烯	37.2	-17.8	7.3	16	$甲_B$	4.40	—
80	硫化氢	-60.4	气体	4.3	45.5	甲	1.54	—
81	二硫化碳	46.2	-30	1.3	5.0	$甲_B$	3.36	—
82	乙硫醇	35.0	<26.7	2.8	18.0	$甲_B$	2.72	—
83	乙腈	81.6	5.6	3.0	16.0	$甲_B$	1.81	—
84	丙烯腈	77.2	0	3.0	17.0	$甲_B$	2.37	—
85	硝基甲烷	101.1	35.0	7.3	63	$乙_A$	2.72	—
86	硝基乙烷	113.8	27.8	3.4	5.0	$甲_B$	3.36	—
87	亚硝酸乙酯	17.2	-35	3.0	50	$甲_B$	3.36	—
88	氰化氢	26.1	-17.8	5.6	40	$甲_B$	1.16	—
89	甲胺	-6.5	气体	4.9	20.7	甲	2.72	液化后为$甲_A$
90	二甲胺	7.2	气体	2.8	14.4	甲	2.07	—
91	吡啶	115.5	<2.8	1.7	12	$甲_B$	3.53	—
92	氢	-253	气体	4.0	75	甲	0.09	—
93	天然气	—	气体	3.8	13	甲	—	—
94	城市煤气	<-50	气体	4.0	—	甲	0.65	—
95	液化石油气	—	—	1.0	—	$甲_A$	—	气化后为甲类气体，下限按国际海协数据
96	轻石脑油	36~68	<-20.0	1.2	5.9	$甲_B$	≥3.22	—
97	重石脑油	65~177	-22~20	0.6	—	$甲_B$	≥3.61	—
98	汽油	50~150	<-20	1.1	5.9	$甲_B$	4.14	—
99	喷气燃料	80~250	<28	0.6	6.5	$乙_A$	6.47	闪点按现行行业标准《2号喷气燃料》GB 1788—79的数据
100	煤油	150~300	≤45	0.6	6.5	$乙_A$	6.47	—
101	原油	—	—	—	—	$甲_B$	—	—

注：本表中气体密度是在1atm、0°C条件下的数据。

5.2 常见有毒气体、蒸气安全特性(GB/T 50493—2019)

职业接触限值 OEL，最高容许浓度 MAC，时间加权平均容许浓度 PC-TWA，短时间接触容许浓度 PC-STEL，直接致害浓度 IDLH。

序号	物质名称	蒸气密度/(kg/cm³)	熔点/℃	沸点/℃	OEL/(mg/m³)			IDLH/(mg/m³)
					MAC	PC-TWA	PC-STEL	
1	一氧化碳	1.17	-199.5	-191.4	—	20	30	1700
2	氯乙烯	2.60	-160	-13.9	—	10	—*	—
3	硫化氢	1.44	-85.5	-60.4	10	—	—	430
4	氯	3.00	-101	-34.5	1	—	—	88
5	氰化氢	1.13	-13.2	26.1	1	—	—	56
6	丙烯腈	2.21	-83.6	77.2	—	1	2	1100
7	二氧化氮	3.87	-11.2	21.2	—	5	10	96
8	苯	3.35	5.5	80.1	—	6	10	9800
9	氨	0.73	-78	-33.4	—	20	30	360
10	碳酰氯(光气)	4.11	-104	8.3	0.5	—	—	8
11	二氧化硫	2.73	-75.5	-10	—	5	10	270
12	甲醛	1.29	-92	-19.5	0.5*	—*	—	37
13	环氧乙烷	1.84	-112.2	10.8	—	2*	—*	1500
14	溴	8.64	-7.2	58.8	—*	0.6*	2*	66

注：1. 本表中气体密度是在 1atm、20°C 条件下的数据。

2. 表中带 * 记号的数据录自 GBZ 2.1—2019。

对环境大气(空气)中有毒气体浓度的表示方法有两种：质量浓度(每立方米空气中所含有毒气体的质量数，即 mg/m³)和体积浓度(一百万体积的空气中所含有毒气体的体积数，即 ppm 或 μmol/mol)。通常，大部分气体检测仪器测得的气体浓度是体积浓度(ppm)。而我们国家的标准规范采用的气体浓度为质量浓度单位(mg/m³)。

浓度单位 ppm(μmol/mol)与 mg/m³ 的换算关系式：

$$C_{\mathrm{ppm}} = C_{\mathrm{mg/m^3}} \cdot \frac{22.4}{M_{\mathrm{w}}} \cdot \frac{T}{273} \cdot \frac{1}{p}$$

式中 M_{w}——气体的相对分子质量，g/mol；

T——环境温度，K；

p——环境大气压力，atm。

【例题 1】 硫化氢的相对分子质量为 34.09，最高容许浓度 MAC 的质量浓度为 10mg/m³，在环境大气压为 1atm 和环境温度 20℃条件下，相当的体积浓度为

$$C_{\mathrm{ppm}}=C_{\mathrm{mg/m^3}}\cdot\frac{22.4}{M_{\mathrm{w}}}\cdot\frac{T}{273}\cdot\frac{1}{p}$$

$$=10\cdot\frac{22.4}{34.09}\cdot\frac{273+20}{273}\cdot\frac{1}{1}=7.05\mathrm{ppm}$$

【例题 2】 苯的相对分子质量为 78.11，在环境大气压为 1atm 和环境温度 25℃条件下，检测仪器测得苯的体积浓度为 2.1ppm，相当的质量浓度为

$$C_{\mathrm{mg/m^3}}=C_{\mathrm{ppm}}\cdot\frac{M_{\mathrm{w}}}{22.4}\cdot\frac{273}{T}\cdot\frac{p}{1}$$

$$=2.1\cdot\frac{78.11}{22.4}\cdot\frac{273}{273+25}\cdot\frac{1}{1}=6.7\mathrm{mg/m^3}$$

这个浓度小于标准规定的短时间接触容许浓度(PC-STEL)10mg/m³，但超过了时间加权平均容许浓度(PC-TWA)6mg/m³。在这个浓度的环境下，人员无保护时持续接触时间不能超过 15min，一天接触不能超过 4 次，相继接触的间隔时间不应短于 1h。

5.3　危险化学品重大危险源辨识(GB 18218—2018)

危险化学品是具有毒害、腐蚀、爆炸、燃烧、助燃等性质，对人体、设施、环境具有危害的剧毒化学品和其他化学品。危险化学品重大危险源是长期地或临时地生产、储存、使用和经营危险化学品，且危险化学品的数量等于或超过临界量的单元。

以下规定适用于生产、储存、使用和经营危险化学品的生产经营单位。但不适用于：

① 核设施和加工放射性物质的工厂，但这些设施和工厂中处理非放射性物质的部门除外；

② 军事设施；

③ 采矿业，但涉及危险化学品的加工工艺及储存活动除外；

④ 危险化学品的厂外运输(包括铁路、道路、水路、航空、管道等运输方式)；

⑤ 海上石油天然气开采活动。

(1) 辨识依据

危险化学品应依据其危险特性及其数量进行重大危险源辨识。

危险化学品临界量的确定方法如下：

① 在表 5-1 范围内的危险化学品。其临界量应按表 5-1 确定。

② 未在表 5-1 范围内的危险化学品。应依据其危险性，按表 5-2 确定其临界量，若一种危险化学品具有多种危险性，应按其中最低的临界量确定。

表 5-1 危险化学品名称及其临界量

序号	危险化学品名称和说明	别名	CAS 号	临界量/t
1	氧	液氨，氨气	7664-41-7	10
2	二氟化氧	一氧化二氟	7783-41-7	1
3	二氧化氮		10102-44-0	1
4	二氧化硫	亚硫酸酐	7446-09-5	20
5	氟		7782-41-4	1
6	碳酰氯	光气	75-44-5	0.3
7	环氧乙烷	氧化乙烯	75-21-8	10
8	甲醛(含量>90%)	蚁醛	50-00-0	5
9	磷化氢	磷化三氢，膦	7803-51-2	1
10	硫化氢		7783-06-4	5
11	氧化氢(无水)		7647-01-0	20
12	氯	液氯，氯气	7782-50-5	5
13	煤气(CO、CO 和 H_2、CH_4 的混合物等)			20
14	砷化氢	砷化三氢、胂	7784-42-1	1
15	锑化氢	三氢化锑；锑化三氢；睇	7803-52-3	1
16	硒化氢		7783-07-5	1
17	溴甲烷	甲基溴	74-83-9	10
18	丙酮氰醇	丙酮合氰化氢；2-羟基异丁腈；氰丙醇	75-86-5	20
19	丙烯醛	烯丙醛；败脂醛	107-02-8	20
20	氟化氢		7664-39-3	1
21	1-氯-2,3-环氧丙烷	环氧氯丙烷(3-氯-1,2-环氧丙烷)	106-89-8	20
22	3-溴-1,2-环氧丙烷	环氧溴丙烷；溴甲基环氧乙烷；表溴醇	3132-64-7	20
23	甲苯二异氰酸酯	二异氰酸甲苯酯；TDI	26471-62-5	100
24	一氯化硫	氯化硫	10025-67-9	1
25	氰化氢	无水氢氰酸	74-90-8	1
26	三氧化硫	硫酸酐	7446-11-9	75
27	3-氨基丙烯	烯丙胺	107-11-9	20
28	溴	溴素	7726-95-6	20
29	乙撑亚胺	吖丙啶；1-氮杂环丙烷；氮丙啶	151-56-4	20
30	异氰酸甲酯	甲基异氰酸脂	624-83-9	0.75
31	叠氮化钡	叠氮钡	18810-58-7	0.5
32	叠氮化铅		13424-46-9	0.5
33	雷汞	二雷酸汞；雷酸汞	628-86-4	0.5

续表

序号	危险化学品名称和说明	别名	CAS 号	临界量/t
34	三硝基苯甲醚	三硝基茴香醚	28653-16-9	5
35	2,4,6-三硝基甲苯	梯恩梯，TNT	118-96-7	5
36	硝化甘油	硝化丙三醇；甘油三硝酸酯	55-63-0	1
37	硝化纤维素[干的或含水(或乙醇)<25%]	硝化棉	9004-70-0	1
38	硝化纤维素(未改型的，或增塑的，含增塑剂<18%)			1
39	硝化纤维素(含乙醇≥25%)			10
40	硝化纤维素(含氮≤12.6%)			50
41	硝化纤维素(含水≥25%)			50
42	硝化纤维素溶液(含氮量≤12.6%，含硝化纤维素≤55%)	硝化棉溶液	9004-70-0	50
43	硝酸铵(含可燃物>0.2%，包括以碳计算的任何有机物，但不包括任何其他添加剂)		6484-52-2	5
44	硝酸铵(含可燃物≤0.2%)		6484-52-2	50
45	硝酸铵肥料(含可燃物≤0.4%)			200
46	硝酸钾		7757-79-1	1000
47	1,3-丁二烯	联乙烯	106-99-0	5
48	二甲醚	甲醚	115-10-6	50
49	甲烷，天然气		74-82-8(甲烷) 8006-14-2(天然气)	50
50	氯乙烯	乙烯基氯	75-01-1	50
51	氢	氢气	1333-74-0	5
52	液化石油气(含丙烷、丁烷及其混合物)	石油气(液化的)	68476-85-7 74-98-6(丙烷) 106-97-8(丁烷)	50
53	一甲胺	氨基甲烷；甲胺	74-89-5	5
54	乙炔	电石气	74-86-2	1
55	乙烯		74-85-1	50
56	氧(压缩的或液化的)	液氧；氧气	7782-44-7	200
57	苯	纯苯	71-43-2	50
58	苯乙烯	乙烯苯	100-42-5	500
59	丙酮	二甲基酮	67-64-1	500
60	2-丙烯腈	丙烯腈；乙烯基氰；氰基乙烯	107-13-1	50
61	二硫化碳		75-15-0	50
62	环己烷	六氢化苯	110-82-7	500

续表

序号	危险化学品名称和说明	别名	CAS 号	临界量/t
63	1,2-环氧丙烷	氧化丙烯；甲基环氧乙烷	75-56-9	10
64	甲苯	甲基苯；苯基甲烷	108-88-3	500
65	甲醇	木醇；木精	67-56-1	500
66	汽油(乙醇汽油、甲醇汽油)		86290-81-5(汽油)	200
67	乙醇	酒精	64-17-5	500
68	乙醚	二乙基醚	60-29-7	10
69	乙酸乙酯	醋酸乙酯	141-78-6	500
70	正己烷	己烷	110-54-3	500
71	过乙酸	过醋酸；过氧乙酸；乙酰过氧化氢	79-21-0	10
72	过氧化甲基乙基酮(10%<有效氧含量≤10.7%，含A型稀释剂≥48%)		1338-23-4	10
73	白磷	黄磷	12185-10-3	50
74	烷基铝	三烷基铝		1
75	戊硼烷	五硼烷	19624-22-7	1
76	过氧化钾		17014-71-0	20
77	过氧化钠	双氧化钠；二氧化钠	1313-60-6	20
78	氯酸钾		3811-04-9	100
79	氯酸钠		7775-09-9	100
80	发烟硝酸		52583-42-3	20
81	硝酸(发红烟的除外，含硝酸>70%)		7697-37-2	100
82	硝酸胍	硝酸亚氨脲	506-93-4	50
83	碳化钙	电石	75-20-7	100
84	钾	金属钾	7440-09-7	1
85	钠	金属钠	7440-23-5	10

表 5-2 未在表 5-1 中列举的危险化学品类别及其临界量

类别	符号	危险性分类及说明	临界量/t
健康危害	J(健康危害性符号)	—	—
急性毒性	J1	类别 1，所有暴露途径，气体	5
	J2	类别 2，所有暴露途径，固体、液体	50
	J3	类别 2、类别 3，所有暴露途径，气体	50
	J4	类别 2、类别 3，吸入途径，液体(沸点≤35℃)	50
	J5	类别 2，所有暴露途径，液体(除 J4 外)、固体	500
物理危险	W(物理危险性符号)	—	—

续表

类别	符号	危险性分类及说明	临界量/t
爆炸物	W1.1	—不稳定爆炸物 —1.1 项爆炸物	1
	W1.2	1.2、1.3、1.5、1.6 项爆炸物	10
	W1.3	1.4 项爆炸物	50
易燃气体	W2	类别 1 和类别 2	10
气溶胶	W3	类别 1 和类别 2	150(净重)
氧化性气体	W4	类别 1	50
易燃液体	W5.1	—类别 1 —类别 2 和类别 3，工作温度高于沸点	10
	W5.2	—类别 2 和类别 3，具有引发重大事故的特殊工艺条件包括危险化工工艺、爆炸极限范围或附近操作、操作压力大于 1.6MPa 等	50
	W5.3	—不属于 W5.1 或 W5.2 的其他类别 2	1000
	W5.4	—不属于 W5.1 或 W5.2 的其他类别 3	5000
自反应物质和混合物	W6.1	A 型和 B 型自反应物质和混合物	10
	W6.2	C 型、D 型、E 型自反应物质和混合物	50
有机过氧化物	W7.1	A 型和 B 型有机过氧化物	10
	W7.2	C 型、D 型、E 型、F 型有机过氧化物	50
自燃液体和自燃固体	W8	类别 1 自燃液体 类别 1 自燃固体	50
氧化性固体和液体	W9.1	类别 1	50
	W9.2	类别 2、类别 3	200
易燃固体	W10	类别 1 易燃固体	200
遇水放出易燃气体的物质和混合物	W11	类别 1 和类别 2	200

(2)重大危险源的辨识指标

生产单元、储存单元内存在危险化学品的数量等于或超过表 5-1、表 5-2 规定的临界量，即被定为重大危险源。单元内存在危险化学品的数量根据危险化学品种类的多少区分为以下两种情况：

① 生产单元、储存单元内存在的危险化学品为单一品种时，该危险化学品的数量即为单元内危险化学品的总量，若等于或超过相应的临界量，则定为重大危险源。

② 生产单元、储存单元内存在的危险化学品为多品种时，按式(5-1)计算，若满足式(5-1)，则定为重大危险源：

$$S=q_1/Q_1+q_2/Q_2+\cdots+q_n/Q_n\geqslant 1 \tag{5-1}$$

式中 S——辨识指标；

q_1，q_2，…，q_n——每种危险化学品的实际存在量，t；

Q_1，Q_2，…，Q_n——与每种危险化学品相对应的临界量，t。

(3)重大危险源的分级指标

重大危险源的分级指标采用单元内各种危险化学品实际存在量与其相对应的临界量比值，经校正系数校正后的比值之和 R 作为分级指标。

重大危险源的分级指标按式(5-2)计算：

$$R=\alpha\left(\beta_1\frac{q_1}{Q_1}+\beta_2\frac{q_2}{Q_2}+\cdots+\beta_n\frac{q_n}{Q_n}\right) \tag{5-2}$$

式中 R——重大危险源分级指标；

α——该危险化学品重大危险源厂区外暴露人员的校正系数；

β_1，β_2，…，β_n——与每种危险化学品相对应的校正系数；

q_1，q_2，…，q_n——每种危险化学品实际存在量，t；

Q_1，Q_2，…，Q_n——与每种危险化学品相对应的临界量，t。

根据单元内危险化学品的类别不同，设定校正系数 β 值。在表 5-3 范围内的危险化学品，其 β 值按表 5-3 确定；未在表 5-3 范围内的危险化学品，其 β 值按表 5-4 确定。

表 5-3 毒性气体校正系数 β 取值表

名称	校正系数 β	名称	校正系数 β
一氧化碳	2	硫化氢	5
二氧化硫	2	氟化氢	5
氨	2	二氧化氮	10
环氧乙烷	2	氰化氢	10
氯化氢	3	碳酰氯	20
溴甲烷	3	磷化氢	20
氯	4	异氰酸甲酯	20

表 5-4 未在表 5-3 中列举的危险化学品校正系数 β 取值表

类别	符号	β 校正系数
急性毒性	J1	4
	J2	1
	J3	2
	J4	2
	J5	1

续表

类别	符号	β校正系数
爆炸物	W1.1	2
	W1.2	2
	W1.3	2
易燃气体	W2	1.5
气溶胶	W2	1
氧化性气体	W4	1
易燃液体	W5.1	1.5
	W5.2	1
	W5.3	1
	W5.4	1
自反应物质和混合物	W6.1	1.5
	W6.2	1
有机过氧化物	W7.1	1.5
	W7.2	1
自燃液体和自燃固体	W8	1
氧化性固体和液体	W9.1	1
	W9.2	1
易燃固体	W10	1
遇水放出易燃气体的物质和混合物	W11	1

根据危险化学品重大危险源的厂区边界向外扩展500m范围内常住人口数量，按照表5-5设定暴露人员校正系数 a 值。

表5-5　暴露人员校正系数 a 取值表

厂外可能暴露人员数量	校正系数 a	厂外可能暴露人员数量	校正系数 a
100人以上	2.0	1~29人	1.0
50~99人	1.5	0人	0.5
30~49人	1.2		

（4）重大危险源的分级标准

根据计算出来的 R 值，按表5-6确定危险化学品重大危险源的级别。

表 5-6 重大危险源级别和 R 值的对应关系

重大危险源级别	R 值	重大危险源级别	R 值
一级	$R\geqslant 100$	三级	$50>R\geqslant 10$
二级	$100>R\geqslant 50$	四级	$R<10$

5.4 易燃易爆危险品的火灾危险性分级(GA/T 536.1—2013)

5.4.1 易燃气体火灾危险性分级

火灾危险性级别	分级量值
Ⅰ级	爆炸下限小于 10%；或不论爆炸下限如何，爆炸极限范围大于或等于 12 个百分点
Ⅱ级	爆炸下限大于或等于 10%并小于或等于 13%，且爆炸极限范围小于 12 个百分点

5.4.2 易燃液体火灾危险性分级

火灾危险性级别	分级量值
Ⅰ级	初沸点小于或等于 35℃
Ⅱ级	闪点小于 23℃，且初沸点大于 35℃
Ⅲ级	闪点大于或等于 23℃并小于或等于 35℃，且初沸点大于 35℃；或闪点大于 35℃并小于或等于 60℃，初沸点大于 35℃，且持续燃烧

5.4.3 易燃固体火灾危险性分级

火灾危险性级别	分级量值
Ⅰ级	火焰在试验样品堆垛上蔓延 100mm 的时间小于 45s(即燃烧速率大于 2.2mm/s)，火焰在试验样品堆垛上蔓延并且火焰通过湿润段的时间小于 4min 对于金属或金属合金粉末，如能点燃并且火焰蔓延到试验样品堆垛全部长度的时间小于或等于 5min
Ⅱ级	火焰在试验样品堆垛上蔓延 100mm 的时间小于 45s(即燃烧速率大于 2.2mm/s)，并且火焰通过湿润段的时间大于或等于 4min 对于金属或金属合金粉末，如能点燃并且火焰蔓延到试验样品堆垛全部长度的时间大于 5min，但小于或等于 10min

5.4.4 易于自燃的物资火灾危险性分级

火灾危险性级别	分级量值
Ⅰ级	发火物质
Ⅱ级	采用边长 25mm 立方体试验样品试验时，在 24h 内出现自燃，或试验样品温度超过 200℃

续表

火灾危险性级别	分级量值
Ⅲ级	采用边长100mm立方体试验样品试验时，在24h内出现自燃，或试验样品温度超过200℃

5.5 火灾危险性分类

5.5.1 生产的火灾危险性分类[GB 50016—2014(2018年版)]

生产的火灾危险性应根据生产中使用或产生的物质性质及其数量等因素划分，可分为甲、乙、丙、丁、戊类，并应符合下表的规定：

生产的火灾危险性类别	使用或产生下列物质的生产的火灾危险性特征
甲	(1)闪点小于20℃的液体 (2)爆炸下限小于10%的气体 (3)常温下能自行分解或在空气中氧化能导致迅速自燃或爆炸的物质 (4)常温下受到水或空气中水蒸气的作用，能产生可燃气体并引起燃烧或爆炸的物质 (5)遇酸、受热、撞击、摩擦、催化以及遇有机物或硫黄等易燃的无机物，极易引起燃烧或爆炸的强氧化剂 (6)受撞击、摩擦或与氧化剂、有机物接触时能引起燃烧或爆炸的物质 (7)在密闭设备内操作温度不小于物质本身自燃点的生产
乙	(1)闪点不小于28℃，但小于60℃的液体 (2)爆炸下限不小于10%的气体 (3)不属于甲类的氧化剂 (4)不属于甲类的易燃固体 (5)助燃气体 (6)能与空气形成爆炸性混合物的浮游状态的粉尘、纤维、闪点不小于60℃的液体雾滴
丙	(1)闪点不小于60℃的液体 (2)可燃固体
丁	(1)对不燃烧物质进行加工，并在高温或熔化状态下经常产生强辐射热、火花或火焰的生产 (2)利用气体、液体、固体作为燃料或将气体、液体进行燃烧作其他用的各种生产 (3)常温下使用或加工难燃烧物质的生产
戊	常温下使用或加工不燃烧物质的生产

5.5.2 可燃气体的火灾危险性分类[GB 50160—2008(2018 年版), GB 50183—2004]

类别	可燃气体与空气混合物的爆炸下限
甲	<10%(体积)
乙	≥10%(体积)

5.5.3 液化烃、可燃液体的火灾危险性分类[GB 50160—2008(2018 年版), GB 50183—2004]

名称	类别		特征
液化烃	甲	A	15℃时的蒸气压力>0.1MPa 的烃类液体及其他类似的液体
可燃液体		B	甲$_A$类以外, 闪点<28℃
	乙	A	28℃≤闪点≤45℃
		B	45℃<闪点<60℃
	丙	A	60℃≤闪点≤120℃
		B	闪点>120℃

注: GB 50183—2004 规定: 37.8°C 时蒸气压力 >200kPa 的液态烃为甲$_A$类; 操作温度超过其闪点的乙类液体应视为甲$_A$类液体; 操作温度超过其闪点的丙类液体应视为乙$_A$类液体; 在原油储运系统中, 闪点等于或大于 60℃, 且初馏点等于或大于 180℃的原油, 宜划为丙类。

5.5.4 石油天然气火灾危险性分类举例(GB 50183—2004)

火灾危险性类别		石油天然气举例
甲	A	液化石油气、天然气凝液、未稳定凝析油、液化天然气
	B	原油、稳定轻烃、汽油、天然气、稳定凝析油、甲醇、硫化氢
乙	A	原油、氮气、煤油
	B	原油、轻柴油、硫黄
丙	A	原油、重柴油、乙醇胺、乙二醇
	B	原油、二甘醇、三甘醇

5.5.5 可燃气体的火灾危险性分类举例[GB 50160—2008(2018 年版)]

类别	名称
甲	乙炔, 环氧乙烷, 氢气, 合成气, 硫化氢, 乙烯, 氰化氢, 丙烯, 丁烯, 丁二烯, 顺丁烯, 反丁烯, 甲烷, 乙烷, 丙烷, 丁烷, 丙二烯, 环丙烷, 甲胺, 环丁烷, 甲醛, 甲醚(二甲醚), 氯甲烷, 氯乙烯, 异丁烷, 异丁烯
乙	一氧化碳, 氨, 溴甲烷

5.5.6 液化烃、可燃液体的火灾危险性分类举例[GB 50160—2008(2018年版)]

类别		名称
甲	A	液化氯甲烷，液化顺式-2丁烯，液化乙烯，液化乙烷，液化反式-2丁烯，液化环丙烷，液化丙烯，液化丙烷，液化环丁烷，液化新戊烷，液化丁烯，液化丁烷，液化氯乙烯，液化环氧乙烷，液化丁二烯，液化异丁烷，液化异丁烯，液化石油气，液化二甲胺，液化三甲胺，液化二甲基亚硫，液化甲醚(二甲醚)
	B	异戊二烯，异戊烷，汽油，戊烷，二硫化碳，异已烷，已烷，石油醚，异庚烷，环戊烷，环已烷，辛烷，异辛烷，苯，庚烷，石脑油，原油，甲苯，乙苯，邻二甲苯，间、对二甲苯，异丁醇，乙醚，乙醛，环氧丙烷，甲酸甲酯，乙胺，二乙胺，丙酮，丁醛，三乙胺，醋酸乙烯，甲乙酮，丙烯腈，醋酸乙酯，醋酸异丙酯，二氯乙烯，甲醇，异丙醇，乙醇，醋酸丙酯，丙醇，醋酸异丁酯，甲酸丁酯，吡啶，二氯乙烷，醋酸丁酯，醋酸异戊酯，甲酸戊酯，丙烯酸甲酯，甲基叔丁基醚，液态有机过氧化物，乙腈，二甲基二硫
乙	A	丙苯，环氧氯丙烷，苯乙烯，喷气燃料，煤油，丁醇，氯苯，乙二胺，戊醇，环已酮，冰醋酸，异戊醇，异丙苯，液氨，-35号轻柴油，-50号轻柴油
	B	轻柴油，硅酸乙酯，氯乙醇，氯丙醇，二甲基甲酰胺，二乙基苯
丙	A	重柴油，苯胺，锭子油，酚，甲酚，糠醛，20号重油，苯甲醛，环已醇，甲基丙烯酸，甲酸，乙二醇丁醚，甲醛，糠醇，辛醇，单乙醇胺，丙二醇，乙二醇，二甲基乙酰胺
	B	蜡油，100号重油，渣油，变压器油，润滑油，二乙二醇醚，三乙二醇醚，邻苯二甲酸二丁酯，甘油，联苯-联苯醚混合物，二氯甲烷，二乙醇胺，三乙醇胺，二乙二醇，三乙二醇，液体沥青，液硫，环丁砜，矿物油，白油

5.6 平面布置的防火要求

5.6.1 设备、建筑物平面布置的防火间距[GB 50160—2008(2018年版)]

项目				控制室、机柜间、变配电所、化验室、办公室	明火设备	操作温度低于自燃点的工艺设备												操作温度等于或高于自燃点的工艺设备	含可燃液体的污水池、隔油池、酸性污水罐、含油污水罐	丙类物品仓库、乙类物品储存间	备注
						可燃气体压缩机或压缩机房		装置储罐（总容积）					其他工艺设备或房间								
								可燃气体 200～1000m³		液化烃 50～100m³	可燃液体 100～1000m³		可燃气体		液化烃	可燃液体					
						甲	乙	甲	乙	$甲_A$	$甲_B$，$乙_A$	$乙_B$，$丙_A$	甲	乙	$甲_A$	$甲_B$，$乙_A$	$乙_B$，$丙_A$				
控制室、机柜间、变配电所、化验室、办公室				—	15	15	9	15	9	22.5	15	9	15	9	15	15	9	15	15	15	—
明火设备				15	—	22.5	9	15	9	22.5	15	9	15	9	22.5	15	9	4.5	15	15	—
操作温度低于自燃点的工艺设备	可燃气体压缩机或压缩机房		甲	15	22.5	—	—	9	7.5	15	9	7.5	9	7.5	9	9	7.5	9	9	15	注1
			乙	9	9	—	—	7.5	7.5	9	7.5	7.5	—	—	7.5	—	—	4.5	—	9	
	装置储罐（总容积）	可燃气体 200～1000m³	甲	15	15	9	7.5	—	—	—	—	—	9	7.5	9	9	7.5	9	9	15	注2
			乙	9	9	7.5	7.5	—	—	—	—	—	7.5	—	7.5	7.5	—	9	7.5	9	
		液化烃 50～100m³	$甲_A$	22.5	22.5	15	9	—	—	—	—	—	9	7.5	9	9	7.5	15	9	15	
		可燃液体 100～1000m³	$甲_B$、$乙_A$	15	15	9	7.5	—	—	—	—	—	9	7.5	9	9	7.5	9	9	15	
			$乙_B$、$丙_A$	9	9	7.5	7.5	—	—	—	—	—	7.5	—	7.5	7.5	—	9	7.5	9	
	其他工艺设备或房间	可燃气体	甲	15	15	9	—	9	7.5	9	9	7.5	—	—	—	—	—	4.5	—	9	—
			乙	9	9	7.5	—	7.5	—	7.5	7.5	—	—	—	—	—	—	—	—	9	
		液化烃	$甲_A$	15	22.5	9	7.5	9	7.5	9	9	7.5	—	—	—	—	—	7.5	—	15	
		可燃液体	$甲_B$、$乙_A$	15	15	9	—	9	7.5	9	9	7.5	—	—	—	—	—	4.5	—	9	
			$乙_B$、$丙_A$	9	9	7.5	—	7.5	—	7.5	7.5	—	—	—	—	—	—	—	—	9	
操作温度等于或高于自燃点的工艺设备				15	4.5	9	4.5	9	9	15	9	9	4.5	—	7.5	4.5	—	—	4.5	15	注3
含可燃液体的污水池、隔油池、酸性污水罐、含油污水罐				15	15	9	—	9	7.5	9	9	7.5	—	—	—	—	—	4.5	—	9	—
丙类物品仓库、乙类物品储存间				15	15	15	9	15	9	15	15	9	9	9	15	9	9	15	9	—	—
装置储罐组（总容积）	可燃气体	>1000～5000m³	甲、乙	20	20	15	15	*	*	20	15	15	15	15	20	15	15	15	15	15	注4
	液化烃	>100～500m³	$甲_A$	30	30	30	25	25	20	*	25	20	25	20	30	25	20	30	25	25	
	可燃液体	>1000～5000m³	$甲_B$、$乙_A$	25	25	25	20	20	15	25	*	*	20	15	25	20	15	25	20	20	
			$乙_B$、$丙_A$	20	20	20	15	15	15	20	*	*	15	15	20	15	15	20	15	15	

注：1. 单机驱动功率小于150kW的可燃气体压缩机，可按操作温度低于自燃点的“其他工艺设备”确定其防火间距；

2. 装置储罐（组）的总容积应符合本规范第5.2.23条的规定。当装置储罐的总容积；液化烃储罐小于50m³、可燃液体储罐小于100m³、可燃气体储罐小于200m³时，可按操作温度低于自燃点的“其他工艺设备”确定其防火间距；

3. 查不到自燃点时，可取250℃；

4. 装置储罐组的防火设计应符合本规范第6章的有关规定；

5. $丙_B$类液体设备的防火间距不限；

6. 散发火花地点与其他设备防火间距同明火设备；

7. 表中“—”表示无防火间距要求或执行相关规范。“*”装置储罐集中成组布置。

5.6.2　罐组内相邻可燃液体地上储罐的防火间距[GB 50160—2008(2018年版)]

液体类别	储罐型式			
	固定顶罐		浮顶、内浮顶罐	卧罐
	$V \leqslant 1000m^3$	$V>1000m^3$		
甲$_B$、乙类	0.75D	0.6D	0.4D	0.8m
丙$_A$类	0.4D			
丙$_B$类	2m	5m		

注：1. 表中D中相邻较大罐的直径，单罐容积大于$1000m^3$的储罐取直径或高度的较大值；
2. 储存不同类别液体的或不同型式的相邻储罐的防火间距应采用本表规定的较大值；
3. 现有浅盘式内浮顶罐的防火间距同固定顶罐；
4. 可燃液体的低压储罐，其防火间距按固定顶罐考虑；
5. 储存丙$_B$类可燃液体的浮顶、内浮顶罐，其防火间距大于15m时，可取15m。

5.6.3　可燃物质厂房、储罐与铁路、道路的防火间距[GB 50016—2014(2018年版)]

名称	厂外铁路线中心线	厂内铁路线中心线	厂外道路路边	厂内道路路边	
				主要	次要
散发可燃气体、可燃蒸气的甲类厂房	30	20	15	10	5
甲、乙类液体储罐	35	25	20	15	10
丙类液体储罐	30	20	15	10	5
可燃、助燃气体储罐	25	20	15	10	5

5.6.4　氢气站、供氢站、氢气罐与建筑物、构筑物的防火间距(GB 50177—2005)

建筑物、构筑物		氢气站或供氢站	氢气罐总容积/m^3			
			≤1000	1001~10000	10001~50000	>50000
其他建筑物耐火等级	一、二级	12	12	15	20	25
	三级	14	15	20	25	30
	四级	16	20	25	30	35
民用建筑		25	25	30	35	40
重要公共建筑		50	50			
35~500kV且每台变压器为10000kV·A以上室外变配电站以及总油量超过5t的总降压站		25	25	30	35	40

续表

建筑物、构筑物	氢气站或供氢站	氢气罐总容积/m^3			
		≤1000	1001～10000	10001～50000	>50000
明火或散发火花的地点	30	25	30	35	40
架空电力线	≥1.5倍电杆高度	≥1.5倍 电杆高度			

注：1. 防火间距应按相邻建筑物、构筑物的外墙、凸出部分外缘、储罐外壁的最近距离计算。

2. 固定容积的氢气罐，总容积按其水容量(m^3)和工作压力(绝对压力)的乘积计算。

3. 总容积不超过 20m^3 的氢气罐与所属厂房的防火间距不限。

4. 与高层厂房之间的防火间距，应按本表相应增加 3m。

5. 氢气罐与氢气罐之间的防火间距，不应小于相邻较大罐直径。

5.6.5 氢气站、供氢站、氢气罐与铁路、道路的防火间距(GB 50177—2005)

铁路、道路		氢气站、供氢站	氢气罐
厂外铁路线(中心线)	非电力牵引机车	30	25
	电力牵引机车	20	20
厂内铁路线(中心线)	非电力牵引机车	20	20
	电力牵引机车		15
厂外道路(相邻侧路边)		15	15
厂内道路(相邻侧路边)	主要道路	10	10
	次要道路	5	5
围墙		5	5

注：防火间距应从氢气站、供氢站建筑物、构筑物的外墙、凸出部分外缘及氢气罐外壁计算。

5.6.6 氢气站工艺装置内设备、建筑物平面布置的防火间距(GB 50177—2005)

项目	控制室、变配电室、生活辅助间	氢气压缩机或氢气压缩机间	装置内氢气罐	氢灌瓶间、氢实(空)瓶间
控制室、变配电室、生活辅助间	—	15	15	15
氢气压缩机或氢气压缩机间	15	—	9	9
装置内氢气罐	15	9	—	9
氢灌瓶间、氢实(空)瓶间	15	9	9	—

注：氢气站内的氢气罐总容积小于 5000m^3 时，可按上表装置内氢气罐的规定进行布置。

5.6.7　架空氧气管道、管架与建筑物、构筑物、铁路、道路等之间的最小净距（GB 16912—2008）

名称	最小水平净距/m	最小垂直净距/m
建筑物有门窗的墙壁外边或突出部分外边	3.0	—
建筑物无门窗的墙壁外边或突出部分外边	1.5	—
非电气化铁路钢轨	3.0	5.5
电气化铁路钢轨	3.0	6.6
道路	1.0	5.0
人行道	0.5	2.5
厂区围墙（中心线）	1.0	—
照明、电信杆柱中心	1.0	—
熔化金属地点和明火地点	10.0	—

注：1. 表中最小水平净距：管道自外壁算起；城市道路自路面边缘算起；公路自路肩边缘算起；铁路自轨外侧或按建筑界限算起；人行道自外沿算起。

2. 表中最小垂直净距：管道自防护设施的外缘算起；管架自最低部分算起；铁路自轨面算起；道路自路拱算起；人行道自路面算起。

3. 当有大件运输要求或在检修期间有大型起吊设施通过的道路，其最小垂直净距应根据需要确定。

4. 表中与建筑物的最小水平净距的规定，不适用于沿氧气生产车间或氧气用户车间建筑物外墙敷设的管道。

5.6.8　架空氧气管道与其他架空管线之间的最小净距（GB 16912—2008）

名称	最小并行净距/m	最小交叉净距/m
给水管、排水管	满足检修要求	0.10
蒸汽管	0.25	0.10
不燃气体管	满足检修要求	0.10
燃气管、燃油管	0.50	0.25
吊车的敞开式滑触线	1.50	0.50
10kV 及以下的绝缘电缆	1.00	0.50
10kV 及以下有套管的绝缘电缆	0.50	0.50
插接式母线、悬挂式干线	1.50	0.50
非防爆开关、插座、配电箱	1.50	1.50
与架空裸电缆：		

续表

名称	最小并行净距/m	最小交叉净距/m
66~35kV	最高杆(塔)高	4.0
10~3kV	最高杆(塔)高	3.0
3kV 以下	最高杆(塔)高	1.5

注：1. 氧气管道与燃气管并行敷设时，当管道采用焊接连接结构且无阀门时，其最小并行间距可减小到 0.25m。

2. 氧气管道的阀门及管件接头与燃气、燃油管道上的阀门及管件接头，应沿着管道轴线方向错开一定距离；当必须设置在一处时，则应适当的扩大管道之间的净距。

3. 电气设备与氧气引出口不能满足上述距离要求时，可将两者安装在同一柱子的相对侧面；当柱子为空腹时，应在柱子上装设不燃烧体隔板局部隔开。

4. 与滑触线的净距系指氧气管道在其下方时的要求，此时在氧气管道与滑触线之间宜设隔离网。

5. 在路径受到限制的地区，架空氧气管道与 10kV 及以下架空裸电缆的最小并行净距，可参照 DL/T 5220 执行。

5.7 爆炸性气体环境

5.7.1 爆炸性气体混合物的分级与分组(GB 50058—2014)

爆炸性气体混合物应按其最大试验安全间隙(MESG)或最小点燃电流比(MICR)分级，按引燃温度分组。

级别	最大试验安全间隙(MESG)/mm	最小点燃电流比(MICR)
ⅡA	≥0.9	>0.8
ⅡB	0.5<MESG<0.9	0.45≤MICR≤0.8
ⅡC	≤0.5	<0.45

组别	T1	T2	T3	T4	T5	T6
引燃温度 t/℃	$t>450$	$300<t\leq450$	$200<t\leq300$	$135<t\leq200$	$100<t\leq135$	$85<t\leq100$

气体或蒸气爆炸性混合物分级分组举例：

组别	级别		
	ⅡA	ⅡB	ⅡC
T1	甲烷，乙烷，苯乙烯，苯，甲苯，二甲苯，三甲苯，萘，苯酚，甲酚，丙酮，醋酸，二氯乙烯，氨，乙腈，苯胺，吡啶，一氧化碳，甲酸，二乙醇胺，三乙醇胺	环丙烷，丙烯腈，焦炉煤气，甲基叔丁基醚	氢，水煤气
T2	丙烷，丁烷，环戊烷，丙烯，乙苯，异丙苯，甲醇，乙醇，丙醇，丁醇，2-丁酮，环已酮，醋酸乙酯，二氧乙烷，噻吩，甲胺，异丁醇，1-丁烯，吗啉，异辛烷、异戊烷，异丙醇，25 号变压器油，溶剂油	乙烯，丁二烯，环氧乙烷，甲醛，糠醛，乙二醇	乙炔

续表

组别	级别		
	ⅡA	ⅡB	ⅡC
T3	戊烷，己烷，庚烷，辛烷，壬烷，葵烷，环己烷，甲基环戊烷，甲基环己烷，乙基环戊烷，乙基环己烷，萘烷，石脑油，石油(包括车用汽油)，燃料油，煤油，柴油，戊醇，己醇，环己醇，环己烯，重柴油	二甲醚，硫化氢，二甲基二硫醚	
T4	乙醛	四氟乙烯	
T5			二硫化碳
T6			硝酸乙酯

5.7.2 爆炸性气体环境危险区域划分(GB 50058—2014)

(1) 爆炸性气体环境的区域划分

爆炸性气体环境应根据爆炸性气体混合物出现的频繁程度和持续时间分为0区、1区、2区，分区应符合下列规定：

0区应为连续出现或长期出现爆炸性气体混合物的环境；

1区应为在正常运行时可能出现爆炸性气体混合物的环境；

2区应为在正常运行时不太可能出现爆炸性气体混合物的环境，或即使出现也仅是短时存在的爆炸性气体混合物的环境。

当高挥发性液体可能大量释放并扩散到15m以外时，爆炸危险区域的范围应划分为附加2区。

(2) 区域划分和爆炸性混合物出现频率的典型关系

区域	爆炸性混合物出现频率
0区	1000h/a及以上：10%
1区	大于10h/a，且小于1000h/a：0.1%~10%
2区	大于1h/a，且小于10h/a：0.01%~0.1%
非危险区	小于1h/a：0.01%

注：表中的百分数为爆炸性混合物出现时间的近似百分比(一年8760h，按10000h计算)。

(3) 非爆炸危险区域

符合下列条件之一时，可划为非爆炸危险区域：

① 没有释放源且不可能有可燃物质侵入的区域；

② 可燃物质可能出现的最高浓度不超过爆炸下限值的10%；

③ 在生产过程中使用明火的设备附近，或炽热部件的表面温度超过区域内可燃物质引燃温度的设备附近；

④ 在生产装置区外，露天或开敞设置的输送可燃物质的架空管道地带，但其阀门处按具体情况确定。

5.7.3 释放源的分级与爆炸危险区域的划分(GB 50058—2014)

(1) 释放源的分级

可释放出能形成爆炸性混合物的物质所在的部位或地点称为释放源。释放源应按可燃物质的释放频繁程度和持续时间长短分级：

① 连续级释放源应为连续释放或预计长期释放的释放源。如经常或长期向空间释放的可燃气体或可燃液体的蒸气的排气孔、油水分离器等直接与空间接触的可燃液体的表面等。

② 一级释放源应为在正常运行时，预计可能周期性或偶尔释放的释放源。如可燃液体容器上的排水口，正常运行时会向空间释放可燃物质的取样点和排气口等。

③ 二级释放源应为在正常运行时，预计不可能释放，当出现释放时，仅是偶尔和短期释放的释放源。如正常运行时不能出现释放可燃物质的机泵和阀门密封、法兰、管道接头、安全阀、排气口的取样点等。

(2) 爆炸危险区域的划分

爆炸危险区域的划分应按释放源级别和通风条件确定。存在连续级释放源的区域可划为0区，存在一级释放源的区域可划为1区，存在二级释放源的区域可划为2区，并应根据通风条件按规定调整区域划分。当通风良好时，可降低爆炸危险区域等级，当通风不良时，应提高爆炸危险等级。

5.7.4 爆炸性气体环境危险区域范围典型示例(GB 50058—2014)

(1) 可燃物质重于空气，通风良好且为二级释放源的主要生产装置区，爆炸危险区域的范围划分宜符合下列规定：

① 在爆炸危险区域内，地坪下的坑、沟可划为1区；

② 与释放源的距离为7.5m的范围内可划为2区；

③ 以释放源为中心，总半径为30m，地坪上的高度为0.6m，且在2区以外的范围内可划分附加2区。

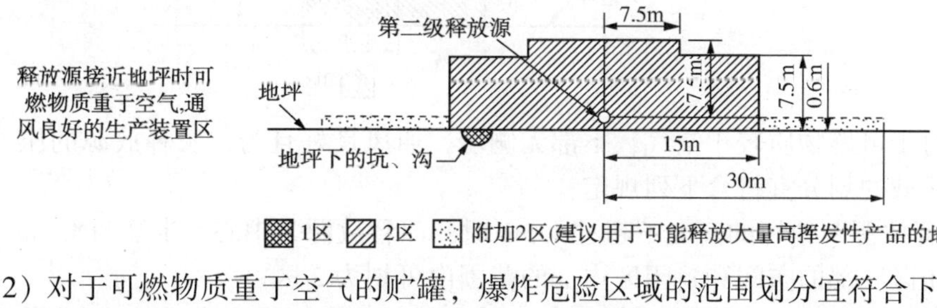

(2) 对于可燃物质重于空气的贮罐，爆炸危险区域的范围划分宜符合下列规定；

① 固定式贮罐，在罐体内部未充惰性气体的液体表面以上的空间可划为0区，浮顶式贮罐在浮顶移动范围内的空间可划为1区；

② 以放空口为中心，半径为1.5m的空间和爆炸危险区域内地坪下的坑、沟可划

为1区；

③ 距离贮罐的外壁和顶部3m的范围内可划为2区；

④ 当贮罐周围设围堤时，贮罐外壁至围堤，其高度为堤顶高度的范围内可划为2区。

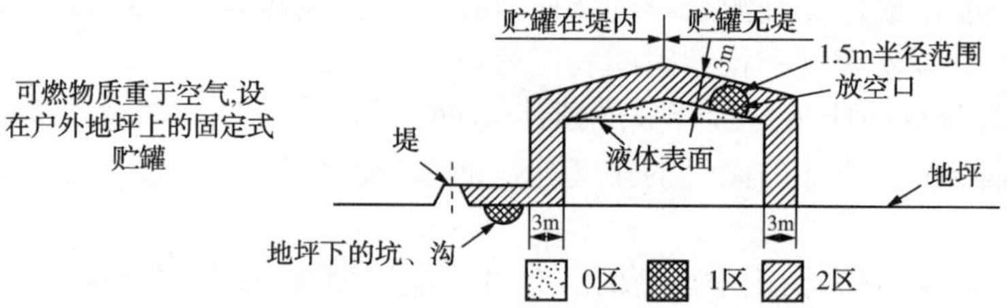

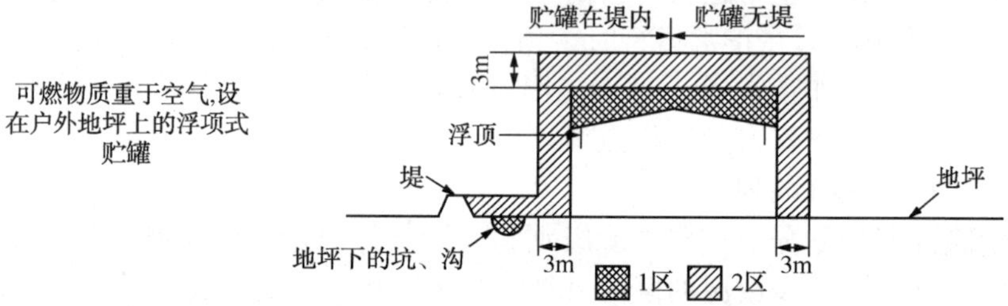

（3）对于可燃物质轻于空气，通风良好且为二级释放源的主要生产装置区，当释放源距地坪的高度不超过4.5m时，以释放源为中心，半径为4.5m，顶部与释放源的距离为4.5m，及释放源至地坪以上的范围内可划为2区。释放源距地坪的高度超过4.5m时，应根据实践经验确定。

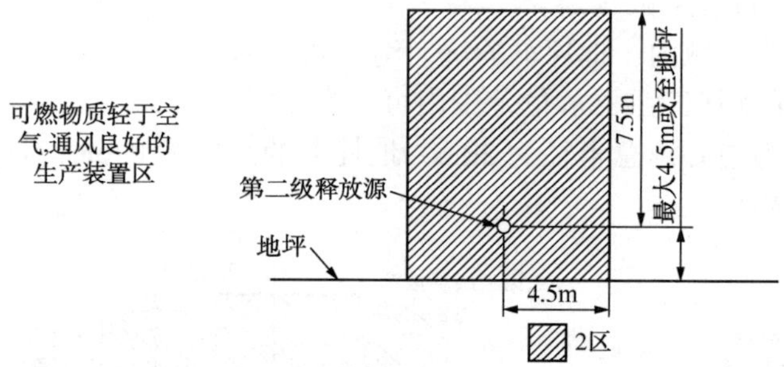

（4）对于可燃物质轻于空气，下部无侧墙，通风良好且为二级释放源的压缩机厂房，爆炸区域的划分宜符合下列规定：

① 当释放源距地坪的高度不超过4.5m时，以释放源为中心，半径为4.5m，地坪以上至封闭区底部的空间和封闭区内部的范围内可划为2区。

② 屋顶上方百叶窗边外，半径为4.5m，百叶窗顶部以上高度为7.5m的范围内可划分2区。

③ 当释放源距地坪的高度超过4.5m时，应根据实践经验确定。

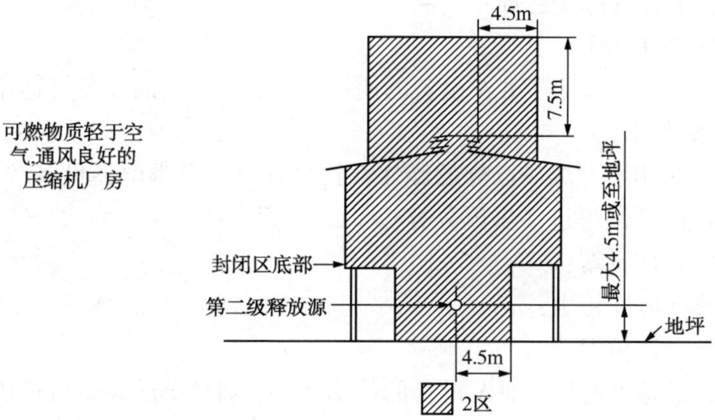

5.8 爆炸性粉尘环境

5.8.1 爆炸性粉尘环境中粉尘的分级(GB 50058—2014)

级别	粉尘举例
ⅡA 可燃性飞絮	木棉纤维,人造短纤维,木质纤维,纸纤维
ⅡB 非导电性粉尘	红磷,电石,萘,聚乙烯,聚丙烯,聚苯乙烯,聚氯乙烯,酚醛树脂,硬沥青,硬蜡,煤焦,油沥青
ⅡC 导电性粉尘	铁,镁,炭黑,锌,褐煤粉,有烟煤粉,瓦斯煤粉,焦炭用煤粉,无烟煤粉,煤焦炭粉

5.8.2 爆炸粉尘环境中危险区域划分(GB 50058—2014)

爆炸危险区域应根据爆炸性粉尘环境出现的频繁程度和持续时间分成以下三区:

(1) 20 区应为空气中的可燃性粉尘云持续地或长期地或频繁地出现于爆炸性环境中的区域;

(2) 21 区应为在正常运行时,空气中的可燃性粉尘云很可能偶尔出现于爆炸性环境中的区域;

(3) 22 区应为在正常运行时,空气中的可燃性粉尘云一般不可能出现于爆炸性粉尘环境中的区域,即使出现,持续时间也是短暂的。

5.9 爆炸性环境用电气设备分类(GB 3836.1—2010)

Ⅰ类电气设备用于煤矿瓦斯气体环境。Ⅰ类防爆型式考虑了瓦斯和煤粉的点燃以及地下用设备增加的物理保护措施。

Ⅱ类电气设备用于除煤矿瓦斯气体之外的其他爆炸性气体环境。Ⅱ类电气设备按照其拟使用的爆炸性环境的种类可进一步再分类:

ⅡA 类,代表性气体是丙烷;

ⅡB 类，代表性气体是乙烯；

ⅡC 类，代表性气体是氢气。

标志ⅡB 的设备可适用于ⅡA 设备的使用条件，ⅡC 类的设备可适用于ⅡA 和ⅡB 类设备的使用条件。

Ⅲ类电气设备用于除煤矿以外的爆炸性粉尘环境。Ⅲ类电器设备按照其拟使用的爆炸性粉尘环境的特性可进一步再分类：

ⅢA 类，可燃性飞絮；

ⅢB 类，非导电性粉尘；

ⅢC 类，导电性粉尘；

标志ⅢB 的设备可适用于ⅢA 设备的使用条件，ⅢC 类的设备可适用于ⅢA 和ⅢB 类设备的使用条件。

5.10　工作场所有害因素职业接触限值

第 1 部分：化学有害因素(GBZ 2.1—2019)

职业接触限值(OELs)——劳动者在职业活动过程中长期反复接触某种或多种职业性有害因素，不会引起绝大多数接触者不良健康效应的容许接触水平。化学有害因素的职业接触限值分为时间加权平均容许浓度、短时间接触容许浓度和最高容许浓度三类。

时间加权平均容许浓度(PC-TWA)——以时间为权数规定的 8h 工作日，40h 工作周的平均容许接触浓度。

短时间接触容许浓度(PC-STEL)——在实际测得的 8h 工作日、40h 工作周平均接触浓度遵守 PC-TWA 的前提下，容许劳动者短时间(15min)接触的加权平均浓度。

最高容许浓度(MAC)——在一个工作日内、任何时间、任何地点的化学有害因素均不应超过的浓度。

5.10.1　工作场所空气中化学有害因素职业接触限值

序号	中文名	英文名	OELs/(mg/m^3)			备注
			MAC	PC-TWA	PC-STEL	
2	氨	Ammonia	—	20	30	—
12	苯	Benzene	—	6	10	皮，G1
13	苯胺	Aniline	—	3	—	皮
17	苯乙烯	Styrene	—	50	100	皮，G2B
18	吡啶	Pyridine	—	4	—	—
20	丙酸	Propionic acid	—	30	—	—
21	丙酮	Acetone	—	300	450	—
23	丙烯醇	Allyl alcohol	—	2	3	皮

续表

序号	中文名	英文名	OELs/(mg/m^3)			备注
			MAC	PC-TWA	PC-STEL	
24	丙烯腈	Acrylonitrile	—	1	2	皮，G2B
27	丙烯酸	Acrylic acid	—	6	—	皮
28	丙烯酸甲酯	Methyl acrylate	—	20	—	皮，敏
32	草酸	Oxalic acid	—	1	2	—
33	抽余油(60~220℃)	Raffinate(60~220℃)	—	300	—	—
43	碘	Iodine	1	—	—	—
48	1,3-丁二烯	1，3-Butadiene	—	5	—	G1
50	丁烯	Butylene	—	100	—	—
53	对苯二甲酸	Terephthalic acid	—	8	15	—
66	二噁英类化合物	Polichlorinated Dibenzo-*p*-dioxins and Polychlorinated dibenzofurans	—	30 pgTEQ/m^3	—	G1
69	二甲苯(全部异构体)	Xylene (all isomers)	—	50	100	—
73	二甲基甲酰胺	Dimethylformamide (DMF)	—	20	—	皮，G2A
75	二甲基亚砜	Dimethyl sulfoxide	—	160	—	皮
79	二硫化碳	Carbon disulfide	—	5	10	皮
82	1,2-二氯丙烷	1,2-Dichloropropane	—	350	500	G1
83	1,3-二氯丙烯	1,2-Dichloropropene	—	4	—	皮，G2B
85	二氯甲烷	Dichloromethane	—	200	—	G2A-
87	1,2-二氯乙烷	1,2-Dichloroethane	—	7	15	G2B
88	1,2-二氯乙烯(全部异构体)	1,2-Dichloroethylene (all isomers)	—	800	—	—
95	氮氧化物(一氧化氮和二氧化氮)	Nitrogen oxides (Nitric oxide，Nitrogen dioxide)	—	5	10	—
96	二氧化硫	Sulfur dioxide	—	5	10	—
98	二氧化碳	Carbon dioxide	—	9000	18000	—
105	甲苯-2,4-二异氰酸酯(TDI)	Toluene-2，4-diisocyanate，Toluene-2,6-diisocyanate (TDI)	—	0.1	0.2	敏
108	酚	Phenol	—	10	—	皮
109	呋喃	Furan	—	0.5	—	G2B
110	氟化氢(按F计)	Hydrogen fluoride，as F	2	—	—	—
111	氟及其化合物(不含氟化氢)(按F计)	Fluorides and compounds (except HF), as F	—	2	—	—

续表

序号	中文名	英文名	OELs/(mg/m^3)			备注
			MAC	PC-TWA	PC-STEL	
114	汞-金属汞(蒸气)	Mercury metal (vapor)	—	0.02	0.04	皮
116	钴及其化合物(按 Co 计)	Cobalt and compounds, as Co	—	0.05	0.1	G2B，敏
119	过氧化氢	Hydrogen peroxide	—	1.5	—	-
122	环己酮	Cyclohexanone	—	50	—	皮
123	环己烷	Cyclohexane	—	250	—	-
125	环氧丙烷	Propylene oxide	—	5	—	G2B
127	环氧乙烷	Ethylene oxide	—	2	—	G1，皮
130	己二醇	Hexylene glycol	100	—	—	----
132	己内酰胺	Caprolactam	—	5	—	—
136	甲苯	Toluene	—	50	100	皮
138	甲醇	Methanol	—	25	50	皮
139	甲酚(全部异构体)	Cresol (all isomers)	—	10	—	皮
142	甲基丙烯酸甲酯	Methyl methacrylate	—	100	—	敏
147	甲基叔丁基醚	Methyl tert-butyl ether (MTBE)	—	180	270	—
148	甲硫醇	Methyl mercaptan	—	1	—	—
149	甲醛	Formaldehyde	0.5	—	—	敏，G1
150	甲酸	Formic acid	—	10	20	—
151	甲乙酮(2-丁酮)	Methyl ethyl ketone (2-Butanone)	—	300	600	—
155	间苯二酚	Resorcinol	—	20	—	—
160	糠醛	Furfural	—	5	—	皮
164	联苯	Biphenyl	—	1.5	—	—
173	磷酸	Phosphoric acid	—	1	3	—
175	硫化氢	Hydrogen sulfide	10	—	—	—
178	硫酸及三氧化硫	Sulfuric acid and sulfur trioxide	—	1	2	G1
189	氯	Chlorine	1	—	—	—
197	氯化氢及盐酸	Hydrogen chloride and chlorhydric acid	7.5	—	—	—
201	氯甲烷	Methyl chloride	—	60	120	皮
207	氯乙烯	Vinyl chloride	—	10	—	G1
212	吗啉	Morpholine	—	60	—	皮

续表

序号	中文名	英文名	OELs/(mg/m^3)			备注
			MAC	PC-TWA	PC-STEL	
213	煤焦油沥青挥发物(按苯溶物计)	Coal tar pitch volatiles, as Benzene soluble matters	—	0.2	—	G1
215	钼及其化合物(按 Mo 计)	Molybdenum and compounds, as Mo	—	—	—	
	钼,不溶性化合物	Molybdenum and insoluble compounds	—	6	—	—
	钼,可溶性化合物	Molybdenum and soluble compounds	—	4	—	—
217	萘	Naphthalene	—	50	75	皮,G2B
220	尿素	Urea	—	5	10	—
227	氢氧化钾	Potassium hydroxide	2	—	—	—
228	氢氧化钠	Sodium hydroxide	2	—	—	—
235	壬烷	Nonane	—	500	—	—
236	溶剂汽油	Solvent gasolines	—	300	—	—
243	1,2,3-三氯丙烷	1,2,3-Trichloropropane	—	60	—	皮,G2A
245	三氯甲烷(氯仿)	Trichloromethane(chloroform)	—	20	—	G2B
250	1,1,1-三氯乙烯	1,1,1-Trichloroethane	—	900	—	—
251	三氯乙烯	Trichloroethylene	—	30	—	G1,敏
258	砷化氢(胂)	Arsine	0.03	—	—	
259	砷及其无机化合物(按 As 计)	Arsenic and inorganic compounds, as As	—	0.01	0.02	G1
262	石油沥青烟(按苯溶物计)	Asphalt (petroleum) fume, as benzene soluble matter	—	5	—	G2B
264	双酚 A	Bisphenol A (BPA)	—	5	—	—
267	四氯化碳	Carbon tetrachloride	—	15	25	皮,G2B
268	四氯乙烯	Tetrachloroethylene	—	200	—	G2A
273	四乙基铅(按 Pb 计)	Tetraethyl lead , as Pb	—	0.02	-	皮
277	碳酸钠	Sodium carbonate	—	3	6	—
278	碳酰氯(光气)	Carbonyl chloride (Phosgene)	0.5	—	—	—
289	戊醇	Amyl alcohol	—	100	—	—
290	戊烷(全部异构体)	Pentane (all isomers)	—	500	1000	—
294	硝化甘油	Nitroglycerine	1	—	—	皮
301	辛烷	Octane	—	500	—	—
302	溴	Bromine	—	0.6	2	—

续表

序号	中文名	英文名	OELs/(mg/m³)			备注
			MAC	PC-TWA	PC-STEL	
303	溴化氢	Hydrogen bromide	10	—	—	—
308	氧化钙	Calcium oxide	—	2	—	—
310	氧化锌	Zinc oxide	—	3	5	—
312	液化石油气	Liquified petroleum gas（L. P. G.）	—	1000	1500	—
313	一氧化碳(非高原)	Carbon monoxide (Not in high altitude area)	—	20	30	—
315	乙苯	Ethyl benzene	—	100	150	G2B
316	乙醇胺	Ethanolamine	—	8	15	-
318	乙二醇	Ethylene glycol	—	20	40	-
323	乙腈	Acetonitrile	—	30	—	皮
325	乙醚	Ethyl ether	—	300	500	—
326	乙醛	Acetaldehyde	45	—	—	G2B
327	乙酸	Acetic acid	—	10	20	—
330	乙酸甲酯	Methyl acetate	—	200	500	—
341	异丙醇	Isopropyl alcohol（IPA）	—	350	700	—
349	茚	Indene	—	50	—	—
351	正丙醇	*n*-Propyl alcohol	—	200	300	—
353	正丁醇	*n*-Butyl alcohol	—	100	—	—
357	正庚烷	*n*-Heptane	—	500	1000	—
358	正己烷	*n*-Hexane	—	100	180	皮

注：1. 在备注栏内标有(皮)的物质表示劳动者接触这些物质有可能通过皮肤接触引起过量的接触。

2. 在备注栏内标(敏)，是指该物质可能有致敏作用。

3. 在备注栏内标 G1 为确认人类致癌物，G2A 为可能人类致癌物，G2B 为可疑人类致癌物。

4. TEQ 为国际毒性当量。由于环境中的二噁英类物质主要以混合物的形式存在，在对二噁英类进行评价时，通常将各同类物折算成相当于 2，3，7，8-TCDO 的量来表示，称为毒性当量。

5.10.2 工作场所空气中粉尘容许浓度表

序号	中文名	英文名	PC-TWA/(mg/m³)		备注
			总尘	呼尘	
5	大理石粉尘(碳酸钙)	Marble dust	8	4	-
6	电焊烟尘	Welding fume	4	—	G2B
8	沸石粉尘	Zeolite dust	5	—	G1

续表

序号	中文名	英文名	PC-TWA/(mg/m^3)		备注
			总尘	呼尘	
9	酚醛树脂粉尘	Phenolic aldehyde resin dust	6	—	—
13	硅藻土粉尘(游离 SiO_2 含量<10%)	Diatomite dust (free SiO_2<10%)	-	-	-
16	活性炭粉尘	Active carbon dust	5	—	—
17	聚丙烯粉尘	Polypropylene dust	5	—	—
18	聚丙烯腈纤维粉尘	Polyacrylonitrile fiber dust	2	—	—
19	聚氯乙烯粉尘	Polyvinyl chloride (PVC) dust	2		—
20	聚乙烯粉尘	Polyethylene dust	5	—	—
23	煤尘(游离 SiO_2 含量<10%)	Coal dust (free SiO_2<10%)	4	2.5	—
29	人造矿物纤维绝热棉粉尘 (玻璃棉，矿渣棉，岩棉)	Man-made mineral fiber insulation cotton (Fibrous glass, Slag wool, Rock wool) dust	5 1 f/ml	—	—
31	砂轮磨尘	Grinding wheel dust	8	—	—
33	石灰石粉尘	Limestone dust	8	4	—
34	石棉(石棉含量>10%)	Asbestos (Asbestos >10%)			G1
	粉尘	dust	0.8	—	
	纤维	Asbestos fibre	0.8 f/m^3	—	
35	石墨粉尘	Graphite dust	4	2	—
36	水泥粉尘(游离 SiO_2 含量<10%)	Cement dust (free SiO_2<10%)	4	1.5	—
37	炭黑粉尘	Carbon black dust	4	-	G2B
40	矽尘 10%≤游离 SiO_2 含量≤50% 50%≤游离 SiO_2 含量≤80% 游离 SiO_2 含量>80%	Silcon dust 10%≤free SiO_2≤50% 50%≤free SiO_2≤80% free SiO_2>80%	 1 0.7 0.5	 0.7 0.3 0.2	G1 (结晶型)
42	洗衣粉混合尘	Detergent mixed dust	1	—	敏
47	蛭石粉尘	Vermiculite dust	3	—	—
49	其他粉尘①	Particles and otherwise regulated	8	—	—

注：表中列出的各种粉尘(石棉纤维尘除外)，凡游离 SiO_2 等于或高于 10%者，均按矽尘职业接触限值对待。

①指游离 SiO_2 低于 10%，不含石棉和有毒物质，而未制定职业接触限值的粉尘。

5.10.3 化学有害因素职业接触水平及其分类控制

接触等级	等级描述	推荐的控制措施
0(≤1%OEL)	无接触	不需采取行动
Ⅰ(>1%，≤10%OEL)	接触极低，根据已有信息无相关效应	一般危害告知，如标签、SDS等
Ⅱ(>10%，≤50%OEL)	有接触但无明显健康效应	一般危害告知、特殊危害告知，即针对具体因素的危害进行告知
Ⅲ(>50%，≤OEL)	显著接触，需采取行动限制活动	一般危害告知、特殊危害告知、职业卫生监测、职业健康监护、作业管理
Ⅳ(>OEL)	超过OELs	一般危害告知、特殊危害告知、职业卫生监测、职业健康监护、作业管理、个体防护用品和工程、工艺控制

注：作业管理包括对作业方法、作业时间等制定作业标准，使其标准化；改善作业方法：对作业人员进行指导培训以及改善作业条件或工作场所环境等。

5.11 职业性接触毒物危害程度

5.11.1 职业接触毒物危害程度的分级(GBZ 230—2010)

职业接触毒物危害程度分为4个等级，分别属于不同毒物危险指数(THI)范围：

轻度危害(Ⅳ级)：THI<35

中度危害(Ⅲ级)：THI≥35 ~<50

高度危害(Ⅱ级)：THI≥50 ~<65

极度危害(Ⅰ级)：THI≥65

职业接触毒物分项指标危害程度分级和评分按下表的规定，毒物危害指数计算公式：

$$THI = \sum_{i=1}^{n} (k_i \cdot F_i)$$

式中 THI——毒物危害指数；

k——分项指标权重系数；

F——分项指标积分值。

职业性接触毒物危害程度分级和评分依据

分项指标		极度危害	高度危害	中度危害	轻度危害	轻微危害	权重系数
积分值		4	3	2	1	0	
急性吸入 LC_{50}	气体/（cm^3/m^3）	<100	≥100～<500	≥500～<2500	≥2500～<20000	≥20000	5
	蒸气/（mg/m^3）	<500	≥500～<2000	≥2000～<100000	≥10000～<200000	≥20000	
	粉尘和烟雾（mg/m^3）	<50	≥50～<500	≥500～<1000	≥1000～<50000	≥5000	
急性经口 LD_{50}/（mg/kg）		<5	≥5～<50	≥50～<300	≥300～<2000	≥2000	
急性轻度 LD_{50}/（mg/kg）		<50	≥50～<200	≥200～<1000	≥1000～<2000	≥2000	1
刺激与腐蚀性		pH ≤ 2 或 pH ≥ 11.5；腐蚀作用或不可逆损伤作用	强刺激作用	中等刺激作用	轻刺激作用	无刺激作用	2
致敏性		有证据表明该物质能引起人类特定的呼吸系统致敏或重要脏器的变态反应性损伤	有证据表明该物质能导致人类皮肤过敏	动物试验证据充分，但无人类相关证据	现有动物试验证据不能对该物质的致敏性做出结论	无致敏性	2
生殖毒性		明确的人类生殖毒性；已确定对人类的生殖能力、生育或发育造成有害效应的毒物，人类母体接触后可引起子代先天性缺陷	推定的人类生殖毒性；动物试验生殖毒性明确，但对人类生殖毒性作用尚未确定因果关系，推定对人的生殖能力或发育产生有害影响	可疑的人类生殖毒性：动物试验生殖毒性明确，但无人类生殖毒性资料	人类生殖毒性未定论；现有证据或资料不足以对毒物的生殖毒性作出结论	无人类生殖毒性：动物试验阴性，人群调查结果未发现生殖毒性	3

续表

分项指标	极度危害	高度危害	中度危害	轻度危害	轻微危害	权重系数
致癌性	Ⅰ组，人类致癌物	ⅡA 组，近似人类致癌物	ⅡB 组，可能人类致癌物	Ⅲ组，未归入人类致癌物	Ⅳ组，非人类致癌物	4
实际危害后果与预后	职业中毒病死率≥10%	职业中毒病死率<10%；或致残(不可逆损害)	器质性损害(可逆性重要脏器损害)，脱离接触后可治愈	仅有接触反应	无危害后果	5
扩散性(常温或工业使用时状态)	气态	液态，挥发性高(沸点<50℃)；固态，扩散性极高(使用时形成烟或烟尘)	液态，挥发性中(沸点≥50℃～<150℃)；固态，扩散性高(细微而轻的粉末，使用时可见尘雾形成，并在空气中停留数分钟以上)	液态，扩散性低(沸点≥150℃)；固态，晶体、粒状固体、扩散性中，使用时能见到粉尘但很快落下，使用后粉尘留在表面	固态，扩散性低[不会破碎的固体小球(块)，使用时几乎不产生粉尘]	3
蓄积性(或生物半减期)	蓄积系数(动物实验，下同)<1；生物半减期≥4000h	蓄积系数≥1～<3；生物半减期≥400～<4000h	蓄积系数≥3～<5；生物半减期≥40～<400h	蓄积系数>5；生物半减期≥4～<40h	生物半减期<4h	1

注：1. 急性毒性分级指标以急性吸入毒性和急性经皮毒性为分级依据。无急性吸入毒性数据的物质，参照急性经口毒性分级。无急性经皮毒性数据、且不经皮吸收的物质，按轻微危害分级；无急性经皮毒性数据、但可经皮肤吸收的物质，参照急性吸入毒性分级。

2. 强、中、轻和无刺激作用的分级依据 GB/T 21604 和 GB/T 21609。

3. 缺乏蓄积性、致癌性、致敏性、生殖毒性分级有关数据的物质的分项指标暂按极度危害赋分。

4. 工业使用在 5 年内的新化学品，无实际危害后果资料的，该分项指标暂按极度危害赋分；工业使用在 5 年以上的物质，无实际危害后果资料的，该分项指标按轻微危害赋分。

5. 一般液态物质的吸入毒性按蒸气类划分。

6. $1cm^3/m^3=1ppm$，ppm 与 mg/m^3 在气温为 20℃，大气压为 101.3kPa(760mmHg)的条件下的换算公式为：$1ppm=24.04/M_r mg/m^3$，其中 M_r 为该气体的相对分子质量。

5.11.2 急性毒性(GB 30000.18—2013)

急性毒性就是经口或经皮肤给予物质的单次计量或在 24h 内给予的多次剂量，或者 1h 的吸入接触发生的急性有害影响。

急性毒性危害分类和定义各个类别的急性毒性估计值(ATE)：

<table>
<tr><th>接触途径</th><th>单位</th><th>类别 1</th><th>类别 2</th><th>类别 3</th><th>类别 4</th><th>类别 5③</th></tr>
<tr><td>经口①②</td><td>mg/kg</td><td>5</td><td>50</td><td>300</td><td>2000</td><td>5000</td></tr>
<tr><td>经皮肤①②</td><td>mg/kg</td><td>50</td><td>200</td><td>1000</td><td>2000</td><td>见具体标准⑦</td></tr>
<tr><td>气体①②③</td><td>mL/L</td><td>0.1</td><td>0.5</td><td>2.5</td><td>20</td><td rowspan="3">见具体标准⑦</td></tr>
<tr><td>蒸气①②③④⑤</td><td>mg/L</td><td>0.5</td><td>2.0</td><td>10</td><td>20</td></tr>
<tr><td>粉尘和烟雾①②③⑥</td><td>mg/L</td><td>0.05</td><td>0.5</td><td>1.0</td><td>5</td></tr>
</table>

① 对物质进行分类的急性毒性估计值(ATE)，可根据已知的 LD_{50}/LC_{50} 值推算；

② 混合物中的某物质，其急性毒性估计值(ATE)可根据下列数值推算；

1）可得到 LD_{50}/LC_{50} 值；否则

2）从表 2 有关毒性范围试验结果中得出适当换算值，或

3）从表 2 有关毒性分类类别适当换算值；

③ 表中的吸入临界值以 4h 接触试验为基础，根据 1h 接触产生的现有吸入毒性数据的换算，对于气体和蒸气，应除以因子 2，对于粉尘和烟雾，应除以因子 4；

④ 现已认识到，可使用饱和蒸气浓度作为附加要素，以提供特定的健康和安全保护。

⑤ 物质的实验物态不仅仅是蒸气，而是由液相和气相混合组成，物质的试验物态由接近气相的蒸气组成时，分类应以 mL/L 为基础，如下所示：类别 1 类(0.1mL/L)、类别 2(0.5mL/L)、类别 3(2.5mL/L)、类别 4(20mL/L)。

“粉尘”“烟雾”和“蒸气”等术语的定义如下：

1）粉尘指悬浮在一种气体中(通常是空气)的物质或混合物的固态粒子；

2）烟雾指悬浮在一种气体中(通常是空气)的物质或混合物的液滴；

3）蒸气指物质或混合物从其液体或固体状态释放出来的气体形态。

粉尘通常是通过机械过程形成的。烟雾通常是由过饱和蒸汽凝结形成的或通过液体的物理剪切作用形成的。粉尘和烟雾的大小通常从小于 1μm 到约 100μm。

⑥ 应审查粉尘和烟雾值，使之适应 OECD 试验导则将来有关呼吸性粉尘和烟雾浓度在产生、维护和测量技术限制方面的任何变化；

⑦ 类别 5 的标准旨在识别急性毒性危害相对较低，但在某些环境下可能对易受害人群造成危害的物质，这类物质的经口或经皮肤 LD_{50} 的范围为 2000 ~ 5000mg/kg 体重，吸入途径为上述的当量剂量。类别 5 的具体标准为：

1）如果现有可靠证据表明 LD_{50}(或 LC_{50})在类别 5 的数值范围内，或者其他动物

研究或人类毒性效应表明对人类健康的急性影响值得关注，那么物质划入此类别。

2）通过外推、评估或测量数据，将该物质划入此类别，但前提是没有充分理由将物质划入更危险的类别，并且：

——现有的可靠信息表明对人类有显著的毒性效应；

——当以经口、吸入或经皮肤途径进行试验，剂量达到类别 4 的值时，可观察到死亡；

——当进行的试验剂量达到类别 4 的值时，腹泻、背毛蓬松或外表污秽除外，专家判断证实有明显的毒性临床征象；

——专家判断证实，在其他动物研究中，有可靠信息表明可能存在潜在的明显的急性效应。

注：经口和经皮肤的 ATE 单位中 kg 特指体重。

由试验得到急性毒性范围转换成相应接触途径的急性毒性点估计值：

接触途径	单位	分类类别或试验得出的急性毒性估计值[①]	换算得到的急性毒性点估计值[②]
经口	mg/kg	0<类别 1≤5 5<类别 2≤50 50<类别 3≤300 300<类别 4≤2000 2000<类别 5≤5000	0.5 5 100 500 2500
经皮肤	mg/kg	0<类别 1≤50 50<类别 2≤200 200<类别 3≤1000 1000<类别 4≤2000 2000<类别 5≤5000	5 50 300 1100 2500
气体	mL/L	0<类别 1≤0.1 0.1<类别 2≤0.5 0.5<类别 3≤2.5 2.5<类别 4≤20.0 类别 5(见 4.2.4 注)	0.01 0.1 0.7 4.5
蒸气	mg/L	0<类别 1≤0.5 0.5<类别 2≤2.0 2.0<类别 3≤10.0 10.0<类别 4≤20.0 类别 5(见 4.2.4 注)	0.05 0.5 3 11

续表

接触途径	单位	分类类别或试验得出的急性毒性估计值①	换算得到的急性毒性点估计值②
粉尘/烟雾	mg/L	0<类别1≤0.05 0.05<类别2≤0.5 0.5<类别3≤1.0 1.0<类别4≤20.0 类别5(见4.2.4注)	0.005 0.05 0.5 1.5

注：经口和经皮肤的ATE单位中kg特指体重。

① 类别5适用于急性毒性相对较低，但在某些环境中可能对易感人群产生危险的混合物。这些混合物的经口或经皮肤LD_{50}值的范围预计为2000~5000mg/kg体重，其他接触途径为当量剂量。出于保护动物的考虑，不应在类别5范围内对动物进行试验，只有在这样的试验结果与保护人类健康直接相关的可能性非常大时，才应考虑进行这样的试验。

② 这些数值旨在用于计算根据其组分对混合物进行分类的急性毒性估计值，并不代表试验结果。这些数值保守地设定在类别1和类别2范围的较低端和距离类别3~5范围的较低端的大约1/10的一点处。

5.11.3 常见化学介质毒性危害程度分类分级数据(HG/T 20660—2017)

序号	名称	毒物危害分项指标积分值										毒物危害指数(THI)	定级	备注
		急性吸入(LC_{50})	急性经口(LD_{50})	急性经皮(LD_{50})	刺激性与腐蚀性	致敏性	生殖毒性	致癌性	危害后果与预后	扩散性	蓄积性			
2	氨	2	—	—	4	0	1	0	3	4	0	48	Ⅱ	
14	苯	0	2	0	2	0	1	4	3	2	0	52	Ⅰ	G1
15	苯胺	3	2	1	4	2	1	1	2	1	0	48	Ⅱ	限
16	苯并(α)芘	2	2	2	3	4	4	4	4	1	2	77	Ⅰ	G1
21	苯酚	3	1	2	4	0	1	1	3	1	1	51	Ⅱ	
22	苯甲醛	1	1	0	1	3	1	1	1	1	0	27	Ⅳ	
23	苯乙腈	4	2	2	1	0	1	1	2	1	0	44	Ⅲ	
24	苯乙烯	1	0	1	3	3	1	2	1	2	0	42	Ⅲ	
25	吡啶	1	3	4	1	0	1	1	2	3	0	37	Ⅲ	
28	丙酮	0	0	0	1	0	1	1	3	2	1	31	Ⅳ	
31	丙烯腈	3	2	3	3	0	1	2	2	2	2	53	Ⅱ	限
34	臭氧	4	—	—	2	0	1	1	2	4	0	53	Ⅱ	
56	二甲苯(邻)	0	0	0	3	3	2	1	2	2	0	38	Ⅲ	
57	二甲苯(间)	0	0	0	3	3	2	1	2	2	0	38	Ⅲ	
58	二甲苯(对)	0	0	0	3	3	2	1	2	2	0	38	Ⅲ	
59	二甲酚	1	1	2	4	0	2	2	3	1	1	48	Ⅲ	
63	二甲基甲酰胺	1	0	1	2	3	3	1	3	1	1	46	Ⅲ	
66	二甲基乙酰胺	1	1	0	1	0	1	1	2	1	1	28	Ⅳ	
67	二硫化碳	1	0	1	3	3	3	0	3	3	0	51	Ⅱ	限
76	1,1-二氯乙烷	0	—	0	4	0	1	1	3	2	1	37	Ⅲ	

续表

序号	名称	毒物危害分项指标积分值										毒物危害指数（THI）	定级	备注
		急性吸入（LC_{50}）	急性经口（LD_{50}）	急性经皮（LD_{50}）	刺激性与腐蚀性	致敏性	生殖毒性	致癌性	危害后果与预后	扩散性	蓄积性			
77	1,2-二氯乙烷	2	1	0	3	0	1	2	2	2	1	44	Ⅱ	限
78	1,1-二氯乙烯	3	2	0	3	0	1	1	3	3	0	52	Ⅱ	限
79	1,2-二氯乙烯	1	1	1	3	0	0	0	3	2	2	35	Ⅲ	
89	二氧化氮	4	—	—	4	0	1	1	3	4	0	62	Ⅱ	
90	二氧化硫	2	—	—	4	0	2	1	3	4	0	55	Ⅱ	
93	二乙醇胺	1	1	1	2	1	1	2	3	1	4	45	Ⅲ	
98	氟化氢	2	—	—	4	0	1	0	3	4	1	49	Ⅱ	
102	汞	4	3	2	2	3	1	1	3	4	4	70	Ⅰ	
106	环己酮	0	1	2	3	4	2	1	2	1	0	39	Ⅲ	
107	1,2-环氧丙烷	2	1	1	3	3	1	2	3	3	0	58	Ⅱ	
108	环氧氯丙烷	1	1	2	3	3	1	3	3	2	0	55	Ⅱ	
109	环氧乙烷	3	2	3	2	0	1	4	3	3	0	65	Ⅰ	G1
113	甲苯	0	1	0	1	3	3	1	3	2	0	47	Ⅲ	
118	甲醇	2	2	1	0	0	0	2	4	1	2	44	Ⅲ	
119	甲酚	1	1	0	4	3	2	2	3	2	1	55	Ⅱ	
129	甲硫醇	2	2	2	1	0	0	0	2	4	1	37	Ⅲ	
131	甲醛	4	1	2	3	3	1	4	4	4	0	85	Ⅰ	G1
132	甲酸	1	1	0	4	3	0	0	3	3	0	43	Ⅲ	
133	间甲酚	0	2	0	4	0	1	1	2	1	0	28	Ⅳ	
135	糠醛	3	3	0	2	3	0	1	2	1	0	45	Ⅲ	
145	硫化氢	3	—	3	3	0	0	0	4	4	0	56	Ⅱ	
148	硫酸	4	—	—	4	0	0	4	3	1	0	62	Ⅰ	G1
151	氯	3	—	—	4	4	0	0	3	4	0	58	Ⅱ	
152	氯苯	1	0	1	1	1	1	1	2	2	0	33	Ⅳ	
164	氯化氢	2	—	1	4	1	1	1	3	4	0	55	Ⅱ	
168	氯甲烷	1	—	1	0	0	2	1	3	4	0	48	Ⅲ	
176	氯乙烯	1	1	0	3	1	3	4	4	4	1	71	Ⅰ	G1
180	萘	1	1	4	1	3	1	2	3	1	0	46	Ⅲ	
186	氰化氢	4	—	4	1	0	1	0	4	3	0	58	Ⅱ	
198	三氯甲烷	0	—	0	1	0	1	2	3	2	0	34	Ⅱ	限

续表

序号	名称	毒物危害分项指标积分值										毒物危害指数（THI）	定级	备注
		急性吸入（LC_{50}）	急性经口（LD_{50}）	急性经皮（LD_{50}）	刺激性与腐蚀性	致敏性	生殖毒性	致癌性	危害后果与预后	扩散性	蓄积性			
199	1,1,2-三氯乙烷	1	1	0	1	0	1	1	2	2	0	35	Ⅲ	
200	三氯乙烯	0	0	0	3	4	2	4	4	2	2	60	Ⅰ	限，G1
203	三氧化硫	3	—	3	4	3	1	0	3	3	0	59	Ⅱ	
205	三乙醇胺	0	0	0	1	3	1	1	1	1	1	24	Ⅳ	
210	砷化氢	3	—	—	0	0	1	4	3	4	0	61	Ⅰ	限，G1
214	四氯化碳	0	0	0	3	0	2	2	4	2	3	49	Ⅲ	
215	1,1,2,2-四氯乙烷	2	1	0	2	0	0	2	4	2	0	48	Ⅲ	
216	四氯乙烯	1	—	1	3	1	1	3	3	2	2	52	Ⅱ	限
217	1,1,2,2-四溴乙烷	3	1	0	1	0	0	0	4	1	0	40	Ⅲ	
218	四乙基铅	4	3	4	3	0	3	1	4	1	3	59	Ⅰ	限
241	硝酸	4	—	—	4	0	1	0	3	2	0	47	Ⅲ	
243	溴甲烷	4	2	4	3	3	1	1	3	4	0	70	Ⅰ	
245	溴乙烷	0	—	0	2	0	0	1	2	3	0	25	Ⅳ	
252	乙苯	0	0	0	2	3	3	2	3	2	2	47	Ⅲ	
253	异丙苯	1	1	0	0	0	1	2	2	1	1	30	Ⅳ	
257	乙醇胺	2	0	1	4	4	0	0	3	1	3	48	Ⅲ	
262	乙腈	0	1	2	1	0	2	1	2	2	1	36	Ⅲ	
263	乙硫醇	2	1	0	2	3	0	0	2	3	0	39	Ⅲ	
264	乙醚	0	1	0	1	3	1	0	2	3	0	30	Ⅳ	
266	乙炔	1	—	1	1	3	0	0	2	4	0	36	Ⅲ	
267	乙酸	1	0	1	4	0	1	0	3	2	0	38	Ⅲ	
270	一氧化碳	2	—	0	0	0	4	0	4	4	1	55	Ⅱ	
274	正丁醛	2	3	0	2	3	1	2	4	2	0	57	Ⅱ	

注：1. 表中定级栏是本标准的定级等级，其中，Ⅰ——极度危害，Ⅱ——高度危害，Ⅲ——中度危害，Ⅳ——轻度危害。

2. 表中“禁”“限”分别表示中国政府禁止使用和限制使用（含贸易限制）名单的物质；“G1”表示为1级致癌物，明确为人类致癌物。IARC对物质的致癌性分为G1，G2A，G2B，G3，G4五个级别。

5.12 混合物中含少量有毒化学品的毒性定级[41]

石油化工常用毒性介质：

级别	名称
极度危害	汞及其化合物，砷及其无机化合物，氯乙烯，铬酸盐，重铬酸盐，黄磷，铍及其化合物，对硫磷，羰基镍，八氟异丁烯，锰及其无机化合物，氰化物，苯，氯甲醚
高度危害	三硝基甲苯，铅及其化合物，二硫化碳，氯，丙烯腈，四氯化碳，硫化氢，甲醛，苯胺，氟化氢，五氯酚及其钠盐，镉及其化合物，敌百虫，氯丙烯，钒及其化合物，溴甲烷，硫酸二甲酯，金属镍，甲苯二异氰酸酯，环氧氯丙烷，砷化氢，敌敌畏，氯丁二烯，一氧化碳，硝基苯，溴，光气
中度危害	二甲苯，二氯乙烯，二甲基甲酰胺，六氟丙烯，苯酚，氮氧化物，苯乙烯，甲醇，硝酸，硫酸，盐酸，甲苯
轻度危害	溶剂汽油，丙酮，氢氧化钠，四氟乙烯，氨

如混合物中含少量有毒化学品(气体或液体)，且仅知某化学品在混合物中的含量比例和该化学品的毒性级别，则可按下表确定毒性危害程度：

气体混合物的毒性危害程度定级：

有毒气体的毒性危害程度	有毒气体/%(体)			
	极度危害	高度危害	中度危害	非有毒流体
极度危害	≥1	0.2~1	—	—
高度危害	—	≥5	0.5~5	<0.5
中度危害	—	—	≥5	<5

液体混合物的毒性危害程度定级：

有毒气体的毒性危害程度	有毒液体/%(体)			
	极度危害	高度危害	中度危害	非有毒流体
极度危害	≥7	1.0~7	0.1~1	<0.1
高度危害	—	≥25	3.0~25	<3.0
中度危害	—	—	≥25	<25

5.13 大气污染物排放控制要求

5.13.1 石油炼制工业大气污染物排放限值(GB 31570—2015)

表中A为排放限值，B为特别排放限值(执行地区范围和时间由国家或省政府规定)。

mg/m^3

序号	污染物项目	工艺加热炉		催化裂化催化剂再生烟气①		重整催化剂再生烟气		酸性气回收装置		氧化沥青装置		废水处理有机废气收集处理装置		有机废气排放口②去除效率		污染物排放监控位置
		A	B	A	B	A	B	A	B	A	B	A	B	A	B	
1	颗粒物	20	20	50	30	—	—	—	—	—	—	—	—	—	—	车间或生产设施排气筒
2	镍及其化合物	—	—	0.5	0.3	—	—	—	—	—	—	—	—	—	—	
3	二氧化硫	100	50	100	50	—	—	400	100	—	—	—	—	—	—	
4	氮氧化物	150 180③	100	200	100	—	—	—	—	—	—	—	—	—	—	
5	硫酸雾	—	—	—	—	—	—	30④	5④	—	—	—	—	—	—	
6	氯化氢	—	—	—	—	30	10	—	—	—	—	—	—	—	—	
7	沥青烟	—	—	—	—	—	—	—	—	20	10	—	—	—	—	
8	苯并(a)芘	—	—	—	—	—	—	—	—	0.0003		—	—	—	—	
9	苯	—	—	—	—	—	—	—	—	—	—	4	4	—	—	
10	甲苯	—	—	—	—	—	—	—	—	—	—	15	15	—	—	
11	二甲苯	—	—	—	—	—	—	—	—	—	—	20	20	—	—	
12	非甲烷总烃	—	—	—	—	60	30	—	—	—	—	120	120	≥95%	≥97%	

①催化裂化余热锅炉吹灰时再生烟气污染物浓度最大值不应超过表中限值的 2 倍，且每次持续时间不应大于 1h。

②有机废气中若含有颗粒物、二氧化硫或氮氧化物，执行工艺加热炉相应污染物控制要求。

③炉膛温度≥850℃的工艺加热炉执行该限值。

④酸性气体回收装置生产硫酸时执行该限值。

5.13.2 石油化工工业大气污染物排放限值(GB 31571—2015)

表中 A 为排放限值，B 为特别排放限值(执行地区范围和时间由国家或省政府规定)。

mg/m^3

序号	污染物项目	工艺加热炉		有机废气排放口						污染物排放监控位置
				废水处理有机废气收集处理装置		含卤代烃有机废气①		其他有机废气①		
		A	B	A	B	A	B	A	B	
1	颗粒物	20	20	—	—	—	—	—	—	车间或生产设施排气筒
2	二氧化硫	100	50	—	—	—	—	—	—	
3	氮氧化物	150 180②	100	—	—	—	—	—	—	
4	非甲烷总烃	—	—	120	120	去除效率≥95%	去除效率≥97%	去除效率≥95%	去除效率≥97%	
5	氯化氢	—	—	—	—	30	—	—	—	
6	氟化氢	—	—	—	—	5.0	—	—	—	
7	溴化氢③	—	—	—	—	5.0	—	—	—	
8	氯气	—	—	—	—	5.0	—	—	—	
9	废气有机特征污染物	—	—	下表所列有机特征污染物及排放浓度限值						

①有机废气中若含有颗粒物、二氧化硫或氮氧化物，执行工艺加热炉相应污染物控制要求。

②炉膛温度≥850℃的工艺加热炉执行该限值。

③待国家污染物监测方法标准发布后实施。

废气中有机特征污染物及排放限值：

mg/m^3

序号	污染物项目	排放限值	序号	污染物项目	排放限值
1	正己烷	100	33	丙烯醛	3
2	环己烷①	100	34	丙酮	100
3	氯甲烷①	20	35	2-丁酮①	100
4	二氯甲烷①	100	36	异佛尔酮①	50
5	三氯甲烷①	50	37	酚类	20
6	四氯化碳①	20	38	氯甲基甲醚①	0.05
7	1,2-二氯乙烷①	1	39	二氯甲基醚①	0.05
8	1,2-二氯丙烷①	100	40	氯乙酸①	20

续表

序号	污染物项目	排放限值	序号	污染物项目	排放限值
9	溴甲烷①	20	41	丙烯酸①	20
10	溴乙烷①	1	42	邻苯二甲酸酐①	10
11	1,3-丁二烯①	1	43	马来酸酐①	10
12	氯乙烯	1	44	乙酸乙烯酯①	20
13	三氯乙烯①	1	45	甲基丙烯酸甲酯①	100
14	四氯乙烯①	100	46	异氰酸甲酯①	0. 5
15	氯丙烯①	20	47	甲苯二异氰酸酯①	1
16	氯丁二烯①	20	48	硫酸二甲酯①	5
17	二氯乙炔①	4	49	乙腈①	50
18	环氧乙烷①	0. 5	50	丙烯腈	0. 5
19	环氧丙烷①	1	51	苯胺类	20
20	环氧氯丙烷①	10	52	二甲基甲酰胺①	50
21	苯	4	53	丙烯酰胺①	0. 5
22	甲苯	15	54	肼(联氨)①	0. 6
23	二甲苯	20	55	甲肼①	0. 8
24	乙苯	100	56	偏二甲肼①	5
25	苯乙烯	50	57	吡啶①	20
26	氯苯类	50	58	四氢呋喃①	100
27	氯萘①	5	59	光气	0. 5
28	硝基苯类	16	60	氰化氢	1 9
29	甲醇	50	61	二硫化碳①	20
30	乙二醇①	50	62	苯并(a)芘	0. 3μg/m³
31	甲醛	5	63	多氯联苯①	0. 1ng-TEQ/m³
32	乙醛	50	64	二噁英类	0. 1ng-TEQ/m³

①待国家污染物监测方法标准发布后实施。

5.13.3　石油炼制及石油化工企业边界大气污染物浓度限值(GB 31570—2015，GB 31571—2015)

企业边界任何1h大气污染物平均浓度执行企业边界大气污染物浓度限值：

mg/m^3

序号	污染物项目	限值
1	颗粒物	1.0
2	氯化氢	0.2
3	苯并(a)芘	0.000008
4	苯	0.4
5	甲苯	0.8
6	二甲苯	0.8
7	非甲烷总烃	4.0

5.13.4　锅炉大气污染物排放控制要求(GB 13271—2014)

(1) 大气污染物排放限值

mg/m^3(烟气黑度除外)

污染物项目	限值			污染物排放监控位置
	燃煤锅炉	燃油锅炉	燃气锅炉	
颗粒物	50	30	20	烟囱或烟道
二氧化硫	300	200	50	
氮氧化物	300	250	200	
汞及其化合物	0.05	—	—	
烟气黑度(林格曼黑度)/级	≤1			烟囱排放口

(2) 大气污染物特别排放限值

省级以上政府规定的重点地区执行下表规定：

mg/m^3(烟气黑度除外)

污染物项目	限值			污染物排放监控位置
	燃煤锅炉	燃油锅炉	燃气锅炉	
颗粒物	30	30	20	烟囱或烟道
二氧化硫	200	100	50	
氮氧化物	200	200	150	
汞及其化合物	0.05	—	—	
烟气黑度(林格曼黑度)/级	≤1			烟囱排放口

5.13.5　火力发电锅炉及燃气轮机组大气污染物排放限值（GB 13223—2011）

（1）大气污染物排放浓度限值

mg/m^3（烟气黑度除外）

序号	燃料和热能转化设施类型	污染物项目	适用条件	限值	污染物排放监控位置
1	燃煤锅炉	烟尘	全部	30	烟囱或烟道
		二氧化硫	新建锅炉	100 200①	
			现有锅炉	200 400①	
		氮氧化物（以 NO_2 计）	全部	100 200②	
		汞及其化合物	全部	0.03	
2	以油为燃料的锅炉或燃气轮机组	烟尘	全部	30	
		二氧化硫	新建锅炉及燃气轮机组	100	
			现有锅炉及燃气轮机组	200	
		氮氧化物（以 NO_2 计）	新建锅炉	100	
			现有锅炉	200	
			燃气轮机组	120	
3	以气体为燃料的锅炉或燃气轮机组	烟尘	天然气锅炉及燃气轮机组	5	
			其他气体燃料锅炉及燃气轮机组	10	
		二氧化硫	天然气锅炉及燃气轮机组	35	
			其他气体燃料锅炉及燃气轮机组	100	
		氮氧化物（以 NO_2 计）	天然气锅炉	100	
			其他气体燃料锅炉	200	
			天然气燃气轮机组	50	
			其他气体燃料燃气轮机组	120	
4	燃煤锅炉，以油、气体为燃料的锅炉或燃气轮机组	烟气黑度（林格曼黑度）/级	全部	1	烟囱排放口

①位于广西壮族自治区、重庆市、四川省和贵州省的火力发电锅炉执行该限值；

②采用 W 形火焰炉膛的火力发电锅炉，现有循环流化床火力发电锅炉，以及 2003 年 12 月 31 日前建成投产或通过建设项目环境影响报告书审批的火力发电锅炉执行该限值。

（2）重点地区大气污染物特别排放限值

执行大气污染物特别排放限值的具体地域范围、实施时间，由国务院环境保护行政主管部门规定。

mg/m³(烟气黑度除外)

序号	燃料和热能转化设施类型	污染物项目	适用条件	限值	污染物排放监控位置
1	燃煤锅炉	烟尘	全部	20	烟囱或烟道
		二氧化硫	全部	50	
		氮氧化物(以 NO_2 计)	全部	100	
		汞及其化合物	全部	0.03	
2	以油为燃料的锅炉或燃气轮机油	烟尘	全部	20	
		二氧化硫	全部	50	
		氮氧化物(以 NO_2 计)	燃油锅炉	100	
			燃气轮机组	120	
3	以气体为燃料的锅炉或燃气轮机组	烟尘	全部	5	
		二氧化硫	全部	35	
		氮氧化物(以 NO_2 计)	燃油锅炉	100	
			燃气轮机组	50	
4	燃煤锅炉，以油、气体为燃料的锅炉或燃气轮机组	烟气黑度(林格曼黑度)/级	全部	1	烟囱排放口

5.14 工业水污染物排放控制要求

5.14.1 石油炼制工业水污染物排放限值(GB 31570—2015)

mg/L(pH 值除外)

序号	污染物项目	水污染物排放限值		水污染物特别排放限值②		污染物排放监控位置
		直接排放	间接排放①	直接排放	间接排放①	
1	pH 值	6~9	—	6~9	—	企业废水总排放口
2	悬浮物	70	—	50	—	
3	化学需氧量	60	—	50	—	
4	五日生化需氧量	20	—	10	—	
5	氨氮	8.0	—	5.0	—	
6	总氮	40	—	30	—	
7	总磷	1.0	—	0.5	—	
8	总有机碳	20	—	15	—	
9	石油类	5.0	20	3.0	15	
10	硫化物	1.0	1.0	0.5	1.0	

续表

序号	污染物项目	水污染物排放限值		水污染物特别排放限值②		污染物排放监控位置
		直接排放	间接排放①	直接排放	间接排放①	
11	挥发酚	0.5	0.5	0.3	0.5	企业废水总排放口
12	总钒	1.0	1.0	1.0	1.0	
13	苯	0.1	0.2	0.1	0.1	
14	甲苯	0.1	0.2	0.1	0.1	
15	邻二甲苯	0.4	0.6	0.2	0.4	
16	间二甲苯	0.4	0.6	0.2	0.4	
17	对二甲苯	0.4	0.6	0.2	0.4	
18	乙苯	0.4	0.6	0.2	0.4	
19	总氰化物	0.5	0.5	0.3	0.5	
20	苯并(a)芘	0.00003				车间或生产设施废水排放口
21	总铅	1.0				
22	总砷	0.5				
23	总镍	1.0				
24	总汞	0.05				
25	烷基汞	不得检出				
加工单位原(料)油基准排水量/(m^3/t 原油)		0.5		0.4		排水量计量位置与污染物排放监控位置相同

①废水进入城镇污水处理厂或经由城镇污水管线排放，应达到直接排放限值；废水进入园区(包括各类工业园区、开发区、工业聚集地等)污水处理厂执行间接排放限值，未规定限值的污染物项目由企业与园区污水处理厂根据其污水处理能力商定相关标准，并报当地环境保护主管部门备案。

②根据环境保护工作的要求，在国土开发密度已经较高，环境承载能力开始减弱，或水环境容量较小，生态环境脆弱，容易发生严重水环境污染问题而需要采取特别保护措施的地区，应严格控制企业的污染排放行为，在上述地区的企业执行水污染物特别排放限值。执行水污染物特别排放限值的地区范围、时间，由国务院环境保护主管部门或省级人民政府规定。

5.14.2　石油化工工业水污染物排放限值(GB 31571—2015)

mg/L(pH 值除外)

序号	污染物项目	水污染物排放限值		水污染物特别排放限值①		污染物排放监控位置
		直接排放	间接排放②	直接排放	间接排放②	
1	pH 值	6.0~9.0	—	6.0~9.0	—	企业废水总排放口
2	悬浮物	70	—	50	—	
3	化学需氧量	60 100③	—	50	—	
4	五日生化需氧量	20	—	10	—	
5	氨氮	8.0	—	5.0	—	
6	总氮	40	—	30	—	
7	总磷	1.0	—	0.5	—	
8	总有机碳	20 30②	—	15	—	
9	石油类	5.0	20	3.0	15	
10	硫化物	1.0	1.0	0.5	1.0	
11	氟化物	10	20	8.0	15	
12	挥发酚	0.5	0.5	0.3	0.5	
13	总钒	1.0	1.0	1.0	1.0	
14	总铜	0.5	0.5	0.5	0.5	
15	总锌	2.0	2.0	2.0	2.0	
16	总氰化物	0.5	0.5	0.3	0.5	
17	可吸附有机卤化物	1.0	5.0	1.0	5.0	
18	苯并(a)芘	0.00003		0.00003		车间或生产设施废水排放口
19	总铅	1.0		1.0		
20	总镉	0.1		0.1		
21	总砷	0.5		0.5		
22	总镍	1.0		1.0		
23	总汞	0.05		0.05		
24	烷基汞	不得检出		不得检出		
25	总铬	1.5		1.5		
26	六价铬	0.5		0.5		
废水有机特征污染物		下表所列有机特征污染物及排放浓度限值		下表所列有机特征污染物及排放浓度限值		企业废水总排放口

①执行地区范围和时间由国家或省政府规定。

②废水进入城镇污水处理厂或经由城镇污水管线排放，应达到直接排放限值；废水进入园区(包括各类工业园区、开发区、工业聚集地等)污水处理厂执行间接排放限值，未规定限值的污染物项目由企业与园区污水处理厂根据其污水处理能力商定相关标准，并报当地环境保护主管部门备案。

③丙烯腈-腈纶、己内酰胺、环氧氯丙烷、2,6-二叔丁基-4-甲基苯酚(BHT)、精对苯二甲酸(PTA)、间甲酚、环氧丙烷、萘系列和催化剂生产废水执行该限值。

5.15 车间卫生特征分级(GBZ 1—2010)

卫生特征	1级	2级	3级	4级
有毒物质	易经皮肤吸收引起中毒的剧毒物质(如有机磷农药、三硝基甲苯、四乙基铅等)	易经皮肤吸收或有恶臭的物质，或高毒物质(如丙烯腈、吡啶、苯酚等)	其他毒物	不接触有害物质或粉尘，不污染或轻度污染身体(如仪表、金属冷加工、机械加工等)
粉尘		严重污染全身或对皮肤有刺激的粉尘(如炭黑、玻璃棉等)	一般粉尘(棉尘)	
其他	处理传染性材料、动物原料(如皮毛等)	高温作业、井下作业	体力劳动强度Ⅲ级或Ⅳ级	

注：虽易经皮肤吸收，但易挥发的有毒物质(如苯等)可按3级确定。

5.16 噪声环境

5.16.1 工业企业噪声控制设计限值(GB/T 50087—2013)

工作场所	噪声限值/dB(A)
生产车间	85
车间内值班室、观察室、休息室、办公室、实验室、设计室室内背景噪声级	70
正常工作状态下精密装配线、精密加工车间、计算机房	70
主控室、集中控制室、通信室、电话总机室、消防值班室，一般办公室、会议室、设计室、实验室室内背景噪声级	60
医务室、教室、值班宿舍室内背景噪声级	55

注：1. 生产车间噪声限值为每周工作5d，每天工作8h等效声级；对于每周工作5d，每天工作时间不是8h，需计算8h等效声级；对于每周工作日不是5d，需计算40h等效声级；

2. 室内背景噪声级指室外传入室内的噪声级；

3. 工业企业脉冲噪声C声级峰值不得超过140dB；

4. A声级是用A计权网络测得的声压级，C声级是用C计权网络测得的声压级。

5.16.2 环境噪声限值(GB 3096—2008)

dB(A)

声环境功能区类别	功能特点	时段	
		昼间	夜间
0	康复疗养区等特别需要安静的区域	50	40
1	以居民住宅、医疗卫生、文化教育、科研设计、行政办公为主要功能，需要保持安静的区域	55	45

续表

声环境功能区类别	功能特点	时段	
		昼间	夜间
2	以商业金融、集市贸易为主要功能，或者居住、商业、工业混杂，需要维护住宅安静的区域	60	50
3	以工业生产、仓储物流为主要功能，需要防止工业噪声对周围环境产生严重影响的区域	65	55
4	交通干线两侧一定距离之内，需要防止交通噪声对周围环境产生严重影响的区域		
4a	高速公路、一级及二级公路、城市快速路、城市主干及次干路、城市轨道交通(地面段)、内河航道两侧区域	70	55
4b	铁路干线两侧区域	70	60

5.17 静电接地支线、连接线的最小规格(SH 3097—2017)

设备类型	接地支线	连接线
固定设备	$16mm^2$ 多股铜芯电线 $\phi8mm$ 镀锌圆钢 12×4(mm)镀锌扁钢	$6mm^2$ 铜芯软绞线或软铜编织线
大型移动设备	$16mm^2$ 铜芯软绞线或 橡套铜芯软电缆	
一般移动设备	$10mm^2$ 铜芯软绞线或 橡套铜芯软电缆	
振动和频繁移动的器件	$6mm^2$ 铜芯软绞线	

6 设备和配管材料

石化工业系连续生产的大型企业，加工条件复杂，需要应对高压、高温和各种有腐蚀性介质的环境，设备和配管使用材料的品种繁多，这里列出了一些常用设备系列和钢材的牌号及使用条件、常用钢管及法兰等配件、保温伴热、试压试漏，以及基建材料的主要物理性质，供查阅。

6.1 管壳式换热器的类型与基本参数

6.1.1 换热器的分类及代号[13]

	前端结构型式
A	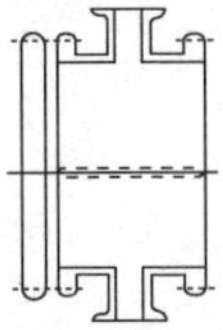 平盖管箱
B	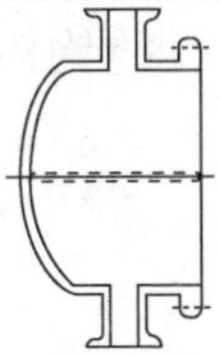 浮头管箱
C	可拆 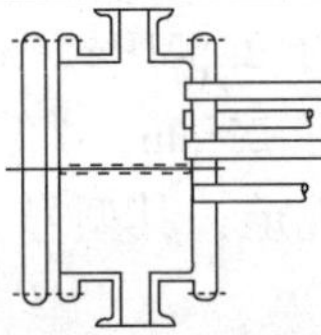 管束与管板制成一体的管箱
N	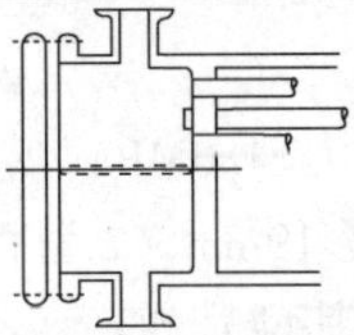 与固定管板制成一体的管箱
D	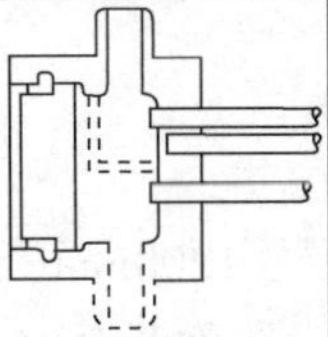 特殊高压管箱

	壳体型式
E	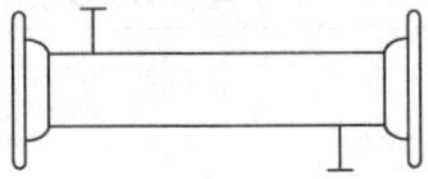 单程壳体
F	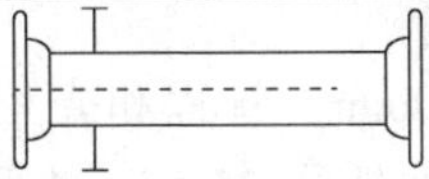 带纵向隔板的双程壳体
G	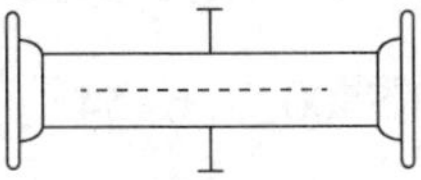 分流壳体
H	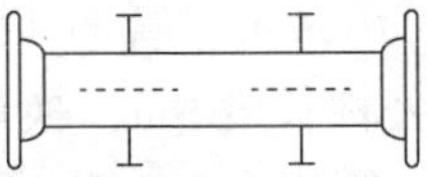 双分流壳体
J	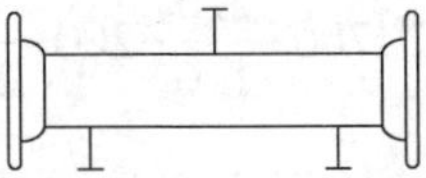 无隔板分流壳体
K	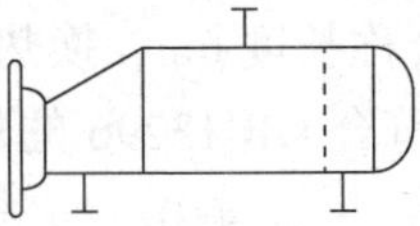 釜式重沸器壳体
X	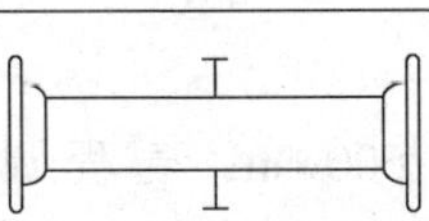 穿流壳体

	后端结构型式
L	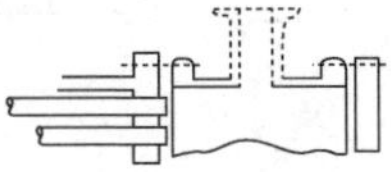 固定管板与A相似的结构
M	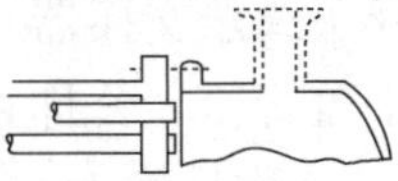 固定管板与B相似的结构
N	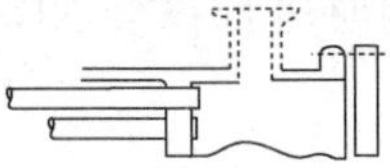 固定管板与N相似的结构
P	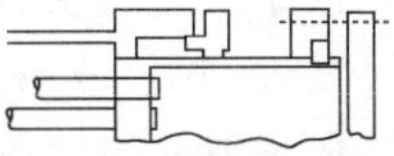 外填料函式浮头
S	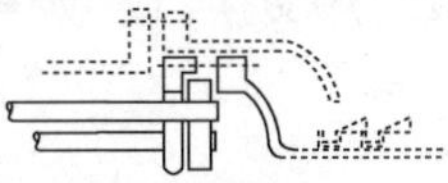 钩圈式浮头
T	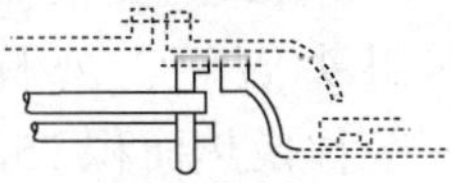 可抽式浮头
U	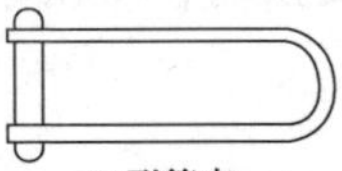 U形管束
W	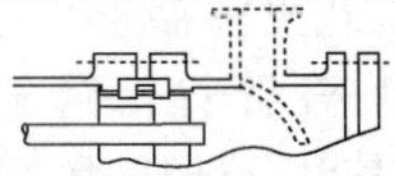 带套环填料函式浮头

6.1.2 换热器型号表示方法（GB/T 151—2014）

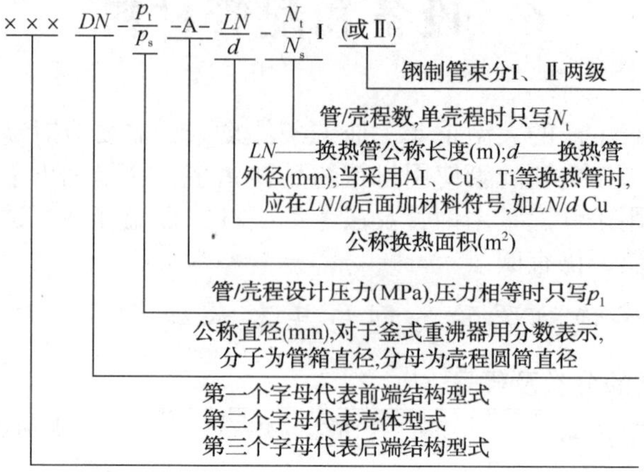

示例：

（1）浮头式热交换器

可拆平盖管箱，公称直径 500mm，管程和壳程设计压力均为 1.6MPa，公称换热面积 54m²，公称长度 6m，换热管外径 25mm，4 管称，单壳程的钩圈式浮头热交换器，碳素钢换热管符合 NB/T 47019 的规定，其型号为：

$$\text{AES500-1.6-54-}\frac{6}{25}\text{-4I}$$

（2）固定管板式热交换器

可拆封头管箱，公称直径 700mm，管程设计压力 2.5MPa，壳程设计压力 1.6MPa，公称换热面积 200m²，公称长度 9m，换热管外径 25mm，4 管程，单壳程的固定管板式热交换器，碳素钢换热管符合 NB/T 47019 的规定，其型号为：

$$\text{BEM700-}\frac{2.5}{1.6}\text{-200-}\frac{9}{25}\text{-4I}$$

（3）U 形管式热交换器

可拆封头管箱，公称直径 500mm，管程设计压力 4.0MPa，壳程设计压力 1.6MPa，公称换热面积 75m²，公称长度 6m，换热管外径 19mm。2 管程，单壳程的 U 形管式热交换器，不锈钢换热管符合 GB 13296 的规定，其型号为：

$$\text{BEU500-}\frac{4.0}{1.6}\text{-75-}\frac{6}{19}\text{-2I}$$

（4）釜式重沸器

可拆平盖管箱，管箱内径 600mm，壳程圆筒内径 1200mm，管程设计压力 2.5MPa，壳程设计压力 1.0MPa，公称换热面积 90m²，公称长度 6m，换热管外径

25mm，2 管程，单壳程的可抽式浮头釜式重沸器，碳素钢换热管符合 GB 9948 高级的规定，其型号为：

$$\text{AKT}\ \frac{600}{1200}-\frac{2.5}{1.0}-90-\frac{6}{25}-2\,\text{Ⅱ}$$

（5）浮头式冷凝器

可拆封头管箱，公称直径 1200mm，管程设计压力 2.5MPa，壳程设计压力 1.0MPa，公称换热面积 610m^2，公称长度 9m，换热管外径 25mm，4 管程，无隔板分流壳体的钩圈式浮头冷凝器，碳素钢换热管符合 GB 9948 高级的规定，其型号为：

$$\text{BJS}\ 1200-\frac{2.5}{1.0}-610-\frac{9}{25}-4\,\text{Ⅱ}$$

6.1.3 浮头式换热器的基本参数(GB/T 28712.1—2012)

（1）ϕ19 换热管(19mm×2mm)的内导流换热器和冷凝器：

公称直径 DN/mm	管程数 N	换热管根数	传热面积 A/m² 换热管长度 L/mm		管程流通面积/m²	壳程流通面积 S/m² 折流板间距 B/mm			
			3000	6000		150	200	300	450
325	2	60	10.5		0.0053	0.0273	0.0369		
	4	52	9.1		0.0023	0.0300	0.0405		
400	2	120	20.9	42.3	0.0106	0.0352	0.0476	0.0724	0.1096
	4	108	18.8	38.1	0.0048	0.0325	0.0440	0.0669	0.1012
500	2	206	35.7	72.5	0.0182	0.0407	0.0553	0.0844	0.1280
	4	192	33.2	67.6	0.0085	0.0434	0.0589	0.0899	0.1364
600	2	324	55.8	113.9	0.0286	0.0468	0.0635	0.0969	0.1470
	4	308	53.1	108.2	0.0136	0.0468	0.0635	0.0969	0.1470
	6	284	48.9	99.8	0.0083	0.0468	0.0635	0.0969	0.1470
700	2	468	80.4	164.1	0.0414	0.0554	0.0752	0.1148	0.1742
	4	448	76.9	157.1	0.0198	0.0528	0.0716	0.1093	0.1659
	6	382	65.6	133.9	0.0112	0.0581	0.0789	0.1204	0.1826
800	2	610		213.5	0.0539	0.0606	0.0825	0.1264	0.1923
	4	588		205.8	0.0260	0.0632	0.0861	0.1319	0.2006
	6	518		181.3	0.0152	0.0684	0.0932	0.1428	0.2172
900	2	800		279.2	0.0707	0.0665	0.0906	0.1388	0.2111
	4	776		270.8	0.0343	0.0691	0.0942	0.1443	0.2194
	6	720		251.3	0.0212	0.0691	0.0942	0.1443	0.2194
1000	2	1006		350.6	0.0890	0.0751	0.1023	0.1567	0.2383
	4	980		341.6	0.0433	0.0777	0.1058	0.1621	0.2466
	6	892		311.0	0.0262	0.0829	0.1130	0.1731	0.2632

续表

公称直径 DN/mm	管程数 N	换热管根数	传热面积 A/m²		管程流通面积/m²	壳程流通面积 S/m²			
			换热管长度 L/mm			折流板间距 B/mm			
			3000	6000		150	200	300	450
1100	2	1240		431.3	0.1100	0.0810	0.1104	0.1691	0.2571
	4	1212		421.6	0.0536	0.0836	0.1139	0.1745	0.2654
	6	1120		389.6	0.0329	0.0889	0.1211	0.1855	0.2821
1200	2	1452		504.3	0.1290	0.0908	0.1242	0.1910	0.2912
	4	1424		494.6	0.0629	0.0908	0.1242	0.1910	0.2912
	6	1348		468.2	0.0396	0.0934	0.1278	0.1965	0.2995
1300	4	1700		589.3	0.0751		0.1322	0.2033	0.2100
	6	1616		560.2	0.0476		0.1393	0.2142	0.3266
1400	4	1972		682.6	0.0871		0.1473	0.2265	0.3453
	6	1890		654.2	0.0557		0.1544	0.2374	0.3619
1500	4	2304		795.9	0.1020		0.1588	0.2442	0.3723
	6	2252		777.9	0.0663		0.1588	0.2442	0.3723
1600	4	2632		907.6	0.1160		0.1668	0.2565	0.3911
	6	2520		869.0	0.0742		0.1668	0.2565	0.3911
1700	4	3012		1036.1	0.1330		0.1748	0.2688	0.4098
	6	2834		974.0	0.0835		0.1819	0.2797	0.4264
1800	4	3384		1161.3	0.149		0.1828	0.2811	0.4286
	6	3140		1077.5	0.0925		0.2040	0.3137	0.4783
1900	4	3660		1251.8	0.1617				
	6	3650		1248.4	0.107				

（2）ϕ25 换热管（25mm×2.5mm）的内导流换热器和冷凝器：

公称直径 DN/mm	管程数 N	换热管根数	传热面积 A/m²		管程流通面积/m²	壳程流通面积 S/m²			
			换热管长度 L/mm			折流板间距 B/mm			
			3000	6000		150	200	300	450
325	2	32	7.4		0.0050	0.0284	0.0384		
	4	28	6.4		0.0022	0.0320	0.0432		
400	2	74	16.9	34.4	0.0116	0.0320	0.0432	0.0657	0.0995
	4	68	15.6	31.6	0.0053	0.0355	0.0480	0.0730	0.1105
500	2	124	28.3	57.4	0.0194	0.0420	0.0570	0.0870	0.1320
	4	116	26.4	53.7	0.0091	0.0385	0.0523	0.0798	0.1210

续表

公称直径 DN/mm	管程数 N	换热管根数	传热面积 A/m²		管程流通面积/m²	壳程流通面积 S/m²			
			换热管长度 L/mm			折流板间距 B/mm			
			3000	6000		150	200	300	450
600	2	198	44. 9	91. 5	0. 0311	0. 0455	0. 0618	0. 0943	0. 1430
	4	188	42. 6	86. 9	0. 0148	0. 0490	0. 0665	0. 1015	0. 1540
	6	158	35. 8	73. 1	0. 0083	0. 0490	0. 0665	0. 1015	0. 1540
700	2	268	60. 6	123. 7	0. 0421	0. 0525	0. 0713	0. 1088	0. 1650
	4	256	57. 8	118. 1	0. 0201	0. 0560	0. 0760	0. 1160	0. 1760
	6	224	50. 6	103. 4	0. 0116	0. 0630	0. 0855	0. 1305	0. 1980
800	2	366		168. 5	0. 0575	0. 0587	0. 0799	0. 1224	0. 1862
	4	352		162. 1	0. 0276	0. 0621	0. 0846	0. 1296	0. 1971
	6	316		145. 5	0. 0165	0. 0621	0. 0846	0. 1296	0. 1971
900	2	472		216. 8	0. 0741	0. 0656	0. 0893	0. 1368	0. 2081
	4	456		209. 4	0. 0353	0. 0690	0. 0940	0. 1440	0. 2190
	6	426		195. 6	0. 0223	0. 0690	0. 0940	0. 1440	0. 2190
1000	2	606		277. 9	0. 0952	0. 0725	0. 0987	0. 1512	0. 2300
	4	588		269. 7	0. 0462	0. 0759	0. 1034	0. 1584	0. 2409
	6	564		258. 7	0. 0295	0. 0759	0. 1034	0. 1584	0. 2409
1100	2	736		336. 8	0. 1160	0. 0794	0. 1081	0. 1656	0. 2519
	4	716		327. 7	0. 0562	0. 0828	0. 1128	0. 1728	0. 2628
	6	692		316. 7	0. 0362	0. 0828	0. 1128	0. 1728	0. 2628
1200	2	880		402. 2	0. 1380	0. 0884	0. 1209	0. 1859	0. 2834
	4	860		393. 1	0. 0675	0. 0884	0. 1209	0. 1859	0. 2834
	6	828		378. 4	0. 0434	0. 0918	0. 1256	0. 1931	0. 2943
1300	4	1024		467. 1	0. 0804		0. 1302	0. 2002	0. 3052
	6	972		443. 3	0. 0509		0. 1209	0. 1859	0. 2834
1400	4	1192		542. 9	0. 0936		0. 1395	0. 2145	0. 3270
	6	1130		514. 7	0. 0592		0. 1302	0. 2002	0. 3052
1500	4	1400		636. 3	0. 1100		0. 1442	0. 2217	0. 3379
	6	1332		605. 4	0. 0697		0. 1488	0. 2288	0. 3488
1600	4	1592		722. 3	0. 1250		0. 1581	0. 2431	0. 3706
	6	1518		688. 8	0. 0795		0. 1628	0. 2503	0. 3815
1700	4	1856		840. 1	0. 1460		0. 1674	0. 2574	0. 3924
	6	1812		820. 2	0. 0949		0. 1674	0. 2574	0. 3924
1800	4	2056		928. 4	0. 161		0. 1767	0. 2717	0. 4142
	6	1986		896. 7	0. 104		0. 1953	0. 3003	0. 4578
1900	4	2228		1003. 0	0. 175				
	6	2172		977. 5	0. 114				

6.1.4 U 形管式换热器的基本参数(GB/T 28712.3—2012)

(1) ϕ19 换热管(19mm×2mm)的 U 形管换热器：

公称直径 DN/mm	管程数 N	换热管根数	传热面积 A/m² 换热管长度 L/mm		管程流通面积/m²	壳程流通面积 S/m² 折流板间距 B/mm			
			3000	6000		150	200	300	450
325	2	38	13.4	27.0	0.0067	0.0165	0.0223	0.0339	
	4	30	10.6	21.3	0.0027	0.0327	0.0442	0.0672	
400	2	77	26.5	54.5	0.0136	0.0163	0.0221	0.0336	
	4	68	23.8	48.2	0.0060	0.0352	0.0476	0.0724	
500	2	128	44.6	90.5	0.0227	0.0197	0.0267	0.0406	
	4	114	39.7	80.5	0.0101	0.0440	0.0595	0.0905	
600	2	199	69.1	140.3	0.0352	0.0231	0.0313	0.0476	
	4	184	63.9	129.7	0.0163	0.0528	0.0714	0.1086	
700	2	276		194.1	0.0492	0.0266	0.0359	0.0546	0.0827
	4	258		181.4	0.0228	0.0670	0.0906	0.1378	0.2086
800	2	367		257.7	0.0650	0.0300	0.0405	0.0616	0.0933
	4	346		242.8	0.0306	0.0704	0.0952	0.1448	0.2192
900	2	480		336.2	0.0850	0.0334	0.0451	0.0686	0.1039
	4	454		317.8	0.0402	0.0846	0.1144	0.1740	0.2634
1000	2	603		421.5	0.1067			0.0751	0.1140
	4	576		402.4	0.0210			0.1798	0.2728
1100	2	738		514.6	0.1306			0.0821	0.1245
	4	706		492.2	0.0625			0.2088	0.3168
1200	2	885		615.8	0.1566			0.0890	0.1351
	4	852		592.6	0.0754			0.2158	0.3274

(2) ϕ25 换热管(25mm×2.5mm)的 U 形管换热器：

公称直径 DN/mm	管程数 N	换热管根数	传热面积 A/m² 换热管长度 L/mm		管程流通面积/m²	壳程流通面积 S/m² 折流板间距 B/mm			
			3000	6000		150	200	300	450
325	2	13	6.0	12.1	0.0041	0.0249	0.0336	0.0511	
	4	12	5.6	11.2	0.0019	0.0284	0.0384	0.0584	
400	2	32	14.7	29.8	0.0100	0.0284	0.0384	0.0584	
	4	28	12.9	26.1	0.0044	0.0320	0.0432	0.0657	
500	2	57	26.1	53.0	0.0179	0.0355	0.0480	0.0730	
	4	56	25.7	52.1	0.0088	0.0391	0.0528	0.0803	

续表

公称直径 DN/mm	管程数 N	换热管根数	传热面积 A/m² 换热管长度 L/mm		管程流通面积/m²	壳程流通面积 S/m² 折流板间距 B/mm			
			3000	6000		150	200	300	450
600	2	94	42.9	87.2	0.0295	0.0391	0.0528	0.0803	
	4	90	41.1	83.5	0.0141	0.0462	0.0624	0.0949	
700	2	129		119.4	0.0411	0.0462	0.0624	0.0949	0.1437
	4	128		118.4	0.0201	0.0533	0.0720	0.1095	0.1658
800	2	182		168.0	0.0571	0.0533	0.0720	0.1095	0.1658
	4	176		162.5	0.0276	0.0604	0.0816	0.1241	0.1879
900	2	231		212.8	0.0725	0.0604	0.0816	0.1241	0.1879
	4	226		202.8	0.0355	0.0675	0.0912	0.1387	0.2100
1000	2	298		273.9	0.0936			0.1378	0.2090
	4	292		268.4	0.0458			0.1523	0.2310
1100	2	363		332.9	0.1140			0.1450	0.2200
	4	356		326.5	0.0559			0.1668	0.2530
1200	2	436		399.0	0.1369			0.1595	0.2420
	4	428		391.7	0.0672			0.1958	0.2970

6.1.5　立式热虹吸式重沸器的基本参数(GB/T 28712.4—2012)

ϕ25 管径重沸器的基本参数：

公称直径 DN/mm	公称压力 PN/MPa	管程数 N	管子根数 n	中心排管数	管程流通面积/m²	计算换热面积/m² 换热管长度 L/mm				
						1500	2000	2500	3000	4500
400	1.00 1.60 2.50	1	98	12	0.0308	10.7	14.6	18.4	—	—
500			174	14	0.0546	19.0	25.9	32.7	—	—
600			245	17	0.0769	26.8	36.4	46.1	—	—
700	0.25 0.60 1.00 1.60 2.50		355	21	0.1115	38.9	52.8	66.7	80.7	—
800			467	23	0.1466	51.1	69.5	87.8	106.1	—
900			605	27	0.1900	66.2	90.0	113.8	137.5	—
1000			749	30	0.2352	82.0	111.4	140.8	170.2	258.5
1100			931	33	0.2923	101.9	138.5	175.1	211.6	321.3
1200			1115	37	0.3501	122.1	165.9	209.6	253.4	384.8
1300			1301	39	0.4085	142.4	193.5	244.6	295.7	449.0

续表

公称直径 DN/mm	公称压力 PN/MPa	管程数 N	管子根数 n	中心排管数	管程流通面积/m²	计算换热面积/m² 换热管长度 L/mm				
						1500	2000	2500	3000	4500
1400	0.25 0.60 1.00 1.60 2.50	1	1547	43	0.4858	—	230.1	290.8	351.6	533.9
1500			1753	45	0.5504	—	—	329.6	398.4	605.0
1600			2023	47	0.6352	—	—	380.4	459.8	698.1
1700			2245	51	0.7049	—	—	422.1	510.3	774.8
1800			2559	55	0.8035	—	—	481.1	581.6	883.1
1900			2899	59	0.9107	—	—	545.1	658.9	1000.5
2000			3189	61	1.0019	—	—	599.6	724.8	1100.5
2100	0.60		3547	65	1.1143	—	—	666.9	806.2	1224.5
2200			3853	67	1.2104	—	—	724.5	875.8	1329.7
2300			4249	71	1.3349	—	—	798.9	965.8	1466.3
2400			4601	73	1.4454	—	—	865.1	1045.8	1587.8

注：管程流通面积以碳钢管尺寸计算。

6.2 空冷器的基本参数

6.2.1 空冷器型号表示方法（NB/T 47007—2018）

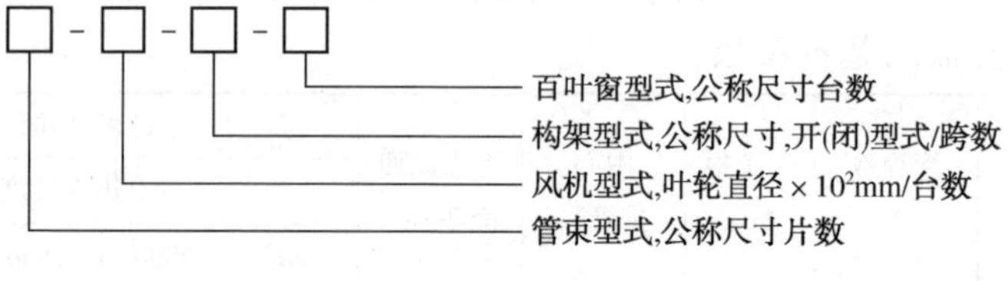

示例：

① 鼓风式空冷器：

鼓风式空冷器、水平式管束、长×宽为 9m×3m、4 片；停机手动调角风机、直径 3600mm、4 台；水平式构架、长×宽为 9m×6m；一跨闭式构架，一跨开式构架；手动调节百叶窗、4 台、长×宽为 9m×3m 的空冷器型号为：

$$\mathrm{GP9\times3/4\text{-}TF36/4\text{-}}\frac{\mathrm{GJP9\times6B/1}}{\mathrm{GJP9\times6K/1}}\mathrm{\text{-}SC9\times3/4}$$

② 引风式空冷器：

引风式空冷器、水平管束、长×宽为 9m×3m、2 片；自动调角风机、直径 3600mm、1 台，停机手动调角风机、直径 3600mm、1 台；水平式构架、长×宽为 9m×6m；一跨闭式构架；自动调节百叶窗、长×宽为 9m×3m 的空冷器型号为：

$$\mathrm{YP9\times3/2-}\frac{\mathrm{ZFJ\ 36/1}}{\mathrm{TF\ 36/1}}\mathrm{-YJP9\times6B/1-ZC9\times3/2}$$

6.2.2　管束基本参数[14]（NB/T 47007—2018）

管束的基本参数包括管束的长、宽、基管的管径、壁厚、管心距、翅片高、翅片厚、翅片间距及管排数和管程数。

① 空冷器的换热管有光管和翅片管两种，而翅片管又分为低翅片管和高翅片管。

② 换热管的基管直径一般采用 25mm 和 32mm 两种规格，特殊情况也可采用 38mm 等更大规格的换热管。

③ 换热管长度通常圆整为：3.0m、4.5m、6.0m、9.0m、10.5m、12.0m。

④ 管排数可为 1～8 管排，一般用 6 管排。

⑤ 根据介质情况，可设计为 1～8 管程（Ⅰ～Ⅷ），但同一管排中只宜布置一个管程。

管束型式与代号：

管束型式	代号	管箱型式	代号	翅片管型式	代号	接管法兰密封面型式	代号
鼓风式水平管束	GP	丝堵式管箱	S	L 型翅片管	L	凸面	a
斜顶管束	X	可卸盖板式管箱	K1	LL 型翅片管	LL	凹凸面	b
引风式水平管束	YP	可卸帽盖式管箱	K2	滚花型翅片管	KL	榫槽面	c
—	—	集合管式管箱	J	双金属轧制翅片管	DR	环槽面	d
—	—	半圆管式管箱	D	镶嵌型翅片管	G	—	—

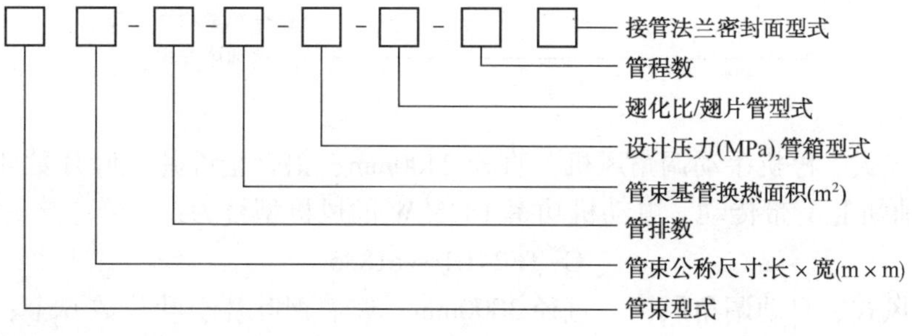

示例：

① 鼓风式水平管束：长 9m、宽 3m；6 排管；基管换热面积 193m²；设计压力为 1.6MPa；可卸盖板式管箱；镶嵌型翅片管，翅化比 23.1∶6 管程，接管法兰密封面为凸面的管束型号为：

GP 9×3-6-193-1.6K1-23.1/G-Ⅵa

② 斜顶管束：长 4.5m、宽 3m；4 排管；基管换热面积 63.6m²；设计压力为 4.0MPa；丝堵式管箱；双 L 型翅片管，翅化比 23.1∶1 管程，接管法兰密封面为凹凸

面的管束型号为：

X4.5×3-4-63.6-4.0S-23.1/LL-Ⅰb

6.2.3 风机结构参数[14]（NB/T 47007—2018）

风机直径：1.8m、2.1m、2.4m、2.7m、3.0m、3.3m、3.6m、3.9m、4.2m、4.5m

风机叶片个数：4、6

风机型式与代号：

通风方式	代号	风量调节方式	代号	叶片材料	代号	风机传动方式	代号
鼓风式	G	停机手动调角风机	TF	玻璃钢	B	V带传动	V
引风式	Y	不停机手动调角风机	BF	铝合金	L	齿轮减速器传动	C
—	—	自动调角风机	ZFJ	—	—	电动机直接传动	Z
—	—	自动调速风机	ZFS	—	—	悬挂式带传动，电动机轴朝上	Vs
—	—	—	—	—	—	悬挂式带传动，电动机轴朝下	Vx

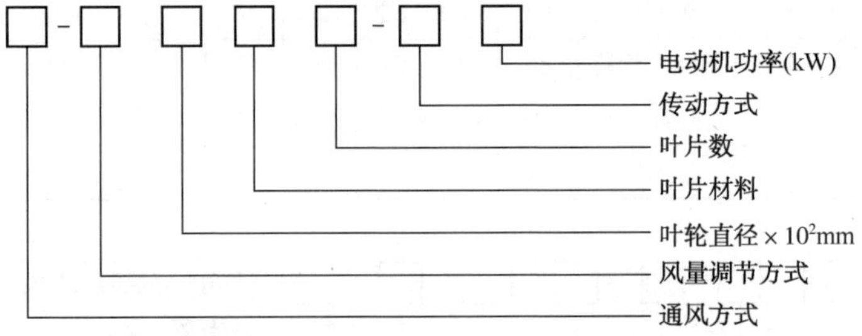

示例：

① 鼓风式、停机手动调角风机、直径2400mm、铝合金叶片、叶片数4个；悬挂式电动机轴朝上V带传动、电动机功率18.5kW的风机型号为：

G-TF24L4-Vs18.5

② 引风式、自动调角风机、直径3000mm、玻璃钢叶片、叶片数6个；带支架的直角齿轮传动、电动机功率15kW的风机型号为：

Y-ZFJ30B6-C15

6.2.4 构架基本参数[14]（NB/T 47007—2018）

构架基本参数包括构架的型式、开闭类型、风箱型式和构架的公称直径。

构架型式与代号：

构架型式	代号	构架开(闭)型式	代号	风箱型式	代号
鼓风式水平构架	GJP	开式构架	K	方箱型	F

续表

构架型式	代号	构架开(闭)型式	代号	风箱型式	代号
斜顶构架	JX	闭式构架	B	过渡锥型	Z
引风式水平构架	YJP	—	—	斜坡型	P

注：开式构架只能与闭式构架配合使用。

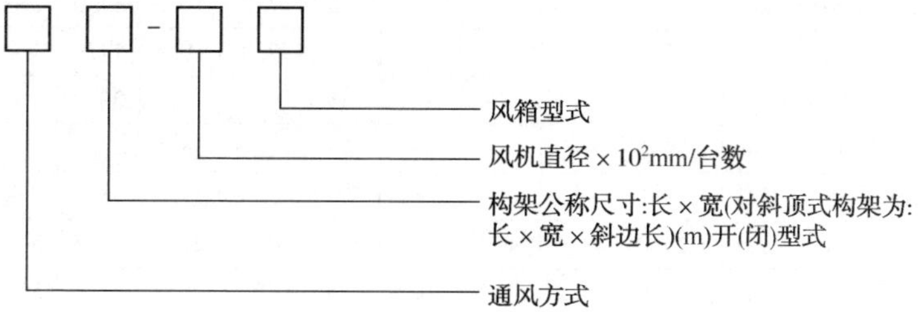

示例：

① 鼓风式空冷器水平构架、长 9m、宽 4m；风机直径 3300mm、2 台、方箱型风箱；闭式构架，型号为：

GJP9×4B-33/2F

② 鼓风式空冷器斜顶构架、长 5m、宽 6m；斜顶边长 4.5m；风机直径 4200mm、1 台、过渡锥型风箱；闭式构架，型号为：

JX5×6×4.5B-42/1Z

6.2.5 百叶窗的基本参数[14]（NB/T 47007—2018）

百叶窗的基本参数包括百叶窗的调节方式和百叶窗的规格。百叶窗的调节方式有手动调节（代号 SC）和自动调节（代号 ZC）两种；百叶窗的规格是指百叶窗的长度和宽度，它应和管束的长度和宽度相对应。

百叶窗型号的表示方法：

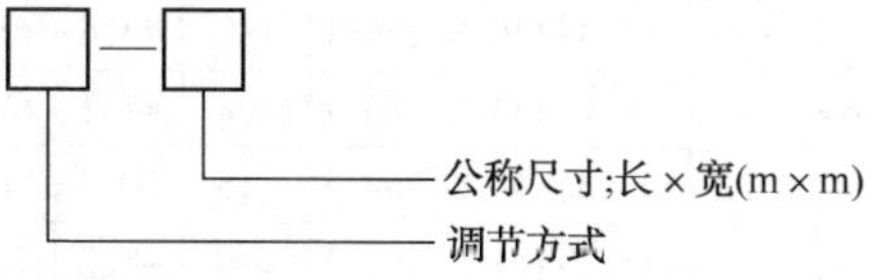

示例：

① 手动调节百叶窗，长 9m、宽 3m，其型号为 SC9×3。

② 自动调节百叶窗，长 6m、宽 2m，其型号为 ZC6×2。

6.2.6 空冷器管束的管排数与基管外表面积（GB/T 28712.6—2012）

（1）翅片高度 h 为 12.5mm 的鼓风式水平管束

管排数 *Z*		4							5							
公称宽度 *BN*/mm	管心距/mm	排管根数 n①	管束基管外表面积 A②/m^2						排管根数 n①	管束基管外表面积 A②/m^2					
			翅片管长度 *L*/mm							翅片管长度 *L*/mm					
			3000	4500	6000	9000	12000	15000		3000	4500	6000	9000	12000	15000
500	54	26	6.0	9.1	12.2	—	—	—	33	7.6	11.5	15.4	—	—	—
	56	24	5.6	8.4	11.2	—	—	—	30	7.0	10.5	14.0	—	—	—
	59	24	5.6	8.4	11.2	—	—	—	30	7.0	10.5	14.0	—	—	—
750	54	44	10.2	15.4	20.6	—	—	—	55	12.7	19.2	25.7	—	—	—
	56	42	9.7	14.7	19.6	—	—	—	53	12.3	18.5	24.8	—	—	—
	59	40	9.3	14.0	18.7	—	—	—	50	11.6	17.5	23.4	—	—	—
1000	54	62	14.4	21.7	29.0	43.6	58.2	72.8	78	18.1	27.3	36.5	54.8	73.2	91.6
	56	60	13.9	21.0	28.0	42.2	56.3	70.5	75	17.4	26.2	35.0	52.7	70.4	88.1
	59	58	13.4	20.3	27.1	40.8	54.4	68.1	73	16.9	25.5	34.1	51.3	68.5	85.7
1250	54	80	18.5	28.0	37.4	56.2	75.1	93.9	100	23.2	35.0	46.7	70.3	93.9	117.4
	56	78	18.1	27.3	36.5	54.8	73.2	91.6	98	22.7	34.3	45.8	68.9	92.0	115.1
	59	74	17.1	25.9	34.6	52.0	69.5	86.9	93	21.5	32.5	43.5	65.4	87.3	109.2
1500	54	100	23.2	35.0	46.7	70.3	93.9	117.4	125	29.0	43.7	58.4	87.9	117.3	146.8
	56	96	22.2	33.6	44.9	67.5	90.1	112.7	120	27.8	41.9	56.1	84.4	112.6	140.9
	59	90	20.9	31.5	42.1	63.3	84.5	105.7	113	26.2	39.5	52.8	79.4	106.1	132.7
1750	54	118	27.3	41.2	55.1	82.9	110.7	138.6	148	34.3	51.7	69.2	104.0	138.9	173.8
	56	114	26.4	39.8	53.3	80.1	107.0	133.9	143	33.1	50.0	66.8	100.5	134.2	167.9
	59	108	25.0	37.7	50.5	75.9	101.4	126.8	135	31.3	47.2	63.1	94.9	126.7	158.5
2000	54	136	31.5	47.5	63.6	95.6	127.6	159.7	170	39.4	59.4	79.4	119.5	159.6	199.6
	56	132	30.6	46.1	61.7	92.8	123.9	155.0	165	38.2	57.7	77.1	116.0	154.9	193.7
	59	124	28.7	43.3	57.9	87.2	116.4	145.6	155	35.9	54.2	72.4	109.0	145.5	182.0
2250	54	154	35.7	53.8	—	108.3	144.5	180.8	193	44.7	67.5	—	135.7	181.1	226.6
	56	150	34.8	52.4	—	105.4	140.8	176.1	188	43.6	65.7	—	132.2	176.4	220.7
	59	142	32.9	49.6	—	99.8	133.3	166.7	178	41.2	62.2	—	125.1	167.1	209.0
2500	54	174	40.3	60.8	81.3	122.3	163.3	204.3	218	50.5	76.2	101.9	153.2	204.6	256.0
	56	168	38.9	58.7	78.5	118.1	157.7	197.3	210	48.7	73.4	98.1	147.6	197.1	246.6
	59	158	36.6	55.2	73.8	111.1	148.3	185.5	198	45.9	69.2	92.5	139.2	185.8	232.5
2750	54	192	44.5	—	89.7	135.0	180.2	225.4	240	55.6	—	112.2	168.7	225.3	281.8
	56	186	43.1	—	86.9	130.7	174.6	218.4	233	54.0	—	108.9	163.8	218.7	273.6
	59	176	40.8	—	82.2	123.7	165.2	206.7	220	51.0	—	102.8	154.6	206.5	258.3
3000	54	210	48.7	73.4	98.1	147.6	197.1	246.6	263	60.9	91.9	122.9	184.9	246.8	308.8
	56	202	46.8	70.6	94.4	142.0	189.6	237.2	253	58.6	88.4	118.2	177.8	237.5	297.1
	59	192	44.5	67.1	89.7	135.0	180.2	225.4	240	55.6	83.9	112.2	168.7	225.3	281.8

续表

管排数 Z		6							8						
公称宽度 BN/mm	管心距/mm	排管根数 n①	管束基管外表面积 A②/m^2 翅片管长度 L/mm						排管根数 n①	管束基管外表面积 A②/m^2 翅片管长度 L/mm					
			3000	4500	6000	9000	12000	15000		3000	4500	6000	9000	12000	15000
500	54	39	9.0	13.6	18.2	—	—	—	—	—	—	—	—	—	—
	56	36	8.3	12.6	16.8	—	—	—	—	—	—	—	—	—	—
	59	36	8.3	12.6	16.8	—	—	—	—	—	—	—	—	—	—
750	54	66	15.3	23.1	30.8	—	—	—	—	—	—	—	—	—	—
	56	63	14.6	22.0	29.4	—	—	—	—	—	—	—	—	—	—
	59	60	13.9	21.0	28.0	—	—	—	—	—	—	—	—	—	—
1000	54	93	21.5	32.5	43.5	65.4	87.3	109.2	124	—	—	57.9	87.2	116.4	145.6
	56	90	20.9	31.5	42.1	63.3	84.5	105.7	120	—	—	56.1	84.4	112.6	140.9
	59	87	20.2	30.4	40.7	61.2	81.7	102.2	116	—	—	54.2	81.5	108.9	136.2
1250	54	120	27.8	41.9	56.1	84.4	112.6	140.9	160	—	—	74.8	112.5	150.2	187.9
	56	117	27.1	40.9	54.7	82.2	109.8	137.4	156	—	—	72.9	109.7	146.4	183.2
	59	111	25.7	38.8	51.9	78.0	104.2	130.3	148	—	—	69.2	104.0	138.9	173.8
1500	54	150	34.8	52.4	70.1	105.4	140.8	176.1	200	—	—	93.5	140.6	187.7	234.8
	56	144	33.4	50.3	67.3	101.2	135.2	169.1	192	—	—	89.7	135.0	180.2	225.4
	59	135	31.3	47.2	63.1	94.9	126.7	158.5	180	—	—	84.1	126.5	168.9	211.4
1750	54	177	41.0	61.9	82.7	124.4	166.1	207.8	236	—	—	110.3	165.9	221.5	277.1
	56	171	39.6	59.8	79.9	120.2	160.5	200.8	228	—	—	106.5	160.3	214.0	267.7
	59	162	37.5	56.6	75.7	113.9	152.0	190.2	216	—	—	100.9	151.8	202.7	253.6
2000	54	204	47.3	71.3	95.3	143.4	191.5	239.5	272	—	—	127.1	191.2	255.3	319.4
	56	198	45.9	69.2	92.5	139.2	185.8	232.5	264	—	—	123.4	185.6	247.8	310.0
	59	186	43.1	65.0	86.9	130.7	174.6	218.4	248	—	—	115.9	174.3	232.8	291.2
2250	54	231	53.5	80.7	—	162.4	216.8	271.2	308	—			216.5	289.1	361.6
	56	225	52.1	78.6	—	158.2	211.2	264.2	300	—	—	—	210.9	281.6	352.3
	59	213	49.4	74.4	—	149.7	199.9	250.1	284	—	—	—	199.6	266.5	333.5
2500	54	261	60.5	91.2	122.0	183.5	245.0	306.5	348	—	—	162.6	244.6	326.6	408.6
	56	252	58.4	88.1	117.8	177.1	236.5	295.9	336	—	—	157.0	236.2	315.4	394.5
	59	237	54.9	82.8	110.8	166.6	222.4	278.3	316	—	—	147.7	222.1	296.6	371.0

续表

管排数 Z		6							8						
公称宽度 BN/mm	管心距/mm	排管根数 n①	管束基管外表面积 A②/m² 翅片管长度 L/mm						排管根数 n①	管束基管外表面积 A②/m² 翅片管长度 L/mm					
			3000	4500	6000	9000	12000	15000		3000	4500	6000	9000	12000	15000
2750	54	288	66.7	—	134.6	202.4	270.3	338.2	384	—	—	179.4	269.9	360.4	450.9
	56	279	64.6	—	130.4	196.1	261.9	327.6	372	—	—	173.8	261.5	349.1	436.8
	59	264	61.2	—	123.4	185.6	247.8	310.0	352	—	—	164.5	247.4	330.4	413.3
3000	54	315	73.0	110.1	147.2	221.4	295.6	369.9	420	—	—	196.3	295.2	394.2	493.2
	56	303	70.2	105.9	141.6	213	284.4	355.8	404	—	—	188.8	284.0	379.2	474.4
	59	288	66.7	100.7	134.6	202.4	270.3	338.2	384	—	—	179.4	269.9	360.4	450.9

①排管根数按管束实际宽度(管束公称宽度减 50mm)、管箱端板厚度为 20mm 确定。

②管束基管外表面积按管板厚度 $\delta=22$mm 确定。

(2) 翅片高度 h 为 16mm 的鼓风式水平管束

管排数 Z		4							5						
公称宽度 BN/mm	管心距/mm	排管根数 n①	管束基管外表面积 A②/m² 翅片管长度 L/mm						排管根数 n①	管束基管外表面积 A②/m² 翅片管长度 L/mm					
			3000	4500	6000	9000	12000	15000		3000	4500	6000	9000	12000	15000
500	62	22	5.1	7.7	10.3	—	—	—	28	6.5	9.8	13.1	—	—	—
	63.5	22	5.1	7.7	10.3	—	—	—	28	6.5	9.8	13.1	—	—	—
	67	20	4.6	7.0	9.3	—	—	—	25	5.8	8.7	11.7	—	—	—
750	62	38	8.8	13.3	17.8	—	—	—	48	11.1	16.8	22.4	—	—	—
	63.5	38	8.8	13.3	17.8	—	—	—	48	11.1	16.8	22.4	—	—	—
	67	36	8.3	12.6	16.8	—	—	—	45	10.4	15.7	21.0	—	—	—
1000	62	54	12.5	18.9	25.2	38.0	50.7	63.4	68	15.8	23.8	31.8	47.8	63.8	79.8
	63.5	54	12.5	18.9	25.2	38.0	50.7	63.4	68	15.8	23.8	31.8	47.8	63.8	79.8
	67	50	11.6	17.5	23.4	35.1	46.9	58.7	63	14.6	22.0	29.4	44.3	59.1	74.0
1250	62	70	16.2	24.5	32.7	49.2	65.7	82.2	88	20.4	30.8	41.1	61.9	82.6	103.3
	63.5	68	15.8	23.8	31.8	47.8	63.8	79.8	85	19.7	29.7	39.7	59.7	79.8	99.8
	67	66	15.3	23.1	30.8	46.4	61.9	77.5	83	19.2	29.0	38.8	58.3	77.9	97.5
1500	62	86	19.9	30.1	40.2	60.5	80.7	101.0	108	25.0	37.7	50.5	75.9	101.4	126.8
	63.5	84	19.5	29.4	39.3	59.0	78.8	98.6	105	24.3	36.7	49.1	73.8	98.5	123.3
	67	80	18.5	28.0	37.4	56.2	75.1	93.9	100	23.2	35.0	46.7	70.3	93.9	117.4
1750	62	102	23.6	35.6	47.7	71.7	95.7	119.8	128	29.7	44.7	59.8	90.0	120.1	150.3
	63.5	100	23.2	35.0	46.7	70.3	93.9	117.4	125	29.0	43.7	58.4	87.9	117.3	146.8
	67	96	22.2	33.6	44.9	67.5	90.1	112.7	120	27.8	41.9	56.1	84.4	112.6	140.9

续表

管排数 Z		4							5						
公称宽度 BN/mm	管心距/mm	排管根数 n①	管束基管外表面积 A②/m^2 翅片管长度 L/mm						排管根数 n①	管束基管外表面积 A②/m^2 翅片管长度 L/mm					
			3000	4500	6000	9000	12000	15000		3000	4500	6000	9000	12000	15000
2000	62	118	27.3	41.2	55.1	82.9	110.7	138.6	148	34.3	51.7	69.2	104.0	138.9	173.8
	63.5	116	26.9	40.5	54.2	81.5	108.9	136.2	145	33.6	50.7	67.8	101.9	136.1	170.3
	67	110	25.5	38.4	51.4	77.3	103.2	129.2	138	32.0	48.2	64.5	97.0	129.5	162.0
2250	62	134	31.0	46.8	—	94.2	125.8	157.3	168	38.9	58.7	—	118.1	157.7	197.3
	63.5	132	30.6	46.1	—	92.8	123.9	155.0	165	38.2	57.7	—	116.0	154.9	193.7
	67	124	28.7	43.3	—	87.2	116.4	145.6	155	35.9	54.2	—	109.0	145.5	182.0
2500	62	152	35.2	53.1	71.0	106.8	142.7	178.5	190	44.0	66.4	88.8	133.6	178.3	223.1
	63.5	148	34.3	51.7	69.2	104.0	138.9	173.8	185	42.9	64.7	86.5	130.0	173.6	217.2
	67	140	32.4	48.9	65.4	98.4	131.4	164.4	175	40.5	61.2	81.8	123.0	164.2	205.5
2750	62	168	38.9	—	78.5	118.1	157.7	197.3	210	48.7	—	98.1	147.6	197.1	246.6
	63.5	164	38.0	—	76.6	115.3	153.9	192.6	205	47.5	—	95.8	144.1	192.4	240.7
	67	154	35.7	—	72.0	108.3	144.5	180.8	193	44.7	—	90.2	135.7	181.1	226.6
3000	62	184	42.6	64.3	86.0	129.3	172.7	216.0	230	53.3	80.4	107.5	161.7	215.9	270.1
	63.5	180	41.7	62.9	84.1	126.5	168.9	211.4	225	52.1	78.6	105.1	158.2	211.2	264.2
	67	170	39.4	59.4	79.4	119.5	159.6	199.6	213	49.4	74.4	99.5	149.7	199.9	250.1

管排数 Z		6							8						
公称宽度 BN/mm	管心距/mm	排管根数 n①	管束基管外表面积 A②/m^2 翅片管长度 L/mm						排管根数 n①	管束基管外表面积 A②/m^2 翅片管长度 L/mm					
			3000	4500	6000	9000	12000	15000		3000	4500	6000	9000	12000	15000
500	62	33	7.6	11.5	15.4	—	—	—	—	—	—	—	—	—	—
	63.5	33	7.6	11.5	15.4	—	—	—	—	—	—	—	—	—	—
	67	30	7.0	10.5	14.0	—	—	—	—	—	—	—	—	—	—
750	62	57	13.2	19.9	26.6	—	—	—	—	—	—	—	—	—	—
	63.5	57	13.2	19.9	26.6	—	—	—	—	—	—	—	—	—	—
	67	54	12.5	18.9	25.2	—	—	—	—	—	—	—	—	—	—
1000	62	81	18.8	28.3	37.9	56.9	76.0	95.1	108	—	—	50.5	75.9	101.4	126.8
	63.5	81	18.8	28.3	37.9	56.9	76.0	95.1	108	—	—	50.5	75.9	101.4	126.8
	67	75	17.4	26.2	35.0	52.7	70.4	88.1	100	—	—	46.7	70.3	93.9	117.4
1250	62	105	24.3	36.7	49.1	73.8	98.5	123.3	140	—	—	65.4	98.4	131.4	164.4
	63.5	102	23.6	35.6	47.7	71.7	95.7	119.8	136	—	—	63.6	95.6	127.6	159.7
	67	99	22.9	34.6	46.3	69.6	92.9	116.2	132	—	—	61.7	92.8	123.9	155.0
1500	62	129	29.9	45.1	60.3	90.7	121.1	151.5	172	—	—	80.4	120.9	161.4	202.0
	63.5	126	29.2	44.0	58.9	88.6	118.3	147.9	168	—	—	78.5	118.1	157.7	197.3
	67	120	27.8	41.9	56.1	84.4	112.6	140.9	160	—	—	74.8	112.5	150.2	187.9
1750	62	153	35.4	53.5	71.5	107.5	143.6	179.6	204	—	—	95.3	143.4	191.5	239.5
	63.5	150	34.8	52.4	70.1	105.4	140.8	176.1	200	—	—	93.5	140.6	187.7	234.8
	67	144	33.4	50.3	67.3	101.2	135.2	169.1	192	—	—	89.7	135.0	180.2	225.4

续表

管排数 Z		6							8						
公称宽度 BN/mm	管心距/mm	排管根数 n①	管束基管外表面积 A②/m² 翅片管长度 L/mm						排管根数 n①	管束基管外表面积 A②/m² 翅片管长度 L/mm					
			3000	4500	6000	9000	12000	15000		3000	4500	6000	9000	12000	15000
2000	62	177	41.0	61.9	82.7	124.4	166.1	207.8	236	—	—	110.3	165.9	221.5	277.1
	63.5	174	40.3	60.8	81.3	122.3	163.3	204.3	232	—	—	108.4	163.1	217.7	272.4
	67	165	38.2	57.7	77.1	116.0	154.9	193.7	220	—	—	102.8	154.6	206.5	258.3
2250	62	201	46.6	70.2	—	141.3	188.6	236.0	268	—	—	—	188.4	251.5	314.7
	63.5	198	45.9	69.2	—	139.2	185.8	232.5	264	—	—	—	185.6	247.8	310.0
	67	186	43.1	65.0	—	130.7	174.6	218.4	248	—	—	—	174.3	232.8	291.2
2500	62	228	52.8	79.7	106.5	160.3	214.0	267.7	304	—	—	142.1	213.7	285.3	356.9
	63.5	222	51.4	77.6	103.7	156.1	208.4	260.7	296	—	—	138.3	208.1	277.8	347.6
	67	210	48.7	73.4	98.1	147.6	197.1	246.6	280	—	—	130.8	196.8	262.8	328.8
2750	62	252	58.4	—	117.8	177.1	236.5	295.9	336	—	—	157.0	236.2	315.4	394.5
	63.5	246	57.0	—	115.0	172.9	230.9	288.8	328	—	—	153.3	230.6	307.8	385.1
	67	231	53.5	—	107.9	162.4	216.8	271.2	308	—	—	143.9	216.5	289.1	361.6
3000	62	276	63.9	96.5	129.0	194.0	259.0	324.1	368	—	—	172.0	258.7	345.4	432.1
	63.5	270	62.6	94.4	126.2	189.8	253.4	317.0	360	—	—	168.2	253.1	337.9	422.7
	67	255	59.1	89.1	119.2	179.2	239.3	299.4	340	—	—	158.9	239.0	319.1	399.2

①排管根数按管束实际宽度(管束公称宽度减 50mm)、管箱端板厚度为 20mm 确定。

②管束基管外表面积按管板厚度 δ=22mm 确定。

(3) 翅片高度 h 为 12.5mm 的引风式水平管束

管排数 Z		4							5						
公称宽度 BN/mm	管心距/mm	排管根数 n①	管束基管外表面积 A②/m² 翅片管长度 L/mm						排管根数 n①	管束基管外表面积 A②/m² 翅片管长度 L/mm					
			3000	4500	6000	9000	12000	15000		3000	4500	6000	9000	12000	15000
500	54	22	5.1	7.7	10.3	—	—	—	28	6.5	9.8	13.1	—	—	—
	56	20	4.6	7.0	9.3	—	—	—	25	5.8	8.7	11.7	—	—	—
	59	20	4.6	7.0	9.3	—	—	—	25	5.8	8.7	11.7	—	—	—
750	54	40	9.3	14.0	18.7	—	—	—	50	11.6	17.5	23.4	—	—	—
	56	38	8.8	13.3	17.8	—	—	—	48	11.1	16.8	22.4	—	—	—
	59	36	8.3	12.6	16.8	—	—	—	45	10.4	15.7	21.0	—	—	—
1000	54	58	13.4	20.3	27.1	40.8	54.4	68.1	73	16.9	25.5	34.1	51.3	68.5	85.7
	56	56	13.0	19.6	26.2	39.4	52.6	65.8	70	16.2	24.5	32.7	49.2	65.7	82.2
	59	54	12.5	18.9	25.2	38.0	50.7	63.4	68	15.8	23.8	31.8	47.8	63.8	79.8

续表

管排数 Z		4							5						
公称宽度 BN/mm	管心距/mm	排管根数 n①	管束基管外表面积 A②/m^2 翅片管长度 L/mm						排管根数 n①	管束基管外表面积 A②/m^2 翅片管长度 L/mm					
			3000	4500	6000	9000	12000	15000		3000	4500	6000	9000	12000	15000
1250	54	78	18.1	27.3	36.5	54.8	73.2	91.6	98	22.7	34.3	45.8	68.9	92.0	115.1
	56	74	17.1	25.9	34.6	52.0	69.5	86.9	93	21.5	32.5	43.5	65.4	87.3	109.2
	59	70	16.2	24.5	32.7	49.2	65.7	82.2	88	20.4	30.8	41.1	61.9	82.6	103.3
1500	54	96	22.2	33.6	44.9	67.5	90.1	112.7	120	27.8	41.9	56.1	84.4	112.6	140.9
	56	92	21.3	32.2	43.0	64.7	86.3	108.0	115	26.6	40.2	53.7	80.8	107.9	135.0
	59	88	20.4	30.8	41.1	61.9	82.6	103.3	110	25.5	38.4	51.4	77.3	103.2	129.2
1750	54	114	26.4	39.8	53.3	80.1	107.0	133.9	143	33.1	50.0	66.8	100.5	134.2	167.9
	56	110	25.5	38.4	51.4	77.3	103.2	129.2	138	32.0	48.2	64.5	97.0	129.5	162.0
	59	104	24.1	36.3	48.6	73.1	97.6	122.1	130	30.1	45.4	60.8	91.4	122.0	152.6
2000	54	132	30.6	46.1	61.7	92.8	123.9	155.0	165	38.2	57.7	77.1	116.0	154.9	193.7
	56	128	29.7	44.7	59.8	90.0	120.1	150.3	160	37.1	55.9	74.8	112.5	150.2	187.9
	59	122	28.3	42.6	57.0	85.8	114.5	143.2	153	35.4	53.5	71.5	107.5	143.6	179.6
2250	54	152	35.2	53.1	—	106.8	142.7	178.5	190	44.0	66.4	—	133.6	178.3	223.1
	56	146	33.8	51.0	—	102.6	137.0	171.4	183	42.4	64.0	—	128.6	171.8	214.9
	59	138	32.0	48.2	—	97.0	129.5	162.0	173	40.1	60.5	—	121.6	162.4	203.1
2500	54	170	39.4	59.4	79.4	119.5	159.6	199.6	213	49.4	74.4	99.5	149.7	199.9	250.1
	56	164	38.0	57.3	76.6	115.3	153.9	192.6	205	47.5	71.6	95.8	144.1	192.4	240.7
	59	156	36.1	54.5	72.9	109.7	146.4	183.2	195	45.2	68.2	91.1	137.1	183.0	229.0
2750	54	188	43.6	—	87.9	132.2	176.4	220.7	235	54.4	—	109.8	165.2	220.6	275.9
	56	182	42.2	—	85.1	127.9	170.8	213.7	228	52.8	—	106.5	160.3	214.0	267.7
	59	172	39.9	—	80.4	120.9	161.4	202.0	215	49.8	—	100.5	151.1	201.8	252.4
3000	54	206	47.7	72.0	96.3	144.8	193.3	241.9	258	59.8	90.2	120.6	181.4	242.1	302.9
	56	200	46.3	69.9	93.5	140.6	187.7	234.8	250	57.9	87.4	116.8	175.7	234.6	293.5
	59	190	44.0	66.4	88.8	133.6	178.3	223.1	238	55.1	83.2	111.2	167.3	223.4	279.5

管排数 Z		6							8						
公称宽度 BN/mm	管心距/mm	排管根数 n①	管束基管外表面积 A②/m^2 翅片管长度 L/mm						排管根数 n①	管束基管外表面积 A②/m^2 翅片管长度 L/mm					
			3000	4500	6000	9000	12000	15000		3000	4500	6000	9000	12000	15000
500	54	33	7.6	11.5	15.4	—	—	—	—	—	—	—	—	—	—
	56	30	7.0	10.5	14.0	—	—	—	—	—	—	—	—	—	—
	59	30	7.0	10.5	14.0	—	—	—	—	—	—	—	—	—	—
750	54	60	13.9	21.0	28.0	—	—	—	—	—	—	—	—	—	—
	56	57	13.2	19.9	26.6	—	—	—	—	—	—	—	—	—	—
	59	54	12.5	18.9	25.2	—	—	—	—				—	—	—

续表

管排数 Z		6							8							
公称宽度 BN/mm	管心距/mm	排管根数 n①	管束基管外表面积 A②/m^2 翅片管长度 L/mm						排管根数 n①	管束基管外表面积 A②/m^2 翅片管长度 L/mm						
			3000	4500	6000	9000	12000	15000		3000	4500	6000	9000	12000	15000
1000	54	87	20.2	30.4	40.7	61.2	81.7	102.2	116	—	—	54.2	81.5	108.9	136.2
	56	84	19.5	29.4	39.3	59.0	78.8	98.6	112	—	—	52.3	78.7	105.1	131.5
	59	81	18.8	28.3	37.9	56.9	76.0	95.1	108	—	—	50.5	75.9	101.4	126.8
1250	54	117	27.1	40.9	54.7	82.2	109.8	137.4	156	—	—	72.9	109.7	146.4	183.2
	56	111	25.7	38.8	51.9	78.0	104.2	130.3	148	—	—	69.2	104.0	138.9	173.8
	59	105	24.3	36.7	49.1	73.8	98.5	123.3	140	—	—	65.4	98.4	131.4	164.4
1500	54	144	33.4	50.3	67.3	101.2	135.2	169.1	192	—	—	89.7	135.0	180.2	225.4
	56	138	32.0	48.2	64.5	97.0	129.5	162.0	184	—	—	86.0	129.3	172.7	216.0
	59	132	30.6	46.1	61.7	92.8	123.9	155.0	176	—	—	82.2	123.7	165.2	206.7
1750	54	171	39.6	59.8	79.9	120.2	160.5	200.8	228	—	—	106.5	160.3	214.0	267.7
	56	165	38.2	57.7	77.1	116.0	154.9	193.7	220	—	—	102.8	154.6	206.5	258.3
	59	156	36.1	54.5	72.9	109.7	146.4	183.2	208	—	—	97.2	146.2	195.2	244.2
2000	54	198	45.9	69.2	92.5	139.2	185.8	232.5	264	—	—	123.4	185.6	247.8	310.0
	56	192	44.5	67.1	89.7	135.0	180.2	225.4	256	—	—	119.6	180.0	240.3	300.6
	59	183	42.4	64.0	85.5	128.6	171.8	214.9	244	—	—	114.0	171.5	229.0	286.5
2250	54	228	52.8	79.7	—	160.3	214.0	267.7	304	—	—	—	213.7	285.3	356.9
	56	219	50.7	76.5	—	153.9	205.5	257.1	292	—	—	—	205.3	274.1	342.9
	59	207	48.0	72.3	—	145.5	194.3	243.1	276	—	—	—	194.0	259.0	324.1
2500	54	255	59.1	89.1	119.2	179.2	239.3	299.4	340	—	—	158.9	239.0	319.1	399.2
	56	246	57.0	86.0	115.0	172.9	230.9	288.8	328	—	—	153.3	230.6	307.8	385.1
	59	234	54.2	81.8	109.4	164.5	219.6	274.8	312	—	—	145.8	219.3	292.8	366.3
2750	54	282	65.3	—	131.8	198.2	264.7	331.1	376	—	—	175.7	264.3	352.9	441.5
	56	273	63.3	—	127.6	191.9	256.2	320.5	364	—	—	170.1	255.9	341.6	427.4
	59	258	59.8	—	120.6	181.4	242.1	302.9	344	—	—	160.8	241.8	322.9	403.9
3000	54	309	71.6	108.0	144.4	217.2	290.0	362.8	412	—	—	192.5	289.6	386.7	483.8
	56	300	69.5	104.9	140.2	210.9	281.6	352.3	400	—	—	186.9	281.2	375.4	469.7
	59	285	66.0	99.6	133.2	200.3	267.5	334.6	380	—	—	177.6	267.1	356.6	446.2

①排管根数按管束实际宽度(管束公称宽度减100mm)、管箱端板厚度为20mm确定。

②管束基管外表面积按管板厚度 $\delta=22$mm 确定。

（4）翅片高度 h 为16mm的引风式水平管束

管排数 Z		4							5						
公称宽度 BN/mm	管心距/mm	排管根数 n①	管束基管外表面积 A②/m²						排管根数 n①	管束基管外表面积 A②/m²					
			翅片管长度 L/mm							翅片管长度 L/mm					
			3000	4500	6000	9000	12000	15000		3000	4500	6000	9000	12000	15000
500	62	18	4.2	6.3	8.4	—	—	—	23	5.3	8.0	10.7	—	—	—
	63.5	18	4.2	6.3	8.4	—	—	—	23	5.3	8.0	10.7	—	—	—
	67	18	4.2	6.3	8.4	—	—	—	23	5.3	8.0	10.7	—	—	—
750	62	34	7.9	11.9	15.9	—	—	—	43	10.0	15.0	20.1	—	—	—
	63.5	34	7.9	11.9	15.9	—	—	—	43	10.0	15.0	20.1	—	—	—
	67	32	7.4	11.2	15.0	—	—	—	40	9.3	14.0	18.7	—	—	—
1000	62	52	12.0	18.2	24.3	36.6	48.8	61.1	65	15.1	22.7	30.4	45.7	61.0	76.3
	63.5	50	11.6	17.5	23.4	35.1	46.9	58.7	63	14.6	22.0	29.4	44.3	59.1	74.0
	67	48	11.1	16.8	22.4	33.7	45.1	56.4	60	13.9	21.0	28.0	42.2	56.3	70.5
1250	62	68	15.8	23.8	31.8	47.8	63.8	79.8	85	19.7	29.7	39.7	59.7	79.8	99.8
	63.5	66	15.3	23.1	30.8	46.4	61.9	77.5	83	19.2	29.0	38.8	58.3	77.9	97.5
	67	62	14.4	21.7	29.0	43.6	58.2	72.8	78	18.1	27.3	36.5	54.8	73.2	91.6
1500	62	84	19.5	29.4	39.3	59.0	78.8	98.6	105	24.3	36.7	49.1	73.8	98.5	123.3
	63.5	82	19.0	28.7	38.3	57.6	77.0	96.3	103	23.9	36.0	48.1	72.4	96.7	120.9
	67	78	18.1	27.3	36.5	54.8	73.2	91.6	98	22.7	34.3	45.8	68.9	92.0	115.1
1750	62	100	23.2	35.0	46.7	70.3	93.9	117.4	125	29.0	43.7	58.4	87.9	117.3	146.8
	63.5	98	22.7	34.3	45.8	68.9	92.0	115.1	123	28.5	43.0	57.5	86.5	115.4	144.4
	67	92	21.3	32.2	43.0	64.7	86.3	108.0	115	26.6	40.2	53.7	80.8	107.9	135.0
2000	62	116	26.9	40.5	54.2	81.5	108.9	136.2	145	33.6	50.7	67.8	101.9	136.1	170.3
	63.5	112	25.9	39.1	52.3	78.7	105.1	131.5	140	32.4	48.9	65.4	98.4	131.4	164.4
	67	108	25.0	37.7	50.5	75.9	101.4	126.8	135	31.3	47.2	63.1	94.9	126.7	158.5
2250	62	132	30.6	46.1	—	92.8	123.9	155.0	165	38.2	57.7	—	116.0	154.9	193.7
	63.5	128	29.7	44.7	—	90.0	120.1	150.3	160	37.1	55.9	—	112.5	150.2	187.9
	67	122	28.3	42.6	—	85.8	114.5	143.2	153	35.4	53.5	—	107.5	143.6	179.6
2500	62	148	34.3	51.7	69.2	104.0	138.9	173.8	185	42.9	64.7	86.5	130.0	173.6	217.2
	63.5	144	33.4	50.3	67.3	101.2	135.2	169.1	180	41.7	62.9	84.1	126.5	168.9	211.4
	67	136	31.5	47.5	63.6	95.6	127.6	159.7	170	39.4	59.4	79.4	119.5	159.6	199.6
2750	62	164	38.0	—	76.6	115.3	153.9	192.6	205	47.5	—	95.8	144.1	192.4	240.7
	63.5	160	37.1	—	74.8	112.5	150.2	187.9	200	46.3	—	93.5	140.6	187.7	234.8
	67	152	35.2	—	71.0	106.8	142.7	178.5	190	44.0	—	88.8	133.6	178.3	223.1
3000	62	180	41.7	62.9	84.1	126.5	168.9	211.4	225	52.1	78.6	105.1	158.2	211.2	264.2
	63.5	176	40.8	61.5	82.2	123.7	165.2	206.7	220	51.0	76.9	102.8	154.6	206.5	258.3
	67	166	38.5	58.0	77.6	116.7	155.8	194.9	208	48.2	72.7	97.2	146.2	195.2	244.2

续表

管排数 Z		6							8						
公称宽度 BN/mm	管心距/mm	排管根数 n①	管束基管外表面积 A②/m^2 翅片管长度 L/mm						排管根数 n①	管束基管外表面积 A②/m^2 翅片管长度 L/mm					
			3000	4500	6000	9000	12000	15000		3000	4500	6000	9000	12000	15000
500	62	27	6.3	9.4	12.6	—	—	—	—	—	—	—	—	—	—
	63.5	27	6.3	9.4	12.6	—	—	—	—	—	—	—	—	—	—
	67	27	6.3	9.4	12.6	—	—	—	—	—	—	—	—	—	—
750	62	51	11.8	17.8	23.8	—	—	—	—	—	—	—	—	—	—
	63.5	51	11.8	17.8	23.8	—	—	—	—	—	—	—	—	—	—
	67	48	11.1	16.8	22.4	—	—	—	—	—	—	—	—	—	—
1000	62	78	18.1	27.3	36.5	54.8	73.2	91.6	104	—	—	48.6	73.1	97.6	122.1
	63.5	75	17.4	26.2	35.0	52.7	70.4	88.1	100	—	—	46.7	70.3	93.9	117.4
	67	72	16.7	25.2	33.6	50.6	67.6	84.5	96	—	—	44.9	67.5	90.1	112.7
1250	62	102	23.6	35.6	47.7	71.7	95.7	119.8	136	—	—	63.6	95.6	127.6	159.7
	63.5	99	22.9	34.6	46.3	69.6	92.9	116.2	132	—	—	61.7	92.8	123.9	155.0
	67	93	21.5	32.5	43.5	65.4	87.3	109.2	124	—	—	57.9	87.2	116.4	145.6
1500	62	126	29.2	44.0	58.9	88.6	118.3	147.9	168	—	—	78.5	118.1	157.7	197.3
	63.5	123	28.5	43.0	57.5	86.5	115.4	144.4	164	—	—	76.6	115.3	153.9	192.6
	67	117	27.1	40.9	54.7	82.2	109.8	137.4	156	—	—	72.9	109.7	146.4	183.2
1750	62	150	34.8	52.4	70.1	105.4	140.8	176.1	200	—	—	93.5	140.6	187.7	234.8
	63.5	147	34.1	51.4	68.7	103.3	138.0	172.6	196	—	—	91.6	137.8	184.0	230.1
	67	138	32.0	48.2	64.5	97.0	129.5	162.0	184	—	—	86.0	129.3	172.7	216.0
2000	62	174	40.3	60.8	81.3	122.3	163.3	204.3	232	—	—	108.4	163.1	217.7	272.4
	63.5	168	38.9	58.7	78.5	118.1	157.7	197.3	224	—	—	104.7	157.5	210.2	263.0
	67	162	37.5	56.6	75.7	113.9	152.0	190.2	216	—	—	100.9	151.8	202.7	253.6
2250	62	198	45.9	69.2	—	139.2	185.8	232.5	264	—	—	—	185.6	247.8	310.0
	63.5	192	44.5	67.1	—	135.0	180.2	225.4	256	—	—	—	180.0	240.3	300.6
	67	183	42.4	64.0	—	128.6	171.8	214.9	244	—	—	—	171.5	229.0	285.5
2500	62	222	51.4	77.6	103.7	156.1	208.4	260.7	296	—	—	138.3	208.1	277.8	347.6
	63.5	216	50.0	75.5	100.9	151.8	202.7	253.6	288	—	—	134.6	202.4	270.3	338.2
	67	204	47.3	71.3	95.3	143.4	191.5	239.5	272	—	—	127.1	191.2	255.3	319.4
2750	62	246	57.0	—	115.0	172.9	230.9	288.8	328	—	—	153.3	230.6	307.8	385.1
	63.5	240	55.6	—	112.2	168.7	225.3	281.8	320	—	—	149.5	224.9	300.3	375.7
	67	228	52.8	—	106.5	160.3	214.0	267.7	304	—	—	142.1	213.7	285.3	356.9
3000	62	270	62.6	94.4	126.2	189.8	253.4	317.0	360	—	—	168.2	253.1	337.9	422.7
	63.5	264	61.2	92.3	123.4	185.6	247.8	310.0	352	—	—	164.5	247.4	330.4	413.3
	67	249	57.7	87.0	116.4	175.0	233.7	292.4	332	—	—	155.1	233.4	311.6	389.8

①排管根数按管束实际宽度(管束公称宽度减 100mm)、管箱端板厚度为 20mm 确定。

②管束基管外表面积按管板厚度 $\delta = 22$mm 确定。

6.3 压力容器的设计压力与温度(SH/T 3074—2018)

6.3.1 设计压力

MPa

类型			设计压力 p
内压容器	工作压力 p_w	$0.1 \le p_w \le 1.8$	$p=p_w+0.18$
		$1.8 < p_w \le 4.0$	$p=1.1p_w$
		$4.0 < p_w \le 8.0$	$p=p_w+0.4$
		$p_w > 8.0$	$p=1.05p_w$
	容器上装有爆破片		按 GB/T 150.1—2011 附录 B 中 B.5 的规定选取
	容器上装有安全阀		不低于安全阀整定压力
	出口管线上装有安全阀		不低于安全阀整定压力加上流体从设备流至安全阀处的压力降
	容器位于泵进口侧，且无安全控制装置		按进口侧工作压力选取设计压力，且以 0.1MPa 外压进行校核
	容器位于泵出口侧，且无安全控制装置		$p=p_w$

TSG 21《固定式压力容器安全技术监察规程》或工艺系统对容器的设计压力有规定时，其设计压力应按规定确定。

在炼油厂催化裂化装置中，沉降器和再生器的设计压力应取主风机出口的最大压力。

符合现行行业标准 NB/T 47041 规定的内压塔式容器，当工作压力小于 0.1MPa 时，设计压力取不小于 0.1MPa。

对于多腔的容器，应根据各腔的工况，分别确定各腔的设计压力。

常温储存液化气和液化石油气容器的设计压力按 TSG 21《固定式压力容器安全技术监察规程》规定的工作压力确定；常温储存液化石油气的容器内为混合油气时，应由工艺条件确定设计压力。

常见液化气体的特性参数：

介质名称	临界温度/℃	标准沸点/℃	50℃对应的饱和蒸气压或对应温度下的气体压力(绝压)/MPa
氨(NH_3)	132.4	−33.5	2.03
氯(Cl_2)	144.0	−34.0	1.43
异丁烷(C_4H_{10})	135.1	−11.7	0.69
丙烷(C_3H_8)	96.8	−42.1	1.71
丙烯(C_3H_6)	91.9	−47.7	2.05

续表

介质名称	临界温度/℃	标准沸点/℃	50℃对应的饱和蒸气压或对应温度下的气体压力(绝压)/MPa
乙烯(C_2H_4)	9.9	-103.9	1.94(-30℃)
			1.45(-40℃)
			1.06(-50℃)
			0.75(-60℃)

6.3.2　设计温度

工艺系统对容器的设计温度有规定时，设计温度应按其规定确定。

有外保温(或保冷)绝热的过程容器的设计温度，按下表选取：当工作温度 t 增加或减小温度裕量后导致选材改变时(如 Q345R 由于增加裕量后需用铬钼钢)，可适当调整设计温度的裕量。

℃

工作温度 t	设计温度
$t<-20$	介质正常工作温度减 0~10 或取最低工作温度
$-20 \leqslant t \leqslant 15$	介质正常工作温度减 5~10 或取最低工作温度
$15<t \leqslant 350$	介质正常工作温度加 15~30 或取最高工作温度
$t>350$	介质正常工作温度加 15~5 或取最高工作温度

工作温度低于 0℃时，设计温度不得高于元件金属可能达到的最低温度。对于外压容器，圆筒和封头的设计温度不得超过现行国家标准 GB/T 150.3 外压曲线图表上给出的最高温度。

容器内介质用蒸汽直接加热或被内置加热元件(如加热盘管、电热元件等)间接加热时，设计温度取正常工作过程中介质被加热后的最高工作温度。

有内隔热衬里的容器，其设计温度可采用实测的经验数据或通过传热计算得到金属温度后确定，并应留一定裕量。

容器受压元件两侧与不同温度介质直接接触时，应按较苛刻侧工作温度确定元件的设计温度。

安装在室外的无保温储存容器，当最低设计温度受地区环境温度控制时，可按以下规定选取：

① 盛装压缩气体的储存容器，最低设计温度取月平均最低气温的最低值减 3℃；

② 盛装液体的体积占容器容积 1/4 以上的储存容器，最低设计温度取月平均最低气温的最低值。

6.4 碳钢和低合金钢材料

6.4.1 锅炉和压力容器用钢板(GB 713—2014)

牌号	化学成分/%												
	C①	Si	Mn	Cu	Ni	Cr	Mo	Nb	V	Ti	Alt②	P	S	其他
Q245R	≤0.20	≤0.35	0.50~1.10	≤0.30	≤0.30	≤0.30	≤0.08	≤0.050	≤0.050	≤0.030	≥0.020	≤0.025	≤0.010	Cu+Ni+Cr+Mo≤0.70
Q345R	≤0.20	≤0.55	1.20~1.70	≤0.30	≤0.30	≤0.30	≤0.08	≤0.050	≤0.050	≤0.030	≥0.020	≤0.025	≤0.010	
Q370R	≤0.18	≤0.55	1.20~1.70	≤0.30	≤0.30	≤0.30	≤0.08	0.015~0.050	≤0.050	≤0.030	—	≤0.020	≤0.010	
Q420R	≤0.20	≤0.55	1.30~1.70	≤0.30	0.20~0.50	≤0.30	≤0.08	0.015~0.050	≤0.100	≤0.030	—	≤0.020	≤0.010	—
18MnMoNbR	≤0.21	0.15~0.50	1.20~1.60	≤0.30	≤0.30	≤0.30	0.45~0.65	0.025~0.050	—	—	—	≤0.020	≤0.010	—
13MnNiMoR	≤0.15	0.15~0.50	1.20~1.60	≤0.30	0.60~1.00	0.20~0.40	0.20~0.40	0.005~0.020	—	—	—	≤0.020	≤0.010	—
15CrMoR	0.08~0.18	0.15~0.40	0.40~0.70	≤0.30	≤0.30	0.80~1.20	0.45~0.60	—	—	—	—	≤0.025	≤0.010	—
14Cr1MoR	≤0.17	0.50~0.80	0.40~0.65	≤0.30	≤0.30	1.15~1.50	0.45~0.65	—	—	—	—	≤0.020	≤0.010	—
12Cr2Mo1R	0.08~0.15	≤0.50	0.30~0.60	≤0.20	≤0.30	2.00~2.50	0.90~1.10	—	—	—	—	≤0.020	≤0.010	—
12Cr1MoVR	0.08~0.15	0.15~0.40	0.40~0.70	≤0.30	≤0.30	0.90~1.20	0.25~0.35	—	0.15~0.30	—	—	≤0.025	≤0.010	—
12Cr2Mo1VR	0.11~0.15	≤0.10	0.30~0.60	≤0.20	≤0.25	2.00~2.50	0.90~1.10	≤0.07	0.25~0.35	≤0.030	—	≤0.010	≤0.005	B≤0.0020 Ca≤0.015
07Cr2AlMoR	≤0.09	0.20~0.50	0.40~0.90	≤0.30	≤0.30	2.00~2.40	0.30~0.50	—	—	—	0.30~0.50	≤0.020	≤0.010	—

①经供需双方协议，并在合同中注明，C 含量下限可不作要求。

②未注明的不作要求。

6.4.2 锅炉和压力容器常用钢板新旧标准牌号对照[15]

GB 713—2014	GB 713—1997	GB 6654—1996
Q245	20g	20R
Q345R	16Mng、19Mng	16MnR
Q370R		15MnNbR
18MnMoNbR		18MnMoNbR
13MnNiMoR	13MnNiCrMoNbg	13MnNiMoNbR
15CrMoR	15CrMog	15CrMoR
12Cr1MoVR	12Cr1MoVg	
14Cr1MoR		
12Cr2Mo1R		

6.5 高合金钢材料

6.5.1 常用不锈钢和耐热钢牌号[15]

序号	中国 GB/T 20878—2007			美国 ASTM A959—2004	日本 JIS G4303—1998 JIS G4311—1991
	统一数字代号	新牌号	旧牌号		
1	S30408	06Cr19Ni10	0Cr18Ni9	S30400，304	SUS304
2	S30403	022Cr19Ni10	00Cr19Ni10	S30403，304L	SUS304L
3	S30409	07Cr19Ni10	—	S30409，304H	SUH304H
4	S30920	16Cr23Ni13	2Cr23Ni13	S30900，309	SUH309
5	S30908	06Cr23Ni13	0Cr23Ni13	S30908，309S	SUS309S
6	S31020	20Cr25Ni20	2Cr25Ni20	S31000，310	SUH310
7	S31008	06Cr25Ni20	0Cr25Ni20	S31008，310S	SUS310S
8	S31608	06Cr17Ni12Mo2	0Cr17Ni12Mo2	S31600，316	SUS316
9	S31603	022Cr17Ni12Mo2	00Cr17Ni14Mo2	S31603，316L	SUS316L
10	S31708	06Cr19Ni1Mo3	0Cr19Ni13Mo3	S31700，317	SUS317
11	S31703	022Cr19Ni1Mo3	00Cr19Ni13Mo3	S31703，317L	SUS317L

续表

序号	中国 GB/T 20878—2007			美国 ASTM A959—2004	日本 JIS G4303—1998 JIS G4311—1991
	统一数字代号	新牌号	旧牌号		
12	S32168	06Cr18Ni11Ti	0Cr18Ni10Ti	S32100, 321	SUS321
13	S32169	07Cr19Ni11Ti	1Cr18Ni11Ti	S32109, 321H	(SUS321H)
14	S34778	06Cr18Ni11Nb	0Cr18Ni11Nb	S34700, 347	SUS347
15	S34779	07Cr18Ni11Nb	1Cr19Ni11Nb	S34709, 347H	(SUS347H)
16	S22053	022Cr23Ni5Mo3N	—	S32205, 2205	—
17	S25073	022Cr25Ni7Mo4N	—	S32750, 2507	—
18	S11348	06Cr13Al	0Cr13Al	S40500, 405	SUS405
19	S41008	06Cr13	0Cr13	S41008, 410S	(SUS410S)
20	S41010	12Cr13	1Cr13	S41000, 410	SUS410

6.5.2 常用镍及镍合金材料牌号(JB/T 4756—2006, GB/T 15007—2017)

序号	中国牌号		ASME 牌号			常用商品牌号
	牌号	曾用牌号	UNS NO.	公称成分	代号	
1	NS6400	—	N04400	67Ni-30Cu	400	Monel 400
2	NS3102	1Cr15Ni75Fe8	N06600	72Ni-15Cr-8Fe	600	Inconel 600
3	NS3300	0Cr20Ni65Mo10Nb4	N06625	60Ni-22Cr-9Mo-3.5Nb	625	Inconel 625
4	NS1101	0Cr20Ni32AlTi	N08800	33Ni-42Fe-21Cr	800	Incoloy 800
5	NS1102	1Cr20Ni32AlTi	N08810	33Ni-42Fe-21Cr	800H	Incoloy 800H
6	NS1104	—	N08811	33Ni-42Fe-21Cr	800HT	Incoloy 800HT
7	NS1402	0Cr21Ni42Mo3Cu2Ti	N08825	42Ni-21.5Cr-3Mo-2.3Cu	825	Incoloy 825
8	NS3304	00Cr15Ni60Mo16W5Fe5	N10276	54Ni-16Mo-15Cr	C-276	Hastelloy C-276
9	NS3202	00Cr70Mo28	N10665	65Ni-28Mo-2Fe	B-2	Hastelloy B-2

6.6 钢材的腐蚀与操作极限

6.6.1 临氢作业用钢防止脱碳和微裂的操作极限(Nelson 曲线)(API 941—2016)

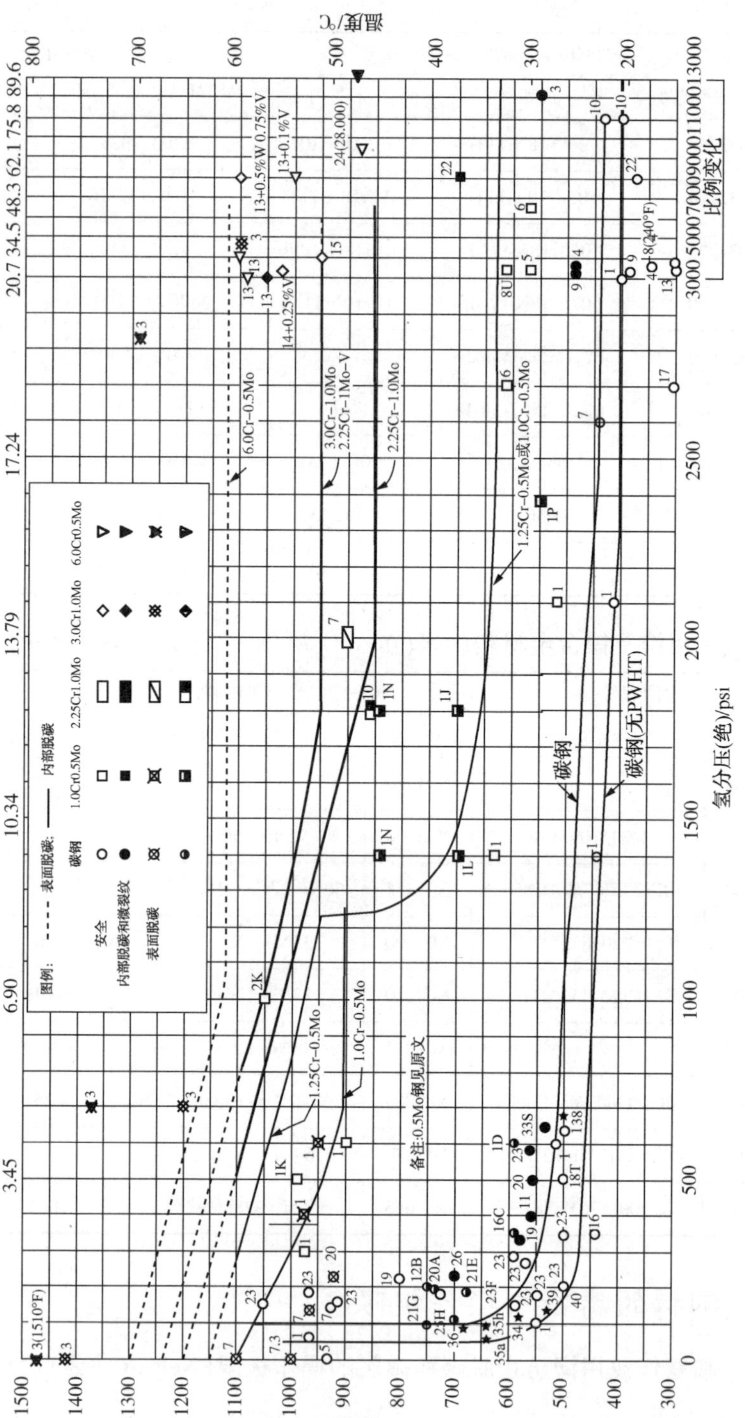
氢分压(绝)/MPa
3.45
6.90
10.34
13.79
17.24
20.7 34.5 48.3 62.1 75.8 89.6
温度/℃
温度/℉
氢分压(绝)/psi
比例变化
图例：
表面脱碳；
内部脱碳
碳钢
1.0Cr0.5Mo
2.25Cr1.0Mo
3.0Cr1.0Mo
6.0Cr0.5Mo
安全
内部脱碳和微裂纹
表面脱碳
6.0Cr-0.5Mo
3.0Cr-1.0Mo
2.25Cr-1Mo-V
2.25Cr-1.0Mo
1.25Cr-0.5Mo或1.0Cr-0.5Mo
1.25Cr-0.5Mo
1.0Cr-0.5Mo
碳钢
碳钢(无PWHT)
备注:0.5Mo钢见原文
13+0.5%W 0.75%V
13+0.1%V
14+0.25%V
24(28.000)
8(240°F)
3(1510°F)

6.6.2 常用金属材料易产生应力腐蚀破裂的环境组合(SH/T 3059—2012)

材料	环境	材料	环境
碳钢及低合金钢	苛性碱溶液	奥氏体不锈钢	高温碱液[NaOH、$Ca(OH)_2$、LiOH]
	氨溶液		氯化物水溶液
	硝酸盐水溶液		海水、海洋大气
	含 HCN 水溶液		连多硫酸
	湿的 $CO-CO_2$ 空气		高温高压含氧高纯水
	硝酸盐和重碳酸溶液		浓缩锅炉水
	含 H_2S 水溶液		260℃水蒸气
	海水		260℃硫酸
	海洋大气和工业大气		湿润空气(湿度 90%)
	CH_3COOH 水溶液		$NaCl+H_2O_2$ 水溶液
	$CaCl_2$、$FeCl_3$ 水溶液		热 $NaCl+H_2O_2$ 水溶液
	$(NH_4)_2CO_3$		热 NaCl
	$H_2SO_4-HNO_3$ 混合酸水溶液		湿的氯化镁绝缘物
	红烟硝酸		H_2S 水溶液
钛及钛合金	N_2O_4(含 O_2、不含 NO, 24~74℃)	铜合金	氨蒸气及氨水溶液
	湿的 Cl_2(288℃、346℃、427℃)		三氯化铁
	HCl(10%, 35℃)		水, 水蒸气
	硫酸(7%~60%)		水银
	甲醇, 甲醇蒸气		硝酸银
	海水	铝合金	氯化钠水溶液
	CCl_4		海水
	氟里昂		$CaCl_2+NH_4Cl$ 水溶液
			水银

6.6.3　碳钢在碱液中的使用温度与浓度极限[36]

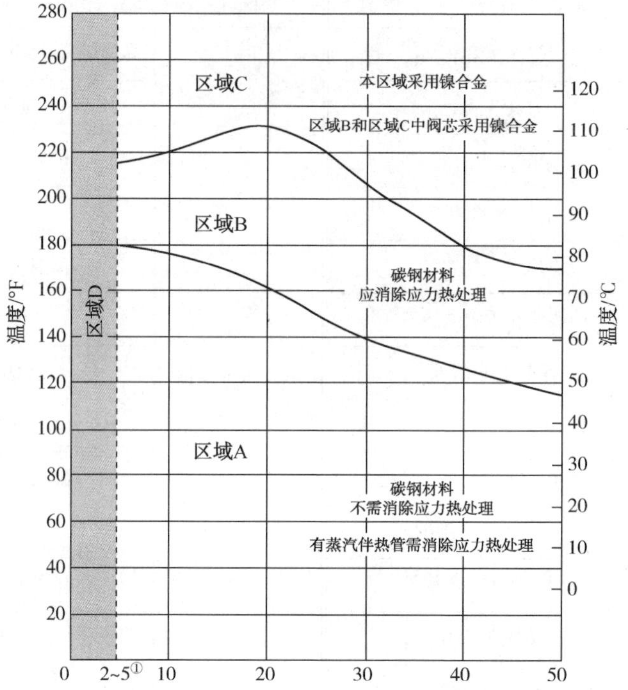

① 碱浓度小于 2%，不论温度多高，大多数用户使用碳钢材料不要求消除应力热处理，有的用户采用 5%作为最低限度。

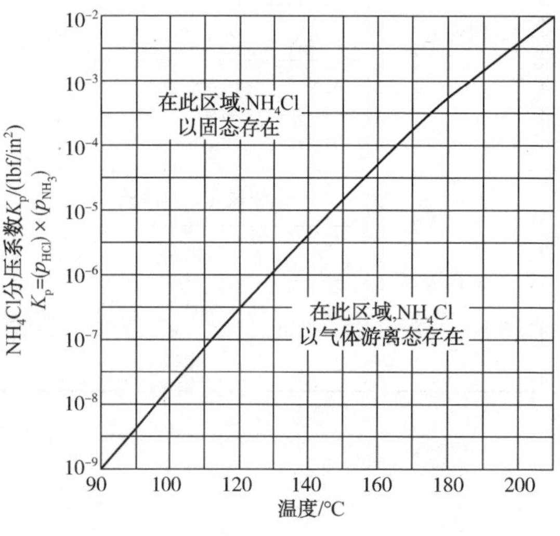

6.6.4　氯化铵对钢材的腐蚀[15]

所有普通钢材对氯化铵腐蚀都很敏感，抗腐蚀能力按以下顺序增强：碳钢、低合金钢、合金 400、双相不锈钢、合金 800、合金 825、合金 625 和合金 C276 及钛材。

氯化铵盐随高温介质的冷却而结晶沉淀，这取决于 NH_3 和 HCl 的浓度，一般在高于水的露点温度 149°C 时对管道和设备产生腐蚀。氯化铵盐具有吸湿性，少量的水能导致严重的腐蚀，腐蚀速率会大于 2.5mm/a。工艺介质中 NH_4Cl 的结晶温度估算值如左图所示。

6.7 金属和非金属材料的线膨胀系数[15]

6.7.1 不同温度下金属材料的平均线膨胀系数

材料	在下列温度(℃)与20℃之间的平均线膨胀系数 α/[10^{-6}mm/(mm·℃)]													
	-50	0	50	100	150	200	250	300	350	400	450	500	550	600
碳素钢、碳锰钢、碳钼钢、低铬钼钢(至Cr3Mo)	10 39	10.76	11.12	11.53	11.88	12.25	12.56	12.90	13.24	13.58	13.93	14.22	14.42	14.62
中铬钼钢(Cr5Mo-Cr9Mo)	9.77	10.16	10.52	10.91	11.15	11.39	11.66	11.90	12.15	12.38	12.63	12.86	13.05	13.18
奥氏体不锈钢(Cr18Ni8-Cr19Ni14)	15.97	16.28	16.54	16.84	17.06	17.25	17.42	17.61	17.79	17.99	18.19	18.34	18.58	18.71
高铬钢(Cr13-Cr17)	8.95	9.92	9.59	9.94	10.20	10.45	10.67	10.96	11.19	11.41	11.61	11.81	11.97	12.11
奥氏体(Cr25Ni20)	—	—	—	15.84	15.98	16.05	16.06	16.07	16.11	16.13	16.17	16.33	16.56	16.66
蒙纳尔(MonelNi67-Cu30)	12.83	13.26	13.69	14.16	14.45	14.74	15.06	15.36	15.67	15.98	16.28	16.60	16.90	17.15
铝	20.79	21.73	22.52	23.38	23.94	24.44	24.94	25.42	—	—	—	—	—	—
灰铸铁	—	—	—	10.39	10.68	10.97	11.26	11.55	11.85	12.14	12.42	12.71	—	—
青铜	16.35	16.97	17.51	18.07	18.23	18.40	18.55	18.73	18.88	19.04	19.20	19.34	19.49	19.71
黄铜	15.92	16.56	17.11	17.62	18.19	18.38	18.77	19.14	19.50	19.89	20.27	20.66	21.05	21.34
Cu70-Ni30	13.99	14.48	14.94	15.41	15.69	15.99	—	—	—	—	—	—	—	—

6.7.2　非金属材料的线膨胀系数

材料名称	线膨胀系数 α/[mm/(mm·℃)]	材料名称	线膨胀系数 α/[mm/(mm·℃)]
砖(20℃)	9.5×10^{-6}	黏土质耐火制品(20~1300℃)	5.2×10^{-6}
水泥、混凝土(20℃)	$(10\sim14)\times10^{-6}$	硅质耐火制品(20~1670℃)	7.4×10^{-6}
胶木、硬橡皮(20℃)	$(64\sim77)\times10^{-6}$	高品质耐火制品(20~1200℃)	6×10^{-6}
赛璐珞(20~100℃)	100×10^{-6}	刚玉制品	8.1×10^{-6}
有机玻璃(20~100℃)	130×10^{-6}	陶瓷、工业瓷(管)	$(3\sim6)\times10^{-6}$
辉绿岩板	1×10^{-6}	石英玻璃	5.1×10^{-6}
耐酸瓷砖、陶板	$(4.5\sim6)\times10^{-6}$	花岗石	$<8\times10^{-6}$
不透性石墨板(浸渍型)	5.5×10^{-6}	聚酰胺(尼龙 6)	$(11\sim14)\times10^{-6}$
硬聚氨乙烯(10~60℃)	59×10^{-6}	聚酰胺(尼龙 1010)	$(1.4\sim1.6)\times10^{-6}$
玻璃管道(0~500℃)	$\leqslant5\times10^{-6}$	聚四氟乙烯(纯)	$(1.1\sim2.56)\times10^{-6}$
玻璃(20~100℃)	$(4\sim11.5)\times10^{-6}$		

6.8　蒸汽伴热管

6.8.1　蒸汽伴热管根数和管径(SH/T 3040—2012)

被伴热管管径(DN)/mm	被伴热介质维持温度150℃时			伴热管根数及管径(n×DN) 蒸汽温度151℃时						伴热管根数及管径(n×DN) 蒸汽温度183℃时						
	环境温度/℃			被伴热介质维持温度/℃						被伴热介质维持温度/℃						
	大庆 3.2	北京 11.4	广州 21.8	70	80	90	100	110	120	90	100	110	120	130	140	150
	保温厚度/mm															
15	50	50	40	1×15	1×15	1×15	1×15	1×15	1×15	1×15	1×15	1×15	1×15	1×15	1×15	1×15
20	50	50	40	1×15	1×15	1×15	1×15	1×15	1×15	1×15	1×15	1×15	1×15	1×15	1×15	1×15
25	50	50	50	1×15	1×15	1×15	1×15	1×15	1×15	1×15	1×15	1×15	1×15	1×15	1×15	1×15
40	50	50	50	1×15	1×15	1×15	1×15	1×15	1×15	1×15	1×15	1×15	1×15	1×15	1×15	1×15
50	50	50	50	1×15	1×15	1×15	1×15	1×15	1×15	1×15	1×15	1×15	1×15	1×15	1×15	2×15
80	60	50	50	1×15	1×15	1×15	1×15	1×15	2×15	1×15	1×15	1×15	1×15	1×15	1×15	2×15
100	60	60	50	1×15	1×15	1×15	1×15	1×15	2×15	1×15	1×15	1×15	1×15	1×15	1×15	2×15
150	60	60	60	1×15	1×15	1×15	1×15	2×15	2×15	1×15	1×15	1×15	1×15	1×15	2×15	2×15
200	60	60	60	1×15	1×15	1×15	2×15	2×15	2×15	1×15	1×15	1×15	1×15	2×15	2×15	3×15
250	60	60	60	1×15	1×15	1×15	2×15	2×15	3×15	1×15	1×15	1×15	1×15	2×15	2×15	3×15
300	60	60	60	1×15	1×15	1×15	2×15	2×15	3×15	1×15	1×15	1×15	2×15	2×15	3×15	4×15
350	70	60	60	1×15	1×15	2×15	2×15	2×15	3×15	1×15	1×15	1×15	2×15	2×15	3×15	4×15
400	70	60	60	1×15	1×15	2×15	2×15	2×15	3×15	1×15	1×15	2×15	2×15	2×15	3×15	4×15
450	70	60	60	1×20	1×20	2×20	2×20	2×20	3×20	1×20	1×20	2×20	2×20	2×20	3×20	4×20
500	70	60	60	1×20	1×20	2×20	2×20	2×20	3×20	1×20	2×20	2×20	2×20	2×20	3×20	4×20

6.8.2 蒸汽伴热管最大允许有效伴热长度(SH/T 3040—2012)

伴管直径/mm	蒸汽压力为 pMPa 时的最大允许有效伴热长度/m	
	0. 3≤p≤0. 6	0. 6<p≤1. 0
ϕ10	30	40
ϕ12	40	50
*DN*15	50	60
*DN*20	60	70
*DN*25	70	80

6.8.3 伴热管的蒸汽用量[16]

kg/(m · h)

蒸汽压力/MPa	伴管直径 *DN*/mm	各种工艺管径 *DN*		
		≤100	150~300	350~500
0. 3	15	0. 15	0. 25	0. 3
	20		0. 30	0. 32
	25			
0. 6~1. 0	15	0. 17		
	20	0. 18	0. 30	0. 32
	25	0. 21	0. 32	0. 36

6.9 热水伴热管(SH/T 3040—2012)

6.9.1 热水伴热管根数和管径

(n×DN)被伴热管管径(DN)	被伴热介质维持温度100℃时 环境温度/℃ 大庆 3.2	北京 11.4	广州 21.8	伴热管根数及管径(n×DN) 热水温度90℃时 被伴热介质维持温度/℃ 30	40	50	60	伴热管根数及管径(n×DN) 热水温度100℃时 被伴热介质维持温度/℃ 30	40	50	60	70
	保温厚度/mm											
15	40	40	30	1×15	1×15	1×15	1×15	1×15	1×15	1×15	1×15	1×15
20	40	40	30	1×15	1×15	1×15	1×15	1×15	1×15	1×15	1×15	1×15
25	40	40	40	1×15	1×15	1×15	1×15	1×15	1×15	1×15	1×15	1×15
40	40	40	40	1×15	1×15	1×15	1×15	1×15	1×15	1×15	1×15	1×15
50	40	40	40	1×15	1×15	1×15	1×15	1×15	1×15	1×15	1×15	1×15
80	50	40	40	1×15	1×15	1×15	1×15	1×15	1×15	1×15	1×15	1×15
100	50	40	40	1×15	1×15	1×15	1×15	1×15	1×15	1×15	1×15	1×15
150	50	50	40	1×15	1×15	1×15	1×15	1×15	1×15	1×15	1×15	2×15
200	50	50	40	1×15	1×15	1×15	2×15	1×15	1×15	1×15	1×15	2×15
250	50	50	40	1×15	1×15	1×15	2×15	1×15	1×15	1×15	1×15	2×15
300	50	50	40	1×15	1×15	2×15	2×15	1×15	1×15	1×15	2×15	2×15
350	50	50	40	1×15	1×15	2×15	2×15	1×15	1×15	1×15	2×15	2×15
400	50	50	40	1×15	1×15	2×15	2×15	1×15	1×15	2×15	2×15	3×15
450	50	50	40	1×20	1×20	2×20	2×20	1×20	1×20	2×20	2×20	3×20
500	50	50	40					1×20	1×20	2×20	2×20	3×20

6.9.2　热水伴热管最大允许有效伴热长度

伴管直径/mm	热水压力为pMPa时的最大允许有效伴热长度/m		
	0.3≤p≤0.5	0.5<p≤0.7	0.7<p≤1.0
φ10、φ12	40	50	60
DN15	60	70	80
DN20	60	70	80
DN25	70	80	90

6.10　钢管

6.10.1　常用钢管的管径与壁厚(SH/T 3405—2017)

(1) 碳素钢、合金钢无缝钢管及焊接钢管的尺寸

公称直径		外径 D_o/	管壁厚度/mm												
DN/mm	NPS/in	mm	Sch10	Sch20	Sch30	STD	Sch40	Sch60	XS	Sch80	Sch100	Sch120	Sch140	Sch160	XXS
6	⅛	10.3	1.24	—	1.45	1.73	1.73	—	2.41	2.41	—	—	—	—	—
8	¼	13.7	1.65	—	1.85	2.24	2.24	—	3.02	3.02	—	—	—	—	—
10	⅜	17.1	1.65	—	1.85	2.31	2.31	—	3.20	3.20	—	—	—	—	—
15	½	21.3	2.11	—	2.41	2.77	2.77	—	3.73	3.73	—	—	—	4.78	7.47
20	¾	26.7	2.11	—	2.41	2.87	2.87	—	3.91	3.91	—	—	—	5.56	7.82
25	1	33.4	2.77	—	2.90	3.38	3.38	—	4.55	4.55	—	—	—	6.35	9.09
(32)	1¼	42.2	2.77	—	2.97	3.56	3.56	—	4.85	4.85	—	—	—	6.35	9.70
40	1½	48.3	2.77	—	3.18	3.68	3.68	—	5.08	5.08	—	—	—	7.14	10.15
50	2	60.3	2.77	—	3.18	3.91	3.91	—	5.54	5.54	—	—	—	8.74	11.07
(65)	2½	73.0	3.05	—	4.78	5.16	5.16	—	7.01	7.01	—	—	—	9.53	14.02
80	3	88.9	3.05	—	4.78	5.49	5.49	—	7.62	7.62	—	—	—	11.13	15.24
(90)	3½	101.6	3.05	—	4.78	5.74	5.74	—	8.08	8.08	—	—	—	—	—
100	4	114.3	3.05	—	4.78	6.02	6.02	—	8.56	8.56	—	11.13	—	13.49	17.12
(125)	5	141.3	3.40	—	—	6.55	6.55	—	9.53	9.53	—	12.70	—	15.88	19.05
150	6	168.3	3.40	—	—	7.11	7.11	—	10.97	10.97	—	14.27	—	18.26	21.95
200	8	219.1	3.76	6.35	7.04	8.18	8.18	10.31	12.70	12.70	15.09	18.26	20.62	23.01	22.23
250	10	273.1	4.19	6.35	7.80	9.27	9.27	12.70	12.70	15.09	18.26	21.44	25.40	28.58	25.40
300	12	323.9	4.57	6.35	8.38	9.53	10.31	14.27	12.70	17.48	21.44	25.40	28.58	33.32	25.40
350	14	355.6	6.35	7.92	9.53	9.53	11.13	15.09	12.70	19.05	23.83	27.79	31.75	35.71	—
400	16	406.4	6.35	7.92	9.53	9.53	12.70	16.66	12.70	21.44	26.19	30.96	36.53	40.49	—
450	18	457	6.35	7.92	11.13	9.53	14.27	19.05	12.70	23.83	29.36	34.93	39.67	45.24	—
500	20	508	6.35	9.53	12.70	9.53	15.09	20.62	12.70	26.19	32.54	38.10	44.45	50.01	—

续表

公称直径		外径 D_o/	管壁厚度/mm												
DN/mm	*NPS*/in	mm	Sch10	Sch20	Sch30	STD	Sch40	Sch60	XS	Sch80	Sch100	Sch120	Sch140	Sch160	XXS
550	22	559	6. 35	9. 53	12. 70	9. 53	—	22. 23	12. 70	28. 58	34. 93	41. 28	47. 63	53. 98	—
600	24	610	6. 35	9. 53	14. 27	9. 53	17. 48	24. 61	12. 70	30. 96	38. 89	46. 02	52. 37	59. 54	—
650	26	660	7. 92	12. 70	—	9. 53	—	—	12. 70	—	—	—	—	—	—
700	28	711	7. 92	12. 70	15. 88	9. 53	—	—	12. 70	—	—	—	—	—	—
750	30	762	7. 92	12. 70	15. 88	9. 53	—	—	12. 70	—	—	—	—	—	—
800	32	813	7. 92	12. 70	15. 88	9. 53	17. 48	—	12. 70	—	—	—	—	—	—
850	34	864	7. 92	12. 70	15. 88	9. 53	17. 48	—	12. 70	—	—	—	—	—	—
900	36	914	7. 92	12. 70	15. 88	9. 53	19. 05	—	12. 70	—	—	—	—	—	—
950	38	965	—	—	—	9. 53	—	—	12. 70	—	—	—	—	—	—
1000	40	1016	—	—	—	9. 53	—	—	12. 70	—	—	—	—	—	—
1050	42	1067	—	—	—	9. 53	—	—	12. 70	—	—	—	—	—	—
1100	44	1118	—	—	—	9. 53	—	—	12. 70	—	—	—	—	—	—
1150	46	1168	—	—	—	9. 53	—	—	12. 70	—	—	—	—	—	—
1200	48	1219	—	—	—	9. 53	—	—	12. 70	—	—	—	—	—	—

（2）不锈钢无缝钢管及焊接钢管的尺寸

公称直径		外径	管壁厚度/mm				公称直径		外径	管壁厚度/mm			
DN/mm	*NPS*/in	D_o/mm	Sch5S	Sch10S	Sch40S	Sch80S	*DN*/mm	*NPS*/in	D_o/mm	Sch5S	Sch10S	Sch40S	Sch80S
6	1/8	10.3	—	1.24	1.73	2.41	(125)	5	141.3	2.77	3.40	6.55	9.53
8	1/4	13.7	—	1.65	2.24	3.02	150	6	168.3	2.77	3.40	7.11	10.97
10	3/8	17.1	—	1.65	2.31	3.20	200	8	219.1	2.77	3.76	8.18	12.70
15	1/2	21.3	1.65	2.11	2.77	3.73	250	10	273.1	3.40	4.19	9.27	12.70
20	3/4	26.7	1.65	2.11	2.87	3.91	300	12	323.9	3.96	4.57	9.53	12.70
25	1	33.4	1.65	2.77	3.38	4.55	350	14	355.6	3.96	4.78	9.53	12.70
(32)	1¼	42.2	1.65	2.77	3.56	4.85	400	16	406.4	4.19	4.78	9.53	12.70
40	1½	48.3	1.65	2.77	3.68	5.08	450	18	457	4.19	4.78	9.53	12.70
50	2	60.3	1.65	2.77	3.91	5.54	500	20	508	4.78	5.54	9.53	12.70
(65)	2½	73.0	2.11	3.05	5.16	7.01	550	22	559	4.78	5.54	—	—
80	3	88.9	2.11	3.05	5.49	7.62	600	24	610	5.54	6.35	9.53	12.7
(90)	3½	101.6	2.11	3.05	5.74	8.08	750	30	762	6.35	7.92	—	—
100	4	114.3	2.11	3.05	6.02	8.56							

注：1. 公称直径小于或等于 *DN*400，外径精确到 0.1mm，公称直径大于 *ND*400，外径精确到 1.0mm。

2. 有括号的 *DN* 不推荐使用。

6.10.2 管道常用钢材使用温度(SH/T 3059—2012)

材料	材料牌号	使用温度/℃
碳素结构钢	Q235A · F	0~200
	Q235A Q235B	-10~350
	Q235C	-10~400
优质碳素结构钢	10	-29~425
	20	-20~425
	20G	-20~450
	Q245R	-20~450

续表

材料	材料牌号	使用温度/℃
低合金钢	Q345R	-40~450
	16MnD	-40~350
	09MnD	-50~350
	09Mn2VD	-50~100
	09MnNiD	-70~350
	12CrMo	-20~525
	15CrMo	-20~550
	12Cr1MoVG	-20~575
	12Cr2Mo	-20~575
	12Cr5Mo(1Cr5Mo)	-20~600
高合金钢	06Cr13(0Cr13)	-20~400
	06Cr19Ni10(0Cr18Ni9)	-196~700
	06Cr18Ni11Ti(0Cr18Ni10Ti)	-196~700
	06Cr17Ni12Mo2(0Cr17Ni12Mo2)	-196~700
	0Cr18Ni12Mo2Ti	-196~500
	06Cr19Ni13Mo3(0Cr19Ni13Mo3)	-196~700
	022Cr19Ni10(00Cr19Ni10)	-196~425
	022Cr17Ni12Mo2(00Cr17Ni14Mo2)	-196~450
	022Cr19Ni13Mo3(00Cr19Ni13Mo3)	-196~450

注：括弧内材料为旧牌号。

6.10.3　管道分级(SH/T 3059—2012)

序号	管道级别	输送介质	设计条件	
			设计压力 p/MPa	设计温度 t/℃
1	SHA1	(1)极度危害介质(苯除外)、高度危害丙烯腈、光气介质	—	—
		(2)苯介质、高度危害介质(丙烯腈、光气除外)、中度危害介质、轻度危害介质	$p\geqslant10$	—
			$4\leqslant p<10$	$t\geqslant400$
			—	$t<-29$
2	SHA2	(3)苯介质、高度危害介质(丙烯腈、光气除外)	$4\leqslant p<10$	$-29\leqslant t<400$
			$p<4$	$t\geqslant-29$

续表

序号	管道级别	输送介质	设计条件	
			设计压力 p/MPa	设计温度 t/℃
3	SHA3	(4)中度危害介质、轻度危害介质	4≤p<10	-29≤t<400
		(5)中度危害介质	p<4	t≥-29
		(6)轻度危害介质	p<4	t≥400
4	SHA4	(7)轻度危害介质	p<4	-29≤t<400
5	SHB1	(8)甲类、乙类可燃气体介质和甲类、乙类、丙类可燃液体介质	p≥10	—
			4≤p<10	t≥400
			—	t<-29
6	SHB2	(9)甲类、乙类可燃气体介质和甲$_{A}$类、甲$_{B}$类可燃液体介质	4≤p<10	-29≤t<400
		(10)甲$_{A}$类可燃液体介质	p<4	t≥-29
7	SHB3	(11)甲类、乙类可燃气体介质、甲$_{B}$类、乙类可燃液体介质	p<4	t≥-29
		(12)乙类、丙类可燃液体介质	4≤p<10	-29≤t<400
		(13)丙类可燃液体介质	p<4	t≥400
8	SHB4	(14)丙类可燃液体介质	p<4	-29≤t<400
9	SHC1	(15)无毒、非可燃介质	p≥10	—
			—	t<-29
10	SHC2	(16)无毒、非可燃介质	4≤p<10	t≥400
11	SHC3	(17)无毒、非可燃介质	4≤p<10	-29≤t<400
			1<p<4	t≥400
12	SHC4	(18)无毒、非可燃介质	1<p<4	-29≤t<400
			p≤1	t≥185
			p≤1	-29≤t≤-20
13	SHC5	(19)无毒、非可燃介质	p≤1	-20<t<185

6.10.4 管道元件的公称压力(GB/T 1048—2019)

公称压力包括 PN 和 Class 两个系列，公称压力数值应从下表中选取：

PN 系列	Class 系列	PN 系列	Class 系列
PN2.5	Class25①	PN250	Class900
PN6	Class75	PN320	Class1500
PN10	Class125②	PN400	Class2000④
PN16	Class150	—	Class2500
PN25	Class250②	—	Class3000⑤
PN40	Class300	—	Class4500⑥
PN63	(Class400)	—	Class6000⑤
PN100	Class600	—	Class9000⑦
PN160	Class800③		

注：带括号的公称压力数值不推荐使用。

①适用于灰铸铁法兰和法兰管件。

②适用于铸铁法兰、法兰管件和螺纹管件。

③适用于承插焊和螺纹连连的阀门。

④适用于锻钢制的螺纹管件。

⑤适用于锻钢制的承插焊和螺纹管件。

⑥适用于对焊连接的阀门。

⑦适用于锻钢制的承插焊管件。

6.11　钢制管法兰

钢制管法兰标准主要有两个系列，一个是 PN 系列(欧洲体系)，另一个是 Class 系列(美洲体系)。我国石化行业常用的管法兰标准系列如下：

管别	PN 系列	Class 系列
英制管	GB/T 9112~9123—2010 HG/T 20592—2009	GB/T 9112、9118、9123—2010 HG/T 20615、20623—2009 SH/T 3406—2013
公制管	HG/T 20592—2009 JB/T 74~86—1994	—

6.11.1　PN 系列钢制管法兰(HG/T 20592—2009)

(1) 法兰的公称尺寸和钢管外径(PN 系列)

PN 系列钢制管法兰适用的钢管外径包括 A、B 两个系列，A 系列为国际通用系列(俗称英制管)、B 系列为国内沿用系列(俗称公制管)。其公称尺寸 *DN* 和钢管外径见下表：

公称尺寸 *DN*/mm		10	15	20	25	32	40	50	65	80
钢管外径/mm	A	17.2	21.3	26.9	33.7	42.4	48.3	60.3	76.1	88.9
	B	14	18	25	32	38	45	57	76	89
公称尺寸 *DN*/mm		100	125	150	200	250	300	350	400	450	500
钢管外径/mm	A	114.3	139.7	168.3	219.1	273	323.9	355.6	406.4	457	508
	B	108	133	159	219	273	325	377	426	480	530
公称尺寸 *DN*/mm		600	700	800	900	1000	1200	1400	1600	1800	2000
钢管外径/mm	A	610	711	813	914	1016	1219	1422	1626	1829	2032
	B	630	720	820	920	1020	1220	1420	1620	1820	2020

（2）钢制管法兰用材料（PN 系列）

类别号	类别	钢板		锻件		铸件	
		材料牌号	标准编号	材料牌号	标准编号①	材料牌号	标准编号
IC1	碳素钢	—	—	A105 16Mn 16MnD	GB/T 12228 JB 4726 JB 4727	WCB	GB/T 12229
IC2	碳素钢	Q345R	GB/T 713	—	—	WCC LC3、LCC	GB/T 12229 JB/T 7248
IC3	碳素钢	16MnDR	GB 3531	08Ni3D25	JB 4727 GB/T 12228	LCB	JB/T 7248
IC4	碳素钢	Q235A Q235B 20 Q245R 09MnNiDR	GB/T 3274 （GB/T 700） GB/T 711 GB/T 713 GB 3531	20 09MnNiD	JB 4726 JB 4727	WCA	GB/T 12229
IC9	铬钼钢 （1~1.25Cr-0.5Mo）	14Cr1MoR 15CrMoR	GB/T 713 GB/T 713	14Cr1Mo 15CrMo	JB 4726 JB 4726	WC6	JB/T 5263
IC10	铬钼钢 （2.25Cr-1Mo）	12Cr2Mo1R	GB/T 713	12Cr2Mo1	JB 4726	WC9	JB/T 5263
IC13	铬钼钢 （5Cr-0.5Mo）	—	—	1Cr5Mo	JB 4726	ZG16Cr5MoG	GB/T 16253
IC14	铬钼铬钢 （9Cr-1Mo-V）	—	—	—	—	C12A	JB/T 5263
2C1	304	0Cr18Ni9	GB/T 4237	0Cr18Ni9	JB 4728	CF3 CF8	GB/T 12230 GB/T 12230
2C2	316	0Cr17Ni12Mo2	GB/T 4237	0Cr17Ni12Mo2	JB 4728	CF3M CF8M	GB/T 12230 GB/T 12230

续表

类别号	类别	钢板		锻件		铸件	
		材料牌号	标准编号	材料牌号	标准编号①	材料牌号	标准编号
2C3	304L 316L	00Cr19Ni10 00Cr17Ni14Mo2	GB/T 4237 GB/T 4237	00Cr19Ni10 00Cr17Ni14Mo2	JB 4728 JB 4728	—	—
2C4	321	0Cr18Ni10Ti	GB/T 4237	0Cr18Ni10Ti	JB 4728	—	—
2C5	347	0Cr18Ni11Nb	GB/T 4237	—	—	—	—
12E0	CF8C	—	—	—	—	CF8C	GB/T 12230

①表中 JB 4726、JB 4727、JB 4728 已被 NB/T 47008、NB/T 47009、NB/T 47010—2017 所代替。

（3）PN16 钢制管法兰最大允许工作压力

10^5Pa(bar 表压)

法兰材料类别号	工作温度/℃								
	50	100	200	300	400	450	500	550	600
1C1	16.0	16.0	15.1	13.4	10.8	6.2	2.7	—	—
1C2	16.0	16.0	16.0	14.9	10.8	6.2	2.7	—	—
1C3	16.0	15.6	14.7	13.0	10.1	6.1	2.7	—	—
1C4	14.4	13.4	12.6	11.2	9.4	6.0	2.7	—	—
1C9	16.0	16.0	16.0	15.5	14.5	13.8	7.9	3.9	1.8
1C10	16.0	16.0	16.0	16.0	15.9	15.3	8.9	4.7	2.1
1C13	16.0	16.0	16.0	16.0	15.6	14.6	6.6	3.7	1.9
1C14	16.0	16.0	16.0	16.0	16.0	16.0	9.4	4.6	2.2
2C1	14.2	12.1	10.2	9.0	8.4	8.1	7.8	7.3	5.2
2C2	14.3	12.5	10.6	9.3	8.7	8.5	8.4	8.2	6.1
2C3	11.8	10.2	8.5	7.4	6.8	6.5	—		
2C4	14.4	13.1	11.3	10.1	9.3	9.1	8.9	8.7	6.3
2C5	14.4	13.4	11.8	10.6	10.0	9.9	9.8	9.4	6.1
12E0	13.5	12.5	11.0	9.7	8.9	8.7	8.5	8.2	6.1

（4）PN25 钢制管法兰最大允许工作压力

10^5Pa(bar 表压)

法兰材料类别号	工作温度/℃								
	50	100	200	300	400	450	500	550	600
1C1	25.0	25.0	23.7	20.9	16.9	9.7	4.2	—	—
1C2	25.0	25.0	25.0	23.3	16.9	9.7	4.2	—	—
1C3	25.0	24.4	23.0	20.4	15.9	9.6	4.2	—	—

续表

法兰材料类别号	工作温度/℃								
	50	100	200	300	400	450	500	550	600
1C4	22.5	20.9	19.7	17.5	14.8	9.5	4.2	—	—
1C9	25.0	25.0	25.0	24.3	22.7	21.5	12.5	6.1	2.9
1C10	25.0	25.0	25.0	25.0	24.8	23.9	14.0	7.4	3.3
1C13	25.0	25.0	25.0	25.0	24.3	22.8	10.4	5.8	3.0
1C14	25.0	25.0	25.0	25.0	25.0	25.0	14.8	7.2	3.4
2C1	22.1	18.9	16.0	14.2	13.2	12.7	12.3	11.5	8.2
2C2	22.3	19.5	16.5	14.6	13.6	13.4	13.2	12.9	9.6
2C3	18.5	16.0	13.3	11.7	10.7	10.3	—	—	—
2C4	22.5	20.4	17.7	15.8	14.6	14.3	14.0	13.6	9.8
2C5	22.6	20.9	18.4	16.6	15.7	15.5	15.4	14.7	9.6
12E0	21.1	19.6	17.2	15.1	13.9	13.6	13.2	12.8	9.6

（5）PN40 钢制管法兰最大允许工作压力

10^5Pa(bar 表压)

法兰材料类别号	工作温度/℃								
	50	100	200	300	400	450	500	550	600
1C1	40.0	40.0	37.9	33.5	27.0	15.6	6.8	—	—
1C2	40.0	40.0	40.0	37.2	27.0	15.6	6.8	—	—
1C3	40.0	39.0	36.9	32.6	25.4	15.4	6.8	—	—
1C4	36.1	33.5	31.6	27.9	23.7	15.2	6.8	—	—
1C9	40.0	40.0	40.0	38.9	36.2	34.5	19.9	9.8	4.7
1C10	40.0	40.0	40.0	40.0	39.7	38.3	22.3	12.0	5.3
1C13	40.0	40.0	40.0	40.0	38.9	36.4	16.6	9.3	4.8
1C14	40.0	40.0	40.0	40.0	40.0	40.0	23.7	11.7	5.5
2C1	35.4	30.3	25.5	22.7	21.2	20.3	19.6	18.4	13.1
2C2	35.6	31.3	26.4	23.4	21.8	21.4	21.0	20.7	15.5
2C3	29.6	25.5	21.2	18.7	17.1	16.5	—	—	—
2C4	35.9	32.7	28.4	25.3	23.4	22.8	22.4	21.8	15.8
2C5	36.1	33.4	29.5	26.6	25.1	24.8	24.6	23.5	15.4
12E0	33.8	31.3	27.6	24.2	22.2	21.7	21.2	20.4	15.3

(6) PN63 钢制管法兰最大允许工作压力 10^5Pa(bar 表压)

法兰材料类别号	工作温度/℃								
	50	100	200	300	400	450	500	550	600
1C1	63.0	63.0	59.6	52.7	42.5	24.5	10.8	—	—
1C2	63.0	63.0	63.0	58.7	42.5	24.5	10.8	—	—
1C3	63.0	61.4	58.1	51.3	40.0	24.3	10.8	—	—
1C4	56.8	52.7	49.8	44.0	37.4	24.0	10.8	—	—
1C9	63.0	63.0	63.0	61.2	57.1	54.3	31.4	15.6	7.4
1C10	63.0	63.0	63.0	63.0	62.5	60.3	35.2	18.8	8.4
1C13	63.0	63.0	63.0	63.0	61.3	57.3	26.1	14.8	7.6
1C14	63.0	63.0	63.0	63.0	63.0	63.0	37.3	18.4	8.7
2C1	55.8	47.7	40.2	35.8	33.3	31.9	30.9	29.0	20.7
2C2	56.1	49.2	41.6	36.9	34.4	33.7	33.2	32.6	24.4
2C3	46.6	40.2	33.5	29.5	27.0	26.0	—	—	—
2C4	56.6	51.4	44.7	39.8	36.8	36.0	35.3	34.4	24.8
2C5	56.8	52.6	46.4	41.9	39.6	39.0	38.8	37.0	24.3
12E0	53.2	49.3	43.4	38.1	35.0	34.2	33.3	32.2	24.1

6.11.2 Class 系列钢制管法兰(HG/T 20615、20623—2009，SH/T 3406—2013)

(1) 法兰的公称压力等级对照表

PN/bar	Class/psi	PN/bar	Class/psi
11	75	110	600
20	150	150	900
50	300	260	1500
68	400	420	2500

(2) 法兰的公称尺寸和钢管外径(Class 系列)

单位：mm

公称直径	*DN*				15	20	25	(32)	40
	NPS				1/2	3/4	1	1¼	1½
钢管外径	*SH*				21.3	26.7	33.4	42.2	48.3
	HG				21.3	26.9	33.7	42.4	48.3

续表

公称直径	DN				15	20	25	(32)	40
	NPS				1/2	3/4	1	1¼	1½
公称直径	DN	50	(65)	80	100	(125)	150	200	250
	NPS	2	2½	3	4	5	6	8	10
钢管外径	SH	60.3	73	88.9	114.3	141.3	168.3	219.1	273.1
	HG	60.3	76.1	88.9	114.3	139.7	168.3	219.1	270
公称直径	DN	300	350	400	(450)	500	(550)	600	(650)
	NPS	12	14	16	18	20	22	24	26
钢管外径	SH	323.9	355.6	406.4	457	508	559	610	660
	HG	323.9	355.6	406.4	457.0	508.0	559.0	610	660
公称直径	DN	700	(750)	800	(850)	900	(950)	1000	(1050)
	NPS	28	30	32	34	36	38	40	42
钢管外径	SH	711	762	813	864	914	965	1016	1067
	HG	711	762	813	864	914	965	1016	1067
公称直径	DN	(1100)	(1150)	1200	1300	1400	(1500)	1600	(1700)
	NPS	44	46	48	52	56	60	64	68
钢管外径	SH	1118	1168	1219	1321	1422	1524	1626	1727
	HG	1118	1168	1219	1321	1422	1524	1626	1727
公称直径	DN	1800	(1900)	2000	2200	2400	2600	2800	3000
	NPS	72	76	80	88	96	104	112	120
钢管外径	SH	1829	1930	2032	2235	2438	2642	2845	3048
	HG	1829	1930	2030					

(3) 钢制管法兰用材料(Class 系列)

① 钢制管法兰(HG/T 20615、20623—2009)

类别号	类别	钢板		锻件		铸件	
		材料牌号	标准编号	材料牌号	标准编号①	材料牌号	标准编号
1.0	碳素钢	Q235A Q235B 20 Q245R	GB/T 3274 (GB/T 700) GB/T 711 GB/T 713	20	JB 4726	WCA	GB/T 12229
1.1	碳素钢			A105 16Mn 16MnD	GB/T 12228 JB 4726 JB 4727	WCB	GB/T 12229

续表

类别号	类别	钢板		锻件		铸件	
		材料牌号	标准编号	材料牌号	标准编号①	材料牌号	标准编号
1.2	碳素钢	Q345R	GB/T 713	—	—	WCC LC3、LCC	GB 12229 JB/T 7248
1.3	碳素钢	16MnDR	GB 3531	08Ni3D 25	JB 4727 GB/T 12228	LCB	JB/T 7248
1.4	碳素钢	09MnNiDR	GB 3531	09MnNiD	JB 4727		
1.9	铬钼钢 (1.25Cr-0.5Mo)	14Cr1MoR	GB/T 713	14Cr1Mo	JB 4726	WC6	JB/T 5263
1.10	铬钼钢 (2.25Cr-1Mo)	12Cr2Mo1R	GB/T 713	12Cr2Mo1	JB 4726	WC9	JB/T 5263
1.13	铬钼钢 (5Cr-0.5Mo)	—	—	1Cr5Mo	JB 4726	ZG16Cr5MoG	GB/T 16253
1.15	铬钼铬钢 (9Cr-1Mo-V)	—	—	—	—	C12A	JB/T 5263
1.17	铬钼钢 (1Cr-0.5Mo)	15CrMoR	GB/T 713	15CrMo	JB 4726		
2.1	304	0Cr18Ni9	GB/T 4237	0Cr18Ni9	JB 4728	CF3 CF8	GB/T 12230 GB/T 12230
2.2	316	0Cr17Ni12Mo2	GB/T 4237	0Cr17Ni12Mo2	JB 4728	CF3M CF8M	GB/T 12230 GB/T 12230
2.3	304L 316L	00Cr19Ni10 00Cr17Ni14Mo2	GB/T 4237	00Cr19Ni10 00Cr17Ni14Mo2	JB 4728	—	—
2.4	321	0Cr18Ni10Ti	GB/T 4237	0Cr18Ni10Ti	JB 4728	—	—
2.5	347	0Cr18Ni11Nb	GB/T 4237	—	—	—	—
2.11	CF8C	—	—	—	—	CF8C	GB/T 12230

注：表中 JB 4726、JB 4727、JB 4728 已被 NB/T 47008、NB/T 47009、NB/T 47010—2017 所代替。

② 石油化工钢管法兰(SH/T 3406—2013)

类别号	类别	钢板		锻件	
		材料牌号	标准编号	材料牌号	标准编号
1.0	碳素钢	Q235A，Q235B	GB/T 3274	20	NB/T 47008
		20	GB/T 711		
		Q245R	GB/T 713		
1.0	碳素钢	—	—	A105	ASTM A105/A105M
				16Mo	NB/T 47008
				16MnD	NB/T 47009
1.2	碳素钢	Q345R	GB/T 713	—	—
1.3	碳素钢	16MnDR	GB 3531	08Ni3D	NB/T 47009
1.4	碳素钢	09MnNiDR	GB 3531	09MnNiD	NB/T 47009
1.9	铬钼钢 (1.25Cr-0.5Mo)	14Cr1MoR	GB/T 713	14Cr1Mo	NB/T 47008
1.10	铬钼钢 (2.25Cr-1Mo)	12Cr2Mo1R	GB/T 713	12Cr2Mo1	NB/T 47008
1.13	铬钼钢 (5Cr-0.5Mo)	—	—	1Cr5Mo	NB/T 47008
1.16	铬钼钢 (1Cr-0.3Mo-V)	12Cr1MoVR	GB/T 713	12Cr1MoV	NB/T 47008
1.17	铬钼钢 (1Cr-0.5Mo)	15CrMoR	GB/T 713	15CrMo	NB/T 47008
2.1	奥氏体不锈钢(304)	S30408(06Cr19Ni10)	GB/T 24511	S30408	NB/T 47010
2.2	奥氏体不锈钢(316)	S31608(06Cr17Ni12Mo2)		S31608	
2.3	奥氏体不锈钢(304L)	S30403(022Cr19Ni10)		S30403	
	奥氏体不锈钢(316L)	S31603(022Cr17Ni12Mo2)		S31603	
2.4	奥氏体不锈钢(321)	S32168(06Cr18Ni11Ti)		S32168	
2.5	奥氏体不锈钢(347)	S34779(07Cr18Ni11Nb)	—	S34779	

(4) 钢制管法兰最大允许工作压力(Class 系列)

材料类别号	工作温度/℃	最大允许工作压力/10^5Pa(bar)					
		Class150 (*PN*20)	Class300 (*PN*50)	Class600 (*PN*110)	Class900 (*PN*150)	Class1500 (*PN*260)	Class2500 (*PN*420)
1. 0	≤38	16. 0	41. 8	83. 6	—	—	—
	100	14. 8	38. 7	77. 4	—	—	—
	200	13. 8	36. 4	72. 8	—	—	—
	250	12. 1	35	69. 9	—	—	—
	300	10. 2	33. 1	66. 2	—	—	—
	350	8. 4	31. 2	62. 5	—	—	—
	400	6. 5	29. 4	58. 7	—	—	—
	450	4. 6	21. 5	43	—	—	—
1. 1	≤38	19. 6	51. 1	102. 1	153. 2	255. 3	425. 5
	100	17. 7	46. 6	93. 2	139. 8	233. 0	388. 3
	200	13. 8	43. 8	87. 6	131. 4	219. 0	365. 0
	300	10. 2	39. 8	79. 6	119. 5	199. 1	331. 8
	400	6. 5	34. 7	69. 4	104. 2	173. 6	289. 3
	450	4. 6	23. 0	46. 0	69. 0	115. 0	191. 7
1. 9	≤38	19. 8	51. 7	103. 4	155. 1	258. 6	430. 9
	100	17. 7	51. 5	103. 0	154. 4	257. 4	429. 0
	200	13. 8	48. 0	95. 9	143. 9	239. 8	399. 6
	300	10. 2	42. 9	85. 7	128. 6	214. 4	357. 1
	400	6. 5	36. 5	73. 3	109. 8	183. 1	304. 9
	450	4. 6	33. 7	67. 7	101. 4	169. 0	281. 8
	500	2. 8	25. 7	51. 5	77. 2	128. 6	214. 4
	550	—	12. 7	25. 4	38. 1	63. 5	105. 9
1. 13	≤38	20. 0	51. 7	103. 4	155. 1	258. 6	430. 9
	100	17. 7	51. 5	103. 0	154. 6	257. 6	429. 4
	200	13. 8	48. 6	97. 2	145. 8	243. 4	405. 4
	300	10. 2	42. 9	85. 7	128. 6	214. 4	357. 1
	400	6. 5	36. 5	73. 3	109. 8	183. 1	304. 9
	450	4. 6	33. 7	67. 7	101. 4	169. 0	281. 8
	500	2. 8	21. 4	42. 8	64. 1	106. 9	178. 2
	550	—	12. 0	24. 1	36. 1	60. 2	100. 4

续表

材料类别号	工作温度/℃	最大允许工作压力/10^5Pa(bar)					
		Class150 (*PN*20)	Class300 (*PN*50)	Class600 (*PN*110)	Class900 (*PN*150)	Class1500 (*PN*260)	Class2500 (*PN*420)
2.1	≤38	19.0	49.6	99.3	148.9	248.2	413.7
	100	15.7	40.9	81.7	122.6	204.3	340.4
	200	13.2	34.5	69.0	103.4	172.4	287.3
	300	10.2	30.9	61.8	92.7	154.6	257.6
	400	6.5	28.4	56.9	85.3	142.2	237.0
	450	4.6	27.4	54.8	82.2	137.0	228.4
	500	2.8	26.5	53.0	79.5	132.4	220.7
	550	—	23.6	47.1	70.7	117.8	196.3
	600	—	16.9	33.8	50.6	84.4	140.7
	650	—	11.3	22.5	33.8	56.3	93.8
	700	—	8.0	16.1	24.1	40.1	66.9
2.2	≤38	19.0	49.6	99.3	148.9	248.2	413.7
	100	16.2	42.2	84.4	126.6	211.0	351.6
	200	13.7	35.7	71.3	107.0	178.3	297.2
	300	10.2	31.6	63.2	94.9	158.1	263.5
	400	6.5	29.4	58.9	88.3	147.2	245.3
	450	4.6	28.8	57.7	86.5	144.2	240.4
	500	2.8	28.2	56.5	84.7	140.9	235.0
	550	—	25.0	49.8	74.8	124.9	208.0
	600	—	19.9	39.8	59.7	99.5	165.9
	650	—	12.7	25.3	38.0	63.3	105.5
	700	—	8.4	16.8	25.1	41.9	69.8
2.3	≤38	15.9	41.4	82.7	124.1	206.8	344.7
	100	13.3	34.8	69.6	104.4	173.9	289.9
	150	12.0	31.4	62.8	94.2	157.0	261.6
	200	11.2	29.2	58.3	87.5	145.8	243.0
	250	10.5	27.5	54.9	82.4	137.3	228.9
	300	10.0	26.1	52.1	78.2	130.3	217.2
	350	8.4	25.1	50.1	75.2	125.4	208.9
	400	6.5	24.3	48.6	72.9	121.5	202.5
	450	4.6	23.4	46.8	70.2	117.1	195.1

续表

材料类别号	工作温度/℃	最大允许工作压力/10^5Pa(bar)					
		Class150 (*PN*20)	Class300 (*PN*50)	Class600 (*PN*110)	Class900 (*PN*150)	Class1500 (*PN*260)	Class2500 (*PN*420)
2.4	≤38	19.0	49.6	99.3	148.9	248.2	413.7
	100	17.0	44.2	88.5	132.7	221.2	368.7
	200	13.8	38.3	76.6	114.9	191.5	319.1
	300	10.2	34.1	68.3	102.4	170.7	284.6
	400	6.5	31.6	63.2	94.8	157.9	263.2
	450	4.6	30.8	61.7	92.5	154.2	256.9
	500	2.8	28.2	56.5	84.7	140.9	235.0
	550	—	25.0	49.8	74.8	124.9	208.0
	600	—	20.3	40.5	60.8	101.3	168.9
	650	—	12.6	25.3	37.9	63.2	105.4
	700	—	7.9	15.8	23.7	39.5	65.9
2.5	≤38	19.0	49.6	99.3	148.9	248.2	413.7
	100	17.4	45.3	90.6	135.9	226.5	377.4
	200	13.8	39.9	79.9	119.8	199.7	332.8
	300	10.2	36.1	72.2	108.3	180.4	300.7
	400	6.5	33.9	67.8	101.7	169.5	282.6
	450	4.6	33.5	66.9	100.4	167.3	278.8
	500	2.8	28.2	56.5	84.7	140.9	235.0
	550	—	25.0	49.8	74.8	124.9	208.0
	600	—	21.6	42.9	64.2	107.0	178.5
	650	—	14.1	28.1	42.5	70.7	117.7
	700	—	10.1	20.0	29.8	49.7	83.0

6.12 法兰、垫片和紧固件选配(SH/T 3059—2012)

<table>
<tr><th rowspan="3">公称压力</th><th rowspan="3">垫片</th><th colspan="13">温度/℃</th></tr>
<tr><th>-196~-101</th><th>-100~-41</th><th>-40~-21</th><th>-20~100</th><th>101~150</th><th>151~200</th><th>201~300</th><th>301~350</th><th>351~400</th><th>401~500</th><th>501~550</th><th>551~650</th><th>651~700</th></tr>
<tr><th colspan="13">紧固件材料 螺栓/螺母</th></tr>
<tr><td rowspan="5">PN20</td><td>石棉橡胶板</td><td>—</td><td>—</td><td>—</td><td colspan="3">Q235A/Q235A</td><td colspan="2">35CrMoA/35</td><td colspan="2">—</td><td>—</td><td>—</td><td>—</td></tr>
<tr><td>聚四氟乙烯
包覆垫片</td><td>—</td><td>—</td><td>35CrMoA/
30CrMoA</td><td colspan="2"></td><td colspan="3">—</td><td colspan="2">—</td><td>—</td><td>—</td><td>—</td></tr>
<tr><td>缠绕式垫片</td><td rowspan="3">0Cr19Ni9/
0Cr19Ni9</td><td colspan="2" rowspan="3">35CrMoA/30CrMoA</td><td colspan="5" rowspan="3">35CrMoA/35</td><td colspan="2" rowspan="3">35CrMoA/30CrMoA</td><td rowspan="3">25Cr2MoVA/
35CrMoA</td><td rowspan="3">0Cr19Ni9/
0Cr19Ni9</td><td rowspan="2">0Cr15Ni25Ti2MoA1VB/
0Cr15Ni25Ti2MoA1VB</td></tr>
<tr><td>金属环垫</td></tr>
<tr><td>柔性石墨复合垫片</td><td>—</td></tr>
<tr><td rowspan="7">PN50</td><td>石棉橡胶板</td><td>—</td><td colspan="2">—</td><td colspan="5">35CrMoA/35</td><td colspan="2" rowspan="2">—</td><td rowspan="2">—</td><td rowspan="2">—</td><td rowspan="2">—</td></tr>
<tr><td>聚四氟乙烯
包覆垫片</td><td>—</td><td colspan="2">—</td><td colspan="2"></td><td colspan="3">—</td></tr>
<tr><td>缠绕式垫片</td><td rowspan="5">0Cr19Ni9/
0Cr19Ni9</td><td colspan="2" rowspan="5">35CrMoA/30CrMoA</td><td colspan="5" rowspan="5">35CrMoA/35</td><td colspan="2" rowspan="5">35CrMoA/30CrMoA</td><td rowspan="4">25Cr2MoVA/
35CrMoA</td><td rowspan="4">0Cr19Ni9/
0Cr19Ni9</td><td rowspan="2">0Cr15Ni25Ti2MoA1VB/
0Cr15Ni25Ti2MoA1VB</td></tr>
<tr><td>金属环垫</td></tr>
<tr><td>柔性石墨复合垫片</td><td rowspan="3">—</td></tr>
<tr><td>齿形组合垫</td></tr>
<tr><td>金属包覆垫片</td><td>—</td><td>—</td></tr>
<tr><td rowspan="5">PN68</td><td>缠绕式垫片</td><td rowspan="5">—</td><td colspan="2" rowspan="5">35CrMoA/
30CrMoA</td><td colspan="5" rowspan="5">35CrMoA/35</td><td colspan="2" rowspan="5">35CrMoA/
30CrMoA</td><td rowspan="4">25Cr2MoVA/
35CrMoA</td><td rowspan="4">0Cr19Ni9/
0Cr19Ni9</td><td rowspan="2">0Cr15Ni25Ti2MoA1VB/
0Cr15Ni25Ti2MoA1VB</td></tr>
<tr><td>金属环垫</td></tr>
<tr><td>柔性石墨复合垫片</td><td rowspan="3">—</td></tr>
<tr><td>齿形组合垫</td></tr>
<tr><td>金属包覆垫片</td><td>—</td><td>—</td></tr>
</table>

续表

公称压力	垫片	温度/℃ -196~-101	-100~-41	-40~-21	-20~100	101~150	151~200	201~300	301~350	351~400	401~500	501~550	551~650	651~700
		紧固件材料　螺栓/螺母												
*PN*110	缠绕式垫片	—	35CrMoA/30CrMoA		35CrMoA/35					35CrMoA/30CrMoA		25Cr2MoVA/35CrMoA	0Cr19Ni9/0Cr19Ni9	0Cr15Ni25Ti2MoA1VB/0Cr15Ni25Ti2MoA1VB
	金属环垫													
	柔性石墨复合垫片													—
	齿形组合垫													
	金属包覆垫片											—	—	
*PN*150	缠绕式垫片	—	35CrMoA/30CrMoA		35CrMoA/35					35CrMoA/30CrMoA		25Cr2MoVA/35CrMoA	0Cr19Ni9/0Cr19Ni9	—
	金属环垫													
	齿形组合垫													
	金属包覆垫片											—	—	
*PN*260	缠绕式垫片	—	35CrMoA/30CrMoA		35CrMoA/35					35CrMoA/30CrMoA		25Cr2MoVA/35CrMoA	0Cr19Ni9/0Cr19Ni9	—
	金属环垫													
	齿形组合垫											—	—	
*PN*420	金属环垫	—	35CrMoA/30CrMoA		35CrMoA/35					35CrMoA/30CrMoA		25Cr2MoVA/35CrMoA	0Cr19Ni9/0Cr19Ni9	—
	齿形组合垫											—	—	

注：斜线上方为螺柱和螺栓材料，下方为螺母材料。

6.13 泵用过滤器金属丝网参数表(SH/T 3411—2017)

目数	丝径/mm	过滤颗粒/μm	开孔率/%	目数	丝径/mm	过滤颗粒/μm	开孔率/%	目数	丝径/mm	过滤颗粒/μm	开孔率/%
10	0.508	2032	64.0	24	0.234	785	60.7	40	0.193	442	48.5
12	0.475	1660	60.2	26	0.234	743	57.8	50	0.152	356	49.1
14	0.376	1438	62.8	28	0.234	673	55.1	60	0.122	301	50.7
16	0.315	1273	64.3	30	0.234	614	52.4	80	0.102	216	46.1
18	0.315	1096	60.3	32	0.234	560	49.7	100	0.081	173	46.4
20	0.273	955	61.6	36	0.234	472	44.7	120	0.081	131	38.1
22	0.234	882	63.6	38	0.234	455	42.2	140	0.065	104	41.2

6.14 绝热层材料主要性能(SH/T 3010—2013)

序号	材料名称	使用密度 ρ/(kg/m³)	最高使用温度/℃	推荐使用温度/℃	常用导热系数 λ_0/[W/(m·K)]	抗压强度/MPa
1	硅酸钙制品	170	650(Ⅰ型)	≤550	0.055(70℃时)	≥0.5
			1000(Ⅱ型)	≤900		
		220	650(Ⅰ型)	≤550	0.062(70℃时)	≥0.6
			1000(Ⅱ型)	≤900		
2	复合硅酸盐制品	涂料 180~200(干态)	600	≤500	≤0.065(70℃时)	—
		毡 60~80	550	≤450	≤0.043(70℃时)	—
		毡 81~130	600	≤500	≤0.044(70℃时)	—
		管壳 80~180	600	≤500	≤0.048(70℃时)	≥0.3
3	岩棉制品	毡 60~100	500	≤400	≤0.044(70℃时)	—
		缝毡 80~130	650	≤550	≤0.043(70℃时) ≤0.09(t_m=350℃)	
		板 60~100	500	≤400	≤0.044(70℃时)	
		板 101~160	550	≤450	≤0.043(70℃时) ≤0.09(t_m=350℃)	
		管壳 100~150	450	≤350	≤0.044(70℃时) ≤0.10(t_m=350℃)	

续表

序号	材料名称	使用密度 ρ/(kg/m³)	最高使用温度/℃	推荐使用温度/℃	常用导热系数 λ_0/[W/(m·K)]	抗压强度/MPa
4	矿渣棉制品	毡 80~100	400	≤300	≤0.044(70℃时)	—
		毡 101~130	450	≤350	≤0.043(70℃时)	
		板 80~100	400	≤300	≤0.044(70℃时)	
		板 101~130	450	≤350	≤0.043(70℃时)	
		管壳≥100	400	≤300	≤0.044(70℃时)	
5	玻璃棉制品	毯 24~40	400	≤300	≤0.046(70℃时)	—
		毯 41~120	450	≤350	≤0.041(70℃时)	
		板 24	400	≤300	≤0.047(70℃时)	
		板 32	400	≤300	≤0.044(70℃时)	
		板 40	450	≤350	≤0.042(70℃时)	
		板 48	450	≤350	≤0.041(70℃时)	
		板 64	450	≤350	≤0.040(70℃时)	
		毡 24	400	≤300	≤0.046(70℃时)	
		毡 32	400	≤300	≤0.046(70℃时)	
		毡 40	450	≤350	≤0.046(70℃时)	
		毡 48	450	≤350	≤0.041(70℃时)	
		管壳≥48	400	≤300	≤0.041(70℃时)	
6	硅酸铝棉及其制品	1#毯 96	1000	≤800	≤0.044(70℃时)	—
		1#毯 128				
		2#毯 96	1200	≤1000		
		2#毯 128				
		1—毯≤200	1000	≤800		
		2—毯≤200	1200	≤1000		
		板、管壳≤220	1100	≤1000		
7	硅酸镁纤维毯	100±10 130±10	900	≤700	≤0.040(70℃时)	—
8	柔性泡沫橡塑制品	40~60	-40~105	-35~85	≤0.036(0℃时)	—
9	硬质聚氨酯泡沫塑料	45~55	-80~100	-65~80	≤0.023(25℃时)	≥0.2
10	泡沫玻璃	Ⅰ类 120±8	-196~450	-196~400	≤0.045(25℃时)	≥0.8
		Ⅱ类 160±10			≤0.064(25℃时)	

续表

序号	材料名称	使用密度 ρ/(kg/m³)	最高使用 温度/℃	推荐使用 温度/℃	常用导热系数 λ_0/[W/(m·K)]	抗压强度/ MPa
11	聚异氰脲酸酯	40~50	-196~120	-170~100	≤0.029(25℃时)	≥0.22
12	高密度聚异氰脲酸酯	160±16	-196~120	-196~100	≤0.038(25℃时)	≥1.6(常温) ≥2.0(-196℃)
		240±24	-196~110		≤0.045(25℃时)	≥2.5(常温) ≥3.5(-196℃)
		320±32			≤0.050(25℃时)	≥5(常温) ≥7(-196℃)
		450±45			≤0.080(25℃时)	≥10.0(常温) ≥14.0(-196℃)
		550±55			≤0.090(25℃时)	≥15.0(常温) ≥20.0(-196℃)
13	丁腈橡胶发泡制品	40~60	-100~105	-50~105	≤0.034(0℃时)	≥0.16(-40℃)
14	二烯烃弹性体发泡制品	60~70	-196~125	-196~125	≤0.038(0℃时)	≥0.37(-100℃)

6.15 设备保温厚度选用表[16]

保温材料	介质温度/℃	环境温度/℃								
		-15	-10	-5	0	5	10	20	25	30
岩棉	100	70	65	65	60	55	55	50	45	40
	150	85	85	80	80	75	75	70	65	60
	200	100	100	95	95	90	90	85	80	80
	250	115	110	110	105	105	105	100	95	95
	300	125	125	120	120	120	115	110	110	105
玻璃棉	100	70	70	65	65	60	60	55	55	50
	150	85	80	80	80	75	75	75	70	70
	200	100	100	95	95	95	90	90	85	85
	250	110	110	105	105	100	100	95	90	90
	300	120	120	120	115	110	110	105	100	100

续表

保温材料	介质温度/℃	环境温度/℃								
		-15	-10	-5	0	5	10	20	25	30
硅酸钙	100	85	80	75	70	70	65	55	55	50
	150	100	100	95	90	90	85	80	75	70
	200	115	110	110	105	100	100	95	90	90
	250	125	120	120	115	115	110	110	105	105
	300	135	135	130	130	125	125	120	115	115
	350	145	140	140	140	135	135	130	130	125
	400	155	155	150	150	150	145	145	140	140
	450	170	165	165	165	160	160	155	155	150
	500	180	180	175	175	170	170	165	165	165
	550	190	190	185	185	185	180	180	175	175
硅酸铝	100	20	20	20	20	20	20	20	20	20
	150	20	20	20	20	20	20	20	20	20
	200	30	30	30	30	30	30	30	30	30
	250	50	50	50	50	50	40	40	40	40
	300	70	70	70	60	60	60	60	60	60
	350	80	80	80	80	80	80	80	70	70
	400	100	100	100	100	100	90	90	90	90
	450	120	120	120	120	110	110	110	110	110
	500	140	140	140	140	130	130	130	130	130
	550	170	160	160	160	160	160	150	150	150

注：上表系按平面计算的绝热层厚度，适用于圆筒形设备和公称直径大于1m的管道。

6.16 管道保温厚度选用表[16]

6.16.1 岩棉、矿渣棉及其制品的保温厚度选用表

环境温度/℃	管道内介质温度/℃	管道公称直径/mm																				
		15	20	25	40	50	80	100	150	200	250	300	350	400	450	500	550	600	700	800	900	1000
-15	100	30	35	35	40	40	45	50	50	55	55	55	60	60	60	60	60	60	65	65	65	65
	150	35	40	40	50	50	55	60	60	65	70	70	70	70	75	75	75	75	80	80	80	80
	200	40	45	50	55	55	65	65	70	70	75	80	80	85	85	85	85	90	90	90	90	90
	250	45	50	55	60	65	70	75	75	80	85	90	90	95	95	95	95	100	100	100	100	105
-10	100	30	35	35	40	40	45	45	50	50	55	55	55	55	60	60	60	60	60	60	60	60
	150	35	40	40	50	50	55	60	60	60	65	65	70	70	70	75	75	75	75	75	75	75
	200	40	45	45	50	55	60	65	65	70	75	75	80	80	80	85	85	85	85	90	90	90
	250	45	50	55	60	60	70	75	75	80	85	85	90	90	95	95	95	95	100	100	100	100
-5	100	30	30	35	40	40	45	45	45	50	50	50	55	55	55	55	55	55	60	60	60	60
	150	35	40	40	45	50	55	55	55	60	65	65	70	70	70	70	70	70	75	75	75	75
	200	40	45	45	55	55	60	65	65	70	75	75	75	80	80	80	80	85	85	85	85	85
	250	45	50	55	60	60	70	70	75	80	85	85	90	90	90	95	95	95	95	95	100	100
0	100	30	30	30	35	40	40	45	45	50	50	50	50	50	55	55	55	55	55	55	55	55
	150	35	40	40	45	45	50	55	55	60	60	65	65	65	70	70	70	70	70	70	70	70
	200	40	45	45	50	55	60	65	65	70	70	75	75	80	80	80	80	80	85	85	85	85
	250	45	50	50	60	60	65	70	70	75	80	85	85	90	90	90	90	90	95	95	95	95
5	100	25	30	30	35	35	40	40	45	45	45	50	50	50	50	50	50	50	50	55	55	55
	150	35	35	40	45	45	50	50	55	55	60	60	65	65	65	65	65	70	70	70	70	70
	200	40	40	45	50	50	60	60	65	65	70	75	75	75	75	80	80	80	80	80	80	85
	250	45	50	50	55	60	65	70	70	75	80	85	85	85	90	90	90	90	95	95	95	95
10	100	25	30	30	35	35	40	40	40	45	45	45	45	45	50	50	50	50	50	50	50	50
	150	35	35	40	40	45	50	50	55	55	60	60	60	60	65	65	65	65	65	65	65	65
	200	40	40	45	50	50	55	60	60	65	70	70	70	75	75	75	75	80	80	80	80	80
	250	45	45	50	55	60	65	70	70	75	80	80	85	85	85	90	90	90	90	95	95	95
20	100	25	25	30	30	30	35	35	35	40	40	40	40	40	45	45	45	45	45	45	45	45
	150	30	35	35	40	40	45	50	50	50	55	55	55	60	60	60	60	60	60	60	65	65
	200	35	40	40	45	50	55	55	60	60	65	65	70	70	70	70	75	75	75	75	75	75
	250	40	45	50	55	55	60	65	65	70	75	80	80	80	85	85	85	85	90	90	90	90
25	100	20	25	25	30	30	30	35	35	35	40	40	40	40	40	40	40	40	40	40	40	40
	150	30	30	35	40	40	45	45	50	50	50	55	55	55	55	60	60	60	60	60	60	60
	200	35	40	40	45	50	55	55	55	60	65	65	65	70	70	70	70	70	70	75	75	75
	250	40	45	50	55	55	60	65	65	70	75	75	80	80	80	85	85	85	85	85	85	85

6.16.2　硅酸钙绝热制品的保温厚度选用表

环境温度/℃	管道内介质温度/℃	管道公称直径/mm																				
		15	20	25	40	50	80	100	150	200	250	300	350	400	450	500	550	600	700	800	900	1000
-15	100	35	35	40	45	45	50	55	55	60	60	60	65	65	65	65	65	65	70	70	70	70
	150	40	40	45	50	50	55	60	60	65	70	70	75	75	75	75	80	80	80	80	80	80
	200	40	45	50	55	55	65	65	70	75	75	80	80	85	85	85	85	85	90	90	90	90
	250	45	50	50	60	60	70	70	75	80	80	85	85	90	90	90	95	95	95	95	95	95
	300	45	50	55	60	65	70	75	75	85	85	90	90	95	95	95	100	100	100	105	105	105
	350	50	55	55	65	65	75	80	80	85	90	95	95	100	100	105	105	105	105	110	110	110
	400	55	55	60	70	70	80	85	85	90	95	100	105	105	110	110	110	110	115	115	115	120
	450	55	60	65	70	75	85	90	90	95	100	105	110	110	115	115	115	120	120	125	125	125
	500	55	60	65	75	75	85	90	95	100	105	110	115	115	120	120	125	125	125	130	130	130
	550	60	65	70	80	80	90	95	100	105	110	115	120	125	125	125	130	130	135	135	135	140
-10	100	35	35	40	45	45	50	50	50	55	60	60	60	60	65	65	65	65	65	65	65	65
	150	40	40	45	50	50	55	60	60	65	70	70	70	70	75	75	75	75	80	80	80	80
	200	40	45	50	55	55	60	65	65	70	75	75	80	80	80	85	85	85	85	85	90	90
	250	45	50	50	60	60	65	70	70	75	80	85	85	90	90	90	90	90	95	95	95	95
	300	45	50	55	60	65	70	75	75	80	85	90	90	95	95	95	95	100	100	100	105	105
	350	50	55	55	65	65	75	80	80	85	90	95	95	100	100	100	105	105	105	105	110	110
	400	50	55	60	70	70	80	85	85	90	95	100	100	105	105	110	110	110	115	115	115	115
	450	55	60	65	70	75	85	85	90	95	100	105	110	110	115	115	115	120	120	120	125	125
	500	55	60	65	75	75	85	90	95	100	105	110	115	115	120	120	120	125	125	130	130	130
	550	60	65	70	80	80	90	95	95	105	110	115	120	120	125	125	130	130	130	135	135	135
-5	100	30	35	35	40	45	45	50	50	55	55	55	60	60	60	60	60	60	65	65	65	65
	150	35	40	45	50	50	55	60	60	65	65	70	70	70	70	75	75	75	75	75	75	75
	200	40	45	45	55	55	60	65	65	70	75	75	80	80	80	80	80	85	85	85	85	85
	250	45	50	50	55	60	65	70	70	75	80	80	85	85	85	90	90	90	90	95	95	95
	300	45	50	55	60	60	70	70	75	80	85	90	90	90	95	95	95	95	100	100	100	100
	350	50	55	55	65	65	75	75	80	85	90	90	95	95	100	100	100	100	105	105	105	105
	400	50	55	60	65	70	80	80	85	90	95	100	100	105	105	105	110	110	110	115	115	115
	450	55	60	65	70	75	80	85	90	95	100	105	105	110	110	115	115	115	120	120	120	125
	500	55	60	65	75	75	85	90	90	100	105	110	115	115	120	120	120	125	125	125	130	130
	550	60	65	70	75	80	90	95	95	105	110	115	120	120	125	125	125	130	130	135	135	135

续表

环境温度/℃	管道内介质温度/℃	管道公称直径/mm																				
		15	20	25	40	50	80	100	150	200	250	300	350	400	450	500	550	600	700	800	900	1000
0	100	30	35	35	40	40	45	45	50	50	55	55	55	55	55	60	60	60	60	60	60	60
	150	35	40	40	45	50	55	55	60	60	65	65	70	70	70	70	70	70	75	75	75	75
	200	40	45	45	50	55	60	65	65	70	70	75	75	75	80	80	80	80	80	80	85	85
	250	45	50	50	55	60	65	70	70	75	80	80	85	85	85	85	90	90	90	90	90	95
	300	45	50	55	60	60	70	70	75	80	85	85	90	90	90	95	95	95	95	100	100	100
	350	50	50	55	65	65	70	75	80	85	90	90	95	95	95	100	100	100	100	105	105	105
	400	50	55	60	65	70	75	80	85	90	95	95	100	100	105	105	105	110	110	110	115	115
	450	55	60	60	70	70	80	85	85	95	100	105	105	110	110	115	115	115	120	120	120	120
	500	55	60	65	75	75	85	90	90	100	105	110	110	115	115	120	120	120	125	125	125	130
	550	60	65	70	75	80	90	95	95	105	110	115	115	120	120	125	125	130	130	130	135	135
5	100	30	30	35	40	40	45	45	45	50	50	50	55	55	55	55	55	55	55	55	60	60
	150	35	40	40	45	45	55	55	55	60	65	65	65	65	70	70	70	70	70	70	70	70
	200	40	45	45	50	50	60	60	65	65	70	75	75	75	75	80	80	80	80	80	80	80
	250	40	45	50	55	55	65	65	70	75	75	80	80	85	85	85	85	85	90	90	90	90
	300	45	50	50	60	60	70	70	75	80	80	85	85	90	90	90	95	95	95	95	100	100
	350	45	50	55	60	65	70	75	75	85	85	90	95	95	95	100	100	100	100	105	105	105
	400	50	55	60	65	70	75	80	80	90	95	95	100	100	105	105	105	105	110	110	110	110
	450	55	60	60	70	70	80	85	85	95	100	105	105	110	110	110	115	115	115	120	120	120
	500	55	60	65	75	75	85	90	90	100	105	110	110	115	115	115	120	120	125	125	125	125
	550	60	65	65	75	80	90	95	95	105	110	115	115	120	120	125	125	125	130	130	135	135
10	100	30	30	35	35	40	40	45	45	45	50	50	50	50	55	55	55	55	55	55	55	55
	150	35	40	40	45	45	50	55	55	60	60	60	65	65	65	65	65	70	70	70	70	70
	200	40	40	45	50	50	60	60	60	65	70	70	75	75	75	75	75	75	80	80	80	80
	250	40	45	50	55	55	65	65	65	70	75	80	80	80	85	85	85	85	85	90	90	90
	300	45	50	50	60	60	65	70	70	75	80	85	85	90	90	90	90	90	95	95	95	95
	350	45	50	55	60	65	70	75	75	80	85	90	90	95	95	95	95	100	100	100	100	105
	400	50	55	60	65	65	75	80	80	85	90	95	100	100	100	105	105	105	110	110	110	110
	450	55	55	60	70	70	80	85	85	95	100	100	105	105	110	110	110	115	115	115	120	120
	500	55	60	65	70	75	85	90	90	100	105	105	110	110	115	115	120	120	120	125	125	125
	550	60	65	65	75	80	90	90	95	100	105	110	115	120	120	125	125	125	130	130	135	135

续表

环境温度/℃	管道内介质温度/℃	管道公称直径/mm																				
		15	20	25	40	50	80	100	150	200	250	300	350	400	450	500	550	600	700	800	900	1000
20	100	25	30	35	35	35	40	40	40	40	45	45	45	45	45	45	45	50	50	50	50	50
	150	35	35	40	40	45	50	50	50	55	55	60	60	60	60	60	65	65	65	65	65	65
	200	35	40	45	50	50	55	60	60	65	65	70	70	70	70	70	75	75	75	75	75	75
	250	40	45	45	55	55	60	65	65	70	75	75	75	80	80	80	80	80	85	85	85	85
	300	45	45	50	55	60	65	70	70	75	80	80	85	85	85	90	90	90	90	90	95	95
	350	45	50	55	60	60	70	75	75	80	85	85	90	90	90	95	95	95	95	100	100	100
	400	50	55	55	65	65	75	80	80	85	90	95	95	100	100	100	100	105	105	105	110	110
	450	50	55	60	70	70	80	85	85	90	95	100	100	105	105	110	110	110	115	115	115	115
	500	55	60	65	70	75	80	85	90	95	100	105	110	110	115	115	115	115	120	120	125	125
	550	55	65	65	75	80	85	90	95	100	105	110	115	115	120	120	120	125	125	130	130	130
25	100	25	30	30	30	35	35	35	40	40	40	40	40	45	45	45	45	45	45	45	45	45
	150	30	35	35	40	40	45	50	50	55	55	55	60	60	60	60	60	60	60	60	60	65
	200	35	40	40	45	50	55	55	55	60	65	65	70	70	70	70	70	70	75	75	75	75
	250	40	45	45	50	55	60	60	65	70	70	75	75	75	80	80	80	80	80	85	85	85
	300	45	45	50	55	55	65	65	70	75	75	80	80	85	85	85	85	90	90	90	90	90
	350	45	50	50	60	60	70	70	75	80	85	85	90	90	90	90	95	95	95	95	100	100
	400	50	55	55	65	65	75	75	80	85	90	90	95	95	100	100	100	100	105	105	105	105
	450	50	55	60	65	70	80	80	85	90	95	100	100	105	105	105	110	110	110	115	115	115
	500	55	60	65	70	75	80	85	90	95	100	105	105	110	110	115	115	115	120	120	120	120
	550	55	60	65	75	75	85	90	90	100	105	110	115	115	120	120	120	125	125	125	130	130

6.17 管道保冷厚度选用表[16]

6.17.1 泡沫玻璃制品的保冷厚度选用表

城市名称	环境温度/℃	管径/mm		15	20	25	40	50	80	100	150	200	250	300	350	400	450	500
		保冷层厚度/mm																
哈尔滨	3.6	介质温度/℃	-65	80	80	80	90	100	110	110	120	130	140	140	140	150	150	150
			-50	70	70	80	90	90	100	100	110	120	120	130	130	130	130	140
			-35	60	70	70	80	80	90	90	100	100	110	110	110	120	120	120
			-20	50	60	60	60	70	70	80	80	90	90	90	90	90	100	100
			-10	40	50	50	50	50	60	60	70	70	70	70	70	70	80	80
			0	30	30	30	30	30	40	40	40	40	40	40	40	40	40	40

续表

城市名称	环境温度/℃	管径/mm		15	20	25	40	50	80	100	150	200	250	300	350	400	450	500
		保冷层厚度/mm																
北京	11.4	介质温度/℃	-65	80	80	90	100	100	110	120	130	140	140	150	150	150	160	160
			-50	70	80	80	90	90	100	110	120	120	130	130	140	140	140	140
			-35	70	70	70	80	90	90	100	110	110	120	120	120	120	130	130
			-20	60	60	60	70	70	80	80	90	100	100	100	100	110	110	110
			-10	50	50	60	60	60	70	70	80	80	80	90	90	90	90	90
			-0	40	40	40	50	50	60	60	60	60	70	70	70	70	70	70
南京	15.3	介质温度/℃	-65	80	90	90	100	100	120	120	130	140	140	150	150	160	160	160
			-50	70	80	80	90	100	110	110	120	130	130	140	140	140	150	150
			-35	70	70	80	80	90	100	100	110	120	120	120	130	130	130	130
			-20	60	60	70	70	80	80	90	100	100	100	110	110	110	110	100
			-10	50	60	60	70	70	70	80	80	90	90	90	100	100	100	100
			0	40	50	50	50	60	60	60	70	70	70	80	80	80	80	80
洛阳	14.6	介质温度/℃	-65	80	90	90	100	100	110	120	130	140	140	150	150	160	160	160
			-50	70	80	80	90	100	110	110	120	130	130	140	140	140	150	150
			-35	70	70	80	80	90	100	100	110	110	120	120	130	130	130	130
			-20	60	60	70	70	80	80	90	90	100	100	110	110	110	110	110
			-10	50	60	60	60	70	70	80	80	90	90	90	90	100	100	100
			0	40	50	50	50	60	60	60	70	70	70	70	80	80	80	80
大连	10.2	介质温度/℃	-65	80	80	90	100	100	110	120	130	140	140	150	150	150	150	160
			-50	70	70	80	90	90	100	100	110	120	120	130	130	130	130	140
			-35	70	70	70	80	80	90	100	110	110	110	120	120	120	130	130
			-20	60	60	60	70	70	80	80	90	90	100	100	100	100	110	110
			-10	50	50	50	60	60	70	70	80	80	80	90	90	90	90	100
			0	40	40	40	50	50	50	60	60	60	60	60	60	70	70	70
上海	15.7	介质温度/℃	-65	80	90	90	100	100	120	120	130	140	140	150	150	160	160	160
			-50	70	80	80	90	100	110	110	120	130	130	140	140	140	150	150
			-35	70	70	80	80	90	100	100	110	120	120	120	130	130	130	130
			-20	60	60	70	70	80	90	90	100	100	100	110	110	110	110	120
			-10	50	60	60	70	70	80	80	80	90	90	90	100	100	100	100
			0	50	50	50	50	60	60	70	70	70	80	80	80	80	80	80

续表

城市名称	环境温度/℃	管径/mm		15	20	25	40	50	80	100	150	200	250	300	350	400	450	500
		保冷层厚度/mm																
兰州	9.1	介质温度/℃	-65	80	80	90	100	100	110	120	130	130	140	140	150	150	150	160
			-50	70	80	80	90	90	100	110	120	120	130	130	140	140	140	140
			-35	60	70	70	80	80	90	100	100	110	110	120	120	120	120	130
			-20	60	60	60	70	70	80	80	90	90	100	100	100	100	100	110
			-10	50	50	50	60	60	70	70	80	80	80	80	90	90	90	90
			0	40	40	40	50	50	50	50	60	60	60	60	60	60	60	60
广州	21.8	介质温度/℃	-65	80	90	90	100	110	120	120	140	140	150	150	160	160	160	170
			-50	80	80	90	100	100	110	120	130	130	140	140	150	150	150	150
			-35	70	80	80	90	90	100	110	110	120	130	130	130	140	140	140
			-20	60	70	70	80	80	90	90	100	110	110	110	120	120	120	120
			-10	60	60	60	70	70	80	90	90	100	100	100	100	110	110	104
			0	50	50	60	60	60	70	70	80	80	90	90	90	90	90	90

注：表中厚度按冷价 300 元/kJ、导热系数 0.066W/(m·K)，材料价格 5000 元/m^3 计算。

6.17.2 硬质聚氨脂泡沫塑料制品的保冷厚度选用表

城市名称	环境温度/℃	管径/mm		15	20	25	40	50	80	100	150	200	250	300	350	400	450	500
		保冷层厚度/mm																
哈尔滨	3.6	介质温度/℃	-65	70	80	80	90	100	110	110	120	130	130	140	140	140	150	150
			-50	70	70	80	80	90	100	100	110	120	120	120	130	130	130	140
			-35	60	60	70	70	80	90	90	100	100	110	110	100	110	110	120
			-20	50	50	60	60	60	70	70	80	80	90	90	90	90	90	100
			-10	40	40	50	50	50	60	60	60	70	70	70	70	70	80	80
			0	30	30	30	30	30	40	40	40	40	40	40	40	40	40	50
北京	11.4	介质温度/℃	-65	80	80	90	90	100	110	120	130	130	140	140	150	150	150	150
			-50	70	80	80	90	90	100	110	120	120	130	130	130	140	140	150
			-35	60	70	70	80	80	90	100	100	110	110	120	120	120	120	130
			-20	60	60	60	70	70	80	80	90	90	100	100	100	100	110	110
			-10	50	50	60	60	60	70	70	80	80	80	90	90	90	90	100
			0	40	40	40	50	50	50	60	60	60	60	70	70	70	70	70

续表

城市名称	环境温度/℃	管径/mm		15	20	25	40	50	80	100	150	200	250	300	350	400	450	500
		保冷层厚度/mm																
南京	15.3	介质温度/℃	-65	80	80	90	100	100	110	120	130	140	140	150	150	150	160	160
			-50	70	80	80	90	90	100	110	120	120	130	130	140	140	140	140
			-35	70	70	70	80	90	100	100	110	110	120	120	120	130	130	130
			-20	60	60	60	70	80	80	90	90	100	100	100	110	110	110	110
			-10	50	60	60	60	70	70	80	80	90	90	90	90	90	100	100
			0	40	50	50	50	60	60	60	70	70	70	70	80	80	80	80
洛阳	14.6	介质温度/℃	-65	80	80	90	100	100	110	120	130	130	140	140	150	150	150	160
			-50	70	80	80	90	90	100	110	120	120	130	130	140	140	140	140
			-35	70	70	70	80	90	90	100	110	110	120	120	120	130	130	130
			-20	60	60	60	70	70	80	90	90	100	100	100	110	110	110	110
			-10	50	50	60	60	70	70	80	80	90	90	90	90	90	90	100
			0	40	50	50	50	50	60	60	70	70	70	70	70	80	80	80
大连	10.2	介质温度/℃	-65	80	80	90	90	100	110	110	120	130	140	140	150	150	150	150
			-50	70	80	80	90	90	100	110	110	120	130	130	130	140	140	140
			-35	60	70	70	80	80	90	100	100	110	110	120	120	120	120	130
			-20	60	60	60	70	70	80	80	90	90	100	100	100	100	100	100
			-10	50	50	50	60	60	70	70	80	80	80	80	80	90	90	90
			0	40	40	40	50	50	50	50	60	60	60	60	60	70	70	70
上海	15.7	介质温度/℃	-65	80	80	90	100	100	110	120	130	140	140	150	150	150	160	160
			-50	70	80	80	90	90	100	110	120	130	130	130	140	140	140	140
			-35	70	70	80	80	90	100	100	110	110	120	120	120	130	130	130
			-20	60	60	70	70	80	80	90	90	100	100	100	110	110	110	110
			-10	50	60	60	60	70	70	80	80	90	90	90	90	100	100	100
			0	40	50	50	50	60	60	60	70	70	70	80	80	80	80	80
兰州	9.1	介质温度/℃	-65	80	80	90	90	100	110	110	120	130	140	140	140	150	150	150
			-50	70	70	80	90	90	100	110	110	120	120	130	130	130	140	140
			-35	60	70	70	80	80	90	90	100	110	110	110	120	120	120	120
			-20	50	60	60	70	70	80	80	90	90	90	100	100	100	100	100
			-10	50	50	50	60	60	70	70	70	80	80	80	80	80	90	90
			0	40	40	40	40	50	50	50	60	60	60	60	60	60	60	60

续表

城市名称	环境温度/℃	管径/mm		15	20	25	40	50	80	100	150	200	250	300	350	400	450	500
		保冷层厚度/mm																
广州	21.8	介质温度/℃	-65	80	90	90	100	100	120	120	130	140	150	150	150	160	160	160
			-50	80	80	80	90	100	110	110	120	130	130	140	140	150	150	150
			-35	70	70	80	90	90	100	100	110	120	120	130	130	130	130	140
			-20	60	70	70	80	80	90	90	100	100	110	110	110	120	120	120
			-10	60	60	60	70	70	80	80	90	90	100	100	100	100	110	110
			0	50	50	50	60	60	70	70	80	80	80	90	90	90	90	90

注：表中厚度按冷价 300 元/kJ，导热系数 0.028W/(m·K)，材料价格 2300 元/m^3计算

6.17.3 聚苯乙烯泡沫塑料制品的保冷厚度选用表

城市名称	环境温度/℃	管径/mm		15	20	25	40	50	80	100	150	200	250	300	350	400	450	500
		保冷层厚度/mm																
哈尔滨	3.6	介质温度/℃	-65	130	140	150	160	170	180	200	220	230	240	250	260	260	270	270
			-50	120	130	130	150	150	170	180	200	210	220	230	230	240	240	250
			-35	110	110	120	130	140	150	160	170	180	190	200	200	210	210	220
			-20	90	90	100	110	110	130	130	140	150	160	160	170	170	180	180
			-10	70	80	80	90	90	100	110	120	120	130	130	130	140	140	140
			0	50	50	50	50	60	60	70	70	70	80	80	80	80	80	80
北京	11.4	介质温度/℃	-65	140	140	150	170	180	200	210	220	240	250	260	270	280	280	290
			-50	120	130	140	150	160	180	190	210	220	230	240	250	250	260	260
			-35	110	120	130	140	150	160	170	190	200	210	210	220	230	230	240
			-20	100	100	110	120	130	140	150	160	170	180	180	190	190	200	200
			-10	80	90	90	100	110	120	130	140	150	150	160	160	170	170	170
			0	70	70	80	80	90	100	100	110	110	120	120	130	130	130	130
南京	15.3	介质温度/℃	-65	140	150	150	170	180	200	210	230	230	260	270	270	280	290	290
			-50	130	140	140	160	170	180	190	210	220	240	240	250	260	260	270
			-35	120	120	130	140	150	170	180	190	200	210	220	230	230	240	240
			-20	100	110	110	130	130	150	150	170	180	190	190	200	200	210	210
			-10	90	100	100	110	120	130	140	150	160	160	170	170	180	180	180
			0	80	80	80	90	100	110	110	120	130	130	140	140	140	150	150

续表

城市名称	环境温度/℃	管径/mm		15	20	25	40	50	80	100	150	200	250	300	350	400	450	500
		保冷层厚度/mm																
洛阳	14.6	介质温度/℃	-65	140	150	150	170	180	200	210	230	240	250	260	270	280	290	290
			-50	130	140	140	160	170	180	190	210	220	230	240	250	260	260	270
			-35	120	120	130	140	150	170	170	190	200	210	220	230	230	240	240
			-20	100	110	110	120	130	140	140	170	180	180	190	200	200	200	210
			-10	90	90	100	110	120	130	130	150	150	160	170	170	180	180	180
			0	70	80	80	90	100	110	110	120	130	130	140	140	140	140	150
大连	10.2	介质温度/℃	-65	140	140	150	170	170	190	200	220	240	250	260	270	270	280	290
			-50	120	130	140	150	160	180	190	200	220	230	240	240	250	260	260
			-35	110	120	120	140	140	160	170	180	200	200	210	220	220	230	230
			-20	100	100	110	120	120	140	140	160	170	170	180	180	190	190	200
			-10	80	90	90	100	110	120	120	140	140	150	150	160	160	160	170
			0	60	70	70	80	80	90	100	100	110	110	120	120	120	120	130
上海	15.7	介质温度/℃	-65	140	150	150	170	180	200	210	230	230	260	270	270	280	290	290
			-50	130	140	140	160	170	180	190	210	230	240	250	250	260	270	270
			-35	120	120	130	140	150	150	160	170	200	210	220	230	230	240	240
			-20	100	110	110	130	130	150	150	170	180	190	190	200	200	210	210
			-10	90	100	100	110	120	130	140	150	160	160	170	170	180	180	180
			0	80	80	80	90	100	110	110	120	130	140	140	140	150	150	150
兰州	3.6	介质温度/℃	-65	130	140	150	170	170	190	200	220	240	250	260	260	270	280	280
			-50	120	130	140	150	160	180	190	200	220	230	240	250	250	250	260
			-35	110	120	120	140	140	160	170	180	190	200	210	220	220	230	230
			-20	90	100	110	120	120	140	140	160	160	170	180	180	190	190	190
			-10	80	90	90	100	110	120	120	130	140	150	150	150	160	160	160
			0	60	70	70	80	80	90	90	100	100	110	110	110	120	120	120
广州	21.8	介质温度/℃	-65	140	150	160	180	180	200	220	240	250	260	270	280	290	300	300
			-50	130	140	150	160	170	190	200	220	230	240	250	260	270	270	280
			-35	120	130	140	150	160	170	180	200	210	220	230	240	240	250	250
			-20	110	120	120	130	140	160	160	180	190	200	210	210	220	220	230
			-10	100	100	110	120	130	140	150	160	170	180	180	190	190	200	200
			0	90	90	90	110	110	120	130	140	150	150	160	160	170	170	170

注：表中厚度按冷价 300 元/kJ，导热系数 0.036W/(m·K)，材料价格 640 元/m^3计算。

6.18 管道防烫厚度选用表[16]

岩棉/硅酸钙厚度的选用

环境温度/℃		管道公称直径/mm														
		15	20	25	40	50	80	100	150	200	250	300	350	400	450	500
20	A①	20	20	20	20	20	20	20	20	20	20	20	20	20	20	20
	B②	20	20	20	20	20	20	20	20	20	20	20	20	20	20	20
25	A	20	20	20	20	20	20	20	20	20	20	20	20	20	20	20
	B	20	20	20	20	20	20	20	20	20	20	20	20	20	20	20
30	A	20	20	20	20	20	20	20	20	20	30	30	30	30	30	30
	B	20	20	20	20	20	30	30	30	30	30	30	30	30	30	30

①A 表示岩棉制品，B 表示硅酸钙制品；

②表中数据是按照表面温度法、取防烫层外表面温度保持 60℃、介质温度为 120℃的条件计算的。

6.19 设备和管道的表面色和标志色(SH/T 3043—2014)

6.19.1 设备的表面色和标志文字色

序号	设备类别		表面色	标志文字色	备　注
1	静设备		银	大红 R03	—
2	工业炉		银	大红 R03	—
3	锅炉		银	大红 R03	—
4	机械设备	泵	银	大红 R03	或出厂色
		电机	苹果绿 G01		
		压缩机、离心机	苹果绿 G01		
		风机	天酞蓝 PB09		
5	输油臂		大红 R03	白	—
6	鹤管		银	大红 R03	—
7	消防设备		大红 R03	白	—
8	钢烟囱		银	—	—
9	火炬		银	—	—
10	联轴器防护罩		淡黄 Y06	—	—

注：表面色和标志文字色名后的 R03、G01 等代号与 GB/T 3181 标准中对应颜色的代号一致。

6.19.2 管道的表面色

序号	名称		表面色
1	物料管道	一般物料	银
		酸、碱	紫 P02
2	公用物料管道	水	艳绿 G03
		污水	黑
		蒸汽	银
		空气及氧	天酞蓝 PB09
		氮	淡黄 Y06
		氨	中黄 Y07
3	排大气紧急放空管		大红 R03
4	消防管道		大红 R03
5	电气、仪表保护管		黑
6	仪表管道	仪表风管	天酞蓝 PB09
		气动信号管、导压管	银

6.19.3 管道标志色和文字色

序号	物料		标志色	文字色	备注
1	气体	可燃	黄 Y07	大红 R03	—
		非可燃	黄 Y07	黑	—
2	液体	可燃液体	棕 YR07	白	—
		非可燃、无害液体	—	—	无标识
3	酸碱	酸、有毒	橙色 YR04	黑	—
		碱	紫色 P02	白	—
4	水(消防水除外)		绿 G03	白	—
	污水		黑	白	—
	蒸汽		大红 R03	白	—
	空气		浅灰 B03	黑	—
5	氧气		浅蓝 PB06	白	—
6	消防管道		大红 R03	白	包括各种消防灭火介质，标志文字应注明介质名称

6.19.4　阀门、管道附件的表面色

序号	名　称		表面色	备　注
1	阀门阀体	灰铸铁、可锻铸铁	黑	或出厂色
		球墨铸铁	银	
		碳素钢	中灰 B02	
		耐酸钢	海蓝 PB05	
		合金钢	中酞蓝 PB04	
2	阀门手轮、手柄	钢阀门	海蓝 PB05	
		铸铁阀门	大红 R03	
3	调节阀	铸铁阀体	黑	
		铸钢阀体	中灰 B02	
		锻钢阀体	银	
		膜头	大红 R03	
4	安全阀		大红 R03	
5	管道附件		银	

6.19.5　构架、平台及梯子的表面色

序号	名　　称	表面色
1	梁、柱、斜撑、吊柱、管架和管道支吊架	蓝灰 PB08 或中酞蓝 PB04
2	铺板、踏板	蓝灰 PB08 或中酞蓝 PB04
3	栏杆(含立柱)、护栏、扶手	淡黄 Y06
4	栏杆挡板	蓝灰 PB08 或中酞蓝 PB04

6.20　管道的试压与试漏（GB/T 20801.5—2020）

6.20.1　液压试验

液压试验应符合下列规定：

a）试验流体一般应使用洁净水。当对奥氏体不锈钢管道或对连有奥氏体不锈钢组成件或容器的管道进行试验时，水中氯离子含量不得超过 50mg/L。如果水对管道或工艺有不良影响并有可能损坏管道时，可使用其他合适的无毒液体。当采用可燃液体进行试验时，其闪点不得低于 49℃，且应考虑到试验周围的环境。试验时流体的温度应不低于 5℃。

b）内压管道除 e）规定外，系统中任何一点的液压试验压力均应按下述规定：

1）不得低于 1.5 倍设计压力；

2）设计温度高于试验温度时，试验压力应不小于下式的计算值：

$$p_T = 1.5pS_1/S_2$$

式中 p_T——试验压力，MPa；

p——设计压力，MPa；

S_1——试验温度下，管子许用应力，MPa；

S_2——设计温度下，管子许用应力，MPa。

c）如果管道系统中未包含管子，则可根据其他管道组成件(不包括管道支承件和连接螺栓)的许用应力来确定 S_1/S_2 的值。如果管道系统由多种材料组成，则可根据多种材料的 S_1/S_2 最小值来确定。

d）如果上述规定试验压力，在试验温度下的周向应力或纵向应力(基于最小管壁厚度)会超过材料屈服强度，或在试验温度下的试验压力大于1.5倍组成件的额定值，则可将试验压力降低到试验温度下不致超过材料屈服强度或1.5倍组成件额定值的最大压力。

e）管道与容器作为一个系统时，液压试验应符合以下规定：

1）当管道试验压力不大于容器的试验压力时，应按管道的试验压力进行试验；

2）当管道试验压力大于容器的试验压力，且无法将管道与容器隔开，且容器的试验压力不小于77%按上式计算所得的管道试验压力时，经业主或设计者同意，可按容器的试验压力进行试验。

6.20.2 气压试验

气压试验应符合下列规定：

a）如果采用气压试验，应对管道系统的完整性进行风险评估和危害辨识，气压试验的安全操作程序应经过审核。

气压试验时，应将脆性破坏的可能性减少至最低程度，应考虑试验温度的影响。气压试验温度至少要比管道系统材料的最低允许金属温度高17℃。材料的最低允许金属温度不明时，试验温度不得低于17℃。试验系统中不得包括铸铁等脆性材料。

注：气压试验的储存能量比液压试验增加2500余倍。

b）试验时应装有压力泄放装置，其设定压力不得高于1.1倍的试验压力。

c）用作试验的介质应是干燥洁净的空气、氮气或其他不易燃和无毒的气体。

d）承受内压的金属管道，气压试验压力应不低于1.1倍设计压力，同时不超过下列压力的较小者：

1）1.33倍设计压力；

2）试验温度下产生超过90%屈服强度周向应力或纵向应力(基于最小管壁厚度)时的试验压力。

e）应按以下步骤进行气压试验：

1）试验前应进行预试验，预试验的压力宜为 0.2MPa；

2）试验时，应逐级缓慢增加压力，当压力升至试验压力的 50%时，应进行初始检查，如未发现异常或泄漏，继续按试验压力的 10%逐级升压(每级应有足够的保压时间以平衡管道的应变)，每级稳压 3min 直至达到规定的试验压力。再将压力降至设计压力，应用发泡剂检查有无泄漏，保压时间应根据查漏工作需要确定。

6.20.3 泄漏性试验

对于 GC1 级(毒性)，GC1 和 GC2 级(易燃性)的管道，应按 GB/T 20801.5 规定进行敏感性泄漏试验。

泄漏试验应在压力试验合格后进行。泄漏试验时，应重点检查阀门填料函、法兰或螺纹连接处、放空阀、排气阀和排水阀等部位，除另有规定外，敏感性泄漏试验应符合相应检漏方法的试验灵敏度要求。

经气压试验合格，且在试验后未经拆卸过的管道系统可不进行泄漏试验。

经业主、设计者以及安装、检验者同意，可采用气密性试验代替进行泄漏试验，以无可察泄漏为合格。

6.20.4 气密性试验

气密性试验压力应为设计压力，真空管道试验压力应为内压 0.1MPa，试验介质可采用空气。除试验压力外，气密性试验按气压试验的相关要求进行。经业主或设计者同意，气密性试验可按最高工作压力或结合试车一并进行。

6.20.5 真空度试验

真空或外压管道的压力试验应符合下列规定：

a）真空或外压管道应以内外压力差的 1.5 倍，但不小于 105kPa 进行内压压力试验；

b）经业主或设计者同意，真空管道可采用真空度试验来代替 a)所列内压压力试验，但应制定相应试验规程。

真空管道系统在压力试验合格后，还应按设计文件的规定进行 24h 的真空度试验，增压率应不大于 5%。增压率应按下式计算：

$$\Delta p=\frac{p_2-p_1}{p_1}\times 100\%$$

式中 Δp——24h 的增压率,%；

p_1——试验初始压力，MPa；

p_2——试验最终压力，MPa。

6.21 阀门的压力试验(API 598—2016)

<table>
<tr><th rowspan="2">试验项目</th><th rowspan="2">规格</th><th rowspan="2">ASME 等级</th><th colspan="6">阀门类型</th></tr>
<tr><th>闸阀</th><th>截止阀和平行板闸阀</th><th>旋塞阀</th><th>止回阀</th><th>浮动式球阀</th><th>蝶阀和固定式球阀</th></tr>
<tr><td>壳体</td><td>所有</td><td>所有</td><td>需要</td><td>需要</td><td>需要</td><td>需要</td><td>需要</td><td>需要</td></tr>
<tr><td>上密封①</td><td>所有</td><td>所有</td><td>需要</td><td>需要</td><td>不适用</td><td>不适用</td><td>不适用</td><td>不适用</td></tr>
<tr><td rowspan="4">低压密封</td><td rowspan="2">DN(NPS)≤DN100(NPS4)</td><td>Class≤1500</td><td>需要</td><td rowspan="4">任选②</td><td>需要⑥</td><td rowspan="4">任选②</td><td rowspan="4">需要</td><td>需要</td></tr>
<tr><td>Class>1500</td><td>任选②</td><td>任选②</td><td>任选②</td></tr>
<tr><td rowspan="2">DN(NPS)>DN100(NPS4)</td><td>Class≤600</td><td>需要</td><td>需要⑥</td><td>需要</td></tr>
<tr><td>Class>600</td><td>任选②</td><td>任选②</td><td>任选②</td></tr>
<tr><td rowspan="4">高压密封③</td><td rowspan="2">DN(NPS)≤DN100(NPS4)</td><td>Class≤1500</td><td>任选②⑤</td><td rowspan="4">需要④</td><td>任选②⑤⑥</td><td rowspan="4">需要</td><td rowspan="4">任选②⑤</td><td>任选②⑤</td></tr>
<tr><td>Class>1500</td><td>需要</td><td>需要</td><td>需要</td></tr>
<tr><td rowspan="2">DN(NPS)>DN100(NPS4)</td><td>Class≤600</td><td>任选②⑤</td><td>任选②⑤⑥</td><td>任选②⑤</td></tr>
<tr><td>Class>600</td><td>需要</td><td>需要</td><td>需要</td></tr>
</table>

①所有具有上密封性能的阀门都应进行上密封试验，波纹管密封阀门除外。

②如经买方规定了“任选”试验，则除规定试验外还应进行该试验。

③弹性密封阀门经高压密封试验后，可能降低其在低压工况的密封性能。

④动力和手动的齿轮传动的驱动装置操作的截止阀，包括止回式截止阀，高压密封试验的试验压力应是确定动力驱动装置尺寸所使用的设计压差的110%。

⑤对于规定为双截断-排放阀门的所有阀门都要求进行高压密封试验，除非买方另有规定。

⑥对于油封式旋塞阀，高压密封试验为强制性的，而低压密封试验为任选的。

6.22 常用材料焊接接头热处理(GB 50517—2010)

<table>
<tr><th>母材类别</th><th>名义厚度/mm</th><th>规定的母材最小抗拉强度/MPa</th><th>热处理温度/℃</th><th>保温时间/(min/mm)</th><th>最短保温时间/h</th><th>布氏硬度≤</th></tr>
<tr><td>碳钢(C)、碳锰钢(C-Mn)</td><td>>19</td><td>全部</td><td>600~650</td><td>2.4</td><td>1</td><td>200</td></tr>
<tr><td rowspan="2">合金钢(C-Mo、Mn-Mo、Cr-Mo)Cr≤0.5%</td><td>>19</td><td>全部</td><td>600~720</td><td>2.4</td><td>1</td><td>225</td></tr>
<tr><td>全部</td><td>>490</td><td>600~720</td><td>2.4</td><td>1</td><td>225</td></tr>
<tr><td rowspan="2">合金钢(Cr-Mo)0.5%<Cr≤2%</td><td>>13</td><td>全部</td><td>700~750</td><td>2.4</td><td>2</td><td>225</td></tr>
<tr><td>全部</td><td>>490</td><td>700~750</td><td>2.4</td><td>2</td><td>225</td></tr>
</table>

续表

母材类别	名义厚度/mm	规定的母材最小抗拉强度/MPa	热处理温度/℃	保温时间/(min/mm)	最短保温时间/h	布氏硬度≤
合金钢(Cr-Mo) 2.25%≤Cr≤3% 和 C≤0.15%	>13	全部	700~760	2.4	2	241
合金钢(Cr-Mo) 3%<Cr≤10% 或 C>0.15%	全部	全部	700~760	2.4	2	241
马氏体不锈钢	全部	全部	730~790	2.4	2	241
奥氏体不锈钢	全部	全部	—①	—	—	187
低温镍钢(Ni≤4%)	>19	全部	600~640	1.2	1	—
双相不锈钢	全部	全部	—②	1.2	0.5	—

①奥氏体不锈钢钢管稳定化处理、固溶处理应按设计文件要求。

②对于双相不锈钢钢管，是否应进行焊后热处理不做具体规定，但热处理应符合材料标准要求。

6.23 基建材料的主要物理性质[2]

名　　称	密度/(kg/m^3)	导热系数/[kcal/(m·h·℃)]	比热容/[kcal/(kg·℃)]
天然石材			
花岗岩	2500~2800	2.8	0.22
石灰岩	1700~2400	0.5~1.2	0.22
大理石	2700	3.0	0.22
石灰质凝灰岩	1300	0.45	0.22
散粒材料			
干砂	1500~1700	0.39~0.50	0.19
黏土	1600~1800	0.4~0.46	0.18(+20~-20℃)
颗粒白土	700~900		
瓷球	1200~1600		
卵石	1400~1700	0.42	0.20(+20~-20℃)
锅炉煤渣	700~1100	0.16~0.26	
石灰砂浆	1600~1800	0.38~0.48	0.20
砖			
普通黏土砖	1600~1900	0.40~0.58	0.22
耐火砖	1840	0.9(800~1100℃)	0.21~0.24
绝缘砖(多孔)	600~1400	0.14~0.32	

续表

名　称	密度/(kg/m³)	导热系数/[kcal/(m·h·℃)]	比热容/[kcal/(kg·℃)]
硅藻土砖	900~1300	0.19~0.29	0.17
混凝土			
普通混凝土	2000~2400	1.1~1.33	0.20
矿渣混凝土	1000~1700	0.35~0.60	0.18~0.20
钢筋混凝土	2200~2400	1.33	0.20
陶粒混凝土	1400	0.35	
泡沫混凝土	400~1000	0.11~0.25	0.20
木材			
松木	500~600	0.06~0.09	0.65(0~100℃)
柞木	700~900	0.1~0.13	0.26
软木	100~300	0.035~0.055	0.23
树脂木屑板	300	0.10	0.45
胶合板	600	0.15	0.60
金属			
钢	7850	39.0	0.11
熔铁(生铁)	7220	54.0	0.12
铝	2670	175.0	0.22
黄铜	8600	73.5	0.090
铜	8800	330.0	0.091
镍	9000	50.0	0.11
锡	7230	55.0	0.054
汞	13600	7.5	0.033
铅	11400	30.0	0.031
银	10500	394.0	0.056
锌	7000	100	0.094
球墨铸铁	7300		
不锈钢	7900	15	0.12
塑料			
酚醛	1250~1300	0.11~0.22	0.3~0.4
聚酰胺	1130	0.27	0.46
聚丙烯	900	0.12	0.46
聚酯	1200	0.16	0.39

续表

名　称	密度/(kg/m³)	导热系数/[kcal/(m·h·℃)]	比热容/[kcal/(kg·℃)]
聚醋酸乙烯	1200~1600	0.14	0.24
聚氯乙烯	1380~1400	0.14	0.44
聚苯乙烯	1050~1070	0.07	0.32
低压聚乙烯	940	0.25	0.61
中压聚乙烯	920	0.22	0.53
聚四氯乙烯	2100~2300	0.21	0.25
其他			
有机玻璃	1180~1190	0.12~0.17	
玻璃	2500	0.64	0.16
石英玻璃	2210		0.20
瓷器	2400	0.89	0.26
石棉水泥瓦和板	1600~1900	0.3	
油毛毡	200~300	0.036~0.050	
耐酸陶制品	2200~2300	0.8~0.9	0.18~0.19
橡胶	1200	0.14	0.33
耐酸砖和板	2100~2400		
耐酸搪瓷	2300~2700	0.85~0.9	0.2~0.3
辉绿岩板	2900~3000	0.85	0.25
电极石墨	1400~1600	100~110	0.152
不透性石墨(浸渍)	1800~1900	90~110	
煤			0.31
水	1000	0.5	1
冰	900	2.0	0.505

7 工艺数据与计算

计算是技术人员需要经常从事的工作，计算机的普及解决了计算中很多难题。但在日常工作中有很多零碎简单的问题，通过简易计算就能解决，不需要也不可能都要上计算机。这里列出的是一些与石化工艺有关的一般常用基础计算数据和公式，为技术工作提供方便。

7.1 基本常数与公式

7.1.1 基本常数[3]

名　称	符　号	数　值	单　位
光速(真空)	c	2.997925×10^{8}	m/s
Avogadro(阿伏伽德罗)常数	N_A	6.02214×10^{23}	molecul/(g-mol)
Planck(普朗克)常数	h	6.6261×10^{-27}	(erg)(s)/mol
Faraday(法拉第)常数	F	96485.3	C/mol
冰点绝对温度 0℃ 32℉	 $T_{0℃}$ $T_{32℉}$	 273.15 491.67	 K °R
0℃和零压力下(理想气体) 1mol 气体的压力-体积乘积	$(pV)_{T_{0℃}}^{p=0}$	2271.11 22.4141 2.27111×10^{6}	J/(g-mol) (L)(atm)/(g-mol) (m^3)(Pa)/(kg-mol)
电荷载	$e=\frac{F}{N_A}$	1.60218×10^{-19}	C
气体常数	$R=\frac{(pV)_{T_{0℃}}^{p=0}}{T_{0℃}}$	8.3145 1.9872 82.058 62.364 0.084786 8314.5 1.9859 1545.4 10.732 0.73024 554.99	joules/(g-mol)(K) g-cal/(g-mol)(K) (cm^3)(atm)/(g-mol)(K) (mm Hg)(L)/(g-mol)(K) (kg/cm^2)(L)/(g-mol)(K) (Pa)(cu m)/(kg-mol)(K) Btu/(lb · mol)(°R) ft-lb[力]/(lb · mol)(°R) (psia)(ft^3)/(lb · mol)(°R) (atm)(ft^3)/(lb · mol)(°R) (mm Hg)(ft^3)/(lb · mol)(°R)

续表

名　称	符　号	数　值	单　位
Boltzmann(波耳兹曼)常数	$K=\frac{R}{N_A}$	1.38066×10^{-16}	erg/(molecule)(K)
二次辐射常数	$C_2=\frac{hc}{k}$	1.43877	cm·℃
标准重力	g_0	980.665 32.174	cm/s^2 ft/s^2
标准大气压	atm	1013250 14.696 101325	dyn/cm^2 psia Pa
标准毫米汞柱压力	mmHg	1/760	atm
卡路里(热化学)	cal	4.1840 4.1840×10^7	J erg
卡路里(国际蒸汽表)	cal_{IT}	4.1868	J
圆周率	π	3.14159	
自然对数基数	e	2.71828	
自然对数(基数 e)，$\log_e 10$	ln 10	2.30258509	

7.1.2 伯努利方程 Berneoulli equation[19]

伯努利方程是流体宏观运动机械能守恒原理的数学表达式，方程表明，在无外界加入机械能和不计机械能损失条件下，位能、静压能和动能三项能量可以相互转换，但总和不变。

$$gZ+\frac{p}{\rho}+\frac{U^2}{2}=\text{常数}$$

式中 Z——距离基准面的高度，m；
p——静压力，Pa；
U——流体速度，m/s；
ρ——流体密度，kg/m^3；
g——重力加速度，$9.81m/s^2$。

对于理想流体，伯努利方程可以直接应用于管流：

$$gZ_1+p_1/\rho+\frac{U_1^2}{2}=gZ_2+p_2/\rho+\frac{U_2^2}{2}$$

式中 Z_1，Z_2——截面 1，2 距离基准面的高度，m；
p_1，p_2——截面 1，2 处的静压力，Pa；
U_1，U_2——截面 1，2 处的流体速度，m/s。

【例题】 某水平通风管装有一个锥形接头，使管道内径 d 自 200mm(截面 1)渐缩到 150mm(截面 2)，已知空气体积流量 V 为 1970m^3/h，空气密度为 1.2kg/m^3，空气通过锥形接头的能量损失及高度差可忽略，计算两截面静压力的差：

截面 1 与截面 2 的流体速度分别为

$$U_1=\frac{V}{3600\times\frac{\pi}{4}d_1^2}=1970/(3600\times0.785\times0.20^2)=17.4\text{m/s}$$

$$U_2=\frac{V}{3600\times\frac{\pi}{4}d_2^2}=1970/(3600\times0.785\times0.15^2)=31.0\text{m/s}$$

两截面高度差可忽略 $Z_1-Z_2=0$

两个截面静压力差为

$$p_1-p_2=\left(\frac{U_2^2-U_1^2}{2}\right)\rho=\left(\frac{31.0^2-17.4^2}{2}\right)\times1.2=394.9\text{Pa 或 }0.3949\text{kPa}$$

由于 1kPa=1.01972×10^{-2}kgf/cm^2，而 1kgf/cm^2=10.00003mH_2O

因此两个截面按水柱计的静压力差为

$$0.3949\times1.01972\times10^{-2}\times10.00003=0.040\text{mH}_2\text{O 或 }40\text{mmH}_2\text{O}$$

7.1.3 雷诺数 Rynolds number[18]

雷诺数是判别黏性流体流动状态的无因次数群，用于判别流动特征。

$$Re=\frac{d_i u\rho}{\mu}$$

式中 Re——雷诺数；

d_i——管内径，mm；

ρ——流体密度，kg/m^3；

μ——流体动力黏度，mPa·s(cP)；

u——流速，m/s。

当 $Re<2000$ 时，流动为层流型态。

当 $2000<Re<4000$ 时，有时出现层流，有时出现湍流，与外界条件有关。

当 $Re>4000$ 时，一般出现湍流型态。

【例题】 用 ϕ108×4mm 钢管输送 24.6m^3/h 的原油，原油密度 850kg/m^3，动力黏度 5.0cP，计算雷诺数：

ϕ108×4mm 钢管的外径为 108mm，壁厚 4mm，

钢管内径 d_i=108-(2×4)=100mm 或 0.100m

管内流速 $$u=\frac{V}{3600\times\frac{\pi}{4}d_i^2}=24.6/(3600\times0.785\times0.100^2)=0.870\text{m/s}$$

雷诺数为

$$Re=\frac{d_i u\rho}{\mu}=\frac{100\times0.870\times850}{5.0}=14790 \quad \text{处于湍流型态}$$

7.1.4 气体状态方程[31]

$$pV=ZnRT=Z\left(\frac{G}{M}\right)RT$$

式中 p——气体的绝对压力，kPa；

V——气体容积，m^3；

n——物质的量，kmol；

Z——气体压缩因子，理想气体 $Z=1$；

R——气体常数，$R=8.3145\text{kPa}\cdot\text{m}^3/(\text{kmol}\cdot\text{K})$；

T——气体的绝对温度，K；

G——气体的质量，kg；

M——气体的摩尔质量，kg/kmol。

【例题 1】 已知天然气(基本为甲烷)压力为 2.04MPa(绝压)，温度为 50.4℃，近似符合理想气体定律，质量流率 79583kg/h，求体积流率。

符合理想气体定律 $Z=1$

按甲烷计算气体的摩尔质量 $M=16\text{kg/kmol}$

则 $V=\frac{ZGRT}{Mp}=\frac{1\times79583\times8.3145\times(273.15+50.4)}{16\times2.04\times10^3}=6559.1\text{m}^3$

即体积流率为 $6559.1\text{m}^3/\text{h}$

【例题 2】 某空气压缩机每分钟从大气吸入 30℃的空气 41.2m^3，经压缩后，排出空气的压力 91.2kPa(表压)，温度升高到 90.0℃，求排出空气的体积。

气体压缩前后分别用下标 1 和 2 表示，按理想气体计算，即 $Z=1$

气体压缩前后物质的量没有变化 $n_1=n_2$

吸入大气压力按 1 标准大气压绝压计算，即 $p_1=101.3\text{kPa}$

排出压力换算为绝压 $p_2=91.2+101.3=192.5\text{kPa}$

排出空气体积 $V_2=V_1\frac{p_1T_2}{p_2T_1}=41.2\times\frac{101.3\times(273.15+90.0)}{192.5\times(273.15+30.0)}=26.0\text{m}^3/\text{min}$

7.1.5 气液平衡关系式[2,19]

系统中气液相处于平衡时，各组分在气相和液相中的平衡关系式：

$$y_i=k_i x_i$$

饱和气体(露点状态) $\sum\frac{y_i}{k_i}=1$

饱和液体(泡点状态) $\sum k_i x_i = 1$

式中 y_i——i 组分在气相中的摩尔分数;

x_i——i 组分在液相中的摩尔分数;

k_i——i 组分的气液平衡常数。

【例题 1】 已知混合物液体组成(摩尔分数)为丙烷 0.29，正丁烷 0.52，正戊烷 0.19，总压为 0.6MPa(绝压)，求泡点温度。

设泡点温度为 40℃，查烃类平衡常数图(3.11.1)，在 0.6MPa(绝压)和 40℃条件下丙烷、正丁烷和正戊烷的平衡常数分别为 2.1、0.66 和 0.24，则

$$\sum k_i x_i = 2.1\times 0.29 + 0.66\times 0.52 + 0.24\times 0.19 = 0.609 + 0.343 + 0.046 = 0.998 \approx 1$$

基本符合归一条件，即泡点为 40℃。

【例题 2】 求例题 1 中气相的平衡组成(摩尔分数):

丙烷 $y_a = k_a x_a = 2.1\times 0.29 = 0.609$

正丁烷 $y_b = k_b x_b = 0.66\times 0.52 = 0.343$

正戊烷 $y_c = k_c x_c = 0.24\times 0.19 = 0.046$

圆整后求得气体在此条件(露点)下丙烷、正丁烷和正戊烷的气相平衡组成(摩尔分数)分别为 0.61、0.34 和 0.05。

7.2 石化工艺主要操作参数

7.2.1 炼油工艺主要操作参数

序号	工艺名称	压力/MPa	温度/℃	空速/h^{-1}	氢油比[①]（体积或摩尔）	其 他
1	原油电脱盐	0.8~1.6	110~150			
2	常压蒸馏	0.05~0.08	塔顶 110~140 塔底 348~353			
3	减压蒸馏	1~7kPa（绝压）	塔顶 70~90 塔底 370~400			
4	催化裂化	0.08~0.25	480~538	反应时间 3s		剂油比 7~9 回炼比 0.1~0.3
5	催化裂解	0.08~0.14	540~580	2~4		剂油比 10~15
6	延迟焦化	0.1~0.2	490~500	18~24 h		循环比 0.05~0.2
7	减黏裂化	0.5~0.8	420~435			
8	S Zorb 工艺	2.7~3.1	400~440	3.0~7.0	(0.18~0.22)	硫差 5.0~7.5%
9	加氢裂化	10~20	370~440	1.0~2.0	1000~1500	

续表

序号	工艺名称	压力/MPa	温度/℃	空速/h^{-1}	氢油比[①]（体积或摩尔）	其　他
10	汽油加氢精制	2.0~4.0	280~340	2.0~8.0	100~500	
11	煤油加氢精制	2.5~3.2	220~340	2.0~4.0	150~300	
12	柴油加氢精制	4.0~8.0	300~400	1.2~3.0	500~700	
13	蜡油加氢精制	8~12	360~420	1.0~2.0	400~1000	
14	渣油加氢精制	15~17	380~410	0.1~0.3	800~1100	
15	石蜡加氢精制	5~10	260~330	0.5~1.0	300~400	
16	临氢降凝	3~5	390~420	1~1.5	260~450	
17	制氢（转化炉）	2.0~3.05	800~870			水碳比 3.0~3.5
18	半再生催化重整	1.0~1.5	480~510	1.5~2.5	(5~8)	
19	连续重整	0.34~0.8	480~540	1.0~2.0	(1.5~3.0)	
20	芳烃抽提（环丁砜液-液抽提）	0.50~0.65	塔顶 70~100 塔底 55~85			溶剂比 3.0~4.5
21	芳烃抽提（环丁砜抽提蒸馏）	0.1~0.2	塔顶 80~120 塔底 160~178			溶剂比 3.5~4.5
22	歧化及烷基转移	2.0~3.0	340~480	2~3.5	(2~4)	
23	二甲苯异构化	0.8~2.0	350~440	3~10	(1~5)	
24	PX 吸附分离	0.8~0.9	170~180			
25	C_5/C_6 异构化（中温）	1.5~2.5	210~300	1~2	(2~3)	
26	C_5/C_6 异构化（低温）	3.0~3.5	100~180	1~2	(0.05~2)	
27	选择性叠合	3.9~4	82~130	0.65~1.3		
28	非选择性叠合	3~5	190~220	1~3		
29	硫酸烷基化	0.3~0.5	6~10			酸烃比 1~1.5
30	氢氟酸烷基化	0.5~0.6	30~40			酸烃比（体积）4~5
31	甲基叔丁基醚	1.0~1.3	40~80	2		醇烯比 1.05~1.2
32	丙烷脱沥青	3.7~4.4	60~70			溶剂比 5~8
33	糠醛精制	0.7	塔顶 100~130 塔底 70~110			溶剂比 2~5
34	分子筛脱蜡	0~0.15	320~340	0.2~0.3		筛油比 13~18
35	溶剂脱蜡（结晶）	2~4	-15~-40			溶剂比 3.7：1

续表

序号	工艺名称	压力/MPa	温度/℃	空速/h^{-1}	氢油比①（体积或摩尔）	其 他
36	氧化沥青	0.1	250~300	氧化时间 4~8h		
37	硫黄回收(Claus)	0.05~0.07	1300~300	800~1000		$H_2S:SO_2=2:1$

① 带括号数据为摩尔比。

7.2.2 化工工艺主要操作参数

序号	工艺名称		压力(表压)/MPa	温度/℃	空速/h^{-1}	其他
1	乙烯	裂解	0.08~0.3	600~850		
		分离	0.02~3.8	-168~480		
2	甲醇制烯烃 MTO	转化	0.11~0.26	460~485	2.3~9.0	
		烃回收	0.4~3.0	-40~155		
3	裂解汽油加氢		2.6~3.0	240~280	2.0~3.0	氢油比(摩尔)2.7~3.7
4	烯烃催化裂解 OCC		0~0.2	500~580	10~30	
5	丙烷脱氢 PDH	反应	0.02~0.26	560~625		
		分离	0.02~4.55	-130~240		
6	环氧乙烷/乙二醇 EO/EG	氧化	1.4~2.2	170~280	4000~5500 $Nm^3/m^3/h$	
		水合	2.0~3.8	185~225		水比(摩尔)22~25
7	丁烯氧化脱氢		0.08~0.2	300~450	200~400	
8	丁二烯抽提(乙腈法)		0.01~0.6	40~138		溶剂比(质量)7~8
9	MTBE 裂解制异丁烯		0.1~0.7	40~230	0.5~2.0	
10	高密度聚乙烯 HDPE(环管)		4.2~4.6	70~110		
11	高密度聚乙烯 HDPE(釜式)		0.2~1.0	75~90		
12	全密度/线型低密度聚乙烯 FDPE/LLDPE(气相法)		2.1~2.5	88~106		
13	高压聚乙烯 EVA/LDPE		230~300	250~315		
14	氯乙烯 VCM	氯化	0.24~0.27	105~120	0.09~0.12	
		氧氯化	0.3~0.45	210~240	0.16~0.2	
		裂解	1.0~1.2	480~510		

续表

序号	工艺名称		压力(表压)/MPa	温度/℃	空速/h^{-1}	其他
15	聚氯乙烯 PVC		1.2~1.4	45~85		聚合釜停留时间 2.6~4h
16	聚丙烯 PP(环管)		3.4~4.4	65~75		
17	丙烯腈		0.045~0.08	420~460	0.33(质量)	
18	乙苯 EB	烷基化	3.8~4.2	200~245	0.4~0.5	苯乙烯比(摩尔) 1.5~3.0
		烷基转移	2.5~2.7	175~235	1.7~2.0	苯多乙苯比(质量)5~8
19	苯乙烯 SM(乙苯脱氢法)		40~60kPa(绝压)	615~645	0.35~0.4	水油比(质量) 1.0~1.5
20	C8 抽提苯乙烯(环丁砜法)		-0.087~-0.084	72~130		溶剂比 5(质量)
21	聚苯乙烯 PS		0.2~1.3	130~180	0.4~0.6	
22	环氧丙烷 HPPO(双氧水法)		2.0~2.5	30~60		
23	环氧丙烷/苯乙烯 PO/SM	过氧化	0.2~0.3	140~150	0.6~0.8	
		环氧化	4.0~6.0	90~120	1.3~2.4	
		加氢	2.0~2.5	50~80		
		分离	-0.099~3.1	20~180		
24	环氧丙烷/甲基叔丁基醚 PO/MTBE	过氧化	3.5~3.7	140~155	0.2~0.3	
		环氧化	2.8~4.5	130~150	3.0~4.0	
		醚化	1.2~1.8	90~160		
		分离	-0.07~1.8	-10~185		
25	苯酚/丙酮	烷基化	2.0~2.5	120~140	0.8~0.9(以丙烯质量计)	
		烷基转移	2.0~2.5	170~200	1.2~1.5	
		氧化	0.3~0.7	90~120		
26	醋酸乙烯 VAC		0.7~0.9	150~190		
27	丙烯氧化制丙烯酸		0.04~0.074	440	406	
28	丙烯酸酯化(甲酯/乙酯)		0.1~0.4	75~200	0.3~0.5	

续表

序号	工艺名称		压力(表压)/MPa	温度/℃	空速/h^{-1}	其他
29	丙烯酸酯化(丁酯)		32~40kPa(绝压)	90~100		
30	异丁烯(叔丁醇)氧化制甲基丙烯酸及酯	氧化	0.01~0.02	250~350		
		酯化	0.3~0.4	80~90		
31	精对苯二甲酸 PTA	氧化	1.0~1.5	180~200	1.1~2.8	
		加氢	7.5~8.5	280~290	10~15	
32	精间苯二甲酸 PIA	氧化	1.3~1.5	170~200	2.0~3.0	
		加氢	3.8~4.5	200~230		
33	丙烯腈-丁二烯-苯乙烯树脂　ABS	胶乳	1~1.4	60~90		反应时间 8~40h
		接枝	-0.09~0.2	50~80		
		聚合	0.2~0.4	150~160		
		共混	15~20	180~240		
34	乳聚丁苯橡胶 ESBR		0.1~0.4	3~7		聚合釜停留时间 12~18h
35	溶聚丁苯橡胶 SSBR		0.3~0.6	50~110	胶浓 10%~15%	聚合釜停留时间 1~2h
36	丁基橡胶 IIP		0.2~0.5	-88~-100	胶浓 20%~30%	
37	顺丁橡胶 BR(镍系)		0.3~0.45	60~100	胶浓 15%~18%	聚合釜停留时间 1.5~2h
38	丁腈橡胶 NBR		0.3~0.5	5~15	胶浓 17%~25%	聚合釜停留时间 15~20h
39	双酚 A　BPA		0.3~1.0	70~100	0.02~0.04	
40	聚碳酸酯 PC(酯交换法)		-0.1~0.03	210~310		

7.3　装置规模与投资的关系[20]

建设装置首先要确定的就是装置规模，由于规模对投资影响比较大，应当根据实际需要实事求是地慎重确定。对于技术条件相同，装置规模不同的 A、B 两套装置，如建设范围相同，其投资关系可以大致用下式表示：

$$\frac{C_A}{C_B}=\left(\frac{Q_A}{Q_B}\right)^x$$

式中　C——装置投资；

Q——装置规模；

X——投资规模指数。

常见炼油装置的投资规模指数：

常压蒸馏	0.7	催化重整	0.62~0.75
常减压蒸馏	0.6	芳烃抽提	0.6
催化裂化	0.7~0.83	干气制氢	0.65~0.7
延迟焦化	0.7~0.81	气体分馏	0.7
加氢裂化	0.71~0.82	烷基化	0.6~0.65
加氢精制	0.65~0.85	氧化沥青	0.65
渣油加氢	0.8	丙烷脱沥青	0.73
酚精制	0.8	溶剂脱蜡	0.76~0.82
白土精制	0.53	石蜡成型	0.7
气体脱硫	0.6	制硫	0.6~0.64

常见石油化工装置的投资规模指数：

乙烯裂解	0.80~0.83	高密度聚乙烯	0.53~0.64
丁二烯	0.35~0.48	线型低密度聚乙烯	0.68~0.79
环氧乙烷	0.73~0.77	聚氯乙烯	0.62~0.72
环氧丙烷	0.52~0.78	聚丙烯	0.55~0.74
乙二醇	0.70~0.80	聚苯乙烯	0.47~0.60
甲醇	0.62~0.65	ABS 树脂	0.47~0.51
乙苯	0.53~0.62	AS 树脂	0.51~0.58
苯乙烯	0.70~0.83	精对苯二甲酸	0.65~0.70
丙烯酸	0.63~0.84	乳聚丁苯橡胶	0.57~0.67
丙烯腈	0.66~0.74	溶聚丁苯橡胶	0.74~0.77
苯酚	0.50~0.62	顺丁橡胶	0.6~0.85
双酚 A	0.53~0.60	聚碳酸酯	0.41~0.56

7.4　能耗计算(GB/T 50441—2016)

能耗应按一次能源消耗计算，能耗单位宜采用千克(kg)标准油或吨(t)标准油，1kg 标准油(kgoe)的低发热量为 41.868MJ。

炼油厂、化工厂、化纤厂(装置)的原料不应计入能耗，化肥厂(装置)的原料应计入能耗。

能耗宜采用单位原料或单位产品为基准计算，也可按单位时间为基准计算。

设计能耗应按设计条件计算，开工、停工、事故、消防、临时吹扫等工况下的消耗不应计入能耗。正常生产过程中的间断消耗或输出应折算为平均值后再计入能耗。

装置正常生产过程所产生的污水应计入装置能耗。

油品的热进料、热出料；热进料或热出料热量的温度等于或大于120℃时，高于120℃的热量按1∶1的比例计算标准能源量；油品规定温度与120℃之间的热量折半计算标准能源量；油品规定温度以下的热量不计算标准能源量。有关油品的规定温度：汽油为60℃，柴油为70℃，蜡油为80℃，渣油为120℃。

耗能体系的能耗应按下式计算：

$$E=\sum(G_iC_i)+\sum Q_j$$

式中 E——耗能体系的能耗，正值时表示消耗能源，负值时表示输出能源；

G_i——燃料、电、氢气及耗能工质消耗量，消耗时计为正值，输出时计为负值；

C_i——燃料、电、氢气及耗能工质的能源折算值；

Q_j——耗能体系与外界交换热量所折成的标准能源量，输入时计为正值，输出时计为负值。

7.4.1 燃料、电、纯氢及耗能工质的统一能源折算值(GB/T 50441—2016)

序号	类别	单位	能源折算值 kgoe	备注
1	电	kW·h	0.22	—
2	标准油[①]	t	1000	
3	标准煤	t	700	
4	汽油	t	1030	
5	煤油	t	1030	
6	柴油	t	1020	
7	催化烧焦	t	950	
8	工业焦炭	t	800	
9	甲醇	t	470	
10	纯氢[②]	t	3000	适用于化肥厂能耗计算
11	纯氢[②]	t	1100	适用于炼油厂能耗计算
12	10.0MPa级蒸汽	t	92	7.0MPa≤p[③]
13	5.0MPa级蒸汽	t	90	4.5MPa≤p[③]<7.0MPa

续表

序号	类别	单位	能源折算值 kgoe	备　注
14	3. 5MPa 级蒸汽	t	88	3. 0MPa≤p③<4. 5MPa
15	2. 5MPa 级蒸汽	t	85	2. 0MPa≤p③<3. 0MPa
16	1. 5MPa 级蒸汽	t	80	1. 2MPa≤p③<2. 0MPa
17	1. 0MPa 级蒸汽	t	76	0. 8MPa≤p③<1. 2MPa
18	0. 7MPa 级蒸汽	t	72	0. 6MPa≤p③<0. 8MPa
19	0. 3MPa 级蒸汽	t	66	0. 3MPa≤p③<0. 6MPa
20	<0. 3MPa 级蒸汽	t	55	—
21	7~12℃冷量	MJ	0. 010	显热冷量
22	5℃冷量	MJ	0. 014	相变冷量
23	0℃冷量	MJ	0. 015	
24	-5℃冷量	MJ	0. 016	
25	-10℃冷量	MJ	0. 018	
26	-15℃冷量	MJ	0. 020	
27	-20℃冷量	MJ	0. 024	
28	-25℃冷量	MJ	0. 029	
29	-30℃冷量	MJ	0. 036	
30	-35℃冷量	MJ	0. 041	
31	-40℃冷量	MJ	0. 046	
32	-45℃冷量	MJ	0. 052	
33	-50℃冷量	MJ	0. 060	
34	新鲜水	t	0. 15	—
35	循环水	t	0. 06	
36	软化水	t	0. 20	
37	除盐水	t	1. 0	
38	104℃除氧水	t	6. 5	
39	凝汽机凝结水	t	1. 0	
40	需除油除铁的 120℃凝结水	t	5. 5	
41	可直接回用的 120℃凝结水	t	6. 0	
42	污水④	t	1. 1	

续表

序号	类别	单位	能源折算值 kgoe	备 注
43	净化压缩空气	$m^3$⑤	0.038	—
44	非净化压缩空气	$m^3$⑤	0.028	
45	氧气	$m^3$⑤	0.15	
46	氮气	$m^3$⑤	0.15	
47	二氧化碳(气)	$m^3$⑤	0.15	

① 燃料应按其低发热量折算成标准油；
② 体积分数不小于99.9%，其他纯度的氢气按其质量分数折算；
③ 蒸汽压力指表压；
④ 作为耗能工质的污水，为生产过程排出的需耗能才能处理合格排放的污水；
⑤ 0℃和0.101325MPa状态下的体积。本标准中涉及的气体计量单位(m^3)均为该状态下的体积。
⑥ 气体燃料的能源折算值可根据气体组成按低发热量计算。

常用气体组分低发热量(GB 30250—2013)

序号	组分名称	单位	低发热量/kgoe	低发热量/MJ
1	氢气	t	2867	120022
2	一氧化碳	t	241	10106
3	硫化氢	t	364	15235
4	甲烷	t	1194	50009
5	乙烷	t	1134	47497
6	丙烷	t	1107	46357
7	丁烷	t	1093	45752
8	戊烷	t	1083	45357
9	乙炔	t	1162	48651
10	乙烯	t	1127	47195
11	丙烯	t	1094	45799
12	丁烯	t	1079	45171
13	戊烯	t	1073	44909

【例题】

装置名称：预处理和连续重整　公称设计规模：1Mt/a①　重整原料量：119.0t/h

序号	项　目	消耗量		能源折算值		设计能耗 kgoe/h	单位能耗 kgoe/t	备注
		单位	数值	单位	数值			
1	电	kW	3944.4	kgoe/(kW·h)	0.22	867.77	7.29	
2	燃料	t/h	5.980	kgoe/t	1170.8	7001.38	58.84	燃料气②
3	蒸汽							
	3.5MPa(消耗)	t/h	55.8	kgoe/t	88	4910.40	41.26	③
	3.5MPa(自产)	t/h	-34.0	kgoe/t	88	-2992.00	-25.14	
	1.0MPa	t/h	5.6	kgoe/t	76	425.60	3.58	
4	水							
	循环水	t/h	895.6	kgoe/t	0.06	53.74	0.45	
	脱盐水	t/h	51.21	kgoe/t	1.0	51.21	0.43	
	凝汽机凝结水	t/h	-45.0	kgoe/t	1.0	-45.00	-0.38	
	加热设备凝结水	t/h	-15.1	kgoe/t	6.0	-90.60	-0.76	
5	气体							
	净化压缩空气	Nm^3/h	2050	$kgoe/m^3$	0.038	77.90	0.65	
	氮气	Nm^3/h	296.8	$kgoe/m^3$	0.15	44.52	0.37	
	合　计					10304.92	86.59	

① 本项目预处理规模为0.4Mt/a，重整规模为1.0Mt/a。

② 燃料气的组成(体积分数)为H_2 25.84%，CH_4 46.20%，C_2H_6 14.64%，C_2H_4 1.13%，C_3H_8 5.87%，C_3H_6 0.60%，C_4H_{10} 2.29%，C_5H_{12} 1.81%，N_2 0.95%，H_2O 0.56%，CO_2 0.11%。

③ 循环氢压缩机采用3.5MPa蒸汽凝汽式透平驱动。

7.4.2　炼油生产装置能耗定额及能量系数(GB 30251—2013)

装置名称		能耗定额/(kgoe/t)	能量系数	计算基准
蒸馏装置①	常减压蒸馏	10	1.0	处理量
	常压蒸馏	9	0.9	处理量
	润滑油型常减压蒸馏	10.5	1.05	处理量

续表

装置名称		能耗定额/(kgoe/t)	能量系数	计算基准
催化裂化[2]	蜡油催化裂化[3]	48	4.8	处理量
	重油催化裂化	55	5.5	处理量
	常渣催化裂化	75	7.5	处理量
	深度催化裂解[4]	80	8.0	处理量
	MIPCGP	55	5.5	处理量
	双提升管催化裂化	59	5.9	处理量
焦化[5]	延迟焦化	25	2.5	处理量
	稠油延迟焦化	33	3.3	处理量
催化重整[6]	预处理和连续重整	90	9.0	重整进料量
	预处理和固定床重整	80	8.0	重整进料量
	预处理和组合床重整	85	8.5	重整进料量
	脱重组分塔	22	2.2	处理量
	芳烃抽提	40	4.0	处理量
	芳烃分离(苯、甲苯塔)	20	2.0	处理量
	芳烃分离(苯、甲苯、混二甲苯塔)	25	2.5	处理量
加氢裂化[7]		$33\times(1.3-X)$	$3.3\times(1.3-X)$	处理量(不含原料氢气)
加氢处理[8]	蜡油	16	1.6	处理量(不含原料氢气)
	渣油	20	2.0	处理量(不含原料氢气)
中压加氢改质		28	2.8	处理量(不含原料氢气)
加氢精制	轻质油 $p<3$MPa	10	1.0	处理量(不含原料氢气)
	轻质油 3MPa$\leqslant p<6$MPa	12	1.2	处理量(不含原料氢气)
	轻质油 $p\geqslant 6$MPa	12	1.2	处理量(不含原料氢气)
	石蜡、地蜡加氢	22	2.2	处理量(不含原料氢气)
	润滑油加氢 $p\leqslant 3$MPa	12	1.2	处理量(不含原料氢气)
	润滑油加氢 $p>3$MPa	22	2.2	处理量(不含原料氢气)
制氢(含氢气提纯)	气体	1100	110.0	产氢量(t)
	轻油	1100	110.0	产氢量(t)
	重油	1500	150.0	产氢量(t)

续表

装置名称		能耗定额/(kgoe/t)	能量系数	计算基准
润滑油溶剂精制	轻质糠醛精制	20	2.0	处理量
	重质糠醛精制	28	2.8	处理量
	酚精制	31	3.1	处理量
溶剂脱沥青		26	2.6	处理量
脱蜡与油蜡精制	酮苯脱蜡	50	5.0	处理量
	酮苯脱蜡脱油	80	8.0	处理量
	地蜡脱油	90	9.0	处理量
	润滑油白土精制	9	0.9	处理量
	石蜡发汗	13	1.3	处理量
	石蜡白土精制	5	0.5	处理量
	石蜡板框成型	15	1.5	处理量
	石蜡机械化成型	15	1.5	处理量
润滑油中压加氢改质⑨		65	6.5	处理量
润滑油高压加氢裂化⑩		78	7.8	处理量
气体分馏	三塔流程	39	3.9	处理量
	四塔流程	48	4.8	处理量
	五塔和六塔流程	51	5.1	处理量
烷基化	硫酸法	105	10.5	烷基化油产量
	氢氟酸法	129	12.9	烷基化油产量
三废处理	溶剂再生	7	0.7	溶剂塔的进料(按浓度40%折算)
	硫黄回收⑪	10	1.0	硫黄产量
	气体脱硫(含溶剂再生)	15	1.5	处理量
	气体脱硫	0.3	0.03	处理量
污水汽提	单塔	15	1.5	处理量
	双塔	18	1.8	处理量
MTBE		95	9.5	对产量

续表

装置名称		能耗定额/(kgoe/t)	能量系数	计算基准
催化汽油吸附脱硫		8.5	0.85	处理量
其他装置	石脑油异构	50	5.0	处理量
	柴油碱洗	1	0.1	处理量
	冷榨脱蜡	10	1.0	处理量
	分子筛脱蜡	130	13.0	处理量
	减黏裂化	9	0.9	处理量
	临氢降凝	20	2.0	处理量(不含原料氢气)
	LPG 脱硫醇	1.8	0.18	处理量
	环烷酸	27	2.7	处理量
	催化干气提浓	55	5.5	处理量
	催化油浆抽提	15	1.5	处理量
	催化油浆拔头	5	0.5	处理量
	PSA 提纯氢	80	8.0	产氢量
	炼厂干气提纯氢气	120	12.0	处理量
	氧化沥青	15	1.5	处理量

① 含电脱盐及轻烃回收；若增加轻重石脑油分离，能耗定额相应增加 1.0kgoe/t。

② 含吸收稳定及汽油脱硫醇；没有或不开吸收稳定时，能耗定额相应减少 3.5kgoe/t；若增加汽油回炼，能耗定额相应增加 3.0kgoe/t。

③ 原料中常压渣油比例在 20%以下或减压渣油比例在 10%以下。

④ 若干气与液化气收率在 36%(含)以上，能耗定额增加 5.0kgoe/t

⑤ 没有或不开吸收稳定时，能耗定额相应减少 5.0kgoe/t。

⑥ 流程到重整汽油脱戊烷塔。

⑦ 包括循环氢脱硫、气体和液化气脱硫、不含溶剂再生，X 为尾油收率。

⑧ 包括循环氢脱硫、气体和液化气脱硫、不含溶剂再生。

⑨ 包括加氢处理、常减压和加氢精制。

⑩ 包括加氢裂化、常减压、临氢降凝和加氢精制。

⑪ 包括尾气处理，不包括溶剂再生单元；产量在 15kt/a 以上时，能耗定额为-30kgoe/t。

7.4.3 石化单位产品能源消耗限额(摘编自 GB 30250—2013、GB 31826—2015、GB 32048—2015、GB 32053—2015)

<table>
<tr><th>序号</th><th>装置</th><th>工艺路线</th><th>能耗限定值/(kgoe/t)</th><th>能耗准入值/(kgoe/t)</th><th>能耗先进值/(kgoe/t)</th></tr>
<tr><td rowspan="2">1</td><td rowspan="2">乙烯</td><td>300kt/a 及以下小型乙烯装置</td><td>≤830(乙烯)
≤560(双烯)</td><td rowspan="2">≤640(乙烯)
≤430(双烯)</td><td rowspan="2">≤610(乙烯)
≤400(双烯)</td></tr>
<tr><td>300kt/a 以上大型乙烯装置</td><td>≤720(乙烯)
≤490(双烯)</td></tr>
<tr><td rowspan="2">2</td><td rowspan="2">聚丙烯</td><td>连续气相法</td><td>≤84</td><td>≤55</td><td>≤48</td></tr>
<tr><td>连续液相本体法</td><td>≤96</td><td>≤65</td><td>≤51</td></tr>
<tr><td rowspan="2">3</td><td rowspan="2">乙二醇</td><td>乙烯法</td><td>≤500</td><td>≤430</td><td>≤230</td></tr>
<tr><td>合成气法</td><td>≤1430</td><td>≤1120</td><td>≤1045</td></tr>
<tr><td rowspan="3">4</td><td rowspan="3">苯乙烯</td><td>乙苯脱氢法(纯乙烯法)</td><td>≤375</td><td>≤285</td><td>≤264</td></tr>
<tr><td>乙苯脱氢法(干气法)</td><td>≤590</td><td>≤485</td><td>≤435</td></tr>
<tr><td>共氧化法</td><td>≤320</td><td>≤320</td><td>≤270</td></tr>
</table>

7.5 不同烃类裂解的产品收率[37]

烃类裂解所得产品收率与裂解原料的性质密切相关。对相同裂解原料而言，裂解所得产品收率取决于裂解过程的工艺参数。

不同烃类原料在管式炉内裂解的产物典型分布如下表所示：

烃类原料	裂解产物/%				
	乙烯	丙烯	丁二烯	混合芳烃	其他
乙烷	81.0	1.4	1.4	0.4	15.8
丙烷	44.0	15.6	3.4	2.8	34.2
正丁烷	44.4	17.3	4.0	3.4	30.9
轻石脑油	40.3	15.8	4.9	4.8	34.2
全沸程石脑油	31.7	13.0	4.7	13.7	36.8
抽余油	32.9	15.0	5.3	11.0	35.8
轻柴油	28.3	13.5	4.8	10.9	42.5
重柴油	25.0	12.4	4.8	11.2	46.6

7.6 渣油原料分类及其适合的加工工艺[21]

渣油分类	渣油原料性质			比例(119 种)		典型的改质工艺				
	Ni+V/(μg/g)	残炭/%	硫/%	常压渣油/%	减压渣油/%	渣油催化裂化	加氢 固定床	加氢 移动床沸腾床	加氢 浆液床	焦化，溶剂脱沥青
易加工	<25	<7	<0.5	25	0	△				
不难加工	<70			48	49		△			
稍难加工	70~200			16	25		△	△	△	△
难加工	200~800			10	21			△	△	△
极难加工	>800			1	5				△	△

7.7 延迟焦化产率估算[22]

延迟焦化产品分布可以根据焦化原料的康氏残炭值 CCR 按以下关系式估算：

焦炭产率/% COK=1.6×CCR

气体($<C_4$)产率/% Gas=7.8+0.144×CCR

焦化汽油产率/% Nao=11.29+0.343×CCR

焦化柴油+蜡油产率/% TGO=100-(COK+Gas+Nao)

焦化柴油产率/% CGO=0.648×TGO

焦化蜡油产率/% CVGO=0.352×TGO

焦化柴油相对密度为 0.8762，焦化蜡油相对密度按 0.9762 计，两者的体积收率分别为 67.3%和 32.7%。

以上产品分布关联基于以下条件：

相对密度不超过 0.9465 的直馏减压渣油，汽油干点为 200℃，蜡油干点为 475~495℃，焦炭塔表压为 0.15~0.2MPa。

7.8 加氢过程的氢耗量与反应热[21]

7.8.1 加氢过程的氢耗量

氢耗量	体积比/(Nm^3/m^3)	质量分数/%
馏分油加氢		
石脑油—直馏	7.0~10.5	0.08~0.12
—催化裂化汽油	61.3~70.0	0.7~0.8
—热加工	87.6~105.1	1.0~1.2

续表

氢耗量	体积比/(Nm^3/m^3)	质量分数/%
灯　油—直馏	7.0~10.5	0.08~0.11
柴油馏分—直馏	17.5~35.0	0.2~0.4
—热加工	70.0~87.6	0.7~0.9
—催化裂化柴油	52.5~70.0	0.6~0.8
蜡油和渣油加氢处理		
减压蜡油—直馏	43.8~70.0	0.4~0.7
常压渣油	87.6~175.1	0.9~1.7
365℃$^+$焦化蜡油	175.1~227.6	1.7~2.1
减压渣油	175.1~227.6	1.5~2.0
加氢裂化		
减压蜡油—最大石脑油方案	315.2~420.2	3.1~4.1
—最大中间馏分方案	175.1~315.2	1.7~3.1
减压渣油	175.1~227.6	1.5~2.0

7.8.2 加氢过程主要反应的平均反应热

反应类型	单　位	数　据
烯烃加氢饱和	J/kmol	-1.047×10^8
芳烃加氢饱和	J/kmol	-3.256×10^7
加氢脱硫	J/kmol	-6.978×10^7
加氢脱氮	J/kmol	-9.304×10^7
环烷烃加氢开环	J/kmol	-9.304×10^6
烷烃加氢裂化	J/mol 分子增加	-1.477×10^7

7.9 催化重整的芳烃潜含量和产品辛烷值[7]

7.9.1 芳烃潜含量[7]

重整原料一般由烷烃(P)、环烷烃(N)和芳烃(A)组成。芳烃潜含量是表征重整原料的一项指标，它是原料中的环烷烃全部都转化为芳烃的量与原料中的芳烃量之和。芳烃潜含量高说明原料较富，对重整反应有利；反之原料较贫，对重整反应不利。重整原料的贫富有时也用N+2A或N+A、N+3.5A来表示，并用于估算重整反应结果。

$$芳烃潜含量=苯潜含量+甲苯潜含量+C_8芳烃潜含量+C_9芳烃潜含量+C_{10}芳烃潜含量$$

$$苯潜含量(\%)=C_6环烷(\%)\times(78/84)+苯(\%)$$
$$甲苯潜含量(\%)=C_7环烷(\%)\times(92/98)+甲苯(\%)$$
$$C_8芳烃潜含量(\%)=C_8环烷(\%)\times(106/112)+C_8芳烃(\%)$$
$$C_9芳烃潜含量(\%)=C_9环烷(\%)\times(120/126)+C_9芳烃(\%)$$
$$C_{10}芳烃潜含量(\%)=C_{10}环烷(\%)\times(134/140)+C_{10}芳烃(\%)$$

【例题】

某重整反应进料组成(如下):

族组成	P(烷烃)/%	N(环烷烃)/%	A(芳烃)/%
C_6	9.92	4.07	0.63
C_7	20.32	7.28	3.77
C_8	17.69	7.67	5.15
C_9	16.08	4.02	0.37
C_{10}	2.26	0.77	0.00
合计	66.27	23.81	9.92

芳烃潜含量计算:

$$苯潜含量(\%)=4.07\times78/84+0.63=4.41$$
$$甲苯潜含量(\%)=7.28\times92/98+3.77=10.60$$
$$C_8芳烃潜含量(\%)=7.67\times106/112+5.15=12.41$$
$$C_9芳烃潜含量(\%)=4.02\times120/126+0.37=4.20$$
$$C_{10}芳烃潜含量(\%)=0.77\times134/140+0.00=0.74$$
$$合计芳烃潜含量(\%)=4.41+10.60+12.41+4.20+0.74=32.36$$
$$C_6\sim C_8芳烃潜含量(\%)=4.41+10.60+12.41=27.42$$

7.9.2 重整油辛烷值与反应温度的关系

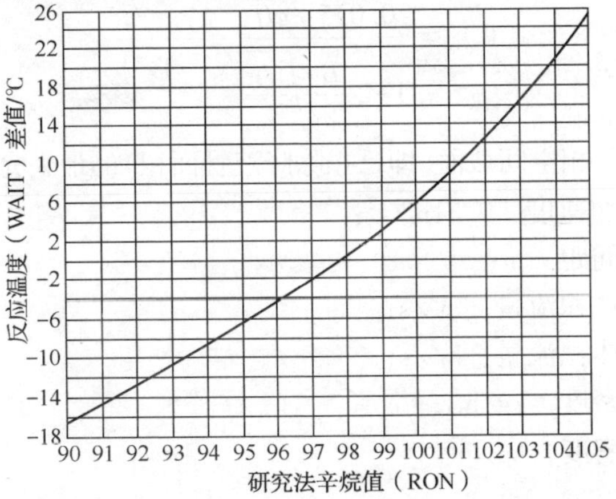

7.9.3　重整油辛烷值与催化剂相对积炭因数的关系

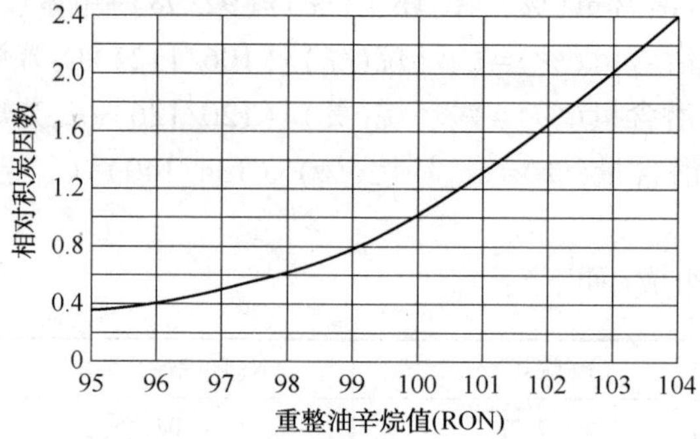

7.9.4　重整油辛烷值与芳烃含量的关系

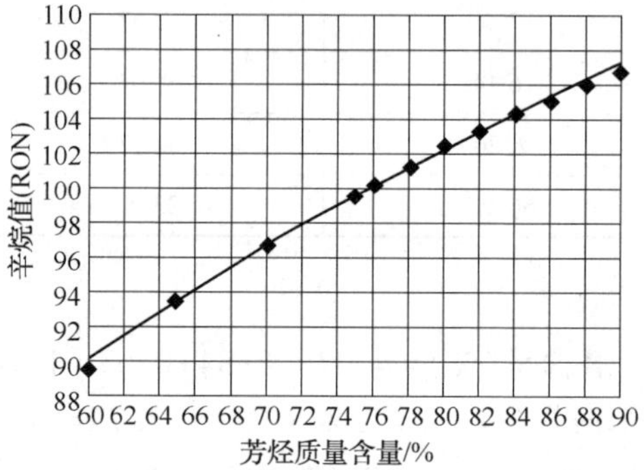

7.10　浮阀塔的计算[23]

7.10.1　塔径计算

浮阀塔在选定塔板间距以后，可按以下步骤估算塔径：

① 最大允许气体速度

$$W_{\max}=\frac{0.055\sqrt{gH}}{1+2\dfrac{L}{V}\sqrt{\dfrac{\gamma_1}{\gamma_v}}}\sqrt{\frac{\gamma_1-\gamma_v}{\gamma_v}}$$

式中　$W_{\max}$——塔板气相空间截面(即已扣除降液管面积)的最大允许气体速度，m/s；

g——重力加速度，9.81m/s^2；

H——塔板间距，m；

L——液体体积流量，m^3/s；

V——气体体积流量，m^3/s；

γ_1——液相密度，kg/m^3；

γ_v——气相密度，kg/m^3。

② 适宜的气体操作速度

$$W_a = K \cdot K_s \cdot W_{max}$$

式中 W_a——塔板气相空间截面上的适宜气体速度，m/s；

K_s——系统因数，对于较轻组分的分馏系统，$K_s = 0.95 \sim 1.0$；对于重黏油品的分馏系统，$K_s = 0.85 \sim 0.9$；

K——安全系数，对直径大于 0.9m、$H > 0.5$m 的常压和加压操作的塔，$K = 0.82$；对于直径小于 0.9m，或者塔板间距 $H \leqslant 0.5$m，以及真空操作的塔，$K = 0.55 \sim 0.65$，H 大时 K 取大值。

③ 气相空间截面积

$$F_a = \frac{V}{W_a}$$

式中 F_a——计算的气相空间截面积，m^2。

④ 计算降液管内液体流速

选以下两式中计算结果中的较小值：

$$V_d = 0.17K \cdot K_s$$

$$\text{当 } H \leqslant 0.75\text{m 时} \quad V_d = 7.98 \times 10^{-3} K \cdot K_s \sqrt{H(\gamma_1 - \gamma_v)}$$

$$\text{或当 } H > 0.75\text{m 时} \quad V_d = 6.97 \times 10^{-3} K \cdot K_s \sqrt{\gamma_1 - \gamma_v}$$

式中 V_d——降液管内液体流速，m/s。

⑤ 计算的降液管面积

取以下两式中计算结果中的较大值：

$$F_{d1} = \frac{L}{V_d}$$

$$F_{d1} = 0.11F_a$$

式中 F_{d1}——计算的降液管面积，m^2。

⑥ 计算的塔横截面积及塔径

$$F_t = F_a + F_{d1}$$

$$D_c = \sqrt{\frac{F_t}{0.785}}$$

式中 F_t——计算的塔横截面积，m^2；

D_c——计算塔径，m。

⑦ 采用的塔径及空塔气速

根据计算的塔径，考虑操作弹性及塔内件布置等因素确定采用的塔径，从而确定塔的结构参数：

$$F = 0.785D^2$$

$$W=\frac{V}{F}$$

$$F_d=\left(\frac{F}{F_t}\right)\times F_{d1}$$

式中　D——采用的塔径，m；

F——采用的塔横截面积，m^2；

W——空塔气速，m/s；

F_d——降液管面积，m^2。

【例题】 某气体分馏装置脱丙烷塔，其中一块塔板的操作数据：

	气相	液相
密度/(kg/m^3)	45.5	450
流量/(m^3/h) (m^3/s)	410 0.114	31 0.0086

物系起泡倾向为轻微，选取板间距 H 为 0.45m，计算塔径：

① 塔板气相空间截面积上的最大允许气体流速

$$W_{max}=\frac{0.055\sqrt{gH}}{1+2\frac{L}{V}\sqrt{\frac{\gamma_1}{\gamma_v}}}\sqrt{\frac{\gamma_1-\gamma_v}{\gamma_v}}=\frac{0.055\sqrt{9.81\times0.45}}{1+2\frac{0.0086}{0.114}\sqrt{\frac{450}{45.5}}}\sqrt{\frac{450-45.5}{45.5}}$$

$$=0.23m/s$$

② 由于系统为较轻组分分馏，轻微起泡，所以取系统因数 $K_s=0.95$

由于所选用的板间距 H 为 0.45m，故取安全系数 $K=0.65$

基于气相空间截面积的适宜气体操作气速

$$W_a=K\cdot K_s\cdot W_{max}=0.65\times0.95\times0.23=0.142m/s$$

③ 气相空间截面积　　$F_a=\frac{V}{W_a}=\frac{0.114}{0.142}=0.803m^2$

④ 降液管内液体流速：

$$V_d=0.17K\cdot K_s=0.17\times0.65\times0.95=0.105m/s$$

$$V_d=7.98\times10^{-3}K\cdot K_s\sqrt{H(\gamma_1-\gamma_v)}$$

$$=7.98\times10^{-3}\times0.65\times0.95\sqrt{0.45(450-45.5)}$$

$$=0.0662m/s$$

取两式计算结果中的较小值，故取 $V_d=0.0662m/s$

⑤ 降液管面积：

$$F_{d1}=\frac{L}{V_d}=\frac{0.0086}{0.0662}=0.13\text{m}^2$$

$$F_{d1}=0.11F_a=0.11\times0.803=0.0883\text{m}^2$$

取两式计算结果中的较大值，故取 $F_{d1}=0.13\text{m}^2$

⑥ 塔横截面积 $F_t=F_a+F_{d1}=0.803+0.13=0.933\text{m}^2$

计算塔径 $D_c=\sqrt{\frac{F_t}{0.785}}=\sqrt{\frac{0.933}{0.785}}=1.09\text{m}$

⑦ 选取采用的塔径：$D=1.2\text{m}$

采用的塔截面积：$F=0.785D^2=0.785\times1.2^2=1.13\text{m}^2$

采用的空塔气速：$W=\frac{V}{F}=\frac{0.114}{1.13}=0.101\text{m/s}$

采用的降液管面积：$F_d=\left(\frac{F}{F_t}\right)\times F_{d1}=\left(\frac{1.13}{0.933}\right)\times0.13=0.158\text{m}^2$

采用的降液管面积占采用的塔截面积的百分数：$\frac{F_d}{F}=\frac{0.158}{1.13}=14\%$

7.10.2 浮阀阀孔的动能因数

$$F_o=W_o\sqrt{\gamma_v}$$

式中 F_o——浮阀动能因数，m/s(kg/m^3)$^{1/2}$；

W_o——浮阀孔速，m/s；

γ_v——气相密度，kg/m^3。

阀孔动能因数 F_o 正常操作范围 8~11，下限 5~6。

【例题】 已知浮阀塔气体体积流量 410m^3/h，气相密度 45.5kg/m^3，塔径 1.2m，浮阀开孔率 7.8%，求得：

浮阀开孔面积为　　$0.785\times1.2^2\times7.8\%=0.0881\text{m}^2$

浮阀孔速　　$W_o=\frac{410}{3600\times0.0881}=1.294\text{m/s}$

阀孔动能因数 $F_o=W_o\sqrt{\gamma_v}=1.294\sqrt{45.5}=8.74\text{m/s(kg/m}^3)^{1/2}$

属于正常操作范围

7.10.3 降液管中液相停留时间

$$\tau=\frac{F_d\cdot H}{L}$$

式中 τ——液体在降液管内停留时间，s；

F_d——降液管面积，m^2；

H——塔板间距，m；

L——液体体积流量，m^3/s。

液体在降液管内停留时间一般对不起泡物料取 $\tau \geqslant 3.5s$，对微起泡或中等起泡物料取 $\tau > 4\sim5s$，对严重起泡物料 $\tau > 7s$。

【例题】 已知浮阀塔板间距 H 为 0.45m，降液管面积 F_d 为 $0.158m^2$，液体体积流率 $0.0086m^3/s$，

则液体在降液管中停留时间 $\tau = \dfrac{F_d \cdot H}{L} = \dfrac{0.158 \times 0.45}{0.0086} = 8.3s > 5s$

降液管流速 $V_d = \dfrac{V_l}{F_d} = \dfrac{0.0086}{0.158} = 0.0546m/s$

7.10.4 溢流强度

溢流堰堰长：单溢流一般为采用塔径的 0.6~0.8 倍，双溢流（两侧）一般为采用塔径的 0.5~0.7 倍。

$$S_w = \frac{L}{l_w}$$

式中 S_w——堰上溢流强度，$m^3/(m \cdot h)$；

L——液体体积流量，m^3/h；

l_w——溢流堰长度，m。

堰上溢流强度一般不大于 70 $m^3/(m \cdot h)$。

7.10.5 降液管底缘距塔板的高度

决定降液管底缘距塔板高度（底隙）的因素是既要防止沉淀物堆积或堵塞降液管，使液体顺利流入下层塔板，同时又要防止上升气体由降液管通过形成短路而破坏塔板的正常操作。

$$h_b = \frac{L}{l_w \times W_b}$$

式中 h_b——降液管底缘距塔板的高度，m；

L——液体体积流量，m^3/s；

l_w——溢流堰长度，m；

W_b——降液管底缘出口处流速，一般取 0.1~0.3m/s（易发泡物料取小值），不超过 0.3~0.45m/s。

对较小的塔，h_b最小可到 20~25mm，一般在 35mm 以上，以保证液体通过降液管下端出口处的压力降等于 13~25mm 液柱。

7.11 填料塔的计算[10]

7.11.1 填料的分类及其性能

（1）散堆填料

拉西环

鲍尔环

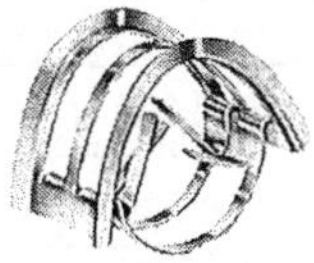
Intalox 矩鞍环

阶梯环

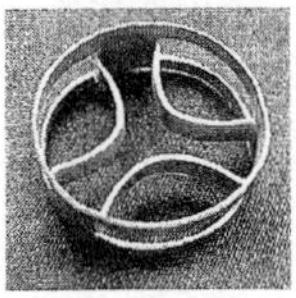
扁环

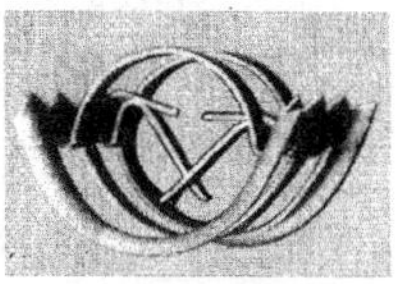
环矩鞍填料

① 国产瓷拉西环填料特性(乱堆)：

外径/mm	高×厚/(mm×mm)	堆积个数/(个/m³)	堆积密度/(kg/m³)	比表面积/(m²/m³)	空隙率/%	泛点填料因子/m⁻¹
16	16×2	192500	730	305	73	900
25	25×2.5	49000	505	190	78	400
40	40×4.5	127000	577	126	75	350
50	50×4.5	6000	457	93	81	220
80	80×9.5	1910	714	76	68	280

② 鲍尔环填料几何特性数据(干装，散堆)：

材料	公称尺寸/mm	外径×高×厚/(mm×mm×mm)	堆积个数/(个/m³)	堆积密度/(kg/m³)	比表面积 a/(m²/m³)	空隙率 ε/(m³/m³)	干填料因子 F (a/ε^3)/m⁻¹
塑料	76	76×76×2.6	1930	70.9	72.2	0.92	94
	50①	50×50×1.5	6500	74.8	112	0.901	154
	50②	50×50×1.5	6100	73.7	92.7	0.9	127
	38	38×38×1.4	15800	98.0	155	0.89	220
	25	25×25×1.2	42900	150	175	0.901	239
	16	16×16×1.1	112000	141	183	0.911	249
金属	50	50×50×1.0	6500	395	112.3	0.949	131
	38	38×38×0.8	13000	365	129	0.945	153
	25	25×25×0.6	55900	427	219	0.934	269
	16	16×16×0.8	143000	216	239	0.928	299

① 系指填料内筋形式为#形；
② 系指填料内筋形式为二层十字形。

③ Intalox 金属矩鞍环填料几何特性数据：

DN/mm	堆积个数/(个/m³)	空隙率/%	填料因子 F_p/m⁻¹	等板高度 HETP/mm
25	168425	96.7	441	355~485
40	50140	97.3	258	460~610
50	14685	97.8	194	560~740
70	4625	98.1	129	790~1060

④ 国产金属环矩鞍填料的几何特性数据：

公称尺寸/mm	外径×高×厚/($d×H×\delta$)mm×mm×mm	堆积个数 n/(个/m³)	堆积密度[①] ρ/(kg/m³)	比表面积 a/(m²/m³)	空隙率 ε/(m³/m³)	干填料因子 $F(a/\varepsilon^3)$/m⁻¹
76	76×60×1.2	3320	244.7	57.6	0.97	63.1
50	80×40×1.0	10400	291.0	74.9	0.96	84.7
38	38×30×0.8	24680	365.0	112.0	0.96	126.6
25	25×20×0.6	101160	409.0	185.0	0.96	209.1

注：金属材质填料堆密度除注明者外，仅适用于碳钢和不锈钢，若用同样厚度的其他板材时，对铜乘以 1.14；对铝乘以 0.34；对镍、蒙乃尔合金乘以 1.14。

⑤ 阶梯环填料几何特性数据：

材料	公称尺寸/mm	外径×高×厚/($d×H×\delta$)mm×mm×mm	堆积个数 n/(个/m³)	堆积密度 ρ/(kg/m³)	比表面积 a/(m²/m³)	空隙率 ε/(m³/m³)	干填料因子 $F(a/\varepsilon^3)$/m⁻¹
金属（干装）	50	50×28×1.0	11600	400	109.2	0.95	127.4
	38	38×19×0.8	31890	475.5	154.3	0.94	185.8
	25	25×12.5×0.6	97160	439	220	0.93	273.5

注：金属填料堆密度系指采用碳钢和不锈钢材质，若用同样厚度的其他板材时，对铜乘以 1.14；对铝乘以 0.34；对镍、蒙乃尔合金乘以 1.14。

⑥ 扁环填料的几何特性数据：

公称尺寸/mm	外径×高×厚/(mm×mm×mm)	堆积密度/(kg/m³)	比表面积/(m²/m³)	空隙率/(m³/m³)	堆积个数/(个/m³)
16	16×5.5×0.5	604	348	92.3	630000
25	25×90×0.5	506	228	93.6	160000
38	38×12.7×0.7	390	150	95.0	48000
50	50×17.0×0.8	275	115	96.5	21500

（2）规整填料

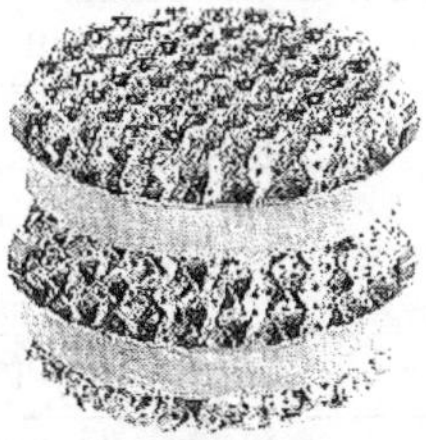
Mellapak金属板波纹填料

刺孔金属波纹板填料

金属丝网波纹填料

① Mellapak 型金属板波纹填料的几何特性：

型　　号	比表面积/(m^2/m^3)	波纹倾角/(°)	空隙率/(m^3/m^3)	峰高/mm
125X	125	30	0.98	25
125Y	125	45	0.98	25
250X	250	30	0.97	
250Y	250	45	0.97	12
350X	350	30	0.94	
350Y	350	45	0.94	9
500X	500	30	0.92	6.3
500Y	500	45	0.92	6.3

② 刺孔金属板波纹填料特性参数：

型号	理论级数/(1/m)	空隙率/(m^3/m^3)	比表面积/(m^2/m^3)	压降/(Pa/m)	堆积密度/(kg/m^3)	最大 F 因子/[$m/s(kg/m^3)^{0.5}$]
700Y	5~7	0.85	700	930	240~280	1.6
500X	3~4	0.93	500	200	170~200	2.1
250Y	2.5~3	0.97	250	300	85~100	2.6

③ 金属丝网波纹填料的几何参数：

型　　号	250(AX)	500(BX)	700(CY)
波峰高/mm		6.3	4.3
波距/mm		10.2	7.3
齿形角度		78	81
倾度/(°)	30	30	45
比表面积/(m^2/m^3)	250	500	700

续表

型　　号	250(AX)	500(BX)	700(CY)
水力直径/mm	15	7.5	5.0
空隙率/(m^3/m^3)	0.95	0.90	0.85
堆积密度/(kg/m^3)	125	250	350
最大 F 因子/[$m/s(kg/m^3)^{0.5}$]	2.5~3.5	2.0~2.4	1.5~2.0
液体喷淋密度/[$m^3/(m^2 \cdot h)$]	0.2~12	0.2~12	0.2~12
等板高度 *HETP*/mm	400~550	200~350	150~300
压降/Pa	10~40	40	67
持液量/%	2	4.2	6
最大分段高度/m	5~6	3~4	2~3
使用范围	理论板数不多的精密精馏	热敏性、难分离物质的真空精馏	同分异构混合物分离

7.11.2　泛点气速与填料层压降

泛点气速下，持液量的增多使液相由分散相变为连续相，而气相则由连续相变为分散相。此时气体呈气泡形式通过液层，气流出现脉动，液体被大量带出塔顶，塔的稳定操作被破坏，形成液泛。

用于泛点和压降计算的通用关联图：

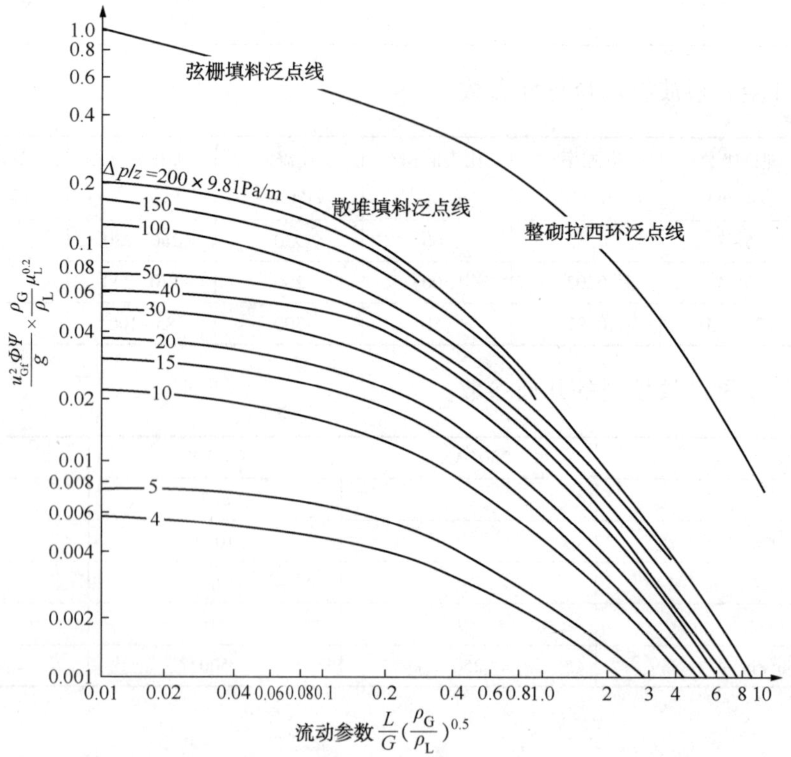

图中 L、G——液体和气体的质量流率，kg/(m^2 · s)；

ρ_L、ρ_G——液体和气体的密度，kg/m^3；

u_{Gf}——泛点气速，m/s；

Φ——湿填料因子，m^{-1}(计算泛点气速用 Φ_F，计算压降用 Φ_p)；

Ψ——液体密度校正系数，$\Psi=\gamma_{H_2O}/\gamma_L$，即水与液体的密度之比；

μ_L——液体黏度，mPa · s；

$\Delta p/z$——单位填料高度的压力，Pa/m；

g——重力加速度，$g=9.807$m/s^2。

(1) 泛点填料因子 Φ_F

填料类型	填料尺寸/mm				
	16	25	38	50	76
金属鲍尔环	410	293	160	160	
塑料鲍尔环	550	280	184	140	92
金属矩鞍环		170	150	135	120
金属阶梯环		259	160	140	89
塑料阶梯环	474	260	170	127	77
瓷矩鞍环	1100	550	200	226	
瓷拉西环	1000	450	350	220	

(2) 压降填料因子 Φ_p

填料类型	填料尺寸/mm				
	16	25	38	50	76
金属鲍尔环	306	205	114	98	—
塑料鲍尔环	343	232	114	125/110	62
金属矩鞍环	—	138	93.4	71	36
金属阶梯环	—	182	118	82	—
塑料阶梯环	—	176	116	89	46
瓷矩鞍环	700	215	140	160	—
瓷拉西环	1050	576	450	288	—

通用关联图对于水-空气系统准确率很高，对于非水系统，流动参数在 0.05~0.3 之间的准确率比较高，其余范围内则偏低。

7.11.3 填料塔径计算

$$D=\sqrt{\frac{4V_s}{\pi u}}$$

式中 D——塔的直径，m；

V_s——气体体积流量，m^3/s；

u——空塔气速，m/s。

泛点气速 u_F 是填料塔操作气速的上限，操作空塔气速与泛点气速之比称为泛点率。

对于散堆填料：$u/u_F=0.5\sim0.85$

对于规整填料：$u/u_F=0.6\sim0.95$

泛点率的选择主要考虑以下两方面的因素：一是物系的发泡情况，对易起泡沫的物系泛点率应取低限值，对无泡沫的物系可取较高的泛点率。二是填料塔的操作压力，对于加压操作的塔，可取较高的泛点率，对于减压操作的塔，应取较低的泛点率。

【例题】 某减压塔采用金属板波纹规整填料，填料床层气相体积流量为 $130m^3/s$，已知填料层泛点气速 u_F 为 12.5m/s，泛点率取 0.75，则

空塔气速 $u=0.75u_F=0.75\times12.5=9.38m/s$

塔的直径 $D=\sqrt{\frac{4V_s}{\pi u}}=\sqrt{\frac{4\times130}{\pi\times9.38}}=4.2m$

考虑裕量，塔的直径 D 取 4.4m。

7.11.4 填料层高度的计算

等板高度法计算的基本公式：

$$Z=HETP\cdot N_T$$

式中 Z——总填料高度，m；

$HETP$——等板高度，m；

N_T——理论版数。

【例题】 某减压塔精馏段采用 250Y 金属板波纹填料，填料等板高度为 0.4m，需要填料的理论板数为 3，则所需要填料的总高度应为

$$Z=HETP\cdot N_T=0.4\times3=1.2m$$

7.11.5 填料层的分段

设计得到的填料高度应根据塔径的大小及填料层高度的情况考虑是否进行分段。对于散堆填料，允许的最大填料层高度 h_{max} 与 h/D(分段高度与塔径之比)的关系见下表：

填料类型	h/D	h_{max}/m	填料类型	h/D	h_{max}/m
拉西环	2.5	≤4	阶梯环	8~15	≤6
矩鞍环	5~8	≤6	环矩鞍环	8~15	≤6
鲍尔环	5~10	≤6			

对于规整填料，填料层高度可按下式确定：

$$h=(15\sim20)HETP$$

式中 h——规整填料分段高度，m；

$HETP$——规整填料等板高度，m。

7.11.6 液体分布器的计算

(1) 动力式液体分布器(喷嘴)

这种分布器具有结构简单、分布效果好、造价低等特点，是填料塔中常用的一种分布器。一般采用实心全锥角喷嘴，应有足够大的喷角，以便覆盖填料表面。正常负荷下，喷头的压降应为 0.08~0.15MPa，以保证液体通过分布器后有良好的水力学分布。

喷头的数量是液体及所选择喷头尺寸的函数，较合理的喷头数量和喷头布置方案有单喷头、3 喷头、7 喷头 19 喷头、37 喷头、61 喷头等，右图为 7 喷头的方案。

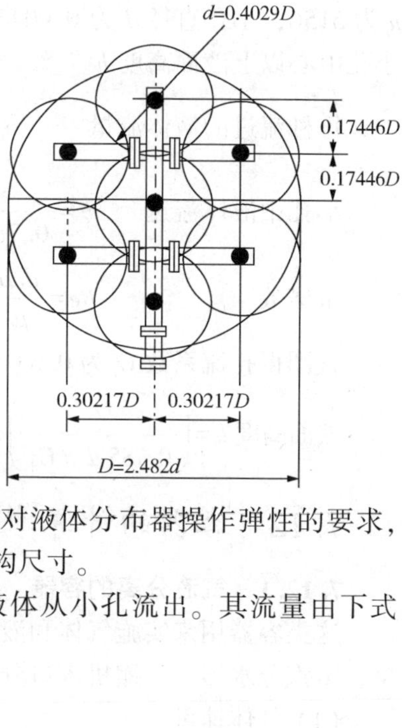

(2) 重力式液体分布器(槽式)

这种分布器液体在重力作用下，通过小孔流动分布于填料床层上，分布孔的均匀排布决定了液体的均匀分布程度。分布槽内液体的高度是所分布液体的流量、性质、分布孔的个数和孔径的函数，根据对液体分布器操作弹性的要求，计算分布槽内液体的液位高度，决定分布槽的基本结构尺寸。

小孔流动液体分布系由小孔液层产生的静压使液体从小孔流出。其流量由下式决定。

$$Q_l=0.785\mathrm{d}^2nC_d\sqrt{2gh}$$

式中 Q_l——液体流量，m^3/s；

d——小孔直径，m；

n——孔数；

g——重力加速度，$g=9.81m/s^2$；

h——小孔中心以上液面高度，m；

C_d——孔流系数，与小孔流动的雷诺数(Re)有关，见下图。

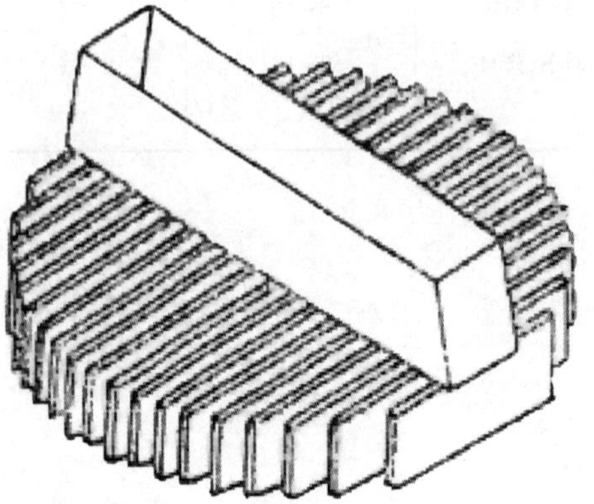

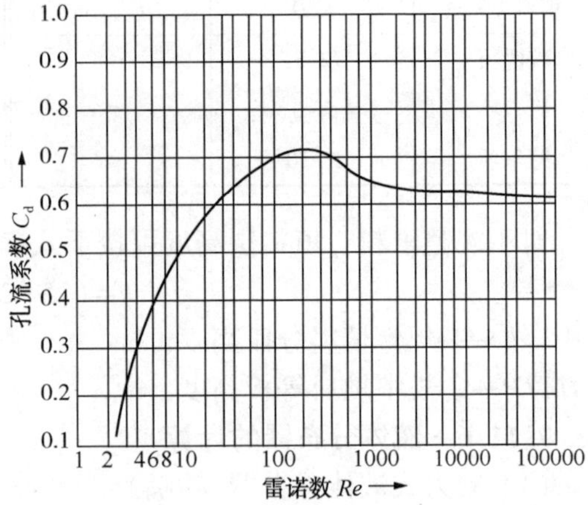

【例题】 某塔填料床层上方进入重力式液体分布器的液体流量为 $260m^3/h$，孔数 n 为 5156，小孔直径 d 为 0.0046m，液体黏度 $\mu=1.0cP$，操作密度 $\rho=800kg/m^3$，求小孔中心以上液面高度 h。

每秒流过的液体流量 $Q_1=\dfrac{260}{3600}=0.0722m^3/s$

小孔中液体流速 $u=\dfrac{0.0722}{0.785\times0.0046^2\times5156}=0.843m/s$

雷诺数 $Re=\dfrac{du\rho}{\mu}=\dfrac{0.0046\times0.843\times800}{0.001}=3102$

查图得孔流系数 C_d 为 0.63

液面高度 $h=\left(\dfrac{Q_1}{0.785\,d^2n\,C_d}\right)^2\times\dfrac{1}{2g}=\left(\dfrac{0.0722}{0.785\times0.0046^2\times5156\times0.63}\right)^2\times\dfrac{1}{2\times9.81}=0.0913m$

7.12 容器的计算[24]

7.12.1 气液分离的容器

这类容器用来实施气体和液体的分离。属于这类容器的有油气分离器、塔顶回流罐、蒸汽分水器、压缩机入口分液罐等。

(1) 气体速度

当气体连续通过容器时，为使夹带的液滴得以沉降，气体在容器的气体空间有一个临界速度，按下式计算：

$$W_0=0.048\sqrt{\frac{\rho_L-\rho_v}{\rho_v}}$$

式中 W_0——气体临界速度，m/s；

ρ_L——操作条件下的液相密度，kg/m^3；

ρ_v——操作条件下的气相密度，kg/m^3。

允许的气体速度一般为临界速度的80%~170%。

对于允许有一定的液沫夹带的容器，如回流罐、燃料气分液罐、紧急放空罐等，容器中不装破沫网时，气体速度可取临界速度的170%。

对于压缩机入口分液罐、蒸汽分水器等对液沫夹带限制严格的容器，不装破沫网时，气体速度可取临界速度的80%；装破沫网时，气体速度可取临界速度的100%~150%，或将装破沫网作为安全措施，气体速度仍取临界速度的80%。

（2）气体空间

气体空间一般根据允许气体速度确定其通过气体的截面积和气体空间高度。

① 气体空间截面积和罐截面积：

根据允许气体速度计算气体空间截面积时，对于卧罐，此截面积是指高液面以上与液面垂直的弓形截面积，对于立罐是指水平截面积。

$$aA_r = \frac{V}{W}$$

式中 A_r——罐截面积，m^2；

W——允许气体速度，m/s；

V——操作条件下气体流率，m^3/s；

a——系数，对于卧罐为高液面以上弓形面积与卧罐圆截面积之比值（以小数表示），对于立罐 a 为1。

对于卧罐，有时可在罐的两端气体空间各装一个入口，在气体空间中间装一个气体出口，此时气体流率可按减少一半计算，即以 $\frac{1}{2}V$ 代入上式。

对于某些容器，当气体带有液体会对放入系统造成潜在危险时，气体流率应按2倍正常流率考虑，即以 $2V$ 代入上式，并且使气体空间的容积不小于相当于10min液体产品流率的容积。

② 气体空间高度：

容器最高液面以上气体空间高度按以下情况确定：

卧罐　取以下二者中的较大值：$H_r \geq 0.2D$，$H_r \geq 0.3m$

立罐　$H_r \geq 1.5D$

式中 H_r——气体空间高度（对于卧罐，即为圆截面上的拱高），m；

D——罐的直径，m。

（3）液体空间

① 塔顶回流罐：

塔顶回流罐的液体空间包括油品和水所占空间。容器中油品最高液面和最低液面之间的容积由油品停留时间决定，油品最低液面以下容积为水的空间。

a）油品停留时间：

回流罐内油品停留时间决定于工艺、操作和自动控制要求。

当塔顶油品去下一工序时，停留时间按液体产品15min或回流5min考虑，取二者中之较大值。当塔顶液体产品去储罐时，按液体产品3min或回流5min考虑，取二者中较大值。减压塔顶馏出油按馏出油量30min考虑。

如塔顶油品含水，需在容器中分水时，求得之容积尚须大于按以下要求所求得之容积，以保证分水所需的沉降时间：

- 当产品为汽油、煤油时，按塔顶油品(即液体产品量与回流量之和)5min；
- 当产品为柴油时，按沉降速度为0.15m/min考虑；
- 当产品为重柴油或更重产品时，按沉降速度为0.075m/min考虑。

b）油品空间容积：

油品空间容积按选定的停留时间确定：

$$\text{卧罐}\qquad (A_r - aA_r - A_w)L = \frac{t}{60}Q$$

$$\text{立罐}\qquad A_r H_L = \frac{t}{60}Q$$

式中 A_w——低液面以下空间截面积(弓形面积)，一般取低液面高出罐底150mm，如罐底装有分水斗，则A_w可不考虑，m^2；

L——罐长(切线至切线距离)，m；

t——停留时间，min；

Q——操作条件下液体流率(油品、液体产品或回流流率)，m^3/h；

H_L——液体空间高度，m。

c）水空间(分水斗)容积：

产品低液面以下容积为水空间容积，分别按卧罐、立罐计算。

卧罐一般都在罐底装分水斗，分水斗的直径考虑机械设计的要求，当罐直径大于或等于1.5m时，不大于罐直径的1/3，当罐直径小于1.5m时，不大于罐直径的1/2，一般不小于300mm。分水斗采用仪表控制液面时，其高度应不小于1m，低水位至高水位的高度按水流率5min考虑。

立罐一般取水层高度0.7~0.8m(其中包括垫水层高0.3m)。

② 蒸汽分水器：

液体空间按加热器和蒸汽管线容积的1/3或2min进水量考虑，取二者中的较大值。如果液面消失会产生危害，应适当加大液体空间。

③ 压缩机入口分液器：

按压缩机前的最大单个生产设备10min液体量考虑。对于两级之间的缓冲罐，按两级之间 10min 之内最大冷凝液量考虑。对于冷冻系统，按送至系统内最大冷却设备 5min 正常冷冻剂量考虑。

④ 燃料气分液罐：

气体入口嘴子至上面的气体出口嘴子的距离一般不小于 760mm。自容器底部至警报液面之间的空间作为储液容量。警报液面通常在入口嘴子底部之下 300mm。为了使液体气化，通常在储液容器内装有蒸汽加热管。

【例题】 某催化裂化装置分馏塔塔顶油气分离器，卧式，操作条件为 1.2atm(绝压)，40℃，进料组成及流量：

液相　汽油　57000kg/h(密度 720kg/m^3)，冷凝水 10000kg/h(重度 1000kg/m^3)

气相　油气　14000kg/h(相对分子质量 100)

水汽　1300kg/h(相对分子质量 18)

烟气　1400kg/h(相对分子质量 29)

干气　2300kg/h(相对分子质量 20)

液化气　22000kg/h(相对分子质量 49)

计算容器尺寸如下：

(1)气体速度

根据以上原始数据，计算操作条件下的气体流率

$$V=\left(\frac{14000}{100}+\frac{1300}{18}+\frac{1400}{100}+\frac{1400}{29}+\frac{2300}{20}+\frac{22000}{49}\right)\times\frac{313}{273}\times\frac{1}{1.2}\times22.4$$

$$=17650\text{m}^3/\text{h}=4.9\text{m}^3/\text{s}$$

气相密度　$$\rho_v=\frac{14000+1300+1400+2300+22000}{17650}=2.32\text{kg/m}^3$$

气体临界速度　$$W_0=0.048\sqrt{\frac{720-2.32}{2.32}}=0.845\text{m/s}$$

由于气体出油气分离器后直接去气体压缩机，因此，此分离器实际上兼作压缩机入口分离罐用，同时在气体出口处装有破沫网，因此取允许气体速度为 140%W_0，即

$$W=1.4\times0.845=1.18\text{m/s}$$

(2) 容器直径

取气体空间高度(即拱高)为罐直径的 40%，弓形面积占圆截面积的 37%，即系数 $a=0.37$

由于罐的两端各有一个入口，因此以 $\frac{1}{2}V$ 代入公式，求得

罐截面积　$$A_r=\frac{V}{2aW}=\frac{4.9}{2\times0.37\times1.18}=5.62\text{m}^2$$

计算容器直径　$D=\sqrt{\dfrac{5.62}{0.785}}=2.68\text{m}$

容器直径按系列要求，可选 2.8m

(3) 容器长度

液体产品(汽油)由分离器出来后去吸收塔，因此取液体停留时间为 15min，又因罐底装有分水斗，可不考虑液面以下的容积作为储水容积。

容器实际截面积　$A_r=0.785\times2.8^2=6.13\text{m}^2$

液体流率　$Q=\dfrac{57000}{720}+\dfrac{10000}{1000}=89.2\text{m}^3/\text{h}$

容器长度应为　$L=\dfrac{15}{60}\times\dfrac{89.2}{6.13-0.37\times6.13}=5.8\text{m}$

可按容器系列取容器长为 6m

(4) 分水斗尺寸

罐的直径为 2.8m，分水斗直径取 900mm，按水流率 5min 考虑，则分水斗中低水位至高水位高度为

$$H=\frac{5\times\dfrac{10}{60}}{0.785\times0.9^2}=1.3\text{m}$$　取分水斗高度为 1.6m

7.12.2　液液分离的容器

装置内常用的液液分离容器主要是油水分离器、洗涤沉降罐等。一般情况下，油品等轻相为连续相，水或酸碱等重相为分散相。

(1) 分散相液滴沉降速度

① 最小液滴直径和液滴雷诺数：

液滴直径随混合强度、沉降条件下液体的物理性质、化学组成或化学特性等因素而变化。对于经过孔板或喷射混合器混合后(混合能为 0.35~0.7kg/cm^2)的大多数常见沉降分离过程，可采用下列指导性数据(如有可能，设计时应采用实验室或工厂的实际数据)：

轻相相对密度 ($d_{15.6}^{15.6}$)	重相	最小液滴直径/m (轻相或重相)
≤0.85	水或碱	0.000127
>0.85	水或碱	0.000089

液滴雷诺数可按下式计算：

$$Re_d=\frac{dW_dS_d}{\mu_c}\times10^6$$

式中　Re_d——液滴雷诺数；

d——液滴直径，m；

W_d——液滴沉降速度，m/s（根据不同雷诺数由下面沉降定律公式求得）；

S_d——操作温度下分散相（液滴）相对密度；

μ_c——操作温度下连续相黏度，cP。

② 液滴沉降速度

根据液滴雷诺数范围分别按以下三种情况计算。

当 $Re_d<2$ 时，适用于斯托克斯定律：

$$W_d=5.43\times10^5\frac{d^2\Delta S}{\mu_c}$$

当 $2\leqslant Re_d<500$ 时，适用于中间定律：

$$W_d=124.3\frac{d^{1.14}\Delta S^{0.71}}{S_e^{0.29}\mu_c^{0.43}}$$

当 $Re_d\geqslant500$ 时，适用于牛顿定律：

$$W_d=5.45\sqrt{\frac{d\Delta S}{S_c}}$$

式中　S_c——操作条件下连续相相对密度；

ΔS——连续相分散相相对密度差。

对于较轻的碳氢化合物，计算出来的沉降速度可能会大大超过 0.0042m/s，但设计时建议最大沉降速度仍采用 0.0042m/s。

（2）卧式沉降罐

① 罐的直径：

对于黏性液体（如原油等）按液体在罐内的流动呈缓流状态计算罐的直径，雷诺数不大于 2320，按下式计算罐的直径。

$$D=660\frac{QS}{\mu}$$

式中　D——罐的直径，m；

Q——液体流率，m^3/s；

S——操作温度下液体相对密度；

μ——操作温度下液体黏度，mPa·s。

对于非黏性液体，按液体在罐内流速 0.003~0.005m/s 计算罐的直径。

② 罐的长度：

对于黏性液体按下式计算：

$$L=1.6\frac{Q}{W_dD}$$

式中　L——罐的长度，m；

D——罐的直径，m；

W_d——液滴沉降速度，m/s。

对于非黏性液体，可按液体在罐内的停留时间计算罐的长度：回流罐 5~10min，汽油水洗、碱洗 15~20min，轻柴油水洗、碱洗 20~30min。

（3）立式沉降罐

① 罐的直径：

$$D=1.13\sqrt{\frac{Q}{W_L}}$$

式中　W_L——液体在罐内流速，0.002~0.005m/s（黏性液体取小值，非黏性液体取大值）。

② 罐的高度：

$$H=H_0+H_1+H_2+H_3$$

式中　H——罐的总高度，m；

H_0——罐顶空间高度，m（一般取 0.8m）；

H_2——水层高度，m（一般取 0.4~0.5m）；

H_3——垫水层高度，m（一般取 0.3m）；

H_1——油层高度，m，按下式计算：

$$H_1=60W_Lt$$

式中　t——沉降分离所需时间：汽油水洗、碱洗 15~20min；轻柴油水洗、碱洗 20~30min；重柴油水洗、碱洗 30~45min；回流罐 5~10min。

【例题】 某原油脱水罐含水原油流率 100000kg/h，操作温度 120℃，操作温度下液体重度 800kg/m³，黏度 2.02cP，采用 4 个卧罐并联，计算原油脱水罐的尺寸如下：

经过每个脱水罐的含水原油体积流率 $Q=\frac{100000}{4\times3600\times800}=0.0087\text{m}^3/\text{s}$

取水滴直径 $d=0.000127$m，设水滴雷诺数 $Re_d<2$

则　液滴沉降速度　$W_d=5.43\times10^5\times\frac{0.000127^2\times(1-0.8)}{2.02}=0.00087\text{m/s}$

水滴雷诺数　$Re_d=\frac{0.000127\times0.00087\times0.941}{2.02}\times10^6=0.053$　<2 与假设相符

求罐直径　$D=660\times\frac{0.0087\times0.8}{0.02}=2.28\text{m}$ 可取 2.4m

求罐长度　$L=1.6\times\frac{0.0087}{0.0087\times2.4}=6.67\text{m}$ 可取 8m

原油在罐内实际停留时间　$t_1=\frac{8\times0.785\times2.4^2}{0.0087\times60}=69\text{min}$

水滴沉降所需时间 $t_2=\dfrac{2.4}{0.0087\times60}=46\text{min}$

$t_1>t_2$，故卧罐尺寸能满足要求。

7.12.3 用于缓冲的容器

用于缓冲的容器包括油品加工过程中上下工序之间缓冲罐和为石化装置服务的燃料油、溶剂及化学药剂等储罐

① 油品上下工序之间的缓冲罐一般采用卧式罐，按下列条件设计：

a）罐内液体储量按 10~30min 液体流率考虑；

b）罐内空间缓冲容积取 50%罐总容积；

c）液体在罐内的流速取 0.003~0.005m/s。

② 燃料油、溶剂及化学药剂等储罐应根据装置的需要和全厂供料情况确定其容积。

7.12.4 容器内部构件

（1）破沫网

对于液沫夹带限制严格的气液分离器，在气体出口处多装有金属丝破沫网。对于卧罐，破沫网的面积一般约为气体出口面积的 4 倍。对于立罐，破沫网的面积一般与罐的截面积相同。破沫网顶至罐顶切线的距离，当罐的直径在 1m 以下时取 300mm，大于 1m 时取 450mm。

泡沫网的厚度一般为 100mm 或 150mm。

（2）防涡流挡板

当罐底液体出口管嘴较大，出口管嘴以上液层不够高时，液体流出罐底会在出口管嘴上形成下旋涡流，使液体夹带气体或重相液体流出，其结果往往使泵抽空(往复泵除外)或沉降分离不好，影响操作。当液体出口管与离心泵连接，出口管径大于 50mm，最低液面至出口管嘴距离符合下式时，需装设防涡流挡板。

$$A\leqslant0.051+\frac{12N}{6-3.28W_o}$$

式中 A——最低液面高出出口管嘴的距离，m；

N——出口管公称直径，m；

W_o——液体通过出口管的流速，m/s。

7.13 换热器的计算

7.13.1 换热器传热的基本关系式[14]

$$Q=K\cdot A\cdot\Delta T_e$$

式中 Q——换热器的热负荷，W；

K——换热器的传热系数，W/(m^2·K)；

A——换热器的传热面积，m^2；

ΔT_e——换热器的有效平均温差，℃；

$$\Delta T_e = \Delta T_m \cdot F_T$$

ΔT_m——换热器的对数平均温差，℃；

F_T——温差校正系数。

7.13.2　换热器传热的对数平均温差[14]

$$\Delta T_m = (\Delta t_h - \Delta t_c) / \ln(\Delta t_h / \Delta t_c)$$

式中　ΔT_m——对数平均温差，℃；

Δt_h——热端温差，℃，$\Delta t_h = T_1 - t_2$；

Δt_c——冷端温差，℃，$\Delta t_c = T_2 - t_1$；

T_1，T_2——热流进出口温度，℃；

t_1，t_2——冷流进出口温度，℃。

对数平均温差也可以根据热端温差和冷端温差，直接由下图查出。

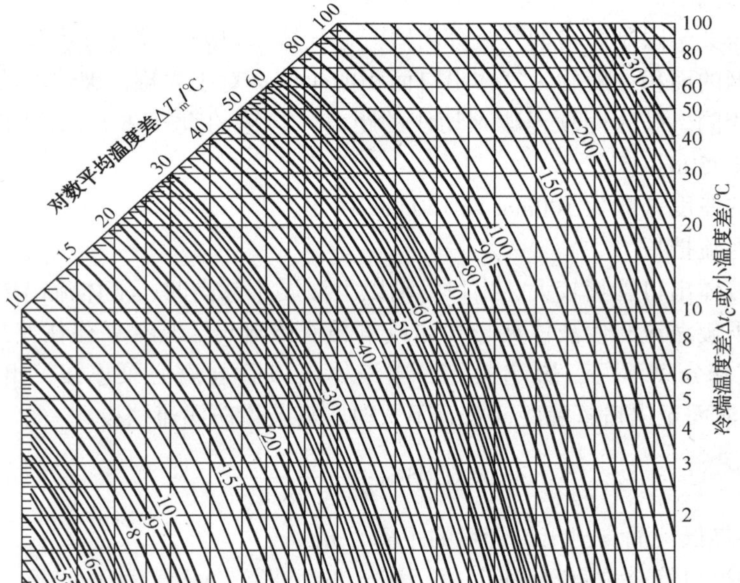

7.13.3　对数平均温差的校正系数[13,14]

换热器对数平均温差校正系数不得小于0.8，否则经济上不合理，并可能在温度变化时校正值急剧下降，影响操作的稳定性。因此，当温差校正系数F小于0.8时，应当增加管程数或壳程数，或用多个换热器串联。

纯顺流或纯逆流换热时，温度校正系数F_T为1。有折流板的管壳式换热器的对数平均温差校正系数可从下图查得。

（1）一壳程对数平均温差的校正系数图

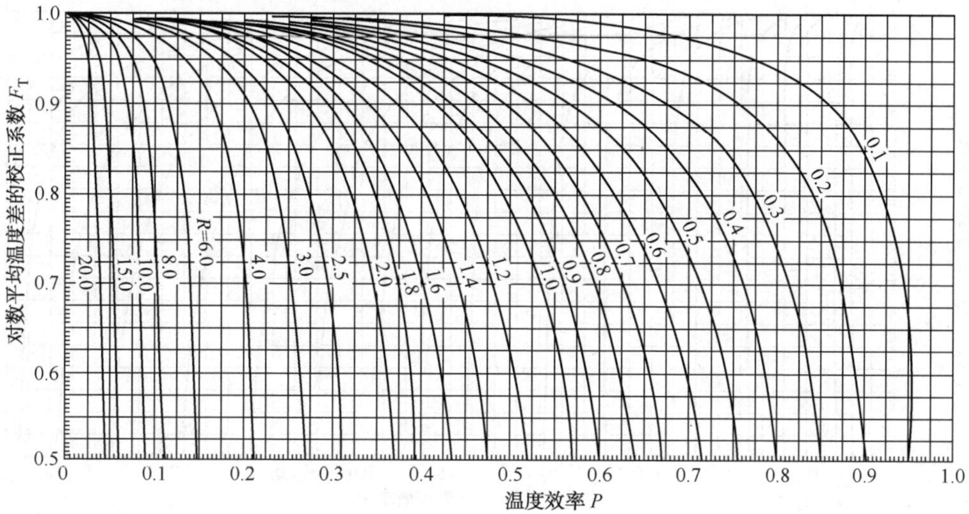

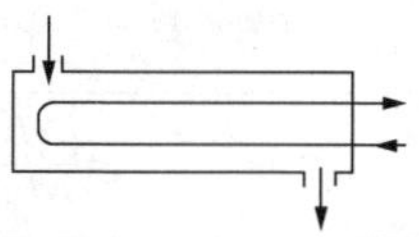

单壳程换热器	一台	（管程数＝2，4…… 偶数）
$P=\dfrac{t_2-t_1}{T_1-t_1}$	$R=\dfrac{T_1-T_2}{t_2-t_1}$	$F_T=\dfrac{\Delta T}{\Delta T_m}$

（2）二壳程对数平均温差的校正系数图

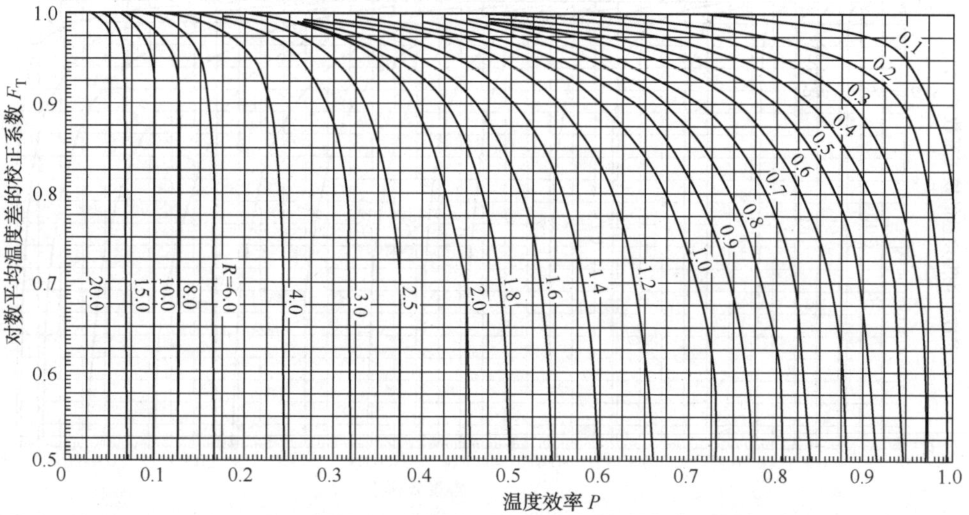

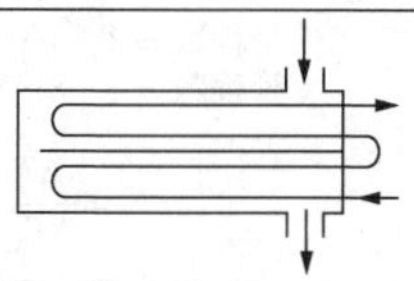

单壳程换热器 双壳程换热器	两台串联 一台	（管程数＝2，4…… 偶数） （管程数＝4，8…… 偶数）
$P=\dfrac{t_2-t_1}{T_1-t_2}$	$R=\dfrac{T_1-T_2}{t_2-t_1}$	$F_T=\dfrac{\Delta T}{\Delta T_m}$

（双壳换热器的管程数为2时，F_T=1.0）

（3）三壳程对数平均温差的校正系数图

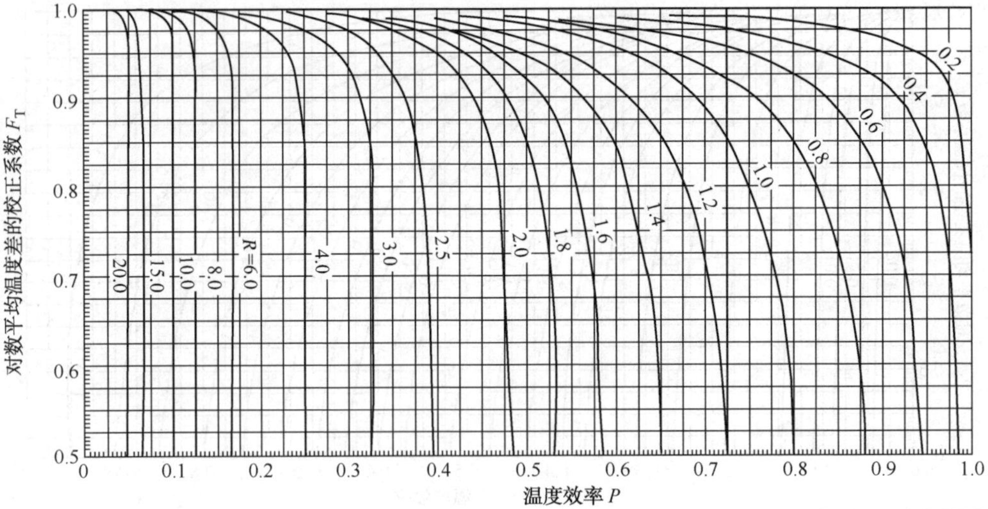

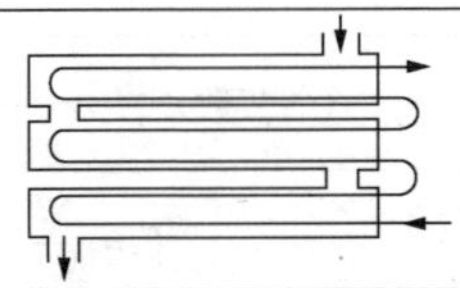

单壳程换热器	三台串联	（管程数＝2，4…… 偶数）
$P=\dfrac{t_2-t_1}{T_1-t_1}$	$R=\dfrac{T_1-T_2}{t_2-t_1}$	$F_T=\dfrac{\Delta T}{\Delta T_m}$

（4）四壳程对数平均温差的校正系数图

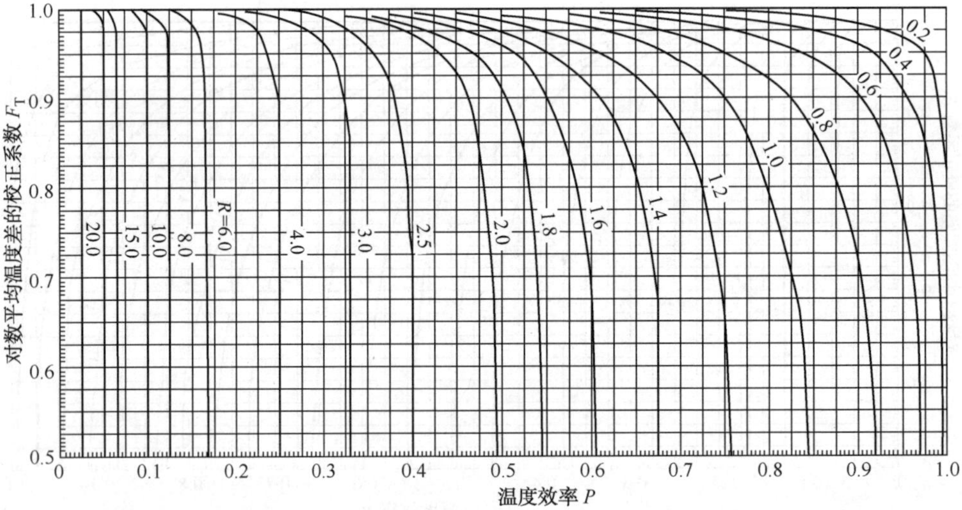

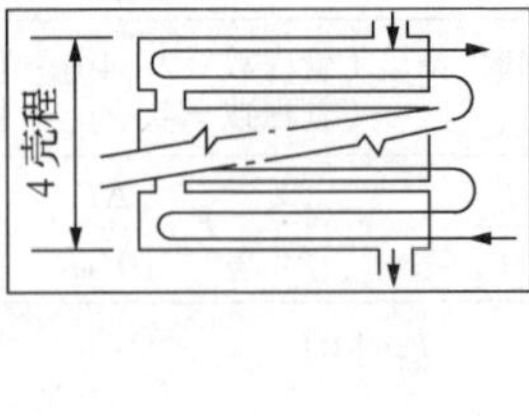

单壳程换热器 双壳程换热器	四台串联 二台串联	（管程数＝2，4…… 偶数） （管程数＝4，8…… 偶数）
$P=\dfrac{t_2-t_1}{T_1-t_1}$	$R=\dfrac{T_1-T_2}{t_2-t_1}$	$F_T=\dfrac{\Delta T}{\Delta T_m}$

(双壳换热器的管程数为2时， F_T=1.0)

（5）五壳程对数平均温差的校正系数图

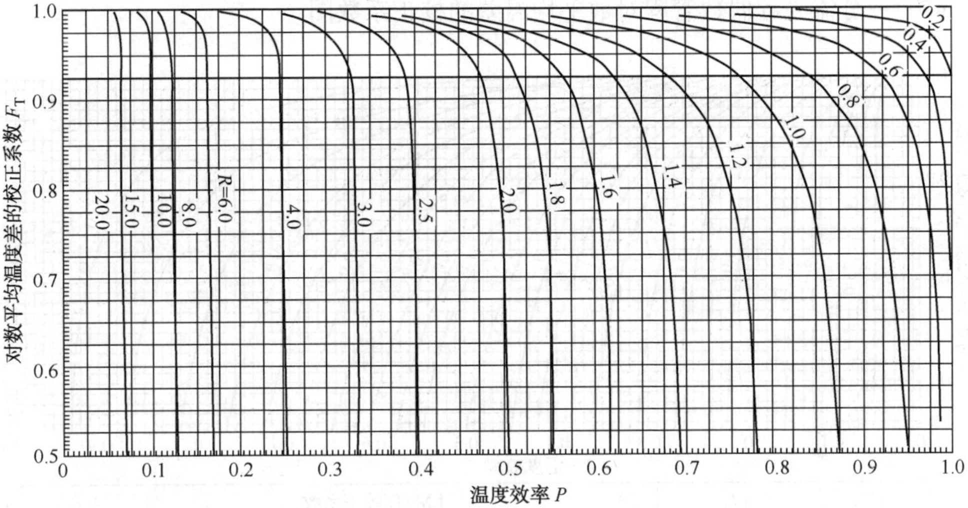

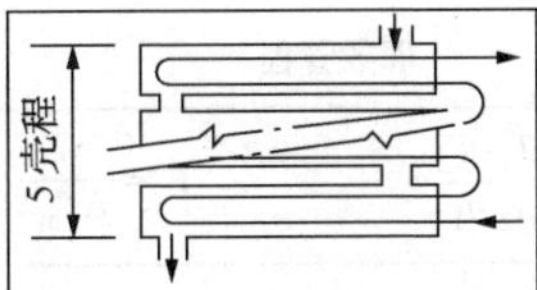

单壳程换热器	五台串联	（管程数 = 2，4…… 偶数）
$P=\dfrac{t_2-t_1}{T_1-t_1}$	$R=\dfrac{T_1-T_2}{t_2-t_1}$	$F_T=\dfrac{\Delta T}{\Delta T_m}$

（6）六壳程对数平均温差的校正系数图

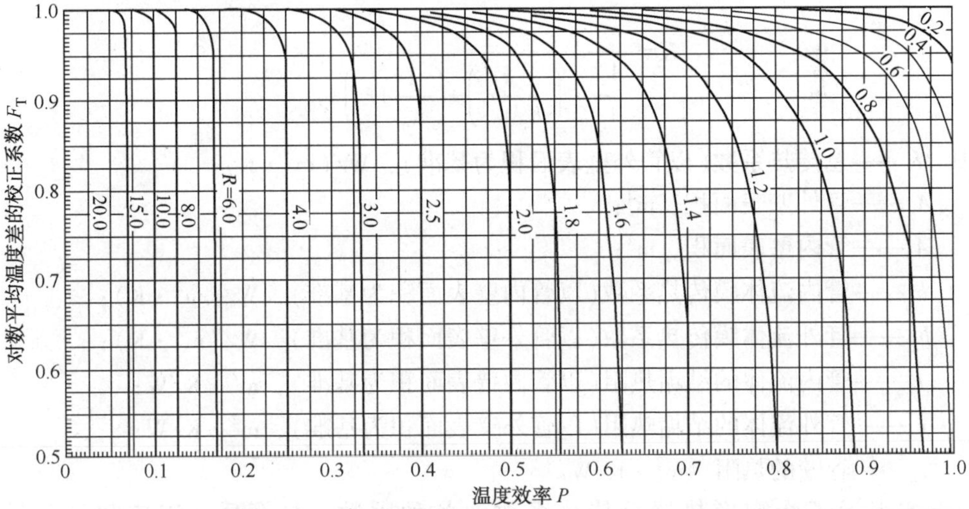

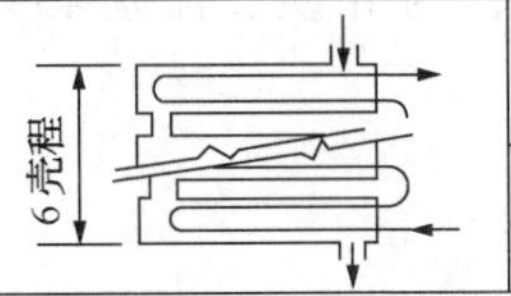

单壳程换热器 双壳程换热器	六台串联 三台串联	（管程数 = 2，4…… 偶数） （管程数 = 4，8…… 偶数）
$P=\dfrac{t_2-t_1}{T_1-t_1}$	$R=\dfrac{T_1-T_2}{t_2-t_1}$	$F_T=\dfrac{\Delta T}{\Delta T_m}$

(双壳换热器的管程数为2时， F_T=1.0)

（7）一分流壳程偶数管程对数平均温差的校正系数图

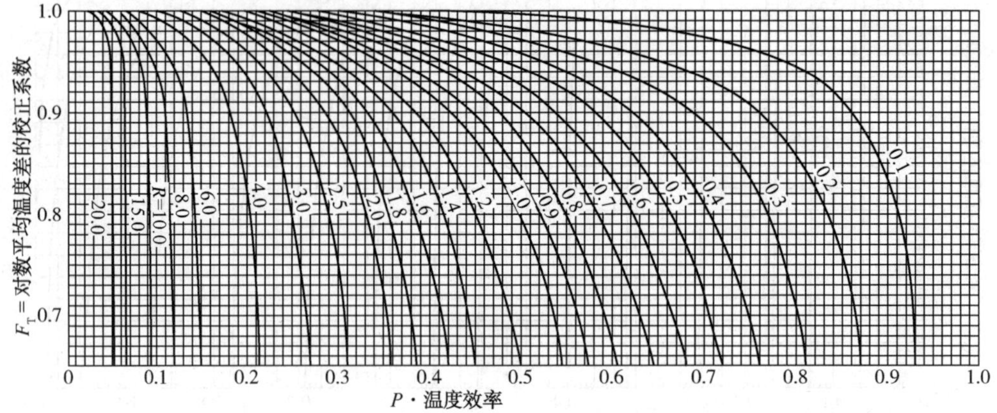

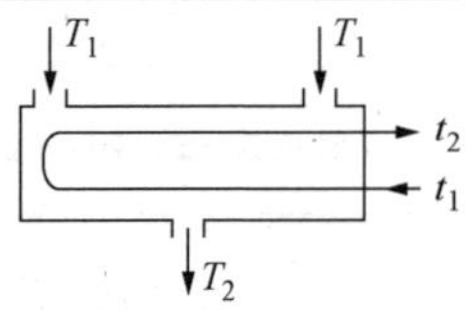

LMTD 校正系数

一分流壳程　　偶数管程

$P=\dfrac{t_2-t_1}{T_1-t_1}$　　$R=\dfrac{T_1-T_2}{t_2-t_1}$　　$F_T=\dfrac{\Delta T}{\Delta T_m}$

7.13.4　总传热系数[14]

$$K=\frac{1}{\dfrac{A_o}{A_i}\cdot\left(\dfrac{1}{h_i}+r_i\right)+\left(\dfrac{1}{h_o}+r_o\right)+r_p}$$

式中　K——总传热系数（以管外壁表面积为基准），W/(m^2·K)；

A_o——管外壁表面积，m^2；

A_i——管内壁表面积，m^2；

h_i——管内流体膜传热系数（以管内壁表面积为基准），W/(m^2·K)；

h_o——管外流体膜传热系数（以管外壁表面积为基准），W/(m^2·K)；

r_i——管内流体的结垢热阻（以管内壁表面积为基准），m^2·K/W；

r_o——管外流体的结垢热阻（以管外壁表面积为基准），m^2·K/W；

r_p——管壁的热阻，m^2·K/W。

上式表示了影响换热器总传热系数的各种因数，与介质、流速和设备结构有关。

常见油品换热器总传热系数参考值如下：

壳程			管程			
名称	相对密度 γ_4^{20}	结垢热阻/($m^2 \cdot K/W$)	水	汽油	轻柴油	重柴油
			垢阻 0.00034 $m^2 \cdot K/W$	垢阻 0.00017 $m^2 \cdot K/W$	垢阻 0.00034 $m^2 \cdot K/W$	垢阻 0.00052 $m^2 \cdot K/W$
			经验总传热系数/($W/m^2 \cdot K$)			
C_3 馏分		0.00017	520	490	490	460
C_4 馏分		0.00017	490	460	440	440
汽油	0.775	0.00017	440	440	380	350
轻汽油	0.697	0.00017	460	440	320	320
重汽油	0.797	0.00017	410	370	320	290
柴油	0.821	0.00017	330	350	320	290
轻柴油	0.872	0.00034	280	350	290	290
重柴油	0.918	0.00051	240	320	290	260
蒸馏残油	0.948	0.00086		320	260	230
重燃料油	0.996	0.00086		260	230	200

在相同温差条件下，总传热系数越大，所需的传热面积越小。提高总传热系数的途径一般是提高流速，但流速增加会使流动阻力增加。

常用流体流速范围：

流体种类		一般液体	易结垢液体	气体
流速/(m/s)	管程	0.5~3.0	>1	5~30
	壳程	0.2~1.5	>0.5	3~15

【例题】 某装置采用光管浮头式换热器冷却重汽油，油品入口温度63℃，出口温度40℃，冷却水入口温度33℃，出口温度40℃，总热负荷130kW，估算所需传热面积。

换热器的对数平均温差

$$\Delta T_m=\frac{(T_1-t_2)-(T_2-t_1)}{\ln\dfrac{T_1-t_2}{T_1-t_1}}=\frac{(63-40)-(40-33)}{\ln\dfrac{63-40}{40-33}}=13.44℃$$

计算对数平均温差校正系数：

$$P=\frac{冷流体的温升}{两流体的最初温度差}=\frac{t_2-t_1}{T_1-t_1}=\frac{40-33}{63-33}=0.2333$$

$$R=\frac{热流体的温降}{冷流体的温升}=\frac{T_1-T_2}{t_2-t_1}=\frac{63-40}{40-33}=3.2857$$

按一台管壳式换热器考虑，查温差校正系数图，得到温度校正系数 F_T 为 0.81，符合校正系数>0.8 的原则，说明用一个壳程是合适的。

计算换热器的有效平均温差

$$\Delta T_e=\Delta T_m\cdot F_T=13.44\times0.81=10.9℃$$

根据介质特性，参考经验值，取换热器总传热系数 K 为 410W/m^2 · K，

估计需要的传热面积：

$$A=\frac{Q}{K\cdot\Delta T_e}=\frac{130\times10^3}{410\times10.9}=29.1\ m^2$$

对于循环水作为冷剂的水冷器，换热管一般选用 $\phi25\times2.5$mm。按换热器系列，可选择公称直径 DN 为 400mm 的 AES 结构浮头式换热器，2 管程，换热管长度 L 为 6m，1 台换热器传热面积 A 为 34.4m^2，可以满足需要，必要时进行详细核算。

7.14 空冷器的计算[34]

7.14.1 空冷器的设计气温

设计气温是指设计空冷器时所采用的空冷器进口的空气温度。

当采用干式空冷时，设计气温一般按当地最热月的日最高气温的月平均值，再加 3~4℃来确定，一年中允许有 5 天不保证冷却性能。

当采用湿式空冷或蒸发空冷时，将干式空冷的设计气温作为干球温度，然后按既定的相对湿度，查出湿球温度，作为设计气温。

空气出口温度应根据热平衡和传热速度确定。

(1) 干式空冷器空气出口温度估算

$$t_2=t_1+0.88\times10^{-3}\cdot K\cdot F_T\cdot\left(\frac{T_1+T_2}{2}-t_1\right)$$

式中 t_1，t_2——空气进出口温度，℃；

T_1，T_2——热流介质进出口温度，℃；

K——以光管外表面积为基础的总传热系数，W/(m^2 · K)；

F_T——空气温升校正系数，由下图查出：

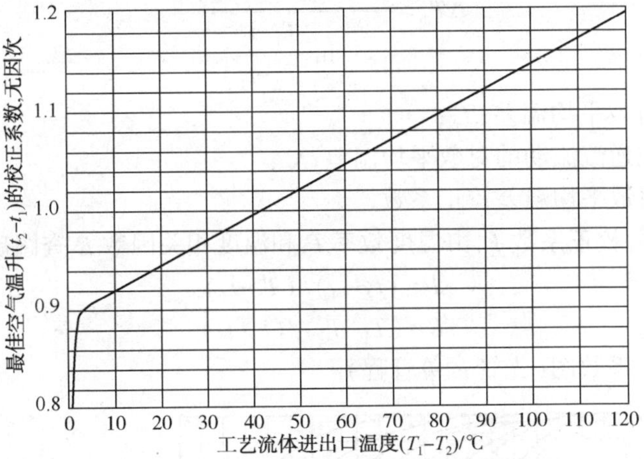

【例题】 某稳定塔顶空冷器油气采用干式空冷全冷凝过程，进口温度 140℃，出口温度 55℃，空气设计温度 35℃，已知总传热系数为 440W/(m² · K)，求空气出口温度。

解：工艺流体进出口温度差 $T_1 - T_2 = 140 - 55 = 85℃$

由上图查得最佳空气温升校正系数 $F_T = 1.11$

则空冷器的空气出口温度

$$t_2 = t_1 + 0.88\times10^{-3} \cdot K \cdot F_T \cdot \left(\frac{T_1 + T_2}{2} - t_1\right)$$

$$= 35 + 0.88\times10^{-3}\times440\times1.11\times\left(\frac{140+55}{2} - 35\right) = 62℃$$

(2) 湿式空冷器空气出口温度估算

湿式空冷器的出口空气温升按下表估算：

流体平均温度/℃	40	50	60	70
油品冷却温升/℃	2	3	4	5
油气冷凝温升/℃	3	4	5	6
水冷却温升/℃	5	7	10	15
水蒸气冷凝/℃	8	8	11	16

7.14.2 空冷器传热的平均温差

$$\Delta T_e = \Delta T_m \cdot F_T$$

$$\Delta T_m = \frac{(T_1 - t_2) - (T_2 - t_1)}{\ln \frac{T_1 - t_2}{T_2 - t_1}}$$

式中　ΔT_e——有效平均温差,℃;

ΔT_m——纯逆流流动的对数平均温差,℃;

F_T——对数平均温差校正系数。

对数平均温差校正系数 F_T 由温度效率 P 和温度相关因数 R 查图确定:

$$P = (t_2 - t_1)/(T_1 - t_1)$$

$$R = (T_1 - T_2)/(t_2 - t_1)$$

(1)温差校正系数图(光管,单管程)

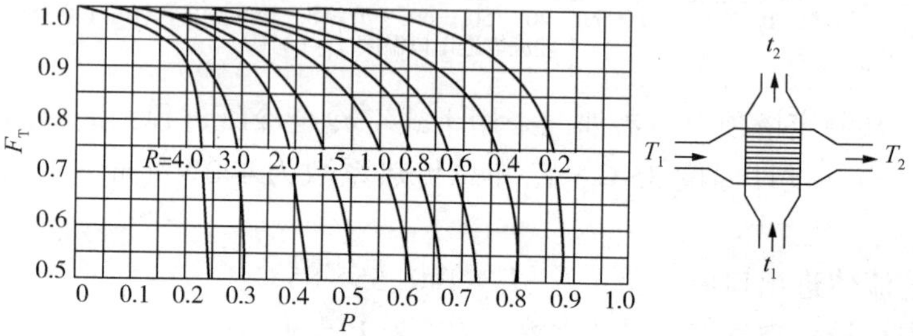

(2)温差校正系数图(翅片管,单管程,交叉流)

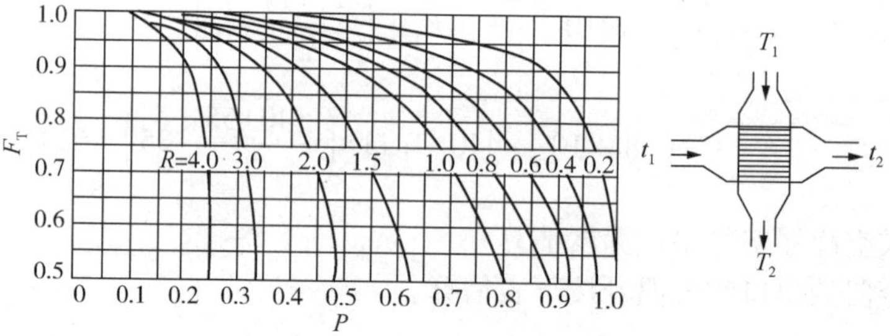

(3)温差校正系数图(翅片管,二管程,逆向交叉流)

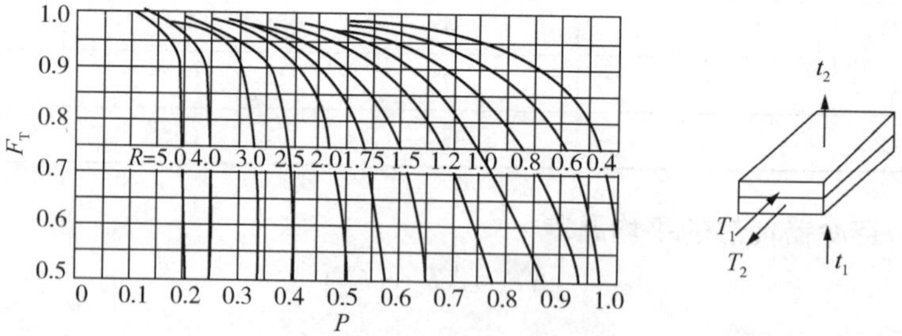

(4)温差校正系数图(翅片管，三管程，逆向交叉流)

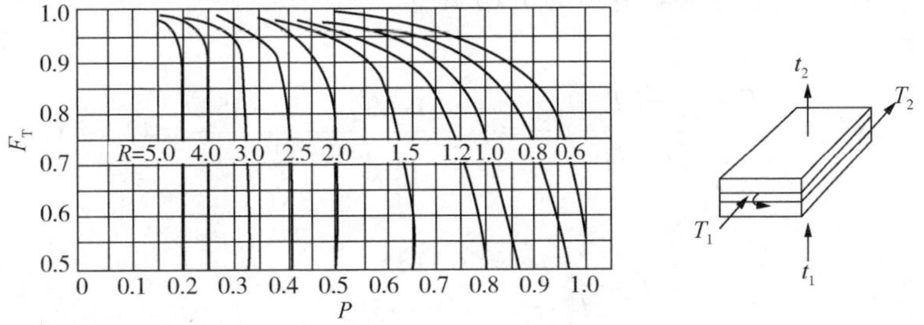

(5)温差校正系数图(翅片管，四管程，逆向交叉流)

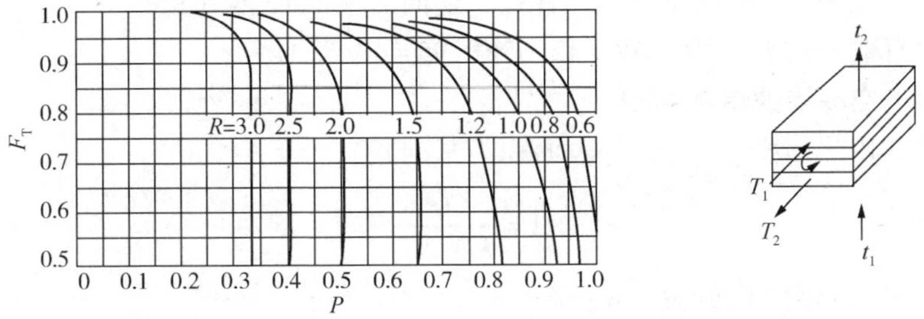

(6)温差校正系数图(翅片管，五管程，逆向交叉流)

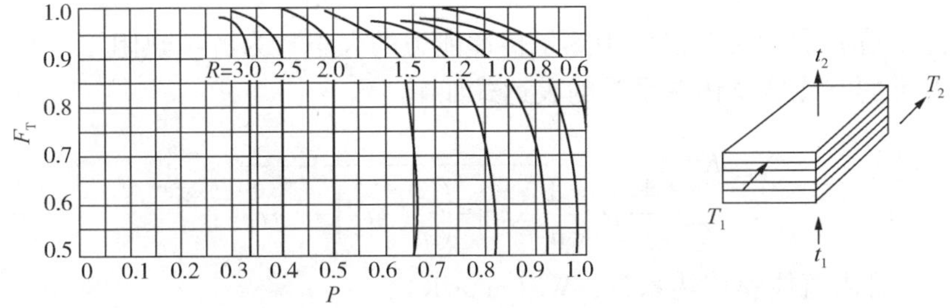

(7)温差校正系数图(翅片管，六管程，逆向交叉流)

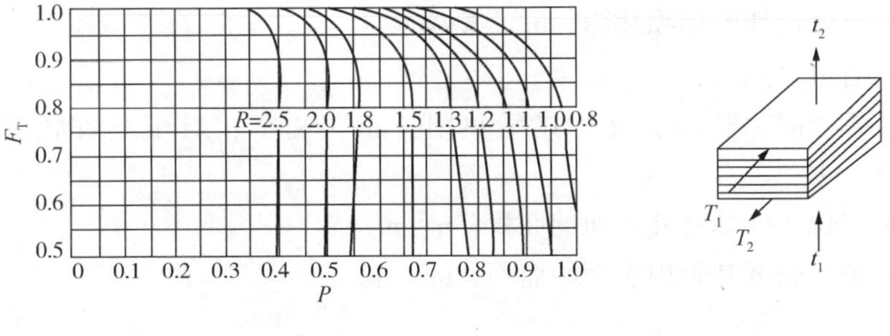

【例题】 已知两管程稳定塔顶空冷器热流介质由140℃冷却到55℃，空气入口35℃，出口62℃，计算空冷器传热的平均温差。

解：对数平均温差：

$$\Delta T_{m}=\frac{(T_{1}-t_{2})-(T_{2}-t_{1})}{\ln\frac{T_{1}-t_{2}}{T_{2}-t_{1}}}=\frac{(140-62)-(55-35)}{\ln\frac{140-62}{55-35}}=42.65℃$$

温差校正

$$P=\frac{t_{2}-t_{1}}{T_{1}-t_{1}}=\frac{62-35}{140-35}=0.26$$

$$R=\frac{T_{1}-T_{2}}{t_{2}-t_{1}}=\frac{140-55}{62-35}=3.15$$

查温度修正系数图(翅片管，二管程，逆向交叉流) $F_{T}=0.95$

则传热有效平均温差为　$\Delta T=42.65\times0.95=40.52℃$

7.14.3　空冷器的传热面积

空冷器的传热面积(以光管外表面积为基准)：

$$A=\frac{Q}{K\cdot\Delta T_{e}}$$

式中　Q——空冷器的热负荷，W；

K——总传热系数，W/(m²·K)；

A——传热面积，m²；

ΔT_{e}——有效传热温差，℃。

总传热系数 K 表示传热过程中热量传递能力的大小，为各项热阻之倒数。以光管外表面为基准的空冷器总传热系数的表达式如下：

$$K=\frac{1}{\frac{A_{o}}{A_{i}}\cdot\left(\frac{1}{h_{i}}+r_{i}\right)+\left(\frac{1}{h_{o}}+r_{o}\right)+r_{w}+r_{j}}$$

式中　h_{i}——管内流体膜传热系数，W/(m²·K)；

h_{o}——管外流体膜传热系数，W/(m²·K)；

r_{i}——管内流体的结垢热阻，m²·K/W；

r_{o}——管外流体的结垢热阻，m²·K/W；

r_{w}——管壁的热阻，m²·K/W；

r_{j}——翅片间隙热阻，又称接触热阻，m²·K/W，对于光管式传热管则无此项；

A_{o}——单位长度基管外表面的面积，m²/m；

A_{i}——单位长度基管内表面的面积，m²/ m。

空冷器总传热系数与介质特性、流速以及空气侧的迎面风速有关。考虑经济性以及运行可靠性，目前石化行业应用的干式空冷器多为 6 管排，迎面风速在 2.8m/s 左右。以下是工业上应用的空冷器总传热系数经验参考值(基于基管外表面积)：

(1)液体冷却

介质名称	总传热系数/[W/(m^2·K)]	介质名称	总传热系数/[W/(m^2·K)]	介质名称	总传热系数/[W/(m^2·K)]
轻烃	410~520	轻柴油	290~350	渣油	25~115
汽油	410~430	重柴油	230~290	焦油	30~60
轻石脑油	370~400	重柴油	230~290	工业用水	580~700
重石脑油	349~370	润滑油(低黏度)	115~145	有机溶剂	400~430
煤油	350~410	润滑油(高黏度)	60~90	氨	560~690

(2)气体冷却

介质名称	总传热系数/[W/(m^2·K)]				
	-0.07MPa	0.35MPa	0.7MPa	2.1MPa	3.5MPa
轻碳氢化合物	85~115	175~200	230~290	370~400	400~430
较重碳氢化合物	85~115	200~220	255~280	370~400	
轻有机蒸气	60~90	90~115	175~200	255~280	
空气	45~60	80~105	40~175	220~255	25~280
氨	60~90	90~115	175~200	260~280	280~315
蒸汽	60~90	90~115	140~175	255~280	315~350
氢气	115~175	255~290	370~400	490~520	525~570
甲烷、天然气		490	535		
其他气体:					
乙烯(80~90MPa)	410~465				
炼厂气	290~350				
重整反应器出口气体	290~345				
加氢精制反应器出口气体	290~345				
合成氨及合成甲醇反应器出口气体	465~525				

(3)气体冷凝

介质名称	总传热系数/[W/(m^2·K)]	介质名称	总传热系数/[W/(m^2·K)]
原油常压分馏塔顶气	350~410	轻汽油	465
催化分馏塔顶气	350~410	煤油	370
炼厂富气	230~290	芳烃	410~465
轻烃(C_2~C_4)	520	水蒸气	700
轻烃(C_5~C_6)	465	氨	500

【例题】 已知某稳定塔顶空冷器的热负荷为10774kW，总传热系数为440W/(m^2·K)，已算出有效传热温差为40.52℃，计算空冷器传热面积。

解：估算需要的传热面积 $A=\dfrac{Q}{K\cdot\Delta T_e}=\dfrac{10774\times10^3}{440\times40.52}=604.3\text{m}^2$

根据平面布置需要，选择9m长的换热管。考虑设备投资与运行经济性，选择6管排、3m宽的管束。管束中每排布置26根高翅片换热管，则每根换热管的基管传热面积为：

$$A_{管}=\pi\times d_o\times L=\pi\times0.025\times9=0.7065\ \text{m}^2$$

每片管束的传热面积为：

$$A_{管束}=换热管根数\times A_{管}=46\times6\times0.7065=195\ \text{m}^2$$

需要的管束片数 $n=\dfrac{604.3}{195}=3.01$

选择4片9m×3m、6管排的高翅片管，

传热面积富裕度$=\dfrac{195\times4-604.3}{604.3}\times100\%=29\%$，可以满足需要。

7.15 加热炉的计算

7.15.1 炉管表面热强度和质量流速[25]

辐射炉管每单位时间内所传递的热量称为炉管的辐射表面热强度，其设计采用值与多种因素有关，例如管内介质的特性、管内介质的流速、炉型、炉管材质、炉管尺寸、炉管的排列方式等。炉管表面积一般按炉管外径计算。

辐射炉管表面热强度和管内质量流速常用数据：

用　途	管内质量流速/[kg/(m^2·s)]	辐射炉管表面热强度/(W/m^2)
常压原油加热炉	980~1500	29000~35000
常压重油减压加热炉	980~1500	26000~30000

续表

用　途	管内质量流速/[kg/(m² · s)]	辐射炉管表面热强度/(W/m²)
催化裂化进料加热炉	1450~1950	29000~35000
延迟焦化加热炉	1700~2200	30000
渣油减黏加热炉	1200~1500	26000~29000
加氢精制和加氢裂化进料加热炉	700~1000	26000~30000
脱蜡油加热炉	1200~1500	26000~29000
丙烷脱沥青加热炉	1200~1500	19000~23000
酚精制加热炉	1200~1500	17000~23000
糠醛精制加热炉	1200~1500	17000~23000
氧化沥青加热炉	1200~1500	16000~20000
催化重整进料加热炉	100~150	26000~30000
蒸汽过热炉	140~350	26000~30000
乙烯裂解炉	110~180	47000~80000
烃蒸气转化炉		
用于制氢		47000~80000
用于合成氨		57000~87000

对流炉管采用钉头管或翅片管时，其表面热强度仍按炉管外径计算表面积，不计钉头或翅片本身的面积，热强度一般为光管的二倍以上。

7.15.2　燃料的发热量[25]

燃料的发热量(热值)是完全燃烧时的热效应，即最大反应热。按燃烧产物中水蒸气所处的相态(液态还是气态)，有高、低热值之分。

高热值是燃料完全燃烧后所生成的水已冷凝为液体水的状态时计算出来的热值。

低热值是燃料完全燃烧后所生成的水为蒸汽状态时的热值。由于排烟温度一般均超过水蒸气的凝结温度，因此在加热炉计算中常常只需用到低热值。

(1) 燃料油的热值可以实测，也可按其元素组成计算：

$$Q_H = 339C + 1256H + 109(S - O)$$

$$Q_L = 339C + 1030H + 109(S - O) - 25W$$

式中　Q_H——燃料油的高热值，kJ/kg；

Q_L——燃料油的低热值，kJ/kg；

C、H、O、S、W——燃料油中的碳、氢、氧、硫和水分的质量分数。

(2)燃料气的低热值由下式求得：

按体积计算　$Q_X=\sum X_i Q_{X_i}$

按重量计算　$Q_Y=\sum Y_i Q_{Y_i}$

式中　Q_X——燃料气的体积低热值，kJ/Nm^3 燃料气；

Q_Y——燃料气的重量低热值，kJ/kg 燃料气；

Q_{X_i}——燃料气中各组分的体积低热值，kJ/Nm^3；

Q_{Y_i}——燃料气中各组分的质量低热值，kJ/kg；

X_i——燃料气中各组分的体积分数，%；

Y_i——燃料气中各组分的质量分数，%。

燃料气中各组分的低热值可从下表中查出：

名称	分子式	密度/(kg/Nm^3)	低热值(体积)/(MJ/Nm^3)	低热值(重量)/(MJ/kg)
一氧化碳	CO	1. 2501	12. 64	10. 11
硫化氢	H_2S	1. 5392	23. 38	15. 19
氢	H_2	0. 0898	10. 74	119. 64
甲烷	CH_4	0. 7162	35. 71	49. 86
乙烷	C_2H_6	1. 3423	63. 58	47. 37
乙烯	C_2H_4	1. 2523	59. 47	47. 49
丙烷	C_3H_8	1. 9685	91. 03	46. 24
丙烯	C_3H_6	1. 8785	86. 41	46. 00
丁烷	C_4H_{10}	2. 5946	118. 41	45. 64
丁烯	C_4H_8	2. 5046	113. 71	45. 40
戊烷	C_5H_{12}	3. 2208	145. 78	45. 26
戊烯	C_5H_{10}	3. 1308	138. 37	44. 20

【例题 1】　某燃料油采用大港减渣油，其元素组分(%)为：碳 86. 89，氢 12. 70，硫 0. 29，氧 0. 07，水 0. 05，求得其发热量为：

高热值　$Q_H=339C+1256H+109(S-O)$

$=339\times86.89+1256\times12.70+109\times(0.29-0.07)$

$=45430.9$kJ/kg

低热值　$Q_L=339C+1030H+109(S-O)-25W$

$=339\times86.89+1030\times12.70+109\times(0.29-0.07)-25\times0.05$

$=42559.4$kJ/kg

【例题 2】 某工厂所用燃料气组分如下：

组分	H_2	CH_4	C_2H_6	C_2H_4	C_3H_8	C_3H_6	C_4H_{10}
体积/%	48.484	27.132	1.801	2.013	1.329	1.177	3.520
重量/%	6.6019	29.5567	3.6785	3.8370	3.9810	3.3656	13.8998
组分	C_4H_8	C_5H_{12}	CO	CO_2	H_2S	O_2	N_2
体积/%	2.396	0.476	0.204	0.047	0.0033	0.844	10.5737
重量/%	9.1351	2.3330	0.3889	1.2192	0.0076	1.8388	20.1569

按体积计算的低热值：

$$Q_X = \sum X_i Q_{X_i} = (48.484\times10.74+27.132\times35.71+1.801\times63.58+2.013\times59.47+1.329\times91.03+1.177\times86.41+3.520\times118.41+2.396\times113.71+0.476\times145.78+0.204\times12.64+0.0033\times23.38)/100$$

$$=27.078\text{MJ/Nm}^3 \quad 或 \quad 27078\text{kJ/Nm}^3$$

按重量计算的低热值：

$$Q_Y = \sum Y_i Q_{Y_i}$$

$$=(6.6019\times119.64+29.5567\times49.86+3.6785\times47.37+3.8370\times47.49+3.9810\times46.24+3.3656\times46.00+13.8998\times45.64+9.1351\times45.40+2.3330\times45.26+0.3889\times10.11+0.0076\times15.19)/100$$

$$=41.177\text{MJ/kg} \quad 或 \quad 41177\text{kJ/kg}$$

7.15.3 燃料燃烧的理论空气量(SY/T 0538—2012)

(1) 燃料油完全燃烧时的理论空气量按下式计算：

$$L_o = \frac{2.67C+8H+S-O}{23.2}$$

式中 L_o——理论空气量，kg 空气/kg 燃料；

C、H、S、O——燃料油中碳、氢、硫、氧元素的质量分数,%。

(2) 燃料气完全燃烧时按体积计算的理论空气量按下式计算：

$$L_o' = 0.0619\left[0.5H_2+0.5CO+\sum\left(m+\frac{n}{4}\right)C_mH_n+1.5H_2S-O_2\right]$$

式中 L_o'——燃料气的理论空气量，kg 空气/m^3 燃料气；

H_2、CO、H_2S、C_mH_n、O_2——燃料气中各组分的体积分数,%；

m——碳氢化合物中的碳原子数；

n——碳氢化合物中的氢原子数。

燃料气完全燃烧时按重量计算的理论空气量按下式计算：

$$L_o = \sum Y_i L_{oi}$$

式中　L_o——理论空气量，kg 空气/kg 燃料油；

y_i——燃料气中各组分的质量分数,%；

L_{oi}——每 kg 组分燃烧所需空气量，kg 空气/kg 燃料。

燃料气各组分燃烧所需理论空气量见下表：

名称	分子式	理论空气量	
		Nm^3/Nm^3	kg/kg
一氧化碳	CO	2.38	2.46
硫化氢	H_2S	7.14	6.00
氢	H_2	2.38	34.27
甲烷	CH_4	9.52	17.19
乙烷	C_2H_6	16.66	16.05
乙烯	C_2H_4	14.28	14.74
乙炔	C_2H_2	11.9	13.24
丙烷	C_3H_8	23.8	15.63
丙烯	C_3H_6	22.42	15.43
丁烷	C_4H_{10}	30.94	15.42
丁烯	C_4H_8	28.56	14.74
戊烷	C_5H_{12}	38.08	15.29
戊烯	C_5H_{10}	35.7	14.75

【例题 1】　以 7.15.2 例题 1 中燃料油元素组成为例，完全燃烧的理论空气量为

$$L_o=\frac{2.67C+8H+S-O}{23.2}$$

$$=\frac{2.67\times86.89+8\times12.7+0.29-0.07}{23.2}$$

$$=14.4\text{kg 空气/kg 燃料油}$$

【例题 2】　按 7.15.2 例题 2 中燃料气的组分(体积分数%)计算其每 $1m^3$ 完全燃烧时的理论空气量：

$$L'_o=0.0619\times\left[0.5\times48.484+0.5\times0.204+\left(1+\frac{4}{4}\right)\times27.132+\left(2+\frac{6}{4}\right)\times1.801+\right.$$

$$\left(2+\frac{4}{4}\right)\times2.013+\left(3+\frac{8}{4}\right)\times1.329+\left(3+\frac{6}{4}\right)\times1.177+\left(4+\frac{10}{4}\right)\times3.520+$$

$$\left.\left(4+\frac{8}{4}\right)\times2.396+\left(5+\frac{12}{4}\right)\times0.476+1.5\times0.0033-0.844\right]$$

$=8.86kg$ 空气/m^3 燃料气

按上述燃料气组分(质量分数%)计算其每 1kg 完全燃烧时的理论空气量:

$$L_o=(2.46\times0.3889+6\times0.0076+34.27\times6.6019+17.19\times29.5567+16.05\times3.6785+14.74\times3.8370+15.63\times3.9810+15.43\times3.3656+15.42\times13.8998+14.74\times9.1351+15.29\times2.3330)/100$$

$=13.4974kg$ 空气/kg 燃料气

7.15.4 过剩空气系数

实际进入炉膛的空气量与理论空气量之比,叫作过剩空气系数,可根据烟气的组成按下式计算[25]:

$$\alpha=\frac{21}{21-79\times\frac{O_2-0.5(CO+H_2)-2CH_4}{100-(CO_2+SO_2+O_2+CO+H_2+CH_4)}}$$

式中 α——过剩空气系数;

O_2、CO_2、CO、SO_2、H_2、CH_4——烟气中各相应成分的体积分数,%。

加热炉的过剩空气系数还可以根据烟气中的氧含量分析数据由下图查出,含氧量从采样分析得到的是干烟气,氧化锆在线分析值为湿烟气[26]。

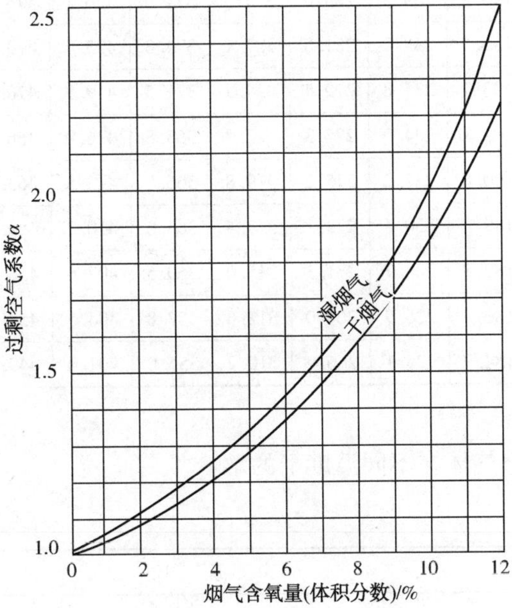

在合理控制炉子燃烧的条件下,烧油时过剩空气系数应为 1.15~1.25,烧气时应为 1.05~1.15。过剩空气系数太小则燃烧不完全,过大会增加排烟热损失,降低炉子热效率。

【例题】 某加热炉烟气实际分析数据(体积分数%)如下：

组分	O_2	CO_2	CO	SO_2	N_2	H_2O
分析(湿基)	2.4185	7.7560	0.0050	0.0037	71.1275	18.6893
换算(干基)	2.9744	9.5387	0.0062	0.0046	87.4761	0

计算过剩空气系数：

$$\alpha=\frac{21}{21-79\times\dfrac{2.9744-0.5\times0.0062}{100-(9.5387+0.0046+2.9744+0.0062)}}=1.15$$

7.15.5 燃料及烟气的焓值(SH/T 3045—2003)

(1) 燃料油在不同温度下的焓：

kJ/kg

相对密度 ρ_{20}	温度/℃											
	80	100	120	140	160	180	200	220	240	260	280	300
0.90	117.0	156.7	198.1	241.1	285.7	331.9	379.8	429.2	480.3	533.1	587.4	643.4
0.91	116.1	155.5	196.6	239.3	283.6	329.5	377.0	426.1	476.9	529.2	583.2	638.8
0.92	115.2	154.4	195.2	237.5	281.5	327.1	374.3	423.0	473.4	525.4	579.0	634.2
0.93	114.3	153.2	193.7	235.8	279.4	324.7	371.5	419.9	470.0	521.6	574.8	629.6
0.94	113.5	152.1	192.2	234.0	277.3	322.2	368.8	416.9	466.5	517.8	570.6	625.1
0.95	112.6	150.9	190.8	232.2	275.2	319.8	366.0	413.8	463.1	514.0	566.5	620.5
0.96	111.7	149.7	189.3	230.4	273.1	317.4	363.3	410.7	459.6	510.2	562.3	615.9
0.97	110.9	148.6	187.8	228.7	271.1	315.0	360.5	407.6	456.2	506.3	558.1	611.4
0.98	110.0	147.4	186.4	226.9	269.0	312.6	357.8	404.5	452.7	502.5	553.9	606.8
0.99	109.1	146.2	184.9	225.1	266.9	310.2	355.0	401.4	449.3	498.7	549.7	602.2

注：焓的基准温度为15℃，液体。

(2) 氢及纯烃理想气体在不同温度下的焓：

kJ/kg

气体	温度/℃							
	0	20	50	100	150	200	250	300
氢气(H_2)	-226.3	63.8	498.1	1220.8	1942.9	2665.3	3388.4	4112.8
甲烷(CH_4)	-35.9	10.3	82.2	208.4	342.6	484.4	633.6	790.2
乙烷(C_2H_6)	-27.2	7.9	63.9	165.6	277.4	398.7	529.2	668.5

续表

气体	温度/℃							
	0	20	50	100	150	200	250	300
乙烯(C_2H_4)	-25.6	7.4	60.4	157.6	265.3	382.8	510.0	646.2
丙烷(C_3H_8)	-25.4	7.3	60.1	156.6	263.6	380.4	506.5	641.6
丙烯(C_3H_6)	-25.4	7.3	59.9	155.9	262.2	378.2	503.4	637.4
丁烷(C_4H_{10})	-24.6	7.1	57.3	147.7	245.9	351.7	464.5	584.2
丁烯(C_4H_8)	-22.8	6.6	53.8	140.1	235.4	339.1	450.9	570.2
戊烷(C_5H_{12})	-23.4	6.8	55.2	143.4	240.8	346.8	461.0	583.0
戊烯(C_5H_{10})	-24.0	6.9	56.3	146.3	245.4	353.2	469.1	593.0
硫化氢(H_2S)	-13.9	3.9	31.1	77.3	124.5	172.5	221.3	270.9

注：焓的基准温度为15℃，气体。

（3）雾化蒸汽在不同压力不同温度下的焓：

kJ/kg

温度/℃	压力/MPa											
	0.10	0.15	0.20	0.25	0.30	0.40	0.50	0.60	0.70	0.80	0.90	1.00
120	2650.2	2646.1	2637.7	—	—	—	—	—	—	—	—	—
140	2690.0	2686.7	2682.5	2678.3	2674.5	—	—	—	—	—	—	—
160	2730.2	2726.9	2723.5	2720.2	2716.8	2709.7	2702.2	2695.0	—	—	—	—
170	2750.3	2747.0	2744.0	2741.1	2737.7	2731.5	2724.8	2718.1	2711.0	2704.3	—	—
180	2770.0	2767.1	2764.5	2761.6	2758.7	2752.8	2747.0	2740.7	2734.4	2728.1	2721.0	2713.9
190	2789.7	2787.2	2784.6	2782.1	2779.6	2774.2	2768.7	2763.3	2757.4	2751.7	2745.3	2739.0
200	2809.3	2807.2	2804.7	2802.6	2800.1	2795.1	2790.5	2785.5	2780.0	2774.6	2769.1	2763.7
220	2848.7	2847.0	2844.9	2842.8	2841.2	2837.0	2832.8	2828.6	2824.0	2819.8	2815.2	2810.6
240	2888.5	2886.8	2885.1	2883.4	2881.8	2878.4	2874.4	2870.9	2867.6	2863.8	2860.0	2856.2
260	2928.2	2927.0	2925.3	2923.6	2922.4	2919.5	2916.1	2913.2	2909.8	2906.5	2903.5	2899.8
280	2968.4	2967.2	2965.5	2964.3	2963.0	2960.5	2957.6	2955.0	2952.1	2949.2	2946.3	2943.3
300	3008.6	3007.4	3006.5	3005.3	3003.6	3001.5	2990.0	2996.5	2994.0	2991.5	2989.0	2986.4
400	3212.5	3211.7	3210.9	3210.4	3209.6	3207.9	3206.6	3205.0	3203.3	3202.1	3200.4	3198.7

注：1. 焓的基准温度为15℃，水。

2. 水蒸气在基准温度下的焓值为2530kJ/kg。

（4）空气、O_2 和 N_2 的焓（焓的基准温度 15.6℃）：

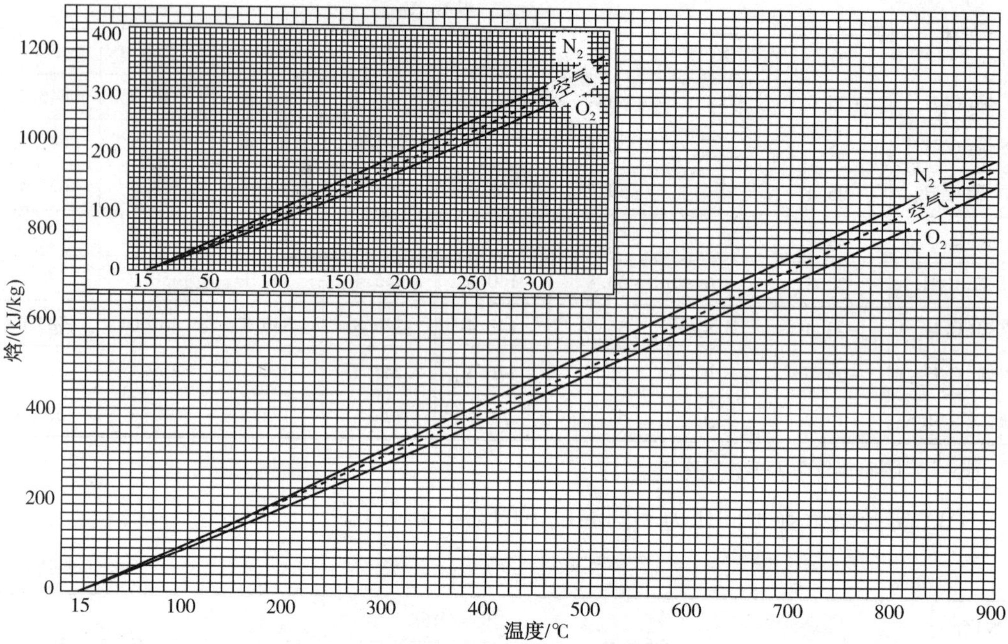

（5）烟气中 H_2O、CO、CO_2 和 SO_2 的焓（焓的基准温度 15.6℃，气体）：

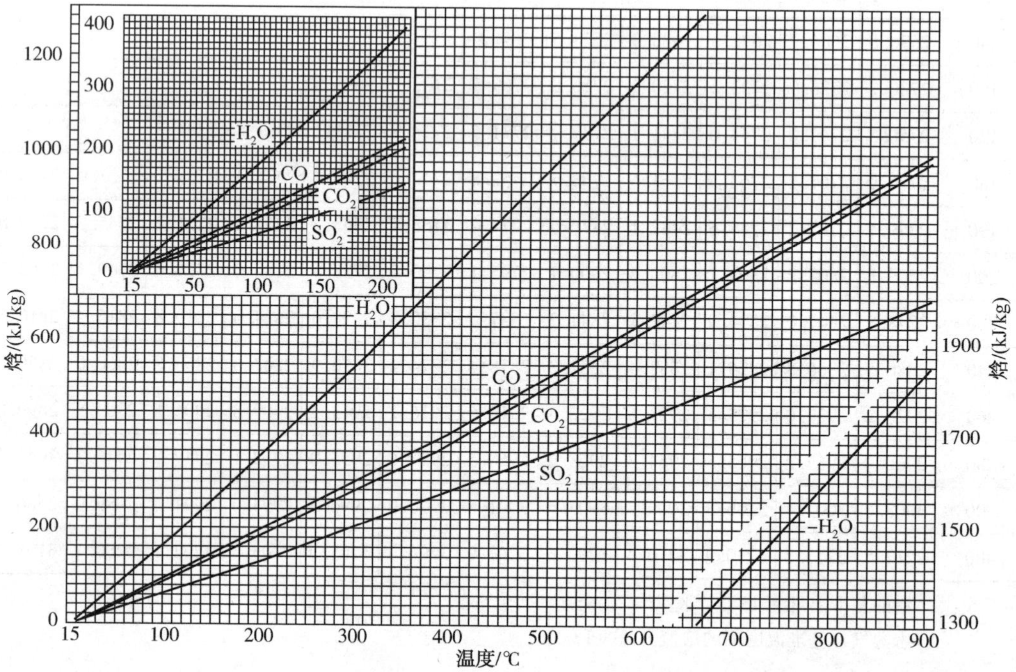

7.15.6 加热炉排烟热损失[25]

(1) 加热炉排烟热损失。即每公斤燃料气燃烧后生成烟气排放的热量损失，按下式计算：

$$h_s = \frac{(1+L_o \cdot \alpha)\sum Y_{si} \cdot L_{gi}}{100}$$

式中 h_s——排烟热损失，kJ/kg；

L_o——理论空气量(重量)，kg空气/kg燃料(计算方法见7.15.3)；

α——过剩空气系数(计算方法见7.15.4)；

Y_{si}——烟气中组分的质量分数,%；

L_{gi}——烟气中组分 i 的焓值，可根据排烟温度，由7.15.5中焓图查出。

(2) 加热炉排烟热损失也可通过下图简便查取烟气热焓与燃料低热焓之比 q_1(%)，乘以燃料低热值求出，即：

$$h_s = Q_L \times q_1$$

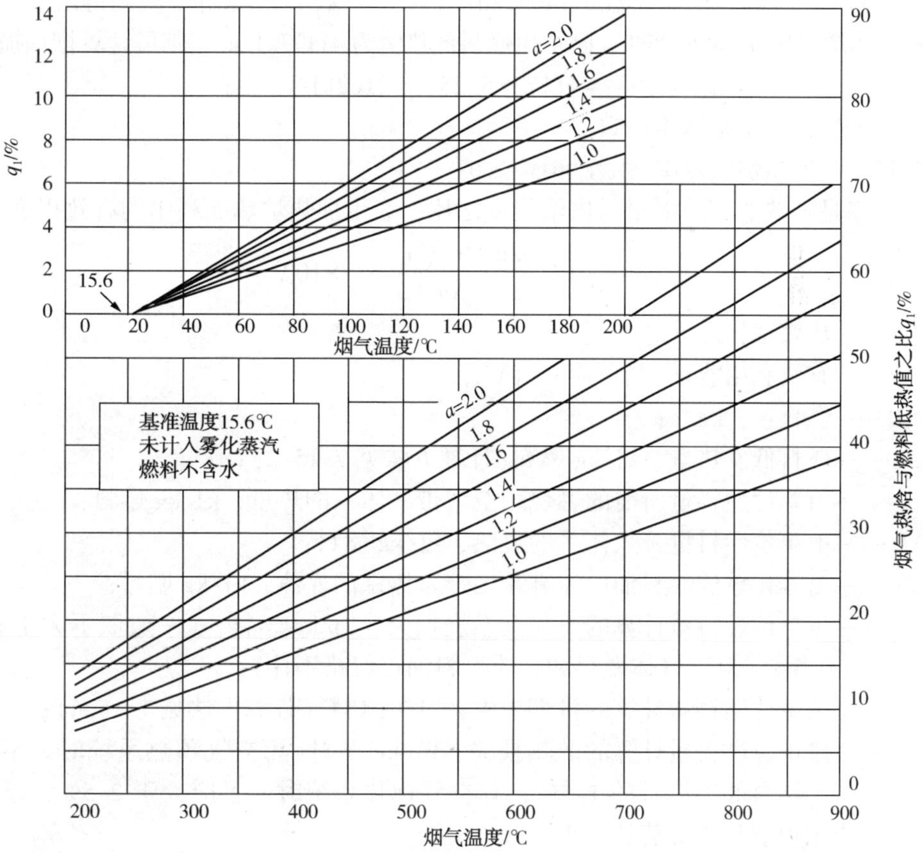

【例题】 某加热炉烟气中各组分的湿基分析数据如下：

组分	O_2	CO_2	CO	SO_2	N_2	H_2O
分析(体积分数%)	2.4185	7.7560	0.0050	0.0037	71.1275	18.6893
换算(质量分数%)	2.8173	12.4231	0.0051	0.0086	72.4996	12.2463

由7.15.5中焓图查得各组分在排烟温度140℃条件下的焓值(kJ/kg)分别为：O_2 100，CO_2 118，CO 122，SO_2 80，N_2 124，H_2O 200，已算出理论空气量为13.4974kg空气/kg燃料气，过剩空气系数为1.15，可计算排烟损失：

$$h_s = \frac{(1+L_o \cdot \alpha)\sum Y_{si} \cdot L_{gi}}{100}$$

$$= (1+13.4974\times1.15)\times(2.8173\times100+12.4231\times118+0.0051\times122+0.0086\times80+72.4996\times124+12.2463\times200)/100$$

$$= 2179\text{kJ/kg}$$

如采用上图计算，在烟气温度140℃和过剩空气系数1.15条件下查图得出烟气热焓与燃料低热焓之比 q_1 为5.25%，已求出燃料低热值为41177kJ/kg，则可计算排烟损失：

$$h_s = Q_Y \times q_1 = 41177\times5.25\% = 2162\text{kJ/kg 燃料}$$

两种方法计算结果基本一致。

7.15.7 加热炉热效率(SH/T 3045—2003)

热效率是加热炉有效能量与供给能量之比，表示加热炉热能利用的有效程度。

$$e = \frac{(3.6\times10^3 Q)}{B(h_L+\Delta h_a+\Delta h_f+\Delta h_m)}\times100$$

式中 e——热效率，%；

Q——有效利用能量(热负荷)，kW；

B——燃料量，kg/h；

h_L——燃料低发热量，kJ/kg燃料(计算方法见7.15.2)；

Δh_a——由单位燃料量所需的燃烧用空气带入体系的热量，kJ/kg燃料；

Δh_f——由单位燃料量带入体系的显热，kJ/kg燃料；

Δh_m——由雾化单位燃料油所需雾化剂带入体系的显热，kJ/kg燃料；

h_u——按单位燃料量计算的不完全燃烧损失，kJ/kg燃料，(一般取不大于 h_L 的0.5%，对于气体燃料和轻质燃料油可忽略不计)；

h_s——按单位燃料量计算的排烟损失，kJ/kg燃料(计算方法见7.15.6)；

h_t——按单位燃料量计算的散热损失，kJ/kg燃料(无空气预热系统时，不应大于燃料低发热量的1.5%，有空气预热系统时，不应大于2.5%，还应考虑炉型和热负荷的大小)。

【例题】 已知某加热炉燃料气消耗量B为2324kg/h，工艺介质实际吸收热量(热负荷）Q 为 24.8MW，燃料气组成见 7.15.2 中例题 2，燃料低发热量 h_L 为 41177kJ/kg，入炉温度 50℃，燃料燃烧时所用的空气量为 13.4932kg/kg，环境空气温度 20℃，

按组成及 50℃热焓计算燃料气带入显热，：

$$\Delta h_f=(0.3889\times40+1.2192\times40+0.0076\times3.9+6.6019\times498.1+20.1569\times40+1.8388\times40+29.5567\times82.2+3.6785\times63.9+3.8370\times60.4+3.9810\times60.1+3.3656\times59.9+13.8998\times57.3+9.1351\times53.8+2.3330\times55.2)/100$$
$$=89.86\text{kJ/kg}$$

由焓图查得 20℃空气的焓值 10kJ/kg，则空气带入显热为

$$\Delta h_a=10\times13.4974=134.974\text{kJ/kg}$$

加热炉的热效率：

$$e=\frac{Q}{B(h_L+\Delta h_a+\Delta h_f+\Delta h_m)}\times100$$
$$=\frac{24.8\times3600\times1000}{2324\times(41177+134.974+89.86+0)}\times100$$
$$=92.8\%$$

如根据烟气组分分析，已算出排烟热损失为 1993.1kJ/kg，散热损失取燃料发热量的 2.5%，虽不知道燃料气量和热负荷，也可计算加热炉的热效率：

$$e=\left(1-\frac{h_u+h_s+h_t}{h_L+\Delta h_a+\Delta h_f+\Delta h_m}\right)\times100$$
$$=\left(1-\frac{0+1993.59+41177\times2.5\%}{41177+134.974+89.86}\right)\times100$$
$$=92.7\%$$

7.15.8 加热炉热效率简化计算（SHF 0001—90）

本方法为管式加热炉综合效率的简化计算方法，适用于管式炉的日常操作调节和管理，也可用于 DCS 综合效率值的显示、记录和控制，但未反映辅助设备用能的影响，有一定局限性，与详细测定数据有一定误差。

简化计算式：

$$\eta=100-q_1-q_2-q_3$$

$$q_1=\frac{(0.0083+0.031\alpha)(t_g+0.000135t_g^2)+(5.65+0.0047t_g)W-1.1}{1+0.00034(t_a-15.6)+0.0657W}$$

$$q_2=\frac{(4.043\alpha-0.252)\times10^{-4}\cdot\text{CO}}{1+0.00034(t_a-15.6)+0.0657W}$$

采用气体燃料时，没有雾化蒸汽，如不用外部热源加热空气，则计算公式可进一步简化：

$$q_1=(0.0083+0.031\alpha)(t_g+0.000135t_g^2)-1.1$$

$$q_2=(4.043\alpha-0.252)\times10^{-4}\cdot CO$$

式中 η——综合效率,%;

q_1——排烟损失热量占供给能量的百分数,%;

q_2——不完全燃烧损失热量占供给能量的百分数,%;

q_3——表面散热损失热量占供给能量的百分数,%,(根据被测炉子测试数据及操作热负荷选取,一般为2.5%~3%);

t_g——排烟温度,℃;

t_a——外供热源预热空气时,热空气的温度,℃,(当燃烧用空气不预热或自身热源预热空气时,按基准温度15.6℃计算);

α——过剩空气系数,按下式公式计算:

干烟气(取样分析) $\alpha=\dfrac{21-0.0627\cdot O_2}{21-O_2}$

湿烟气(氧化锆氧分析仪) $\alpha=5\dfrac{21+0.116\cdot O_2}{21-O_2}$

O_2——烟气中氧含量百分数,%;

CO——烟气中一氧化碳含量,10^{-6};

W——雾化蒸汽用量,kg 汽/kg 燃料。

【例题1】 某烧气加热炉,预热器后实测烟气数据:烟气氧含量 $O_2=1.55\%$,一氧化碳含量 $CO=41\times10^{-6}$,烟气温度 $t_g=108.1$℃,计算得到:

过剩空气系数 $\alpha=\dfrac{21-0.0627\cdot O_2}{21-O_2}=\dfrac{21-0.0627\times1.55}{21-1.55}=1.075$

排烟损失 $q_1=(0.0083+0.031\alpha)(t_g+0.000135t_g^2)-1.1$

$=(0.0083+0.031\times1.075)\times(108.1+0.000135\times108.1^2)-1.1$

$=3.465\%$

不完全燃烧损失 $q_2=(4.043\alpha-0.252)\times10^{-4}\cdot CO$

$=(4.043\times1.075-0.252)\times10^{-4}\times41$

$=0.017\%$

表面散热损失 q_3 取为3%

则加热炉的综合效率 $\eta=100-q_1-q_2-q_3$

$=100-3.465-0.017-3=93.518\%$

【例题2】 某烧油加热炉,预热器后实测烟气数据:烟气氧含量 $O_2=4.0\%$,一氧化碳含量 $CO=80\times10^{-6}$,烟气温度 $t_g=170$℃,空气无外来热源加热,雾化蒸汽用量 w 为0.3kg 汽/kg 油,计算得到:

过剩空气系数 $\alpha=\dfrac{21-0.0627\cdot O_2}{21-O_2}=\dfrac{21-0.0627\times4.0}{21-4.0}=1.221$

排烟损失 $q_1=\dfrac{(0.0083+0.031\alpha)(t_g+0.000135t_g^2)+(5.65+0.0047t_g)W-1.1}{1+0.00034(t_a-15.6)+0.0657W}$

$=\dfrac{(0.0083+0.031\times1.221)\times(170+0.000135\times170^2)+(5.65+0.0047\times170)\times0.3-1.1}{1+0.00034(15.6-15.6)+0.0657\times0.3}$

$=8.689\%$

不完全燃烧损失 $q_2=\dfrac{(4.043\alpha-0.252)\times10^{-4}\cdot CO}{1+0.00034(t_a-15.6)+0.0657W}$

$=\dfrac{(4.043\times1.221-0.252)\times10^{-4}\times80}{1+0.00034(15.6-15.6)+0.0657\times0.3}$

$=0.037\%$

表面散热损失 q_3 取为 3%

则加热炉的综合效率 $\eta=100-q_1-q_2-q_3$

$=100-8.689-0.037-3=88.274\%$

7.16 压缩机的工艺计算

7.16.1 往复式压缩机的排气温度与功率[7]

(1) 往复式压缩机的排气温度

往复式压缩机的排气温度可按绝热压缩公式计算

$$T_2=T_1\left(\frac{p_2}{p_1}\right)^{\frac{k-1}{k}}$$

式中 T_2、T_1——压缩机每级排气和吸气温度，K；

p_2、p_1——压缩机每级排气和吸气压力(绝压)，MPa；

k——气体绝热指数，$k=\dfrac{c_p}{c_v}$；

c_p、c_v——气体的等压比热容和等容比热容，kJ/(kg·°K)。

考虑到活塞环在气缸镜面的摩擦热以及气体通过气阀阀隙的摩擦热，预期排气温度要比绝热排气温度高 2~4℃，美国石油学会标准 API 618 规定往复式氢气压缩机的预期排气温度控制在 135℃以下为宜。

(2) 往复式压缩机的功率

每级压缩机在绝热压缩过程中所消耗的功率为

$$N=16.67p_1V_1\frac{k}{k-1}\left[\varepsilon^{\frac{k-1}{k}}-1\right]$$

$$N_s=\frac{N}{\eta_g\cdot\eta_e}\qquad\varepsilon=\frac{p_2}{p_1(1-\alpha_1)(1-\alpha_2)}$$

式中 N——理论功率，kW(高压下尚需考虑压缩性系数的校正)；

N_s——轴功率，kW；

p_2、p_1——压缩机排气和吸气压力(绝压)，MPa；

V_1——吸入状态下的体积流量，m^3/min；

k——绝热指数；

η_g——机械效率，大型压缩机为 0.90~0.95，小型压缩机为 0.85~0.90；

η_e——传动效率，皮带传动为 0.96 ~ 0.99，齿轮传动为 0.97 ~ 0.99，直联为 1.0；

ε——包括进、排气阀压力损失在内的每级实际压缩比；

α_1、α_2——气体通过排气阀和吸气阀相对压力损失系数。

不同压力下的相对压力损失系数：

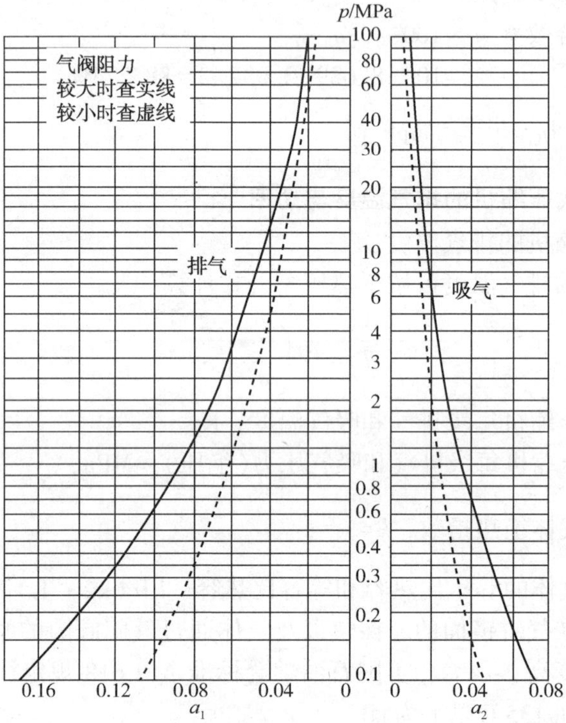

【例题】 某石脑油加氢装置循环氢压缩机，采用往复式压缩机，进排气压力分别为 2.1MPa(绝压)、2.9MPa(绝压)，进气温度 37℃，介质的绝热指数为 1.37，进气状态下的气量为 20.3m^3/min，求压缩机的排气温度和轴功率。

解：计算排气温度 $T_2 = T_1\left(\dfrac{p_2}{p_1}\right)^{\frac{k-1}{k}}$

$$=(273+37)\times\left(\frac{2.9}{2.1}\right)^{\frac{1.37-1}{1.37}}$$

$$=338.4\text{K}(\text{或 }65.3℃)$$

通过上图可查得压缩机排气阀压力损失α_1 为 0.02，进气阀压力损失α_2 为 0.05，

气缸内实际的压缩比 $\varepsilon=\frac{2.9}{2.1(1-0.02)(1-0.05)}=1.48$

压缩机的理论功率

$$N=16.67p_1V_1\frac{k}{k-1}\left[\varepsilon^{\frac{k-1}{k}}-1\right]$$

$$=16.67\times2.1\times20.3\times\frac{1.37}{1.37-1}\times\left[1.48^{\frac{1.37-1}{1.37}}-1\right]=293.7\text{kW}$$

选取机械效率 0.95 和传动效率 1.0，压缩机实际的轴功率

$$N_s=\frac{293.7}{0.95}=309\text{kW}$$

7.16.2　离心式压缩机的排气温度与功率[7]

(1) 离心式压缩机的排气温度

离心式压缩机的排气温度按多变压缩计算，即

$$T_2=T_1\left(\frac{p_2}{p_1}\right)^{\frac{m-1}{m}}$$

式中　T_2、T_1——压缩机出入口温度，K；

p_2、p_1——压缩机出入口压力(绝压)，MPa；

m——多变指数。

多变指数 m 可根据绝热指数 k 通过多变效率从以下两图中查出

① 离心压缩机的多变效率：

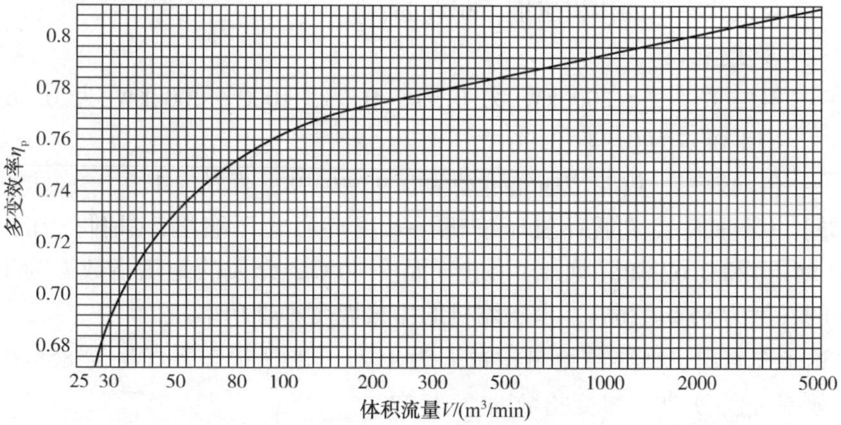

② 多变指数和多变效率的关系图：

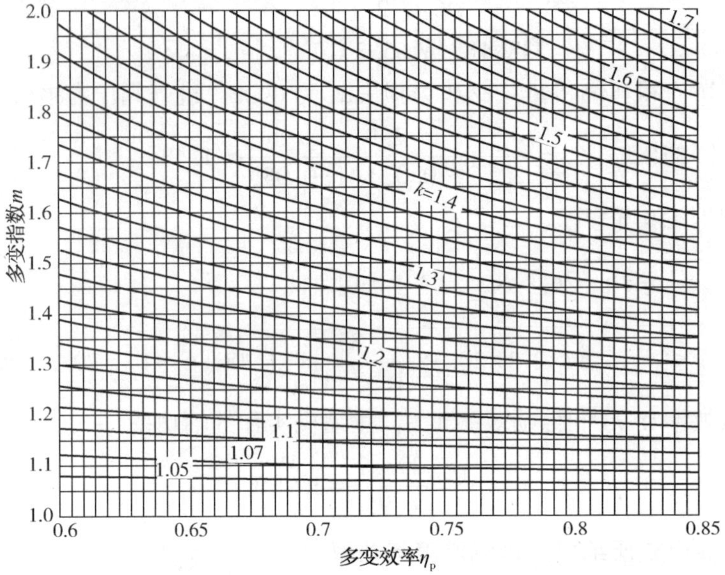

（2）离心式压缩机的功率[7]

$$N = 16.67 p_1 V_1 \frac{k}{k-1}\left[\left(\frac{p_2}{p_1}\right)^{\frac{m-1}{m}} - 1\right]$$

$$N_s = \frac{N}{\eta_g \cdot \eta_e}$$

式中　N——理论功率，kW；

N_s——轴功率，kW；

p_2、p_1——压缩机排气和吸气压力(绝压)，MPa；

V_1——吸入状态下的体积流量，m^3/min；

m——多变指数；

η_g——机械效率，>2000kW 为 0.97～0.98，1000～2000kW 为 0.96～0.97，<1000kW为 0.94～0.96；

η_e——传动效率，齿轮增速箱传动为 0.93～0.98，直联为 1.0。

【例题】 某重整装置循环氢压缩机，采用离心式压缩机，进排气压力分别为 0.34MPa(绝压)和 0.67MPa(绝压)，进气温度 40℃，介质的绝热指数 k 为 1.27，进气状态下的气量为 858m^3/min，求压缩机的排气温度和轴功率。

解：由上图查出，在介质绝热指数 k 为 1.27，进气状态下气量为 858m^3/m 条件下，多变效率 η_p 为 0.79，多变指数 m 为 1.37

排气温度 $T_2=T_1\left(\frac{p_2}{p_1}\right)^{\frac{m-1}{m}}=(273+40)\left(\frac{0.67}{0.34}\right)^{\frac{1.37-1}{1.37}}$

$=376.1\text{K}$ 或 103℃

取压缩机机械效率 0.98，计算轴功率：

$$N_s=16.67p_1V_1\frac{k}{k-1}\left[\left(\frac{p_2}{p_1}\right)^{\frac{m-1}{m}}-1\right]\Big/\eta_g$$

$$=16.67\times0.34\times858\times\frac{1.27}{1.27-1}\left[\left(\frac{0.67}{0.34}\right)^{\frac{1.37-1}{1.37}}-1\right]\Big/0.98$$

$$=4676\text{kW}$$

7.16.3 汽轮机蒸汽耗量[7]

离心式压缩机一般由汽轮机驱动，蒸汽耗量按下式估算：

$$G=\frac{3600N_s}{\Delta H\eta_i\cdot\eta_g}$$

式中 G——蒸汽耗量，kg/h；

N_s——压缩机的轴功率，kW；

ΔH——蒸汽焓降，kJ/kg；

η_i——汽轮机效率，取 $\eta_i=0.65\sim0.80$；

η_g——机械效率，$\eta_g=0.98\sim0.99$。

【例题】 离心压缩机采用背压式汽轮机驱动，蒸汽条件为中压(3.5MPa、410℃)背压到 1.1MPa，已计算出压缩机的轴功率 N_s 为 4676kW，求蒸汽消耗量。

解： 单位蒸汽的理论焓降 ΔH 为 292.8kJ/kg，

选取汽轮机效率 0.75，机械效率 0.99，

蒸汽消耗量

$$G=\frac{3600N_s}{\Delta H\eta_i\cdot\eta_g}$$

$$=\frac{3600\times4676}{292.8\times0.75\times0.99}=77430\text{kg/h}$$

7.17 泵的工艺计算[18]

7.17.1 泵的轴功率

$$N=\frac{QH\gamma}{367\eta}$$

式中 N——泵的轴功率，kW；

Q——输送温度下泵的流率，m^3/h；

H——泵的扬程，m；

γ——输送温度下液体的相对密度；

η——泵效率,%。

当液体相对密度远小于水(如液化气)时，除按设计条件计算 N 值外，尚应按泵的最小连续流量或泵的额定流量的 30%~40%水运条件计算 N 值，取两者中的较大值作为计算原动机功率的基准。

【例题】 某原油蒸馏装置拔头原油，从初馏塔底抽出，送往常压分馏塔，正常流量 520m³/h，初馏塔底压力 0.15MPa，常压塔进料段压力 0.15MPa，进口侧管线系统压力降 0.5m，排出侧管线系统(包括设备、仪表)压力降 200m，初馏塔最低液面至泵中心线 7m，常压塔进口至泵中心线 14m。液体在操作温度 225℃条件下的相对密度 0.80，求泵的轴功率。

解：按正常流量计算泵的轴功率，$Q=520\text{m}^3/\text{h}$

泵扬程 $H=\dfrac{(0.15-0.15)\times 100}{0.80}+14-7+0.5+200=207.5\text{m}$

选用离心泵在操作点的泵效率为 70%，则

泵的轴功率 $N=\dfrac{QH\gamma}{367\eta}=\dfrac{520\times 207.5\times 0.80}{367\times 0.7}=336\text{kW}$

7.17.2 汽蚀余量

(1)汽蚀余量($NPSH$)是在泵进口处单位质量液体所具有的超过汽化压力的富余能量

$$\text{汽蚀余量}(NPSH)=\frac{100(p_s-p_v)}{\gamma}+\frac{V_s^2}{2g}$$

式中 $NPSH$——汽蚀余量，m；

p_s——泵进口处绝对压力，MPa；

p_v——泵输送温度下液体的饱和蒸汽压(绝压)，MPa；

V_s——进口侧管线的流速，m/s；

γ——输送温度下液体的相对密度；

g——重力加速度，9.81m/s²。

(2) 必需汽蚀余量$(NPSH)_r$是指泵进口处所必须具有的超过汽化压力的能量，是使泵工作时不产生汽蚀现象所必须具有的富余能量，是泵本身具有的一种特性，由泵厂提供。

(3) 有效汽蚀余量$(NPSH)_a$是泵进口侧系统提供给泵进口处超过汽化压力的能量

$$(NPSH)_a=\left(\frac{p_s-p_v}{\gamma}\right)\times 100+H_s-h_s$$

式中 $(NPSH)_a$——有效汽蚀余量，m；

p_s——泵吸入侧容器中液面上的压力(绝压)，MPa；

p_v——泵输送温度下液体的饱和蒸气压(绝压)，MPa；

h_s——泵入口侧管线系统的阻力，m；

H_s——泵入口最低液面至泵中心线的高度差(当液面高于泵中心线时为正值，低于泵中心线时为负值)，m。

(4) 有效汽蚀余量$(NPSH)_a$必须大于泵的必需汽蚀余量$(NPSH)_r$，以确保泵工作时不产生汽蚀。

【例题】 按照 7.17.1 例题的操作条件，选用离心泵的必需汽蚀余量$(NPSH)_r$，核算系统有效的汽蚀余量是否满足要求。

解：系统的有效汽蚀余量

$$(NPSH)_a=\left(\frac{p_s-p_v}{\gamma}\right)\times100+H_s-h_s$$

$$=\left(\frac{0.15-0.15}{0.8}\right)\times100+7-0.5$$

$$=6.5\text{m}$$

厂家提供所选泵要求的汽蚀余量为 5.3m，取安全系数 1.2，则

要求的汽蚀余量$(NPSH)_r=1.2\times5.3=6.36\text{m}$

系统的有效汽蚀余量 6.5m，大于泵要求的汽蚀余量 6.36m，因而例题中初馏塔的安装高度可以满足要求。

7.18 固定床颗粒层压降计算

7.18.1 固体颗粒的几何特性[17]

对颗粒层中流体通道有重要影响的单颗粒特性，主要是颗粒的大小(体积)、形状和表面积。

(1) 球形颗粒

有关特性可用颗粒直径 d_p 表示：

$$v=\frac{\pi}{6}d_p^3$$

$$s=\pi d_p^2$$

$$\alpha=\frac{s}{v}=\frac{6}{d_p}$$

式中　d_p——球形颗粒的直径；

v——球形颗粒的体积；

s——球形颗粒的表面积；

α——球形颗粒的比表面积。

(2) 非球形颗粒

以某种当量的球形颗粒代表，以使所考察的领域内非球形颗粒的特性与球形颗粒等效，这一球形的直径称为当量直径。等比表面积当量直径，即比表面积等于颗粒的比表面积的当量球形颗粒的直径 d_e。

$$d_e=\frac{6}{\alpha}=\frac{6}{s/v}$$

(3) 形状系数

颗粒的形状可用形状系数(球形度)φ 表示。

$$\varphi=\frac{\text{与非球形颗粒体积相等的球的表面积}}{\text{非球形颗粒的表面积}}$$

(4)空隙率

颗粒群按某种方式堆积成固定床时，床层中颗粒堆积的疏密程度可用空隙率 ε 来表示。

$$\varepsilon=\frac{\text{床层体积-颗粒所占的体积}}{\text{床层体积}}$$

空隙率的大小与颗粒形状、粒度分布、颗粒直径与床层直径的比值、床层的填充方式等因素有关。床层的空隙率可通过实验测定。均匀的球体最松排列时的孔隙率为0.48，最紧密排列时的孔隙率为0.26。乱堆的非球形颗粒床层空隙率往往大于球形颗粒，而非均匀颗粒的床层空隙率则比均匀颗粒小。一般乱堆床层的孔隙率大致在0.47~0.7。

7.18.2　流体通过固体颗粒床层的压降[18]

流体通过固定床的压降主要有两方面，一是流体与颗粒表面间的摩擦作用产生的压降，二是流动过程中，孔道截面积突然扩大和突然缩小，以及流体对颗粒的撞击产生的压降。层流时，压降主要由表面摩擦作用产生，而湍流时，以及在薄的床层中流动时，突然扩大和突然缩小的损失起主要作用。

欧根(Ergun)在较宽的操作范围内研究了流体通过颗粒床层的压降，得出以下方程：

$$\frac{\Delta p_f}{L}=150\frac{(1-\varepsilon)^2u\mu}{\varepsilon^3\ (\varphi\ d_e)^2}+1.75\frac{(1-\varepsilon)\rho u^2}{\varepsilon^3(\varphi d_e)}$$

或
$$\Delta p_{\mathrm{f}}=\left[150\frac{(1-\varepsilon)^2u\mu}{\varepsilon^3(\varphi d_{\mathrm{e}})^2}+1.75\frac{(1-\varepsilon)\rho u^2}{\varepsilon^3(\varphi d_{\mathrm{e}})}\right]\times L$$

式中 Δp_{f}——流体通过床层压降，Pa；

L——颗粒床层高度，m；

ε——床层孔隙率，m^3/m^3；

φ——颗粒的形状系数(球形度)；

d_{e}——颗粒的体积当量直径，m；

ρ——流体的密度，kg/m^3；

μ——流体的黏度，Pa·s；

u——流体的速度，m/s。

实际工作中，由于床层孔隙率的不确定性、混合颗粒的平均粒径和球形度与预期值的偏差，以及颗粒中可能混入其他杂物的影响，通过公式计算固体颗粒的固定床压降与实际值常有一定误差，设计要留有余地。

【例题】 空气干燥器直径1m，器内堆放直径1mm的硅胶球粒作干燥剂，床层高3m，床层空隙率为0.4，30℃常压下空气自上而下通过床层，空塔气速0.5m/s，求空气通过床层的压降。

解：已知30℃常压下空气的密度 $\rho=1.165kg/m^3$，黏度 $\mu=1.86\times10^{-5}$Pa·s

干燥剂颗粒为球形，$\varphi=1$

$$床层压降\ \Delta p_{\mathrm{f}}=\left[150\times\frac{(1-\varepsilon)^2u\mu}{\varepsilon^3(\varphi d_{\mathrm{e}})^2}+1.75\times\frac{(1-\varepsilon)\rho u^2}{\varepsilon^3(\varphi d_{\mathrm{e}})}\right]\times L$$
$$=\left[150\times\frac{(1-0.4)^2\times0.5\times1.86\times10^{-5}}{0.4^3\times0.001^2}+1.75\times\frac{(1-0.4)\times1.165\times0.5^2}{0.4^3\times0.001}\right]\times3$$
$$=12625\times3=37875\text{Pa}$$

7.19 管道及摩擦压力降的计算[16]

7.19.1 流速与管径

根据流率与流速计算管径：

$$d_{\mathrm{i}}=18.8\sqrt{\frac{q}{u}}$$

式中 d_{i}——管内径，mm；

q——在操作条件下流体的体积流率，m^3/h；

u——流体的流速，m/s。

管径与流率、流速的关系图：

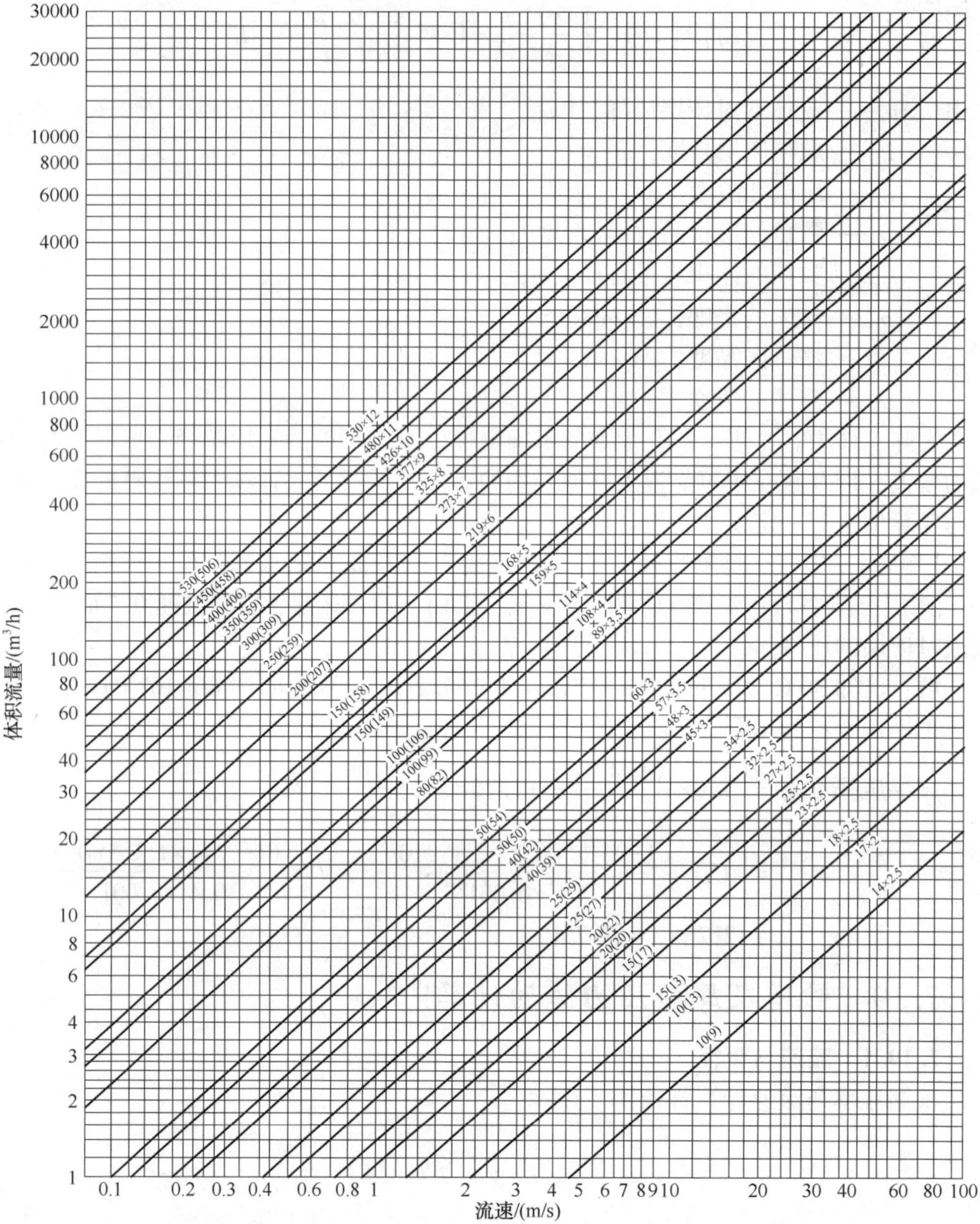

图中数字前者为公称直径。括号里为内径，后者为外径×厚度，单位均为mm

7.19.2　根据压力降计算管径

当选定每100m管长的压力降时，可由下式求管径：

$$d_i = 11.4\rho^{0.207}\mu^{0.033}q^{0.38}\Delta p_{100}^{-0.207}$$

式中　d_i——管内径，mm；

ρ——在操作条件下的流体密度，kg/m^3；

μ——在操作条件下的流体运动黏度，mm^2/s；

q——在操作条件下的流体体积流率，m^3/h；

Δp_{100}——每百米管长允许压力降，kPa。

以上计算适于一般单相流。对于两相流的管道，情况比较复杂，必要时应进行流型分析，避免块状流发生。

【例题】 某管道用于输送 $30m^3/h$ 的油品，油品在操作条件下的密度为 $800kg/m^3$，运动黏度为 $5mm^2/s$，如每百米管长允许压力降为 40kPa，则管道内径应不小于

$$\begin{aligned} d_i &= 11.4\rho^{0.207}\mu^{0.033}q^{0.38}\Delta p_{100}^{-0.207} \\ &= 11.4\times800^{0.207}\times5^{0.033}\times30^{0.38}\times40^{-0.207} \\ &= 81.4\text{mm，选用 } DN100 \text{ 管} \end{aligned}$$

7.19.3　管道压力降的计算[16]

流体在管道中流动时的压力降包括直管压力降和局部障碍所产生的压力降，局部障碍系指管道中的管件、阀门、流量计等。

$$\Delta p = \Delta p_f + \Delta p_t$$

式中　Δp——管道压力降，kPa；

Δp_f——直管压力降，kPa；

Δp_t——局部压力降，kPa。

（1）直管压力降

$$\Delta p_f = \lambda \frac{L}{d_i}\frac{\rho u^2}{2}$$

式中　Δp_f——直管压力降，kPa；

λ——摩擦系数；

L——直管长度，m；

d_i——直管内径，mm；

ρ——流体密度，kg/m^3；

u——流速，m/s。

摩擦系数 λ 可根据雷诺数和管壁相对粗糙度从下图查出：

当雷诺数 $Re \leqslant 2000$ 时，流体的流动处于滞流状态，管道的阻力只与雷诺数有关。

当雷诺数 $Re = 2000 \sim 4000$ 时，流体的流动处于临界区，或是滞流或是湍流，管道的阻力还不能作出确切的关联。

当雷诺数 $Re \geqslant 4000$ 时，流体的流动进入过渡湍流区或完全湍流区，管道的阻力部分或完全是管壁相对粗糙度的函数。

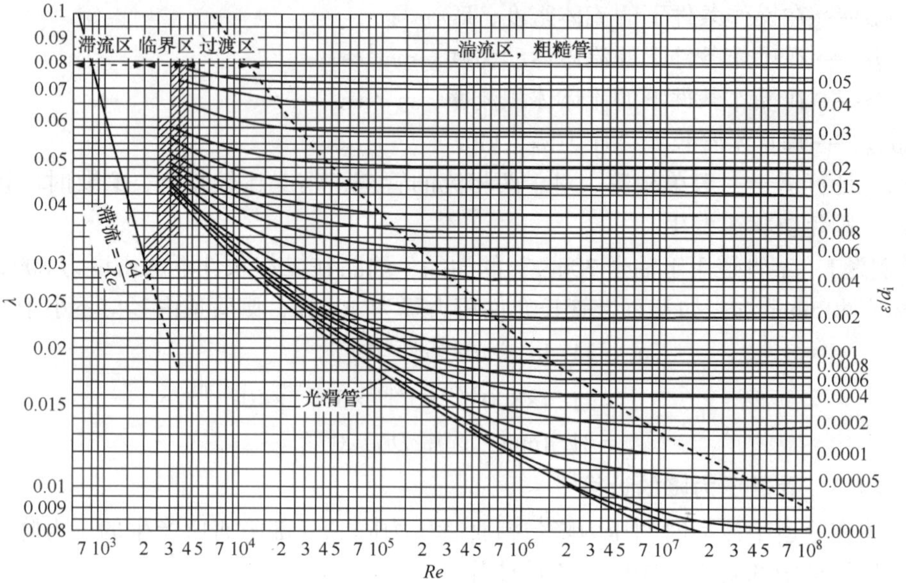

（2）各种局部阻力的当量长度

因局部阻力而导致的压力降，相当于流体通过其相同管径的某一长度的直管的压力降，此直管长度称为当量长度。

各种管件、阀门及流量计等以管径（d_i）计的当量长度（L_e/d_i）：

名　　称	L_e/d_i
45°标准弯头	16
90°标准弯头	30~40
90°方形弯头	60
180°弯头	50~75
三通管（标准）	
流向	
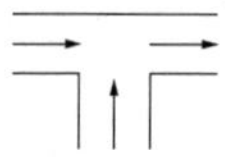	40
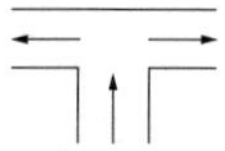	60
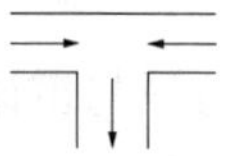	90
截止阀（标准式）（全开）	300
角阀（标准式）（全开）	145
闸阀（全开）	7

名　　称	L_e/d_i
3/4 开	40
1/2 开	200
1/4 开	800
带有滤水器的底阀（全开）	420
止回阀（旋启式）（全开）	135
升降式止回阀	600
蝶阀（全开）	
$DN\leqslant200$mm	45
DN 250~350mm	35
DN 400~600mm	25
旋笼阀（全开）	18
盘式流量计（水表）	400
文氏流量计	12
转子流量计	200~300
由容器进入管道的入管嘴	20

注：表中 L_e、d_i 单位为 m。

(3) 管壁的绝对粗糙度(SH/T 3035—2018)

管子类别	管壁的绝对粗糙度 ε/mm
无缝黄铜、铜及铅管	0.005～0.01
操作中基本无腐蚀的无缝钢管	0.05～0.1
操作中有轻度腐蚀的无缝钢管	0.1～0.2
操作中有显著腐蚀的无缝钢管	0.2～0.5
钢板卷管	0.33
铸铁管	0.5～0.85
干净的玻璃管	0.0015～0.01

7.19.4 管道摩擦压力降控制值(SH/T 3035—2018)

序号	管道种类		百米管长的摩擦压力降/kPa
一、输送气体的管道			
1	负压管道	$p_1 \leqslant 49$kPa	1.13
		49kPa$<p_1 \leqslant$101kPa	1.96
2	通风机管道	$p_1 = 101$kPa	1.96
3	压缩机的吸入管道	101kPa$<p_1 \leqslant$111kPa	1.96
		111kPa$<p_1 \leqslant$450kPa	4.50
		$p_1>450$kPa	$0.01p_1$
4	压缩机的排出管道和压力管道	$p_1 \leqslant 450$kPa	4.50
		$p_1>450$kPa	$0.01p_1$
5	工艺用的加热蒸汽管道	$p_1 \leqslant 300$kPa	10.00
		300kPa$<p_1 \leqslant$600kPa	15.00
		600kPa$<p_1 \leqslant$1000kPa	20.00
二、输送液体的管道			
1	自流的液体管道		5.00
2	泵的吸入管道	饱和液体	10.00～11.00
		不饱和液体	20.00～22.00
3	泵的排出管道	$q_v \leqslant 150m^3/h$	45.00～50.00
		$q_v > 150m^3/h$	45.00
4	循环冷却水的管道		30.00

注：p_1为管道进口端流体的绝对压力。

q_v为流体的体积流量。

7.19.5　介质在管道中的流速范围(SH/T 3035—2018)

(1) 常见气体

序号	介质	工作条件或管径范围	流速/(m/s)
1	饱和蒸汽	*DN*<100mm	15~30
		100mm≤*DN*≤200mm	25~35
		DN>200mm	30~40
2	饱和蒸汽	*p*<1MPa	15~20
		1MPa≤*p*<4MPa	20~40
		4MPa≤*p*≤12MPa	40~52
3	过热蒸汽	*DN*<100mm	20~40
		100mm≤*DN*≤200mm	30~50
		DN>200mm	40~52
4	二次蒸汽	二次蒸汽要利用时	15~30
		二次蒸汽不利用时	≤52
5	乏汽①	排气管：从受压容器排出	≤80
		从无压容器排出	15~30
6	氮	气体 *p*<5MPa	2~5
		气体 5MPa≤*p*≤10MPa	15~25
		液体	≤1.5
7	压缩气体	真空	5~10
		p(表压)≤0.3MPa	8~12
		0.3MPa<*p*(表压)≤0.6MPa	10~20
		0.6MPa<*p*(表压)≤1MPa	10~15
		1MPa<*p*(表压)≤2MPa	8~12
		2MPa<*p*(表压)≤3MPa	3~8
		3MPa<*p*(表压)≤30MPa	0.5~3
8	煤气	*p*(表压)≤0.027MPa	0.75~3
		0.027MPa<*p*(表压)≤0.27MPa	8~12
		0.27MPa<*p*(表压)≤0.8MPa	3~12

续表

序号	介质	工作条件或管径范围	流速/(m/s)
9	半水煤气	0.1MPa≤p(表压)≤0.15MPa	10~15
10	天然气		≤30
11	烟道气	烟道内	3~6
		管道内	3~4
12	鼓风机气体	鼓风机吸入管	10~15
		鼓风机排出管	15~20
13	压缩机气体	压缩机吸入管	10~20
		压缩机排出管:	
		p(表压)<1MPa	8~10
		1MPa≤p(表压)≤10MPa	10~20
		p(表压)>10MPa	8~12
14	真空泵气体	往复式真空泵吸入管	13~16
		往复式真空泵排出管	25~30
		油封式真空泵吸入管	10~13

① 乏汽指蒸汽做功后，不能被进一步利用、直接放空的蒸汽排气。

(2) 常见液体

序号	介质	工作条件或管径范围	流速/(m/s)
1	水及黏度相似液体	往复泵吸入管	0.5~1.5
		往复泵排出管	1~2
		离心泵吸入管(常温)	1.5~2
		离心泵吸入管(70~110℃)	0.5~1.5
		离心泵排出管	1.5~3
		高压离心泵排出管	3~3.5
		齿轮泵吸入管	≤1
		齿轮泵排出管	1~2
2	凝结水	自流凝结水管道	<0.5
		余压凝结水管道	0.5~1
		泵送凝结水管道	1~2

续表

序号	介质	工作条件或管径范围	流速/(m/s)
3	油及黏度较大的液体	黏度 0.05Pa·s	
		*DN*25	0.5~0.9
		*DN*50	0.7~1.0
		*DN*100	1.0~1.6
		黏度 0.1Pa·s	
		*DN*25	0.3~0.6
		*DN*50	0.5~0.7
		*DN*100	0.7~1.0
		*DN*200	1.2~1.6
		黏度 1Pa·s	
		*DN*25	0.1~0.2
		*DN*50	0.16~0.25
		*DN*100	0.25~0.35
		*DN*200	0.35~0.55
4	液体	悬浮固体颗粒	$0.9<U\leqslant 2.5$

（3）化学品

序号	介质	工作条件或管径范围	流速/(m/s)
1	氨气	p=真空	15~25
		0≤p(表压)<0.3MPa	8~15
		0.3MPa≤p(表压)<0.6MPa	10~20
		0.6MPa≤p(表压)<2MPa	3~8
2	乙烯气	22MPa≤p(表压)≤150MPa	5~6
3	氯仿	气体	≤10
		液体	≤2
4	氯化氢	气体(钢衬胶管)	≤20
		液体(橡胶管)	≤1.5
5	溴	气体(玻璃管)	≤10
		液体(玻璃管)	≤1.2

续表

序号	介质	工作条件或管径范围	流速/(m/s)
6	氯化甲烷	气体	≤20
		液体	≤2
7	氯乙烯、二氯乙烯、三氯乙烯	液体	≤2
8	乙二醇	液体	1~2
9	苯乙烯	液体	≤2
10	二溴乙烯	液体(玻璃管)	≤1
11	液氨	p=真空	0.05~0.3
		0<p(表压)≤0.6MPa	0.3~0.8
		0.6MPa<p(表压)≤2MPa	0.8~1.5
12	氢氧化钾	浓度：0~30%	≤2
		浓度：30%~50%	≤1.5
		浓度：50%~73%	≤1.2
13	四氯化碳		≤2
14	硫酸	浓度：88%~93%(铅管)	≤1.2
		浓度：93%~100%(铸铁管、钢管)	≤1.2
15	盐酸	衬胶管	≤1.5
16	氯化钠	带有固体	2~4.5
		无固体	≤1.5
17	泥状混合物	浓度：15%	2.5~3
		浓度：25%	3~4
		浓度：65%	2.5~3

(4) 腐蚀性介质的最大流速

序号	介质名称	最大流速/(m/s)
1	氯气	25.0
2	二氧化硫气	20.0
3	氨气 p≤0.7MPa 0.7MPa<p≤2.1MPa	 20.0 8.0
4	浓硫酸	1.2

续表

序号	介质名称	最大流速/(m/s)
5	碱液	1.2
6	盐水和弱碱液	1.8
7	酚水	0.9
8	液氨	1.5
9	液氯	1.5

(5) 低于大气压的蒸汽管道的最大流速

序号	绝对压力(p) /kPa	最大流速/(m/s)
1	$50<p\leqslant100$	40
2	$20<p\leqslant50$	60
3	$5<p\leqslant20$	75

(6) 氢气站设计碳素钢管中氢气最大流速(摘自 GB 50177—2005)

设计压力/MPa	最大流速/(m/s)
>3.0	10
0.1~3.0	15
<0.1	按允许压力降确定

注：氢气设计压力为0.1~3.0MPa，在不锈钢管中最大流速可为25m/s。

(7) 管道中氧气最高允许流速(摘自 GB 16912—2008)

<table>
<tr><th rowspan="2">材质</th><th colspan="6">工作压力 p/MPa</th></tr>
<tr><th>$p\leqslant0.1$</th><th>$0.1<p\leqslant1.0$</th><th>$1.0<p\leqslant3.0$</th><th>$3.0<p\leqslant10.0$</th><th>$10.0<p<15.0$</th><th>$p\geqslant15.0$</th></tr>
<tr><td>碳钢</td><td rowspan="2">根据管系压降确定</td><td>20m/s</td><td>15m/s</td><td>不允许</td><td>不允许</td><td>不允许</td></tr>
<tr><td>奥氏体不锈钢</td><td>30m/s</td><td>25m/s</td><td>$p\times v\leqslant45$MPa·m/s
(撞击场合)
$p\times v\leqslant80$MPa·m/s
(非撞击场合)</td><td>4.5m/s
(撞击场合)
8.0m/s
(非撞击场合)</td><td>4.5m/s</td></tr>
</table>

注：1. 最高允许流速是指管系最低工作压力，最高工作温度时的实际流速。

2. 撞击场合和非撞击场合：使流体流动方向突然改变或产生旋涡的位置，从而引起流体中颗粒对管壁的撞击，这样的位置称作撞击场合；否则称为非撞击场合。

3. 铜及铜合金(含铝铜合金除外)、镍及镍铜合金，在小于或等于21.0MPa条件下，流速在压力降允许时没有限制。

7.19.6 常用管道的流量和摩擦压力降(SH/T 3035—2018)

(1) 水管道的流量和摩擦压力降

管子规格		泵的吸入管道						泵的排出管道			循环冷却水管道		
		饱和液体			不饱和液体								
DN/mm	d_i/m	q_v/(m^3/h)	u/(m/s)	Δp_f/(kPa/100m)	q_v/(m^3/h)	u/(m/s)	Δp_f/(kPa/100m)	q_v/(m^3/h)	u/(m/s)	Δp_f/(kPa/100m)	q_v/(m^3/h)	u/(m/s)	Δp_f/(kPa/100m)
20	0.021	0.41	0.329	10.24	0.60	0.48	20.55	0.95	0.76	48.38	0.75	0.60	29.70
25	0.027	0.82	0.398	10.43	1.2	0.58	21.09	1.82	0.88	46.09	1.46	0.71	29.19
40	0.04	2.4	0.531	10.69	3.5	0.77	21.66	5.3	1.17	47.62	4.2	0.93	29.51
50	0.052	4.80	0.628	10.47	6.80	0.89	20.19	10.50	1.37	46.25	8.40	1.10	29.22
80	0.078	14.00	0.814	10.23	20.00	1.16	20.17	31.50	1.83	48.35	24.50	1.42	28.96
100	0.102	29.00	0.986	10.53	42.00	1.43	21.40	64.00	2.18	48.33	50.00	1.70	29.22
150	0.154	85.00	1.268	10.22	125.00	1.86	21.50	185.00	2.76	46.12	148.00	2.21	29.22
200	0.203	180.00	1.545	10.65	250.00	2.15	20.12	385.00	3.30	46.76	306.00	2.63	29.27
250	0.254	320.00	1.754	10.35	450.00	2.47	20.08	685.00	3.76	45.71	550.00	3.02	29.20
300	0.303	520.00	1.977	10.44	750.00	2.85	21.33	1100.00	4.18	45.21	885.00	3.36	29.00
350	0.334	650.00	2.061	10.14	950.00	3.01	21.26	1400.00	4.44	45.53	1130.00	3.58	29.39
400	0.38	910.00	2.229	10.10	1300.00	3.18	20.27	2000.00	4.90	47.29	1580.00	3.87	29.28
450	0.429	1250.00	2.402	10.09	1800.00	3.46	20.60	2700.00	5.19	45.75	2170.00	4.17	29.30
500	0.478	1660.00	2.570	10.10	2400.00	3.72	20.80	3600.00	5.57	46.24	2880.00	4.46	29.35

注：1. 水的物性参数取 $\rho=1000kg/m^3$，$\nu=1\times10^{-6}m^2/s$。

2. 循环冷却水管道的计算中，取循环冷却水的物性参数为 $\rho=994kg/m^3$，$\nu=0.73\times10^{-6}m^2/s$。

3. 公称直径 DN 和内径 d_i 依照 SH/T 3405—2016《石油化工钢管尺寸系列》表 3.1 中 SCH40 的钢管系列。管壁的绝对粗糙度 ε 为 0.1mm。

(2) 油品管道的流量和摩擦压力降($\rho=800kg/m^3$，$\nu=5\times10^{-6}m^2/s$，$\varepsilon=0.1mm$)

管子规格		泵的吸入管道						泵的排出管道		
		饱和液体			不饱和液体					
DN/mm	d_i/m	q_v/(m^3/h)	u/(m/s)	Δp_f/(kPa/100m)	q_v/(m^3/h)	u/(m/s)	Δp_f/(kPa/100m)	q_v/(m^3/h)	u/(m/s)	Δp_f/(kPa/100m)
25	0.0270	0.82	0.398	10.01	1.15	0.56	19.69	1.8	0.87	47.31
40	0.0400	2.30	0.508	10.91	3.3	0.73	20.57	5.2	1.15	46.30

续表

管子规格		泵的吸入管道						泵的排出管道		
		饱和液体			不饱和液体					
DN/mm	d_i/m	q_v/(m^3/h)	u/(m/s)	Δp_f/(kPa/100m)	q_v/(m^3/h)	u/(m/s)	Δp_f/(kPa/100m)	q_v/(m^3/h)	u/(m/s)	Δp_f/(kPa/100m)
50	0.0520	4.50	0.589	10.01	6.60	0.86	19.76	10.50	1.37	45.59
80	0.0780	13.50	0.785	9.91	20.00	1.16	20.11	31.50	1.83	46.09
100	0.1020	28.00	0.952	9.97	42.00	1.43	20.83	64.00	2.18	45.25
150	0.1540	85.00	1.268	10.01	125.00	1.86	20.34	195.00	2.91	46.56
200	0.2030	178.00	1.528	10.00	260.00	2.23	20.18	400.00	3.43	45.26
250	0.2540	320.00	1.754	9.80	470.00	2.58	20.04	725.00	3.97	45.37
300	0.3030	500.00	1.901	9.09	760.00	2.89	19.87	1180.00	4.49	45.69
350	0.3340	665.00	2.108	9.86	960.00	3.04	19.62	1500.00	4.76	45.72
400	0.3800	935.00	2.290	9.83	1350.00	3.31	19.61	2100.00	5.14	45.41
450	0.4290	1300.00	2.498	9.99	1880.00	3.61	20.01	2900.00	5.57	45.71
500	0.4780	1730.00	2.678	9.98	2500.00	3.87	20.00	3880.00	6.01	46.30

(3) 油品管道的流量和摩擦压力降($\rho=850kg/m^3$，$\nu=30\times10^{-6}m^2/s$，$\varepsilon=0.1mm$)

管子规格		泵的吸入管道						泵的排出管道		
		饱和液体			不饱和液体					
DN/mm	d_i/m	q_v/(m^3/h)	u/(m/s)	Δp_f/(kPa/100m)	q_v/(m^3/h)	u/(m/s)	Δp_f/(kPa/100m)	q_v/(m^3/h)	u/(m/s)	Δp_f/(kPa/100m)
25	0.0270	0.19	0.092	10.32	0.38	0.18	20.64	0.85	0.41	46.16
40	0.0400	0.90	0.199	10.15	1.8	0.40	20.29	4	0.88	45.09
50	**0.0520**	**2.55**	**0.334**	**10.07**	**5.20**	**0.68**	**20.53**	**8.20**	**1.07**	**45.30**
80	0.0780	13.00	0.756	10.14	15.50	0.90	20.12	24.60	1.43	45.15
100	0.1020	22.00	0.748	10.38	32.00	1.09	20.00	50.00	1.70	44.58
150	0.1540	67.00	0.999	10.43	98.00	1.46	20.18	155.00	2.31	45.11
200	0.2030	140.00	1.202	10.07	209.00	1.79	20.33	330.00	2.83	45.65
250	0.2540	260.00	1.425	10.22	385.00	2.11	20.43	600.00	3.29	45.06

续表

管子规格		泵的吸入管道						泵的排出管道		
		饱和液体			不饱和液体					
DN/mm	d_i/m	q_v/(m^3/h)	u/(m/s)	Δp_f/(kPa/100m)	q_v/(m^3/h)	u/(m/s)	Δp_f/(kPa/100m)	q_v/(m^3/h)	u/(m/s)	Δp_f/(kPa/100m)
300	0. 3030	425. 00	1. 616	10. 12	625. 00	2. 38	20. 06	985. 00	3. 74	45. 33
350	0. 3340	550. 00	1. 744	10. 33	798. 00	2. 53	20. 04	1260. 00	3. 99	45. 52
400	0. 3800	770. 00	1. 886	10. 11	1140. 00	2. 79	20. 37	1780. 00	4. 36	45. 49
450	0. 4290	1080. 00	2. 075	10. 31	1560. 00	3. 00	19. 92	2460. 00	4. 73	45. 40
500	0. 4780	1450. 00	2. 245	10. 37	2100. 00	3. 25	20. 18	3300. 00	5. 11	45. 79

(4) 油品管道的流量和摩擦压力降($\rho=940kg/m^3$, $\nu=100\times10^{-6}m^2/s$, $\varepsilon=0.1mm$)

管子规格		泵的吸入管道						泵的排出管道		
		饱和液体			不饱和液体					
DN/mm	d_i/m	q_v/(m^3/h)	u/(m/s)	Δp_f/(kPa/100m)	q_v/(m^3/h)	u/(m/s)	Δp_f/(kPa/100m)	q_v/(m^3/h)	u/(m/s)	Δp_f/(kPa/100m)
40	0. 0400	0. 25	0. 055	10. 39	0. 5	0. 11	20. 78	1. 2	0. 27	49. 87
50	0. 0520	0. 70	0. 092	10. 19	1. 40	0. 18	20. 37	3. 40	0. 44	49. 47
80	0. 0780	3. 50	0. 203	10. 06	7. 20	0. 42	20. 69	17. 50	1. 02	50. 30
100	0. 1020	10. 50	0. 357	10. 32	21. 00	0. 71	20. 64	51. 00	1. 73	50. 13
150	0. 1540	57. 00	0. 850	10. 78	80. 00	1. 19	20. 99	132. 00	1. 97	50. 43
200	0. 2030	115. 00	0. 987	10. 67	168. 00	1. 44	20. 71	262. 00	2. 25	45. 56
250	0. 2540	210. 00	1. 151	10. 55	305. 00	1. 67	20. 49	484. 00	2. 65	45. 42
300	0. 3030	340. 00	1. 293	10. 28	505. 00	1. 92	20. 53	800. 00	3. 04	45. 60
350	0. 3340	445. 00	1. 411	10. 75	650. 00	2. 06	20. 65	1020. 00	3. 23	45. 23
400	0. 3800	630. 00	1. 543	10. 62	925. 00	2. 27	20. 65	1445. 00	3. 54	45. 02
450	0. 4290	870. 00	1. 672	10. 44	1280. 00	2. 46	20. 43	2010. 00	3. 86	45. 08
500	0. 4780	1160. 00	1. 796	10. 29	1700. 00	2. 63	20. 05	2700. 00	4. 18	45. 25

注：1. 公称直径 DN 和内径 d_i 依照 SH/T 3405—2016《石油化工钢管尺寸系列》表 3. 1 中 SCH40 的钢管系列。
2. 在需要防止静电火花的情况下，流量应受安全流速的限制。

(5) 饱和水蒸气管道的质量流量和摩擦压力降

管子规格		p=0.3MPa			p=0.6MPa			p=1.0MPa		
DN/mm	d_i/m	q_m/(kg/h)	u/(m/s)	Δp_f/(kPa/100m)	q_m/(kg/h)	u/(m/s)	Δp_f/(kPa/100m)	q_m/(kg/h)	u/(m/s)	Δp_f/(kPa/100m)
20	0.021	18	8.784	10.15	31	7.849	15.05	45.9	7.158	19.91
25	0.027	36	10.628	10.54	60.8	9.312	15.13	90.0	8.490	20.06
40	0.04	100	13.451	10.02	174	12.143	15.32	256.0	11.003	20.14
50	0.052	202	16.077	10.14	346.00	14.287	15.09	512.0	13.021	20.10
80	0.078	587	20.764	10.01	1007.00	18.481	15.01	1490.0	16.842	20.05
100	0.102	1192	24.657	10.03	2056.00	22.065	15.23	3050.0	20.160	20.47
150	0.154	3568	32.378	10.28	6020.00	28.342	15.00	8888.0	25.772	20.01
200	0.203	7379	38.537	10.32	12525.00	33.937	15.26	18400.0	30.706	20.18
250	0.254	13466	44.920	10.62	22524.00	38.982	15.28	33081.0	35.262	20.20
300	0.303	21222	49.097	10.13	36269.00	43.533	15.22	53500.0	39.550	20.31
350	0.334	27100	52.281	10.27	45667.00	45.708	15.02	67484.0	41.601	20.12
400	0.38	38400	57.231	10.51	63956.00	49.453	15.02	95760.0	45.605	20.66
450	0.429	53100	62.094	10.67	88200.00	53.510	15.17	130176.0	48.642	20.29
500	0.478	68698	64.708	10.16	117500.00	57.420	15.32	172169.0	51.819	20.20

注：1. 绝对压力为 0.3MPa 饱和蒸汽的物性参数为：$\nu=0.6058\text{m}^3/\text{kg}$，$\mu=13.30\times10^{-6}\text{Pa}\cdot\text{s}$。

2. 绝对压力为 0.6MPa 饱和蒸汽的物性参数为：$\nu=0.3157\text{m}^3/\text{kg}$，$\mu=14.21\times10^{-6}\text{Pa}\cdot\text{s}$。

3. 绝对压力为 1.0MPa 饱和蒸汽的物性参数为：$\nu=0.19444\text{m}^3/\text{kg}$，$\mu=14.96\times10^{-6}\text{Pa}\cdot\text{s}$。

4. 公称直径 DN 和内径 d_i 依照 SH/T 3405—2016《石油化工钢管尺寸系列》表 3.1 中 SCH40 的钢管系列。管壁的绝对粗糙度 ε 为 0.1mm。

(6) 压缩空气管道的流量和摩擦压力降

管子规格		p=0.101MPa			p=0.45MPa			p=0.8MPa			p=1.5MPa		
DN/mm	d_i/m	q_v/(m³/h)	u/(m/s)	Δp_f/(kPa/100m)	q_v/(m³/h)	u/(m/s)	Δp_f/(kPa/100m)	q_v/(m³/h)	u/(m/s)	Δp_f/(kPa/100m)	q_v/(m³/h)	u/(m/s)	Δp_f/(kPa/100m)
25	0.027				7.9	3.833	4.525	8.1	3.930	8.083	8.2	3.978	15.074
40	0.04				23	5.084	4.695	23	5.084	8.060	23.2	5.128	15.014
50	0.052	60.0	7.8	2.017	46.00	6.017	4.656	46.00	6.017	8.029	46.40	6.069	15.005
80	0.078	180.0	10.5	2.071	133.00	7.732	4.547	134.00	7.790	8.003	135.20	7.860	15.028

续表

管子规格		p=0.101MPa			p=0.45MPa			p=0.8MPa			p=1.5MPa		
DN/mm	d_i/m	q_v/(m³/h)	u/(m/s)	Δp_f/(kPa/100m)	q_v/(m³/h)	u/(m/s)	Δp_f/(kPa/100m)	q_v/(m³/h)	u/(m/s)	Δp_f/(kPa/100m)	q_v/(m³/h)	u/(m/s)	Δp_f/(kPa/100m)
100	0.102	363.0	12.3	2.021	270.00	9.178	4.546	272.00	9.246	8.027	274.00	9.314	15.061
150	0.154	1100.0	16.4	2.085	795.00	11.856	4.507	802.00	11.960	8.014	806.00	12.020	15.012
200	0.203	2250.0	19.3	2.029	1650.00	14.161	4.552	1660.00	14.247	8.071	1662.00	14.264	15.030
250	0.254	4050.0	22.2	2.018	2960.00	16.227	4.527	2980.00	16.336	8.051	2990.00	16.391	15.073
300	0.303	6600.0	25.1	2.046	4780.00	18.173	4.531	4800.00	18.249	8.027	4824.00	18.341	15.090
350	0.334	8300.0	26.3	2.009	6050.00	19.181	4.514	6100.00	19.339	8.067	6100.00	19.339	15.021
400	0.38	11700.0	28.7	2.027	8500.00	20.819	4.540	8550.00	20.941	8.082	8535.00	20.905	15.003
450	0.429	16100.0	30.9	2.031	11650.00	22.388	4.527	11700.00	22.484	8.039	11720.00	22.523	15.034
500	0.478	21500.0	33.3	2.055	15500.00	23.993	4.557	15560.00	24.086	8.090	15550.00	24.070	15.065

注：1. 绝对压力为0.101MPa、温度20℃的空气物性参数为$\rho=1.2038\text{kg/m}^3$，$\nu=14.936\times10^{-6}\text{m}^2/\text{s}$。

2. 绝对压力为0.45MPa、温度20℃的空气物性参数为$\rho=5.3463\text{kg/m}^3$，$\nu=3.3631\times10^{-6}\text{m}^2/\text{s}$。

3. 绝对压力为0.8MPa、温度20℃的空气物性参数为$\rho=9.5045\text{kg/m}^3$，$\nu=1.8917\times10^{-6}\text{m}^2/\text{s}$。

4. 绝对压力为1.5MPa、温度20℃的空气物性参数为$\rho=17.8209\text{kg/m}^3$，$\nu=1.0089\times10^{-6}\text{m}^2/\text{s}$。

5. 公称直径DN和内径d_i依照SH/T 3405—2016《石油化工钢管尺寸系列》表3.1中SCH40的钢管系列。管壁的绝对粗糙度ε为0.1mm。

7.19.7 气液两相流

(1) 气液两相流流型

气液两相混合物在管道中流动具有许多复杂的因素，其流动状态取决于流动型态和两相间的自由界面等因素。两相流型很多，一般归纳为以下10种：

① 气泡流(Bubble)，气泡分散在液体中，在水平管中液体夹带细小气泡以与液体大致相同的速度沿管子上部移动，液体表观流速大约1.5~4.6m/s，气体表观速度大约0.305~3.05m/s，属稳定流动。

② 塞状流(Plug)，在水平管中，液体和气体沿管子上部如活塞状交替流动，液体在管底流动，液体流速小于0.61m/s，气体流速小于0.91m/s，属稳定流动。

③ 层流(Layered)，在水平管中，液体沿管子底部流动，气体在它的上部流动，气液接触面是光滑的，液体流速小于0.15m/s，气体流速大约为0.61~3.05m/s，属稳定流动。

④ 波状流(Wave)，在水平管中，流型与层流相似，但气体流速较高，气液接触面沿流动方向呈波浪状流动，液体流速小于0.305m/s，气体流速大约从4.6m/s开始，属稳定流动。

⑤ 块状流(Slug)，这是流动波浪被更快移动气流周期性激起的流态，弹状液块以比平均液速高得多的速度流过管道，由于液块被高速推向前进，能引起管子剧烈振动，属不稳定流动。

⑥ 环状流(Annular)，液体如膜状环绕管子内壁流动，气体则沿管子中心高速流动，气体速度大于6.1m/s，属稳定流动。

⑦ 雾状流(Misting)，大部或几乎全部液体被气体雾化成细滴带走，气体速度大于61m/s，属稳定流动。

⑧ 活塞流(Piston)，在垂直向上流动管中，有大量的像弹头形气泡同液体一起上升，一些液体在气泡周围形成液膜，属不稳定流动。

⑨ 泡沫流(Churn)在垂直流动管中，液体在气体界面间不断变化和搅动，液体升起又下落，形成一个湍流紊乱状态，属不稳定流动。

⑩ 瀑布流(Waterfall)，在垂直向下流动管中，液体自动落下，因液体数量有限，并不堵塞管道，属稳定流动。

以上这些流型随管道方位、混合物速度、流体性质以及管道中各项的体积分率而定。

（2）两相流类型

两相流流型大致可以分成两大类，一类是稳定流，另一类是不稳定流。

不稳定流会引起系统压力波动和管线振动。泡沫流和柱塞流引起小的波动，块状流往往产生巨大的波动。如果这些波动和管子及连接设备的自然频率同步时，则会导致严重的机械障碍。设计中必须防止出现块状流。环状流和雾状流会严重冲蚀管壁，也应尽量避免。

流动类型		水平管	垂直向上	垂直向下
稳定流动	气泡流	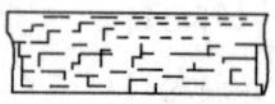		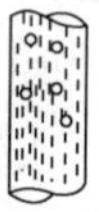
	塞状流			
	层流	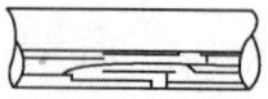		
	波状流	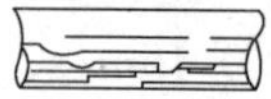		
	环状流	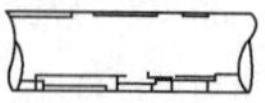		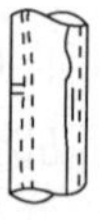

续表

流动类型		水平管	垂直向上	垂直向下
稳定流动	雾状流	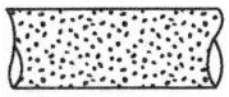	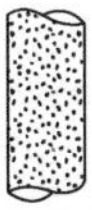	
	瀑布状流			
不稳定流动	块状流	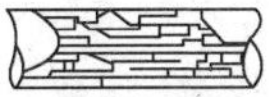	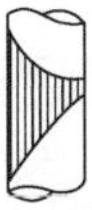	
	活塞流			
	泡沫流			

（3）两相流水平流动的流型

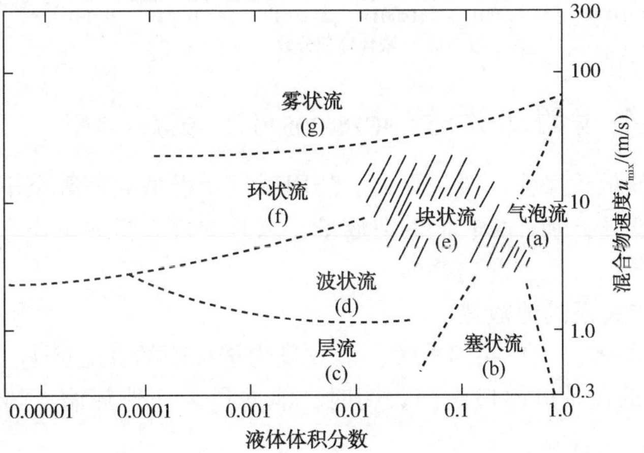

(4) 两相流垂直向上流动的流型

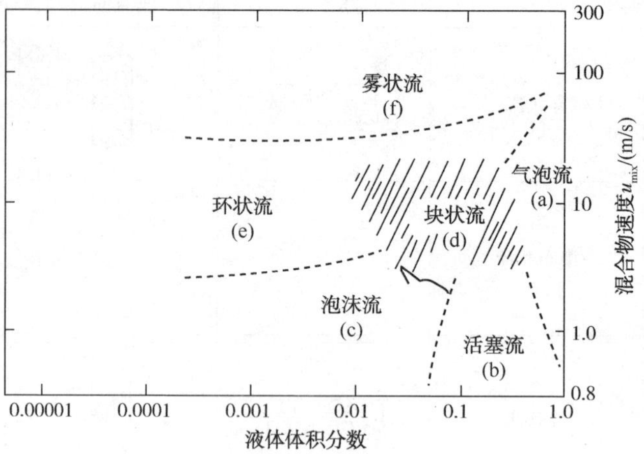

(5) 两相流垂直向下流动的流型

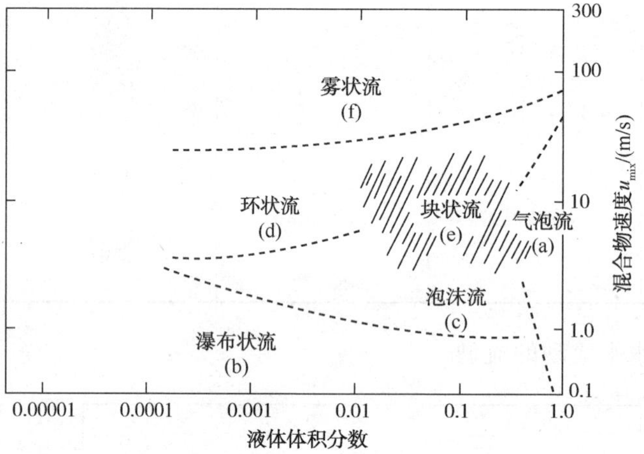

7.20 安全阀的泄放量(HG/T 20570.2—95)

安全阀的泄放量按操作失误、火灾、公用工程及设备故障等类事故来分析可能引起设备超压的状态，分别计算它们的泄放量，以其中最大泄放量作为安全阀的设计泄放量，但不考虑各种可能工况的叠加。

7.20.1 操作失误的泄放量

① 出口阀门关闭，入口阀门未关，泄放量为被关闭的管道最大正常流量。

② 充满液体的设备进出口阀门关闭时，泄放量为从外部输入热量引起的体积膨胀量。

7.20.2 公用工程及设备故障

① 循环水故障——塔顶冷凝器断水时，塔顶安全阀泄放量为正常工况下进入冷凝器的最大蒸气量。以循环水为冷却水的其他换热器，应仔细分析断水时影响的范围，确定泄放量。

② 电力故障——停电时，用电机驱动的回流泵将停止转动，塔顶安全阀的泄放量为该事故工况下进入塔顶冷凝器的蒸气量。塔顶冷凝器为不装百叶的空冷器时，在停电情况下，塔顶安全阀的泄放量为正常工况下，进入冷凝器的最大蒸气量的75%。停电工况还要仔细分析其影响范围，如泵、压缩机、风机、阀门的驱动机构等，以确定足够的泄放量。

③ 控制阀故障——安装在设备出口的控制阀，发生故障时若处于全闭位置，则所设安全阀的泄放量为流经此控制阀的最大正常流量。安装在设备入口的控制阀，发生故障时若处于全开位置时，对于液体管道，安全阀的泄放量为控制阀最大通过量与正常流量之差，并且要估计高压侧物料有无闪蒸；对于气体管道，如果满足低压侧的设计压力小于高压侧的设计压力的2/3，则安全阀的泄放量应按下式计算：

$$W=3171.3(C_{V1}-C_{V2})p_h(G_g/T)^{1/2}$$

式中 W——质量泄放流量，kg/h；

C_{V1}——控制阀的 C_v 值；

C_{V2}——控制阀最小流量下的 C_v 值；

p_h——高压侧工作压力，MPa；

G_g——气相密度，kg/m^3；

T——泄放温度，K。

如果高压侧物料有可能向低压侧传热，则必须考虑传热的影响。

7.20.3 火灾的泄放量(GB 150.1—2011)

容器内液面之下的面积称为湿润面积，外部火焰传入的热量通过湿润面积使容器内的物料气化，但距地面或能形成大面积火焰的平台7.5m高度以上的面积不属于火灾影响范围。

安全阀的火灾安全泄放量：

无保温层 $$W=\frac{2.55\times10^5\times F\times A^{0.82}}{H_1}$$

有保温层(完整) $$W=\frac{2.61\times(650-t)\times\lambda\times A^{0.82}}{d_o\cdot H_1}$$

式中 W——质量泄放量，kg/h；

H_1——泄放条件下气化热，kJ/kg；

A——湿润面积，m^2；

F——容器外壁校正系数；

容器在地面上无保温 $F=1.0$

容器在地面下用沙土覆盖 $F=0.3$

容器顶部有大于 $101/(m^2 \cdot min)$ 水喷淋装置 $F=0.6$；

λ——保温材料的导热系数，$kJ/(m \cdot h \cdot ℃)$；

d_o——保温材料厚度，m；

t——泄放温度，℃。

如已知容器外直径为 D，容器最高液位为 h，卧式容器总长为 L（或筒体切线长 L_o），根据 GB 150.1—2011 标准规定，容器湿润面积按以下受热面积公式计算：

① 半球形封头的卧式容器 $A=3.14DL$

② 椭圆形封头的卧式容器 $A=3.14D(L+0.3D)$ 或 $A=3.14L_oD+2.61D^2$

③ 立式容器 $A=3.14Dh$

④ 球形容器 $A=1.57D$ 或从地面起到 7.5m 高度以下所包括的外表面积，取两者中较大者。

【例题】 一个卧式丙烷贮罐，直径 $D=3.6m$，长 $L_o=12.6m$（切线-切线），椭圆形封头，不保温，安全阀的泄放压力为 2.032MPa（表压），按防火要求要在丙烷贮罐上设一安全阀，求安全阀的泄放量。

解： 椭圆形封头卧式容器的受热面积

$$A=3.14L_0D+2.61D^2=3.14\times12.6\times3.6+2.61\times3.6^2=176.3m^2$$

丙烷在泄放压力 p_d 为 2.032MPa（表压）时的汽化潜热 $H_1=261.5kJ/kg$

容器在地上，无保温，外壁校正系数 $F=1$

安全阀火灾安全泄放量

$$W=\frac{2.55\times10^5\times F\times A^{0.82}}{H_1}$$

$$=\frac{2.55\times10^5\times1\times176.3^{0.82}}{261.5}=67763.4kg/h$$

7.21 安全阀尺寸计算（HG/T 20570.2—95，GB/T 24921.1—2010）

最小泄放面积为物料流经安全阀时通过的最小截面积，对于全启式安全阀为喉径截面积，对于微启式安全阀为环隙面积。

7.21.1 临界条件的判断

气体流经安全阀阀嘴时发生膨胀，其流速和比容随下游压力降低而增加，在给定阀嘴入口条件下，通过阀嘴的质量流率不断增加，一直到在阀嘴处达到极限速度也就是阀嘴处流动介质达到声速。与极限速度相对应的流量就是临界流量。在临界流动条件下，即使阀嘴的下游压力（背压）非常低，阀嘴处的实际压力也不会低于临界流动压力。也就是说，在临界流动状态下，不论出口压力如何降低，安全阀通过阀嘴的泄放流量保持不变。

安全阀尺寸计算，根据流体是临界流动还是亚临界流动的情况，分别采用不同的公式。阀嘴下游的压力(背压) p_b 小于或等于临界流动压力 p_{cf} 的为临界流动；大于临界流动压力 p_{cf} 的为亚临界流动。

临界流动压力可以用理想气体关系式的方程得到：

$$p_{cf}=p\left(\frac{2}{k+1}\right)^{\frac{k}{k-1}}$$

式中 p_{cf}——临界流动压力(绝压)，MPa；

p——泄放压力(绝压)，MPa；

K——绝热指数。

7.21.2　气体或蒸气在临界流动条件下的最小泄放面积

$$a=\frac{13.16W}{C_0\cdot X\cdot p\cdot K_b}\sqrt{\frac{TZ}{M}}$$

式中 a——最小泄放面积，mm^2；

W——质量泄放流量，kg/h；

C_0——流量系数；

p——泄放压力，MPa；

T——泄放温度，K；

Z——气体压缩因子；

M——相对分子质量；

X——气体特性系数，为绝热指数 k 的函数；

$$X=520\sqrt{k\cdot\left(\frac{2}{k+1}\right)^{\frac{k+1}{k-1}}}$$

K_b——背压修正系数，在临界条件下，对于弹簧式安全阀 $K_b=1.0$。对于波纹管背压平衡式安全阀，K_b 从下图查出：

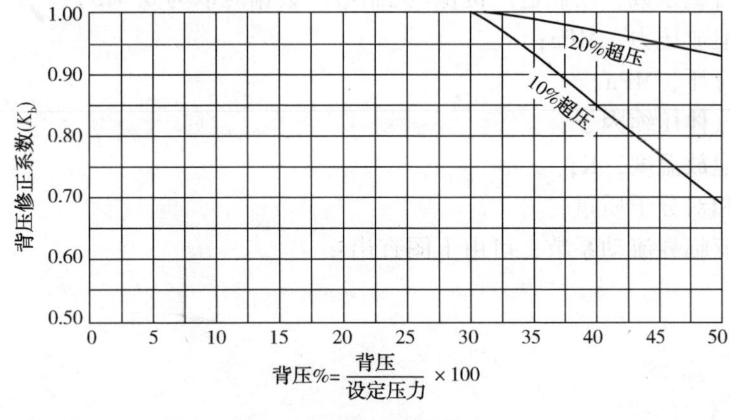

【例题】 某脱丙烷塔顶气体，介质为碳二、碳三混合物，平均相对分子质量 $M=42.29$，绝热指数 $K=1.18$，安全阀泄放压力 2.541MPa(表压)，操作温度 49℃，背压力 $p_b=0.3$MPa(表压)，压缩系数 $Z=0.719$，已算出安全阀的泄放量 $W=87822$kg/h，流量系数 C_0 为 0.975，计算安全阀尺寸。

解：安全阀泄放压力　$p=2.541$MPa(表压)$=2.641$MPa(绝压)

临界流动压力　$p_{cf}=p\left(\dfrac{2}{k+1}\right)^{\frac{k}{k-1}}=2.641\times\left(\dfrac{2}{1.18+1}\right)^{\frac{1.18}{1.18-1}}=1.505$MPa(绝压)

由于临界流动压力　p_{cf}(1.505MPa)>背压 p_b(0.4MPa)(绝压)，故为临界流动状态

气体特性系数　$X=520\sqrt{k\cdot\left(\dfrac{2}{k+1}\right)^{\frac{k+1}{k-1}}}=520\sqrt{1.18\cdot\left(\dfrac{2}{1.18+1}\right)^{\frac{1.18+1}{1.18-1}}}=335$

采用平衡波纹管安全阀，背压校正系数由制造厂提供 $K_b=0.69$

则安全阀最小泄放面积　$a=\dfrac{13.16W}{C_0\cdot X\cdot p\cdot K_b}\sqrt{\dfrac{TZ}{M}}$

$$=\frac{13.16\times87822}{0.975\times335\times2.641\times0.69}\sqrt{\frac{(273+49)\times0.719}{42.29}}$$

$$=4543.6\text{mm}^2\approx46\text{cm}^2$$

7.21.3　气体或蒸气在亚临界流动条件下的最小泄放面积

① 先导式安全阀和弹簧设定时考虑了静背压影响的弹簧式安全阀，在亚临界流动条件下的最小泄放面积按下式计算：

$$\alpha=1.8\times10^{-2}\frac{W}{C_0\cdot K_f}\sqrt{\frac{ZT}{Mp(p-p_b)}}$$

式中　a——最小泄放面积，mm²；

W——质量泄放流量，kg/h；

C_0——流量系数，由制造厂提供(无制造厂数据时取为 0.975)；

p——泄放压力，MPa；

p_b——背压，MPa；

Z——气体压缩因子；

T——泄放温度，K；

M——相对分子质量；

K_f——亚临界流动系数，可由下图查出：

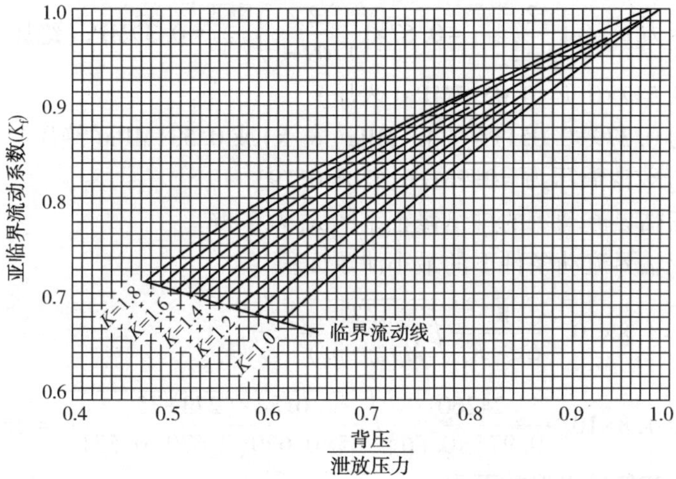

② 简便计算弹簧式安全阀在亚临界流动条件下的最小泄放面积时，可先按临界流动条件下计算，再将计算结果除以按下图查出的背压修正系数 K_b，即为亚临界条件下的最小泄放面积。

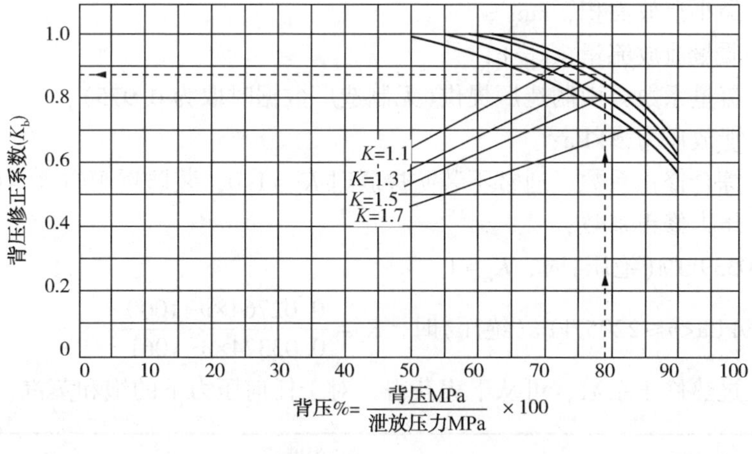

③ 背压平衡式安全阀在亚临界流动时的最小泄放面积按临界流动泄放面积公式计算，再根据制造厂提供的背压修正系数 K_b 进行修正。

【例题】 某烃类混合气，主要成分为丁烷和戊烷，相对分子质量 M 为 65，绝热指数 $k=1.09$，安全阀泄放流量 24260kg/h，设备设计压力 0.517MPa（表压），允许积聚压力为 10%，泄放温度 75℃，恒定背压力 0.379MPa（表压），求安全阀的有效排放面积。

解：安全阀泄放压力 $p=0.517\times1.1+0.1013=0.670$MPa（绝压）

计算的压缩系数 $Z=0.84$（当压缩系数不能确定时，可取 $Z=1.0$）

临界流动压力 $p_{cf}=p\left(\frac{2}{k+1}\right)^{\frac{k}{k-1}}=0.67\times\left(\frac{2}{1.09+1}\right)^{\frac{1.09}{1.09-1}}=0.39\text{MPa}$(绝压)

积聚压力 0.517×0.1＝0.0517MPa(表压)

总背压力为 0.379+0.0517＝0.431MPa(表压)或 0.531MPa(绝压)

背压%＝背压/泄放压力＝0.531/0.670＝0.793

查图求得亚临界流动下的排量修正系数 K_b 为 0.86

安全阀在亚临界流动条件下的最小泄放面积

$$a=1.8\times10^{-2}\frac{W}{C_0\cdot K_f}\sqrt{\frac{ZT}{Mp(p-p_b)}}$$

$$=1.8\times10^{-2}\frac{24260}{0.975\times0.86}\sqrt{\frac{0.84\times(273+75)}{65\times0.670(0.670-0.531)}}=3616\text{mm}^2$$

7.21.4　水蒸气最小泄放面积

临界流动蒸汽介质安全阀尺寸按下式计算：

$$a=\frac{190.4\times W}{pC_0K_bK_cK_nK_{sh}}$$

式中　a——最小泄放面积，mm^2；

W——质量泄放流量，kg/h；

C_0——流量系数，由制造厂提供(无制造厂数据时取为 0.975)；

p——泄放压力，kPa；

K_c——综合修正系数，通常不装防爆膜时 $K_c=1.0$，装防爆膜时 $K_c=0.9$；

K_n——压力修正系数；

当 $p\leqslant10339$kPa(绝压)时，$K_c=1$，

当 10339kPa$<p\leqslant$22057kPa(绝压)时，$K_c=\frac{0.02764\times p-1000}{0.03324\times p-1061}$；

K_{sh}——过热修正系数，可从下表获得，对于任何压力下的饱和蒸汽，$K_{sh}=1.0$。

整定压力(绝压)/MPa	进口温度/℃									
	150	200	260	320	370	420	490	540	590	640
0.2	1.00	0.99	0.93	0.88	0.84	0.81	0.77	0.74	0.72	0.70
0.3	1.00	0.99	0.93	0.88	0.84	0.81	0.77	0.74	0.72	0.70
0.4	1.00	0.99	0.93	0.88	0.84	0.81	0.77	0.74	0.72	0.70
0.5	1.00	0.99	0.93	0.88	0.84	0.81	0.77	0.74	0.72	0.70
0.6		0.99	0.93	0.88	0.84	0.81	0.77	0.74	0.72	0.70
0.7		0.99	0.94	0.88	0.84	0.81	0.77	0.74	0.72	0.70

续表

整定压力（绝压）/MPa	进口温度/℃									
	150	200	260	320	370	420	490	540	590	640
0.8		1.00	0.94	0.88	0.85	0.81	0.77	0.75	0.72	0.70
0.9		1.00	0.94	0.88	0.85	0.81	0.77	0.75	0.72	0.70
1.0		1.00	0.94	0.88	0.85	0.81	0.77	0.75	0.72	0.70
1.2		1.00	0.94	0.89	0.85	0.81	0.77	0.75	0.72	0.70
1.3		1.00	0.94	0.89	0.85	0.81	0.77	0.75	0.72	0.70
1.4		1.00	0.95	0.89	0.85	0.81	0.77	0.75	0.72	0.70
1.6	—	1.00	0.95	0.89	0.85	0.82	0.77	0.75	0.72	0.70
1.8	—	—	0.95	0.89	0.85	0.82	0.77	0.75	0.72	0.70
2.0	—	—	0.96	0.89	0.85	0.82	0.77	0.75	0.72	0.70
2.2	—	—	0.96	0.90	0.85	0.82	0.77	0.75	0.72	0.70
2.5	—	—	0.96	0.90	0.86	0.82	0.77	0.75	0.72	0.70
2.8	—	—	0.97	0.90	0.86	0.82	0.78	0.75	0.73	0.70
3.4	—	—	0.98	0.91	0.86	0.82	0.78	0.75	0.73	0.70
4.2	—	—	0.98	0.92	0.87	0.83	0.78	0.75	0.73	0.71
5.6	—	—	—	0.94	0.88	0.84	0.79	0.76	0.73	0.71
7.0	—	—	—	0.95	0.90	0.84	0.79	0.76	0.73	0.71
8.5	—	—	—	0.97	0.91	0.85	0.80	0.77	0.74	0.71
10.0	—	—	—	0.99	0.92	0.88	0.80	0.77	0.75	0.71
12.0	—	—	—	—	0.94	0.87	0.81	0.77	0.74	0.72
13.5	—	—	—	—	0.95	0.87	0.80	0.76	0.74	0.70
17.5	—	—	—	—	0.95	0.88	0.78	0.74	0.71	0.68
20.5	—	—	—	—	—	0.85	0.76	0.71	0.68	0.64

【例题】 由于操作失误引起向大气排放，饱和蒸汽所需的流量 W 为 69615kg/h，超压保护设备的设计压力 11032kPa(表压)，即安全阀的整定压力，积聚压力 10%，求安全阀最小泄放面积。

解： 泄放压力 $p=11032\times1.1+101.3=12236$kPa(绝压)

流量系数 C_0 为 0.975

流量的背压修正系数 K_b 为 1.0

综合修正系数 K_c 为 1.0

压力修正系数 $K_a=\frac{0.02764\times p-1000}{0.03324\times p-1061}=\frac{0.02764\times 12236-1000}{0.03324\times 12236-1061}=1.01$

过热修正系数 K_{sh} 为 1.0

安全阀有效泄放面积

$$a=\frac{190.4\times W}{p\,C_0K_bK_cK_nK_{sh}}$$

$$=\frac{190.4\times 69615}{12236\times 0.975\times 1\times 1\times 1.01\times 1}=1100\text{mm}^2$$

7.21.5　液体最小泄放面积(GB/T 24921—2010)

(1) 需要排量验证

当有排量验证要求并已经试验确认在10%超过压力下的额定排量系数的液体介质用压力安全阀。可按以下公式初步确定阀的尺寸。

$$A=\frac{11.78\times Q}{K_dK_wK_cK_v}\sqrt{\frac{G}{p_d-p_b}}$$

式中　Q——排量，L/ min；

K_d——有效排量系数。用于初步计算时，取0.65；

K_w——背压修正系数；

K_c——综合修正系数，通常不装防爆膜时 $K_c=1.0$，装防爆膜时 $K_c=0.9$；

G——在排放温度下，液体对标准状况下水的相对密度；

p_b——背压力(表压)，kPa；

p_d——排放压力(表压)，kPa；

K_v——黏度修正系数。其值利用下式计算：

$$\left(0.9935+\frac{2.878}{Re^{0.5}}+\frac{342.75}{Re^{1.5}}\right)^{-1.0}$$

式中　Re——雷诺数。

K_v 值也可由下图确定。

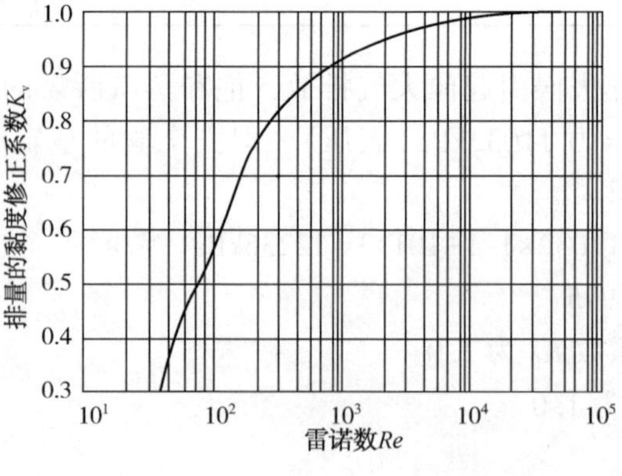

对于黏性液体，可利用上式按非黏性液体(即 $K_v=1.0$)初步确定阀的有效排放面积A。并按GB/T 24920选择比计算值A大一级的标准流道的有效面积，按下列公式中的任何一个以确定雷诺数Re。

$$Re=\frac{Q(18800\times G)}{\mu\sqrt{A}}$$

或

$$Re=\frac{85220\times Q}{U\sqrt{A}}$$

式中 μ——介质流动温度下的绝对黏度(动力黏度)，cP；

U——介质流动温度下的黏度(运动黏度)，赛氏通用黏度秒数SSU。

注：对于黏度小于赛氏通用黏度秒数SSU 100的情况，不推荐使用后一公式。

利用上图由雷诺数确定K_v，按计算来初步修正需要的排放面积。如果修正后的面积超过所选择的标准流道的有效面积，则应用比此面积大一级的标准流道的有效面积重复上述计算。

(2) 未经排量验证

对于未经排量验证的液体介质用压力安全阀，通常用下式来确定阀的尺寸。

$$A=\frac{11.78\times Q}{K_dK_wK_cK_vK_p}\sqrt{\frac{G}{1.25p_s-p_b}}$$

式中 K_p——超过压力修正系数。当超过压力为25%时，$K_p=1.0$，当超过压力为10%时，$K_p=0.6$，当超过压力不等于25%时，见下图；

K_d——有效排量系数。用于初步计算时，取0.62；

p_s——整定压力(表压)，kPa。

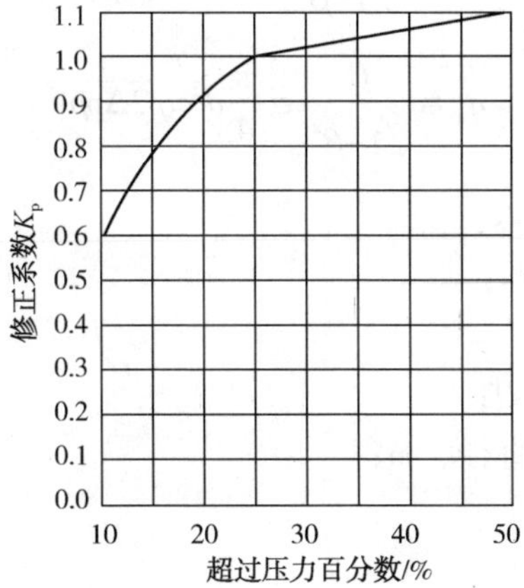

【例题】 由于排出阻塞引起，所需排放原油的体积流量为 6814L/min,，安全阀的整定压力为 1724kPa(表压)，超过压力为 10%，排放背压在 0~345kPa(表压)之间变动，原油的相对密度为 0.90，在流动温度下的黏度为赛式通用黏度 2000s，求安全阀的排放面积。

解：超过压力 10%，排放压力 $p=1724\times1.1=1896$kPa(表压)

最大背压力对整定压力的百分比为$(p_b/p)\times100=(345/1724)\times100=20\%$

查图得排量的背压修正系数 K_w 为 0.97

用于初步计算的有效排量系数 K_b 为 0.65

综合修正系数 K_c 为 1.0

计算非黏性液体($K_v=1.0$)的 1 台安全阀有效排放面积为

$$A_g=\frac{11.78\times Q}{K_dK_wK_cK_v}\sqrt{\frac{G}{p-p_b}}=\frac{11.78\times6814}{0.65\times0.97\times1.0\times1.0}\sqrt{\frac{0.9}{1896-345}}=3066\text{mm}^2$$

计算雷诺数　$Re=\dfrac{85220\times Q}{U\sqrt{A_R}}=\dfrac{85220\times6814}{2000\times\sqrt{4116}}=4525$

求得排量的黏度修正系数 $K_v=0.964$

黏性液体($K_v=0.964$)的单个压力安全阀有效排放面积为

$$A=\frac{11.78\times Q}{K_dK_wK_cK_v}\sqrt{\frac{G}{p-p_b}}=\frac{11.78\times6814}{0.65\times0.97\times1.0\times0.964}\sqrt{\frac{0.9}{1896-345}}=3180\text{mm}^2$$

7.22 差压流量计的计算与读数校正[19]

7.22.1 孔板流量计算公式

$$q_V=\frac{C}{\sqrt{1-\beta^4}}\in\frac{\pi}{4}d^2\sqrt{\frac{2\Delta p}{\rho_1}}$$

$$q_m=\frac{C}{\sqrt{1-\beta^4}}\in\frac{\pi}{4}d^2\sqrt{2\Delta p\rho_1}$$

式中 q_V——体积流量，m^3/s；

q_m——质量流量，kg/s；

C——流出系数；

β——直径比，$\beta=d/D$；

d——节流件的开孔直径，m；

D——管道内径，m；

Δp——差压值，Pa；

ρ_1——被测流体密度，kg/m^3；

$\in$——可膨胀性系数，$\in = 1-(0.41+0.35\beta^4)\dfrac{\Delta p}{kp_1}$（使用范围 $p_2/p_1 \geqslant 0.75$）；

p_1、p_2——分别为上游和下游取压口处静压；

k——绝热指数。

7.22.2 孔板流量计读数校正

用孔板差压测量流量，经常会有实际工况与设计工况不同的情况，如温度、压力和流体性质与原孔板设计条件不同，流量计读数不能准确表示实际流量，就要对流量计读数进行校正。液体按实际工作密度进行校正，气体需要按实际工作温度、压力和相对分子质量进行校正。气体校正公式与读数的状态有关，工作状态读数与标准状态读数的校正应采用不同的校正公式。

（1）液体及蒸汽流量读数校正公式

质量流量：
$$q_m = q_{md} \times \sqrt{\frac{Y}{Y_d}}$$

体积流量：
$$q_v = q_{vd} \times \sqrt{\frac{Y_d}{Y}}$$

式中 q_m——校正后质量流量，kg/h 或 t/h；

q_{md}——校正前仪表读出的质量流量，kg/h 或 t/h；

q_v——校正后体积流量（工作状态），m^3/s 或 m^3/h；

q_{vd}——校正前仪表读出的体积流量（工作状态），m^3/s 或 m^3/h；

Y、Y_d——实际和设计工况的流体密度，kg/m^3。

化验室分析的油品密度一般用20℃时的密度（Y_{20}）表示，孔板实际操作密度（Y）应按实际操作温度（t℃）和石油密度温度系数（k），用下式计算：

$$Y = Y_{20} - k(t-20)$$

上式中石油密度温度系数（k）可由下表查得：

Y_{20}	k	Y_{20}	k
599.3~604.2	1.07	725.6~731.7	0.84
604.3~609.1	1.06	731.8~738.0	0.83
609.2~614.2	1.05	738.1~744.3	0.82
614.3~619.3	1.04	744.4~750.9	0.81
619.4~624.4	1.03	751.0~757.4	0.80
624.5~629.5	1.02	757.5~764.0	0.79

续表

Y_{20}	k	Y_{20}	k
629. 6~634. 7	1. 01	764. 1~770. 9	0. 78
634. 8~640. 0	1. 00	771. 0~777. 2	0. 77
640. 1~645. 3	0. 99	777. 3~784. 7	0. 76
645. 4~650. 6	0. 98	784. 8~791. 7	0. 75
650. 7~656. 0	0. 97	791. 8~799. 0	0. 74
656. 1~661. 5	0. 96	799. 1~806. 3	0. 73
661. 6~667. 0	0. 95	806. 4~813. 7	0. 72
667. 1~672. 6	0. 94	813. 8~821. 3	0. 71
672. 7~678. 2	0. 93	821. 4~829. 1	0. 70
678. 3~683. 9	0. 92	829. 2~837. 0	0. 69
684. 0~689. 6	0. 91	837. 1~845. 0	0. 68
689. 7~695. 4	0. 90	845. 1~853. 3	0. 67
695. 5~701. 3	0. 89	853. 4~861. 8	0. 66
701. 4~707. 2	0. 88	861. 9~870. 4	0. 65
707. 3~713. 2	0. 87	870. 5. 879. 2	0. 64
713. 3~719. 3	0. 86	879. 3~888. 4	0. 63
719. 4~725. 5	0. 85	888. 5~897. 7	0. 62

注：本表数据摘自国家标准 GB 1885—83。

【例题 1】 某油品孔板流量计读出质量流量为 119. 3t/h，孔板设计流体密度 672kg/m³，实际化验油品检测 20℃ 密度为 740. 5kg/m³，孔板实际操作温度为 112℃，查表得石油密度温度系数(k)为 0. 82，则实际工作状态下流体密度为

$$Y=740.5-0.82(112-20)=665\text{kg/m}^3$$

校正后质量流量应为：

$$q_m=119.3\times\sqrt{\frac{665}{672}}=118.7\text{t/h}$$

【例题 2】 如该流量计表示的是体积流量，流量读数为 119. 3m³/h，设计流体密度 672kg/m³，实际工作状态下流体密度 665kg/m³，则校正后实际工作状态下的体积流量应为：

$$q_v = 119.3 \times \sqrt{\frac{672}{665}} = 119.9\text{m}^3/\text{h}$$

（2）气体流量读数校正公式

工作状态流量：
$$q_v = q_{vd} \times \sqrt{\frac{M_d p_d T}{M p T_d}}$$

标准状态流量：
$$Q_v = Q_{vd} \times \sqrt{\frac{M_d p T_d}{M p_d T}}$$

式中 q_v——校正后体积流量(工作状态)，m^3/h；

q_{vd}——校正前仪表读出的体积流量(工作状态)，m^3/h；

Q_v——校正后体积流量，Nm^3/h；

Q_{vd}——校正前仪表读出的体积流量，Nm^3/h；

M、M_d——实际和设计工况的气体相对分子质量；

p、p_d——实际和设计工况的操作压力(绝压)，kPa 或 MPa；

T、T_d——实际和设计工况的操作温度，K。

【例题 1】 某含氢气体孔板流量计工作状态下流量读数为 $49210m^3/h$，孔板设计条件为压力 1.30MPa(表压)，温度 40℃，相对分子质量 4.09，而实际操作压力 1.22MPa(表压)，温度 34℃，相对分子质量 3.45，则校正后气体在工作状态下体积流量为

$$q_v = 49210 \times \sqrt{\frac{4.09 \times (1.30+0.10) \times (273+34)}{3.45 \times (1.22+0.10) \times (273+40)}} = 54649\text{m}^3/\text{h}$$

【例题 2】 石化厂气体一般都按标准状态下体积流量计量，孔板流量计计量读数如为 $49210Nm^3/h$，孔板设计条件为压力 1.3MPa(表压)，温度 40℃，相对分子质量 4.09，而实际操作压力为 1.22MPa(表压)，温度 34℃，相对分子质量 3.45，则校正后气体在标准状态下的体积流量为

$$Q_v = 49210 \times \sqrt{\frac{4.09 \times (1.22+0.10) \times (273+40)}{3.45 \times (1.30+0.10) \times (273+34)}} = 52533\text{Nm}^3/\text{h}$$

7.23 限流孔板的计算(HG/T 20570.15—95)

7.23.1 孔板类型

限流孔板在管道中用于限制流体的流量或降低流体的压力，按孔板上开孔数分为单孔板和多孔板，按板数分为单板和多板。

对于气体和蒸汽，限流孔板后压力(p_2)不能小于板前压力(p_1)的 55%，因此

$p_2 \geqslant 0.55p_1$ 时用单板，$p_2 < 0.55p_1$ 时用多板

对于液体，压降≤2.5MPa 时选择单板孔板，压降>2.5MPa 时选择多板孔板，并且每块孔板的压降小于 2.5MPa。

管道公称直径小于或等于 150mm 的管路，通常采用单孔孔板；大于 150mm 时，采用多孔孔板。

多孔孔板的孔径 d_o，一般可选用 12.5mm，20mm，25mm，40mm。

在计算多孔孔板时，首先按单孔孔板求出孔径 d，然后按下式求取选用的多孔孔板的孔数

$$N = \frac{d^2}{d_o^2}$$

式中　N——多孔限流孔板的孔数，个；

d——单孔限流孔板的孔径，m；

d_o——多孔限流孔板的孔径，m。

7.23.2　限流孔板的流量系数

限流孔板流量系数 C 由以管径为基准的雷诺数（Re）和孔径与管道内径之比（d_o/D），从下图查出：

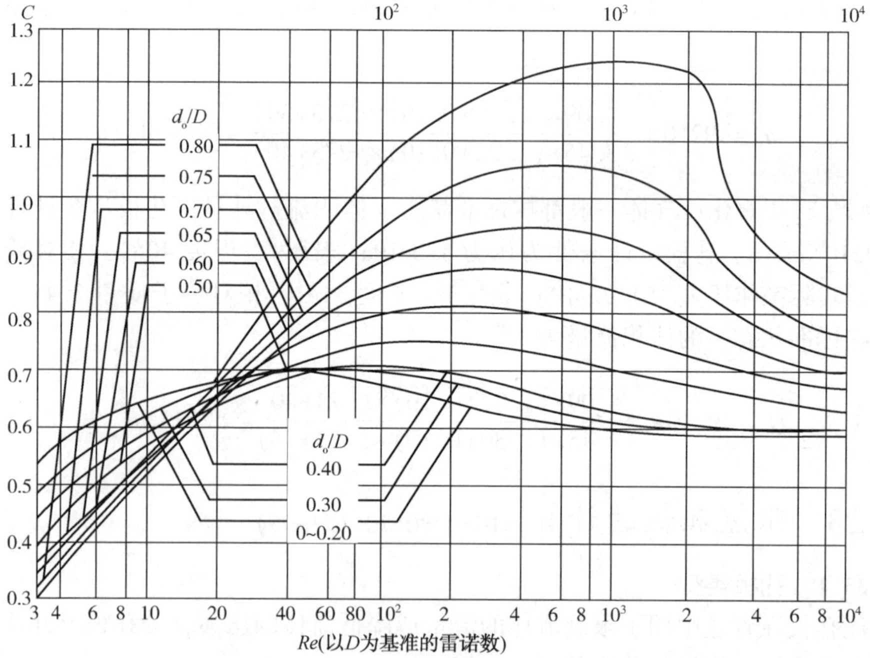

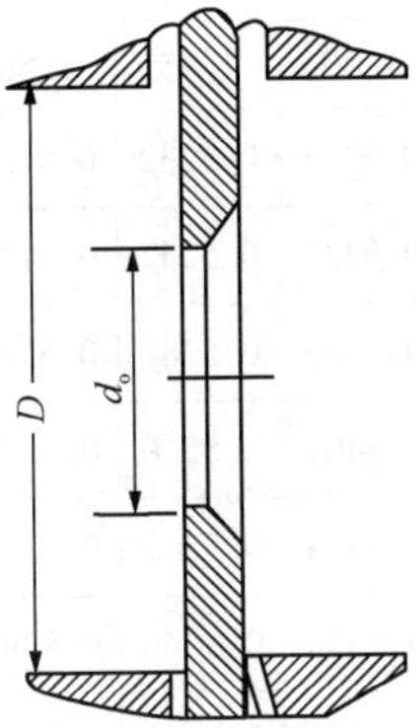

流向——
D—— 管道内直径
d_o—— 孔板孔径

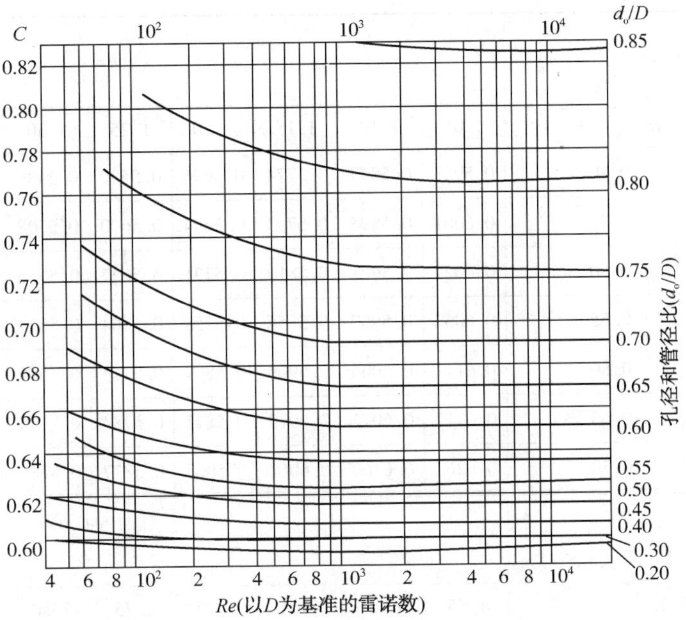

7.23.3 孔板临界流率压力比

按照计算的孔板孔径(d_o)，然后根据 d_o/D 值和绝热指数(k)值由下表查临界流率压力比(Y_c)。当每块孔板前后压力比 $p_2/p_1 \leqslant Y_c$ 时，可使流体流量限制在一定数值，说明计算出的 d_o 有效，否则需改变压降或调整管道的管径，再重新计算，直到满足要求为止

临界流率压力比与绝热指数及孔板的 d_o/D 值关系表：

d_o/D \ γ_c \ k	$k=\frac{C_p}{C_v}$									
	1.05	1.10	1.15	1.20	1.25	1.30	1.35	1.40	1.45	1.50
0.05	0.5954	0.5847	0.5744	0.5645	0.5549	0.5457	0.5369	0.5283	0.5200	0.5120
0.10	0.5954	0.5847	0.5744	0.5645	0.5549	0.5457	0.5369	0.5283	0.5200	0.5120
0.15	0.5954	0.5847	0.5744	0.5645	0.5550	0.5458	0.5369	0.5283	0.5201	0.5121
0.20	0.5956	0.5849	0.5746	0.5647	0.5551	0.5459	0.5370	0.5285	0.5202	0.5122
0.25	0.5958	0.5851	0.5748	0.5649	0.5554	0.5462	0.5373	0.5288	0.5205	0.5125
0.30	0.5963	0.5856	0.5753	0.5654	0.5559	0.5467	0.5378	0.5293	0.5210	0.5130
0.35	0.5971	0.5864	0.5762	0.5663	0.5567	0.5476	0.5387	0.5302	0.5219	0.5139

续表

d_o/D \ γ_c \ k	$k=\frac{C_p}{C_v}$									
	1.05	1.10	1.15	1.20	1.25	1.30	1.35	1.40	1.45	1.50
0.40	0.5983	0.5877	0.5774	0.5676	0.5580	0.5489	0.5400	0.5315	0.5232	0.5153
0.45	0.6001	0.5895	0.5793	0.5694	0.5600	0.5508	0.5420	0.5335	0.5252	0.5173
0.50	0.6027	0.5921	0.5819	0.5721	0.5627	0.5536	0.5448	0.5363	0.5281	0.5201
0.55	0.6062	0.5957	0.5856	0.5758	0.5664	0.5574	0.5486	0.5401	0.5320	0.5241
0.60	0.6111	0.6006	0.5906	0.5809	0.5715	0.5625	0.5538	0.5454	0.5373	0.5294
0.65	0.6175	0.6072	0.5973	0.5877	0.5784	0.5695	0.5609	0.5525	0.5445	0.5367
0.70	0.6262	0.6160	0.6062	0.5968	0.5877	0.5788	0.5703	0.5621	0.5541	0.5464

d_o/D \ γ_c \ k	$k=\frac{C_p}{C_v}$									
	1.55	1.60	1.65	1.70	1.75	1.80	1.85	1.90	1.95	2.00
0.05	0.5043	0.4968	0.4895	0.4825	0.4757	0.4690	0.4626	0.4564	0.4503	0.4444
0.10	0.5043	0.4968	0.4895	0.4825	0.4757	0.4691	0.4626	0.4564	0.4503	0.4445
0.15	0.5043	0.4968	0.4896	0.4825	0.4757	0.4691	0.4627	0.4565	0.4504	0.4445
0.20	0.5045	0.4970	0.4897	0.4827	0.4759	0.4693	0.4628	0.4566	0.4505	0.4447
0.25	0.5048	0.4973	0.4900	0.4830	0.4762	0.4696	0.4631	0.4569	0.4508	0.4450
0.30	0.5053	0.4978	0.4906	0.4835	0.4767	0.4701	0.4637	0.4575	0.4514	0.4455
0.35	0.5062	0.4987	0.4914	0.4844	0.4776	0.4710	0.4646	0.4584	0.4523	0.4464
0.40	0.5075	0.5001	0.4928	0.4858	0.4790	0.4724	0.4660	0.4598	0.4537	0.4479
0.45	0.5096	0.5021	0.4949	0.4879	0.4811	0.4745	0.4681	0.4619	0.4558	0.4500
0.50	0.5124	0.5050	0.4978	0.4908	0.4840	0.4774	0.4711	0.4648	0.4588	0.4530
0.55	0.5164	0.5090	0.5018	0.4948	0.4881	0.4815	0.4752	0.4690	0.4630	0.4571
0.60	0.5218	0.5144	0.5073	0.5004	0.4936	0.4871	0.4808	0.4746	0.4686	0.4628
0.65	0.5291	0.5218	0.5147	0.5078	0.5011	0.4946	0.4883	0.4822	0.4762	0.4704
0.70	0.5389	0.5317	0.5247	0.5178	0.5112	0.5048	0.4985	0.4924	0.4865	0.4807

注：$p_2/p_1\leqslant 0.63$ 管道大小不限，$0.2\leqslant d_o/D\leqslant 0.7$ 管道流体雷诺数不限。

其中，p_2——孔板前压力，Pa；p_1——孔板后压力，Pa；d_o——孔板孔径，m；D——管道内径，m。

7.23.4　气体孔板计算

（1）气体、蒸汽的单板孔板

$$W=43.78\cdot C\cdot d_o^2\cdot p_1\sqrt{\left(\frac{M}{ZT}\right)\left(\frac{k}{k-1}\right)\left[\left(\frac{p_2}{p_1}\right)^{\frac{2}{k}}-\left(\frac{p_2}{p_1}\right)^{\frac{k+1}{k}}\right]}$$

式中　W——流体的重量流量，kg/h；

C——孔板流量系数；

d_o——孔板孔径，m；

D——管道内径，m；

p_1——孔板前压力，Pa；

p_2——孔板后压力或临界限流压力，取其大者，Pa；

M——相对分子质量；

Z——压缩系数；

T——孔板前流体温度，K；

k——绝热指数，$k=C_p/C_v$；

C_p——流体定压热容，kJ/(kg·K)；

C_v——流体定容热容，kJ/(kg·K)。

（2）临界限流压力(p_c)的推荐值

饱和蒸汽：$p_c=0.58p_1$

过热蒸汽及多原子气体：$p_c=0.55p_1$

空气及双原子气体：$p_c=0.53p_1$

上述三式中 p_1 为孔板前的压力。

（3）多板孔板

先计算孔板总数及每块孔板前后的压力，根据每块孔板前后压力，计算每块孔板孔径。

孔板前后的压力关系：

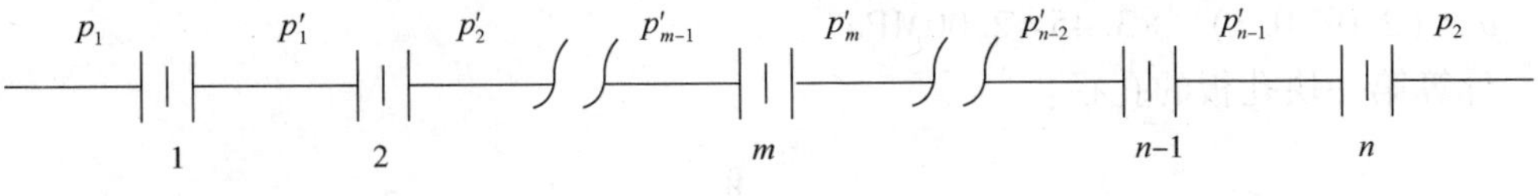

$p_1'=0.55p_1$

$p_2'=0.55p_1'=0.55\times0.55p_1=0.55^2p_1$

$p_3'=0.55p_2'=0.55\times0.55^2p_1=0.55^3p_1$

……

$p_2=0.55p_{n-1}'$

$p_2=p_n'=(0.55)^np_1$

$n=\lg(p_2/p_1)/\lg0.55$

$=-3.85\lg(p_2/p_1)$

n 圆整为整数后重新分配各板前后压力，按下式求取某一板的板后压力：

$$p'_m=(p_2/p_1)^{1/n}\times p'_{m-1}$$

式中　n——总板数；

p_1——多板孔板第一块板板前压力，Pa；

p_2——多板孔板最后一块板板后压力，Pa；

p'_m——多板孔板中第 m 块板板后压力，Pa；

p'_{m-1}——多板孔板中第 m 块板板前压力，Pa。

【例题】　有一股尾气经孔板降压后去燃料气管网，气体组成如下：

组成	CH_4	H_2	N_2	Ar	NH_3
%(体积分数)	6.09	63.38	29.08	1.43	0.02

气体流率 3466kg/h，气体绝对压力 10.3MPa，温度为 57℃，降压前气体黏度为 1.305×10^{-5}Pa·s，降压后气体绝对压力为 2.0MPa，降压前管子内径 $D=38.1$mm，计算限流孔板尺寸。

首先判断是否选用多板：

$0.55p_1=0.55\times10.3=5.66\text{MPa}>p_2(2.0\text{MPa})$，宜选用多板。

计算所需孔板数：

$n=-3.85\lg(p_2/p_1)=-3.85\lg(2.0/10.3)=2.74$

取 $n=3$

计算出每块板的板后压力，其后依次计算每块孔板的孔径。

$p'_m=(p_2/p_1)^{1/3}p'_{m-1}$

$p'_1=(2.0/10.3)^{1/3}\times10.3=5.96\text{MPa}$

$p'_2=(2.0/10.3)^{1/3}\times5.96=3.45\text{MPa}$

$p_2=(2.0/10.3)^{1/3}\times3.45=2.00\text{MPa}$

计算第一块孔板的孔径：

$$d_p^2=\frac{W}{43.78\times C\times p_1\sqrt{\left(\frac{M}{ZT}\right)\left(\frac{k}{k-1}\right)\left[\left(\frac{p_2}{p_1}\right)^{2/k}-\left(\frac{p_2}{p_1}\right)^{\frac{k+1}{k}}\right]}}$$

已知：$p=10.3\times10^6$Pa

$W=3466$kg/h

$M=11.0$

$T=330$K

计算 Z 和 k 值

组成	CH_4	H_2	N_2	Ar	NH_3
T_c(K)	190.7	33.3	126.2	151	405.6
p_c(MPa)	4.64	1.30	3.39	4.86	11.40
k	1.33	1.4	1.41	1.67	1.34

混合气体：$T_c=71.66$K，$p_c=2.16$MPa

取混合气体：$k=1.4$

对比温度：$T_r=330/71.66=4.6$

对比压力：$p=10.3/2.16=4.77$

根据 p、T_r 查气体压缩系数图得 $Z=1.08$

质量流速：$G=3466/(3600\times0.785\times0.0381^2)=844.9\text{kg/m}^2\cdot\text{s}$

黏度：$\mu=1.305\times10^{-5}\text{Pa}\cdot\text{s}$，$D=0.0381$m

$$Re=\frac{DG}{\mu}=\frac{0.0381\times844.9}{1.305\times10^{-5}}=2.5\times10^6$$

$$d_o^2=3466\Bigg/\left(43.78\times C\times10.3\times10^6\sqrt{\left(\frac{11}{1.08\times330}\right)\left(\frac{1.4}{0.4}\right)\left[\left(\frac{5.96}{10.3}\right)^{\frac{2}{1.4}}-\left(\frac{5.96}{10.3}\right)^{\frac{2.4}{1.4}}\right]}\right)$$

$$d_o^2=9.256\times10^{-5}/C$$

设 $C=0.60$，求得 $d_o=12.4$mm；

取 $d_o=12.5$mm，$d_o/D=12.5/38.1=0.328$

由流量系数图查得 $C=0.601\approx0.60$，这说明求得的 $d_o=12.5$mm 有效。

第二块板：

对比压力：$p_r=5.96/2.16=2.76$

假定 T_r 不变，根据 p_r、T_r 查气体压缩系数图，查得 $Z=1.04$；$k=1.4$

为简化计算，假定气体黏度不变，则 $Re=2.5\times10^6$

将有关数据代入求取 d_o^2 的公式中得到：

$$d_o^2=3466\Bigg/\left(43.78\times C\times5.96\times10^6\sqrt{\left(\frac{11}{1.04\times330}\right)\left(\frac{1.4}{0.4}\right)\left[\left(\frac{3.45}{5.96}\right)^{\frac{2}{1.4}}-\left(\frac{3.45}{5.96}\right)^{\frac{2.4}{1.4}}\right]}\right)$$

$d_o^2=1.557\times10^{-4}/C$

设 $C=0.61$，得 $d_o=0.01598$m，取 $d_o=16$mm，$d_o/D=0.42$

查流量系数图 $Re=2.5\times10^6$

$d_o/D=0.42$

得 $C=0.61$，这说明取 $d_o=16$mm 有效。

第三块板：

对比压力 $p_r = 3.45/2.16 = 1.597$

假设 T_r 不变，根据 p、T_r 查气体压缩系数图，得气体压缩系数

$Z = 1.0$；取 $k = 1.4$

假定气体黏度不变，则 $Re = 2.5\times10^6$

$$d_o^2 = 3466\bigg/\left(43.78\times C\times3.45\times10^6\sqrt{\left(\frac{11}{1\times330}\right)\left(\frac{1.4}{0.4}\right)\left[\left(\frac{2.0}{3.45}\right)^{\frac{2}{1.4}}-\left(\frac{2.0}{3.45}\right)^{\frac{2.4}{1.4}}\right]}\right)$$

求得 $d_o = 2.61\times10^{-4}/C$

设 $C = 0.63$，$d_o = 0.02035\text{m}$

取 $d_o = 20\text{mm}$，$d_o/D = 0.525$

查流量系数图 $Re = 2.5\times10^6$，$d_o/D = 0.525$

得 $C = 0.63$，这说明 $d_o = 20\text{mm}$ 有效。

7.23.5 液体孔板计算

液体的单板孔板按下式计算：

$$Q = 128.45\cdot C\cdot d_o^2\cdot\sqrt{\frac{\Delta p}{\gamma}}$$

或

$$d_o^2 = \frac{Q}{128.45C\sqrt{\frac{\Delta p}{\gamma}}}$$

式中 Q——工作状态下体积流量，m^3/h；

C——孔板流量系数；

d_o——孔板孔径，m；

Δp——通过孔板的压降，Pa；

Y——工作状态下的相对密度(与4℃水的密度相比)。

多板孔板先计算孔板总数及每块孔板前后的压力，然后再计算每块孔板的孔径。

【例题】 某溶液流量为 $1150\text{m}^3/\text{h}$，采用限流孔板降压，降压前绝对压力 2.06MPa，降压后绝对压力 0.74MPa，管道内径 509mm，溶液温度 110℃，黏度 0.56mPa·s，相对密度 1.24，求限流孔板孔径。

限流孔板压降 $\Delta p = 2.06-0.74 = 1.32\text{MPa} < 2.5\text{MPa}$，选用单板限流孔板

溶液质量流速 $$G = \frac{1150\times1240}{3600\times0.785\times0.509^2} = 1947.7\text{kg/m}^2\cdot\text{s}$$

雷诺数 $$Re = \frac{0.509\times1947.7}{0.56\times10^{-3}} = 1.77\times10^6$$

$$d_o^2=\frac{Q}{128.45C\sqrt{\frac{\Delta p}{\gamma}}}=\frac{1150}{128.45C\sqrt{\frac{1.32\times10^6}{1.24}}}$$

$$=\frac{8.68\times10^{-3}}{C}$$

设 $C=0.595$ 则 $d_o=0.12\text{m}$　$d_o/D=0.12/0.509=0.2358$

由流量系数图查得 $C=0.595$，C 值选取合适，这说明 $d_o=0.12\text{m}$ 有效(单孔、单板)。

若选用多孔孔板，取孔径为 0.02m，则总孔数为：$N=(0.12)^2/(0.02)^2=36$ 个。

7.23.6 催化裂化限流孔板简化计算[27]

在催化裂化的反应器、再生器及催化剂输送管中，常需通入各种蒸汽，如汽提蒸汽、提升蒸汽、事故蒸汽、吹扫蒸汽等，为了避免测压点堵塞，还需要吹入反吹风，都需要使用限流孔板，一般采用以下简化公式计算：

对于水蒸气　$$W=63.7d_r^2\frac{p_1}{\sqrt{T_1}}$$

对于空气　$$W=83d_r^2\frac{p_1}{\sqrt{T_1}}$$

对于 20℃空气　$$W=4.85d_r^2p_1$$

式中　W——经过限流孔板的气体流量，kg/h；

d_r——限流孔板直径，mm；

p_1——限流孔板上游气体压力(绝压)，MPa；

T_1——限流孔板上游气体温度，K。

【例题 1】　提升管事故蒸汽采用压力 0.984MPa(绝压)饱和蒸汽，流量为 5000kg/h，计算所需限流孔板的孔径

$$d_r=\sqrt{\frac{W\sqrt{T_1}}{63.7\times p_1}}=\sqrt{\frac{5000\sqrt{179+273}}{63.7\times0.984}}=41\text{mm}$$

【例题 2】　再生催化剂输送管采用压力 0.6MPa(绝压)，温度 40℃松动空气，流量为 30kg/h,，计算所需限流孔板的孔径

$$d_r=\sqrt{\frac{W\sqrt{T_1}}{83\times p_1}}=\sqrt{\frac{30\sqrt{40+273}}{83\times0.6}}=3.3\text{mm}$$

【例题 3】　再生压力仪表测量需要净化空气 7.9kg/h，采用压力 0.5MPa(绝压)，温度 20℃空气，计算所需限流孔板的孔径

$$d_r=\sqrt{\frac{W}{4.85\times p_1}}=\sqrt{\frac{7.9}{4.85\times0.5}}=1.8\text{mm}$$

7.24　压力容器封头的容积与表面积(GB/T 25198—2010)

7.24.1　半球形封头

类型代号	断面形状	型式参数关系
HHA	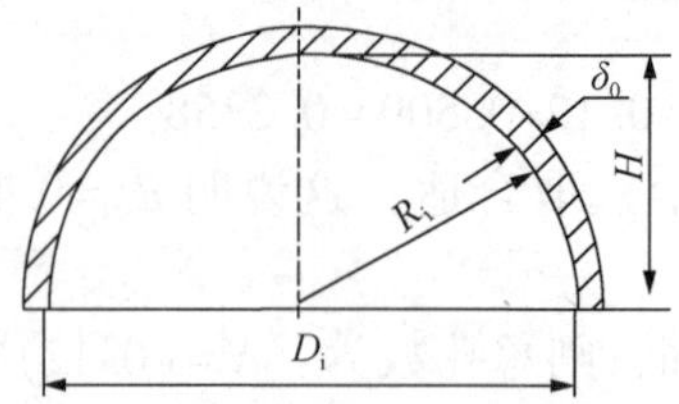	$D_i=2R_i$ $DN=D_i$ $H=\frac{D_i}{2}$

容积(mm^3)　　$V=\frac{1}{12}\pi D_i^3$

内表面积(mm^2)　　$A=\frac{1}{2}\pi D_i^2$

7.24.2　椭圆形封头

类型代号	断面形状	型式参数关系
EHA	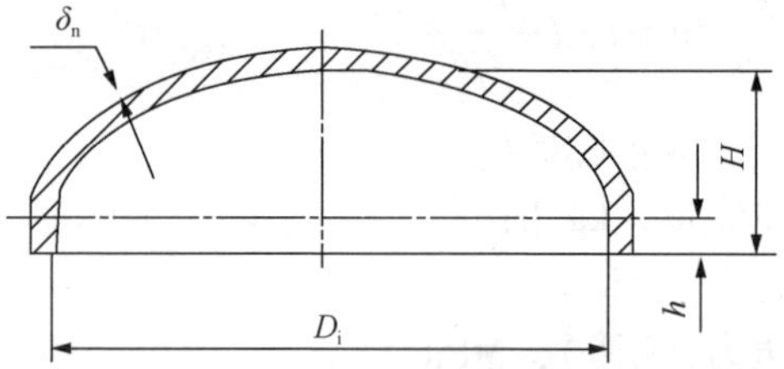	$\frac{D_i}{2(H-h)}=2$ $DN=D_i$ $H=\frac{D_i}{4}+h$

容积(mm^3)　　$V=\frac{\pi}{24}D_i^3+\frac{\pi}{4}D_i^2h$

内表面积(mm^2)　　$A=0.345\pi D_i^2+\pi D_ih$

EHA 椭圆形封头总深度、内表面积、容积：

序号	公称直径 DN/mm	总深度 H/mm	内表面积 A/m^2	容积 V/m^3	序号	公称直径 DN/mm	总深度 H/mm	内表面积 A/m^2	容积 V/m^3
1	300	100	0.1211	0.0053	11	800	225	0.7566	0.0796
2	350	113	0.1603	0.0080	12	850	238	0.8499	0.0946
3	400	125	0.2049	0.0115	13	900	250	0.9487	0.1113
4	450	138	0.2548	0.0159	14	950	263	1.0529	0.1300
5	500	150	0.3103	0.0213	15	1000	275	1.1625	0.1505
6	550	163	0.3711	0.0277	16	1100	300	1.3980	0.1980
7	600	175	0.4374	0.0353	17	1200	325	1.6552	0.2545
8	650	188	0.5090	0.0442	18	1300	350	1.9340	0.3208
9	700	200	0.5861	0.0545	19	1400	375	2.2346	0.3977
10	750	213	0.6686	0.0663	20	1500	400	2.5568	0.4860

续表

序号	公称直径 DN/mm	总深度 H/mm	内表面积 A/m^2	容积 V/m^3	序号	公称直径 DN/mm	总深度 H/mm	内表面积 A/m^2	容积 V/m^3
21	1600	425	2. 9007	0. 5864	44	3900	1015	16. 9775	8. 2427
22	1700	450	3. 2662	0. 6999	45	4000	1040	17. 8464	8. 8802
23	1800	475	3. 6535	0. 8270	46	4100	1065	18. 7370	9. 5498
24	1900	500	4. 0624	0. 9687	47	4200	1090	19. 6493	10. 2523
25	2000	525	4. 4930	1. 1257	48	4300	1115	20. 5832	10. 9883
26	2100	565	5. 0443	1. 3508	49	4400	1140	21. 5389	11. 7588
27	2200	590	5. 5229	1. 5459	50	4500	1165	22. 5162	12. 5644
28	2300	615	6. 0233	1. 7588	51	4600	1190	23. 5152	13. 4060
29	2400	640	6. 5453	1. 9905	52	4700	1215	24. 5359	14. 2844
30	2500	665	7. 0891	2. 2417	53	4800	1240	25. 5782	15. 2003
31	2600	690	7. 6545	2. 5131	54	4900	1265	26. 6422	16. 1545
32	2700	715	8. 2415	2. 8055	55	5000	1290	27. 7280	17. 1479
33	2800	740	8. 8503	3. 1198	56	5100	1315	28. 8353	18. 1811
34	2900	765	9. 4807	3. 4567	57	5200	1340	29. 9644	19. 2550
35	3000	790	10. 1329	3. 8170	58	5300	1365	31. 1152	20. 3704
36	3100	815	10. 8067	4. 2015	59	5400	1390	32. 2876	21. 5281
37	3200	840	11. 5021	4. 6110	60	5500	1415	33. 4817	22. 7288
38	3300	865	12. 2193	5. 0463	61	5600	1440	34. 6975	23. 9733
39	3400	890	12. 9581	5. 5080	62	5700	1465	35. 9350	25. 2624
40	3500	915	13. 7186	5. 9972	63	5800	1490	37. 1941	26. 5969
41	3600	940	14. 5008	6. 5144	64	5900	1515	38. 4749	27. 9776
42	3700	965	15. 3047	7. 0605	65	6000	1540	39. 7775	29. 4053
43	3800	990	16. 1303	7. 6364	—	—	—	—	—

7. 24. 3　碟形封头

类型代号	断面形状 2	型式参数关系
THA	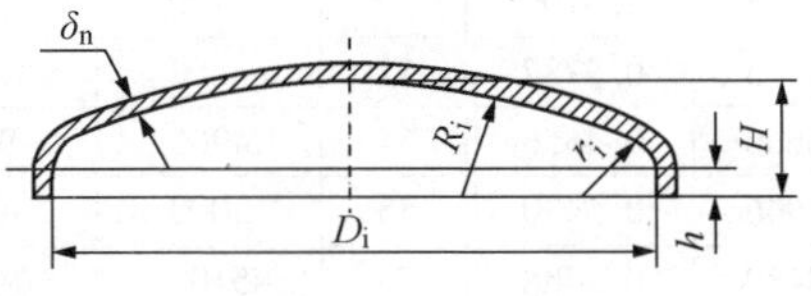	$R_i=1.0D_i$ $r_i=0.10D_i$ $DN=D_i$

设：弧度 $\theta=\arccos\dfrac{\dfrac{D_i}{2}-r_i}{R_i-r_i}$

$C_1=\dfrac{\sin\theta}{4}$　　　$C_3=2\sin\theta-\dfrac{\sin^3\theta}{3}-\sin\theta\cos\theta-\theta$

$C_2=\dfrac{\sin\theta\cos\theta+\theta}{2}-\sin\theta$　　　$C_4=\dfrac{(2+\sin\theta)(1-\sin\theta)^2}{3}$

总深度(mm)　　　$H=(1-\sin\theta)R_i+r_i\sin\theta+h$

容积(mm^3) $$V=\pi\left(C_1D_i^2r_i+C_2D_ir_i^2+C_3r_i^3+C_4R_i^3+\frac{D_i^2}{4}\times h\right)$$

内表面积(mm^2) $$A=2\pi\left[D_ir_i\times\frac{\theta}{2}+r_i^2(\sin\theta-\theta)+R_i^2(1-\sin\theta)+\frac{D_i}{2}h\right]$$

THA 碟形封头总深度、内表面积、容积：

序号	公称直径 DN/mm	总深度 H/mm	内表面积 A/m^2	容积 V/m^3	序号	公称直径 DN/mm	总深度 H/mm	内表面积 A/m^2	容积 V/m^3
1	300	83	0. 1127	0. 0044	34	2900	602	8. 6902	2. 6779
2	350	93	0. 1488	0. 0066	35	3000	621	9. 2869	2. 9548
3	400	103	0. 1898	0. 0095	36	3100	641	9. 9033	3. 2502
4	450	112	0. 2358	0. 0130	37	3200	660	10. 5396	3. 5646
5	500	122	0. 2868	0. 0173	38	3300	679	11. 1956	3. 8987
6	550	132	0. 3427	0. 0224	39	3400	699	11. 8715	4. 2529
7	600	141	0. 4035	0. 0284	40	3500	718	12. 5672	4. 6280
8	650	151	0. 4693	0. 0355	41	3600	738	13. 2826	5. 0245
9	700	161	0. 5401	0. 0436	42	3700	757	14. 0179	5. 4430
10	750	170	0. 6158	0. 0528	43	3800	776	14. 7729	5. 8841
11	800	180	0. 6964	0. 0632	44	3900	796	15. 5478	6. 3484
12	850	190	0. 7820	0. 0750	45	4000	815	16. 3424	6. 8365
13	900	199	0. 8726	0. 0881	46	4100	834	17. 1569	7. 3489
14	950	209	0. 9681	0. 1026	47	4200	854	17. 9912	7. 8864
15	1000	219	1. 0685	0. 1186	48	4300	873	18. 8452	8. 4494
16	1100	238	1. 2843	0. 1555	49	4400	893	19. 7191	9. 0385
17	1200	258	1. 5198	0. 1993	50	4500	912	20. 6127	9. 6544
18	1300	277	1. 7752	0. 2506	51	4600	931	21. 5262	10. 2977
19	1400	296	2. 0503	0. 3100	52	4700	951	22. 4594	10. 9689
20	1500	316	2. 3453	0. 3782	53	4800	970	23. 4125	11. 6687
21	1600	335	2. 6600	0. 4556	54	4900	989	24. 3853	12. 3975
22	1700	354	2. 9946	0. 5430	55	5000	1009	25. 3780	13. 1561
23	1800	374	3. 3489	0. 6408	56	5100	1028	26. 3904	13. 9451
24	1900	393	3. 7231	0. 7497	57	5200	1048	27. 4227	14. 7649
25	2000	413	4. 1170	0. 8703	58	5300	1067	28. 4748	15. 6162
26	2100	447	4. 6297	1. 0551	59	5400	1086	29. 5466	16. 4997
27	2200	466	5. 0680	1. 2058	60	5500	1106	30. 6383	17. 4158
28	2300	486	5. 5261	1. 3703	61	5600	1125	31. 7497	18. 3652
29	2400	505	6. 0039	1. 5491	62	5700	1145	32. 8810	19. 3485
30	2500	524	6. 5016	1. 7427	63	5800	1164	34. 0320	20. 3663
31	2600	544	7. 0190	1. 9518	64	5900	1183	35. 2029	21. 4191
32	2700	563	7. 5563	2. 1770	65	6000	1203	36. 3935	22. 5076
33	2800	583	8. 1134	2. 4188	—	—	—	—	—

7.25 常用几何图形计算公式[2]

名称及图形	符号	计算公式 (面积 F，侧面积 M，总面积 Q，体积 V)
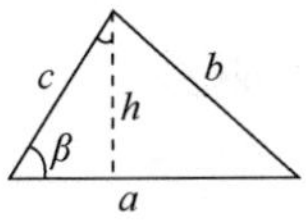 三角形	a—底边 h—高 b，c—斜边 $p=\dfrac{a+b+c}{2}$	$F=\dfrac{1}{2}ah=\dfrac{1}{2}ac\sin\beta$ $=\sqrt{p(p-a)(p-b)(p-c)}$
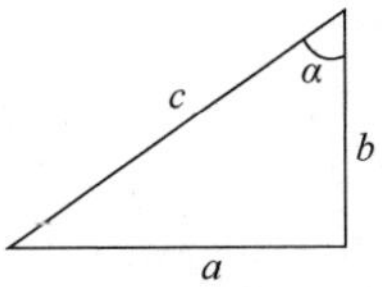 直角三角形	a，b—直角边 c—斜边	$c^2=a+b^2$ $F=\dfrac{1}{2}ab=\dfrac{1}{4}c^2\sin2\alpha$
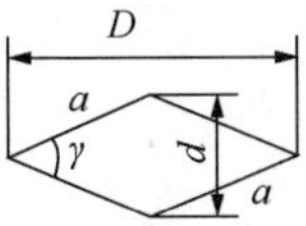 菱形	a—边 γ—角 D—长对角线 d—短对角线	$F=a^2\sin\gamma=\dfrac{Dd}{2}$ $D=2a\cos\dfrac{\gamma}{2}$ $d=2a\sin\dfrac{\gamma}{2}$
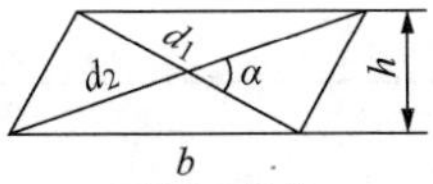 平行四边形	b—底边 h—高 d_1 和 d_2—对角线 α—对角线夹角(锐角)	$F=bh=\dfrac{1}{2}d_1d_2\sin\alpha$
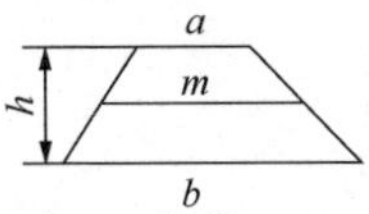 梯形	a，b—二平行底边 h—高 m—中线(联结不平行两边的中点)	$F=\dfrac{1}{2}(a+b)h=mh$
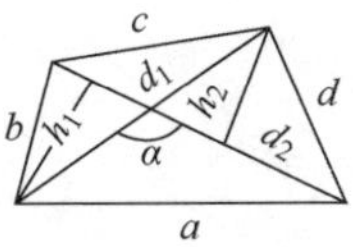 不规则四边形	a，b，c，d—边 d_1 和 d_2—对角线 α—对角线夹角(d 边的对角) h_1 和 h_2—对角线 d_2 上的高	$F=\dfrac{1}{2}d_1d_2\sin\alpha=\dfrac{d_2}{2}(h_1+h_2)$

续表

名称及图形	符　　号	计算公式 （面积 F，侧面积 M，总面积 Q，体积 V）
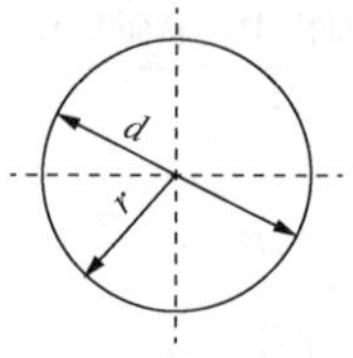 圆	r—半径 d—直径	$F=\pi r^2=\dfrac{\pi d^2}{4}=0.785d^2$
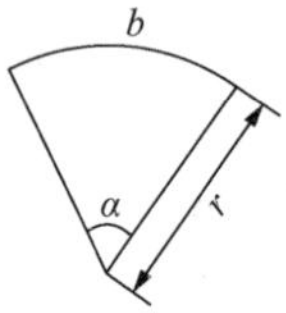 扇形	b—弧长 r—半径 α—中心角	$F=\dfrac{1}{2}br=\dfrac{\alpha}{360}\pi r^2$ $b=\dfrac{\alpha}{180}\pi r$
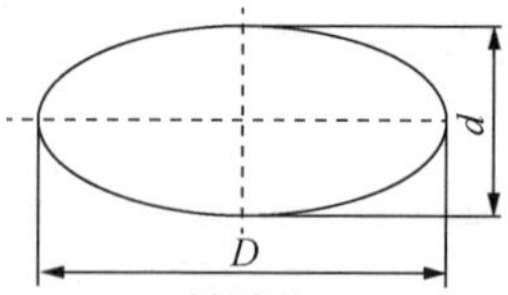 椭圆形	D—长轴 d—短轴	$F=\dfrac{\pi dD}{4}$
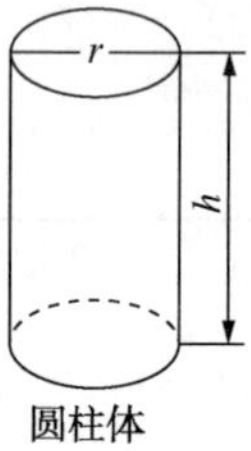 圆柱体	r—底圆半径 h—高	$M=2\pi rh$ $Q=2\pi r(r+h)$ $V=\pi r^2h$
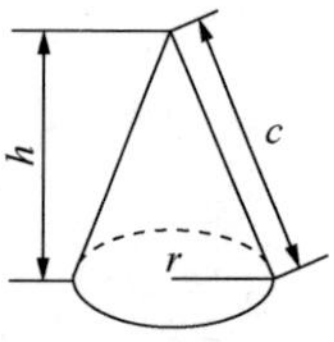 锥体	r—底半径 h—高 c—斜边	$M=\pi r\sqrt{r^2+h^2}$ $V=\dfrac{1}{3}\pi r^2h$ $c=\sqrt{r^2+h^2}$ $Q=M+\pi r^2$

续表

名称及图形	符　　号	计算公式 （面积 F，侧面积 M，总面积 Q，体积 V）
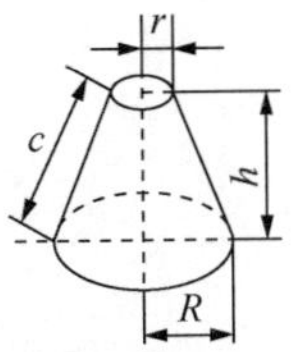 圆台	R 和 r—底面半径 h—高 c—母线 $c=\sqrt{(R-r)^2+h^2}$	$M=\pi c(R+r)$ $Q=M+\pi(R^2+r^2)$ $V=\frac{\pi h}{3}(R^2+r^2+Rr)$
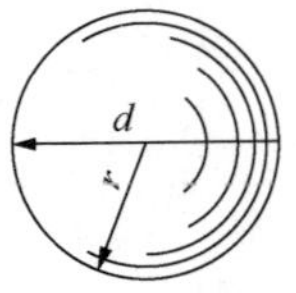 球体	r—半径 d—直径	$V=\frac{4}{3}\pi r^3=\frac{1}{6}\pi d^3=0.5236d^3$ $Q=4\pi r^2=\pi d^2$
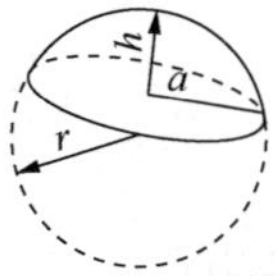 部分球形	h—高 r—球半径 a—底半径	$M=2\pi rh=\pi(a^2+h^2)$ $V=\pi h^2\left(r-\frac{1}{3}h\right)$
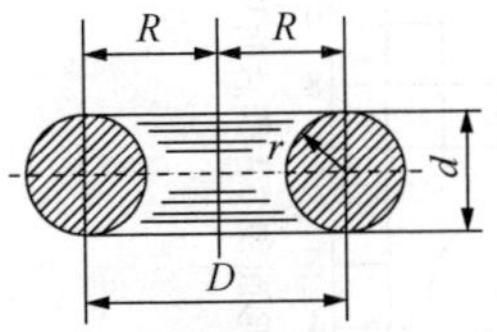 圆柱体的环	R—半径 D—直径 r—断面半径 $d=2r$	$Q=4\pi^2 rR\approx 39.478Rr$ $Q=\pi^2 Dd=9.870Dd$ $V=2\pi^2 Rr^2\approx 19.74Rr^2$ $V=\frac{\pi^2}{4}Dd^2\approx 2.467Dd^2$
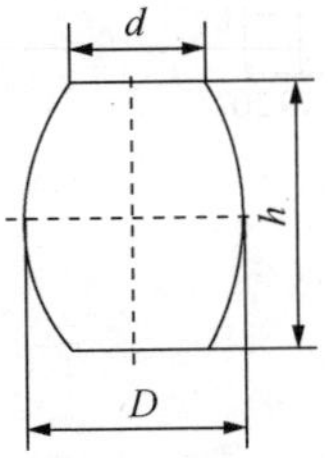 桶体（圆鼓）	D—中部断面直径 d—底内径 h—高	对圆形桶板： $V\approx\frac{1}{12}\pi h(2D^2+d^2)$ 对于抛物线桶板： $V\approx\frac{1}{15}\pi h\left(2D^2+Dd+\frac{3}{4}d^2\right)$

7.26　圆的弓形面积与拱高的关系图[2]

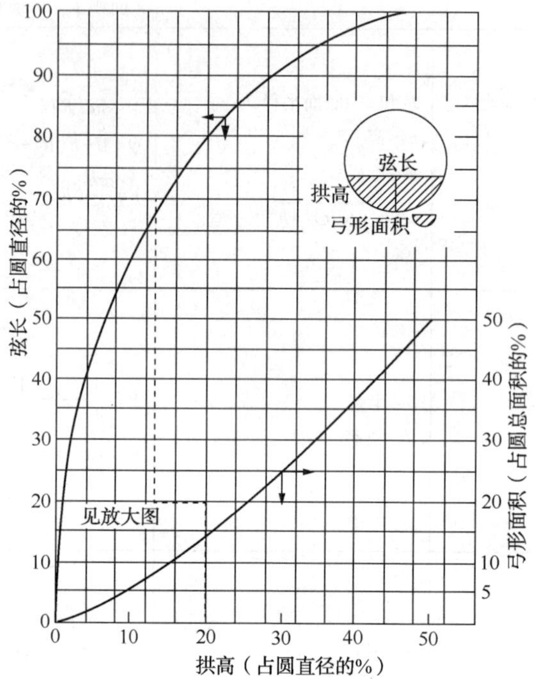

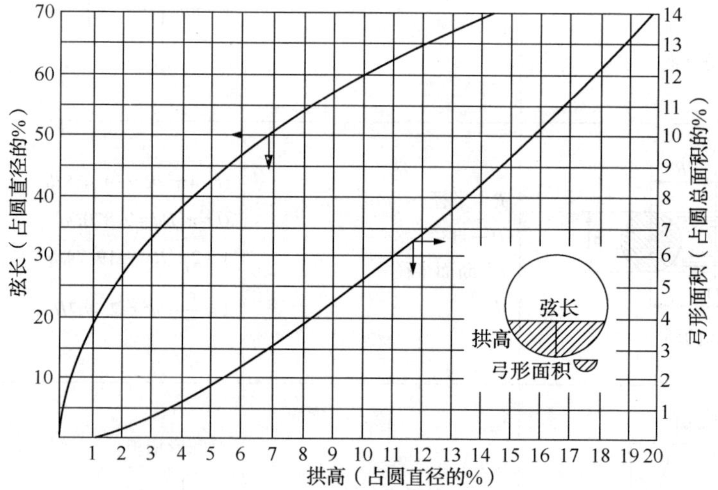

8 单位换算

单位换算是技术工作中经常需要查阅的数据，也是本书的一项重要内容。以下列出的是石化行业常用单位的换算系数及换算表，其中黑体字标出的是法定计量单位及其换算系数。

根据石化行业中目前实际使用单位的状况和对外技术交流的需要，本书改编或新编了一些更实用的单位换算表。我们现在常用的计量单位如压力 MPa、热负荷 MW 等可以直接从换算表中查到，无须再次换算；对于 psi、MMBtu/h、ppm、kMTA、BPSD 等在与国外公司联系中经常碰到的非标准计量单位，本书根据实际需要，在相关部分对其含义做了解释和换算说明。

8.1 长度

8.1.1 长度单位换算系数[2,28]

米(m)	厘米(cm)	毫米(mm)	英寸(in)	英尺(ft)	市尺	市寸
1	10^2	10^3	39.3701	3.28084	3	30
$\mathbf{10^{-2}}$	1	10	0.393701	3.28084×10^{-2}	3×10^{-2}	0.3
$\mathbf{10^{-3}}$	0.1	1	3.93701×10^{-2}	3.28084×10^{-3}	3×10^{-3}	0.03
0.0254	2.54	25.4	1	0.0833333	7.62×10^{-2}	0.762
0.3048	30.48	304.8	12	1	0.9144	9.144
0.3333	33.333	333.33	13.123	1.0936	1	10
0.03333	3.3333	33.333	1.3123	0.10936	0.1	1

米(m)	英尺(ft)	码(yd)	公里(km)	英里(mile)	**海里(n mile)**	市里
1	3.28084	1.09361	10^{-3}	6.21371×10^{-4}	$\mathbf{5.3996\times10^{-4}}$	2×10^{-3}
0.3048	1	0.3333	3.048×10^{-4}	1.8939×10^{-4}	$\mathbf{1.6458\times10^{-4}}$	6.096×10^{-4}
0.9144	3	1	9.144×10^{-4}	5.6818×10^{-4}	$\mathbf{4.9374\times10^{-4}}$	1.829×10^{-3}
$\mathbf{10^3}$	3280.84	1093.6	1	0.6214	**0.53996**	2
1609.344	5280	1760	1.609344	1	**0.868976**	3.219
1852	6076.12	2025.37	1.852	1.1508	**1**	3.704
500	1640.4	546.8	0.5	0.3107	**0.26998**	1

1 市里 = 150 市丈 = 1500 市尺 = 500m　　1 埃(Å) = 10^{-10}m = 10^{-7}mm = 10^{-4}微米(μm)

1 毫米(mm) = 10 丝 = 100 道(俗称)　　1 密耳(mil) = 10^{-3}in = 2.54×10^{-5}m

8.1.2　英寸与毫米换算表[29]

英寸(in)	毫米(mm)	英寸(in)	毫米(mm)	英寸(in)	毫米(mm)	英寸(in)	毫米(mm)
1/64	0.3969	7	177.8	34	863.6	64	1626
1/32	0.7938	8	203.2	36	914.4	68	1727
1/16	1.5875	9	228.6	38	965.2	70	1778
1/8	3.1750	10	254.0	40	1016	72	1829
1/4	6.350	12	304.8	42	1067	74	1880
3/8	9.525	14	355.6	44	1118	76	1930
1/2	12.70	16	406.4	46	1168	78	1981
3/4	19.05	18	457.2	48	1219	80	2032
1	25.40	20	508.0	50	1270	82	2083
1½	38.10	22	558.8	52	1321	84	2134
2	50.8	24	609.6	54	1372	86	2184
3	76.2	26	660.4	56	1422	88	2235
4	101.6	28	711.2	58	1473	90	2286
5	127.0	30	762.0	60	1524	95	2413
6	152.4	32	812.8	62	1575	100	2540

1 英寸(in)= 25.40 毫米(mm)。

8.2　面积[2,28]

毫米^2(mm^2)	厘米^2(cm^2)	**米^2(m^2)**	英寸^2(in^2)	英尺^2(ft^2)	市尺^2
1	10^{-2}	$\mathbf{10^{-6}}$	1.550×10^{-3}	1.0763×10^{-5}	9×10^{-6}
10^2	1	$\mathbf{10^{-4}}$	0.1550	1.0764×10^{-3}	9×10^{-4}
10^6	10^4	**1**	1550.00	10.7639	9.000
6.4516×10^2	6.4516	$\mathbf{6.4516\times10^{-4}}$	1	6.94444×10^{-3}	5.8064×10^{-3}
9.29030×10^4	9.29030×10^2	**0.0929030**	144	1	0.8361
1.111×10^5	1.111×10^3	**0.1111**	172.22	1.196	1

米^2(m^2)	公里^2(km^2)	英里^2(mile^2)	**公顷(hm^2, ha)**	公亩(are)	英亩(acre)	市亩
1	10^{-6}	3.861×10^{-7}	$\mathbf{10^{-4}}$	10^{-2}	2.47105×10^{-4}	1.5×10^{-3}
$\mathbf{10^6}$	1	0.3861	**100**	10^4	2.471×10^2	1.5×10^3
$\mathbf{2.58999\times10^6}$	2.58999	1	**258.999**	2.58999×10^4	640	3.89×10^3
10000	10^{-2}	3.86102×10^{-3}	**1**	100	2.47105	15
100	10^{-4}	3.861×10^{-5}	$\mathbf{10^{-2}}$	1	2.471×10^{-2}	0.15
4046.86	4.04686×10^{-3}	1.5625×10^{-3}	**0.404686**	40.4686	1	6.0716
$\mathbf{6.6667\times10^2}$	6.6667×10^{-4}	2.574×10^{-4}	$\mathbf{6.6667\times10^{-2}}$	6.6667	0.1647	1

1 公顷 = 1 垧　　1 码^2 = 9 英尺^2 = 0.836127 米^2　　1 市亩 = 10 市分 = 60 丈^2

1 坪 = 3.305 米^2　　1 町 = 2.45 英亩 = 0.9915 公顷　　1 市里^2 = 0.250 公里^2

8.3 体积[2,28]

毫升(mL, cc)	**升(L, dm³)**	**米³(m³, kL)**	英寸³(in³)	英尺³(ft³)	美加仑(US gal)	美桶(US bbl)
1	$\mathbf{10^{-3}}$	$\mathbf{10^{-6}}$	0. 0610237	3.5315×10^{-5}	2.6418×10^{-4}	6.2898×10^{-6}
10^3	**1**	**0. 001**	61. 0237	0. 0353147	0. 264172	6.2898×10^{-3}
10^6	**1000**	**1**	61023. 7	35. 3147	264. 172	6. 2898
16. 3871	**0. 0163871**	$\mathbf{1.63871\times10^{-5}}$	1	5.78704×10^{-4}	4.32900×10^{-3}	1.0307×10^{-4}
2.83168×10^4	**28. 3168**	$\mathbf{2.83168\times10^{-2}}$	1728	1	7. 48052	0. 1781
3.78541×10^3	**3. 78541**	$\mathbf{3.78541\times10^{-3}}$	231	0. 133681	1	2.3809×10^{-2}
1.58987×10^5	**158. 987**	**0. 158987**	9.702×10^3	5. 6145	42	1

1 市石 = 10 市斗 = 100 市升　　1 英加仑(UK gal) = 1. 20095 美加仑(US gal) = 4. 54609 dm³

1 升 = 1 市升 = 10 市合　　1 码³ = 0. 76455 米³　　1 英桶(UK bbl) = 1. 0008 美桶(US bbl)

8.4 速度[2,28]

米/秒(m/s)	米/分(m/min)	**公里/时(km/h)**	英尺/秒(ft/s)	英里/时(mile/h)	海里/时(n mile/h)
1	60	**3. 6**	3. 28084	2. 23694	1. 9439
0. 0166667	1	$\mathbf{6\times10^{-2}}$	5.468×10^{-2}	3.728×10^{-2}	3.240×10^{-2}
0. 277778	16. 6667	**1**	0. 911344	0. 621371	0. 539957
0. 3048	18. 2880	**1. 09728**	1	0. 681818	0. 59249
0. 44704	26. 8224	**1. 609344**	1. 46667	1	0. 868976
0. 51444	30. 8667	**1. 852**	1. 68780	1. 15078	1

8.5 重量(质量)

8.5.1 重量(质量)单位换算系数[2,28]

毫克(mg)	克(g)	**千克(公斤)(kg)**	格令(grain)	盎司(oz)	市斤	市两
1	10^{-3}	$\mathbf{10^{-6}}$	1.5432×10^{-2}	3.52740×10^{-5}	2×10^{-5}	2×10^{-4}
10^3	1	$\mathbf{10^{-3}}$	15. 4324	0. 0352740	2×10^{-3}	2×10^{-2}
10^6	10^3	**1**	1.5432×10^4	35. 2740	2	20
64. 79891	0. 06479891	$\mathbf{6.479891\times10^{-5}}$	1	2.28571×10^{-3}	1.296×10^{-4}	1.296×10^{-3}
28349. 52	28. 34952	**0. 02834952**	437. 5	1	5.670×10^{-2}	0. 567
5×10^5	500	**0. 5**	7716	17. 637	1	10
5×10^4	50	**0. 05**	771. 6	1. 7637	0. 1	1

1 磅(lb) = 16 盎司(oz) = 0. 453592 公斤(kg)　　1 英夸特(qr) = 28 磅(lb) = 12. 7006 公斤(kg)

续表

千克(公斤)(kg)	吨(t)	磅(lb)	英吨(长吨)(long ton)	美吨(短吨)(short ton)	英担(cwt)
1	**10^{-3}**	2. 20462	9.842×10^{-4}	0. 00110231	1.968×10^{-2}
1000	**1**	2204. 62	0. 984207	1. 10231	19. 6841
0. 45359237	**4.5359237×10^{-4}**	1	0. 000446429	0. 0005	0. 00892857
1016. 05	**1. 01605**	2240	1	1. 12	20
907. 185	**0. 907185**	2000	0. 892857	1	17. 8571
50. 8023	**0. 0508023**	112	0. 05	0. 056	1

1 短担=100 磅=45. 3592 千克　　　1 公担=0. 1 吨

8. 5. 2　磅与公斤换算表[29]

磅(lb)	公斤(kg)	磅(lb)	公斤(kg)	磅(lb)	公斤(kg)	磅(lb)	公斤(kg)	磅(lb)	公斤(kg)
1	0. 454	21	9. 525	41	18. 591	61	27. 669	81	36. 741
2	0. 907	22	9. 979	42	19. 051	62	28. 123	82	37. 195
3	1. 361	23	10. 433	43	19. 504	63	28. 576	83	37. 648
4	1. 814	24	10. 886	44	19. 958	64	29. 030	84	38. 102
5	2. 268	25	11. 340	45	20. 412	65	29. 483	85	38. 555
6	2. 722	26	11. 793	46	20. 865	66	29. 937	86	39. 009
7	3. 175	27	12. 247	47	21. 319	67	30. 391	87	39. 463
8	3. 629	28	12. 701	48	21. 772	68	30. 844	88	39. 916
9	4. 082	29	13. 154	49	22. 236	69	31. 298	89	40. 370
10	4. 536	30	13. 608	50	22. 680	70	31. 751	90	40. 823
11	4. 990	31	34. 061	51	23. 133	71	32. 205	91	41. 277
12	5. 443	32	14. 515	52	23. 587	72	32. 659	92	41. 730
13	5. 897	33	14. 969	53	24. 040	73	33. 112	93	42. 184
14	6. 350	34	15. 442	54	24. 494	74	33. 566	94	42. 638
15	6. 804	35	15. 876	55	24. 948	75	34. 019	95	43. 091
16	7. 257	36	16. 329	56	25. 401	76	34. 473	96	43. 545
17	7. 711	37	16. 783	57	25. 855	77	34. 927	97	43. 998
18	8. 165	38	17. 236	58	26. 308	78	35. 380	98	44. 452
19	8. 618	39	17. 690	59	26. 762	79	35. 834	99	44. 905
20	9. 072	40	18. 144	60	27. 216	80	36. 287	100	45. 359

1 磅(lb)= 0. 45359 公斤(kg)

8.6 密度[2,28]

克/毫升 (g/mL, g/cm³)	公斤/米³ (kg/m³)	吨/米³ (t/m³)	磅/英寸³ (lb/in³)	磅/英尺³ (lb/ft³)	磅/美加仑 (lb/US gal)
1	**1000**	**1**	3.61273×10^{-2}	62.4280	8.34540
0.001	**1**	$\mathbf{10^{-3}}$	3.61273×10^{-5}	6.24280×10^{-2}	8.34540×10^{-3}
27.6799	**27679.9**	**27.6799**	1	1728	231
0.0160185	**16.0185**	$\mathbf{1.60185\times10^{-2}}$	5.78704×10^{-4}	1	0.133681
0.119826	**119.826**	**0.119826**	4.32900×10^{-3}	7.48052	1

1 磅/英加仑 = 0.83267 磅/美加仑 = 99.7763 公斤/米³

1 盎司/美加仑 = 7.48915 公斤/米³

1 磅/美桶 = 2.85301 公斤/米³

1 磅/码³ = 0.593276 公斤/米³

8.7 相对密度(比重)

8.7.1 相对密度(比重)$d_{15.6}^{15.6}$与 d_4^{20} 的换算[2]

$d_{15.6}^{15.6}=d_4^{20}+$ 校正值；　　$d_4^{20}=d_{15.6}^{15.6}-$ 校正值；　　$d_4^t=0.9990d_{15.6}^t$

$d_{15.6}^{15.6}$或 d_4^{20}	校正值	$d_{15.6}^{15.6}$或 d_4^{20}	校正值
0.700~0.710	0.0051	0.830~0.840	0.0044
0.710~0.720	0.0050	0.840~0.850	0.0043
0.720~0.730	0.0050	0.850~0.860	0.0042
0.730~0.740	0.0049	0.860~0.870	0.0042
0.740~0.750	0.0049	0.870~0.880	0.0041
0.750~0.760	0.0048	0.880~0.890	0.0041
0.760~0.770	0.0048	0.890~0.900	0.0040
0.770~0.780	0.0047	0.900~0.910	0.0040
0.780-0.790	0.0046	0.910~0.920	0.0039
0.790~0.800	0.0046	0.920~0.930	0.0038
0.800~0.810	0.0045	0.930~0.940	0.0038
0.810~0.820	0.0045	0.940~0.950	0.0037
0.820~0.830	0.0044		

8.7.2 波美度、API 度与相对密度($d_{15.6}^{15.6}$)的换算公式[2]

$$\text{波美度}(^\circ\mathrm{Be})=\frac{140}{\text{相对密度 }d_{15.6}^{15.6}}-130\ (\text{比水轻时})$$

$$\text{波美度}(^\circ\mathrm{Be})=145-\frac{145}{\text{相对密度 }d_{15.6}^{15.6}}\ (\text{比水重时})$$

$$\text{API度} = \frac{141.5}{\text{相对密度}\ d_{15.6}^{15.6}} - 131.5$$

8.7.3 比重指数(API 度)与相对密度($d_{15.6}^{15.6}$)换算表[2]

比重指数(API度)	$\frac{1}{10}$比重指数									
	0	1	2	3	4	5	6	7	8	9
0	1.0760	1.0752	1.0744	1.0736	1.0728	1.0720	1.0712	1.0703	1.0695	1.0687
1	1.0679	1.0671	1.0663	1.0655	1.0647	1.0639	1.0631	1.0623	1.0615	1.0607
2	1.0599	1.0591	1.0583	1.0575	1.0568	1.0560	1.0552	1.0544	1.0536	1.0528
3	1.0520	1.0513	1.0505	1.0497	1.0489	1.0481	1.0474	1.0466	1.0458	1.0451
4	1.0443	1.0435	1.0427	1.0420	1.0412	1.0404	1.0397	1.0389	1.0382	1.0374
5	1.0366	1.0359	1.0351	1.0344	1.0336	1.0328	1.0321	1.0313	1.0306	1.0298
6	1.0291	1.0283	1.0276	1.0269	1.0261	1.0254	1.0246	1.0239	1.0231	1.0224
7	1.0217	1.0209	1.0202	1.0195	1.0187	1.0180	1.0173	1.0165	1.0158	1.0151
8	1.0143	1.0136	1.0129	1.0122	1.0114	1.0107	1.0100	1.0093	1.0086	1.0078
9	1.0071	1.0064	1.0057	1.0050	1.0043	1.0035	1.0028	1.0021	1.0014	1.0007
10	1.0000	0.9993	0.9986	0.9979	0.9972	0.9965	0.9958	0.9951	0.9944	0.9937
11	0.9930	0.9923	0.9916	0.9909	0.9902	0.9895	0.9888	0.9881	0.9874	0.9868
12	0.9861	0.9854	0.9847	0.9840	0.9833	0.9826	0.9820	0.9813	0.9806	0.9799
13	0.9792	0.9786	0.9779	0.9772	0.9765	0.9759	0.9752	0.9745	0.9738	0.9732
14	0.9725	0.9718	0.9712	0.9705	0.9698	0.9692	0.9685	0.9679	0.9672	0.9665
15	0.9659	0.9652	0.9646	0.9639	0.9632	0.9626	0.9619	0.9613	0.9606	0.9600
16	0.9593	0.9587	0.9580	0.9574	0.9567	0.9561	0.9554	0.9548	0.9541	0.9535
17	0.9529	0.9522	0.9516	0.9509	0.9503	0.9497	0.9490	0.9484	0.9478	0.9471
18	0.9465	0.9459	0.9452	0.9446	0.9440	0.9433	0.9427	0.9421	0.9415	0.9408
19	0.9402	0.9396	0.9390	0.9383	0.9377	0.9371	0.9365	0.9358	0.9352	0.9346
20	0.9340	0.9334	0.9328	0.9321	0.9315	0.9309	0.9303	0.9297	0.9291	0.9285
21	0.9279	0.9273	0.9267	0.9260	0.9254	0.9248	0.9242	0.9236	0.9230	0.9224
22	0.9218	0.9212	0.9206	0.9200	0.9194	0.9188	0.9182	0.9176	0.9170	0.9165
23	0.9159	0.9153	0.9147	0.9141	0.9135	0.9129	0.9123	0.9117	0.9111	0.9106
24	0.9100	0.9094	0.9088	0.9082	0.9076	0.9071	0.9065	0.9059	0.9053	0.9047
25	0.9042	0.9036	0.9030	0.9024	0.9018	0.9013	0.9007	0.9001	0.8996	0.8990
26	0.8984	0.8978	0.8973	0.8967	0.8961	0.8956	0.8950	0.8944	0.8939	0.8933
27	0.8927	0.8922	0.8916	0.8911	0.8905	0.8899	0.8894	0.8888	0.8883	0.8877
28	0.8871	0.8866	0.8860	0.8855	0.8849	0.8844	0.8838	0.8833	0.8827	0.8822
29	0.8816	0.8811	0.8805	0.8800	0.8794	0.8789	0.8783	0.8778	0.8772	0.8767
30	0.8762	0.8756	0.8751	0.8745	0.8740	0.8735	0.8729	0.8724	0.8718	0.8713

续表

比重指数(API度)	$\frac{1}{10}$比重指数									
	0	1	2	3	4	5	6	7	8	9
31	0.8708	0.8702	0.8697	0.8692	0.8686	0.8681	0.8676	0.8670	0.8665	0.8660
32	0.8654	0.8649	0.8644	0.8639	0.8633	0.8628	0.8623	0.8618	0.8612	0.8607
33	0.8602	0.8597	0.8591	0.8586	0.8581	0.8576	0.8571	0.8565	0.8560	0.8555
34	0.8550	0.8545	0.8540	0.8534	0.8529	0.8524	0.8519	0.8514	0.8509	0.8504
35	0.8498	0.8493	0.8488	0.8483	0.8478	0.8473	0.8468	0.8463	0.8458	0.8453
36	0.8448	0.8443	0.8438	0.8433	0.8428	0.8423	0.8418	0.8413	0.8408	0.8403
37	0.8398	0.8393	0.8388	0.8383	0.8378	0.8473	0.8368	0.8363	0.8358	0.8353
38	0.8348	0.8343	0.8338	0.8333	0.8328	0.8324	0.8319	0.8314	0.8309	0.8304
39	0.8299	0.8294	0.8289	0.8285	0.8280	0.8275	0.8270	0.8265	0.8260	0.8256
40	0.8251	0.8246	0.8241	0.8236	0.8232	0.8227	0.8222	0.8217	0.8212	0.8208
41	0.8203	0.8198	0.8193	0.8189	0.8184	0.8179	0.8174	0.8170	0.8165	0.8160
42	0.8155	0.8151	0.8146	0.8142	0.8137	0.8132	0.8128	0.8123	0.8118	0.8114
43	0.8109	0.8104	0.8100	0.8059	0.8090	0.8086	0.8081	0.8076	0.8072	0.8067
44	0.8063	0.8058	0.8054	0.8049	0.8044	0.8040	0.8035	0.8031	0.8026	0.8022
45	0.8017	0.8012	0.8008	0.8003	0.7999	0.7994	0.7990	0.7985	0.7981	0.7976
46	0.7972	0.7967	0.7963	0.7958	0.7954	0.7949	0.7945	0.7941	0.7936	0.7932
47	0.7927	0.7923	0.7918	0.7914	0.7909	0.7905	0.7901	0.7896	0.7892	0.7887
48	0.7883	0.7879	0.7874	0.7870	0.7865	0.7861	0.7857	0.7852	0.7848	0.7844
49	0.7839	0.7835	0.7831	0.7826	0.7822	0.7818	0.7813	0.7809	0.7805	0.7800
50	0.7796	0.7792	0.7788	0.7783	0.7779	0.7775	0.7770	0.7766	0.7762	0.7758
51	0.7753	0.7749	0.7745	0.7741	0.7736	0.7732	0.7728	0.7724	0.7720	0.7715
52	0.7711	0.7707	0.7703	0.7699	0.7694	0.7690	0.7686	0.7682	0.7678	0.7674
53	0.7669	0.7665	0.7661	0.7657	0.7653	0.7649	0.7645	0.7640	0.7636	0.7632
54	0.7628	0.7624	0.7620	0.7616	0.7612	0.7608	0.7603	0.7599	0.7595	0.7591
55	0.7587	0.7583	0.7579	0.7575	0.7571	0.7567	0.7563	0.7559	0.7555	0.7551
56	0.7547	0.7543	0.7539	0.7535	0.7531	0.7527	0.7523	0.7519	0.7515	0.7511
57	0.7507	0.7503	0.7499	0.7495	0.7491	0.7487	0.7483	0.7479	0.7475	0.7471
58	0.7467	0.7463	0.7459	0.7455	0.7451	0.7447	0.7443	0.7440	0.7436	0.7432
59	0.7428	0.7424	0.7420	0.7416	0.7412	0.7408	0.7405	0.7401	0.7397	0.7393
60	0.7389	0.7385	0.7381	0.7377	0.7374	0.7370	0.7366	0.7362	0.7358	0.7354

续表

比重指数(API度)	$\frac{1}{10}$比重指数									
	0	1	2	3	4	5	6	7	8	9
61	0.7351	0.7347	0.7343	0.7339	0.7335	0.7332	0.7328	0.7324	0.7320	0.7316
62	0.7313	0.7309	0.7305	0.7301	0.7298	0.7294	0.7290	0.7286	0.7283	0.7279
63	0.7275	0.7271	0.7268	0.7264	0.7260	0.7256	0.7253	0.7249	0.7245	0.7242
64	0.7238	0.7234	0.7230	0.7227	0.7223	0.7219	0.7216	0.7212	0.7208	0.7205
65	0.7201	0.7197	0.7194	0.7190	0.7186	0.7183	0.7179	0.7175	0.7172	0.7168
66	0.7165	0.7161	0.7157	0.7154	0.7150	0.7146	0.7143	0.7139	0.7136	0.7132
67	0.7128	0.7125	0.7121	0.7118	0.7114	0.7111	0.7107	0.7103	0.7100	0.7096
68	0.7093	0.7089	0.7086	0.7082	0.7079	0.7075	0.7071	0.7068	0.7064	0.7061
69	0.7057	0.7054	0.7050	0.7047	0.7043	0.7040	0.7036	0.7033	0.7029	0.7026
70	0.7022	0.7019	0.7015	0.7012	0.7008	0.7005	0.7001	0.6998	0.6995	0.6991
71	0.6988	0.6984	0.6981	0.6977	0.6974	0.6970	0.6967	0.6964	0.6960	0.6957
72	0.6953	0.6950	0.6946	0.6943	0.6940	0.6936	0.6933	0.6929	0.6926	0.6923
73	0.6919	0.6916	0.6913	0.6909	0.6906	0.6902	0.6899	0.6895	0.6892	0.6889
74	0.6886	0.6882	0.6879	0.6876	0.6872	0.6869	0.6866	0.6862	0.6859	0.6856
75	0.6852	0.6849	0.6846	0.6842	0.6839	0.6836	0.6832	0.6829	0.6826	0.6823
76	0.6819	0.6816	0.6813	0.6809	0.6806	0.6803	0.6800	0.6796	0.6793	0.6790
77	0.6787	0.6783	0.6780	0.6777	0.6774	0.6770	0.6767	0.6764	0.6761	0.6757
78	0.6754	0.6751	0.6748	0.6745	0.6741	0.6738	0.6735	0.6732	0.6728	0.6725
79	0.6722	0.6719	0.6716	0.6713	0.6709	0.6706	0.6703	0.6700	0.6697	0.6693
80	0.6690	0.6687	0.6684	0.6681	0.6678	0.6675	0.6671	0.6668	0.6665	0.6662
81	0.6659	0.6656	0.6653	0.6649	0.6646	0.6643	0.6640	0.6637	0.6634	0.6631
82	0.6628	0.6625	0.6621	0.6618	0.6615	0.6612	0.6609	0.6606	0.6603	0.6600
83	0.6597	0.6594	0.6591	0.6588	0.6584	0.6581	0.6578	0.6575	0.6572	0.6569
84	0.6566	0.6563	0.6560	0.6557	0.6554	0.6551	0.6548	0.6545	0.6542	0.6539
85	0.6536	0.6533	0.6530	0.6527	0.6524	0.6521	0.6518	0.6515	0.6512	0.6509
86	0.6506	0.6503	0.6500	0.6497	0.6494	0.6491	0.6488	0.6485	0.6482	0.6479
87	0.6476	0.6473	0.6470	0.6467	0.6464	0.6461	0.6458	0.6455	0.6452	0.6449
88	0.6446	0.6444	0.6441	0.6438	0.6435	0.6432	0.6429	0.6426	0.6423	0.6420
89	0.6417	0.6414	0.6411	0.6409	0.6406	0.6403	0.6400	0.6397	0.6394	0.6391
90	0.6388	0.6385	0.6382	0.6380	0.6377	0.6374	0.6371	0.6368	0.6365	0.6362

续表

比重指数(API度)	$\frac{1}{10}$比重指数									
	0	1	2	3	4	5	6	7	8	9
91	0.6360	0.6357	0.6354	0.6351	0.6348	0.6345	0.6342	0.6340	0.6337	0.6334
92	0.6331	0.6328	0.6325	0.6323	0.6320	0.6317	0.6314	0.6311	0.6309	0.6306
93	0.6303	0.6300	0.6297	0.6294	0.6292	0.6289	0.6286	0.6283	0.6281	0.6278
94	0.6275	0.6272	0.6269	0.6267	0.6264	0.6261	0.6258	0.6256	0.6253	0.6250
95	0.6247	0.6244	0.6242	0.6239	0.6236	0.6233	0.6231	0.6228	0.6225	0.6223
96	0.6220	0.6217	0.6214	0.6212	0.6209	0.6206	0.6203	0.6201	0.6198	0.6195
97	0.6193	0.6190	0.6187	0.6184	0.6182	0.6179	0.6176	0.6174	0.6171	0.6168
98	0.6166	0.6163	0.6160	0.6158	0.6155	0.6152	0.6150	0.6147	0.6144	0.6141
99	0.6139	0.6136	0.6134	0.6131	0.6128	0.6126	0.6123	0.6120	0.6118	0.6115
100	0.6112	0.6110	0.6107	0.6104	0.6102	0.6099	0.6097	0.6094	0.6091	0.6089
101	0.6086	0.6083	0.6081	0.6078	0.6076	0.6073	0.6070	0.6068	0.6065	0.6063
102	0.6060	0.6057	0.6055	0.6052	0.6050	0.6047	0.6044	0.6042	0.6039	0.6037
103	0.6034	0.6032	0.6029	0.6026	0.6024	0.6021	0.6019	0.6016	0.6014	0.6011
104	0.6008	0.6006	0.6003	0.6001	0.5998	0.5996	0.5993	0.5991	0.5988	0.5986
105	0.5983	0.5981	0.5978	0.5976	0.5973	0.5970	0.5968	0.5965	0.5963	0.5960
106	0.5958	0.5955	0.5953	0.5950	0.5948	0.5945	0.5943	0.5940	0.5938	0.5935
107	0.5933	0.5930	0.5928	0.5925	0.5923	0.5921	0.5918	0.5916	0.5913	0.5911
108	0.5908	0.5906	0.5903	0.5901	0.5898	0.5896	0.5893	0.5891	0.5888	0.5886
109	0.5884	0.5881	0.5879	0.5876	0.5874	0.5871	0.5869	0.5867	0.5864	0.5862
110	0.5859	0.5857	0.5854	0.5852	0.5850	0.5847	0.5845	0.5842	0.5840	0.5837

8.8 比体积(比容)[2,28]

米^3/公斤(m^3/kg)	升/公斤(L/kg)	英尺^3/磅(ft^3/lb)	英加仑/磅(UKgal/lb)	美加仑/磅(USgal/lb)
1	1000	16.0185	99.7763	119.826
0.001	1	0.0160185	0.0997763	0.119826
0.0624280	62.4280	1	6.22883	7.4805
0.0100224	10.0224	0.160544	1	1.20095
8.3454×10^{-3}	8.3454	0.1337	0.83267	1

8.9 力[2,28]

达因(dyn)	牛顿(N)	公斤(kg)	磅达(pdl)	磅(lb)
1	**10^{-5}**	1.0197×10^{-6}	7.2327×10^{-5}	2.2481×10^{-6}
10^5	**1**	0.101972	7.23301	0.224809
9.80665×10^5	**9.80665**	1	70.9316	2.20462
1.38255×10^4	**0.138255**	0.0140981	1	0.0310810
4.44822×10^5	**4.44822**	0.453592	32.1740	1

8.10 压力

8.10.1 压力单位换算系数[2,9,28]

兆帕(MPa)	千帕(kPa)	巴(bar)	公斤/厘米²(kg/cm^2)(工程大气压，at)	大气压(atm)(标准大气压)	毫米汞柱(mmHg)	磅/英寸²(lb/in^2 或 psi)
1	**1000**	10	10.1972	9.86923	7501	145
0.001	**1**	0.01	1.01972×10^{-2}	9.869×10^{-3}	7.501	0.145038
0.1	**100**	1	1.01972	0.986923	750.1	14.5038
0.0980665	**98.0665**	0.980665	1	0.967841	735.56	14.2233
0.101325	**101.325**	1.013	1.0332	1	760.0	14.696
1.33322×10^{-4}	**0.133322**	0.00133322	1.3595×10^{-3}	1.3158×10^{-3}	1	1.9337×10^{-2}
6.89476×10^{-3}	**6.89476**	0.0689476	0.0703070	6.80460×10^{-2}	51.715	1

1 巴(bar)= 10^6达因/厘米² = 10^5帕斯卡(Pa)

1 毫巴(mbar)= 0.001 巴(bar)

1 托(Torr)= 1.33322×10^{-3}巴(bar)

1 帕(Pa)= 1 牛顿/米²(N/m^2)

1 公斤/厘米²(kg/cm^2)= 10.00003 米水柱

1 短吨/英寸² = 2000 磅/英寸²

1 英寸汞柱 = 3.38639kPa

1 英寸水柱 = 0.249082kPa

8.10.2 磅/英寸²与兆帕压力换算表

磅/英寸²(psi)	兆帕(MPa)	磅/英寸²(psi)	兆帕(MPa)	磅/英寸²(psi)	兆帕(MPa)	磅/英寸²(psi)	兆帕(MPa)
1	0.0069	6	0.0414	11	0.0758	16	0.1103
2	0.0138	7	0.0483	12	0.0827	17	0.1172
3	0.0207	8	0.0552	13	0.0896	18	0.1241
4	0.0276	9	0.0621	14	0.0965	19	0.1310
5	0.0345	10	0.0690	15	0.1034	20	0.1379

续表

磅/英寸^2 (psi)	兆帕(MPa)	磅/英寸^2 (psi)	兆帕(MPa)	磅/英寸^2 (psi)	兆帕(MPa)	磅/英寸^2 (psi)	兆帕(MPa)
21	0.1448	51	0.3516	81	0.5585	210	1.448
22	0.1517	52	0.3585	82	0.5654	220	1.517
23	0.1586	53	0.3654	83	0.5723	230	1.586
24	0.1655	54	0.3723	84	0.5792	240	1.655
25	0.1724	55	0.3792	85	0.5861	250	1.724
26	0.1793	56	0.3861	86	0.5930	260	1.793
27	0.1862	57	0.3930	87	0.5998	270	1.862
28	0.1931	58	0.3999	88	0.6067	280	1.931
29	0.1999	59	0.4068	89	0.6136	290	1.999
30	0.2068	60	0.4137	90	0.6205	300	2.068
31	0.2137	61	0.4206	91	0.6274	310	2.137
32	0.2206	62	0.4275	92	0.6343	320	2.206
33	0.2275	63	0.4344	93	0.6412	330	2.275
34	0.2344	64	0.4413	94	0.6481	340	2.344
35	0.2413	65	0.4482	95	0.6550	350	2.413
36	0.2482	66	0.4551	96	0.6619	360	2.482
37	0.2551	67	0.4620	97	0.6688	370	2.551
38	0.2620	68	0.4688	98	0.6757	380	2.620
39	0.2689	69	0.4757	99	0.6826	390	2.689
40	0.2758	70	0.4826	100	0.6895	400	2.758
41	0.2827	71	0.4895	110	0.758	410	2.827
42	0.2896	72	0.4964	120	0.827	420	2.896
43	0.2965	73	0.5033	130	0.896	430	2.965
44	0.3034	74	0.5102	140	0.965	440	3.034
45	0.3103	75	0.5171	150	1.034	450	3.103
46	0.3172	76	0.5240	160	1.103	460	3.172
47	0.3241	77	0.5309	170	1.172	470	3.241
48	0.3309	78	0.5378	180	1.241	480	3.309
49	0.3378	79	0.5447	190	1.310	490	3.378
50	0.3447	80	0.5516	200	1.379	500	3.447

续表

磅/英寸^2 (psi)	兆帕(MPa)	磅/英寸^2 (psi)	兆帕(MPa)	磅/英寸^2 (psi)	兆帕(MPa)	磅/英寸^2 (psi)	兆帕(MPa)
510	3.516	810	5.585	1110	7.65	1410	9.72
520	3.585	820	5.654	1120	7.72	1420	9.79
530	3.654	830	5.723	1130	7.79	1430	9.86
540	3.723	840	5.792	1140	7.86	1440	9.93
550	3.792	850	5.861	1150	7.93	1450	10.00
560	3.861	860	5.930	1160	8.00	1460	10.07
570	3.930	870	5.998	1170	8.07	1470	10.14
580	3.999	880	6.067	1180	8.14	1480	10.20
590	4.068	890	6.136	1190	8.21	1490	10.27
600	4.137	900	6.205	1200	8.27	1500	10.34
610	4.206	910	6.274	1210	8.34	1510	10.41
620	4.275	920	6.343	1220	8.41	1520	10.48
630	4.344	930	6.412	1230	8.48	1530	10.55
640	4.413	940	6.481	1240	8.55	1540	10.62
650	4.482	950	6.550	1250	8.62	1550	10.69
660	4.551	960	6.619	1260	8.69	1560	10.76
670	4.620	970	6.688	1270	8.76	1570	10.82
680	4.688	980	6.757	1280	8.83	1580	10.89
690	4.757	990	6.826	1290	8.89	1590	10.96
700	4.826	1000	6.895	1300	8.96	1600	11.03
710	4.895	1010	6.964	1310	9.03	1610	11.10
720	4.964	1020	7.033	1320	9.10	1620	11.17
730	5.033	1030	7.102	1330	9.17	1630	11.24
740	5.102	1040	7.171	1340	9.24	1640	11.31
750	5.171	1050	7.240	1350	9.31	1650	11.38
760	5.240	1060	7.308	1360	9.38	1660	11.45
770	5.309	1070	7.377	1370	9.45	1670	11.51
780	5.378	1080	7.446	1380	9.51	1680	11.58
790	5.447	1090	7.515	1390	9.58	1690	11.65
800	5.516	1100	7.584	1400	9.65	1700	11.72

续表

磅/英寸^2 (psi)	兆帕(MPa)	磅/英寸^2 (psi)	兆帕(MPa)	磅/英寸^2 (psi)	兆帕(MPa)	磅/英寸^2 (psi)	兆帕(MPa)
1710	11.79	1810	12.48	1910	13.17	2100	14.48
1720	11.86	1820	12.55	1920	13.24	2200	15.17
1730	11.93	1830	12.62	1930	13.31	2300	15.86
1740	12.00	1840	12.69	1940	13.38	2400	16.55
1750	12.07	1850	12.76	1950	13.44	2500	17.24
1760	12.13	1860	12.82	1960	13.51	2600	17.93
1770	12.20	1870	12.89	1970	13.58	2700	18.62
1780	12.27	1880	12.96	1980	13.65	2800	19.31
1790	12.34	1890	13.03	1990	13.72	2900	19.99
1800	12.41	1900	13.10	2000	13.79	3000	20.69

换算基础：1psi = 0.00689476MPa

8.11 体积流率[2,28]

米^3/时(m^3/h)	升/分(L/min)	**米^3/秒(m^3/s)**	英尺^3/秒(ft^3/s)	美加仑/分(USgpm)	美桶/天(BPSD)
1	16.6667	**2.77778×10^{-4}**	9.80963×10^{-3}	4.40296	150.956
0.06	1	**1.66667×10^{-5}**	5.88578×10^{-4}	0.26418	9.05736
3600	60000	**1**	35.31467	15850.66	5.43442×10^{5}
101.940	1699.01	**0.0283168**	1	448.840	1.53885×10^{4}
0.227125	3.785418	**6.30902×10^{-5}**	2.227965×10^{-3}	1	34.28496
6.62446×10^{-3}	0.1104076	**1.840128×10^{-6}**	6.498354×10^{-5}	0.029167	1

1 升/秒 = 0.001 米^3/秒　　　100×10^4英尺^3/天 = 2.8317×10^4米^3/天 = 1179.9 米^3/时

8.12 质量流率[2,28]

公斤/秒 (kg/s)	公斤/时 (kg/h)	磅/时 (lb/h)	吨/时 (t/h)	吨/日 (t/d)	万吨/年(10KMTA①)	
					(8000 小时/年)	(8400 小时/年)
1	3600	7936.64	3.6	86.4	2.880	3.024
2.77778×10^{-4}	1	2.20462	10^{-3}	2.4×10^{-2}	8.0×10^{-4}	8.4×10^{-4}
1.25998×10^{-4}	0.453592	1	4.53592×10^{-4}	0.0108862	3.6287×10^{-4}	3.8102×10^{-4}
0.277778	1000	2204.62	1	24	0.80	0.84
0.011574	41.667	9.186×10^{2}	0.041667	1	0.03333	0.03500
3.47222×10^{-5}	0.12500	0.2756	1.2500×10^{-4}	3×10^{-3}	1	1.05
3.30689×10^{-5}	0.119048	0.2625	1.1905×10^{-4}	2.857×10^{-3}	0.9524	1

① 外国公司习惯上用 MT 表示(公)吨，用 KMTA 或 1000MTY 表示 1000 吨/年(t/a)

8.13 动力黏度[2,28]

泊 [P(dyn·s/cm²)]	厘泊(毫帕·秒) [cP(mPa·s)]	**帕斯卡·秒 (Pa·s)**	公斤·秒/米² (kg·s/m²)	磅·秒/英尺² (lb·s/ft²)
1	100	**0.1**	1.01972×10^{-2}	2.08854×10^{-3}
0.01	1	**0.001**	1.01972×10^{-4}	2.08854×10^{-5}
10	1000	**1**	0.101972	2.08854×10^{-2}
98.0665	9806.65	**9.80665**	1	0.204816
478.803	47880.3	**47.8803**	4.88243	1

1kg/(m·s)= 1Pa·s = 10P = 1000cP = 3600kg/(m·h)

8.14 运动黏度

8.14.1 运动黏度单位换算系数[2,28]

沲(厘米²/秒) [St(cm²/s)]	厘沲(毫米²/秒) [cSt(mm²/s)]	**米²/秒(m²/s)**	米²/时(m²/h)	英尺²/秒(ft²/s)	英尺²/时(ft²/h)
1	10^2	**10^{-4}**	0.3600	1.07639×10^{-3}	3.87501
10^{-2}	1	**10^{-6}**	0.0036	1.07639×10^{-5}	3.87501×10^{-2}
10^4	10^6	**1**	3600	10.7639	3.87501×10^4
2.77778	277.778	**2.77778×10^{-4}**	1	2.98998×10^{-3}	10.7639
929.030	92903.0	**9.29030×10^{-2}**	334.451	1	3600
0.258064	25.8064	**2.58064×10^{-5}**	0.0929030	2.77778×10^{-4}	1

$$运动黏度，厘沲=\frac{动力黏度(厘泊)}{密度(克/厘米^3)}$$

8.14.2 厘沲(cSt)与恩氏黏度(°E)换算表[4]

运动黏度 (cSt)	恩氏黏度 (°E)	运动黏度 (cSt)	恩氏黏度 (°E)	运动黏度 (cSt)	恩氏黏度 (°E)	运动黏度 (cSt)	恩氏黏度 (°E)
1.00	1.00	1.90	1.09	2.80	1.18	3.70	1.26
1.10	1.01	2.00	1.10	2.90	1.19	3.80	1.27
1.20	1.02	2.10	1.11	3.00	1.20	3.90	1.28
1.30	1.03	2.20	1.12	3.10	1.21	4.00	1.29
1.40	1.04	2.30	1.13	3.20	1.21	4.10	1.30
1.50	1.05	2.40	1.14	3.30	1.22	4.20	1.31
1.60	1.06	2.50	1.15	3.40	1.23	4.30	1.32
1.70	1.07	2.60	1.16	3.50	1.24	4.40	1.33
1.80	1.08	2.70	1.17	3.60	1.25	4.50	1.34

续表

运动黏度(cSt)	恩氏黏度(°E)	运动黏度(cSt)	恩氏黏度(°E)	运动黏度(cSt)	恩氏黏度(°E)	运动黏度(cSt)	恩氏黏度(°E)
4. 60	1. 35	7. 80	1. 65	11. 0	1. 96	17. 4	2. 65
4. 70	1. 36	7. 90	1. 66	11. 2	1. 98	17. 6	2. 67
4. 80	1. 37	8. 00	1. 67	11. 4	2. 00	17. 8	2. 69
4. 90	1. 38	8. 10	1. 68	11. 6	2. 01	18. 0	2. 72
5. 00	1. 39	8. 20	1. 69	11. 8	2. 03	18. 2	2. 74
5. 10	1. 40	8. 30	1. 70	12. 0	2. 05	18. 4	2. 76
5. 20	1. 41	8. 40	1. 71	12. 2	2. 07	18. 6	2. 79
5. 30	1. 42	8. 50	1. 72	12. 4	2. 09	18. 8	2. 81
5. 40	1. 42	8. 60	1. 73	12. 6	2. 11	19. 0	2. 83
5. 50	1. 43	8. 70	1. 73	12. 8	2. 13	19. 2	2. 86
5. 60	1. 44	8. 80	1. 74	13. 0	2. 15	19. 4	2. 88
5. 70	1. 45	8. 90	1. 75	13. 2	2. 17	19. 6	2. 90
5. 80	1. 46	9. 00	1. 76	13. 4	2. 19	19. 8	2. 92
5. 90	1. 47	9. 10	1. 77	13. 6	2. 21	20. 0	2. 95
6. 00	1. 48	9. 20	1. 78	13. 8	2. 24	20. 2	2. 97
6. 10	1. 49	9. 30	1. 79	14. 0	2. 26	20. 4	2. 99
6. 20	1. 50	9. 40	1. 80	14. 2	2. 28	20. 6	3. 02
6. 30	1. 51	9. 50	1. 81	14. 4	2. 30	20. 8	3. 04
6. 40	1. 52	9. 60	1. 82	14. 6	2. 33	21. 0	3. 07
6. 50	1. 53	9. 70	1. 83	14. 8	2. 35	21. 2	3. 09
6. 60	1. 54	9. 80	1. 84	15. 0	2. 37	21. 4	3. 12
6. 70	1. 55	9. 90	1. 85	15. 2	2. 39	21. 6	3. 14
6. 80	1. 56	10. 0	1. 86	15. 4	2. 42	21. 8	3. 17
6. 90	1. 56	10. 1	1. 87	15. 6	2. 44	22. 0	3. 19
7. 00	1. 57	10. 2	1. 88	15. 8	2. 46	22. 2	3. 22
7. 10	1. 58	10. 3	1. 89	16. 0	2. 48	22. 4	3. 24
7. 20	1. 59	10. 4	1. 90	16. 2	2. 51	22. 6	3. 27
7. 30	1. 60	10. 5	1. 91	16. 4	2. 53	22. 8	3. 29
7. 40	1. 61	10. 6	1. 92	16. 6	2. 55	23. 0	3. 31
7. 50	1. 62	10. 7	1. 93	16. 8	2. 58	23. 2	3. 34
7. 60	1. 63	10. 8	1. 94	17. 0	2. 60	23. 4	3. 36
7. 70	1. 64	10. 9	1. 95	17. 2	2. 62	23. 6	3. 39

续表

运动黏度 (cSt)	恩氏黏度 (°E)	运动黏度 (cSt)	恩氏黏度 (°E)	运动黏度 (cSt)	恩氏黏度 (°E)	运动黏度 (cSt)	恩氏黏度 (°E)
23.8	3.34	30.2	4.22	36.6	5.05	43.0	5.89
24.0	3.43	30.4	4.25	36.8	5.08	43.2	5.92
24.2	3.46	30.6	4.27	37.0	5.11	43.4	5.95
24.4	3.48	30.8	4.30	37.2	5.13	43.6	5.97
24.6	3.51	31.0	4.33	37.4	5.16	43.8	6.00
24.8	3.53	31.2	4.35	37.6	5.18	44.0	6.02
25.0	3.56	31.4	4.38	37.8	5.21	44.2	6.05
25.2	3.58	31.6	4.41	38.0	5.24	44.4	6.08
25.4	3.61	31.8	4.43	38.2	5.26	44.6	6.10
25.6	3.63	32.0	4.46	38.4	5.29	44.8	6.13
25.8	3.65	32.2	4.48	38.6	5.31	45.0	6.16
26.0	3.68	32.4	4.51	38.8	5.34	45.2	6.18
26.2	3.70	32.6	4.54	39.0	5.37	45.4	6.21
26.4	3.73	32.8	4.56	39.2	5.39	45.6	6.23
26.6	3.76	33.0	4.59	39.4	5.42	45.8	6.26
26.8	3.78	33.2	4.61	39.6	5.44	46.0	6.28
27.0	3.81	33.4	4.64	39.8	5.47	46.2	6.31
27.2	3.83	33.6	4.66	40.0	5.50	46.4	6.34
27.4	3.86	33.8	4.69	40.2	5.52	46.6	6.36
27.6	3.89	34.0	4.72	40.4	5.54	46.8	6.39
27.8	3.92	34.2	4.74	40.6	5.57	47.0	6.42
28.0	3.95	34.4	4.77	40.8	5.60	47.2	6.44
28.2	3.97	34.6	4.79	41.0	5.63	47.4	6.47
28.4	4.00	34.8	4.82	41.2	5.65	47.6	6.49
28.6	4.02	35.0	4.85	41.4	5.68	47.8	6.52
28.8	4.05	35.2	4.87	41.6	5.70	48.0	6.55
29.0	4.07	35.4	4.90	41.8	5.73	48.2	6.57
29.2	4.10	35.6	4.92	42.0	5.76	48.4	6.60
29.4	4.12	35.8	4.95	42.2	5.78	48.6	6.62
29.6	4.15	36.0	4.98	42.4	5.81	48.8	6.65
29.8	4.17	36.2	5.00	42.6	5.84	49.0	6.68
30.0	4.20	36.4	5.03	42.8	5.86	49.2	6.70

续表

运动黏度(cSt)	恩氏黏度(°E)	运动黏度(cSt)	恩氏黏度(°E)	运动黏度(cSt)	恩氏黏度(°E)	运动黏度(cSt)	恩氏黏度(°E)
49.4	6.73	55.8	7.57	62.2	8.42	68.6	9.28
49.6	6.76	56.0	7.60	62.4	8.45	68.8	9.31
49.8	6.78	56.2	7.62	62.6	8.48	69.0	9.34
50.0	6.81	56.4	7.65	62.8	8.50	69.2	9.36
50.2	6.83	56.6	7.68	63.0	8.53	69.4	9.39
50.4	6.86	56.8	7.70	63.2	8.55	69.6	9.42
50.6	6.89	57.0	7.73	63.4	8.58	69.8	9.45
50.8	6.91	57.2	7.75	63.6	8.60	70.0	9.48
51.0	6.94	57.4	7.78	63.8	8.63	70.2	9.50
51.2	6.96	57.6	7.81	64.0	8.66	70.4	9.53
51.4	6.99	57.8	7.83	64.2	8.68	70.6	9.55
51.6	7.02	58.0	7.86	64.4	8.71	70.8	9.58
51.8	7.04	58.2	7.88	64.6	8.74	71.0	9.61
52.0	7.07	58.4	7.91	64.8	8.77	71.2	9.63
52.2	7.09	58.6	7.94	65.0	8.80	71.4	9.66
52.4	7.12	58.8	7.97	65.2	8.82	71.6	9.69
52.6	7.15	59.0	8.00	65.4	8.85	71.8	9.72
52.8	7.17	59.2	8.02	65.6	8.87	72.0	9.75
53.0	7.20	59.4	8.05	65.8	8.90	72.2	9.77
53.2	7.22	59.6	8.08	66.0	8.93	72.4	9.80
53.4	7.25	59.8	8.10	66.2	8.95	72.6	9.82
53.6	7.28	60.0	8.13	66.4	8.98	72.8	9.85
53.8	7.30	60.2	8.15	66.6	9.00	73.0	9.88
54.0	7.33	60.4	8.18	66.8	9.03	73.2	9.90
54.2	7.35	60.6	8.21	67.0	9.06	73.4	9.93
54.4	7.38	60.8	8.23	67.2	9.08	73.6	9.95
54.6	7.41	61.0	8.26	67.4	9.11	73.8	9.98
54.8	7.44	61.2	8.28	67.6	9.14	74.0	10.0
55.0	7.47	61.4	8.31	67.8	9.17	74.2	10.0
55.2	7.49	61.6	8.34	68.0	9.20	74.4	10.1
55.4	7.52	61.8	8.37	68.2	9.22	74.6	10.1
55.6	7.55	62.0	8.40	68.4	9.25	74.8	10.1

续表

运动黏度(cSt)	恩氏黏度(°E)	运动黏度(cSt)	恩氏黏度(°E)	运动黏度(cSt)	恩氏黏度(°E)	运动黏度(cSt)	恩氏黏度(°E)
75.0	10.2	87.0	11.8	99.0	13.4	111	15.0
76.0	10.3	88.0	11.9	100	13.5	112	15.1
77.0	10.4	89.0	12.0	101	13.6	113	15.3
78.0	10.5	90.0	12.2	102	13.8	114	15.4
79.0	10.7	91.0	12.3	103	13.9	115	15.6
80.0	10.8	92.0	12.4	104	14.1	116	15.7
81.0	10.9	93.0	12.6	105	14.2	117	15.8
82.0	11.1	94.0	12.7	106	14.3	118	16.0
83.0	11.2	95.0	12.8	107	14.5	119	16.1
84.0	11.4	96.0	13.0	108	14.6	120	16.2
85.0	11.5	97.0	13.1	109	14.7		
86.0	11.6	98.0	13.2	110	14.9		

8.15 温度

8.15.1 温度换算公式[9]

华氏度℉ $=\left(℃\times\frac{9}{5}\right)+32$；　　摄氏度℃ $=(℉-32)\times\frac{5}{9}$；

兰氏度°R = ℉ +459.67；　　开尔文 K = ℃ +273.15

8.15.2 华氏与摄氏温度换算表[2]

℉	℃	℉	℃	℉	℃	℉	℃	℉	℃	℉	℃
-110	-78.89	-40	-40.00	-10	-23.33	6	-14.44	21	-6.11	36	2.22
-100	-73.33	-38	-38.89	-8	-22.22	7	-13.89	22	-5.56	37	2.78
-90	-67.78	-36	-37.78	-7	-21.67	8	-13.33	23	-5.00	38	3.33
-80	-62.22	-34	-36.67	-6	-21.11	9	-12.78	24	-4.44	39	3.89
-70	-56.67	-32	-35.56	-5	-20.56	10	-12.22	25	-3.89	40	4.44
-60	-51.11	-30	-34.44	-4	-20.00	11	-11.67	26	-3.33	41	5.00
-58	-50.00	-28	-33.33	-3	-19.44	12	-11.11	27	-2.78	42	5.56
-56	-48.89	-26	-32.22	-2	-18.89	13	-10.56	28	-2.22	43	6.11
-54	-47.78	-24	-31.11	-1	-18.33	14	-10.00	29	-1.67	44	6.67
-52	-46.67	-22	-30.00	0	-17.78	15	-9.44	30	-1.11	45	7.22
-50	-45.56	-20	-28.89	1	-17.22	16	-8.89	31	-0.56	46	7.78
-48	-44.44	-18	-27.78	2	-16.67	17	-8.33	32	0	47	8.33
-46	-43.33	-16	-26.67	3	-16.11	18	-7.78	33	0.56	48	8.89
-44	-42.22	-14	-25.56	4	-15.56	19	-7.22	34	1.11	49	9.44
-42	-41.11	-12	-24.44	5	-15.00	20	-6.67	35	1.67	50	10.00

续表

℉	℃	℉	℃	℉	℃	℉	℃	℉	℃	℉	℃
51	10.56	86	30.00	121	49.44	156	68.89	191	88.33	232	111.11
52	11.11	87	30.56	122	50.00	157	69.44	192	88.89	234	112.22
53	11.67	88	31.11	123	50.56	158	70.00	193	89.44	236	113.33
54	12.22	89	31.67	124	51.11	159	70.56	194	90.00	238	114.44
55	12.78	90	32.22	125	51.67	160	71.11	195	90.56	240	115.56
56	13.33	91	32.78	126	52.22	161	71.67	196	91.11	242	116.67
57	13.89	92	33.33	127	52.78	162	72.22	197	91.67	244	117.78
58	14.44	93	33.89	128	53.33	163	72.78	198	92.22	246	118.89
59	15.00	94	34.44	129	53.89	164	73.33	199	92.78	248	120.00
60	15.56	95	35.00	130	54.44	165	73.89	200	93.33	250	121.11
61	16.11	96	35.56	131	55.00	166	74.44	201	93.89	252	122.22
62	16.67	97	36.11	132	55.56	167	75.00	202	94.44	254	123.33
63	17.22	98	36.67	133	56.11	168	75.56	203	95.00	256	124.44
64	17.78	99	37.22	134	56.67	169	76.11	204	95.56	258	125.56
65	18.33	100	37.78	135	57.22	170	76.67	205	96.11	260	126.67
66	18.89	101	38.33	136	57.78	171	77.22	206	96.67	262	127.78
67	19.44	102	38.89	137	58.33	172	77.78	207	97.22	264	128.89
68	20.00	103	39.44	138	58.89	173	78.33	208	97.78	266	130.00
69	20.56	104	40.00	139	59.44	174	78.89	209	98.33	268	131.11
70	21.11	105	40.56	140	60.00	175	79.44	210	98.89	270	132.22
71	21.67	106	41.11	141	60.56	176	80.00	211	99.44	272	133.33
72	22.22	107	41.67	142	61.11	177	80.56	212	100.00	274	134.44
73	22.78	108	42.22	143	61.67	178	81.11	213	100.56	276	135.56
74	23.33	109	42.78	144	62.22	179	81.67	214	101.11	278	136.67
75	23.89	110	43.33	145	62.78	180	82.22	215	101.67	280	137.78
76	24.44	111	43.89	146	63.33	181	82.78	216	102.22	282	138.89
77	25.00	112	44.44	147	63.89	182	83.33	217	102.78	284	140.00
78	25.56	113	45.00	148	64.44	183	83.89	218	103.33	286	141.11
79	26.11	114	45.56	149	65.00	184	84.44	219	103.89	288	142.22
80	26.67	115	46.11	150	65.56	185	85.00	220	104.44	290	143.33
81	27.22	116	46.67	151	66.11	186	85.56	222	105.56	292	144.44
82	27.78	117	47.22	152	66.67	187	86.11	224	106.67	294	145.56
83	28.33	118	47.78	153	67.22	188	86.67	226	107.78	296	146.67
84	28.89	119	48.33	154	67.78	189	87.22	228	108.89	298	147.78
85	29.44	120	48.89	155	68.33	190	87.78	230	110.00	300	148.89

续表

℉	℃	℉	℃	℉	℃	℉	℃	℉	℃	℉	℃
302	150.00	372	188.89	484	251.11	624	328.89	764	406.67	904	484.44
304	151.11	374	190.00	488	253.33	628	331.11	768	408.89	908	486.67
306	152.22	376	191.11	492	255.56	632	333.33	772	411.11	912	488.89
308	153.33	378	192.22	496	257.78	636	335.56	776	413.33	916	491.11
310	154.44	380	193.33	500	260.00	640	337.78	780	415.56	920	493.33
312	155.56	382	194.44	504	262.22	644	340.00	784	417.78	924	495.56
314	156.67	384	195.56	508	264.44	648	342.22	788	420.00	928	497.78
316	157.78	386	196.67	512	266.67	652	344.44	792	422.22	932	500.00
318	158.89	388	197.78	516	268.89	656	346.67	796	424.44	936	502.22
320	160.00	390	198.89	520	271.11	660	348.89	800	426.67	940	504.44
322	161.11	392	200.00	524	273.33	664	351.11	804	428.89	944	506.67
324	162.22	394	201.11	528	275.56	668	353.33	808	431.11	948	508.89
326	163.33	396	202.22	532	277.78	672	355.56	812	433.33	952	511.11
328	164.44	398	203.33	536	280.00	676	357.78	816	435.56	956	513.33
330	165.56	400	204.44	540	282.22	680	360.00	820	437.78	960	515.56
332	166.67	404	206.67	544	284.44	684	362.22	824	440.00	964	517.78
334	167.78	408	208.89	548	286.67	688	364.44	828	442.22	968	520.00
336	168.89	412	211.11	552	288.89	692	366.67	832	444.44	972	522.22
338	170.00	416	213.33	556	291.11	696	368.89	836	446.67	976	524.44
340	171.11	420	215.56	560	293.33	700	371.11	840	448.89	980	526.67
342	172.22	424	217.78	564	295.56	704	373.33	844	451.11	984	528.89
344	173.33	428	220.00	568	297.78	708	375.56	848	453.33	988	531.11
346	174.44	432	222.22	572	300.00	712	377.78	852	455.56	992	533.33
348	175.56	436	224.44	576	302.22	716	380.00	856	457.78	996	535.56
350	176.67	440	226.67	580	304.44	720	382.22	860	460.00	1000	537.78
352	177.78	444	228.89	584	306.67	724	384.44	864	462.22	1010	543.33
354	178.89	448	231.11	588	308.89	728	386.67	868	464.44	1020	548.89
356	180.00	452	233.33	592	311.11	732	388.89	872	466.67	1030	554.44
358	181.11	456	235.56	596	313.33	736	391.11	876	468.89	1040	560.00
360	182.22	460	237.78	600	315.56	740	393.33	880	471.11	1050	565.56
362	183.33	464	240.00	604	317.78	744	395.56	884	473.33	1060	571.11
364	184.44	468	242.22	608	320.00	748	397.78	888	475.56	1070	576.67
366	185.56	472	244.44	612	322.22	752	400.00	892	477.78	1080	582.22
368	186.67	476	246.67	616	324.44	756	402.22	896	480.00	1090	587.78
370	187.78	480	248.89	620	326.67	760	404.44	900	482.22	1100	593.33

续表

℉	℃	℉	℃	℉	℃	℉	℃	℉	℃	℉	℃
1110	598.89	1210	654.44	1320	715.56	1420	771.11	1540	837.78	1740	948.89
1120	604.44	1220	660.00	1330	721.11	1430	776.67	1560	848.89	1760	960.00
1130	610.00	1230	665.56	1340	726.67	1440	782.22	1580	860.00	1800	982.22
1140	615.56	1240	671.11	1350	732.22	1450	787.78	1600	871.11	1850	1010.0
1150	621.11	1250	676.67	1360	737.78	1460	793.33	1620	882.22	1900	1037.8
1160	626.67	1260	682.22	1370	743.33	1470	798.89	1640	893.33	1950	1065.6
1170	632.22	1270	687.78	1380	748.89	1480	804.44	1660	904.44	2000	1093.3
1180	637.78	1280	693.33	1390	754.44	1490	810.00	1680	915.56	2050	1121.1
1190	643.33	1290	698.89	1400	760.00	1500	815.56	1700	926.67	2100	1148.9
1200	648.89	1300	704.44	1410	765.56	1520	826.67	1720	937.78	2150	1176.7

8.15.3 华氏和摄氏温差、温度梯度及温度范围换算表

Δ℉	Δ℃	Δ℉	Δ℃	Δ℉	Δ℃	Δ℉	Δ℃
1	0.56	22	12.22	43	23.89	64	35.56
2	1.11	23	12.78	44	24.44	65	36.11
3	1.67	24	13.33	45	25.00	66	36.67
4	2.22	25	13.89	46	25.56	67	37.22
5	2.78	26	14.44	47	26.11	68	37.78
6	3.33	27	15.00	48	26.67	69	38.33
7	3.89	28	15.56	49	27.22	70	38.89
8	4.44	29	16.11	50	27.78	71	39.44
9	5.00	30	16.67	51	28.33	72	40.00
10	5.56	31	17.22	52	28.89	73	40.56
11	6.11	32	17.78	53	29.44	74	41.11
12	6.67	33	18.33	54	30.00	75	41.67
13	7.22	34	18.89	55	30.56	76	42.22
14	7.78	35	19.44	56	31.11	77	42.78
15	8.33	36	20.00	57	31.67	78	43.33
16	8.89	37	20.56	58	32.22	79	43.89
17	9.44	38	21.11	59	32.78	80	44.44
18	10.00	39	21.67	60	33.33	81	45.00
19	10.56	40	22.22	61	33.89	82	45.56
20	11.11	41	22.78	62	34.44	83	46.11
21	11.67	42	23.33	63	35.00	84	46.67

续表

Δ℉	Δ℃	Δ℉	Δ℃	Δ℉	Δ℃	Δ℉	Δ℃
85	47.22	89	49.44	93	51.67	97	53.89
86	47.78	90	50.00	94	52.22	98	54.44
87	48.33	91	50.56	95	52.78	99	55.00
88	48.89	92	51.11	96	53.33	100	55.56

注：$1\Delta℉=\frac{5}{9}\Delta℃$。

8.16 功、热量、能量[2,28]

焦(J)	千焦(kJ)	千卡①(kcal)	英热单位(Btu)	千瓦·时(kW·h)	公斤·米(kg·m)	英尺·磅(ft·lb)
1	10^{-3}	2.38846×10^{-4}	9.47817×10^{-4}	2.77778×10^{-7}	0.101972	0.737562
1000	1	0.238846	0.947817	2.77778×10^{-4}	101.972	737.562
4186.8	4.1868	1	3.96832	1.163×10^{-3}	426.935	3.08803×10^{3}
1055.06	1.05506	0.251996	1	2.93071×10^{-4}	107.5866	778.169
3.6×10^{6}	3600	859.845	3412.14	1	3.67098×10^{5}	2.65522×10^{6}
9.80665	9.80665×10^{-3}	2.34228×10^{-3}	9.29491×10^{-3}	2.72407×10^{-6}	1	7.23301
1.35582	1.35582×10^{-3}	3.23832×10^{-4}	1.28507×10^{-3}	3.76616×10^{-7}	0.138255	1

① 表中千卡(kcal)中的卡表示国际蒸汽表卡(cal_{IT})

1 英马力·时(hp·h)= 2.68452×10^{6}焦(J)；

1 升·大气压(L·atm)= 101.325 焦(J)；

1 尔格(erg)= 1dyn·cm= 10^{-7}J；

1 焦(J)= 1 牛顿·米(N·m)。

8.17 功率、热负荷、能耗

8.17.1 功率单位换算系数[2,28]

瓦(W)	千卡/时(kcal/h)	公斤力·米/秒(kgf·m/s)	英尺·磅/秒(ft·lb/s)	英马力(hp)	英热单位/时(Btu/h)	千焦/时(kJ/h)
1	0.859845	0.101972	0.737562	1.34102×10^{-3}	3.41214	3.600
1.163	1	0.118593	0.857785	1.55961×10^{-3}	3.96832	4.1868
9.80665	8.43220	1	7.23301	1.31509×10^{-2}	33.4617	35.30394
1.35582	1.16579	0.138255	1	1.81818×10^{-3}	4.62624	4.88095
745.700	641.187	76.0402	550	1	2544.43	2684.52
0.293071	0.251996	0.0298849	0.216158	3.93015×10^{-4}	1	1.05506
0.277778	0.238846	0.0283255	0.204878	3.72506×10^{-4}	0.947817	1

注：1 瓦(W)= 1 焦/秒(J/s)；1 米制马力=0.986320 英马力(hp)= 75 公斤·米/秒(kg·m/s)。

瓦(W)	千瓦(kW)	兆瓦(MW)	百万千卡/时 [10^6kcal/h(Gcal/h)]	百万英热单位/时 (10^6Btu/h)	兆焦/时(MJ/h)
1	10^{-3}	10^{-6}	8.59845×10^{-7}	3.41214×10^{-6}	3.600×10^{-3}
10^3	1	10^{-3}	8.59845×10^{-4}	3.41214×10^{-3}	3.600
10^6	10^3	1	0.859845	3.41214	3600
1.163×10^6	1.163×10^3	1.163	1	3.96832	4186.8
2.93071×10^5	293.071	0.293071	0.251996	1	1055.06
277.778	0.277778	2.77778×10^{-4}	2.38846×10^{-4}	9.47817×10^{-4}	1

8.17.2 热负荷换算表

百万英热单位/时 (MMBtu/h)①	10^6 千卡/时 (Gcal/h)	兆瓦 (MW)	百万英热单位/时 (MMBtu/h)①	10^6 千卡/时 (Gcal/h)	兆瓦 (MW)
1	0.252	0.293	26	6.552	7.620
2	0.504	0.586	27	6.804	7.913
3	0.756	0.879	28	7.056	8.206
4	1.008	1.172	29	7.308	8.499
5	1.260	1.465	30	7.560	8.792
6	1.512	1.758	31	7.812	9.085
7	1.764	2.051	32	8.064	9.378
8	2.016	2.345	33	8.316	9.671
9	2.268	2.638	34	8.568	9.964
10	2.520	2.931	35	8.820	10.257
11	2.772	3.224	36	9.072	10.551
12	3.024	3.517	37	9.324	10.844
13	3.276	3.810	38	9.576	11.137
14	3.528	4.103	39	9.828	11.430
15	3.780	4.396	40	10.080	11.723
16	4.032	4.689	41	10.332	12.016
17	4.284	4.982	42	10.584	12.309
18	4.536	5.275	43	10.836	12.602
19	4.788	5.568	44	11.088	12.895
20	5.040	5.861	45	11.340	13.188
21	5.292	6.154	46	11.592	13.481
22	5.544	6.448	47	11.844	13.774
23	5.796	6.741	48	12.096	14.067
24	6.048	7.034	49	12.348	14.360
25	6.300	7.327	50	12.600	14.654

续表

百万英热单位/时 (MMBtu/h)①	10^6 千卡/时 (Gcal/h)	兆瓦 (MW)	百万英热单位/时 (MMBtu/h)①	10^6 千卡/时 (Gcal/h)	兆瓦 (MW)
51	12. 852	14. 947	76	19. 152	22. 273
52	13. 104	15. 240	77	19. 404	22. 566
53	13. 356	15. 533	78	19. 656	22. 860
54	13. 608	15. 826	79	19. 908	23. 153
55	13. 860	16. 119	80	20. 160	23. 446
56	14. 112	16. 412	81	20. 412	23. 739
57	14. 364	16. 705	82	20. 664	24. 032
58	14. 616	16. 998	83	20. 916	24. 325
59	14. 868	17. 291	84	21. 168	24. 618
60	15. 120	17. 584	85	21. 420	24. 911
61	15. 372	17. 877	86	21. 672	25. 204
62	15. 624	18. 170	87	21. 924	25. 497
63	15. 876	18. 463	88	22. 176	25. 790
64	16. 128	18. 757	89	22. 428	26. 083
65	16. 380	19. 050	90	22. 680	26. 376
66	16. 632	19. 343	91	22. 932	26. 669
67	16. 884	19. 636	92	23. 184	26. 963
68	17. 136	19. 929	93	23. 436	27. 256
69	17. 388	20. 222	94	23. 688	27. 549
70	17. 640	20. 515	95	23. 940	27. 842
71	17. 892	20. 808	96	24. 192	28. 135
72	18. 144	21. 101	97	24. 444	28. 428
73	18. 396	21. 394	98	24. 696	28. 721
74	18. 648	21. 687	99	24. 948	29. 014
75	18. 900	21. 980	100	25. 200	29. 307

注：换算基础：1MMBtu/h = 0. 251996Gcal/h = 0. 293071MW。

① 英美公司在英制单位中常用 MM 代表 1 百万，即 1MMBtu/h = 10^6 Btu/h[30]。

8.18 热焓[2,28]

焦/公斤 (J/kg)	千焦/公斤 (kJ/kg)	千卡/公斤 (kcal/kg)	英热单位/磅 (Btu/lb)	英尺·磅/磅 (ft·lb/lb)	公斤·米/公斤 (kg·m/kg)
1	10^{-3}	2.38846×10^{-4}	4.29923×10^{-4}	0.334553	0.101972
1000	1	0.238846	0.429923	334.553	101.972
4186.8	4.1868	1	1.8	1400.70	426.935
2326	2.326	0.555556	1	778.169	237.186
2.98907	2.98907×10^{-3}	7.13926×10^{-4}	1.28507×10^{-3}	1	0.3048
9.80665	9.80665×10^{-3}	2.34228×10^{-3}	4.21610×10^{-3}	3.28084	1

8.19 比热容(比热)[2,28]

千焦/(公斤·℃) [kJ/(kg·℃)]	千卡/(公斤·℃) [kcal/(kg·℃)]	英热单位/(磅·°F) [Btu/(lb·℉)]	英尺·磅/(磅·℉) [ft·lb/(lb·℉)]	公斤·米/(公斤·℃) [kg·m/(kg·℃)]
1	0.238846	0.238846	185.863	101.972
4.1868	1	1	778.169	426.935
5.38032×10^{-3}	1.28507×10^{-3}	1.28507×10^{-3}	1	0.54864
9.80665×10^{-3}	2.34228×10^{-3}	2.34228×10^{-3}	1.82269	1

8.20 热流密度[28]

瓦/米²(W/m^2)	千瓦/米²(kW/m^2)	千卡/(米²·时) [$kcal/(m^2·h)$]	英热单位/(英尺²·时) [$Btu/(ft^2·h)$]
1	10^{-3}	0.859845	0.316998
1.163	1.163×10^{-3}	1	0.368669
3.15459	3.15459×10^{-3}	2.71246	1

8.21 传热系数[2,28]

瓦/(米²·℃) [$W/(m^2·℃)$]	千瓦/(米²·℃) [$kW/(m^2·℃)$]	千卡/(米²·时·℃) [$kcal/(m^2·h·℃)$]	英热单位/(英尺²·时·℉) [$Btu/(ft^2·h·℉)$]
1	10^{-3}	0.859845	0.176110
1000	1	859.845	176.110
1.163	1.163×10^{-3}	1	0.204816
5.67826	5.67826×10^{-3}	4.88243	1

8.22　导热系数[28]

瓦/(米·℃) [W/(m·℃)]	千瓦/(米·℃) [kW/(m·℃)]	千卡/(米·时·℃) [kcal/(m·h·℃)]	英热单位/(英尺·时·℉) [BTU/(ft·h·℉)]
1	10^{-3}	0.859845	0.577789
10^3	1	859.845	577.789
1.163	1.163×10^{-3}	1	0.671969
1.73073	1.731×10^{-3}	1.48816	1

8.23　表面张力[2,28]

毫牛顿/米(mN/m)	达因/厘米(dyn/cm)	公斤/米(kg/m)	磅/英尺(lb/ft)
1	1	1.01972×10^{-4}	6.85207×10^{-5}
9806.65	9806.65	1	0.671969
14593.9	14593.9	1.488164	1

8.24　单位词头

SI 词头单位(GB 3100—93)：

因　　数	词头名称		符　　号
	英　　文	中　　文	
10^{24}	yotta	尧[它]	Y
10^{21}	zetta	泽[它]	Z
10^{18}	exa	艾[可萨]	E
10^{15}	peta	拍[它]	P
10^{12}	tera	太[拉]	T
10^{9}	giga	吉[咖]	G
10^{6}	mega	兆	M
10^{3}	kilo	千	k
10^{2}	hecto	百	h
10^{1}	deca	十	da
10^{-1}	deci	分	d
10^{-2}	centi	厘	c
10^{-3}	milli	毫	m
10^{-6}	micro	微	μ
10^{-9}	nano	纳[诺]	n

续表

因　数	词头名称		符　号
	英　文	中　文	
10^{-12}	pico	皮[可]	p
10^{-15}	femto	飞[母托]	f
10^{-18}	atto	阿[托]	a
10^{-21}	zepto	仄[普托]	z
10^{-24}	yocto	幺[科托]	y

在实际工作中，单位词头常有不同的习惯用法：

（1）用 10^4 表示万，即 10000，如 2×10^4 表示 2 万。

（2）用 ppm 表示百万分之一，即 10^{-6}（μ）；用 ppb 表示十亿分之一，即 10^{-9}（n）。

（3）在采用英制单位国家的技术文件中[30]，常用 M 或 m 表示 10^3，用 MM 或 mm 表示 10^6，如 MMBtu/h 表示百万英热单位/时。

附　录

附录A　国外原油重量与体积换算

原油名称	密度 $d/(g/cm^3)$	每桶吨数	每吨桶数
中东			
科威特	0.870	0.1383	7.230
沙特超轻	0.828	0.1316	7.596
沙特轻质	0.854	0.1358	7.365
沙特中质	0.869	0.1382	7.238
沙特重质	0.886	0.1409	7.099
伊朗轻质	0.857	0.1363	7.339
伊朗重质	0.876	0.1393	7.180
伊拉克(巴士拉轻质)	0.870	0.1383	7.230
伊拉克(巴士拉中质)	0.876	0.1393	7.180
阿联酋(迪拜)	0.867	0.1378	7.255
阿曼	0.862	0.1370	7.297
非洲			
安哥拉(奎都)	0.928	0.1475	6.778
安哥拉(吉拉索)	0.868	0.1380	7.246
安哥拉(罕戈)	0.876	0.1393	7.180
尼日利亚(博尼中质)	0.898	0.1428	7.004
尼日利亚(博尼轻质)	0.854	0.1358	7.365
刚果(杰诺)	0.879	0.1397	7.156
赤道几内亚(扎菲洛)	0.876	0.1393	7.180
埃及(沙辛)	0.872	0.1386	7.213
苏丹(尼罗)	0.848	0.1348	7.417
亚洲			
蒙古(高比)	0.880	0.1399	7.148
印度尼西亚(杜里)	0.929	0.1477	6.771
印度尼西亚(米纳斯)	0.859	0.1366	7.322
马来西亚(塔皮斯)	0.796	0.1266	7.902
越南(白虎)	0.829	0.1318	7.587
文莱轻油	0.822	0.1307	7.652
哈萨克斯坦(坦齐兹)	0.790	0.1256	7.962

续表

原 油 名 称	密度 $d/(g/cm^3)$	每桶吨数	每吨桶数
俄罗斯(西伯利亚轻油)	0.838	0.1332	7.506
澳大利亚(文森特)	0.949	0.1509	6.628
欧洲			
挪威(卓根)	0.822	0.1307	7.652
英国(布伦特)	0.831	0.1321	7.569
南美			
阿根廷(埃斯克兰特)	0.906	0.1440	6.942
巴西(马林)	0.933	0.1483	6.742
厄瓜多尔(奥瑞特)	0.914	0.1453	6.882
委内瑞拉(merey16)	0.959	0.1525	6.559
墨西哥(玛雅)	0.924	0.1469	6.807
北美			
美国(WTEX)	0.824	0.1310	7.633
加拿大(艾尔滨)	0.933	0.1483	6.742

注：换算基础：1桶=0.158987米^3=0.158987吨。

附录B 炼油规模的单位换算

我国炼油厂及炼油装置规模一般均以进料重量流率(万吨/年)计算。外国公司常用体积流率(桶/天)作为炼油厂及炼油装置规模的计量单位，用BPSD表示每1开工天的桶数；在以重量流率计量规模时，用KMTA表示千吨/年，即每年千公吨的英文缩写，10KMTA为1万吨/年。

以下是常见炼油规模体积与重量计量的粗略换算表，年开工按8400h计，d为油品密度，换算式：10000桶/天=66.2417d吨/时=55.643d万吨/年。

(1) 重质油加工

加工装置	焦化、减黏、丙烷脱沥青				减压蒸馏、润滑油加工	
油品	渣油				蜡油	
油品密度	1.00		0.95		0.92	
桶/天(BPSD)	吨/时(t/h)	万吨/年(10KMTA)	吨/时(t/h)	万吨/年(10KMTA)	吨/时(t/h)	万吨/年(10KMTA)
1000	6.62	5.56	6.29	5.29	6.09	5.12
1500	9.94	8.35	9.44	7.93	9.14	7.68
2000	13.25	11.13	12.59	10.57	12.19	10.24
2500	16.56	13.92	15.73	13.22	15.23	12.80
3000	19.87	16.69	18.88	15.86	18.28	15.36
3500	23.19	19.48	22.03	18.50	21.33	17.92
4000	26.50	22.26	25.17	21.14	24.38	20.48
4500	29.81	25.04	28.32	23.79	27.42	23.04
5000	33.12	27.82	31.47	26.43	30.47	25.60
5500	36.43	30.60	34.61	29.07	33.52	28.16
6000	39.75	33.39	37.76	31.72	36.57	30.72
6500	43.06	36.17	40.91	34.36	39.61	33.28
7000	46.37	38.95	44.05	37.00	42.66	35.83
7500	49.68	41.73	47.20	39.65	45.71	38.39
8000	52.99	44.51	50.34	42.29	48.75	40.95
8500	56.31	47.30	53.49	44.93	51.80	43.51
9000	59.62	50.08	56.64	47.58	54.85	46.07
9500	62.93	52.86	59.78	50.22	57.90	48.63
10000	66.24	55.64	62.93	52.86	60.94	51.19
11000	72.87	61.21	69.22	58.15	67.04	56.31

续表

加工装置	焦化、减黏、丙烷脱沥青				减压蒸馏、润滑油加工	
油品	渣油				蜡油	
油品密度	1.00		0.95		0.92	
桶/天(BPSD)	吨/时(t/h)	万吨/年(10KMTA)	吨/时(t/h)	万吨/年(10KMTA)	吨/时(t/h)	万吨/年(10KMTA)
12000	79.49	66.77	75.52	63.43	73.13	61.43
13000	86.11	72.34	81.81	68.72	79.23	66.55
14000	92.74	77.90	88.10	74.01	85.32	71.67
15000	99.36	83.47	94.39	79.29	91.41	76.79
16000	105.99	89.03	100.69	84.58	97.51	81.91
17000	112.61	94.95	106.98	89.86	103.60	87.03
18000	119.24	100.16	113.27	95.15	109.70	92.15
19000	125.86	105.72	119.57	100.44	115.79	97.26
20000	132.48	111.29	125.86	105.72	121.88	102.38
22000	145.73	122.41	138.45	116.29	134.07	112.62
24000	158.98	133.54	151.03	126.87	146.26	122.86
26000	172.23	144.67	163.62	137.44	158.45	133.10
28000	185.48	155.80	176.20	148.01	170.64	143.34
30000	198.73	166.93	188.79	158.58	182.83	153.57
32000	211.97	178.06	201.38	169.15	195.02	163.81
34000	225.22	189.19	213.96	179.73	207.20	174.05
36000	238.47	200.31	226.55	190.30	219.39	184.29
38000	251.72	211.44	239.13	200.87	231.58	194.53
40000	264.97	222.57	251.72	211.44	243.77	204.77
42000	278.22	233.70	264.30	222.02	255.96	215.00
44000	291.46	244.83	276.89	232.59	268.15	225.24
46000	304.71	255.96	289.48	243.16	280.34	235.48
48000	317.96	267.09	302.06	253.73	292.52	245.72
50000	331.21	278.22	314.65	264.30	304.71	255.96
55000	364.33	306.04	346.12	290.74	335.18	281.55
60000	397.45	333.86	377.58	317.17	365.65	307.15
65000	430.57	361.68	409.05	343.60	396.13	332.75
70000	463.69	389.50	440.51	370.03	426.60	358.34
75000	496.81	417.32	471.98	396.46	457.07	383.94
80000	529.93	445.14	503.44	422.89	487.54	409.53

续表

加工装置	焦化、减黏、丙烷脱沥青				减压蒸馏、润滑油加工	
油品	渣油				蜡油	
油品密度	1.00		0.95		0.92	
桶/天(BPSD)	吨/时(t/h)	万吨/年(10KMTA)	吨/时(t/h)	万吨/年(10KMTA)	吨/时(t/h)	万吨/年(10KMTA)
85000	563.05	472.97	534.91	449.32	518.01	435.13
90000	596.18	500.79	566.37	475.75	548.48	460.72
95000	629.30	528.61	597.84	502.18	578.95	486.32
100000	662.42	556.43	629.30	528.61	609.42	511.92
150000	993.63	834.65	943.95	792.92	914.14	767.87
200000	1324.8	1112.9	1258.6	1057.2	1218.8	1023.8
250000	1656.0	1391.1	1573.3	1321.5	1523.6	1279.8
300000	1987.3	1669.3	1887.9	1585.8	1828.3	1535.7
350000	2318.5	1947.5	2202.6	1850.1	2133.0	1791.7
400000	2649.7	2225.7	2517.2	2114.4	2437.7	2047.7
450000	2980.9	2503.9	2831.9	2378.7	2742.4	2303.6
500000	3312.1	2782.2	3146.5	2643.1	3047.1	2559.6
550000	3643.3	3060.4	3461.2	2907.4	3351.8	2815.5
600000	3974.5	3338.6	3775.8	3171.7	3656.5	3071.5
650000	4305.7	3616.8	4090.5	3436.0	3961.2	3327.5

（2）轻质油加工

加工装置	常压蒸馏、催化裂化		催化重整		烷基化、气体分馏	
油品	原油、柴油		石脑油、汽油		液化气	
油品密度	0.87		0.74		0.54	
桶/天(BPSD)	吨/时(t/h)	万吨/年(10KMTA)	吨/时(t/h)	万吨/年(10KMTA)	吨/时(t/h)	万吨/年(10KMTA)
1000	5.76	4.84	4.90	4.12	3.58	3.00
1500	8.64	7.26	7.35	6.18	5.37	4.51
2000	11.53	9.68	9.80	8.24	7.15	6.01
2500	14.41	12.10	12.26	10.29	8.94	7.51
3000	17.29	14.52	14.71	12.35	10.73	9.01
3500	20.17	16.94	17.16	14.41	12.52	10.52
4000	23.05	19.36	19.61	16.47	14.31	12.02
4500	25.93	21.78	22.06	18.53	16.10	13.52
5000	28.82	24.21	24.51	20.59	17.89	15.02
5500	31.70	26.63	26.96	22.65	19.67	16.53

续表

加工装置	常压蒸馏、催化裂化		催化重整		烷基化、气体分馏	
油品	原油、柴油		石脑油、汽油		液化气	
油品密度	0.87		0.74		0.54	
桶/天(BPSD)	吨/时(t/h)	万吨/年(10KMTA)	吨/时(t/h)	万吨/年(10KMTA)	吨/时(t/h)	万吨/年(10KMTA)
6000	34.58	29.05	29.41	24.71	21.46	18.03
6500	37.46	31.47	31.86	26.76	23.25	19.53
7000	40.34	33.89	34.31	28.82	25.04	21.03
7500	43.22	36.31	36.76	30.88	26.83	22.54
8000	46.10	38.73	39.22	32.94	28.62	24.04
8500	48.99	41.15	41.67	35.00	30.41	25.54
9000	51.87	43.57	44.12	37.06	32.19	27.04
9500	54.75	45.99	46.57	39.12	33.98	28.55
10000	57.63	48.41	44.02	41.18	35.77	30.05
11000	63.39	53.25	53.92	45.29	39.35	33.05
12000	69.16	58.09	58.82	49.41	42.93	36.06
13000	74.92	62.93	63.73	53.53	46.50	39.06
14000	80.68	67.77	68.63	57.65	50.08	42.07
15000	86.45	72.61	73.53	61.76	53.66	45.07
16000	92.21	77.46	78.43	65.88	57.23	48.08
17000	97.97	82.30	83.33	70.00	60.81	51.08
18000	103.73	87.14	88.23	74.12	64.39	54.09
19000	109.50	91.98	93.14	78.23	67.96	57.09
20000	115.26	96.82	98.04	82.35	71.54	60.09
22000	126.79	106.50	107.84	90.59	78.70	66.10
24000	138.31	116.18	117.64	98.82	85.85	72.11
26000	149.84	125.86	127.45	107.06	93.00	78.12
28000	161.36	135.55	137.25	115.29	100.16	84.13
30000	172.89	145.23	147.06	123.53	107.31	90.14
32000	184.42	154.91	156.86	131.76	114.47	96.15
34000	195.94	164.59	166.66	140.00	121.62	102.16
36000	207.47	174.27	176.47	148.23	128.77	108.17
38000	218.99	183.96	186.27	156.47	135.93	114.18
40000	230.52	193.64	196.08	164.70	143.02	120.19
42000	242.05	203.32	205.88	172.94	150.24	126.20
44000	253.57	213.00	215.68	181.17	157.39	132.21
46000	265.10	222.68	225.49	189.41	164.54	138.22
48000	276.62	232.36	235.29	197.64	171.70	144.23
50000	288.15	242.05	245.09	205.88	178.85	150.24
55000	316.97	266.25	269.60	226.47	196.74	165.26

续表

加工装置	常压蒸馏、催化裂化		催化重整		烷基化、气体分馏	
油品	原油、柴油		石脑油、汽油		液化气	
油品密度	0.87		0.74		0.54	
桶/天(BPSD)	吨/时(t/h)	万吨/年(10KMTA)	吨/时(t/h)	万吨/年(10KMTA)	吨/时(t/h)	万吨/年(10KMTA)
60000	345.78	290.46	294.11	247.06	214.62	180.28
65000	374.60	314.66	318.62	267.64	232.51	195.31
70000	403.41	338.86	343.13	288.23	250.39	210.33
75000	432.23	363.07	367.64	308.82	268.28	225.35
80000	461.04	387.27	392.15	329.41	286.16	240.38
85000	489.86	411.48	416.66	350.00	304.05	255.40
90000	518.67	435.68	441.17	370.58	321.93	270.43
95000	547.49	459.89	465.68	391.17	339.82	285.45
100000	576.30	484.09	490.19	411.76	357.71	300.47
150000	864.45	726.14	735.28	617.64	536.56	450.71
200000	1152.6	968.18	980.38	823.52	715.41	600.94
250000	1440.8	1210.2	1225.5	1029.4	894.26	751.18
300000	1728.9	1452.3	1470.6	1235.3	1073.1	901.42
350000	2017.1	1694.3	1715.7	1441.2	1252.0	1051.7
400000	2305.2	1936.4	1960.8	1647.0	1430.8	1201.9
450000	2593.4	2178.4	2205.9	1852.9	1609.7	1352.1
500000	2881.5	2420.5	2450.9	2058.8	1788.5	1502.4
550000	3169.7	2662.5	2696.0	2264.7	1967.4	1652.6
600000	3457.8	2904.6	2941.1	2470.6	2146.2	1802.8
650000	3746.0	3146.6	3186.2	2676.4	2325.1	1953.1

附录 C　各地室外气象资料[15]

省（区、直辖市）	站名	室外计算温度/℃			大气压力/hPa		气温/℃							夏季每年不保证5天的日平均干球温度/℃	夏季每年不保证50小时的平均湿球温度/℃	最热月平均相对湿度/%
		冬季采暖	冬季通风	夏季通风	冬季	夏季	极端最高	极端最低	最热月月平均	最热月月平均最高	最冷月月平均	最冷月月平均最低	年平均			
黑龙江	嫩江	−29.6	−24.1	25.4	991.5	977.0	37.6	−43.7	21.0	23.4	−24.3	−29.9	4.0	24.0	18.5	78
	齐齐哈尔	−22.9	−18.6	26.7	1005.0	987.9	40.1	−36.4	23.3	25.2	−18.8	−24.0	3.9	26.4	20.1	73
	安达	−23.7	−19.2	27.0	1004.3	987.4	38.3	−39.3	23.1	25.1	−19.4	−25.6	3.7	26.0	20.0	74
	哈尔滨	−23.2	−18.3	26.8	1005.1	988.5	36.7	−37.7	23.1	25.2	−18.4	−24.7	4.2	25.8	20.2	77
	牡丹江	−21.5	−17.3	26.9	992.2	978.9	38.4	−35.1	22.5	25.3	−17.4	−23.6	4.3	25.3	19.6	75
吉林	吉林	−23.4	−17.3	26.6	1001.7	984.8	35.7	−40.3	22.9	24.8	−17.5	−22.4	4.7	25.6	20.6	79
	长春	−20.5	−15.1	26.6	994.4	978.3	35.7	−33.0	23.2	25.3	−15.1	−20.2	5.6	25.9	20.2	78
	四平	−19.0	−13.5	27.2	1004.3	986.6	37.3	−32.3	23.8	26.0	−13.5	−18.2	6.7	26.2	21.1	78
辽宁	章党	−19.2	−13.4	27.8	1011.0	992.3	37.7	−35.9	23.7	25.8	−13.5	−18.2	6.8	26.1	21.4	81
	沈阳	−16.1	−11.0	28.2	1019.9	1000.1	36.1	−29.4	24.7	26.7	−11.0	−15.7	8.4	26.9	22.0	78
	丹东	−12.4	−7.4	26.8	1023.9	1005.6	35.3	−25.8	23.6	25.2	−7.5	−12.4	8.9	25.5	22.3	86
	大连	−9.2	−3.9	26.3	1013.7	995.0	35.3	−18.8	24.2	26.0	−4.0	−8.0	10.9	26.1	22.1	81
	营口	−13.3	−8.5	27.7	1026.1	1005.5	34.7	−28.4	25.1	27.1	−8.5	−13.5	9.5	27.1	22.7	78
内蒙古	呼和浩特	−16.2	−11.6	26.6	901.2	889.6	38.5	−30.5	22.6	25.0	−11.7	−16.2	6.7	25.5	17.6	61
	通辽	−17.9	−13.5	28.2	1002.6	984.4	38.9	−31.6	24.2	26.7	−13.6	−18.4	6.6	26.8	20.7	73
	赤峰	−15.5	−10.7	28.0	955.3	941.3	40.4	−28.8	23.7	27.2	−10.8	−15.4	7.5	26.8	19.1	65
	东胜	−15.9	−10.5	24.8	856.7	849.5	35.3	−28.4	21.0	23.2	−10.7	−15.9	6.1	24.1	15.4	57
新疆	乌鲁木齐	−18.7	−12.6	27.5	917.1	904.8	40.5	−32.8	24.2	28.2	−13.5	−19.2	6.9	27.8	15.8	43
	克拉玛依	−21.4	−15.4	30.6	976.6	955.6	42.7	−34.3	28.2	30.3	−16.2	−22.7	8.6	31.8	17.3	30
甘肃	酒泉	−14.0	−8.9	26.3	856.2	847.2	36.6	−29.8	21.7	23.9	−9.4	−12.9	7.5	24.4	15.1	53
	兰州	−8.4	−5.3	26.5	851.5	843.2	39.8	−19.7	22.5	26.0	−5.5	−8.6	9.8	25.8	17.0	59
	天水	−5.3	−2.0	26.9	892.0	880.9	38.2	−17.4	22.9	26.2	−2.2	−4.7	11.0	25.6	19.1	70
	玉门	−14.8	−9.8	26.3	850.5	841.9	36.0	−35.1	21.7	24.0	−10.3	−13.6	7.1	24.5	14.5	47
宁夏	银川	−12.2	−7.9	27.6	896.1	883.9	38.7	−27.7	23.5	25.7	−8.0	−11.9	9.0	26.0	18.2	63
	中宁	−11.1	−6.8	27.9	888.0	876.1	37.7	−26.9	23.5	26.1	−7.0	−11.1	9.5	26.8	18.0	61
青海	西宁	−10.9	−7.4	21.9	771.7	770.4	36.5	−24.9	17.4	19.7	−7.7	−10.1	6.1	20.5	13.3	65
	格尔木	−12.5	−9.1	21.6	723.5	724.0	35.5	−26.9	18.1	20.6	−9.3	−12.3	5.3	21.1	9.5	37
陕西	西安	−3.1	−1.0	30.7	979.1	959.8	41.8	−16.0	26.8	29.1	−2.0	−4.0	13.7	30.1	22.1	71
	延安	−9.6	−5.5	28.1	913.8	900.7	38.3	−23.0	23.1	25.2	−5.7	−8.5	9.9	25.8	19.5	70
	汉中	−1.0	2.4	28.5	964.3	947.9	38.3	−10.0	25.6	27.4	2.3	−7.0	14.3	28.2	22.6	81
	宝鸡	−3.2	1.0	29.5	953.6	936.8	41.6	−16.1	25.7	27.7	0	−3.8	13.2	28.7	21.4	69

续表

省（区、直辖市）	站名	室外计算温度/℃			大气压力/hPa		气温/℃							夏季每年不保证5天的日平均干球温度/℃	夏季每年不保证50小时的平均湿球温度/℃	最热月平均相对湿度/%
		冬季采暖	冬季通风	夏季通风	冬季	夏季	极端最高	极端最低	最热月月平均	最热月月平均最高	最冷月月平均	最冷月月平均最低	年平均			
北京	北京	-6.8	-3.7	29.7	1023.3	1001.5	41.9	-18.3	26.3	29.6	-3.7	-7.6	12.3	28.7	23.1	75
河北	石家庄	-5.6	-2.2	30.8	1017.2	995.8	41.5	-19.3	26.9	29.6	-2.3	-6.0	13.4	29.6	23.7	74
	沧州	-6.5	-3.0	30.1	1026.3	1004.0	40.5	-19.5	26.6	28.5	-3.0	-6.3	12.9	29.5	23.6	77
天津	天津	-6.5	-3.5	29.9	1027.1	1005.2	40.5	-17.8	26.6	28.8	-3.5	-6.5	12.6	29.1	23.6	76
	塘沽	-6.4	-3.2	28.8	1025.9	1004.2	40.9	-15.4	26.7	29.1	-3.3	-6.4	12.6	29.1	24.0	77
山西	太原	-9.4	-5.5	27.8	933.5	919.7	37.4	-22.7	23.5	25.1	-5.6	-8.8	10.0	25.8	19.7	23
	大同	-15.6	-10.6	26.4	899.9	889.1	37.2	-27.2	22.0	24.2	-10.8	-15.4	7.0	24.9	17.1	64
	阳泉	-7.6	-3.4	28.2	937.1	923.7	40.2	-16.2	24.1	26.1	-3.5	-8.1	11.2	27.1	20.4	70
山东	济南	-4.7	-4.0	30.9	1020.0	998.6	40.5	-14.9	27.7	30.4	-4.0	-3.6	14.7	30.8	24.0	72
	青岛	-4.5	-5.0	27.3	1017.6	1000.5	37.4	-14.3	25.4	26.7	-5.0	-3.7	12.6	26.9	23.7	82
	淄博	-6.7	-2.3	30.9	1023.3	1001.4	40.7	-23.0	26.9	29.3	-2.4	-6.0	13.2	29.7	23.5	76
	德州	-5.9	-2.4	30.5	1024.9	1002.8	39.4	-20.1	26.8	28.7	-2.4	-5.6	13.2	29.4	23.8	77
江苏	徐州	-3.3	4.0	30.5	1022.1	1000.8	40.6	-15.8	27.3	29.4	4.0	-2.4	14.5	30.2	24.9	80
	南通	-6.0	3.1	30.5	1025.5	1005.0	38.5	-9.6	27.6	30.0	3.0	2.0	15.3	29.9	25.8	85
	常州	-7.0	3.1	31.3	1026.0	1005.2	39.4	-12.8	28.4	31.2	3.0	-4.0	15.8	31.1	26.0	81
	南京	-1.2	2.4	31.2	1026.1	1004.8	39.7	-13.1	28.1	30.5	2.3	-1.1	15.4	30.8	25.8	81
上海	上海	3.0	4.2	31.2	1025.3	1005.4	39.4	-10.1	28.3	30.4	4.0	1.3	16.1	30.5	26.2	81
安徽	安庆	2.0	4.0	31.8	1023.9	1002.9	39.5	-9.0	29.0	31.1	3.9	-1.0	16.7	31.7	26.1	78
	蚌埠	-2.0	1.8	31.4	1023.5	1002.1	40.3	-13.0	28.1	30.7	1.7	-1.20	15.4	31.2	25.7	79
	合肥	-1.1	2.6	31.4	1022.2	1001.0	39.1	-13.5	28.4	30.5	2.5	-9.0	15.8	31.4	25.9	80
浙江	杭州	5.0	4.3	32.3	1021.1	1000.9	39.9	-8.6	28.6	31.0	4.1	0	16.5	31.2	25.3	78
	杭州	4.0	8.0	31.5	1021.4	1005.0	39.6	-3.9	28.3	29.6	7.6	4.9	18.1	29.6	26.2	84
	宁波	1.0	4.9	31.9	1025.6	1005.9	39.5	-8.5	28.4	30.4	4.7	1.7	16.5	30.3	25.9	81
福建	福州	6.7	10.9	33.1	1012.9	996.6	39.9	-1.7	29.0	30.2	10.3	8.4	19.8	30.5	25.4	77
	厦门	8.6	12.4	31.3	1003.6	991.8	37.1	1.5	28.2	29.5	12.1	10.4	20.4	29.4	25.7	82
	漳州	9.3	13.2	32.6	1018.1	1003.0	38.6	-1	28.9	29.9	12.8	10.8	21.2	30.6	26.1	78
河南	信阳	-1.7	2.2	30.7	1012.9	992.1	40.0	-16.6	27.5	29.9	2.1	-9.0	15.3	30.6	25.1	80
	开封	-3.4	0	30.7	1018.2	996.8	42.5	-16.0	27.0	28.7	-1.0	-3.3	14.2	29.7	24.6	80
	安阳	-4.3	-9.0	31.0	1017.9	996.6	41.5	-17.3	27.1	29.4	-9.0	-4.0	14.1	29.9	24.1	77
	郑州	-3.4	1.0	30.9	1013.3	992.2	42.3	-17.9	27.1	29.1	1.0	-3.2	14.3	29.9	24.0	78
湖北	武汉	2.0	3.7	32.0	1023.5	1002.1	39.3	-18.1	28.9	31.1	3.6	1.0	16.6	31.7	26.3	79
	宜昌	1.4	4.8	31.8	1010.2	989.9	40.4	-9.8	28.0	30.4	4.7	1.5	16.8	30.8	25.2	80

续表

省（区、直辖市）	站名	室外计算温度/℃			大气压力/hPa		气温/℃							夏季每年不保证5天的日平均干球温度/℃	夏季每年不保证50小时的平均湿球温度/℃	最热月平均相对湿度/%
		冬季采暖	冬季通风	夏季通风	冬季	夏季	极端最高	极端最低	最热月月平均	最热月月平均最高	最冷月月平均	最冷月月平均最低	年平均			
湖南	长沙	1.2	4.9	32.1	1017.4	997.2	39.0	-10.3	28.8	30.2	4.9	3.5	17.1	31.6	25.9	78
	常德	1.0	4.7	31.9	1022.3	1000.9	40.1	-13.2	28.8	31.0	4.5	1.6	16.9	31.8	26.1	79
	岳阳	8.0	4.8	31.0	1019.5	998.7	39.3	-11.4	29.1	31.3	4.7	1.2	17.2	31.9	25.9	76
	衡阳	1.4	5.8	33.2	1012.3	992.8	40.0	-7.9	29.8	31.3	5.6	1.6	18.0	32.2	25.9	72
江西	南昌	1.2	5.3	32.7	1019.6	999.7	40.1	-9.7	29.5	31.6	5.1	9.0	17.6	31.8	26.5	77
广西	桂林	3.6	7.9	31.7	1003.0	986.1	38.5	-3.6	28.4	29.5	7.5	3.5	18.8	30.2	25.2	79
	南宁	8.1	12.8	31.9	1005.1	989.9	39.0	-1.9	28.7	30.4	12.2	8.3	21.8	30.4	26.4	82
	百色	9.2	13.3	32.6	998.7	983.6	42.2	1.0	28.7	30.2	12.8	9.5	22.0	31.1	26.0	80
	柳州	5.7	10.4	32.4	1009.8	993.2	39.1	-1.3	29.3	30.7	9.9	5.8	20.7	31.1	26.0	76
	梧州	6.4	11.9	32.5	1007.2	991.9	39.1	-1.5	28.4	29.8	11.4	7.6	21.0	30.3	26.1	81
广东	广州	8.3	13.6	31.8	1015.4	1000.6	38.1	0	28.8	30.2	13.1	10.3	22.0	30.4	26.5	82
	汕头	9.8	13.7	30.9	1019.9	1005.5	38.6	3.0	28.4	29.6	13.3	11.1	21.5	29.7	25.9	83
	深圳	9.5	14.9	31.2	1015.3	1001.1	38.7	1.7	28.7	29.8	11.3	11.6	22.5	30.2	26.3	80
	湛江	10.5	15.9	31.4	1015.6	1001.4	38.1	2.8	29.1	30.0	15.2	12.5	23.3	30.6	26.9	81
	阳江	9.7	15.1	30.7	1016.7	1002.5	37.5	2.2	28.4	29.1	14.4	11.9	22.5	29.6	26.7	84
四川	成都	3.0	5.6	28.5	963.6	948.0	36.7	-5.9	25.5	27.2	5.4	3.1	16.1	27.7	23.6	86
	宜宾	4.9	7.8	30.2	982.4	965.4	39.5	-1.7	27.1	29.1	7.5	4.9	17.8	29.8	24.7	82
	内江	4.4	7.2	30.4	981.0	963.9	40.1	-2.7	27.4	29.9	7.0	4.5	17.6	30.4	24.8	79
重庆	重庆	5.2	7.8	32.3	991.7	973.7	41.9	-1.7	29.0	30.9	7.6	5.2	18.2	32.0	25.3	73
云南	昆明	4.3	8.1	23.0	811.6	807.9	30.4	-7.8	20.2	21.6	7.6	4.9	14.9	22.1	17.8	78
	蒙自	7.3	12.3	26.8	871.2	864.8	35.9	-3.9	23.4	24.8	11.5	9.0	18.6	25.6	20.1	74
贵州	贵阳	2.0	5.1	27.1	898.0	888.3	35.1	-7.3	24.2	25.7	4.6	7.0	5.3	26.2	20.9	76
	遵义	8.0	4.5	28.8	924.0	911.8	37.4	-7.1	25.4	27.1	4.3	1.0	15.3	27.6	22.3	76
西藏	拉萨	-4.8	-1.6	19.8	650.8	653.1	29.9	-16.5	16.4	18.2	-2.1	-5.2	8.0	18.8	11.5	51
海南	海口	13.0	17.7	32.2	1016.1	1002.4	38.7	4.9	28.8	29.8	17.3	14.5	24.1	30.2	26.3	82
	三亚	18.3	21.6	31.3	1016.1	1005.6	35.9	5.1	28.9	30.2	21.1	19.5	25.8	30.0	27.0	82

注：中国气象局2005年提供的气象资料。

参 考 文 献

[1] 刘家明．炼油厂设计与工程[M]．北京：中国石化出版社，2014
[2] 北京石油设计院．石油化工工艺计算图表[M]．北京：烃加工出版社，1985
[3] API Technical Data Book(8th Edition)，The American Petroleum Institute and EPCON International. 2006
[4] 王宝仁，孙乃有．石油产品分析(第二版)[M]．北京：化学工业出版社，2009
[5] James G. Speight. Perry's Standard Tables and Formulas for Chemical Engineers. The McGraw-Hill Companies，Inc，2003
[6] 水天德主编，现代润滑油生产工艺[M]．北京：中国石化出版社，1997
[7] 徐承恩主编．催化重整工艺与工程(第二版)[M]．北京：中国石化出版社，2014
[8] George J. Antos，Abdullah M. Aitani. Catalytic Naphtha Reforming(Second Edition). Marcel Dekker，Inc，2004
[9] 王松汉主编．石油化工设计手册[M]．北京：化学工业出版社，2002
[10] 李志强主编，原油蒸馏工艺与工程[M]．北京：中国石化出版社，2010
[11] 刘家明主编．石油炼制工艺基础数据与图表[M]．北京：中国石化出版社，2017
[12] 徐春明，杨朝合主编．石油炼制工程(第四版)[M]．北京：石油工业出版社，2009
[13] TEMA，INC. Standards Of The Tubular Exchanger Manufacturers Association.(Eighth Edition)，New York，1999
[14] 刘巍等著，冷换设备工艺计算手册[M]．北京：中国石化出版社，2013
[15] 刘家明主编．石油化工设备设计手册(上册)[M]．北京：中国石化出版社，2013
[16] 张德姜等主编．石油化工装置工艺管道安装设计手册(第一篇，设计与计算)[M]．北京：中国石化出版社，2014
[17] 柴诚敬，贾绍义主编．化工原理(第三版)上册 [M]．北京：高等教育出版社，2016
[18] 蒋维钧，戴猷元，顾惠君编著．化工原理(第2版)上册[M]．北京：清华大学出版社，2002
[19] 陈敏恒，丛德滋，方图南，齐鸣斋，潘鹤林编．化工原理(第四版)下册 [M]．北京：化学工业出版社，2015
[20] 吴辉译．石油炼制工艺与经济(第二版)．北京：中国石化出版社，2002
[21] 李大东主编．加氢处理工艺与工程[M]．北京：中国石化出版社，2004
[22] 瞿国华主编．延迟焦化工艺与工程(第二版)[M]．北京：中国石化出版社，2017
[23] 石油化工规划设计院组织编写．塔的工艺计算[M]．北京：石油化学工业出版社，1977
[24] 石油化工规划设计院组织编写．容器和液液混合器的工艺设计[M]．北京：石油工业出版社，1979
[25] 钱家麟主编．管式加热炉(第二版)[M]．北京：中国石化出版社，2003
[26] 侯芙生主编．炼油工程师手册[M]．北京：石油工业出版社，1994
[27] 石油工业部第二炼油设计研究院编．催化裂化工艺设计[M]．北京：石油工业出版社，1983
[28] 杜荷聪，陈维新，张振威．计量单位及其换算[M]．北京：计量出版社，1982
[29] 北京石油化工总厂设计院情报组．石油工业常用度量单位换算手册．北京：化学工业出版

社，1974
[30] British thermal unit，Wilkipedia，the free encyclopedia，2009
[31] 石油化工规划设计院组织编写．压缩机工艺计算[M]．北京：石油工业出版社，1978
[32] 朱志庆主编．化工工艺学(第二版)[M]．北京：化学工业出版社，2017
[33] 石油化工规划设计院组织编写．冷换设备工艺计算[M]．北京：石油化学工业出版社，1976
[34] 赖周平，张荣克编著．空气冷却器[M]．北京：中国石化出版社，2009
[35] Steels for Hydrogen Service at Elevated Temperatures and Pressures in Petroleum Refineries and Petrochemical Plants，API Recommended Practice 941 Eighth Edition，2016
[36] NACE International Standard Practice，Avoiding Caustic Stress Corrosion Cracking of Refinery Equipment and Piping[M]，USA：NACE SP0403-2015
[37] 汪燮卿主编．中国炼油技术(第四版)[M]．北京：中国石化出版社，2021
[38] 刘绍叶等编．泵、轴封及与原动机选用手册[M]．北京：石油工业出版社，1999
[39] 陆德民主编．石油化工自动控制设计手册(第三版)[M]．北京：化学工业出版社，2000
[40] 朱文涛编制．物理化学(上册)[M]．北京：清华大学出版社，1995
[41] 应道宴主编．GB/T 20801—2006《压力管道规范 工业管道》实施指南．北京：新华出版社，2008

有关标准规范

1. 产品质量指标

(1) 油品

GB 17930—2016 车用汽油*

GB/T 23799—2009 车用甲醇汽油(M85)

GB 18351—2017 车用乙醇汽油(E-10)

NB/SH/T 0947—2017 汽油调合用甲基叔丁基醚

GB 1787—2018 航空活塞式发动机燃料

GB 253—2008 煤油

GB 6537—2018 3号喷气燃料

GB 19147—2016 车用柴油

Q/SH PRD0731—2018 润滑油基础油

GB 11174—2011 液化石油气

GB 19159—2012 车用液化石油气

GB 16629—2008 植物油抽提溶剂

SH 0004—90(1998确认) 橡胶工业用溶剂油

GB 1922—2006 油漆及清洗用溶剂油

GB 7189—2010 食品级石蜡

GB/T 17411—2015(第1号修改单) 船用燃料油

GB 25989—2010 炉用燃料油

Q/SH PRD0731—2018 润滑油基础油分类及规格

(2) 沥青与焦炭

SH 0098—1991(1998年确认) 管道防腐沥青

GB/T 494—2010 建筑石油沥青

NB/SH/T 0522—2010 道路石油沥青

GB/T 15180—2010 重交通道路石油沥青

NB/SH/T 0527—2019 石油焦(生焦)

(3) 芳烃

GB/T 3405—2011 石油苯

GB/T 3406—2010 石油甲苯

GB/T 3407—2019 石油混合二甲苯

SH/T 1486.1—2008 石油对二甲苯

SH/T 1613.1—2018 石油邻二甲苯

SH/T 1766.1—2008 石油间二甲苯

SH/T 1140—2018 工业用乙苯

SH/T 1825—2019 工业用碳九芳烃

(4) 气体与轻烃

GB/T 3634.1—2006 氢气(工业氢)

GB/T 3634.2—2011 氢气(纯氢、高纯氢和超纯氢)

GB/T 37244—2018 质子交换膜燃料电池汽车用燃料氢气

GB/T 17820—2018 天然气

GB/T 7715—2014 工业用乙烯

GB/T 7716—2014 聚合级丙烯

SH/T 1546—2009 工业用1-丁烯

GB/T 13291—2021 工业用丁二烯

SH/T 1789—2015 工业用裂解碳五

SH/T 1792—2015 工业用裂解碳九

GB/T 19465—2004 工业用异丁烷

HG/T 5613—2019 工业用异戊烷

HG/T 5612—2019 工业用异己烷

GB/T 17602—2018 工业己烷

(5) 化学品

GB/T 13098—2006 工业用环氧乙烷

GB/T 14491—2015 工业用环氧丙烷

GB/T 4649—2018 工业用乙二醇

GB/T 6027—1998 工业用正丁醇

HG/T 3270—2002 工业用异丁醇

GB/T 6818—2019 工业用辛醇(2-乙基己醇)

GB/T 3915—2021 工业用苯乙烯 2021

GB/T 7717.1—2008 工业用丙烯腈

GB/T 17529.1—2008 工业用丙烯酸

GB/T 32685—2016 工业用精对苯二甲酸(PTA)

GB/T 339—2019 工业用合成苯酚

GB/T 6026—2013 工业用丙酮

GB/T 13254—2017 工业用己内酰胺

GB/T 2449.1—2021 工业硫黄(固体产品)

GB/T 2449.2—2015 工业硫黄(液体产品)

GB 338—2011 工业用甲醇

(6)树脂与橡胶

GB/T 11115—2009 聚乙烯(PE)树脂

GB/T 5761—2018　悬浮法通用型聚氯乙烯树脂
GB/T 12670—2008　聚丙烯(PP)树脂
GB/T 12671—2008　聚苯乙烯(PS)树脂
GB/T 12672—2009　丙烯腈-丁二烯-苯乙烯(ABS)树脂
GB/T 8655—2019　苯乙烯-丁二烯橡胶(SBR)1500\ 1502
GB/T 8659—2018　丁二烯橡胶(BR)9000
GB/T 36089—2018　丙烯腈-丁二烯橡胶(NBR)

2. 安全与环保卫生

GB/T 50493—2019　石油化工可燃气体和有毒气体检测报警设计标准
GB 18218—2018　危险化学品重大危险源辨识
GB/T 536.1—2013　易燃易爆危险品火灾危险性分级及试验方法 第1部分
GB 50160—2008　石油化工企业设计防火标准(2018年版)
GB 50183—2004　石油天然气工程设计防火规范 2020
GB 50016—2014　建筑设计防火规范(2018年版)
GB 50058—2014　爆炸危险环境电力装置设计规范
GB 50177—2005　氢气站设计规范
GB 16912—2008　深度冷冻法生产氧气及相关气体安全技术规程
GB 3836.1—2010　爆炸性环境(1)设备通用要求 2021
GBZ 2.1—2019　工作场所有害因素职业接触限值(化学有害因素)
GB 30000.18—2013　化学品分类和标签规范(急性毒性)
HG/T 20660—2017　压力容器中化学介质毒性危害和爆炸危险程度分类标准
GB 31570—2015　石油炼制工业污染物排放标准
GB 31571—2015　石油化学工业污染物排放标准
GB 13271—2014　锅炉大气污染物排放标准
GB 13223—2011　火电厂大气污染物排放标准
GBZ 230—2010　职业性接触毒物危害程度分级
GBZ 1—2010　工业企业设计卫生标准
GB/T 50087—2013　工业企业噪声控制设计规范
GB 3096—2008　声环境质量标准
SH 3097—2017　石油化工静电接地设计规范

3. 设备和配管材料

GB/T 151—2014　热交换器
GB/T 28712.1—2012　热交换器型式与基本参数(1)
GB/T 28712.3—2012　热交换器型式与基本参数(3)
GB/T 28712.4—2012　热交换器型式与基本参数(4)

SH/T 3059—2012　石油化工管道设计器材选用规范
NB/T 47007—2018　空冷式热交换器
GB/T 28712.6—2012　热交换器型式与基本参数(6)
SH/T 3074—2018　石油化工钢制压力容器
GB 713—2014　锅炉和压力容器用钢板
JB/T 4756—2006　镍及镍合金制压力容器
GB/T 15007—2017　耐蚀合金牌号
API 941—2016　适用于石油精炼厂和石化厂高温高压氢气工况的钢
SH/T 3059—2012　石油化工管道设计器材选用规范
GB/T 1048—2019　管道元件公称压力的定义和选用
HG/T 20592—2009　钢制管法兰(PN 系列)
HG/T 20615—2009　钢制管法兰(Class 系列)
HG/T 20623—2009　大直径钢管管法(Class 系列)
SH/T 3406—2013　石油化工钢制管法兰
SH/T 3040—2012　石油化工管道伴热和夹套管设计规范 2017
SH/T 3405—2017　石油化工钢管尺寸系列
SH/T 3411—2017　石油化工泵用过滤器选用、检验及验收
SH/T 3010—2013　石油化工设备和管道绝热工程设计规范
SH/T 3043—2014　石油化工设备管道钢结构表面色和标志规定
GB/T 20801.5—2020 压力管道规范工业管道 第 5 部分：检验与试验
API 598—2016　阀门的检查和试验
GB 50517—2010　石油化工金属管道工程施工质量验收规范

4. 工艺数据与计算

GB/T 4016—2019　石油产品术语
GB/T 50441—2016　石油化工设计能耗计算标准
GB 30250—2013　乙烯装置单位产品能源消耗限额
GB 30251—2013　炼油单位产品能源消耗限额
GB 31826—2015　聚丙烯单位产品能源消耗限额
GB 32048—2015　乙二醇单位产品能源消耗限额
GB 32053—2015　苯乙烯单位产品能源消耗限额
SY/T 0538—2012　管式加热炉规范
SH/T 3045—2003　石油化工管式炉热效率设计计算
SHF 0001—90　石油化工工艺管式炉效率测定法
SH/T 3035—2018　石油化工工艺装置管径选择导则
GB 50177—2005　氢气站设计规范

GB 16912—2008　深度冷冻法生产氧气及相关气体安全技术规程
HG/T 20570. 2—95　安全阀的设置和选用
GB/T 150. 1—2011　压力容器第一部分：通用要求
GB/T 24921. 1—2010　石化工业用压力释放阀的尺寸确定、选型和安装
HG/T 20570. 15—95　管路限流孔板的设置
GB/T 25198—2010　压力容器封头
GB 3100—93　国际单位制及其应用
GB 1885—1998　石油计量表